U0385177

国家出版基金项目

“十四五”国家重点出版物出版规划项目

中国耕地土壤论著系列

中华人民共和国农业农村部　组编

中国黄壤

Chinese Yellow Earths

韩　峰　蒋太明　何腾兵◆主编

中国农业出版社

北　京

中国耕地土壤论著系列

丛书编委会

编者名单

主　　编　韩　峰　蒋太明　何腾兵

副主编　李　渝　刘鸿雁　陈海燕　赵泽英　刘元生

参编人员　（按姓氏笔画排序）

王小利　文雪峰　叶国彬　冯恩英　刘　芳
刘　丽　刘彦伶　苟红英　李　瑞　李莉婕
杨　楠　肖厚军　吴　康　何　季　宋理洪
张钟亿　张雅蓉　陈　竹　林海波　易维洁
胡腾胜　秦　松　夏忠敏　黄兴成　彭志良
舒英格　童倩倩　普天赟　谢　朝　雷　昊
谭克均　黎瑞君

丛书序一 PREFACE 1

耕地是农业发展之基、农民安身之本，也是乡村振兴的物质基础。习近平总书记强调，“我国人多地少的基本国情，决定了我们必须把关系十几亿人吃饭大事的耕地保护好，绝不能有闪失”。加强耕地保护的前提是保证耕地数量的稳定，更重要的是要通过耕地质量评价，摸清质量家底，有针对性地开展耕地质量保护和建设，让退化的耕地得到治理，土壤内在质量得到提高、产出能力得到提升。

新中国成立以来，我国开展过两次土壤普查工作。2002 年，农业部启动全国耕地地力调查与质量评价工作，于 2012 年以县域为单位完成了全国 2 498 个县的耕地地力调查与质量评价工作；2017 年，结合第三次全国国土调查，农业部组织开展了第二轮全国耕地地力调查与质量评价工作，并于 2019 年以农业农村部公报形式公布了评价结果。这些工作积累了海量的耕地质量相关数据、图件，建立了一整套科学的耕地质量评价方法，摸清了全国耕地质量主要性状和存在的障碍因素，提出了有针对性的对策措施与建议，形成了一系列专题成果报告。

土壤分类是土壤科学的基础。每一种土壤类型都是具有相似土壤形态特征及理化性状、生物特性的集合体。编辑出版“中国耕地土壤论著系列”（以下简称“论著系列”），按照耕地土壤性状的差异，分土壤类型论述耕地土壤的形成、分布、理化性状、主要障碍因素、改良利用途径，既是对前两次土壤普查和两轮耕地地力调查与质量评价成果的系统梳理，也是对土壤学科的有效传承，将为全面分析相关土壤类型耕地质量家底，有针对性地加强耕地质量保护与建设，因地制宜地开展耕地土壤培肥改良与治理修复、合理布局作物生产、指导科学施肥提供重要依据，对提升耕地综合生产能力、促进耕地资源永续利用、保障国家粮食安全具有十分重要的意义，也将为当前正在开展的第三次全国土壤普查工作提供重要的基础资料和有效指导。

相信“论著系列”的出版，将为新时代全面推进乡村振兴、加快农业农村现代化、实现农业强国提供有力支撑，为落实最严格的耕地保护制度，深入实施“藏粮于地、藏粮于技”战略发挥重要作用，作出应有贡献。

中华人民共和国农业农村部副部长　张兴旺

丛书序二

PREFACE 2

耕地土壤是最宝贵的农业资源和重要的生产要素，是人类赖以生存和发展的物质基础。耕地质量不仅决定农产品的产量，而且直接影响农产品的品质，关系到农民增收和国民身体健康，关系到国家粮食安全和农业可持续发展。

“中国耕地土壤论著系列”系统总结了多年以来对耕地土壤数据收集和改良的科研成果，全面阐述了各类型耕地土壤质量主要性状特征、存在的主要障碍因素及改良实践，实现了文化传承、科技传承和土壤传承。本丛书将为摸清土壤环境质量、编制耕地土壤污染防治计划、实施耕地土壤修复工程和加强耕地土壤环境监管等工作提供理论支撑，有利于科学提出耕地土壤改良与培肥技术措施、提升耕地综合生产能力、保障我国主要农产品有效供给，从而确保土壤健康、粮食安全、食品安全及农业可持续发展，给后人留下一方生存的沃土。

“中国耕地土壤论著系列”按十大主要类型耕地土壤分别出版，其内容的系统性、全面性和权威性都是很高的。它汇集了“十二五”及之前的理论与实践成果，融入了“十三五”以来的攻坚成果，结合第二次全国土壤普查和全国耕地地力调查与质量评价工作的成果，实现了理论与实践的完美结合，符合“稳产能、调结构、转方式”的政策需求，是理论研究与实践探索相结合的理想范本。我相信，本丛书是中国耕地土壤学界重要的理论巨著，可成为各级耕地保护从业人员进行生产活动的重要指导。

中国工程院院士
中国科学院南京土壤研究所研究员　张佳宝

丛书序三

PREFACE 3

耕地是珍贵的土壤资源，也是重要的农业资源和关键的生产要素，是粮食生产和粮食安全的“命根子”。保护耕地是保障国家粮食安全和生态安全，实施“藏粮于地、藏粮于技”战略，促进农业绿色可持续发展，提升农产品竞争力的迫切需要。长期以来，我国土地利用强度大，轮作休耕难，资源投入不平衡，耕地土壤质量和健康状况恶化。我国曾组织过两次全国土壤普查工作。21 世纪以来，由农业部组织开展的两轮全国耕地地力调查与质量评价工作取得了大量的基础数据和一手资料。最近十多年来，全国测土配方施肥行动覆盖了 2 498 个农业县，获得了一批可贵的数据资料。科研工作者在这些资料的基础上做了很多探索和研究，获得了许多科研成果。

“中国耕地土壤论著系列”是对两次土壤普查和耕地地力调查与质量评价成果的系统梳理，并大量汇集在此基础上的研究成果，按照耕地土壤性状的差异，分土壤类型逐一论述耕地土壤的形成、分布、理化性状、主要障碍因素和改良利用途径等，对传承土壤学科、推动成果直接为农业生产服务具有重要意义。

以往同类图书都是单册出版，编写内容和风格各不相同。本丛书按照统一结构和主题进行编写，可为读者提供全面系统的资料。本丛书内容丰富、适用性强，编写团队力量强大，由农业农村部牵头组织，由行业内经验丰富的权威专家负责各分册的编写，更确保了本丛书的编写质量。

相信本丛书的出版，可以有效加强耕地质量保护、有针对性地开展耕地土壤改良与培肥、合理布局作物生产、指导科学施肥，进而提升耕地生产能力，实现耕地资源的永续利用。

中国工程院院士
中国农业大学教授　张福锁

前言 FOREWORD

黄壤广泛分布于我国亚热带、热带的丘陵山地和高原，主要分布在贵州高原、四川盆地的盆边山地和云南东北部、湖北西部、湖南西部、广西北部等地区，江西、浙江、福建、广东、台湾等省份也有分布，是我国南方山区，特别是西南湿润地区的主要旱作土壤。改革开放40多年来，我国黄壤旱作农区受经营制度、种植模式、施肥方式和管理水平等多重因素影响，成土环境、理化性状和生物养分状况较第二次全国土壤普查时期有了显著的变化。为摸清我国黄壤耕地资源底数，在农业农村部的统一部署下，贵州省农业农村厅土壤肥料总站牵头成立了由贵州省农业科学院、贵州大学、贵州省自然资源厅等单位相关领域专家组成的本书编撰工作组。工作组收集整理了第二次全国土壤普查、全国测土配方施肥和我国黄壤农区《土种志》等资料，系统阐述了我国黄壤耕地形成条件、土壤属性以及分类指标，与以往的专著相比更具针对性，对黄壤耕地资源数量、土壤性状的描述由定性逐渐向定量方向发展，对黄壤耕地的改良、利用等措施更具科学性。

《中国黄壤》共14章，分为3个部分：第一章至第六章系统分析了第二次全国土壤普查和各省份《土种志》中有关黄壤耕地分布特点、剖面性状的历史资料，对黄壤耕地形成条件、分布规律、主要成土过程和土壤分类进行了系统论述；第七章至第十一章综合应用黄壤农区测土配方施肥数据和近年来的文献资料，对黄壤耕地物理性质、化学性质、生物性质及生产性能等方面进行了阐述，提出黄壤耕地肥力调控措施；第十二章至第十四章对我国黄壤农区耕地质量进行评价，并提出了黄壤耕地改良利用分区规划。

本书是集体智慧的结晶，资料丰富、数据翔实，较系统深入地阐述了我国黄壤耕地，具有较强的科学性和实用性，是广大土壤学、植物营养学、土壤肥料学、农业资源与环境、农业资源利用、土地资源学、农业农村环境保护与治理、作物栽培学和耕作学等专业领域科研、教学、农技推广工作者的参考资料。

本书在编写过程中得到四川省耕地质量与肥料工作总站、云南省土壤肥料工作站、广西壮族自治区土壤肥料工作站、扬州市耕地质量保护站以及贵州省众多专家、学者的指导和支持，特别是贵州省自然资源厅汪远品研究员对全书各章节进行了审核，提出了许多宝贵的意见和建议。在此表示衷心的感谢！

由于编者水平有限，难免存在欠妥之处，敬请读者批评指正！

编　者

目录 CONTENTS

第一章 黄壤的形成 >>>

第一节 自然地理背景

一、地理分布

黄壤广泛分布于我国亚热带、热带的丘陵山地和高原，主要分布在贵州高原、四川盆地的盆边山地和云南东北部、湖北西部、湖南西部、广西北部等地区，江西、浙江、广西、广东、台湾等省份也有分布，是我国南方地区重要的土壤类型。黄壤的水平分布与红壤属同一纬度带，两者的生物气候条件也大体相近，但黄壤的水湿条件略比红壤好，热量条件则略低于红壤，且云雾多、日照少，冬无严寒，夏无酷暑，干湿季不明显。在山地垂直带谱中，黄壤分布在红壤或者赤红壤之上、山地黄棕壤之下。黄壤是我国南方山区，特别是贵州省的主要旱作土壤。

二、形成条件

（一）气候

黄壤发育于温暖湿润的亚热带气候，温度较红壤地区低而较黄棕壤地区高，年均温 14～16 ℃，最低月（1 月）均温 4～7 ℃，最热月（7 月）均温 22～26 ℃，≥10 ℃的年积温 4 500～5 500 ℃。据地处黄壤带中部的贵州省贵阳市多年气象观测，5 cm 深土温年均 17.2 ℃，10～20 cm 深土温年均 17.3 ℃，20 cm 深土温全年稳定通过 5 ℃，地表稳定通过 0 ℃的天数平均达到 347 d；地表稳定通过 10 ℃的天数平均达到 253 d。黄壤地区降水充沛，年降水量 1 000～1 400 mm，降水量分配以 5—8 月为多，占全年降水量的 60%左右；9 月至翌年 4 月降水量较少。全年降水日数较多，多为毛雨，降水日数最多的是 1929 年，贵阳达 259 d；贵阳多年的降水日数为 176 d，年降水量接近蒸发量，干燥度为 0.64，平均相对湿度在 70%以上。充足的水热条件影响到黄壤有机质的积累、黏土矿物的组成以及土体中氧化铁的水分。贵阳的总辐射量平均为 381 kJ/cm^2，日照率平均为 30%，日照时数平均为 1 354 h。

（二）地形地貌

黄壤形成的地形地貌具有多样性，从云贵高原海拔 1 900 m 的中山到海拔 1 000～1 200 m 的高原面，再到云贵高原东南部海拔 500 m 以下的丘陵，从岩溶地貌到常态地貌，均有黄壤形成。通常以低中山、低山丘陵居多。盆谷的黄壤发育较充分，但因水源条件较好，都已垦殖为水稻土；地势陡峻的山岭中上部，土壤形成的生态环境不稳定，直接影响黄壤的发育程度，常形成黄壤性土，甚至退化成砾石黄泥土和石渣子土。坡向不同影响黄壤的形成和分布，如贵州境内梵净山的偏北坡和偏南坡的光照、蒸发量、寒流的影响都不同，造成水热条件差异较大，进而影响土壤的形成和发育。据《贵州省土壤》报道，东南坡在海拔 700～1 400 m 地段形成黄壤；西北坡则在海拔 800～1 500 m 地段形成黄壤，其原因是梵净山东南坡的气温要比西北坡同一海拔低 0.2～0.7 ℃，而降水量则高 200～300 mm，因而土壤和植被的垂直分布高度也受坡向影响，同一山体不同坡向造成了黄壤 100 m 左右的高度错位。黄壤所处地形坡向、坡位、地势不同，土壤形态特征和性状也不相同，通常在阴坡或相对低平的地方，黄壤的颜色更具典型性。据贵州省毕节市74个黄壤样品分析，在植被和母质相同的情况下，土壤有机质随着海拔升高而增加，海拔由800 m上升至1 800 m，有机质平均含量由23 g/kg增至59.4 g/kg，y（有机质含量）$=-31.8+0.055\ 68x$，$r=0.973\ 6^{**}$。可见，地形地貌对黄壤发育、性状以及类型演变均有影响（表1-1）。

表1-1 地形地貌特征与黄壤形成分布情况

地形地貌	主要特征	黄壤分布
高原	海拔1 000 m以上，地表起伏不大，但边缘陡峭	云贵高原起伏崎岖的贵州西北部和中部、云南东部，黄壤分布面积较大
平原	海拔200 m以下，宽广低平	无黄壤分布
山地	海拔500 m以上，高耸陡峭	云贵高原的贵州中部、东部、南部，黄壤分布面积较大
丘陵	海拔多在500 m以下，坡度和缓，连绵起伏	云贵高原与湖南、广西接壤的部分地区，无黄壤分布
盆地	四周高，中间低	主要是山间小盆地，四川盆地周边地区有黄壤分布
岗地	介于丘陵和平原之间，接近低丘缓坡。海拔一般低于100 m，相对高差10～60 m，地面坡度5°～15°	无黄壤分布

（三）母岩母质

黄壤的成土母岩及母质类型繁多，几乎各种母岩及母质只要条件具备均可能形成黄壤。按照成土母岩风化物的地球化学类型、母岩特性不同，以贵州为例，大致可归纳为8类，所形成的黄壤成土母岩（母质）类型和所占面积比例如表1-2所示。第一类为页岩、板岩、凝灰岩等风化物，占黄壤成土母岩总面积的25.00%。其中，又以页岩所占比例大、分布广。泥质页岩容易成土，所发育的黄壤土层较厚，层次分化明显，酸性，颜色较黄，质地壤土至黏土，开垦熟化后形成黄泥土；硅质页岩形成的黄壤土层较薄，开垦熟化后形成黄沙泥土；板岩形成的黄壤主要分布在贵州东南部，成土速度较泥质页岩缓慢，土中常夹半风化母岩碎片，通透性较好，酸性，是适宜种植玉米、小麦、烤烟、花生、中药材、茶叶等的土壤；凝灰岩发育的黄壤主要分布在贵州省西部六盘水市的盘州市和水城区，所形成的黄壤土层厚，颜色呈橘红色、黄红色，质地稍轻，透水性较强，含钾量较高，开垦熟化后形成马肝黄泥土。第二类为砂岩、石英砂岩和变余砂岩等风化物，占黄壤成土母岩总面积的12.99%。其中，普通砂岩所占比例较大，石英砂岩比例小，变余砂岩仅出现在贵州东部轻变质的古老地层上。这类岩石风化物形成的黄壤质地轻，酸性强，矿质养分和盐基离子含量低，但通气透水，开垦成为黄沙土。第三类为砂岩、页岩互层风化物，占黄壤成土母岩总面积的37.16%，形成的黄壤性质介于砂岩和页岩发育的黄壤之间，淀积层的颜色较杂，黄色、棕色、褐色均可见。土壤质地以壤质居多，透水性和供肥性均较好，宜种性宽，尤其适合种植烤烟。然而，煤系砂页岩互层形成的黄壤斑驳显黑，酸性极强，开垦的旱地为煤沙泥土，宜种性窄，生产性能差。第四类为燧石灰岩、硅质白云岩等风化物，占黄壤成土母岩总面积的18.23%。其中，燧石灰岩发育的黄壤具有典型性，表层颜色显灰，土体夹有一定数量的燧石，经开垦培育而成火石大黄泥土，适宜烤烟、中药材生长。这类岩石形成的黄壤质地从黏质至壤质均有出现，养分含量不高。第五类为红色、黄色黏土质老风化壳，所占面积比例为4.80%，这类母质形成的黄壤在剖面一定部位常见连续性的铁磐和铁锰结核，成土后质地黏重，颜色带红黄色或褐黄色。第六类为玄武岩、辉绿岩等风化物，形成黄壤面积不大，仅占1.10%，主要出现在贵州省六盘水市和毕节市西部，形成的黄壤在坡麓平缓地段多为淡红色或橘黄色，质地黏重、酸性，钾、磷等矿质养分较丰富；在陡峭地段所形成的黄壤，土层浅，半风化砾石多，颜色较深，开垦熟化后的旱地为橘黄泥土。第七类为紫色岩类风化物，酸性紫色砂岩在温暖湿润的生物气候条件下，经强度淋溶，A层和B层全部或大部分黄化，形成黄壤，贵州省北部的赤水市和习水县有零星分布，面积仅占0.66%。这类母岩形成的黄壤土层较厚，开垦熟化后形成紫黄沙泥土。第八类为花岗岩等风化物，仅在贵州与广西交界的从江县海拔1 200 m左右的低中山上可见，面积仅0.43×10^4 hm^2，形成的土壤疏松，沙性重、酸性，全钾含量高，磷素缺乏，杉木生长较好。

表1-2 贵州黄壤成土母岩（母质）类型、面积和所占比例

母岩（母质）类型	面积（$\times10^4hm^2$）	所占比例（%）
页岩、板岩、凝灰岩等风化物	184.64	25.00
砂岩、石英砂岩、变余砂岩等风化物	95.90	12.99
砂岩、页岩互层风化物	274.35	37.16
燧石灰岩、硅质白云岩等风化物	134.64	18.23
红色、黄色黏土质老风化壳	35.43	4.80
玄武岩、辉绿岩等风化物	8.09	1.10
紫色岩类风化物	4.90	0.66
花岗岩等风化物	0.43	0.06
合计	738.38	100.00

（四）植被

黄壤地带的自然植被主要为亚热带常绿阔叶林以及常绿-落叶阔叶混交林。目前，黄壤地区的原始林保存较少，大面积为次生针叶林、针阔叶混交林、灌丛草被，常见树种有小叶青冈栎、小叶栲、钩栲、甜槠、米槠、樟、杨梅、木荷、木莲、木兰、枫香、响叶杨、白杨、白桦、栓皮栎、光皮桦、多穗石栎、麻栎等常绿-落叶阔叶树种和马尾松、云南松、杉等针叶树种，以及白栎、茅栗、小果南烛、檵木、铁仔、滇白珠、苦竹、映山红等灌丛。还有鸭茅、旱茅、芒萁骨、铁芒萁、画眉草、黑穗、黄背草、金果、知母草、芒、桔梗、前胡、朝天罐、龙胆、菅草、真蕨、珍珠草以及莎草科杂草等草被。植物与土壤之间关系密切，如在云贵高原的贵州中部地区，由于植被更替和水土流失，导致黄壤的土种、亚类甚至土类的演变。植被为森林→疏林灌丛→灌丛→稀疏草被→石质山地逐渐更替，土壤类型则为中厚层黄壤→薄层黄壤→薄层黄壤性土→黄壤性粗骨土不断演变。不同植被对黄壤理化性状影响较大（表1-3），阳离子交换量、主要养分含量均以阔叶林为高，而C/N以针叶林为高。

表1-3 不同植被下页岩发育黄壤理化性状

植被类型	样品数量（个）	pH	有机质（g/kg）	全氮（g/kg）	C/N	全磷（g/kg）	全钾（g/kg）	有效磷（mg/kg）	速效钾（mg/kg）	阳离子交换量（cmol/kg）
阔叶	21	4.5～5.6	74.4	3.29	13.1	0.59	13.6	7.2	135	19.3
针叶	40	4.0～4.9	43.9	1.78	14.3	0.40	13.2	3.4	103	15.2
草被	43	4.8～5.7	40.1	1.80	12.9	0.45	12.2	4.5	123	16.3

森林植被下的黄壤腐殖质层比较深厚，有机质含量一般在40 g/kg以上，淋淀作用较明显。黄壤开垦为旱耕地后，主要种植玉米、小麦、马铃薯、油菜、烤烟、中药材等。

（五）人为活动

人类的生产活动从宏观和微观、数量和质量、积极和消极等方面对黄壤的形成与分布产生巨大的影响，这种影响干预着自然条件下黄壤发生、发育、演变的正常进程。

从宏观上来看，人类活动主要是改变黄壤发育的生态环境，进而决定黄壤资源的利用格局和资源的数量比例。人类的垦殖活动以人工植被更替了自然植被，并通过耕作措施使土壤理化性状发生较大变化。利用方向和土壤理化性状的变化，带来了黄壤土类和土种之间的演变。随着耕种条件的改善，部分黄壤林草地经过开垦后，即旱耕熟化使黄壤演变成了黄泥土、黄沙泥土等。处于陡峭山坡部位的黄壤，由于植被的人为破坏造成土壤侵蚀，原来具有 A－B－C 剖面构型或 A－(B)－C 构型的黄壤在成土过程中发生“逆转”而成为 A－C 构型的粗骨土和 A－R 构型的石质土。为改善生态环境，人们有意识地进行退耕还林、还草，又使黄壤旱地土种向非耕地土种演变。黄壤的土类、亚类、土属、土种等各级分类单元的数量就处于这种多向演变的动态平衡中。

从微观上来看，人类通过改变黄壤所处的微域地形和土壤理化性状，使黄壤旱地土种由低熟化度向高熟化度演变，如寡黄沙土、死黄泥土变为熟黄沙土、油黄泥土。贵州省遵义市习水县群英村用10年时间，在坡改梯、客土的基础上大量施用有机肥、种植绿肥，使原来的死黄泥土变为油黄泥土。如果放弃精耕细作、集约经营改为粗放经营，又会使高熟化度的黄壤旱地倒退到低熟化度的耕地，尤其是毁林、毁草、开荒，造成的土壤退化危害严重。贵州省毕节市金沙县西洛镇在35°～45°砂页岩发育的黄壤上垦殖5年，使黄沙泥土的表土流失一半，土层由中层变为薄层，其坡麓处的旱地黄沙泥土、黄沙土的表土或被冲刷，或被砾石掩埋，从而使黄壤土类的土种变成黄壤性土类的土种。

第二节　主要成土过程和形成特点

一、主要成土过程

我国黄壤的主要成土过程有脱硅富铁铝化过程、黏化过程、黄化过程、漂洗过程、复盐基过程、生物富集过程等。

（一）脱硅富铁铝化过程

我国黄壤地处湿润温暖的亚热带，土壤存在不同程度的脱硅富铁铝化过程。所谓脱硅富铁铝化过程是指在湿热条件下，岩石矿物强烈分解，硅和盐基元素淋失，铁和铝的氧化物在风化体和土体中相对聚积，同时产生次生黏土矿物的过程。这一过程是在亚热带气候条件下土壤中进行的一种地球化学过程，可用成土富集系数、土体和黏粒的硅铝率、铁的游离度和活化度等指标来说明黄壤的脱硅富铁铝化作用状况。

1. 成土富集系数　成土富集系数是根据土壤剖面中土壤和母岩全量分析结果计算所得的土壤与母岩中同一元素氧化物的比值。若比值大于或等于1，即表明在成土过程中某元素在土壤中有积累；若比值小于1，则表示某元素遭淋失。根据贵州省9个地带性土壤剖面的计算结果，具有脱硅和富铁铝化作用的有6个剖面，约占67%；具有富铁铝化作用的有8个剖面，约占89%。除钾外，9个剖面均有脱钙、脱镁、脱钠作用。由此表明，贵州地带性土壤成土过程的特点是脱硅、脱盐基和富铁铝化作用。对贵州省雷公山地区黄壤和宽阔水地区黄棕壤淀积层之下的渗出水进行化学组成的分析结果（表1－4）表明，硅、钙、镁、钾、钠等盐基的含量均较多，而铁、铝为微量或痕量，进一步证明了在现代成土过程中，土壤的脱硅、脱盐基和富铁铝化作用仍在进行；渗出水中几乎没有检测出铁、铝、锰等化合物，表明已在土体中淀积。与黄棕壤相比，黄壤的脱硅作用更强。

表1－4　贵州黄壤和黄棕壤渗出水化学组成

单位：mg/L

地点	土壤	母岩	pH	SiO_2	Fe_2O_3	Al_2O_3	CaO	MgO	K_2O	Na_2O	MnO
绥阳宽阔水	黄棕壤	砂页岩	6.5	4.15	微量	微量	2.51	0.07	0.03	0.015	微量
雷山雷公山	黄壤	砂页岩	6.5	9.50	痕量	痕量	0.32	1.5	0.02	1.56	痕量

2. 土体和黏粒的硅铝率 土壤黏粒中氧化硅与氧化铝的分子比例称为硅铝率或 *Ki* 值，表示富铝化程度的强弱，*Ki* 值越高，表示富铝化作用越弱；反之，则富铝化作用越强。通过对贵州境内同是页岩发育的 3 种地带性土壤的化学组成分析，土体或黏粒的硅铝率和硅铁铝率都以罗甸的红壤最低，遵义的黄壤次之，水城的黄棕壤较高，威宁的棕壤最高，为 2.96～3.04。这表明土壤富铝化强度是红壤>黄壤>黄棕壤>棕壤。

3. 铁的游离度和活化度 土壤中游离铁的含量占全铁含量的百分率称为铁的游离度，该值的高低可以阐明土壤中富铁作用的强弱。根据贵州境内梵净山的几个土壤类型测定结果，页岩上发育的红壤 B 层铁的游离度为 36.1%，黄壤 B 层为 26.2%，前者大于后者，说明黄壤富铁化程度比红壤弱。土壤类型不同，则铁的活化度也不同。例如，贵州梵净山页岩上发育的土壤垂直带谱基带的红壤表层铁的活化度为 68.9%，山体中部的黄壤为 9.4%～17.9%，山体中上部的黄棕壤为 4.6%～7.1%，黄壤中铁的活化度介于红壤和黄棕壤之间。

（二）黏化过程

处于黄壤核心地带的贵州，黄壤约占全国黄壤总面积的 3/4，黄壤一般具有黏化作用。根据贵州发育于砂页岩风化物的主要土壤剖面测定结果，7 个黄壤剖面中，有 4 个 B/A 层的黏粒比（即黏化率）大于 1.2，即约占 57%的黄壤具有黏化层；3 个红壤剖面中，有 1 个的黏化率大于 1.2，约占 33%；3 个黄棕壤剖面中，有 2 个具有黏化层，约占 67%，黄壤的黏化作用介于红壤与黄棕壤之间。

从贵州发育于砂页岩风化物的主要非耕地土壤和旱耕地土壤的黏化率统计结果（表 1-5）可见，棕壤的黏化作用比黄棕壤明显，黄棕壤又比黄壤明显。

表 1-5 贵州发育于砂页岩风化物的不同类型土壤的黏化率统计结果

土壤	利用方式	剖面数（个）	具有黏化层的剖面数（个）	具有黏化层的剖面数占总剖面数（%）
黄壤	林地	14	4	28.6
	旱耕地	27	7	25.9
黄棕壤	林地	9	3	33.3
	旱耕地	22	7	31.8
棕壤	林地	4	2	50.0
	旱耕地	5	2	40.0

（三）黄化过程

黄化过程是黄壤特有的成土过程，是黄壤在脱硅富铁铝化过程基础上的附加过程（次要成土过程）。黄化作用使心土层形成以黄色为主的土层，形成机制有两个方面：一是成土环境阴雨多、日照少、相对湿度大，使土体经常处于湿润状态，导致铁的氧化物发生水化；二是土壤继承了母质的黄色，土体除表层外，其他土层与母质颜色十分一致。黄化过程在土壤水分多而长期荫蔽、凉爽的环境下能够持续进行，并使土壤的黄色色调保持下来。黄壤土体中具有较多的含水氧化铁，可以从结合水含量予以说明。根据调查，在贵州选取母岩（母质）相似、土壤全铁含量范围基本一致的黄壤和红壤土壤剖面进行结合水含量分析，黄壤和红壤中的结合水含量分别为 14.85%和 9.97%，黄壤的结合水含量比红壤高，是因为发生了游离氧化铁的水化作用。

（四）漂洗过程

漂洗过程使土壤形成灰白色或白色的土层，称为漂洗层。在黄壤地区出现白色土层的土壤一般有

3 种情况：一是泥灰岩长期遭到溶蚀和漂洗作用，碳酸盐及锰、铁等有色物质被淋溶损失，其残留物为白色的黏土或粉砂黏土；二是在盆地的边缘阶地或在稍有倾斜的台地上，因侧渗水流的作用，使土体中铁、锰长期漂洗淋失而形成白色土层；三是母质原本就有白色层，如在有些黏土岩中，可见夹有灰白色或白色的黏土层或粉质黏土层，这些土层在近代侧渗水流的叠加漂洗作用下形成白色土层。

（五）复盐基过程

我国黄壤地区的碳酸盐岩广泛分布，在溶蚀过程中产生富含重碳酸盐的岩溶水，当其流入酸性的黄壤地段后，便增加了土壤中的碳酸盐含量，使土壤酸度降低，盐基饱和度提高。据测定，复盐基以前的黏质老风化壳或页岩、泥岩等风化物形成的黄壤 pH 为 4.5～5.5，复盐基后的黄壤耕层的 pH 可提高到 7.0 左右，碳酸钙含量达到 0.5～3 g/kg。除了岩溶水对土壤进行复盐基作用外，酸性黄壤长期施用石灰或火土灰等碱性物质，也是一种复盐基作用。

（六）生物富集过程

土壤腐殖质的积累因植被类型、覆盖度、地区水热状况的不同而有很大的差异性。根据贵州省贵阳市的黄壤测定结果，阔叶林下黄壤的有机质平均含量为 78.9 g/kg（n=13），灌丛草被下黄壤为 48.8 g/kg（n=35），针叶林下黄壤仅为 35.2 g/kg（n=35）。海拔与黄壤有机质的积累量具有明显的正相关关系，一般是随着海拔升高，黄壤有机质含量随之增高。例如，海拔 1 000～1 200 m 的黄壤有机质含量平均为 40.5 g/kg（n=25），海拔 1 200～1 400 m 的黄壤有机质含量平均为 48.0 g/kg（n=37），海拔 1 400～1 600 m 的黄壤有机质含量平均为 60.5 g/kg（n=13）。

在温暖湿润的亚热带气候条件下，黄壤具有强烈的生物富集过程。据调查，云贵高原贵州中部龙里林场的黄壤在 19 年的人工马尾松林下，枯枝落叶层干物质约为 10.5 t/hm^2。由于凋落物的不断腐解和地下部分根系的死亡，为土壤补充了丰富的有机物，使 A 层、B 层腐殖质含量分别提高 2.6 倍和 0.92 倍。自然植被为土壤增添了原来岩石中含量很少甚至完全没有的元素，土壤的氮素含量从无到有在很大程度上得益于植物和微生物的作用。黄壤的有机质、全氮含量较高，若以 C 层含量作为基数，则 A 层分别提高 218%和 125%，B 层分别提高 64%和 41%。由于生物的选择吸收和再分配，A 层的矿质养分含量也比母质丰富，如全磷和全钾含量分别增加 51%和 7.7%，有效磷和速效钾含量分别增加 169%和 152%。

表 1-6 是发育于相似植被、母岩下黄壤、红壤、黄棕壤剖面养分层次间差异。保存完好的植被，黄壤的枯枝落叶层有 2 cm 厚，半分解的枯枝落叶层超过 5 cm；黄棕壤的枯枝落叶层和半分解枯枝落叶层均为 4 cm，根系盘错的 A 层 2 cm 厚；而红壤的枯枝落叶层不明显。在 3 个土类中，黄壤养分含量处于中间状态，仅钾含量较高，可能与母质有关。

二、形成特点

黄壤的形成特点，除了具有热带、亚热带土壤所共有的脱硅富铁铝化和生物富集过程外，主要表现在黄壤的黄化过程上，这也是黄壤区别于红壤形成过程的主要特点。

黄壤具有明显的脱硅富铁铝化作用，但由于所处的热量条件比红壤低，其作用强度也比红壤弱。一般黄壤黏粒的硅铝率为 1.5～2.5，硅铁铝率为 2.0 左右（表 1-7）。中亚热带黄壤的黏土矿物以蛭石为主，其次是高岭石和水云母；热带及南亚热带的山地黄壤以高岭石占优势。黄壤含有三水铝石，但与砖红壤中的三水铝石不同，它并非高岭石进一步分解的产物，而是由母岩中原生矿物直接风化而来。黄壤的脱硅富铁铝化程度还因成土母质而异。例如，贵州黄壤黏粒的硅铝率，在贵阳市由第四纪红色老风化壳发育而成的黄壤为 1.7～1.9，在安顺市平坝区由玄武岩发育而成的黄壤为 2.4～2.8；四川盆地西部由台地更新统沉积物发育而成的黄壤，其黏粒硅铝率为 2.0～2.7，黏土矿物以高岭石或埃洛石为主，次为水云母、绿泥石和蛭石。

表 1-6 发育于相似植被、母岩下黄壤、红壤、黄棕壤剖面养分层次间差异

土壤类型	地点	植被	海拔（m）	母岩	发生层次	深度（cm）	全量养分（g/kg）				与底层之比值			
							有机质	全氮	全磷	全钾	有机质	全氮	全磷	全钾
黄棕壤	贵州省遵义市绥阳县宽阔水	常绿落叶阔叶混交林	1 700	页岩	A_{00}	0～4								
					A_0	4～8								
					AH	8～10								
					A	0～16	222.0	6.5	0.59	9.1	17.6	13.0	2.8	0.31
					B_1	16～25	55.3	3.3	0.32	10.5	4.3	6.6	1.5	0.35
					B_2	25～43	59.8	3.8	0.36	10.3	4.7	7.6	1.7	0.35
					BC	43～65	12.6	0.5	0.21	29.6	1	1	1	1
黄壤	贵州省铜仁市江口县梵净山	常绿落叶阔叶混交林	1 180	千枚岩	A_{00}	0～2								
					A_0	2～7								
					A	0～14	148.5	4.2	0.45	20.2	12.7	8.9	1.8	0.87
					B_1	14～25	68.5	2.4	0.38	22.8	5.9	5.2	1.5	0.89
					B_2	25～40	31.4	1.3	0.25	20.7	2.7	2.7	1.0	0.89
					BC	40～56	11.7	0.47	0.25	23.1	1	1	1	1
红壤	贵州省黔东南苗族侗族自治州（以下简称黔东南州）黎平县	常绿阔叶林为主	500	页岩	A	0～5	78.1	3.1	0.36	6.5	30.0	10.3	2.0	0.75
					AB	5～20	10.8	0.7	0.27	12.7	4.2	2.3	1.5	0.65
					B	20～35	7.2	0.6	0.27	16.1	2.8	2.0	1.5	1.85
					BC	35～75	2.6	0.3	0.18	8.7	1	1	1	1

表 1-7 黄壤的化学组成（贵州仁怀，页岩母质）

深度 (cm)	烧失量 (g/kg)	土体化学组成（按烘干土，g/kg）								黏粒分子率	
		SiO_2	Al_2O_3	Fe_2O_3	TiO_2	MnO	MgO	K_2O	Na_2O	SiO_2/Al_2O_3	SiO_2/R_2O_3
0～20	109.9	703.5	103.5	52.9	1.7	0.2	5.4	7.8	1.6	2.48	1.81
22～35	91.3	718.8	111.8	53.9	12.3	0.2	4.6	5.5	1.2	2.28	1.71
70～80	91.0	668.9	150.6	55.6	11.1	0.2	6.2	12.3	1.6	1.59	1.30
＞80	67.4	570.4	212.6	75.9	10.2	0.2	5.2	17.7	2.0	—	—

黄化是黄壤在脱硅富铁铝化基础上发生的特征性成土过程，与其所处的潮湿成土环境密切相关。黄壤地区全年相对湿度大而较稳定，土体经常保持湿润状态，致使脱硅富铁铝化过程中形成和聚积的大量游离氧化铁明显水化，形成针铁矿、褐铁矿和以多水氧化铁为主的水合氧化铁矿物，引起土壤的颜色变黄，尤以B层的黄色更为鲜艳。以土壤的烧失水（烧失量减去有机质含量）代表其矿物的化合水，黄壤的烧失水比红壤高50%以上（表1-8）。

表 1-8 黄壤与红壤的烧失水比较

土壤	地点	海拔（m）	深度（cm）	烧失水（g/kg）
黄壤（林地）	贵州省望谟县	1 380	0～10	113.6
			10～35	148.5
红壤（林地）	贵州省罗甸县	700	0～21	64.9
			21～56	99.7
黄壤（草地）	贵州省榕江县	860	0～15	117.5
			15～25	99.4
红壤（草地）	贵州省罗甸县	450	0～10	49.7
			10～31	57.6

黄壤区由于雨水充沛、湿度大、植被生长繁茂，故生物累积作用强。黄壤的有机质含量往往比同地带相似植被下的红壤高。例如，在广西森林植被树龄和覆盖度以及林木蓄积量均相似的条件下，黄壤有机质含量比红壤高1～2倍。因此，黄壤较红壤具有更强的生物富集作用。次生植被下也有类似的结果。

第三节 人为活动对耕地黄壤的影响

一、旱耕熟化过程

黄壤是森林植被下形成的土壤，在漫长的历史进程中，土壤-植被间进行着物质和能量的交换，垦殖后人工植被与土壤的物质循环同自然植被与土壤的物质循环，无论是循环的周期，还是物质交换量均不相同，因而林草地黄壤难以满足人工植被对物质和能量的需求。林草地黄壤主要存在C/N大、盐基饱和度低、酸性强、有效养分缺乏等问题。熟化过程实际上就是改变林草地土壤对农作物生长不利性状的过程，大致包括C/N的调适、盐基总量的提高、质地的改良、黄壤下垫面的改善等过程。开垦后至初熟阶段，黄壤旱地继承了林草地的性状，如黏土质黄壤垦殖后的一段时间，具有黏、酸、瘦、薄等特性，至熟化阶段，这些不良性状逐渐消失，人工赋予了新的农业生产性状（表1-9）。通常黄壤旱地A层的有机质、全氮、C/N下降，而pH、阳离子交换量上升。熟化过程的速率主要受人为因素制约，其中，技术和物质的投入占主导地位。熟化过程所需时间远比自然成土过程短，但由于黄壤地区旱耕地所处的生态环境较差，加上经营管理粗放，黄壤熟化过程显得较长。根据贵州省黄壤旱地土壤质量评价结果，熟化度高的黄壤仅占耕地黄壤总面积的9.2%，其余90.8%的耕地黄壤处于中度和低度熟化水平。

表1-9 黏土质黄壤垦殖前后理化性状

利用方式	地点	发生层次	采样深度（cm）	pH	有机质（g/kg）	全量养分（g/kg）			C/N	有效养分（mg/kg）			阳离子交换量（cmol/kg）	容重（t/m³）	机械组成	
						全氮	全磷	全钾		碱解氮	有效磷	速效钾			<0.01 mm黏粒占比（%）	质地名称（卡制）
林草地	贵州省遵义市	A	7～15	4.1	55.0	1.53	0.33	12.5	20.8	173	22	162	13.0	1.0	51.9	重壤土
		B	15～40	4.4	14.4	0.63	0.21	10.3	13.2	80	8	80	7.2	1.2	63.2	轻黏土
		C	40～48	4.5	8.0	0.23	0.19	8.9	20.2	45	5	50	6.1	1.4	73.2	轻黏土
旱地	贵州省遵义市	A	2～19	5.4	26.5	1.15	0.31	18.2	13.4	128	13	86	14.8	1.1	66.4	轻黏土
		B	19～57	5.9	16.0	0.80	0.33	18.5	11.6	65	9	65	9.1	1.2	57.8	重壤土
		C	57～78	6.6	7.3	0.57	0.19	17.5	7.4	35	6	50	7.3	1.2	58.5	重壤土

二、旱耕熟化再造土体构型

黄壤的熟化过程是不断改善黏、酸、瘦、薄等不良特性的过程。深耕炕土、水土保持、施有机肥与石灰，都是熟化黄壤的重要措施。培肥过程的主要阶段包括从自然开垦的黄壤转变为低肥力黄壤，进而转变为中等肥力黄壤，最终熟化为高肥力黄壤。以第四纪红色老风化壳发育的黄壤熟化过程为例，其旱耕熟化可以概括为由开垦之初的死黄泥土转变为黄泥土，再由黄泥土转变为油黄泥土的过程。

第一阶段，自然黄壤变死黄泥土。在垦殖初期，耕作和施肥水平较低，耕层厚度仅15 cm左右，土质黏重，大块状结构，耕作性能差，酸性重，旱地幼苗出土难，土壤肥力与作物产量均较低。

第二阶段，死黄泥土变黄泥土。随着耕作和施肥水平提高，耕层加深至20 cm左右，土壤结构逐渐改善，耕作性能变好，肥力提高，宜种范围扩大。

第三阶段，黄泥土变油黄泥土。大量施用有机肥与加深耕层的厚度，土壤颜色变深，具有疏松多孔的结构表层，厚度达20～25 cm，土壤养分丰富，抗旱、抗涝能力增强，基本达到高产稳产的高肥力水平。黄壤熟化过程的性质变化见表1-10、表1-11。

表1-10 不同熟化度黄壤水稳性团粒结构的变化

土壤名称	熟化度	粒径占比（%）					合计（%）
		>3 mm	2～3 mm	1～2 mm	0.5～1 mm	0.25～0.5 mm	
死黄泥土	低	7.00	2.16	20.44	1.32	2.00	32.92
黄泥土	中	2.60	17.60	13.62	6.12	8.70	48.64
油黄泥土	高	12.40	12.40	31.26	1.42	1.20	58.68

注：数据来源于贵州大学农学院。

表 1-11　不同熟化度黄壤化学性质的变化

土壤名称	熟化度	层次	有机质 (g/kg)	全量养分 (g/kg)			有效养分 (mg/kg)			pH	交换性能 (cmol/kg)	
				全氮	全磷	全钾	碱解氮	有效磷	速效钾		交换酸	阳离子交换量
死黄泥土	低	耕层	11.65	0.55	0.61	11.33	53	3	55	5.1	5.81	8.56
		心土层	5.21	0.27	0.58	8.55	41	1	45	4.6	6.11	5.31
黄泥土	中	耕层	29.28	1.43	1.05	19.12	95	11	115	6.8	1.28	14.40
		心土层	8.11	0.51	0.94	16.35	75	6	95	5.9	3.31	8.91
油黄泥土	高	耕层	41.19	2.38	1.65	22.65	155	18	168	7.2	痕量	23.91
		心土层	11.51	0.91	1.07	20.16	140	9	123	6.6	痕量	10.26

注：数据来源于贵州大学农学院。

不同母质发育的黄壤开垦为耕地后一般都按照这种熟化过程不断得以熟化。例如，砂页岩风化物发育的黄壤开垦后的熟化序列为黄沙土→黄沙泥土→油黄沙泥土。

综上所述，黄壤开垦为耕地后，土体构型由自然黄壤的腐殖质层（A）-淀积层（B）-母质层（C）型转变为耕层（A）-犁底层（P）-心土层（B）-母质层（C）型，即土体中出现犁底层（P）。耕地黄壤熟化过程的显著特征是土体构型的变化，其中，犁底层的发育是典型特征，犁底层的紧实度以及对其他物质的截留作用，使犁底层与耕层及心土层出现明显差异。黄壤开垦为旱地土壤，有机质含量先下降，随着人为培肥熟化作用时间的推移，土壤有机质含量逐渐升高，当达到一定含量时则趋于稳定。

三、施肥对黄壤 pH 的调节

在作物种植过程中，化肥和有机肥的施用会影响黄壤酸碱度。相对降水、成土过程、作物种植等，施肥能迅速而显著地改变土壤的 pH 环境。有机肥或者无机肥所含的大量元素和微量元素进入土壤，在“土壤-作物”之间循环，并对土壤 pH 产生直接影响，导致土壤酸碱度变化。总体而言，因为大量元素和中量元素的施用量远远大于微量元素，所以大量元素和中量元素（氮、磷、硫）对土壤 pH 的影响大于微量元素。

（一）氮肥对土壤酸度的影响

常用氮肥有尿素［CO $(NH_2)_2$］、碳酸氢铵（NH_4HCO_3）、氯化铵（NH_4Cl）、硝酸铵（NH_4NO_3）、硫酸铵［$(NH_4)_2SO_4$］、磷酸铵类肥料［$NH_4H_2PO_4$、$(NH_4)_2HPO_4$］和多聚磷酸铵［$(NH_4PO_3)_n$］等。肥料氮素进入耕地土壤后，在 CO $(NH_2)_2$、NH_4^+、NO_3^- 等形态之间转化，会经历氨化作用、硝化作用、植物摄入和氮淋溶等过程，并伴随着土壤 H^+ 的生成与消耗，影响黄壤酸碱度的变化。总体而言，长期施用化学氮肥即生理酸性肥料可引起耕地黄壤进一步酸化，导致土壤 pH 降低。

具体而言，相对于其他形式的氮肥，铵类氮肥酸化土壤的能力较强（图 1-1）。这是因为，1 mol/L CO $(NH_2)_2$ 或 NH_3 转化为 NH_4^+ 会消耗 1 mol/L H^+，NO_3^- 对土壤酸碱度无直接影响，而 1 mol/L NH_4^+ 的硝化却要释放 2 mol/L H^+。土壤酸化可能由于植物对 NO_3^- 的摄入而缓解，因为 1 mol/L NO_3^- 的摄入会消耗 1 mol/L H^+ 或生成 1 mol/L OH^-。研究发现，植物摄入 NO_3^- 会使土壤 pH 升高（Smiley and Cook，1973）。

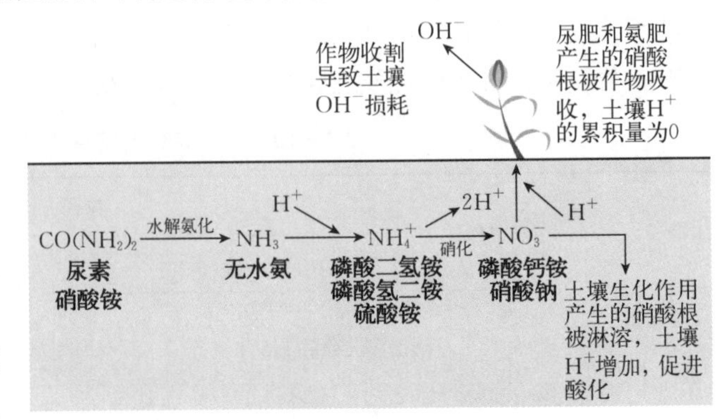

图 1-1　氮肥循环转化对土壤酸度的影响

注：加粗字体表示肥料。

（二）磷肥与土壤酸化

常用的磷肥主要有普通过磷酸钙、重过磷酸钙、钙镁磷肥、磷酸二氢铵等。土壤中磷酸氢根的转化过程既可释放 H^+ 又可吸收 H^+（图 1－2），磷肥会影响土壤酸碱度。在 pH 低于 6.2 的酸性土壤中，1 mol/L H_3PO_4 会释放 1 mol/L H^+，引起土壤酸化；在 pH 高于 8.2 的碱性土壤中，会释放 2 mol/L H^+，进而降低土壤 pH。磷肥［$NH_4H_2PO_4$、Ca（H_2PO_4）$_2$ 和 Ca（H_2PO_4）$_2$ · H_2O］施入土壤后，有效成分 $H_2PO_4^-$ 能酸化 pH 大于 7.2 的大黄泥土，但对酸性土壤没有酸化作用。磷肥 $(NH_4)_2HPO_4$ 的有效成分 HPO_4^{2-} 会降低 pH 小于 7.2 的土壤酸度，但对 pH 大于 7.2 的大黄泥土没有影响。多磷酸铵的磷从 $P_2O_7^{4-}$ 转化为 HPO_4^{2-} 不会导致 pH 变化，其施入土壤的效果与 HPO_4^{2-} 相似。$H_2PO_4^-$ 在 pH 大于 7.2 的大黄泥土会释放 H^+ 促进土壤酸化。由于作物对磷摄入量较少，因此对土壤酸碱度基本没有影响。目前，还没有研究发现，作物对不同形态磷酸盐的摄入会导致耕层土壤 pH 的显著变化。

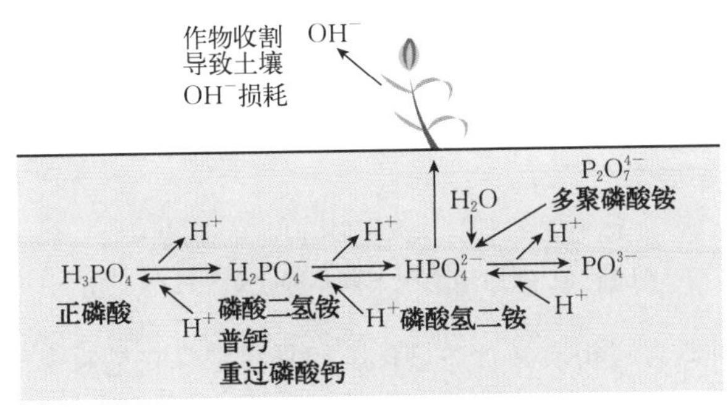

图 1－2　磷肥循环转化对土壤酸度的影响

注：加粗字体表示肥料。

（三）硫肥与土壤酸化

农业生产中，常用硫肥主要有元素硫（硫黄）、石膏、硫酸铵、硫酸钾、过磷酸钙（含游离硫酸），以及多硫化铵和硫黄包膜尿素等含硫肥料。硫肥（硫元素和硫代硫酸铵主要成分 $S_2O_3^{2-}$）施入耕地土壤后会释放 H^+ 导致土壤酸化（图 1－3），但硫肥的施用量和作物摄入量都低于氮肥，对土壤酸化的影响相对有限。1 mol/L S 施入土壤后会释放 2 mol/L H^+，但土壤酸化会被作物的 H^+ 吸收或 OH^- 的分泌缓解或抵消。此外，作物为保持自身生物质的碱性，会在体内合成功能性阴离子（OH^-），同样有利于土壤 pH 酸化的缓解。因此，在施用硫肥（S 和 $S_2O_3^{2-}$）并收割作物后，土壤会发生净酸化。

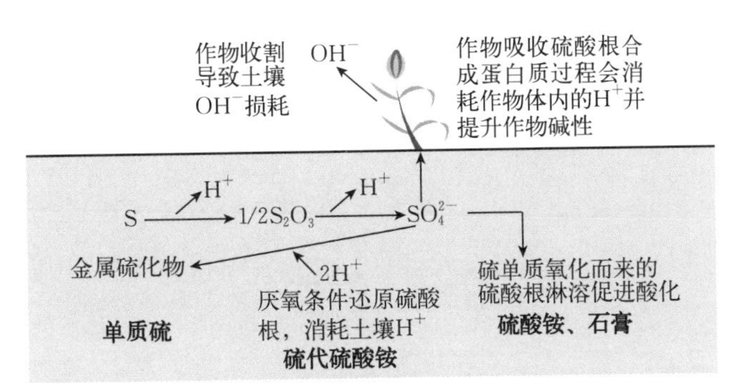

图 1－3　硫素肥料循环转化对土壤酸度的影响

注：加粗字体表示肥料。

（四）有机肥、有机无机复混肥对黄壤酸度的调节

农业生产上施用的有机肥包括人粪尿、厩肥、堆肥、绿肥、饼肥、沼气肥等。施用有机肥一般有

利于缓冲土壤酸碱度的变化。例如，施用垃圾复混肥对黄壤旱地土壤性状的影响研究（何腾兵等，2003）表明，黄壤旱地连续 4 年施用垃圾复混肥后，土壤 pH 从 7.32 上升到 7.44～7.60；茶园黄壤施用猪粪堆肥、沼渣使土壤 pH 从 5.17 分别提高到 5.51 和 5.26（陈默涵等，2018）。随着施用猪粪肥年限的增加，土壤 pH 表现为先上升后下降的一个过程（曾庆庆 等，2019），可能是为了防止猪粪发酵过程产生大量气泡，添加了生石灰，当施肥达到 8 年时，耕层土壤 pH 集中在 5.0～6.0，但是并未出现土壤酸化现象（图 1-4）。

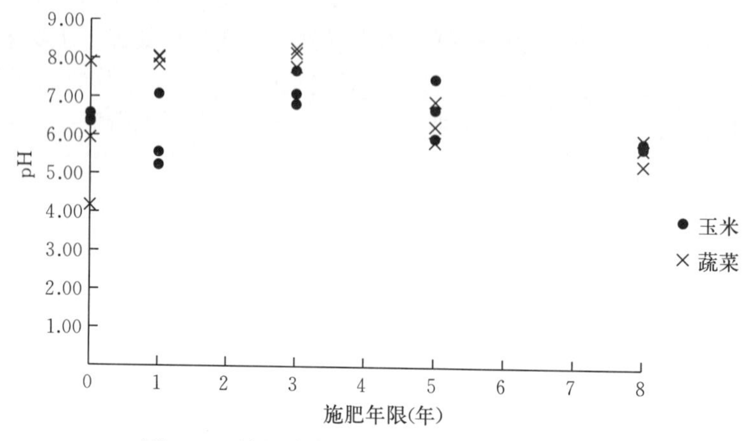

图 1-4 施用猪粪肥不同年限土壤 pH 的变化

有机无机复混肥是一种既含有机质又含适量化肥的复混肥。它是对粪便、草炭等有机物料，通过微生物发酵进行无害化和有效化处理，并添加适量化肥、腐殖酸、氨基酸或有益微生物菌，经过造粒或直接掺混而制得的商品肥料。这类肥料施入土壤后，由于自身具有多种成分，富含养分和盐基离子，一般不会引起土壤 pH 的急剧变化。

第二章 分类原则和依据 >>>

土壤分类是土壤科学水平的标志，是土壤调查制图和土壤资源评价及合理开发利用的基础，是因地制宜推广土壤改良利用科学技术的依据之一，也是国内外土壤信息交流的媒介。目前，国际上土壤分类主要有美国土壤系统分类（ST）和世界土壤资源参比基础（WRB），国内土壤分类主要有土壤发生分类（CSGC）和土壤系统分类（CST）（高崇辉，2004）。

我国土壤分类的发展经历了马伯特分类、土壤发生分类、土壤系统分类3个阶段。马伯特分类是20世纪30年代在美国土壤学家的帮助下引进的，建立了2 000多个土系，并写出了介绍中国土壤概貌的综合性专著《中国土壤地理》。土壤发生分类是建立在土壤发生假说的基础上，由于认识不同，同一种土壤可以有不同的分类归属；土壤发生分类重视生物气候条件，而忽视时间因素，因而可能把已经发生的过程和即将发生的过程混淆；土壤发生分类强调中心概念，但边界往往不清楚，以致某些土壤类型找不到适当的分类位置；土壤发生分类常缺乏定量指标，难以输入计算机进而建立信息系统，更不能进行分类的自动检索，这与现代信息社会不相适应。1984年开始，中国科学院南京土壤研究所主持进行了长达10年的中国土壤系统分类研究。20世纪90年代至21世纪初，中国学者开展了大量的土壤系统分类的高级分类单元研究。2008年，国家启动了科技基础性工作专项“我国土系调查与《中国土系志》编制”，对各省份开展了全面的土系调查研究，分别出版了土系志。以诊断层和诊断特性为基础的中国土壤系统分类既与国际接轨，又充分体现我国特色。除建立分类原则、诊断层和诊断特性及分类系统外，还提供了一个检索系统，每一种土壤可以在这个系统中找到所属的分类位置。

我国耕地黄壤地区的土壤分类，也同样采用发生分类和系统分类，并以土壤发生分类的应用最为广泛。

第一节 分类原则

本书的耕地黄壤分类遵循第二次全国土壤普查土壤分类的基本原则，突出耕地土壤的地位，主要分类原则如下。

一、耕地土壤与非耕地土壤同出一源

在开垦为耕地前的悠长岁月，由于相同的自然成土因素影响，黄壤同样经历了复杂的、一致的成土过程，产生相似的属性，开垦为耕地后，受人工培肥改良的影响，土壤形态和性状均发生变化。例如，旱耕地土壤有机质矿化速率提高、有机质含量下降、矿质养分含量增加、复盐基作用加强、酸度降低等。说明耕地土壤与非耕地土壤具有发生学上的联系，土壤属性具有某些继承性，当然也不排除土壤性状的差异性。因此，将自然土壤与耕作土壤归入统一的分类系统中，并突出耕地土壤的性状差异性。水稻土有其独特的成土过程，在土类一级予以独立，但不作为本书的内容。分类系统中，旱耕地在土种一级分类时与自然土壤予以区分，这既不割裂耕地土壤与自然土壤的发生学联系，又顾及其

实质性的差别。

二、土壤发生分类的原则

土壤作为历史自然体，其发生、发育受各种因素制约，由于各种成土因素影响的强烈程度和成土过程在空间与时间上的进程不同，导致土壤发育方向和程度的差异，土壤分类时必然予以应有的体现，以避免机械地把已经发生的成土过程同即将发生的成土过程混为一谈，进而将成年土壤（A-B-C构型）与幼年土壤（A-C、A-BC-C、A-R构型）混为一体。自然成土因素（如生物、气候条件）有规律的变化导致土壤的地理分布有规律地演替，这种土壤地带性客观存在，在土壤分类中尤其是高级分类单元中得到体现。在划分地带性土壤时，既注重“中心”概念，也尽量考虑“边缘”概念，并以土壤本身具备的特征、特性为依据，而不生搬硬套。因此，本书中耕地黄壤的分类，在基层单元划分时，尽可能地应用数值和指标，进而尽可能地弥补地带性土壤按中心概念划分时的不足，逐渐向土壤诊断层分类靠近。

三、土壤分类的系统性原则

第二次全国土壤普查以全部土壤为对象，这些土壤在不同程度的成土因素综合作用下，经历着不同的成土过程，有着不同的发育阶段和属性，按土壤自身的发生、发育和演变规律，系统地进行区分和归纳，全面地反映各土壤类型的上下纵横联系，这是土壤分类应遵循的又一个原则。

第二节　分类依据

本分类按照全国第二次土壤普查统一的土壤分类系统和依据进行，并随着土壤普查的深化而修订、补充、完善。本分类将自然条件、成土过程及其属性，包括土壤剖面形态、理化性状等，作为土壤分类的依据，分类系统采用土纲、亚纲、土类、亚类、土属、土种、变种七级制（变种一般在大比例尺调查制图、指导生产时应用，本分类系统中暂不罗列）。

一、土纲

土纲是土壤分类的最高级单元。依主要成土过程和赋予的较稳定的土壤特征以及留下的诊断特性来划分，它们是由成土的主导力量造成的。如铁铝土纲，它所包含的土壤群均具有主要的成土过程——富铁铝化过程，土壤均经过强烈和较强烈的淋溶，盐基离子流失，并出现脱硅和铁铝氧化物聚集，产生红黄色等色调的铁铝层。水成土纲成土的主导力量为水分，处于长期渍水和嫌气条件下形成的土壤，具有丰富的有机质特征发生层即泥炭层和腐泥层，是土纲的主要特征土层。水稻土的水耕熟化过程使土壤剖面产生了与其他类型土壤不同的层次分异以及性状特征，这是人为利用、改造土壤的结果，归为人为土纲。对于发育程度弱、土壤剖面层次分异差的土壤群，如石质土、粗骨土等归入初育土土纲。按照上述依据将土壤分为铁铝土、淋溶土、水成土、半水成土、初育土和人为土 6 个土纲。

二、亚纲

亚纲是土纲的辅助单元。根据那些对现行成土过程起主导控制作用的因素，以及由这些因素造成的土壤发生层形态差异划分。如对铁铝土纲的富铁铝化成土过程起控制作用的因素是湿度、热量，湿热铁铝土亚纲是铁铝土纲中处于高湿多雨环境的土壤群，与温暖铁铝土亚纲处于温暖湿润环境的土壤群相比较，前者脱硅、富铁铝化作用更强烈，黏粒的硅铝率更低，黏土矿物中三水铝石所占的比例更大，因而区分成不同的亚纲。又如初育土纲的土壤发育程度低，受母岩、母质本身性质的制约作用较大，足以控制其成土过程的速率以及发生层次的分化，故根据母岩、母质对成土过程产生的差异分成土质初育土亚纲和石质初育土亚纲。

三、土类

土类是在一定自然条件或人为因素共同作用下，经过一个主导或几个相联系的成土过程，具有一定的发生层次可鉴别的土群，同一土类在土壤属性上较接近，不同的土类具有明显的差异，划分依据如下。

一是土壤发生型与当地的生物气候条件相吻合，即依据土壤的地带性划分。例如，依此划分的地带性土壤有红壤、黄壤、黄棕壤和棕壤。黄壤经过开垦后形成耕地黄壤，是本分类的对象。

二是由于母岩和母质因素的强烈影响，在一定程度上掩盖和阻碍了生物气候的作用，产生与地带性土壤不同的成土过程和性质，具有明显母岩烙印的岩成土，如石灰（岩）土、紫色土以及带有冲积母质强烈影响的潮土。

三是由于成土年龄短或土壤发生发育处于不稳定状态，受强烈的外营力干扰，土壤始终处于幼年阶段，土体发育分化差，如新积土、红黏土、石质土和粗骨土。

四是由于水分的强烈影响，在嫌气条件下成土作用产生泥炭化或沼泽化过程，富集丰富的有机质土壤，如沼泽土、泥炭土。

五是由于人为耕作、种植、灌溉的强烈影响，改变了土壤的发育方向，产生特殊的土壤剖面层次分异，如水稻土。

六是每类土壤在成土因素的综合作用下具有可识别的主要成土过程，如黄壤的富铁铝化过程、水稻土的水耕熟化过程、沼泽土的沼泽化过程。

七是每类土壤均具有与其主要成土作用和成土过程相对应的特定的剖面形态特征及理化性状，特别是作为鉴定该土类特征的特征土层，如黄壤的黄化土层、红壤的铁铝土层、泥炭土的泥炭层、沼泽土的腐泥层、水稻土的渗育层和潴育层。

四、亚类

亚类是土类的辅助单元，是土类的续分，其划分依据如下。

一是同一土类不同发育阶级，在成土过程的进程和剖面性态的差异上可供识别。如在黄壤土类中发育阶段成熟的，具有 A－B－C 剖面发生层的成熟土壤归属黄壤亚类（具有黄壤的典型特征）；发育程度较次，仅具有 A－(B)－C 构型，B 层发育的形态特征不明显或厚度不足 20 cm 的归属黄壤性土亚类。

二是几个成土过程的交织引起土类之间一种土壤向另一种土壤发育过渡，这种土壤具有两种土类的综合性特征。如由黄壤土类向红壤土类过渡的土壤划分为黄红壤亚类，归属于红壤土类中。

三是在同一类中，由于叠加成土作用，在主导成土过程之外的附加成土过程，使土壤属性发生相应的变化，则另立亚类。如黄壤土类中除黄壤亚类（具典型黄壤特征）外，还有附加漂洗过程的漂洗黄壤亚类。

五、土属

土属是在土壤发生分类上具有承上启下意义的单元，是具有共性土种的归纳。它是在同一亚类范围内由于地方性因素影响，使土壤形态特征产生变异，土属划分的地方性因素主要如下。

一是成土母质（母岩）的差异。对地带性土壤而言，土属主要根据母岩成土过程中形成风化壳的地球化学类型来划分（为求与其他岩石、母质发育的土壤命名具有同一性，最终打破了“铁质”“硅铁质”等称谓）。另外，对一些特殊母岩、母质形成的地带性土壤在划分土属时给予保留，如紫色岩发育的黄壤、黏质老风化壳发育的黄壤。

二是成土母质的质地。如黄壤亚类之下划分为黄黏泥土（黏土类）、黄沙泥土（壤土类）和黄沙土（沙土类）土属。

三是复盐基造成的土壤剖面碳酸钙镁积累及 pH 升高。如黄壤亚类之下划分出大黄泥土土属、黄壤性土亚类之下划分出幼大黄泥土土属，耕层 pH 均在 6.5～7.5，有的 pH 达 8 左右，一般还具有石灰反应。

六、土种

土种是发育在相同母质上，具有类似的发育程度和土体构型的一群土壤，同一土种在发生层次的排列、土层厚度、质地、结构、颜色、有机质含量和酸碱度等相类似或变异较小。主要划分依据如下。

一是耕地土壤依熟化程度划分。熟化程度是综合性的模糊概念，常以土壤有机质含量为指标，一般土壤有机质含量>40 g/kg 为高熟化度，有机质含量<20 g/kg 为低熟化度，介于两者之间的为中熟化度。如黄沙土土属开垦的耕地划分出黄沙土（中熟化度）、寡黄沙土（低熟化度）、熟黄沙土（高熟化度）3 个土种。

二是非耕地土壤土种的划分主要以土体厚度为依据，分为厚层（>80 cm）、中层（40～80 cm）、薄层（<40 cm）。如砂岩发育的黄沙土土属中非耕地划分出厚黄沙、黄沙、薄黄沙 3 个土种。

三是剖面中障碍层次出现的部位。如白胶泥土土属（旱耕地土壤），分为重白胶泥土（20 cm 以内出现白黏层）、中白胶泥土（20～40 cm 出现白黏层）和轻白胶泥土（40 cm 以下出现白黏层）3 个土种。

四是质地和砾石含量的差异。如旱耕地的幼黄沙土土属，划分为砾质黄沙土（含砾石）、粗沙黄泥土（含粗沙）和石渣黄泥土（含石渣）3 个土种。

五是长期经受石灰岩岩溶水的浸润，使某些地带性土壤的酸性消失，盐基离子增加，pH 上升。如大黄泥土土属下划分出复钙黄泥土土种和复盐基黄黏泥土土种（A 层和 B 层 pH 均大于 7.0，有石灰反应）。

七、变种

变种是土种的辅助单元，是土种范围内的细分（适用于乡镇及村以下单位或耕地土壤改良修复利用项目区的大比例尺调查、指导生产用），在本分类系统中未具体罗列，划分依据是以典型土种为标准，在某些性状上产生的微小差异。如表层质地上的变化、混合物（侵入体）（如煤灰渣）含量的增加、施用石灰形成结核的情况。黄泥土土种中含黏粒较多（轻黏），划分为黄泥夹胶变种；含沙粒较多（轻壤），划分为黄泥夹沙变种；含煤灰渣较多，划分为灰渣黄泥土变种。

第三节　土壤分类系统及土壤命名

一、土壤分类

按本章前两节介绍的分类原则和依据，将全国土壤共划分 12 个土纲、57 个土类、197 个亚类，见表 2-1。

表 2-1　中国土壤分类

土纲	土类	亚类
铁铝土	砖红壤	砖红壤、黄色砖红壤
	赤红壤	赤红壤、赤红壤性土、黄色赤红壤
	红壤	红壤、棕红壤、黄红壤、山原红壤、红壤性土
	黄壤	黄壤、漂洗黄壤、黄壤性土

（续）

土纲	土类	亚类
淋溶土	黄棕壤	黄棕壤、黏盘黄棕壤
	棕壤	棕壤、潮棕壤、白浆化棕壤、棕壤性土
	暗棕壤	暗棕壤、草甸暗棕壤、潜育暗棕壤、白浆化暗棕壤
	灰黑土	暗灰黑土、淡灰黑土
	漂灰土	漂灰土、棕色针叶林土、棕色暗针叶林土、腐殖质淀积漂灰土
半淋溶土	燥红土	燥红土、褐红土、淋溶燥红土
	褐土	褐土、潮褐土、褐土性土、淋溶褐土、石灰性褐土
	灰褐土	淋溶灰褐土、石灰性灰褐土
	黑土	黑土、草甸黑土、白浆化黑土
	灰色森林土	暗灰色森林土、淡灰色森林土
钙层土	黑钙土	黑钙土、淋溶黑钙土、草甸黑钙土、淡黑黑钙土、碱化黑钙土、盐化黑钙土、石灰性黑钙土
	栗钙土	栗钙土、暗栗钙土、淡栗钙土、草甸栗钙土、盐化栗钙土
	栗褐土	栗褐土、淡栗褐土、潮栗褐土
	黑垆土	黑垆土、黑麻土、黏化黑垆土
干旱土	棕钙土	棕钙土、淡棕钙土、草甸棕钙土、盐化棕钙土、碱化棕钙土
	灰钙土	灰钙土、淡灰钙土、草甸灰钙土、盐化灰钙土
漠土	灰漠土	灰漠土、盐化灰漠土、碱化灰漠土、灌耕灰漠土
	灰棕漠土	灰棕漠土、石膏灰棕漠土、灌耕灰棕漠土、石膏盐盘灰棕漠土
	棕漠土	盐化棕漠土、石膏棕漠土、灌耕棕漠土、石膏盐盘棕漠土
初育土	红黏土	红黏土、积钙红黏土、覆钙红黏土、复盐基红黏土
	新积土	新积土、冲积土、珊瑚沙土
	石灰（岩）土	棕色石灰土、黑色石灰土、红色石灰土、黄色石灰土、淋溶红色石灰土
	火山灰土	火山灰土、暗火山灰土、基性岩火山灰土
	紫色土	酸性紫色土、中性紫色土、石灰性紫色土
	石质土	酸性石质土、中性石质土、钙质石质土
	粗骨土	酸性粗骨土、中性粗骨土、钙质粗骨土、硅质粗骨土、铁铝质粗骨土
	风沙土	草甸风沙土、草原风沙土、滨海风沙土
	磷质石灰土	磷质石灰土、硬盘磷质石灰土
	黄绵土	黄绵土
水成土	沼泽土	沼泽土、腐泥沼泽土、泥炭沼泽土、草甸沼泽土、盐化沼泽土
	泥炭土	低位泥炭土
半水成土	砂姜黑土	黑黏土、砂姜黑土、碱性砂姜黑土、石灰性砂姜黑土
	山地草甸土	山地草甸土、山地灌丛草甸土、山地草原草甸土
	潮土	潮土、灰潮土、湿潮土、脱潮土、潮湿土、盐化潮土、碱化潮土、灌淤潮土
	草甸土	草甸土、潜育草甸土、盐化草甸土、石灰性草甸土、白浆化草甸土
	林灌草甸土	林灌草甸土

（续）

土纲	土类	亚类
盐碱土	滨海盐土	滨海盐土、滨海潮滩盐土、滨海沼泽盐土
	酸性硫酸盐土	酸性硫酸盐土、含盐酸性硫酸盐土
	碱土	草甸碱土、盐化碱土、龟裂碱土、荒漠碱土
	草甸盐土	草甸盐土、碱化盐土、结壳盐土、沼泽盐土
	漠境盐土	残余盐土
	寒原盐土	寒原盐土、寒原草甸盐土、寒原碱化盐土
人为土	水稻土	潴育水稻土、淹育水稻土、渗育水稻土、潜育水稻土、脱潜水稻土、漂洗水稻土、盐渍水稻土、咸酸水稻土、漂白性水稻土
	灌淤土	灌淤土、潮灌淤土、表锈灌淤土
	灌漠土	灌漠土、灰灌漠土、潮灌漠土、盐化灌漠土
高山土	草毡土	草毡土、薄草毡土、棕草毡土、湿草毡土
	黑毡土	黑毡土、薄黑毡土、棕黑毡土、湿黑毡土、亚高山林灌草甸土
	寒钙土	暗寒钙土、淡寒钙土、寒钙土、盐化寒钙土
	冷钙土	冷钙土、淡冷钙土、暗冷钙土、盐化冷钙土
	寒漠土	寒漠土
	冷棕钙土	冷棕钙土、淋淀冷棕钙土
	冷漠土	冷漠土
	寒冻土	寒冻土

为了突出耕地黄壤基层分类，按本章前两节介绍的分类原则和依据将耕地黄壤划归铁铝土土纲、湿暖铁铝土亚纲、黄壤土类，进一步划分为3个亚类18个土属和71个土种，见表2-2。

表2-2 中国耕地黄壤土壤分类表

土纲	亚纲	土类	亚类	耕地土壤土属	土种
铁铝土	湿暖铁铝土	黄壤	典型黄壤	黄泥土	死黄泥土、黄泥土、油黄泥土、浅黄泥土、寡浅黄泥土、熟浅黄泥土、炭质黄泥土、面黄泥土、昭通黄泥土、水富黄泥土、黔江黄泥土、石柱黄泥土
				黄沙泥土	生黄沙泥土、黄沙泥土、油黄沙泥土、煤沙泥土、乌当黄沙泥土
				黄沙土	寡黄沙土、黄沙土、熟黄沙土、仪陇黄沙土
				橘黄泥土	死橘黄泥土、橘黄泥土、油橘黄泥土
				黄黏泥土	死黄黏泥土、黄黏泥土、油黄黏泥土、黄胶泥土、油黄胶泥土、湄潭黄黏泥土、平坝黄黏泥土、六枝黄胶泥土
				麻沙黄泥土	麻黄沙泥土
				紫黄沙泥土	紫黄沙泥土、死马肝黄泥土、马肝黄泥土、油马肝红泥土
				大黄泥土	死大黄泥土、大黄泥土、油大黄泥土、火石大黄泥土、黄大土、复钙黄沙泥土、复钙黄泥土、复盐基黄黏泥土
			漂洗黄壤	白胶泥土	白胶泥土
				白鳝泥土	白鳝泥土
				白散土	白散土
				白泥土	白泥土
				白黏土	白黏土

（续）

土纲	亚纲	土类	亚类	耕地土壤土属	土种
铁铝土	湿暖铁铝土	黄壤	黄壤性土	幼黄泥土	幼黄泥土、黄扁沙泥土、道真黄泥土、贵州黄扁沙泥土
				幼黄沙泥土	幼黄沙泥土、扁砂黄泥土、粗黄泥土、片石黄泥土、鱼眼砂黄泥土
				幼黄沙土	幼黄沙土、砾质黄沙土、砾质棕黄泥土、粗沙黄泥土、花溪黄沙土、扁石黄沙土、石渣黄泥土、炭渣土（幼煤泥土）、薄黄沙土、墨脱麻黄沙土
				幼橘黄泥土	幼橘黄泥土
				幼大黄泥土	幼大黄泥土

二、土壤命名

土壤分类系统中的土壤名称采取分级、分段命名法，既避免土壤名称过于冗长，又能体现相互间的联系，土纲、亚纲为一段，土类、亚类为一段，土属或单独成段，或与土种成段。土纲、土类为高级分类的基本单元，一般单独命名；亚纲、亚类、变种为分类的辅助单元，通常采用连续命名，土种单独命名。高级分类单元采用土壤文献中常用的名称，如水成土、淋溶土等土纲，红壤、黄壤、黄棕壤、紫色土土类，或从群众中提炼的名称，如潮土。亚纲、亚类等高级辅助分类单元则在上述这些名称上分别冠以特殊含义的词，亚纲一级冠以对成土过程起控制作用因素的形容词，如湿、暖、温淋溶土亚纲的"湿、暖、温"，亚类一级冠以附加成土过程或附以发育阶段的形容词，如漂洗黄壤亚类的"漂洗"，黄壤性土亚类的"性土"。低级分类单元土属、土种采用群众俗名，如黄泥土、黄沙泥土、黄沙土、黄胶泥土、白鳝泥土等土种。土属命名往往是从典型土种名称中提取出来使用。变种名称则在土种名称前加上形态变异的形容词，如灰渣黄泥土变种；也采用了经过整理、提炼的群众习惯名称，如幼黄泥土、幼黄沙泥土、幼黄沙土、幼橘黄泥土、幼大黄泥土等土种。非耕地土壤土种与耕地土种的命名有所不同，非耕地冠以土体厚度的差异，如黄泥土土属之下的非耕地土种，用厚黄泥、黄泥、薄黄泥称谓。耕地土壤是种植业专用土壤，在耕地土种的命名上十分重视群众基础和科学含义，以便于土壤分类成果的广泛应用。耕地土种前冠以油、黑、熟、暗表示熟化程度高、肥力条件好的类别，如油红泥土、熟黄沙土、黑灰羊毛泥土、暗紫灰泡土等；冠以生、寡、死表示熟化程度低、肥力条件差，如寡黄沙土、死黄泥土、生黄沙泥土等土种。以胶、沙泥、沙、砾表示土种质地上的差异，如黄胶泥土（黏质）、黄沙泥土（壤质）、黄沙土（沙质）、砾血泥土（砾质）。以"幼"表示地带性土壤中发育程度较浅的性土亚类，垦殖的旱耕地和水耕熟化程度较低的淹育型水稻土亚类的土种，如幼黄沙土即黄壤性土中发育于砂岩上质地沙性的旱耕地土种，幼黄沙田即为淹育性水稻土中发育于砂岩上质地沙质、熟化程度低的土种。冠以砾石的土种表示粗骨土经开垦形成的旱耕地土种，如砾石黄沙土。此外，土种命名以土、田和泥以区分旱耕地、水稻土和非耕地，如黄泥土为旱耕地土种，黄泥田为水稻土之土种，黄泥为非耕地土种，某些非耕地土壤也有以沙结尾的，如黄沙、幼黄沙。

第四节　土壤系统分类参比

我国耕地黄壤系统分类采用中国土壤系统分类的依据和体系。我国土壤系统分类是以诊断层和诊断特性为基础的系统化、定量化土壤分类，既与国际接轨，又充分体现我国特色，除有分类的诊断层和诊断特性及分类体系外，还有一个检索系统，每一种土壤可以在这个系统中找到所属的分类位置，且只能找到一个位置。在进行土壤系统分类之前，建立了一系列用于分类的诊断层和诊断特性。为了帮助农业农村、自然资源、生态环境等部门的学者、干部、农民等了解土壤系统分类，本节特做简要介绍。

一、土壤系统分类依据——诊断层和诊断特性

中国土壤系统分类是以诊断层、诊断特性以及诊断现象作为划分土壤类别的依据。

凡用于鉴别土壤类别的，在性质上有一系列定量规定的特定土层称为诊断层。诊断层按其在单个土体中出现的部位，可细分为诊断表层和诊断表下层。诊断表层指位于单个土体最上部的诊断层，中国土壤系统分类共设11个诊断表层，可以归纳为有机物质表层类、腐殖质表层类、人为表层类和结皮表层类四大类；诊断表下层是由物质的淋溶、迁移、淀积或就地富集作用在土壤表层下所形成的具有诊断意义的土层。包括发生层中的B层和E层。中国土壤系统分类共设33个诊断层，包括11个诊断表层和20个诊断表下层以及2个其他诊断层（刘世全、张明，1997）。

11个诊断表层为有机表层、草毡表层、暗沃表层、暗瘠表层、淡薄表层、灌淤表层、堆垫表层、肥熟表层、水耕表层、干旱表层和盐结壳。

20个诊断表下层为漂白层、舌状层、雏形层、铁铝层、低活性富铁层、聚铁网纹层、灰化淀积层、耕作淀积层、水耕氧化还原层、黏化层、黏磐、碱积层、超盐积层、盐磐、石膏层、超石膏层、钙积层、超钙积层、钙磐和磷磐。其他诊断层为盐积层和含硫层。

如果用于分类目的的不是土层，而是具有定量规定的土壤性质（形态的、物理的、化学的），则称为诊断特性。诊断特性和诊断层的不同在于所体现的土壤性质并非一定为某一土层所有，而是可出现于单个土体的任何部位，常是泛土层的或非土层的。大多数诊断特性有一系列有关土壤性质的定量规定，少数仅为单一的土壤性质，如石灰性、盐基饱和度等。

本系统分类共设25个诊断特性：有机土壤物质、岩性特征、石质接触面、准石质接触面、人为淤积物质、变性特征、人为扰动层次、潜育特征、氧化还原特征、永冻层次、冻融特征、均腐殖质特性、腐殖质特性、火山灰特性、铁质特性、富铝特性、铝质特性、富磷特性、钠质特性、石灰性、盐基饱和度、硫化物物质、n值、土壤温度状况、土壤水分状况。其中，n值是指田间条件下土壤含水量与无机黏粒和有机质含量之间的关系；土壤温度状况分为永冻、寒冻、寒性、冷性、温性、热性和高热7种；土壤水分状况分为干旱、半湿润、湿润、常湿润、滞水、人为滞水和潮湿7种。

另外，凡是在土壤性质上发生了明显变化，但尚未达到诊断层或诊断特性规定的指标，而在土壤分类上具有重要意义，即足以作为划分土壤类别依据的，称为诊断现象（主要用于亚类一级）。目前，建立的诊断现象有20个，分别是有机现象、草毡现象、淤灌现象、堆淀现象、肥熟现象、水耕现象、舌状现象、聚铁网纹现象、灰化淀积现象、耕作淀积现象、水耕氧化还原现象、碱积现象、石膏现象、钙积现象、盐积现象、变性现象、潜育现象、富磷现象、钠质现象和铝质现象。

二、土壤系统分类体系

耕地黄壤系统分类为多级分类体系，共6级，即土纲、亚纲、土类、亚类、土族、土系。前4级为高级分类级别，后2级为基层分类级别。

（1）土纲为最高土壤分类级别，主要根据成土过程中产生的性质或影响主要成土过程的性质划分。

（2）亚纲是土纲的辅助级别，主要根据影响现代成土过程的控制因素所反映的性质（如水分状况、温度状况和岩性特征）划分。

（3）土类是亚纲的续分，多根据反映主要成土过程强度、次要成土过程或次要控制因素的表现性质划分。

（4）亚类是土类的辅助级别，主要根据是否偏离中心概念、是否具有附加过程的特性和是否具有母质残留的特性划分。

（5）土族是土壤系统分类的基层分类单元，它是在亚类范围内，主要反映与土壤利用管理有关的土壤理化性状发生明显分异的续分单元。

（6）土系是土壤系统分类最低级别的基层分类单元，它是由自然界中形态特征相似的单个土体组成的聚合土体所构成，是直接建立在实体基础上的分类单元。

采用区域参比和土壤名称参比的方法对我国耕地黄壤进行系统分类，草拟的耕地黄壤系统分类表详见表 2-3，包括 9 个土纲 18 个亚纲 57 个土类。

表 2-3　耕地黄壤系统分类（草拟）

土纲	亚纲	土类
有机土	正常有机土	半腐正常有机土、高腐正常有机土
人为土	水耕人为土	潜育水耕人为土、铁渗水耕人为土、铁聚水旱人为土、简育水耕人为土
	旱耕人为土	肥熟旱耕人为土、肥熟富磷岩性均腐土
铁铝土	湿润铁铝土	暗红湿润铁铝土、简育湿润铁铝土
潜育土	滞水潜育土	有机滞水潜育土、简育滞水潜育土
	正常潜育土	有机正常潜育土、表锈正常潜育土、暗沃正常潜育土、简育正常潜育土
均腐土	岩性均腐土	富磷岩性均腐土、黑色岩性均腐土
	湿润均腐土	滞水湿润均腐土、黏化湿润均腐土、简育湿润均腐土
富铁土	常湿富铁土	富铝常湿富铁土、黏化常湿富铁土、简育常湿富铁土
	湿润富铁土	钙质湿润富铁土、富铝湿润富铁土、黏化湿润富铁土、简育湿润富铁土
淋溶土	常湿淋溶土	钙质常湿淋溶土、铝质常湿淋溶土、铁质常湿淋溶土、腐殖钙质湿润淋溶土
	湿润淋溶土	钙质湿润淋溶土、铁质湿润淋溶土、铝质湿润淋溶土、简育湿润淋溶土
雏形土	潮湿雏形土	潜育潮湿雏形土、暗色潮湿雏形土、淡色潮湿雏形土
	常湿雏形土	钙质湿润雏形土、紫色湿润雏形土、铝质湿润雏形土、铁质湿润雏形土、酸性湿润雏形土、简育湿润雏形土
新成土	人为新成土	扰动人为新成土
	沙质新成土	暖热沙质新成土、湿润沙质新成土
	冲积新成土	暖热冲积新成土、干润冲积新成土、湿润冲积新成土
	正常新成土	紫色正常新成土、红色正常新成土、暖热正常新成土、干湿正常新成土、湿润正常新成土、石质湿润正常新成土

三、土壤发生分类与系统分类的参比

根据表 2-1、表 2-2 和表 2-3，现将耕地黄壤发生分类与系统分类进行比较，提出了耕地黄壤在两种土壤分类体系中主要土壤类型的参比表（表 2-4），供读者参考。

表 2-4　耕地黄壤在两种土壤分类体系中主要土壤类型的参比表

土壤发生分类（土类）	土壤系统分类（土类）
红壤	富铝湿润富铁土、黏化湿润富铁土、铝质湿润淋溶土、铝质湿润雏形土
黄壤	铝质常湿淋溶土、铝质潮湿雏形土、富铝常湿富铁土
黄棕壤	铁质湿润淋溶土、铁质湿润雏形土、铝质常湿雏形土
棕壤	简育湿润淋溶土、简育湿润雏形土
紫色土	紫色湿润雏形土、紫色正常新成土
石灰土	钙质湿润淋溶土、钙质湿润雏形土、钙质湿润富铁土、黑色岩性均腐土、腐殖钙质湿润淋溶土
石质土	石质正常新成土、湿润正常新成土
粗骨土	石质湿润正常新成土、湿润冲积新成土、湿润沙质新成土

（续）

土壤发生分类（土类）	土壤系统分类（土类）
红黏土	湿润正常新成土、简育湿润雏形土
新积土	扰动人为新成土、湿润正常新成土、湿润冲积新成土
沼泽土	有机正常潜育土、暗沃正常潜育土、简育正常潜育土
泥炭土	半腐正常有机土、高腐正常有机土
山地草甸土	暗色潮湿雏形土
潮土	淡色潮湿雏形土
水稻土	潜育水耕人为土、铁渗水耕人为土、铁聚水旱人为土、简育水耕人为土

第三章 黄壤分布 >>>

黄壤集中分布于南、北纬23.5°—30°，在非洲中部、南美洲、北美洲的狭长地带和北美洲的南部、东南亚、南亚，以及澳大利亚的北部等山地都有分布。我国主要分布在贵州、四川、云南、福建、广西、广东、湖南、湖北、重庆、江西、浙江、安徽、台湾等地，是我国南方山区的主要土壤类型之一。

黄壤的水平分布与红壤属同一纬度带，两者的生物气候条件大体相近，但黄壤的水湿条件略比红壤好，而热量条件则略低于红壤，且云雾多、日照少，冬无严寒、夏无酷暑，干湿季不明显。在山地垂直带谱中，黄壤的分布在红壤或者赤红壤之上、山地黄棕壤之下。垂直分布规律明显，垂直带谱中黄壤的下部一般是红壤，上部则以黄棕壤为多。黄壤带谱与区域性水分条件密切关联，在湿润条件下的黄壤垂直带幅较宽，有的可宽达1 000 m；类型也较多，往往出现两个以上的黄壤亚类。垂直分布的下限变幅很大，低者海拔500 m左右，高者可移至1 800 m。随着下限的不同，黄壤垂直分布的上限也有变化，一般在800～1 600 m，云贵高原则在2 200～2 600 m。

黄壤是我国重要的土壤资源，以贵州分布最广、面积最大。黄壤分布范围较广，各省份均有分布，自海南省五指山到四川省大巴山南坡，从我国西藏德宗与不丹的交界处到台湾省南湖大山的广大区域均有分布。

黄壤的分布大体与红壤在同一纬度地带，但受地形、气候的影响很大。其水平分布由南往北，横跨热带、南亚热带和中亚热带，海拔由低到高，带幅也由窄变宽。南部热带海南岛的黄壤分布在海拔800（1 000）～1 200（1 400）m；北部四川盆地分布在海拔500～1 100 m。四川盆地由于地势低，同时因横断山脉屏障，东南季风受阻留，并有青藏高原气团下沉，气候湿润，黄壤分布位置下移。由东往西，东部的南亚热带台湾，黄壤分布于海拔800～1 500 m；中部的中亚热带江西，黄壤分布在海拔700～1 400 m，贵州的黄壤分布于海拔800～1 600 m；西部的中亚热带云贵高原的西部受高原型亚热带气候影响，在高原面黄壤消失，东北部黄壤分布于海拔1 500～2 300 m，西部边缘山地分布于海拔1 600～2 600 m。

黄壤的垂直分布，因地形和生物气候而发生变化。热带湿润地区，黄壤分布于海拔800～1 200 m；半湿润地区，黄壤分布于海拔1 000～1 400 m。南亚热带湿润地区，黄壤分布于海拔800～1 500 m；半湿润地区，黄壤分布于海拔700～1 300 m；半干旱半湿润地区，黄壤分布于海拔1 900～2 600 m。中亚热带湿润地区，黄壤分布于海拔700～1 400 m；高原半湿润地区，黄壤分布于海拔1 000～1 400 m。四川盆地北缘半湿润地区，黄壤分布上限低于海拔1 300 m；盆地南缘半湿润地区，黄壤分布上限低于海拔1 800 m；四川西南部半干旱半湿润地区黄壤分布上限低于海拔2 300 m。

贵州黄壤分布具有广域性，全省各地均有分布，主要集中在黔中地区。贵州的东部、南部和北部地区海拔500 m以下及其基带是红壤，黄壤分布在海拔500～1 400 m，中部地区分布在海拔800～1 400 m，西部地区分布在海拔1 100～1 900 m。贵州的耕地黄壤分布在海拔500～1 400 m地带，黔东南州、铜仁市、黔南布依族苗族自治州（以下简称黔南州）、遵义市、贵阳市、安顺市广泛分布有耕地黄壤；黔西南布依族苗族自治州（以下简称黔西南州）分布在海拔800～1 800 m地带，西部的六盘水市分布在海拔 1 100～1 900 m，西北部的毕节市分布在海拔 800～1 700 m。就面积而言，贵州耕地黄壤主要分布在毕节市、铜仁市和遵义市，其次是黔东南州、黔南州、黔西南州和六盘水市，再次是安顺市和贵阳市。

四川黄壤主要集中分布在四川盆地边缘，占四川黄壤面积的 95.6%，其余少部分分布在凉山彝族自治州（以下简称凉山州）和阿坝藏族羌族自治州（以下简称阿坝州）的汶川县等地。四川盆地北缘黄壤分布上限低于海拔 1 300 m，盆地南缘黄壤分布上限低于海拔 1 800 m，四川西南部地区黄壤分布上限低于 2 300 m。四川海拔 800～1 800 m 地带均有分布，黄壤面积占四川土壤总面积的 9.13%，耕地黄壤面积占四川耕地面积的 9.30%。耕地黄壤分布在海拔 800～1 600 m 的砂岩、碳酸盐岩和第四系更新统沉积物以及其他岩类的风化物上，在四川各地都有分布。耕地黄壤在泸州、宜宾、乐山、绵阳、成都、达州、内江、凉山等市（州）有较大面积分布，眉山、广安、广元、雅安、自贡、南充等地也有一定面积的分布，巴中、德阳、遂宁、资阳等地有零星分布。

重庆黄壤广泛分布在海拔 500～1 500 m 的低、中山，古湖积盆地、丘陵、台地，长江及各大支流二、三、四、五级阶地上也有分布。1/4 左右的黄壤已开垦为耕地，是重庆重要的旱粮和经济作物土壤。耕地黄壤在重庆各地都有分布，主要集中分布在海拔 500～1 200 m 的平坦或缓坡区域。

云南黄壤在全省 10 个市（州）的山区都有分布，云南东北部地区成片分布，全省 1/3 的黄壤较成片地分布于此。云南黄壤是红壤地区山地垂直带谱上的土壤，其位置在红壤与黄棕壤之间，海拔在 1 100～2 400 m。耕地黄壤主要分布在昭通、曲靖、普洱、临沧、红河、保山等市（州）海拔 1 500～2 400 m 的山区平缓坡地和坝子，其次是文山、德宏等市（州），西双版纳、大理、丽江、楚雄、怒江等地也有少量分布。

西藏黄壤主要分布在 1 500～2 200 m 峡谷的垂直带上，大多分布在喜马拉雅山南侧雅鲁藏布江峡谷带上的察隅、墨脱、陈塘、樟木等地区。耕地黄壤主要在林芝和山南等地区。

湖南黄壤是分布在该省垂直带谱上的主要土壤类型，广泛分布于湘南、湘西、湘西北的中低山地区，海拔多在 700～1 300 m，分布面积较多的有怀化、郴州、常德，其他地区也有零星分布。湖南黄壤南北水平分布特点主要表现为面积由南向北逐渐减少，带幅由南向北逐渐变窄；分布形式从南到北由集中连片变为零星分散，垂直分布高度也由高到低。黄壤东西分布同样受气候和地形所制约，自东向西面积逐渐加大，带幅由窄到宽；分布形式由零星分散到集中连片，分布高度也由东向西逐渐降低。耕地黄壤主要分布在湖南东北部地区海拔 500～1 000 m、南部地区海拔 600～1 400 m 的范围，以郴州、邵阳、永州、湘西等地的面积居多，张家界、株洲、益阳、怀化、娄底、岳阳、长沙、常德等也有分布。

湖北黄壤分布于湖北西南部（恩施土家族苗族自治州和宜昌地区）海拔 500～1 200 m 的中山区。居基带红壤之上、山地黄棕壤之下，常与黄红壤和棕红壤交错分布。主要分布地域表现为“四大块，四河谷”：“四大块”指恩施-建始盆地，来凤盆地、黄陵背斜中心区和枝城、长阳与五渔洋关之间的三角地带；“四河谷”指长江西陵河谷、清江河谷、鹤嵝水谷和咸丰唐岩河谷。耕地黄壤主要分布在恩施和宜昌，荆州也有少量分布。

广东黄壤分布在海拔 600～1 100 m 地带，主要分布在韶关、惠阳、茂名、梅县、肇庆、江门、汕头等市县。耕地黄壤主要分布在茂名和清远，其他黄壤分布在山地的中上部，以林草地为主。

广西黄壤分布在海拔 700～1 200 m 的西北部、东北部、中部山地，主要分布在桂林、百色、河池和柳州等地。耕地黄壤主要分布在桂林、百色两地区，在河池、贺州、来宾、柳州、南宁等砂页岩山区黄壤地带和海拔 850～1 500 m 的花岗岩山区上也有分布。

福建黄壤多数分布于海拔 1 250～1 550 m 地带，南部在 1 000～1 500 m，北部在 1 000～1800 m；海拔 1 350～1 550 m 的草被下发育有山地黄壤，海拔 1 250～1 350 m 的黄山松植被下发育有山地暗黄壤。耕地黄壤主要分布在海拔 700～1 400 m 中山缓坡地带，是福建东部和北部的主要旱地土壤之一，三明面积最大；其次是龙岩、泉州两地，福州、宁德、南平等地也有分布，其他地区则零星分布。

浙江黄壤分布在海拔500～1 400 m的山体上，浙江北部地区多分布在海拔500 m以上，浙江南部地区则多分布在700 m以上的丘陵、山地。此外，浙江各地海拔500～700 m的山体上都有分布。浙江耕地黄壤主要分布在丽水、温州、金华，台州、宁波、杭州、绍兴、衢州、湖州也有零星分布，黄壤都是分布在山地的中上部，以林草地为主，局部有茶园分布。

安徽黄壤主要分布在长江以南的安徽南部地区，在中亚热带山地垂直带上出现，上与暗黄棕壤相连，下与基带红壤相接，一般位于海拔700～1 100 m地带，占安徽土壤总面积的1%左右，在黄山市，宣城市的宁国市、旌德县、绩溪县及池州市的石台县等地均有分布。安徽的大别山、黄山、九华山、牯牛降、西天目山等中山的中上部（海拔800～1 500 m）有分布。安徽耕地黄壤分布较少，黄壤都是分布在山地的中上部，以林草地为主，局部在茶园分布。

江西黄壤面积约占江西土壤总面积的10%，常与黄红壤和棕红壤交错分布，主要分布于中山山地中上部（海拔700～1 200 m）。土体厚度不一，自然肥力一般较高，主要是用材林地和经济林地。黄壤主要分布在赣州、吉安、抚州、宜春、上饶、景德镇、九江、萍乡等地区。江西耕地黄壤较少，主要分布吉安、九江、赣州、宜春，抚州、上饶也有零星分布。其他黄壤均分布在山地的中上部，以林地为主，局部在茶园分布。

海南黄壤主要分布在海南岛中部，海拔700 m以上的山区，三亚、通什、白沙、昌江、乐东、陵水、琼中、保亭、琼海等地的中山区。海南无耕地黄壤，黄壤都分布在山地的中上部，以林地为主，局部在茶园分布。

台湾黄壤分布在台湾岛中央山脉海拔500～1 500 m的山地上，年降水量多在1 500～2 500 mm，年均气温15～20 ℃。土层较厚，多呈黄色，呈酸性反应，有机质含量较高，植被多属落叶林和阔叶林，生长茂盛，是发展林业或在低山地开垦栽培旱地作物的主要地区。

第一节　黄壤水平分布

一、黄壤的纬度分布

黄壤的分布大体与红壤在同一纬度地带，但受地形地貌、气候的影响很大，其水平分布由南往北，横跨热带、南亚热带和中亚热带，海拔由低而高，带幅也由窄变宽。南部热带海南岛的黄壤分布于海拔800（1 000）～1 200（1 400） m，北部四川盆地分布在海拔500～1 100 m，四川盆地由于地势低，因地形地貌和气候原因，黄壤分布位置下移。贵州黄壤分布地处亚热带，南北跨越纬度近5°；南部边缘地带分布着红壤，中、北部广大地区分布着黄壤，呈现出土壤纬度地带性分布规律。从海拔来看，南部边缘地区海拔低（500～600 m），中、北部海拔高（800～1 200 m），又呈现着垂直分布规律。可见，贵州土壤纬度地带性是与垂直地带性相互叠加的，出现了土壤的垂直-水平复合分布规律。如图3-1所示，南部红壤基带上部的黄壤，恰与中、北部的黄壤基带互相衔接。

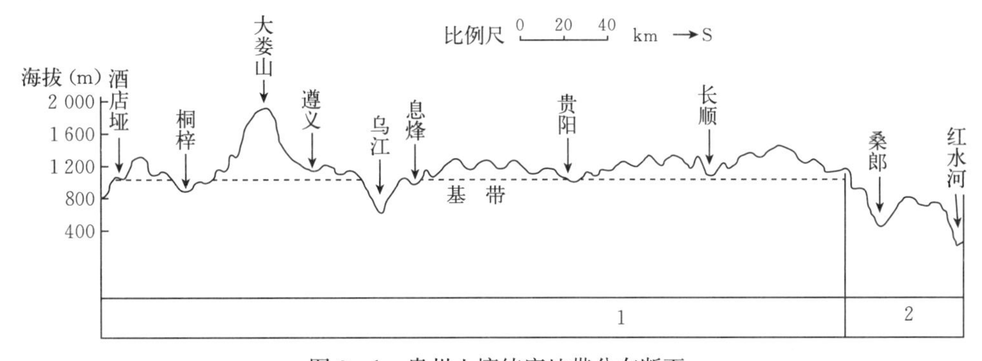

图3-1　贵州土壤纬度地带分布断面

1. 中亚热带黄壤—黄泥土地带　2. 南亚热带砖红壤性红壤—红泥土地带

四川处于我国的红壤、黄壤地带，东部四川盆地为黄壤分布区，西南部主要为红壤分布区。这种东部黄壤、西部红壤的分异，又在一定程度上反映了土壤经度地带性的特征。四川盆地北部的黄壤，其纬度位置与我国东部的黄棕壤相当，因而是我国分布位置最北的黄壤。这显然与四川盆地北有秦岭等山脉作为屏障阻挡了南下冷空气所形成的特殊气候条件有关。四川盆地边缘的山地，黄壤作为土壤垂直带谱的基带土壤，其分布上限低于海拔 1 600 m。

湖南黄壤南北水平分布特点是面积由南向北逐渐减少，带幅由南向北逐渐变窄，分布形式从南到北由集中连片变为零星分散，垂直分布高度也由高到低。

二、黄壤的经度分布

贵州黄壤经度分布规律，既受距离海洋远近的影响，也受大气环流的影响。同时，自东向西因地势呈梯级上升，也出现经度地带性与垂直地带性相互叠加，即“双重性”的特点。经度地带性与垂直地带性叠加，在贵州东部从江河谷地区至西部的赫章、威宁一线可以明显看出，东部从江河谷地区海拔仅 137 m，西部的赫章与水城交界的韭菜坪海拔上升至 2 900 m，由东到西出现的土壤依次为红壤、黄壤、黄棕壤、棕壤，反映了经度地带性与垂直地带性叠加。但是，由东到西三级梯面的宽度不同，东部的红壤带仅跨经度 1°左右，带幅较窄，约 100 km；中部的黄壤带约跨经度 3°，带幅宽约 350 km；西部的黄棕壤带约跨经度 1°，带幅也较窄，约 150 km（图 3－2）。

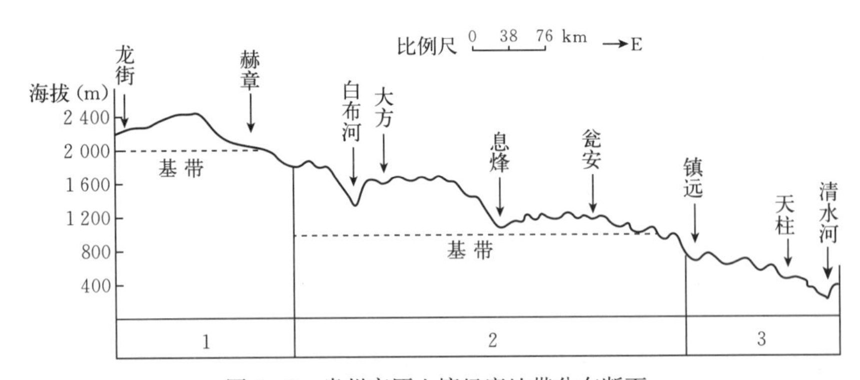

图 3－2　贵州高原土壤经度地带分布断面

1. 北亚热带黄棕壤—灰泡土地带　2. 中亚热带黄壤—黄泥土地带　3. 红壤—黄红壤—红泥土地带

湖南黄壤东西水平分布特点，东西分布同样受气候和地形所制约，自东向西面积逐渐加大，带幅由窄到宽；分布形式由零星分散到集中连片，分布高度也由东向西逐渐降低。

第二节　黄壤垂直分布

贵州土壤垂直分布，由低到高分布一般是红壤→黄壤→黄棕壤→山地灌丛草甸土。因山地垂直带谱的结构随基带不同而有差别，故类型也多种多样。

正向垂直地带谱：

1. 贵州黄壤　梵净山位于贵州东北部，是境内相对高差最为悬殊的高大山体，该山海拔为 2 570 m，相对高差为 2 000 多 m，垂直梯度上，气候类型、植被带、土壤剖面形态以及土壤理化性状，均有差异性和过渡性。自基带开始，从山麓至山顶可划分出 4 个土壤带：①红壤带，分布在海拔 500（600）m 以下地区，是垂直带谱上的基带；②黄壤带，分布在海拔 500（600）～1 400（1 500）m；③黄棕壤带，分布在海拔 1 400（1 500）～2 200（2 300）m；④山地灌丛草甸土带，主要分布在海拔 2 200～2 300 m 的山顶上部。

图 3－3 和图 3－4 分别是贵州东南部的雷公山土壤垂直分布断面图和贵州东北部的梵净山土壤垂直分布断面图，受地理位置和地形地貌的影响，两山的气候特征不一，黄壤和黄红壤的分布下限相差

100 m，梵净山黄壤带幅宽 1 100 m，雷公山仅 700 m。

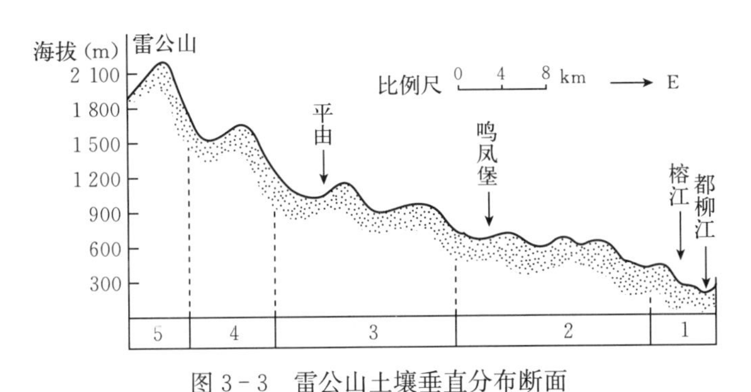

图 3-3　雷公山土壤垂直分布断面

1. 红壤　2. 黄红壤　3. 黄壤　4. 黄棕壤　5. 山地灌丛草甸土

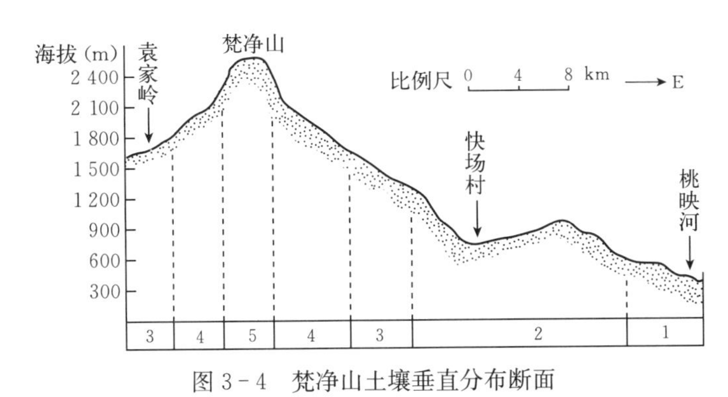

图 3-4　梵净山土壤垂直分布断面

1. 黄红壤　2. 黄壤　3. 表潜黄壤＋灰化黄壤　4. 黄棕壤　5. 山地灌丛草甸土

2. 四川黄壤　四川盆地边缘山地土壤垂直带谱以黄壤为基带，带谱组成一般是黄壤→黄棕壤→（棕壤）→暗棕壤→棕色针叶林土等。

巫山县云盘岭：①基带黄壤，分布在海拔 500 m 以下；②黄棕壤带，海拔 1 500～2 100 m；③棕壤带，海拔 2 100 m 以上。

青川县大草坪：①黄壤带，分布在海拔 700～1 500 m；②黄棕壤带，海拔 1 500～2 300 m；③暗棕壤带，海拔 2 300～3 400 m；④亚高山草甸土带，海拔 3 400 m 以上。

汶川县卧龙四姑娘山：①黄壤带，分布在海拔 800～1 600 m；②黄棕壤带，海拔 1 600～2 000 m；③棕壤带，海拔 2 000～2 400 m；④暗棕壤带，海拔 2 400～3 400 m；⑤棕色针叶林土带，海拔 3 400～3 800 m；⑥亚高山草甸土带，海拔 3 800～4 200 m；⑦高山草甸土带，海拔 4 200～4 500 m；⑧高山寒漠土带，海拔 4 500～5 000 m；⑨高山冰雪带，海拔 5 000 m 以上。

峨眉-峨边马鞍山：①黄壤带，分布在海拔 400～1 400 m；②黄棕壤带，海拔 1 400～2 400 m；③暗棕壤带，海拔 2 400～2 700 m；④棕色针叶林土带，海拔 2 700～3 500 m；⑤亚高山草甸土带，海拔 3 500 m 以上。

3. 云南黄壤　云南南部中山丘陵土壤垂直带谱以金平的五台山至红河谷地为例：①黄色砖红壤带，分布在海拔 105～600 m；②赤红壤带，海拔 600～1 100 m；③黄红壤带，海拔 1 100～1 500 m；④黄壤带，海拔 1 500～1 800 m；⑤黄棕壤带，海拔 1 800～2 500 m；⑥棕壤带，海拔 2 500～3 000 m。

4. 安徽黄壤　安徽黄山土壤垂直分布，黄山地处中亚热带边缘，受东南季风的影响，气候湿暖热，其土壤分布规律：①黄红壤带，分布在海拔 600 m 以下；②黄壤带，海拔 600～1 000 m；③暗黄棕壤带，海拔 1 000～1 600 m；④酸性棕壤和山地草甸土带，海拔 1 600 m 以上。

负向垂直地带谱，简称土壤下垂谱，它发生在高原面的负地形（河谷）地貌中。例如，贵州省六盘水市境内的北盘江上游，高原面上（海拔 1 800 m 左右）分布着黄壤，这是负向垂直带谱的基带。由于新构造运动的抬升作用，北盘江河流下切，海拔降至 600 m 左右，出现了红壤。

以六盘水市东南部的老王山梁子至北盘江河谷为例，由上而下土壤垂直分布：①黄棕壤带，分布在海拔 1 750 m 以上；②黄壤带，海拔 1 750～1 200 m；③红壤带，海拔 1 200 m 以下。

六盘水市西部的杨梅坡丫口至北盘江发耳河谷，相对高差达 1 400 多 m，其负向垂直地带谱也很明显，由上而下分布有暗黄棕壤、黄壤、黄红壤。①暗黄棕壤带，分布在海拔 1 900～2 400 m；②黄壤带，海拔 1 100～1 900 m；③黄红壤带，海拔 850～1 100 m。

第三节　黄壤复合分布

黄壤的分布在亚热带气候条件下表现出在水平分布的基础上又有垂直分布的特点。例如，云贵高原贵州地区自东向西长约 350 km、宽约 300 km 的范围内，是湘西丘陵向云贵高原过渡带，受东南季风影响，随地势逐渐升高，东南季风影响逐渐减弱，土壤分布也随之变化。黔东地区海拔 500（600）～1 400 m 出现黄壤，黔中地区海拔 800（1 000）～1 400（1 600）m 出现黄壤，黔西地区海拔1 100（1 300）～1 900（1 950）m 出现黄壤。这种东低西高的黄壤分布现象，在黔北地区的大娄山也有类似现象，黄壤在迎风面的东段比背风面的西段分布低 150～200 m。

除上述广域分布外，黄壤尚有一系列中域和微域分布的特点，这主要取决于中小地形、水文地质和人为活动因素，而在不同地区又有着不同的土壤组合。在热带（包括部分亚热带），土壤组合基本为垂直带谱，在南亚热带和中亚热带为镶嵌着初育土和耕种土壤的土壤组合。例如，四川盆地内有黄壤与大面积紫色土和水稻土的组合，盆地周围的平原基带为黄壤，其上为黄棕壤；在石灰岩广泛出露区，出现了黄壤与石灰（岩）土、水稻土组合；四川西南山地垂直带中基带土壤为红壤，其上为黄壤，并与石灰（岩）土、水稻土组合；云贵高原基带土壤为黄壤，也常与水稻土、石灰（岩）土组合。

四川盆地是黄壤分布区，但其土壤组合中的优势土壤类型却是紫色土和水稻土，而非黄壤，且不同地区又有差异。成都市以成都平原为主，包括部分盆边山地，土壤组合以水稻土为主，其次为紫色土，二者合计约占土壤总面积的 68%；若撇开盆边山地部分，其比例还更大，水稻土和紫色土分别占 72%和 15%，黄壤仅占 6%。南充地区是盆地内典型的紫色丘陵区，土壤组合以紫色土占绝对优势，水稻土也占有较大的比例，而黄壤则很少，紫色土和水稻土分别占 53%和 44%，黄壤仅占 1.4%。宜宾地区包括部分盆边山地，黄壤的面积有所增加，但仍以紫色土和水稻土为主，水稻土占 43%，紫色土占 38%，黄壤占 11%，还有 6%的石灰（岩）土。

贵州省贵阳市的花溪河至孟关苗族布依族乡（以下简称孟关乡）一带的土壤组合情况（图 3-5），在中曹司向斜地带中出现石灰土-水稻土-黄壤-紫色土有规律的交错组合。

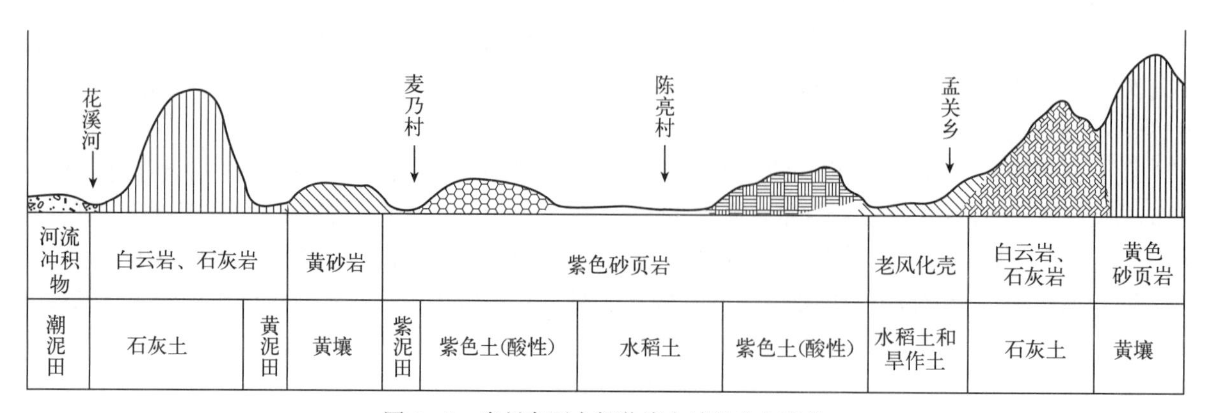

图 3-5　贵州高原中部黄壤中域性分布规律

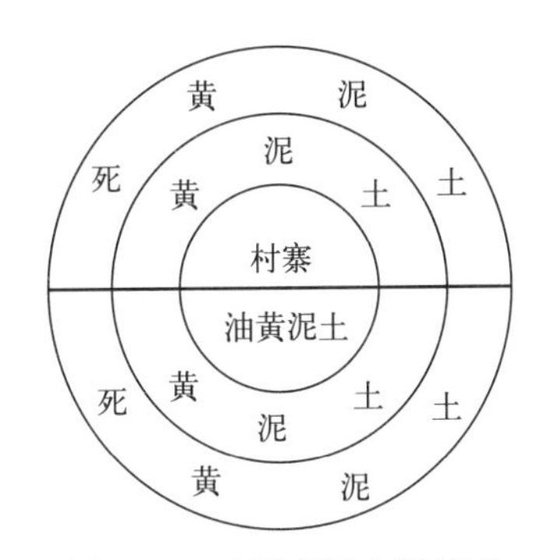

图 3-6 贵州高原中部黄壤微域性分布规律

除了地形、母质引起土壤微域分布外，耕种土壤按熟化度的微域分布也是很有规律的。例如，距离村寨的远近，出现不同肥力水平的土种按同心圆形式分布，距村寨越远，土壤熟化度越低；越近，熟化度越高（图 3-6）。

总之，我国黄壤主要在贵州省中部地区集中分布，其他区域主要是在垂直带谱上分布。黄壤在全国分布总的趋势是南北纬度差异上表现为低纬度分布的海拔较高，在 700/800 m 以上、1 500/1 600 m 以下，高纬度分布的海拔较低，在 500/600 m 以上、1 200/1 300 m 以下。我国黄壤东西分布差异较大，东部地区黄壤分布在 500/600 m 以上、1 300/1 400 m 以下，中部地区黄壤分布在 700/800 m 以上、1 600/1 700 m 以下，西部黄壤分布在 900/1 000 m 以上、1 800/1 900 m 以下。

第四节 耕地黄壤分布

一、耕地黄壤的面积分布

我国各省份耕地黄壤面积列于表 3-1，主要集中分布在贵州（47.77%）、云南（17.28%）、四川（14.19%）、重庆（11.16%），占全国耕地黄壤面积的 90.40%；部分分布在湖北（3.73%）、湖南（2.44%）、广西（1.71%）、浙江（1.27%），占全国耕地黄壤面积的 9.15%；少量分布在江西（0.18%）、广东（0.16%）、福建（0.06%）、西藏（0.05%）等，仅占全国耕地黄壤面积的 0.45%。

表 3-1 我国各省份耕地黄壤面积

单位：hm²

省份	黄壤				占全国耕地黄壤面积（%）	面积排名
	典型黄壤亚类	漂洗黄壤亚类	黄壤性土亚类	合计		
贵州	1 595 799.73	12 817.01	79 180.63	1 687 797.37	47.77	1
云南	580 019.61		30 468.92	610 488.53	17.28	2
四川	403 920.36	602.03	96 964.85	501 487.24	14.19	3
重庆	276 329.23		117 934.75	394 263.98	11.16	4
湖北	122 632.69		9 203.64	131836.33	3.73	5
湖南	85 580.73		800.80	86 381.53	2.44	6
广西	58 553.11		1971.90	60 525.01	1.71	7
浙江	45 039.31			45 039.31	1.27	8
江西	6 430.22			6 430.22	0.18	9
广东	5 479.27			5 479.27	0.16	10
福建	2 220.49			2 220.49	0.06	11
西藏	1 320.64			1 320.64	0.05	12
合计	3 183 325.39	13 419.04	336 525.49	3 533 269.92	100.0	

二、耕地黄壤的空间分布

从全国各大区的空间分布来看（表3-2），耕地黄壤主要分布在西南区，占全国的88.80%；其余依次是华南区、长江中下游区和青藏区，分别占6.88%、4.25%和0.07%。

表3-2 我国耕地黄壤在各大区的空间分布情况

单位：hm²

大区	小区	典型黄壤亚类	漂洗黄壤亚类	黄壤性土亚类	合计	占全国耕地黄壤面积（%）
华南区	滇南农林区	231 062.21		3 906.18	234 968.40	6.65
	闽南粤中农林水产区	624.17			624.17	0.02
	粤西桂南农林区	7 508.60			7 508.60	0.21
	小计	239 194.98		3 906.18	243 101.17	6.88
青藏区	藏南农牧区	274.92			274.92	0.01
	川藏林农牧区	1 346.12		677.89	2024.01	0.06
	小计	1 621.04		677.89	2 298.93	0.07
西南区	川滇高原山地林农牧区	424 335.75	255.70	35 028.17	459 619.62	13.01
	黔桂高原山地林农牧区	1 264 783.24	10 547.07	65 107.31	1 340 437.61	37.94
	秦岭大巴山林农区	60 795.61		49 977.80	110 773.41	3.14
	四川盆地农林区	309 318.05	602.03	29 175.74	339 095.82	9.60
	渝鄂湘黔边境山地林农牧区	735 173.23	2 014.24	150 312.43	887 499.90	25.11
	小计	2 794 405.88	13 419.04	329 601.45	3 137 426.36	88.80
长江中下游区	江南丘陵山地农林区	43 711.87		667.38	44 379.25	1.26
	南岭丘陵山地林农区	64 924.75		1 672.59	66 597.34	1.88
	长江下游平原丘陵农畜水产区	2 057.23			2 057.23	0.06
	长江中游平原农业水产区	1 615.13			1 615.13	0.05
	浙闽丘陵山地林农区	35 794.51			35 794.51	1.00
	小计	148 103.49		2 339.97	150 443.46	4.25
合计		3 183 325.39	13 419.04	336 525.49	3 533 269.92	100.00

西南区的耕地黄壤主要分布在黔桂高原山地林农牧区（37.94%，占全国的同类面积，下同）和渝鄂湘黔边境山地林农牧区（25.11%），其次是川滇高原山地林农牧区（13.01%）和四川盆地农林区（9.60%），秦岭大巴山林农区（3.14%）的面积较少；华南区的耕地黄壤主要是分布在滇南农林区（6.65%）；长江中下游区的耕地黄壤主要分布在南岭丘陵山地林农区（1.88%）、江南丘陵山地农林区（1.26%）和浙闽丘陵山地林农区（1.00%）；青藏区的耕地黄壤面积极小，只占全国耕地黄壤的0.07%。

第四章 典型黄壤亚类 >>>

第一节 形成条件与分布

一、形成条件

黄壤是在亚热带暖热阴湿气候条件下由弱富铁铝化过程形成的地带性土壤，典型黄壤亚类是中亚热带湿润地区发育的富含水合氧化铁（针铁矿）的黄壤。典型黄壤亚类成土母质复杂，主要有砂岩、页岩、第四系更新统沉积物及第四纪老风化壳和板岩、变余砂岩、花岗岩等风化物，在紫色土丘陵区多为侏罗系的紫色、黄色石英砂岩风化物。典型黄壤亚类集中分布于南北纬 23.5°—30°亚热带的山地和高原，土壤发育受区域气候及地形条件的影响而出现明显的空间差异，主要表现在云贵高原及四川盆地，海拔在 1 000～2000 m，地势西北高、东南低，崎岖不平。云贵高原主要包括云南和贵州两省，高原西部主要在云南境内，山脉基本上以南北走向为主，如点苍山、乌蒙山等；东部主要在贵州境内，山脉基本上是北东—南西走向，如大娄山、武陵山等。该区多为中低山和高原地貌，气候温暖湿润，日照少，云雾多，年均降水量 1 100～2 000 mm，相对湿度 70%～80%，干湿季不分明；年均气温 14～16 ℃，≥10 ℃的积温在 5 000 ℃以上，夏无酷暑，冬无严寒。该区地处低纬度、高海拔，又受季风气候制约的综合影响，形成四季温差小、干湿分明、气候资源垂直变化显著的低纬高原季风气候；受西南季风的影响，形成冬干夏湿、干湿季节分明的水分资源特征；夏半年暖湿气流沿着山间河谷地吹向内陆，云南西南部、南部边境、怒江河谷以及南北盘江、都柳江上游的部分地区，全年降水量在 1 500～1 750 mm，4—10 月降水量占全年总降水量的 85%～95%。该区域天然植被为常绿阔叶林及湿润常绿-落叶阔叶混交林，林内苔藓类和蕨类生长繁茂，植被区系复杂，主要有樟科、壳斗科、茶科、金缕梅科、蔷薇科、冬青科、山矾科、木兰科、杜鹃花科等，次生植被为马尾松、杉木、栓皮栎、麻栎、竹类等。此外，在四川盆地及四川西南部山地也有典型黄壤亚类土壤集中分布的盆周山地，该区云雾多、日照少、降水充沛、相对湿度大于 70%、日照率低于 30%，热量条件是北低南高、西低东高；盆周山地的植被以喜湿的常绿阔叶林为主，海拔 500 m 以下地区，由于耕作，自然植被已不多见，仅有少数散生，大部分被农作物所代替；海拔 500～1 000 m 的低山区，有栲树、桢楠等；丘陵顶部和山脊零星分布着马尾松；海拔 1 000～1 500 m 的地区则以樟科、木兰科、山毛榉科植被占优势，常见的有石栎、青冈、小叶青冈、刺果、木荷、大头茶等。南部多湿区盛产楠竹，并有较多的人工杉木林。典型黄壤亚类是我国南方，特别是西南地区林、粮、经作物生产的重要土壤资源，是西南山区的主要旱粮和多经作物用地，同时也是林业基地。典型黄壤亚类区域也是茶、桑的重要产地，旱地粮食作物主要是玉米和薯类，旱地经济作物主要有烤烟、油菜、蔬菜和中药材等，有水源的地方种植水稻；农耕地多一年两熟或两年三熟，主要轮作方式为小麦-玉米间套薯类或豆类。

二、分布

典型黄壤亚类是黄壤土类中具有典型性的且分布范围最广的亚类。典型黄壤亚类土壤主要分布于四川、贵州、云南、福建、广西、广东、湖南、湖北、浙江、安徽、台湾等地，是我国南方山区的主要土壤类型之一。典型黄壤亚类土壤是贵州、四川及重庆重要的土壤资源，其面积占土地总面积的30%～40%。贵州的典型黄壤亚类面积占黄壤土类面积的91.56%，分布在贵阳市、安顺市、黔东南州、铜仁市西部、黔南州北部、遵义市南部、六盘水市和毕节市的东部、黔西南州东北部。其中，以黔东南州所占面积最大，其次是黔西南州。该亚类多分布在海拔800～1 200 m的山地和江河沿岸，典型黄壤亚类土壤带谱与区域性水湿条件有密切关系，垂直分布规律明显，在各个山地的垂直带谱中，黄壤的下部一般是红壤，上部则以黄棕壤为多。湿润条件下的典型黄壤亚类土壤垂直带带幅较宽，垂直分布的下限变幅大，在海拔500～1 800 m；随着下限的不同，黄壤垂直分布的上限也有变化，一般在海拔800～1 600 m，云贵高原山地则在2 200～2 600 m以上。例如，梵净山海拔由低至高的植被景象有4个较为明显的垂直带谱，海拔700 m以下主要为针叶林，海拔700～1 300 m为常绿阔叶林带，海拔1 300～2 200 m为常绿落叶阔叶混交林带，海拔2 200 m以上为亚高山针阔混交林和灌丛草甸带；土壤类型依次出现山地黄红壤、山地黄壤、山地黄棕壤、山地灌丛草甸土。位于广西桂林北部的猫儿山，从山脚到山顶，植被的垂直分布为常绿阔叶林、常绿落叶阔叶混交林、常绿针阔叶混交林、山顶矮林和山顶灌草丛，土壤类型有山地红壤（海拔800 m以下）、山地黄红壤（海拔800～1 000 m）、山地黄壤（海拔1 000～1 400 m）、山地黄棕壤（海拔1 400～1 800 m）。

典型黄壤亚类土壤面积共3 183 325.39 hm^2，占全国耕地黄壤面积的90.10%。主要分布于一级农业区的西南区、华南区、长江中下游区3个地区。其中，西南区面积最大，为2 794 405.88 hm^2，占全国典型黄壤亚类总面积的87.79%（表4-1）。从各省份来看（表4-2），典型黄壤亚类土壤主要分布在贵州、云南和四川，面积分别为1 595 799.73 hm^2、580 019.62 hm^2和403 920.36 hm^2，分别占同类黄壤面积的50.14%、18.21%和12.70%。典型黄壤亚类土壤主要分布在贵州省毕节市、云南省昭通市和贵州省遵义市，面积分别为328 768.74 hm^2、235 425.73 hm^2和228 146.43 hm^2，分别占典型黄壤的10.33%、7.40%和7.17%。贵州省典型黄壤亚类分布在以贵阳市为中心向四周延伸的广阔地域，即贵阳市、安顺市、黔东南州和铜仁市西部、黔南州北部、遵义市南部、六盘水市和毕节市东部、黔西南州东北部。其中，以毕节市面积最大，其次为遵义市。贵州省典型黄壤亚类土壤分布面积最大的县（市、区）是毕节市大方县，其次是毕节市七星关区，再次是六盘水市盘州市。四川省除攀枝花市和甘孜藏族自治州（以下简称甘孜州）外，其余市（州）均有典型黄壤亚类土壤分布，以盆地东南缘分布集中、面积大；典型黄壤亚类主要分布在盆地四周海拔1 300 m以下的低、中山区和深丘地段，少量分布在盆地内大、小江河沿岸的2～5级阶地。

表4-1　典型黄壤亚类在各农业区的分布

一级农业区	二级农业区	面积（hm^2）	比例（%）
华南区	滇南农林区	231 062.21	7.26
	闽南粤中农林水产区	624.17	0.02
	粤西桂南农林区	7 508.60	0.24
青藏区	藏南农牧区	274.92	0.01
	川藏林农牧区	1 346.12	0.04
西南区	川滇高原山地林农牧区	424 335.75	13.33
	黔桂高原山地林农牧区	1 264 783.24	39.74
	秦岭大巴山林农区	60 795.61	1.91
	四川盆地农林区	309 318.05	9.72
	渝鄂湘黔边境山地林农牧区	735 173.23	23.09

（续）

一级农业区	二级农业区	面积（hm^2）	比例（%）
长江中下游区	江南丘陵山地农林区	43 711.87	1.37
	南岭丘陵山地林农区	64 924.75	2.04
	长江下游平原丘陵农畜水产区	2 057.23	0.06
	长江中游平原农业水产区	1 615.13	0.05
	浙闽丘陵山地林农区	35 794.51	1.12
合计		3 183 325.39	100.00

表 4－2　典型黄壤亚类在各省份的分布

省份	市（州）	面积（hm^2）	比例（%）
福建省	福州市	371.41	0.01
	龙岩市	623.62	0.02
	南平市	21.97	0.00
	宁德市	87.96	0.00
	泉州市	455.23	0.01
	三明市	660.30	0.02
广东省	茂名市	4 974.17	0.16
	清远市	505.10	0.02
广西壮族自治区	百色市	27 226.38	0.86
	桂林市	17 598.19	0.55
	河池市	1 721.67	0.05
	贺州市	2 006.68	0.06
	来宾市	153.47	0.00
	柳州市	7 312.29	0.23
	南宁市	2 534.43	0.08
贵州省	安顺市	107 593.46	3.38
	毕节市	328 768.74	10.33
	贵阳市	99 232.05	3.12
	六盘水市	147 849.56	4.64
	黔东南州	164 046.16	5.15
	黔南州	158 721.56	4.99
	黔西南州	146 672.06	4.61
	铜仁市	214 769.71	6.75
	遵义市	228 146.43	7.17
湖北省	恩施州	81 403.74	2.56
	荆州市	443.99	0.01
	宜昌市	40 784.96	1.28

（续）

省份	市（州）	面积（hm^2）	比例（%）
湖南省	常德市	1 173.22	0.04
	郴州市	22 968.44	0.72
	怀化市	3 909.53	0.12
	娄底市	2 735.24	0.09
	邵阳市	16 225.79	0.51
	湘西土家族苗族自治州（以下简称湘西州）	8 969.88	0.28
	益阳市	4 554.29	0.14
	永州市	10 732.60	0.34
	岳阳市	2 699.36	0.08
	张家界市	4 943.06	0.16
	长沙市	2 240.82	0.07
	株洲市	4 428.50	0.14
江西省	抚州市	263.39	0.01
	赣州市	1 275.48	0.04
	吉安市	2 195.51	0.07
	九江市	1 352.18	0.04
	上饶市	77.20	0.00
	宜春市	1 266.46	0.04
四川省	阿坝州	197.87	0.01
	巴中市	1 983.71	0.06
	成都市	34 014.80	1.07
	达州市	30 777.09	0.97
	德阳市	1 186.88	0.04
	广安市	13 922.89	0.44
	广元市	2 005.79	0.06
	乐山市	54 837.31	1.72
	凉山州	29 571.28	0.93
	泸州市	79 407.42	2.49
	眉山市	20 200.90	0.63
	绵阳市	19 472.91	0.61
	南充市	4 687.69	0.15
	内江市	32 204.62	1.01
	遂宁市	1 280.02	0.04
	雅安市	12 601.15	0.40
	宜宾市	53 061.18	1.67
	资阳市	821.36	0.03
	自贡市	11 685.49	0.37

（续）

省份	市（州）	面积（hm^2）	比例（%）
西藏自治区	林芝市	1 045.72	0.03
	山南市	274.92	0.01
云南省	保山市	43 005.84	1.35
	楚雄彝族自治州（以下简称楚雄州）	183.23	0.01
	大理白族自治州（以下简称大理州）	2 561.98	0.08
	德宏傣族景颇族自治州（以下简称德宏州）	10 294.14	0.32
	红河哈尼族彝族自治州（以下简称红河州）	61 344.13	1.93
	丽江市	793.59	0.02
	临沧市	63 326.26	1.99
	怒江傈僳族自治州（以下简称怒江州）	149.53	0.00
	普洱市	67 561.57	2.12
	曲靖市	68 156.87	2.14
	文山壮族苗族自治州（以下简称文山州）	24 028.22	0.75
	西双版纳傣族自治州（以下简称西双版纳州）	3 188.53	0.10
	昭通市	235 425.73	7.40
浙江省	杭州市	1 575.97	0.05
	湖州市	95.06	0.00
	金华市	5 694.23	0.18
	丽水市	18 931.78	0.59
	宁波市	2 438.01	0.08
	衢州市	1 484.32	0.05
	绍兴市	1 541.29	0.05
	台州市	2 739.72	0.09
	温州市	10 538.93	0.33
重庆市		276 329.23	8.68
合计		3 183 325.39	100.00

典型黄壤亚类耕地利用与土壤分布有明显的关联性，分布于高原丘陵地区的黄壤，尤其是老风化壳或砂页岩发育的黄壤可发展农业或农林综合利用，对陡坡薄土应退耕还林还草，恢复退化的生态系统，大力推广林、粮、经作物间作，合理耕作，防止水土流失；缓坡土厚地段可发展宜种性中药材和名特优水果等，如黄连、天麻、黄柏、杜仲、厚朴、银杏、罗汉果等中药材和猕猴桃、脆红李、油桃、大红桃、大樱桃、柑橘等名特水果；平缓地段，结合农田基本建设，修筑梯地加以利用，防止水土流失，可规模化种植辣椒、生姜、白菜、莲花白、萝卜等适宜蔬菜。高海拔地区以发展林业为主，适宜种植松和栎类、丝栗栲、木荷、青杠、樟、楮等树种，林下发展中药材、食用菌，以及茶、果树、油桐、松树等经济林木；海拔较低的平缓地带，应以农为主，农林结合，在发展粮食生产的同时，因地制宜地发展经济林木和特色作物，建立杉木、楠竹林基地，种植茶叶、柑橘、生姜、辣椒和花生等作物。

第二节　主要成土过程与形态特征

一、主要成土过程

在亚热带生物气候条件下，各种成土母岩经过风化和脱硅富铁铝化过程发育成黄壤，黄壤的成土条件与红壤相比，热量明显较低，雨量较多，云雾多，湿度大，典型黄壤亚类土壤成土过程主要表现在以下方面。

（一）脱硅富铁铝化作用较弱

典型黄壤亚类地区湿润多雨，成土过程中硅酸盐矿物质大量分解，土壤中盐基物质钙、镁、钾、钠等元素淋失，硅元素减少，铁、铝等元素相对聚积，产生脱硅富铁铝化作用；亚热带生物气候条件所引起的土壤水热状况的差异，使土壤中盐基物质的淋溶程度较弱，形成较深厚的土层，黏土矿物均以蛭石为主，其次为高岭石和伊利石，绿泥石、蒙脱石等少见，说明典型黄壤亚类的弱富铁铝化特征。

（二）土壤出现明显黄化现象

典型黄壤亚类地区土壤终年雨量丰沛、云雾较多、相对湿度大、水热状况稳定的环境，使土层经常保持湿润状态，土壤含水量较高，土壤中铁质受水化作用而形成针铁矿、褐铁矿和多水氧化铁，特别是土体中大量的针铁矿，使心土层呈黄色或蜡黄色，剖面具有黄色层次，尤其是心土层有较明显的铁质黄化层次，成为典型黄壤亚类特有的诊断土层。

（三）有一定的淋溶黏化作用

在亚热带湿润的气候条件下，典型黄壤亚类土壤的淋溶作用比其他亚类土壤强烈，淋溶系数较高，土壤剖面黏粒下移现象比较明显。然而，随着母质和地形地貌变异，一般砂岩、砂页岩风化物发育的黄壤淋溶黏化比较明显，出现黏化层的剖面较多；老冲积物和石灰岩风化物发育的黄壤则淋溶黏化较弱，出现黏化层的剖面相对较少。同一母质位于平缓地带或海拔较低的地段，土壤发育较深，淋溶黏化明显；位于陡坡山地或高海拔地区的土壤，因常受冲刷侵蚀和堆积的影响，淋溶黏化现象微弱。

（四）耕种熟化过程有明显的阶段性

黄壤是森林植被下形成的土壤，在漫长的发育进程中，土壤和森林间进行着物质与能量的交换，垦殖后的人工植被与土壤的物质循环同自然植被与土壤的物质循环，循环的周期、物质交换量均发生变化，林草地黄壤难以满足人工植被对物质与能量的要求。林草地黄壤主要存在 C/N 大、盐基饱和度低、酸性强、有效养分缺乏等，而熟化过程改变林草地土壤对农作物不良性状的过程，大致包括 C/N 的调整、盐基总量的提高、质地的改良和黄壤基盘（下垫面）的改善等亚过程。开垦后至初熟阶段，黄壤旱地继承了林草地的性状，如黏土质黄壤耕垦后的一段时间，具有黏、酸、瘦、薄等特性，至熟化的高级阶段，这些不良性状逐渐消失，人工赋予了新的农业生产性状。通常有机质、全氮、C/N 下降；pH、盐基饱和度、阳离子交换量上升，熟化过程所需时间远比自然成土过程短，不同熟化阶段反映了土壤熟化度的高低。

二、形态特征

（一）典型土壤剖面特征

典型黄壤亚类所处地势较平缓，植被较茂密，土壤发育环境较稳定，土壤发育程度深，具有明显的脱硅富铁铝化特征，土层较厚，剖面完整，层次分化比较明显，具有明显的发生层次，B 层具有黄化特征。在森林植被良好的情况下，典型黄壤亚类土壤地表常有枯枝落叶层和半分解的枯枝落叶层，土体多A－B－C 或 A－B－BC 构型，基本发生层仍为腐殖层和铁铝聚积层。其中，最具标志性的特征是铁铝聚积层，因黄化和弱富铁铝化过程而呈现鲜艳的黄色或蜡黄色，农业土壤剖面构型为耕层-犁底层-心土层-母质层，即 A－P－B－C。典型黄壤亚类土壤剖面形态特征如下。

A 层：耕层，10～30 cm，暗灰棕色（5YR4/2）至淡黑色（5Y3/1）的富铁铝化的腐殖质层（Ah），厚 10～30 cm，具核状或团块状结构。

P 层：犁底层，5～20 cm，短柱状或扁平块状结构，较 A 层紧实。

B 层：心土层（淀积层），15～60 cm，黏重、紧实，颜色为黄色至棕黄色，块状结构，结构面上有带光泽的胶膜，为耕地黄壤亚类的独特土层。

C 层：母质层，多保留母岩风化物的色泽，色泽混杂不一。

（二）代表性土壤剖面

1. 贵州省铜仁市江口县梵净山东南 700 m 处剖面 海拔 1 280 m，母质为变余砂岩、板岩风化的坡积物和残积物，旱地土壤。

A 层：0～15 cm，暗棕色（10YR3/4），团粒状及团块状结构，疏松，根系多，砾石多。

P 层：15～28 cm，暗棕色（10YR3/4），核粒状结构，疏松，根系多，砾石多。

B_1 层：28～67 cm，橙色（7.5YR6/8），松散，根系多，砾石多。

B_2 层：67～110 cm，橙色（7.5YR6/6），松散，母岩碎屑大小不等且多。

2. 云南省昭通市镇雄县芒部镇土壤剖面 海拔 1 660 m，母质为砂岩风化残积物，旱地土壤。

A 层：0～12 cm，暗黄色（2.5Y8/3），轻壤，团块状结构，根系多。

AB 层：12～34 cm，黄色（2.5Y8/6），轻壤，核粒状及小块状结构，根系较多。

B 层：34～50 cm，淡黄色（2.5Y9/6），中壤，块状结构，根系少，较紧实。

C 层：50～100 cm，淡黄色（2.5Y9/6），半风化的砂岩碎屑。

3. 四川省宜宾市屏山县唐家坝林场土壤剖面 海拔 1 240 m，母质为黄色砂岩风化物，植被玉米。

A 层：0～19 cm，暗灰黄色（2.5Y5/2），轻砾质沙质壤土，粒状结构，稍紧，湿润，根系多。

B 层：19～56 cm，淡黄棕色（2.5Y6/6），轻砾质黏壤土，块状结构，紧实，湿润，根系较多，有管状锈纹。

BC 层：56～61 cm，黄色（2.5Y8/6），大块状结构，极紧，有黑褐色铁盘。

4. 广西壮族自治区百色市田林县浪平镇塘合村土壤剖面 海拔 1 400 m，母质为砂页岩风化的残积物和坡积物，旱地土壤。

A 层：0～17 cm，暗黄棕色（10YR4/3），壤土，团粒状及块状结构，疏松，根系粗而多。

B 层：17～69 cm，亮黄棕色（2.5YR6/8），壤土，块状结构，紧实，有少量细根。

C 层：69～110 cm，黄色（2.5YR7/8），壤土，块状结构，坚实，有较多母岩碎块。

5. 湖北省恩施州建始县业州镇七里坪土壤剖面 海拔 720 m，母质为红砂岩风化的残坡积物，旱地土壤。

A 层：0～19 cm，淡黄橙色（7.5YR8/4），沙质壤土，屑粒状结构，松散，根系较多。

B 层：19～39 cm，黄橙色（7.5YR8/8），沙质壤土，碎块状结构，较松，根系较少。

C 层：39～95 cm，黄橙色（7.5YR8/8），沙质壤土，小块状结构，紧实，无根系，有大量半风化碎屑。

6. 贵州省贵阳市乌当区新添寨街道办事处土壤剖面 海拔 1 130 m，母质为砂岩风化物，旱地土壤。

A 层：0～5 cm，粒状结构，灰棕色（5YR5/2），沙黏壤土，小块状及团块状结构，疏松，根系多。

B 层：5～40 cm，拟块状结构，棕灰色（7.5YR2/5），沙质黏土，稍紧，结构面有少量小粒红色软铁子，根系较少。

C 层：40～50 cm，无结构，灰黄色（2.5Y7/3），紧实，砾质沙黏壤土，根系少。

7. 贵州省贵阳市花溪区湖潮镇磊庄村土壤剖面 海拔 1 240 m，母质为第四纪老风化壳，旱地土壤。

A 层：0～17 cm，碎块状结构，黏土，灰棕色（10YR5/4），紧实，根系较多。

B 层：17～49 cm，块状结构，黏土，棕灰色（7.5YR6/8），有少量铁子和铁锰结核，紧板，根系少。

C 层：49～100 cm，结构不明显，黄红色（5YR6/8），铁锰结核少，黏土，紧板，无根系。

8. 贵州省遵义市赤水市官渡镇新华村土壤剖面 海拔 1 040 m，紫色砂页岩风化物，旱地土壤。

A 层：0～13 cm，灰黑色，中壤土，屑粒结构，疏松，根系多。

AB 层：13～32 cm，灰棕黄色，中壤土带黏，小核块状结构，稍紧，少量根系。

BC 层：32～50 cm，棕黄带紫色，中壤土，不明显的小块状结构，结构易散。

C 层：50～115 cm，浅紫色至紫色，半风化母质，紧实。

综上所述，典型黄壤亚类与其他两个亚类相比，所处地势较平缓，一般在宽谷盆地边缘、丘陵台地、山脊平坦处和低山山麓。典型黄壤亚类主要成土特点如下。

（1）典型黄壤亚类土层较厚，一般为 60～100 cm。土壤发育较深，剖面完整，层次分化比较明显，多 A－B－C 或 A－B－BC 构型。

（2）因黄化和弱富铁铝化过程使土体呈黄色的 B 层，黏土矿物以蛭石为主，高岭石、伊利石次之，也有三水铝石出现；质地一般较黏重，多黏土、黏壤土。

（3）由于中度风化强度淋溶，黄壤呈酸性至强酸性反应，交换性酸以活性铝为主，土壤交换性盐基含量低，盐基饱和度小于 20%。

（4）典型黄壤亚类土壤生物富集作用明显，表层有机质含量和全氮含量较高，腐殖质组成以富里酸为主，开垦耕种后表层有机质下降，而盐基饱和度和酸碱度均相应提高。

第三节 主要理化特性

一、基本性质

典型黄壤亚类土壤分布海拔从 600 m 到 1 400 m 均有分布，且母质类型多样，有典型的砂岩、页岩风化物，还有泥岩、紫色砂页岩、石灰岩风化物以及第四纪老风化壳、冲积物等，发育的土壤大部分土层较深厚，土壤颜色以黄色到黄棕色为主，土壤结构大部分为块状，有少量粒状结构，土壤质地变化较大；土壤呈酸性至强酸性，表层有机质含量和全氮含量较高。受人为活动的影响，开垦为旱地的土壤性质发生较大变化。

（一）土壤呈酸性至强酸性

典型黄壤亚类土壤酸度较大，呈酸性至微酸性反应，土壤 pH 变化范围达 3.90～6.49（表4－3）。pH 随熟化程度不同和石灰类物质的施用而变化较大，初度熟化的黄壤耕地一般 pH 较低，多在 6.0 以下；高度熟化的黄壤耕地，pH 接近中性；施用石灰多的黄壤 pH 可达 8.0 以上；部分黄壤旱地因周围岩溶水浸润，复盐基作用导致 pH 也较高。黄壤因施石灰类物质的积累以及岩溶水的渗入导致碳酸钙含量不一，通常复钙黄沙泥土、复钙黄黏泥土土种的碳酸钙含量较高。此外，一些培肥时间长的油黄泥土也有少量碳酸钙。

表 4－3 典型黄壤亚类耕地土壤基本性状

省份	项目	pH	有机质（g/kg）	全氮（g/kg）	阳离子交换量（cmol/kg）
云南	平均值	6.07	32.25	1.75	—
	最大值	6.45	88.90	4.49	—
	最小值	4.00	5.01	0.51	—

（续）

省份	项目	pH	有机质（g/kg）	全氮（g/kg）	阳离子交换量（cmol/kg）
湖北	平均值	6.07	19.92	1.15	19.30
	最大值	6.49	69.90	2.99	49.98
	最小值	4.00	4.60	0.31	4.80
湖南	平均值	5.70	26.09	1.52	19.25
	最大值	6.49	61.80	4.31	32.70
	最小值	3.90	8.00	0.52	9.40
四川	平均值	6.15	25.82	1.51	14.30
	最大值	6.48	96.40	23.60	38.80
	最小值	4.00	0.10	0.01	4.00
贵州	平均值	6.16	30.18	1.73	—
	最大值	6.48	60.50	2.92	—
	最小值	4.50	12.50	0.85	—
全国	平均值	6.11	26.85	1.53	10.57
	最大值	6.48	96.40	23.60	49.98
	最小值	4.00	0.10	0.01	4.00

（二）土壤质地变幅较大

典型黄壤亚类土壤表土土层厚 20 cm 左右，含有 4%～16%的砾石。质地因母质不同而变异较大，以玄武岩、泥灰岩、黏质老风化壳形成的黄壤最为黏重，以砂岩、花岗岩形成的黄壤质地较轻。母质为第四系更新统沉积物（老冲积物）和灰岩风化物的黄壤亚类较黏重，<0.002 mm 黏粒含量在30%左右，粉沙含量 35%～45%，多壤质黏土，少数黏土；母质为黄色、紫黄色砂岩、砂页岩风化物的质地较轻，<0.002 mm 黏粒含量为 15%～24%，粉沙含量为 23%～33%，多沙质壤土或黏质壤土。据四川省 206 个典型剖面资料，<0.002 mm 黏粒含量 A 层（耕层）变幅在 13.05%～32.35%，C 层（母质层）变幅在 13.23%～33.34%，层次之间差异不大；出现明显黏化层的剖面 70 个（黏化层的黏粒含量超过耕层或母质层 20%），占 33.5%。一般砂岩、砂页岩风化物发育的黄壤淋溶黏化比较明显，出现黏化层的剖面较多；老冲积物和灰岩风化物发育的黄壤则淋溶黏化较弱，出现黏化层的剖面相对较少。同一母质位于平缓地带或海拔较低的土壤发育较深，淋溶黏化明显；位于陡坡山地或高海拔地区的土壤，因常受冲刷侵蚀和堆积的影响，土壤发育过程常常中断，淋溶黏化现象微弱。

（三）土壤有机质含量较高、养分含量在中低水平

典型黄壤亚类的有机质含量较高，分解较缓慢，产生有机酸较多。由于铁铝物质聚积，磷的存在形态主要是被氧化铁膜包裹的闭蓄态磷，极大地降低了磷酸养分的有效性，而对植物比较有效的磷酸钙和部分磷酸铝的含量却很少。无石灰反应，有机胶体数量少，品质不良，活性弱，影响耕地黄壤肥力。

二、主要理化特性

（一）土壤质地和剖面构型

1. 土壤质地类型 土壤质地依母质不同而变化较大。就耕层而言，发育在砂岩、花岗岩、白云岩上的典型黄壤亚类的土壤质地轻；发育在页岩、玄武岩、黏质老风化壳和泥灰岩上的典型黄壤亚类的土壤质地重。

全国各区域典型黄壤亚类土壤耕层质地面积见表 4-4。典型黄壤亚类土壤耕层质地以中壤和沙壤分布面积最大，分别为 983 324.93 hm^2 和 631 703.49 hm^2，分别占全国典型黄壤亚类面积的30.89%和 19.84%。其次是黏土和轻壤，分布面积分别为 578 768.56 hm^2 和 438 479.15 hm^2，分别占 18.18%和 13.77%。耕层质地为中壤的典型黄壤亚类主要分布在重庆、四川和贵州，耕层质地为

黏土的典型黄壤亚类主要分布在重庆、云南和贵州。

表 4-4 全国各区域典型黄壤亚类土壤耕层质地面积

单位：hm^2

区域	沙土	沙壤	轻壤	中壤	重壤	黏土
华南区		47 550.84		135 030.63		56 613.51
滇南农林区		39 418.07		135 030.63		56 613.51
闽南粤中农林水产区		624.17				
粤西桂南农林区		7 508.60				
青藏区	992.42	260.13	299.59		59.72	9.18
藏南农牧区	3.19	255.18	16.55			
川藏林农牧区	989.23	4.95	283.04		59.72	9.18
西南区	123 995.25	553 662.25	420 819.66	821 782.49	367 949.06	506 197.16
川滇高原山地林农牧区	3 010.35	125 332.99	49 932.87	32 917.62	44 595.76	168 546.16
黔桂高原山地林农牧区	60 554.83	267 453.18	260 536.01	358 269.63	142 265.35	175 704.24
秦岭大巴山林农区	1 548.71	291.38	5 265.47	17 906.92	2 693.38	33 089.75
四川盆地农林区	8 305.23	35 924.04	34 877.18	133 328.80	56 850.01	40 032.79
渝鄂湘黔边境山地林农牧区	50 576.13	124 660.66	70 208.13	279 359.53	121 544.56	88 824.22
长江中下游区	26 572.77	30 230.27	17 359.90	26 511.81	31 480.03	15 948.71
江南丘陵山地农林区	3 259.43	10 366.83	7 548.79	6 065.35	11 688.57	4 782.90
南岭丘陵山地林农区	23 313.34	18 176.40	7 195.95	7 003.65	6 312.92	2 922.49
长江下游平原丘陵农畜水产区			133.07	816.01	332.32	775.83
长江中游平原农业水产区		443.99	163.21			1 007.93
浙闽丘陵山地林农区		1 243.05	2 318.88	12 626.80	13 146.22	6 459.56
总计	151 560.44	631 703.49	438 479.15	983 324.94	399 488.81	578 768.56

2. 质地剖面构型 典型黄壤亚类土壤质地剖面构型主要有薄层型、海绵型、夹层型、紧实型、上紧下松型、上松下紧型和松散型 7 种构型，以紧实型为主要类型，面积 975 656.03 hm^2；其次是上松下紧型 637 266.71 hm^2，以上两个类型分别占典型黄壤亚类面积的 30.65%、20.02%。全国各区域典型黄壤亚类土壤质地剖面构型面积见表 4-5。

表 4-5 全国各区域典型黄壤亚类土壤质地剖面构型面积

单位：hm^2

区域	薄层型	海绵型	夹层型	紧实型	上紧下松型	上松下紧型	松散型
华南区		119.07		5 479.27		233 596.64	
滇南农林区						231 062.21	
闽南粤中农林水产区		119.07		505.10			
粤西桂南农林区				4 974.17		2 534.43	
青藏区	134.10			946.47	94.37	106.04	340.06
藏南农牧区					4.24		270.68
川藏林农牧区	134.10			946.47	90.13	106.04	69.38
西南区	265 486.65	119 380.47	566 585.02	960 056.07	130 328.77	299 548.95	453 019.94
川滇高原山地林农牧区	174 795.10		16 827.59	50 043.99	84 234.29	22 571.57	75 863.21
黔桂高原山地林农牧区	46 373.47	95 510.14	387 717.71	513 642.37	26 019.68	29 654.83	165 865.04

（续）

区域	薄层型	海绵型	夹层型	紧实型	上紧下松型	上松下紧型	松散型
秦岭大巴山林农区	1 286.31	1 506.14	13.79	34 864.69	82.57	17 029.72	6 012.39
四川盆地农林区	14 324.41	2 251.06	8 726.79	116 653.45	3 256.48	98 860.62	65 245.24
渝鄂湘黔边境山地林农牧区	28 707.36	20 113.14	153 299.14	244 851.57	16 735.75	131 432.21	140 034.06
长江中下游区	610.76	4 679.62	5 275.34	9 174.22	755.83	104 015.08	23 592.64
江南丘陵山地农林区	377.40	3 009.59	2 565.40	3 040.71	755.83	32 796.15	1 166.79
南岭丘陵山地林农区	162.78	1 189.97	1 434.69	1 428.06		38 390.16	22 319.09
长江下游平原丘陵农畜水产区			328.06	436.04		1 293.13	
长江中游平原农业水产区		480.06		436.94		698.13	
浙闽丘陵山地林农区	70.58		947.19	3 832.47		30 837.51	106.76
总计	266 231.51	124 179.17	571 860.36	975 656.03	131 178.97	637 266.71	476 952.64

（二）土壤农化性质

1. 酸碱反应 典型黄壤亚类土壤处于中度风化强度淋溶状态，耕地土壤呈酸性至强酸性，pH 范围为 4.1～7.5（表 4-6）。典型黄壤亚类土壤交换性酸以活性铝为主，土壤交换性盐基含量低，盐基饱和度小于 20%，比红壤低。

表 4-6 全国各区域典型黄壤亚类土壤 pH 和有机质的变化

区域	pH			有机质（g/kg）		
	最大	最小	平均	最大	最小	平均
华南区	7.3	4.1	5.6	42.10	20.40	30.41
滇南农林区	7.3	5.0	5.6	42.10	20.40	30.45
闽南粤中农林水产区	6.3	4.1	5.6	31.70	20.40	27.80
粤西桂南农林区	6.4	5.3	5.5	30.40	26.30	29.14
青藏区	7.5	5.9	7.6	45.00	20.50	34.13
藏南农牧区	7.5	7.3	7.8	44.20	25.40	37.44
川藏林农牧区	7.4	5.9	7.3	45.00	20.50	28.90
西南区	7.3	4.3	6.1	63.00	5.30	29.13
川滇高原山地林农牧区	7.2	4.7	6.1	56.90	15.00	32.12
黔桂高原山地林农牧区	7.3	4.9	6.2	63.00	16.50	37.08
秦岭大巴山林农区	7.5	5.3	6.5	39.20	18.10	29.28
四川盆地农林区	7.4	4.6	6.1	47.00	13.00	22.09
渝鄂湘黔边境山地林农牧区	7.3	4.3	6.0	52.60	5.30	26.05
长江中下游区	7.2	4.1	5.3	69.90	18.30	36.40
江南丘陵山地农林区	6.9	4.4	5.4	56.40	21.40	34.33
南岭丘陵山地林农区	7.2	4.7	5.7	66.60	18.50	37.85
长江下游平原丘陵农畜水产区	4.9	4.4	4.7	46.00	33.90	40.58
长江中游平原农业水产区	7.3	5.5	6.3	30.90	18.30	26.87
浙闽丘陵山地林农区	5.8	4.1	5.2	69.90	21.10	36.68

2. 土壤有机质 典型黄壤亚类各区域土壤有机质平均含量为 22.09～40.58 g/kg（表 4-6），变幅 5.30～69.90 g/kg。贵州典型黄壤亚类处于温暖润湿气候条件，有机质、全氮积累较多。据黄壤剖

面样品统计，表层有机质平均为 33.94 g/kg，全氮平均为 1.78 g/kg，C/N 为 11.1，无论是有机质、全氮含量，还是 C/N，林草地黄壤高于旱地黄壤。根据黄壤耕层农化样分析统计结果，平均有机质、全氮含量分别为 34.26 g/kg 和 1.78 g/kg，黄壤有机质、全氮含量受植被类型和海拔影响，有机质和全氮含量均表现为阔叶林>针叶林、草被；在黄壤地带内，有机质、全氮含量随海拔上升而增加；植被覆盖度高，土壤有机质积累显著；表层有机碳随海拔增高而增加。

3. 土壤磷、钾 典型黄壤亚类土壤全磷和全钾含量属中等水平，而速效钾含量较丰富，有效磷含量欠缺。全磷含量以玄武岩发育的黄壤为高，紫色岩发育的较低；有效磷含量则以砂岩、页岩互层风化物发育的黄壤为高，紫色岩发育的黄壤较低。全钾含量以砂岩、页岩互层风化物和紫色岩发育的黄壤为高，玄武岩、辉绿岩发育的黄壤低；速效钾含量以紫色岩、花岗岩发育的黄壤最高，砂岩上发育的黄壤速效钾含量较低。不同利用方式的黄壤，除速效钾外，全磷、有效磷、全钾含量均是旱地>林草地。据各区域典型黄壤亚类耕层农化样分析统计结果（表 4－7），土壤有效磷、速效钾含量平均值范围分别为 19.26～207.31 mg/kg 和 60.0～178.78 mg/kg。

表 4－7 全国各区域典型黄壤亚类土壤主要养分的变化

区域	有效磷（mg/kg）			速效钾（mg/kg）		
	最大	最小	平均	最大	最小	平均
华南区	43.80	11.70	21.23	248.00	52.00	113.42
滇南农林区	37.00	11.70	20.82	248.00	52.00	114.42
闽南粤中农林水产区	32.20	30.50	31.07	72.00	53.00	60.00
粤西桂南农林区	43.80	17.30	36.10	118.00	60.00	80.00
青藏区	27.20	14.00	19.28	183.00	101.00	118.72
藏南农牧区	24.30	16.80	19.26	132.00	101.00	119.22
川藏林农牧区	27.20	14.00	19.30	183.00	102.00	117.94
西南区	101.50	2.70	23.28	302.00	45.00	116.52
川滇高原山地林农牧区	73.00	8.40	23.62	240.00	71.00	127.07
黔桂高原山地林农牧区	73.40	2.70	19.27	302.00	47.00	138.15
秦岭大巴山林农区	87.30	8.50	31.27	148.00	60.00	109.59
四川盆地农林区	84.60	6.00	22.95	195.00	50.00	103.39
渝鄂湘黔边境山地林农牧区	101.50	6.70	25.96	213.00	45.00	105.27
长江中下游区	752.70	3.40	71.61	402.00	17.00	104.81
江南丘陵山地农林区	469.70	4.50	66.58	380.00	46.00	128.31
南岭丘陵山地林农区	378.10	4.30	47.26	214.00	24.00	90.52
长江下游平原丘陵农畜水产区	752.70	6.90	207.31	266.00	67.00	146.47
长江中游平原农业水产区	28.90	11.40	22.67	266.00	89.00	178.78
浙闽丘陵山地林农区	403.40	3.40	82.92	402.00	17.00	97.52

4. 土壤障碍因素 由表 4－8 可见，典型黄壤亚类土壤的主要障碍因素是障碍层次，占典型黄壤亚类面积的 13.82%；其次是瘠薄和酸化，分别占典型黄壤亚类面积的 4.38%、3.86%。由于土壤酸度大，缺磷以及过黏、过沙等因素，作物产量不高。针对冷、酸、瘦（缺磷）和过黏、过沙等障碍因素，宜采取工程、生物、化学措施相结合，快速改良，熟化土壤，多施有机肥或种植绿肥，并适量施用石灰和磷肥。在有水源保证的地方，应兴修水利，旱地改水田，提高土壤生产肥力。

表 4-8 全国各区域典型黄壤亚类土壤主要障碍因素面积

单位：hm²

区域	无	瘠薄	酸化	盐碱	障碍层次	渍潜
华南区	236 541.48		119.07		2 534.43	
滇南农林区	231 062.21					
闽南粤中农林水产区	505.10		119.07			
粤西桂南农林区	4 974.17				2 534.43	
青藏区	1 287.12	115.84		160.04	58.04	
藏南农牧区		114.88		160.04		
川藏林农牧区	1 287.12	0.96			58.04	
西南区	2 092 537.99	134 885.58	96 637.52		436 109.21	34 235.57
川滇高原山地林农牧区	186 337.05	71 548.12	23 708.95		142 741.63	
黔桂高原山地林农牧区	992 870.44	32 966.84	3 257.89		208 037.03	27 651.04
秦岭大巴山林农区	51 751.49	7 035.69	740.91		601.11	666.41
四川盆地农林区	240 619.40	7 963.24	39 294.86		20 598.34	842.21
渝鄂湘黔边境山地林农牧区	620 959.61	15 371.69	29 634.92		64 131.10	5 075.91
长江中下游区	111 501.56	4 390.25	26 209.54	427.38	1 372.63	4 202.13
江南丘陵山地农林区	32 249.27	1 087.64	9 146.89		508.23	719.84
南岭丘陵山地林农区	56 740.71	3 302.61	1 317.50	427.38	203.26	2 933.29
长江下游平原丘陵农畜水产区			2 057.23			
长江中游平原农业水产区	1 178.19					436.94
浙闽丘陵山地林农区	21 333.39		13 687.92		661.14	112.06
总计	2 441 868.15	139 391.67	122 966.14	587.42	440 074.31	38 437.70

综上所述，典型黄壤亚类多质地黏重，土壤团粒结构不良，宜耕性差，土壤酸度较大，土壤养分不足，典型黄壤亚类耕地土壤改良需要采取综合措施，才能实现耕地资源的可持续利用。主要土壤改良措施如下。

（1）加大施用有机肥及配施磷肥。典型黄壤亚类耕地土壤酸性强、土瘦和保肥性能较低，需要施用大量有机肥，如施用猪粪、牛粪、羊粪、鸡粪、鸭粪和人粪、尿及商品有机肥等来改良土壤；同时，须采用窝施、条施等集中施用磷肥，保证作物各生长发育期对养分的需求。

（2）合理施用石灰及碱性肥料。典型黄壤亚类耕地土壤酸度较大，在冬季深耕、增施有机肥的基础上，配合施用石灰及碱性肥料，有利于降低土壤酸度、改良土壤结构，加速缓效态、迟效态肥料养分的释放，提高土壤养分有效性及肥料利用率。

（3）合理种植绿肥及轮作、间作作物。通过种植绿肥植物（如紫云英、苕子、蚕豆、箭舌豌豆、紫花苜蓿、田菁、草木樨、肥田萝卜等），扩大有机肥来源，不断培肥土壤。此外，在典型黄壤亚类耕地上轮作、间作豆科作物或绿肥以及其他作物等，也有利于提高土壤肥力，减少作物连作的负面影响。

第四节 主要土属

典型黄壤亚类划分土属的主要依据是母质类型、质地类别。典型黄壤亚类土壤发育于多种成土母质，典型黄壤亚类土属划分是以成土母质为主要依据，如硅铁质黄壤土属，包括硅铁质黄壤、硅铁质水化黄壤以及具有硅铁质特点的第四纪老风化壳黄壤等土属。硅铝质类型土属属于砂页岩类或砂页岩互层岩类风化发育而成，有砾岩、砂页岩、砂岩与页岩互层、粉砂质绢云母千枚岩、粉砂质绢云母片岩等。其中，硅铝质红色黄壤由砖红色砂页岩或砂质板岩形成。硅质黄壤土属由石英质岩类风化发育成土，有石英岩、石英砂岩、石英质砾岩，普通砂岩、变余砂岩、砂板岩残积物和坡积物及花岗岩坡积物所形成的土壤。耕作土主要是依据自然母土直接划定土属，如硅铁质黄壤开垦为旱作土为黄泥土，硅铝质黄壤开垦为旱作土为黄沙泥土，硅质黄壤开垦为旱作土为黄沙土。黄壤亚类土壤质地因母质不同而变化较大，质地类别为松沙土至重黏土，发育在砂岩、白云岩上的土壤质地较轻；发育在玄武岩、老风化壳和泥灰岩上的黄壤亚类的质地黏重。

根据《中国土壤分类系统（1992）》，典型黄壤亚类土属划分的主要依据是母质类型，典型黄壤亚类划分成红泥质黄壤、暗泥质黄壤、麻沙质黄壤、硅质黄壤、沙泥质黄壤、泥质黄壤、灰泥质黄壤、紫土质黄壤 8 个土属。各省份典型黄壤亚类划分土属有差别，四川根据成土母质的差异，典型黄壤亚类划分为冷沙黄泥土、沙黄泥土、矿子黄泥土和老冲积黄泥土 4 个土属。其中，矿子黄泥土的耕地面积最大，有 22.74 万 hm^2，占黄壤土类总耕地面积的 22.0%，占典型黄壤亚类耕地面积的 34.9%；其次是沙黄泥土和冷沙黄泥土，其耕地面积分别为 16.38 万 hm^2 和 16.26 万 hm^2；老冲积黄泥土的耕地面积最小。重庆有典型黄壤亚类耕地 33.57 万 hm^2，占耕地总面积的 13.7%，主要分布在重庆东南部和重庆东北部低、中山及丘陵地带和长江及其支流沿岸的 2～5 级阶地上。重庆典型黄壤亚类根据成土母质类型划分为矿子黄泥土、老冲积黄泥土、冷沙黄泥土 3 个土属。云南典型黄壤亚类发育在多种成土母质上。其中，泥质岩类成土母质占 26.24%，酸性结晶岩类成土母质占 23.17%，碳酸盐岩类成土母质占 21.10%，石英质岩类成土母质 18.58%，基性结晶岩类成土母质 9.64%，老冲积类成土母质 1.27%。云南山地黄壤（暗黄壤）面积 16.26 万 hm^2，占黄壤总面积的 93.55%。其中，耕地黄壤面积 35.85 万 hm^2，占山地黄壤的 16.70%。贵州典型黄壤亚类依据母质类型，分为黄泥土、黄沙泥土、黄沙土、橘黄泥土、大黄泥土、黄黏泥土、紫黄沙泥土、麻沙黄泥土 8 个土属。

一、红泥质黄壤土属

依据各省份分类方法，红泥质黄壤土属包括贵州黄黏泥土、云南厚黄泥土（老冲积暗黄壤）、四川老冲积黄泥土和重庆老冲积黄泥土 4 个土属。以下介绍部分土属。

1. 贵州黄黏泥土土属　贵州境内面积 35.38 万 hm^2，全省各地均有分布，尤以黔西南州居多，其次为安顺市。成土母质为黄色、红色老风化壳。黏土矿物以蛭石为主，其次是高岭石、三水铝石和伊利石。土壤质地黏重，多为黏土或壤黏土，土体较紧实。耕层农化样分析统计结果显示，土壤有机质、全氮含量分别为 35.07 g/kg 和 1.69 g/kg，全磷、全钾含量分别为 0.75 g/kg 和 14.6 g/kg，有效磷、速效钾含量分别为 7 mg/kg 和 131 mg/kg。贵州黄黏泥土土属多见于缓丘和盆地边缘，适宜种植玉米、小麦、甘薯、马铃薯、油菜、大豆等粮油作物和烤烟、蔬菜、中药材等经济作物。贵州黄黏泥土土属土壤质地黏重，耕性不良，养分缺乏，宜增施有机肥，实行秸秆还田，客土掺沙，改良耕性。

2. 老冲积黄泥土土属　四川有 50.91 万 hm^2。其中，耕地 9.75 万 hm^2。该土属成土母质为覆盖于紫色沙泥岩或砾岩之上的第四系更新统沉积物，主要分布在盆地内江河沿岸 2～5 级阶地及盆地西南浅丘地带，土层深 2～10 m，土体内含有数量不等的卵石，地表切割零乱，母质风化深，富铁铝化作用较强，淋溶淀积和层次分化明显，深度发育的土壤出现铁锰质网纹层，甚至铁子、铁盘。酸性至微酸性反应，土壤养分含量较低，有机质含量低于 15 g/kg，全氮含量低于 1 g/kg，全磷含量低于 0.4 g/kg，均属低量；黏重板结，宜耕性和宜种性差。熟化度较高的土壤耕性有所改善，宜种生姜、辣椒、甘薯、柑橘等经济作物，产量高、品质好。该土属土壤多位于海拔较低的江河沿岸，热量条件好，应发挥自然条件优势，兴修水利，大力发展经济作物，深耕改土，增施有机肥，用养结合，培肥土壤。重庆老冲积黄泥土面积 1.2 万 hm^2。主要分布在中小溪河两岸 2～3 级阶地及岩溶槽坝，由第四纪更新统砾石黏土母质发育而成，土层较厚，一般在 100 cm 左右，多数耕层含有少量卵石。质地沙壤、轻黏，颜色为棕黄色、灰黄色、浅黄色，微酸性。土壤养分有机质和碱解氮含量中等，有效磷和速效钾含量相对较低。

二、暗泥质黄壤土属

包括贵州橘黄泥土、云南暗山地黄壤（黄大土）2个土属。

1. 贵州橘黄泥土土属 贵州境内面积7.01万 hm^2，主要分布于六盘水和毕节。橘黄泥土发育于玄武岩和辉绿岩等基性岩风化物。该土属质地多为黏土，但发育进程受干扰的黏黄泥土，多含未完全风化的母岩碎屑、砾石，为砾质土。土壤颜色棕红色或暗红色。该土属的有机质及养分含量偏高，全钾、有效磷含量较低。土属耕层农化样分析统计结果显示，A层有机质、全氮平均含量分别为56.72 g/kg和2.43 g/kg，全磷、全钾平均含量分别为1.86 g/kg和9.33 g/kg，有效磷、速效钾平均含量分别为8 mg/kg和135 mg/kg。橘黄泥土土属土层较厚，养分含量也高，林草地适于玉米、小麦、马铃薯、油菜、烤烟、中药材和多种果树生长；因该土属部分土壤质地较黏，部分土壤夹母岩碎片较多，影响到耕性，应注意合理耕作。处于坡度较陡的旱地，极易受冲刷，耕层较浅，应注意防止土壤侵蚀。

2. 云南暗山地黄壤（黄大土）**土属** 云南面积为19.54万 hm^2。其中，耕地土壤4.28万 hm^2，自然土壤15.26万 hm^2。耕地土壤中，暗黄泥土1.65万 hm^2，暗黄沙泥土2.63万 hm^2。暗山地黄壤主要分布于昭通地区，其余分布于红河、保山、德宏、临沧等有基性结晶盐类的山区。由于成土母质主要为玄武岩的风化残积物，因此，质地重壤至中壤，土壤颜色暗黄色，结构块状，微酸性为主。暗黄泥土所处地形条件较暗黄沙泥土好，理化性状及生产性能也较暗黄沙泥土好。

三、麻沙质黄壤土属

包括贵州麻沙黄泥土、云南鲜山地黄壤（麻黄土）和广西杂沙黄泥土（杂沙黄壤）3个土属。

1. 贵州麻沙黄泥土土属 贵州境内面积仅有0.028万 hm^2，集中分布在贵州省黔东南州与广西壮族自治区交界地段。母质为花岗岩风化物，形成的土壤质地为沙壤土或沙质黏壤土。该土属土壤容重较大，其养分含量高。据分析，耕层土壤有机质、全氮平均含量分别为59.15 g/kg和2.66 g/kg，全磷平均含量为1.16 g/kg，有效磷、速效钾平均含量分别为6.5 mg/kg和204 mg/kg。该土属土质松散，透水性好，适宜发展玉米、油菜、甘薯、西瓜、蔬菜和中药材等。

2. 云南鲜山地黄壤（麻黄土）**土属** 云南面积为51.11万 hm^2。其中，耕地土壤3.50万 hm^2，自然土壤47.61万 hm^2。耕地土壤中，黄沙泥土1.39万 hm^2，黄沙土2.11万 hm^2。鲜山地黄壤主要分布于红河、西双版纳、大理、文山、保山、德宏、临沧、迪庆8个市（州），成土母质为酸性结晶盐类，主要为粗粒结晶花岗岩的风化残积物。因此，质地中壤至轻壤，土壤颜色鲜明，结构为核粒状或小块状，有酸性反应。黄沙泥土所处地形条件较黄沙土好，理化性状及生产性能也较黄沙土好。

3. 广西杂沙黄泥土（杂沙黄壤）**土属** 这个土属主要是由花岗岩以及其他中酸性火山岩（如凝灰岩等）发育而成，杂沙黄泥土共有面积24.68万 hm^2。主要分布在广西桂林地区的花岗岩中山山地，如越城岭、都庞岭、海洋山海拔800～1 400 m的地段。此外，浦北县的六万山（海拔800 m以上）、靖西古隆山（海拔1 000 m以上）、融水摩天岭和元宝山、金秀圣堂山（海拔850 m以上）以及龙州大青山（海拔800 m以上）均有分布。土壤剖面为A-B-C型，表土层为黄棕色或褐黑色，质地稍轻，团粒结构，根系多。淀积层黄色或暗黄色，土壤稍紧实，有斑纹，母质层杂有半风化母岩碎片，杂沙黄泥土由杂沙黄壤经垦殖耕作而成，面积0.076万 hm^2，主要分布在花岗岩黄壤区，广西桂林地区及柳州地区各有约330 hm^2。A层棕黄色，团粒结构，中壤，根系粗多，容重为1.0 g/cm^3；B层黄红色，块状结构，中壤，根系多；C层黄色，碎块状结构，重壤土。

四、硅质黄壤土属

包括贵州黄沙土、云南沙黄土（沙质山地黄壤）和沙黄泥土3个土属。

1. 贵州黄沙土土属 贵州面积87.97万 hm^2，各地均有分布，以黔南州所占比例最大，其次为铜仁市和遵义市。黄沙土土属发育于普通砂岩、石英砂岩、变余砂岩和硅质岩风化物。变余砂岩形成的黄壤主要分布于黔东南州和铜仁市，普通砂岩、硅质岩类发育的黄壤各地可见，石英砂岩发育的黄壤以贵阳市和黔南州稍多。这些母岩发育的土壤质地以沙质壤土和沙质黏壤土为主。黏土矿物以高岭石为主，有少量蛭石。耕层农化样分析统计结果显示，土壤有机质、全氮平均含量分别为29.16 g/kg和1.64 g/kg，全磷、全钾平均含量分别为0.53 g/kg和13.29 g/kg，有效磷、速效钾平均含量分别为5 mg/kg和104 mg/kg。黄沙土土属土壤质地轻，耕性良好，但养分贫乏，地力不足，阳离子交换量小，供肥力难以持久，且保水性能差。在作物反应上有早生、快发的特点，但易早衰，农作物宜多施有机肥，提高土壤养分蓄积和交换性能，同时改善土壤质地。适宜发展花生、甘薯和烤烟等经济作物。

2. 云南沙黄土（沙质山地黄壤）**土属**　云南面积为37.61万 hm^2。其中，耕地土壤沙黄土7.23万 hm^2，自然土壤30.38万 hm^2。沙质山地黄壤主要分布于昭通、临沧、红河、德宏4个市（州）有石英质岩类的山区，昭通的亚热带湿热区也有分布。由于成土母质主要为各地质年代的砂岩风化残积物，因此质地轻壤至中壤，土壤颜色较淡。土壤结构为核粒状或粒状，疏松，土层较其他土层薄，酸性反应。沙黄土的耕性好。土壤肥力的高低与耕作土所处地形条件的关系很大。缓平地带的沙黄土，土层较厚、保水保肥力强，比坡地的沙黄土肥力高。

3. 沙黄泥土土属　四川面积为85.12万 hm^2。其中，耕地土壤16.38万 hm^2。该土属成土母质为侏罗系和白垩系地层的紫色、黄色砂页岩风化物。主要分布在四川盆地东南紫色、黄色砂岩、砂页岩出露的低山区和丘陵区，海拔多在800 m以下。沙黄泥土土属酸度高，pH小于5.5的占40.3%。质地轻，疏松好耕，宜耕期长，但各种养分含量较贫乏，特别是磷、钾等含量很低，供肥力弱，作物缺素严重、产量低。宜种花生、甘薯、豆类、生姜等。改良利用应针对酸、瘦问题，大力发展绿肥，增施有机肥和磷肥、钾肥，补施微量元素肥料，加速培肥土壤。不宜农耕的应发展茶叶、果树，提高经济效益。

五、沙泥质黄壤土属

包括贵州黄沙泥土、冷沙黄泥土和广西黄泥土（沙泥黄壤）3个土属。

1. 贵州黄沙泥土土属　贵州面积238.93万 hm^2，各地均有出现，以黔东南州和黔南州的比例最大。发育母质为砂页岩互层风化物。该土属质地以粉沙质黏壤土居多。黏土矿物组成以蛭石、高岭石为主。耕层农化样分析统计结果显示，土壤有机质、全氮平均含量分别为39.05 g/kg和1.96 g/kg，全磷、全钾平均含量分别为0.60 g/kg和15.02 g/kg，有效磷、速效钾平均含量分别为8 mg/kg和155 mg/kg。黄沙泥土土属质地以粉沙黏壤土居多，耕性好，保水、保肥力较强。耕地黄沙泥土适宜种植烤烟，也适宜其他大田作物生长。该土属适合多熟制种植，但应注意增加物质投入，避免地力下降。

2. 冷沙黄泥土土属　四川面积为42.55万 hm^2。其中，耕地土壤16.26万 hm^2。该土属成土母质为三叠系须家河组地层砂页岩和侏罗系珍珠冲组地层黄色砂、泥岩风化物。主要分布在四川盆地和川东平行岭谷的中、低山区以及深丘地带，尤以川东平行岭谷区分布集中，面积大。该土属所处环境阴湿，土壤中沙粒含量高，土体中含较多的半风化岩石碎块，质地轻、酸度高，pH小于5.5的占47.1%。该土属耕层较厚，疏松好耕，通透性好，宜耕期长，各种养分含量除磷不足之外，其余均属中等。但因环境冷湿，土壤水分多，土性冷，养分分解转化缓慢，供肥力弱，既需要施肥又不耐肥，作物产量低。宜种甘薯、马铃薯、萝卜等。冷沙黄泥土土属的利用改良应针对冷、酸、缺磷的特点，深翻炕土，整治水系，排除土中积水，提高土温；增施有机肥，补施磷肥和钼、硼、锌等微量元素肥料；做好坡地改梯地，防止冲刷。不宜农耕的陡坡薄土，应大力发展茶叶产业或种植杉、松等。重庆冷沙黄泥土土属面积9.61万 hm^2，主要分布在低中山山岭缓坡及沟谷地带。一般由侏罗系自流井组、三叠系须家河组、志留系、奥陶系、震旦系的长石石英砂岩、粉砂岩、粉砂质页岩、变余砂岩风化坡残积物发育而成。土壤质地紧沙至轻黏。土壤有机质、碱解氮和有效磷含量中等，速效钾含量相对偏低，微量元素中的有效铁、有效锰和有效铜含量丰富，有效锌含量中等偏上。

3. 广西黄泥土（沙泥黄壤）**土属**　这个土属共有面积 100.76 万 hm^2，其中沙泥黄壤 100.02 万 hm^2，主要分布在广西桂林、百色、河池、柳州地区的砂页岩山地，百色市德保、靖西、凌云、乐业、田林、隆林、西林、那坡等海拔 1 000～1800 m 的地区，钦州市十万大山（防城、上思）海拔 700～750 m 的地区，柳州市鹿寨、融安、三江、融水等海拔 850 m 以上的地区，河池市海拔 800 m 以上的地区，桂林市海拔 800～1 300 m 的砂页岩山地地区。土壤剖面的层次分异明显，一般为 A－B－C 型，土体较薄，厚度多在 50～80 cm，表土层棕色，心土层为黄色，底土层为淡黄色或黄棕色杂有半风化的岩石碎块，紧实。广西黄泥土是沙泥黄壤经垦殖旱作熟化而成，共有面积 0.74 万 hm^2，以百色地区面积最大，为 5 861.53 hm^2，多分布在砂页岩黄壤地区的缓坡地带。广西黄泥土母质为砂页岩风化物，A 层棕色，轻黏土，小块状结构，疏松；B 层黄棕色，重黏土，块状结构，紧实；C 层棕黄色，中黏土，块状结构，紧实。

六、泥质黄壤土属

包括贵州黄泥土、云南黄泥土、云南厚黄泥土 3 个土属。

1. 贵州黄泥土土属　贵州黄泥土面积 169.29 万 hm^2，各地均有出现，主要分布在黔东南州、黔西南州和遵义市，发育母岩主要有泥页岩、硅质页岩、板岩和凝灰岩等。砂页岩形成的黄泥土在各地均可见；板岩形成的黄泥土主要出现在前震旦纪板溪群的变质岩带，即黔东南州和铜仁市。凝灰岩发育的黄泥土主要分布于贵州西部的六盘水市、黔西南州、毕节市等与云南接壤地段。黄泥土土属土壤质地从壤土至黏土均有出现，以壤质黏土居多，黏土矿物组成以蛭石为主，黄泥土土属养分含量高于黄壤亚类的平均水平。耕层农化样分析统计结果显示，土壤有机质、全氮平均含量分别为 32.86 g/kg 和 1.77 g/kg，全磷、全钾平均含量分别为 0.71 g/kg 和 17.19 g/kg，有效磷、速效钾平均含量分别为 8 mg/kg 和 15 mg/kg。黄泥土土属土层深厚，土壤保水保肥能力强，养分含量丰富，旱地适宜种植多种大田作物。但部分土壤质地较黏重，耕性不良，宜多施有机肥，种植绿肥，客土掺沙，合理耕作。

2. 云南黄泥土（泥质山地黄壤）**土属**　云南黄泥土面积为 57.32 万 hm^2。其中，耕地土壤 7.91 万 hm^2，自然土壤 49.41 万 hm^2。耕地土壤中，黄泥土 4.73 万 hm^2，灰黄沙泥土 3.18 万 hm^2。云南黄泥土主要分布于云南昭通、曲靖、红河、西双版纳、文山、保山、德宏、临沧 8 个市（州）。昭通北部、东北部亚热带湿热山区也有分布。由于成土母质为泥质岩、页岩等风化残积物，质地较黏，多为轻黏至重壤，少数砂页岩互层的地方，虽以页岩风化残积物为主，但客观上受砂岩风化残积物的影响，其质地多为重壤至中壤，土壤颜色与母质相似，心土层黄蜡层较明显。黄泥土所处地形较平缓，风化度较深，土层深厚，多为中上肥力；灰黄沙泥土多为坡耕地，母质为页岩风化的残积物，耕作性能较黄泥土好，但土层较薄，多为中下肥力。

3. 云南厚黄泥土（厚层山地黄壤）**土属**　云南厚黄泥土面积为 2.91 万 hm^2。其中，耕地土壤 2.40 万 hm^2，自然土壤 0.51 万 hm^2。在耕地土壤中，厚黄泥土 0.55 万 hm^2，窑泥土 0.63 万 hm^2，黄白沙土 1.22 万 hm^2。厚黄泥土主要分布于昭通市坝区的湖泊冲积物地区，迪庆州及昭通市部分河流沿岸也有分布。由于成土母质为深厚的老冲积物，而老冲积物又受其附近成土母岩的影响，因此土层比其他厚黄泥土深厚，所处地形条件又好，垦殖面积大，是当地的高产稳产农田之一。质地以中壤土为主，新老冲积物交错地带长期受淋溶漂洗的多为黏土，受砂岩风化残积物影响的多为沙土。结构为核粒或块状，微酸性反应。厚黄泥土土属的 3 个土种中，厚黄泥土是在地形条件较好、人为利用改良好的条件下形成的稳产高产土壤；窑泥土处于低平、低洼地形，肥力的高低与窑泥层出露的深浅有关；黄白沙土则分布于缓坡或坡耕地带，改良利用得好，也可稳产高产，但大多为中下等肥力。

七、灰泥质黄壤土属

包括矿子黄泥土、贵州大黄泥土和云南棕黄泥土（灰岩山地黄壤）3 个土属。

1. 矿子黄泥土土属 四川矿子黄泥土总面积 161.50 万 hm^2。其中，耕地面积 22.74 万 hm^2。成土母质为石灰岩风化物，常见的有三叠系嘉陵江组灰岩、雷口坡组白云岩、三叠系和寒武系的燧石灰岩、硅质灰岩风化物等。主要分布在四川盆地山区石灰岩出露地带，以盆地东南中低山区最为集中。该土属母质风化度较深，多数呈微酸性反应，少数受碳酸岩岩溶水浸渍、产生复钙作用的土壤接近中性。该土属土层较厚，土体内含岩石碎块较多，一般在 10%以上，养分含量除磷以外，均较为丰富，具有一定的保肥力。但质地黏重，耕作费工，通透性差，部分处于槽谷、槽坝、洼地的土壤易胀水，土性冷凉，养分分解释放缓慢。喜旱怕涝，适种作物少，产量较低。耕地要修好排水沟系，排除渍水，实行冬炕，开厢种植，提高土温。不宜农耕的陡坡地，要退耕还林还草，发展生漆、板栗、核桃、乌桕、蓑草、中药材等，阴湿地带发展楠竹。重庆矿子黄泥土面积 13.60 万 hm^2，主要分布在低中山槽谷、槽坝坡地。成土母质主要是三叠系、二叠系、石炭系、泥盆系、奥陶系、寒武系和震旦系灰岩、白云岩坡残积物，化学风化强，具有黏、酸的特点，颜色为浅黄色、黄棕色、灰黄色。

2. 贵州大黄泥土土属 贵州大黄泥土面积 132.14 万 hm^2。除黔西南州以外，各地均有分布，以毕节市和遵义市比重最大。成土母岩主要为燧石灰岩、含硅白云岩、泥质白云岩、泥灰岩。大黄泥土土属黏土矿物组成以蛭石为主，其次是高岭石。土壤质地变幅较大，含硅白云岩发育的大黄泥土质地多为沙壤土、沙土，由泥灰岩发育的大黄泥土多为黏土或壤黏土，燧石灰岩发育的大黄泥土多为砾质重黏土。耕层农化样统计分析结果显示，土壤有机质、全氮平均含量分别为 29.86 g/kg 和 1.72 g/kg，全磷、全钾平均含量分别为 0.55 g/kg 和 11.6 g/kg，有效磷、速效钾平均含量分别为 8 mg/kg 和 136 mg/kg。大黄泥土土属的耕地可种植各种大田作物，在燧石灰岩上发育的大黄泥土旱地种植烤烟，烟质特优，宜大力发展，但燧石难于风化，在土体中各层均有出现，影响土壤耕作；泥灰岩形成的大黄泥土，土层深厚，保肥力强，但质地黏重，难耕作，应增施有机肥、掺沙、合理耕作。

3. 云南棕黄泥土（灰岩山地黄壤）**土属** 云南棕黄泥土面积为 46.19 万 hm^2。其中，耕地土壤 10.53 万 hm^2，自然土壤 35.66 万 hm^2。耕地土壤中，棕黄泥土 5.01 万 hm^2，小黄泥土 5.52 万 hm^2。棕黄泥土主要分布于昭通、曲靖、红河、文山、大理、保山、临沧 7 个市（州）有碳酸盐岩类分布的山区。昭通市东北部、北部亚热带湿热山区也有分布，由于成土母质主要为石灰岩深度风化的残积物。因此，质地较黏重，无石灰反应，块状结构，酸性至微酸性反应。棕黄泥土受人为利用改良影响，肥力比小黄泥土高。两种耕作土壤的土层较厚，保水、保肥力较强，但耕性较差。

八、紫土质黄壤土属

贵州紫黄沙泥土土属 贵州境内紫黄沙泥土面积仅 4.84 万 hm^2，集中分布在遵义市与四川接壤的低热、湿润河谷地段，如赤水元厚、官渡和兴隆等地。成土母质为白垩系、侏罗系紫红色砂岩风化物，形成的土壤质地多为沙黏壤土。紫黄沙泥土在成土过程中经强烈的淋溶和脱硅富铁铝化作用及黄化作用而成。在黏土矿物组成中，高岭石成分比例大。该土属养分（除速效钾外）含量低，耕层农化样统计分析显示，有机质和全氮平均含量分别为 24.9 g/kg 和 1.39 g/kg，全磷和全钾平均含量分别为 0.48 g/kg 和 7.7 g/kg，有效磷、速效钾平均含量分别为 1 mg/kg 和 203 mg/kg。紫黄沙泥土土属宜种植各种大田作物，是贵州酒用高粱的主产区。但因土质疏松、抗蚀性弱，又多处于坡地，因此必须防止土壤侵蚀，实行以坡地梯化、平整土地为中心的农田基本建设，采用等高垄作，注意补充有机质和其他养分。

第五节　主要土种

土种是土壤分类的基层单元，是根据土壤发育程度的差异加以区分的。它处于一定的景观部位，是土壤剖面形态特征在数量上基本一致的一组土壤实体。主要是以熟化程度所体现的肥力状况为依据，划分为高、中、低，有机质含量>40 g/kg 为高，20～40 g/kg 为中，<20 g/kg 为低。在命名上，以小与油代表高肥力，寡与死代表低肥力。根据土壤质地划分土种，以胶、泥命名土种的为黏性土壤，以沙命名的为沙性土壤，以沙泥命名的为壤性土壤。根据表土层、心土层砾石类型与含量划分，砾质土砾石含量<30%，多为酥软泥质板岩类砾石，砾质土砾石含量≥30%，多为坚硬砂质板岩、石英岩类砾石。根据 60 cm 以内的障碍出现部位与厚度、熟化度等进行划分。全国各区域典型黄壤亚类划分的土种名称见表 4-9。

表 4-9 全国各区域典型黄壤亚类划分土种名称

一级农业区	二级农业区	主要土种名称
华南区	滇南农林区	琼麻黄泥土、琼黄泥沙土、信宜麻黄泥土、麻黄泥土、杂沙黄壤土、沙泥黄壤土、山沙黄土、薄沙黄土、厚沙黄土、乌泥黄土、岩泥土
青藏区	川藏林农牧区	
西南区	川滇高原山地林农牧区 黔桂高原山地林农牧区 秦岭大巴山林农区 四川盆地农林区 渝鄂湘黔边境山地林农牧区	水富黄泥土、昭通黄泥土、仁怀黄泥土、遵义黄泥土、六枝黄胶泥土、遵义黄沙泥土、贵阳黄沙泥土、乌当黄沙泥土、遵义黄沙土、水城橘黄泥土、丹寨大黄泥土、灰泡沙土、橘灰泡泥土、灰泡泥土、湄潭黄黏泥土、火石大黄泥土、黄大土、平坝黄黏泥土、紫黄沙泥土、面黄泥土、大足黄泥土、北碚黄泥土、仪陇黄沙土、石柱黄泥土、黔江黄泥土
长江中下游区	江南丘陵山地农林区	南平黄泥沙土、山黄泥土、乌山黄泥土、雪山黄泥土、山麻沙泥土、灰山麻沙泥土、乌山麻沙泥土、厚暗麻沙泥土、暗麻沙泥土、山黄沙泥土、暗黄沙泥土、乌山缮泥土、山缮泥土、暗籍泥土、山黄泥土、山黄黏泥土、山香灰土、山黄泥沙土、暗黄土、天台暗黄棕土、暗黄泥土、暗黄棕土

根据《中国土种志》对典型黄壤亚类主要土种的描述如下。

一、湄潭黄黏泥土

1. 归属与分布 湄潭黄黏泥土，属典型黄壤亚类、黏质黄泥土土属。分布于贵州安顺、黔西南、铜仁、遵义、六盘水、黔南、贵阳等地的海拔 600～1 900 m 山地中部以下和丘陵、宽谷地段。面积为 2.43 万 hm^2。

2. 主要性状 该土种母质为古红土（老风化壳），经垦种后形成旱耕地，剖面为 A-B-C 型。土体厚 1 m 左右，通体黏重，质地为黏土，粉黏比 0.5～0.6，土壤 pH 5.0～6.0，呈酸性反应。B 层为黄色或黄棕色，黏粒硅铝率 1.8 左右，阳离子交换量 10 cmol/kg 左右，有铁锰斑和结核。据 28 个剖面样分析结果统计，A 层土壤全氮含量 1.23 g/kg，有效磷含量 4 mg/kg，速效钾含量 129 mg/kg。

3. 典型剖面 采自贵州省遵义市湄潭县黄家坝镇马鞍山，丘陵坡脚，海拔 780 m。母质为古红土（老风化壳）。年均温 14.9 ℃，年降水量 1 141 mm，≥10 ℃积温 4 410 ℃，无霜期 284 d。旱耕地。理化性状见表 4-10。

表 4-10 湄潭黄黏泥土理化性状

项目		典型剖面			
		A	B_1	B_2	C
厚度（cm）		13	15	20	32
机械组成（%）	0.2～2 mm	1.88	1.07	2.00	0.98
	0.02～0.2 mm	15.60	12.15	8.47	11.36
	0.002～0.02 mm	29.96	30.45	32.20	29.24
	<0.002 mm	52.56	56.33	57.33	58.42

（续）

项目	典型剖面			
	A	B_1	B_2	C
质地名称	黏土	黏土	黏土	黏土
粉黏比	0.57	0.54	0.56	0.50
有机质（g/kg）	13.5	9.9	6.2	5.0
全氮（N，g/kg）	0.95	0.85	0.68	0.57
全磷（P，g/kg）	0.43	0.33	0.37	0.36
全钾（K，g/kg）	1.14	—	—	—
有效磷（P，mg/kg）	4	—	—	—
速效钾（K，mg/kg）	122	72	61	82
pH（H_2O）	5.7	5.6	5.4	5.3
阳离子交换量（cmol/kg）	12.22	10.50	—	—

注：数据来源于《中国土种志　第6卷》，1996。

A层：0～13 cm，灰黄色（湿，2.5Y6/2），黏土，小块状结构，较松，根多，pH 5.7。

B_1层：13～28 cm，亮黄棕色（湿，10YR6/6），黏土，块状结构，紧实，有铁锰斑，根较多，pH 5.6。

B_2层：28～48 cm，黄色（湿，5Y8/8），黏土，块状结构，紧实，有铁锰斑，根少，pH 5.4。

C层：48～80 cm，黄棕色（湿，10YR5/8），黏土，大块状结构，紧实，根少，pH 5.3。

4. 生产性能综述　该土种土体较厚，主要是耕层浅，有机质缺乏，结构差，酸性，保水差，宜耕期短，耕作费力，湿时易成泥浆，干时收缩成硬块，农民形容这种土是“天晴一把刀，落雨一团糟，干时犁不动，湿时黏犁刀”。土壤通透性差，供肥性差，不发小苗也不发老苗，属低肥力土壤。一般种植玉米、烤烟、油菜、中药材等，单产在2 250 kg/hm^{2}以内。改良利用措施：重施有机肥、种植绿肥、合理施用复合肥、加深耕层等，施用石灰降低酸性，每公顷施7 500～22 500 kg石灰，不仅当年增产，而且相当长效，可保持3～5年。湄潭黄黏泥土也是湄潭茶叶生产基地。

二、平坝黄黏泥土

1. 归属与分布　平坝黄黏泥土，属典型黄壤亚类、黏质黄泥土土属。广泛分布于贵州安顺、遵义、黔南、贵阳等海拔600～1 900 m的山地中部以下和丘陵、宽谷、盆地边缘较平缓地段。面积为3.82万hm^2。

2. 主要性状　该土种母质为古红土（老风化壳），经垦种形成旱耕地，剖面为A-B型。土体厚达1 m以上，质地均一，质地为黏土，土壤pH 5.0～6.0，呈酸性至微酸性反应，黏粒硅铝率1.7～2.0。B层为黄色，粉黏比0.4～0.6，阳离子交换量9～17 cmol/kg，有铁锰斑、结核，偶见铁子和铁盘。据69个剖面样分析结果统计，A层土壤有机质含量28.0 g/kg、全氮含量1.56 g/kg、有效磷含量6 mg/kg、速效钾含量132 mg/kg，有效微量元素含量分别为硼0.42 mg/kg、锌0.95 mg/kg、铜0.95 mg/kg。

3. 典型剖面　采自贵州省安顺市平坝区马场镇，浅丘，坡度小于3°，海拔1 150 m。母质为古红土（老风化壳）。年均温14.5 ℃，年降水量1 190 mm，≥10 ℃积温4 240 ℃，无霜期270 d。种植玉米。理化性状见表4-11。

表 4-11 平坝黄黏泥土理化性状

项目		典型剖面			
		A	AB	B_1	B_2
厚度（cm）		18	28	24	35
机械组成（%）	0.2～2 mm	6.5	1.6	1.5	0.6
	0.02～0.2 mm	8.0	5.3	7.2	12.1
	0.002～0.02 mm	31.5	32.6	27.5	25.7
	<0.002 mm	54.0	60.5	63.8	61.6
质地名称		黏土	黏土	黏土	黏土
粉黏比		0.58	0.54	0.43	0.42
有机质（g/kg）		36.2	18.5	9.5	6.3
全氮（N，g/kg）		2.04	0.96	0.79	0.56
全磷（P，g/kg）		0.45	0.29	0.027	0.20
全钾（K，g/kg）		15.3	16.8	17.2	18.0
有效磷（P，mg/kg）		6	3	3	2
速效钾（K，mg/kg）		143	82	80	65
pH（H_2O）		5.9	5.3	5.5	5.3
阳离子交换量（cmol/kg）		17.0	12.4	12.7	9.8
盐基饱和度（%）		65.0	40.9	32.4	21.7

注：数据来源于《中国土种志 第6卷》，1996。

A层：0～18 cm，亮棕色（湿，7.5YR5/6），黏土，屑粒状结构，较松，根多，pH 5.9。

AB层 18～46 cm，黄色（湿，5Y8/8），黏土，小块状结构，紧实，有少量铁锰结核，根少，pH 5.3。

B_1 层：46～70 cm，黄色（湿，5Y8/8），黏土，块状结构，紧实，有铁锰斑和结核，根少，pH 5.5。

B_2 层：70～105 cm，黄色（湿，5Y8/8），黏土，大块状结构，紧实，有少量铁锰结核，pH 5.3。

4. 生产性能综述 该土种土体深厚，质地黏重，有机质偏少，结构差，紧实，干后坚硬，雨后泥泞，耕性差，通透性也差，水分下渗慢，不耐旱也不耐涝，供肥前期差、后期好。宜种玉米、小麦、油菜、甘薯、烤烟、小豆、大豆、蔬菜、中药材等，一年两熟，常年产量中等，玉米产量 2 250～3 000 kg/hm^2。应养用结合，发展绿肥作物，配施磷肥，以磷增氮，增加有机质，改善土壤结构，早期因供肥不足，出现僵苗现象，应合理追施氮磷肥，使小苗正常生长。

三、面黄泥土

1. 归属与分布 面黄泥土，属典型黄壤亚类、黄泥土土属。主要分布在四川盆地西南部江河两岸阶地或低丘中下部。海拔一般不超过 800 m，以成都、乐山、绵阳等地分布较集中。面积为 5.19 万 hm^2。

2. 主要性状 该土种母质为古红土（老风化壳），经水化作用后，长期人为垦种发育而成的旱耕地。剖面为 A-B 型。全剖面呈黄棕色或亮黄棕色，质地为壤质黏土或粉沙质黏土。B层 pH 5.0～6.4，呈酸性至微酸性反应，有效阳离子交换量 6～7 cmol/kg，盐基饱和度 28%～37%，铁的游离度 60%左右，有铁锰斑。据 40 个剖面样分析结果统计，A层土壤有机质含量 14.7 g/kg、全氮含量 1.09 g/kg、碱解氮含量 80 mg/kg、有效磷含量 4 mg/kg、速效钾含量 61 mg/kg，有效微量元素含量（$n=18$）

分别为锌 0.8 mg/kg、铜 0.9 mg/kg、硼 0.12 mg/kg、钼 0.3 mg/kg、铁 13 mg/kg、锰 20 mg/kg。

3. 典型剖面 采自四川省雅安市名山区红星镇，高阶地，海拔 700 m。母质为古红土（老风化壳）。年均温 15.5 ℃，年降水量 1 520 mm，≥10 ℃积温 4 790 ℃，无霜期 298 d。种植小麦、油菜、玉米等。理化性状见表 4-12。

表 4-12 面黄泥土理化性状

项目		典型剖面		
		A	B_1	B_2
厚度（cm）		17	15	68
机械组成（%）	0.2～2 mm	5.25	6.08	3.00
	0.02～0.2 mm	21.25	18.41	26.18
	0.002～0.02 mm	34.16	31.76	28.96
	<0.002 mm	39.34	43.75	11.86
质地名称		壤质黏土	壤质黏土	壤质黏土
粉黏比		0.87	0.73	0.69
有机质（g/kg）		15.2	5.4	4.1
全氮（N，g/kg）		0.67	0.46	0.35
全磷（P，g/kg）		0.29	0.08	0.10
全钾（K，g/kg）		12.0	15.6	15.3
碱解氮（N，mg/kg）		—	—	—
有效磷（P，mg/kg）		10	—	—
速效钾（K，mg/kg）		95	—	—
pH（H_2O）		5.8	5.0	5.3
阳离子交换量（cmol/kg）		7.24	7.05	6.10
盐基饱和度（%）		32.87	36.74	28.69

注：数据来源于《中国土种志 第 6 卷》，1996。

A 层：0～17 cm，浊黄棕色（湿，10YR5/4），壤质黏土，屑粒状结构，疏松，根多，pH 5.8。

B_1 层：17～32 cm，亮黄棕色（湿，10YR7/6），壤质黏土，块状结构，紧实，有铁锰斑，根少，pH 5.0。

B_2 层：32～100 cm，黄橙色（湿，10YR8/6），壤质黏土，块状结构，紧实，有铁锰斑，根少，pH 5.3。

4. 生产性能综述 该土种土体深厚，质地偏黏，耕性差，土壤养分贫乏，但保水保肥能力较强，加之水热条件较好，宜种性广，除蚕豆、豌豆、甘薯等生长稍差外，许多作物均可种植，多为小麦（油菜）-玉米套种甘薯为主，常年粮食产量 9 750～10 500 kg/hm^2。该土种还适种生姜、辣椒、甘薯、甘蔗等经济作物，产量高，品质好。应增施有机肥和合理施用氮、磷、钾肥，培肥地力；积极推广微肥施用；注意开沟排湿，防止土壤滞水。

四、昭通黄泥土

1. 归属与分布 昭通黄泥土，属典型黄壤亚类、黄泥土土属。集中分布在云南省昭通市的昭通坝子，海拔 1 900 m。面积为 0.55 万 hm^2。

2. 主要性状 该土种是在古红土（老风化壳）水化后的基础上，经人为长期耕垦形成。剖面为 A-B 型。剖面发育完整，层次分异明显，土体深厚，一般达 100～150 cm。B 层呈淡黄色，壤质黏土，粉黏比 0.6 左右，土壤 pH 6.5 左右，呈微酸性反应，阳离子交换量 12～14 cmol/kg，黏粒硅铝率2.5左右。耕层质地多为黏壤土，结构好。据4个剖面样分析结果统计，A层有机质含量18.0 g/kg、全氮含量0.70 g/kg、碱解氮含量79 mg/kg、有效磷含量10 mg/kg、速效钾含量95 mg/kg，有效微量元素含量（$n=3$）分别为锌1 mg/kg、铜4.3 mg/kg、硼0.30 mg/kg、钼0.2 mg/kg、锰16 mg/kg。

3. 典型剖面 采自云南省昭通市城西，平坝，海拔1 940 m。母质为古红土。年均温11.5 ℃，年降水量738.6 mm，≥10 ℃积温3 217 ℃，无霜期222 d。种植玉米、烤烟。理化性状见表4-13。

表4-13 昭通黄泥土理化性状

项目		典型剖面		
		A	B_1	B_2
厚度（cm）		20	11	69
机械组成（%）	0.2～2 mm	13.40	7.67	9.41
	0.02～0.2 mm	35.61	19.19	23.04
	0.002～0.02 mm	26.31	28.45	41.23
	<0.002 mm	24.68	44.69	26.32
质地名称		黏壤土	壤质黏土	壤质黏土
粉黏比		1.07	0.64	1.57
有机质（g/kg）		27.6	8.6	3.9
全氮（N，g/kg）		1.07	1.44	0.41
全磷（P，g/kg）		0.59	0.43	0.29
全钾（K，g/kg）		29.6	10.5	10.9
碱解氮（N，mg/kg）		88	52	40
有效磷（P，mg/kg）		24	10	9
速效钾（K，mg/kg）		72	56	40
pH（H_2O）		6.6	6.5	6.6
阳离子交换量（cmol/kg）		15.5	13.9	12.3

注：数据来源于《中国土种志 第6卷》，1996。

A层：0～20 cm，暗灰黄色（湿，2.5Y5/2），黏壤土，屑粒状结构，疏松，根多，pH 6.6。

B_1层：20～31 cm，淡黄色（湿，2.5Y7/3），壤质黏土，块状结构，较紧实，根较多，pH 6.5。

B_2层：31～100 cm，淡黄色（湿，2.5Y7/3），壤质黏土，块状结构，紧实，根少，pH 6.6。

4. 生产性能综述 该土种土体深厚，保水保肥，耕性较好，供水供肥平稳，加之耕作管理水平较高，是黄壤区的当家土种。宜种性较广，一般一年两熟，主要种植玉米、马铃薯、烤烟、小麦等作物。常年粮食产量在6 000 kg/hm^{2}左右，高者可达9 000～10 500 kg/hm^2，烤烟产量2 250～2 625 kg/hm^2，中上等烟叶的比例高，品质也好。该土种所处地形平缓，集中连片，有一定灌溉条件，应进一步培肥熟化。增施有机肥、补施微肥，坚持粮经、粮肥合理轮作复种，扩大规范化栽培与间套种，做到既充分用地，又积极养地。

五、六枝黄胶泥土

1. 归属与分布 六枝黄胶泥土，属典型黄壤亚类、黄黏泥土土属。分布在贵州省六盘水、毕节、遵义、黔南等地中山缓坡台地和坝地。面积为4.69万hm^2。

2. 主要性状 该土种母质为页岩、泥岩风化物，经垦种形成旱耕地，剖面为A-B型。土体厚60～90 cm，质地黏重，多为黏土，土壤pH 5.5～6.0，呈微酸性反应。B层以黄色为主，粉黏比0.8，阳离子交换量15 cmol/kg左右，盐基饱和度20%～40%。据10个剖面样分析结果统计，A层有机质含量32.7 g/kg、全氮含量1.79 g/kg、有效磷含量7 mg/kg、速效钾含量141 mg/kg。

3. 典型剖面 采自贵州省六枝特区新场镇仓脚戛村，缓丘中部，海拔 1 460 m。母质为泥岩风化物。年均温 14.5 ℃，年降水量 1 476.5 mm，≥10 ℃积温 4 345.2 ℃，无霜期 296 d。旱耕地。理化性状见表 4 - 14。

表 4 - 14 六枝黄胶泥土理化性状

项目		典型剖面		
		A	B_1	B_2
厚度（cm）		13	21	27
机械组成（%）	0.2～2 mm	0.69	0.45	0.63
	0.02～0.2 mm	10.40	11.79	13.54
	0.002～0.02 mm	43.00	39.90	38.36
	<0.002 mm	45.91	47.86	47.47
质地名称		黏土	黏土	黏土
粉黏比		0.94	0.83	0.81
有机质（g/kg）		28.4	21.0	1.0.3
全氮（N，g/kg）		1.51	1.26	0.76
全磷（P，g/kg）		1.26	1.24	1.25
全钾（K，g/kg）		—	—	—
碱解氮（N，mg/kg）		—	—	—
有效磷（P，mg/kg）		3	1	1
速效钾（K，mg/kg）		126	69	80
pH（H_2O）		5.6	5.8	5.9
阳离子交换量（cmol/kg）		17.26	16.30	15.41

注：数据来源于《中国土种志 第 6 卷》，1996。

A 层：0～13 cm，浅黄色（湿，5Y8/6），黏土，屑粒状结构，较松，根多，pH 5.6。

B_1 层：13～34 cm，亮黄棕色（湿，10YR7/6），黏土，大块状结构，结构面上有胶膜，较紧，根少，pH 5.8。

B_2 层：34～61 cm，黄色（湿，5Y8/8），黏土，大块状结构，紧实，根极少，pH 5.9。

4. 生产性能综述 该土种土体较厚，但耕层浅薄，质地黏重，结构差，结持力强，紧实，宜耕期短，通透性差，养分释放慢，特别是前期供肥差，发老苗。宜种性不广，以玉米、小麦、豆类为主，多一年一熟，也有间套作两熟的，常年玉米产量 2 250 kg/hm^2、小麦产量 750～1 200 kg/hm^2，属中低产土壤。改良利用上应以增施有机肥和种植绿肥为主要措施，结合加深耕层，及早秋耕炕垡，在有条件的地方可客土掺沙。

六、水富黄泥土

1. 归属与分布 水富黄泥土，属典型黄壤亚类、黄泥土土属。主要分布在云南昭通、文山、红河、保山、德宏、曲靖、临沧等地海拔 200～1 500 m 的山地缓坡。面积为 5.24 万 hm^2。

2. 主要性状 该土种由泥质岩类风化的残坡积物发育而成。耕垦历史较久，剖面为 A - B - BC 型。土体较厚，多在 100 cm 左右，质地较黏重，多为壤质黏土。B 层呈黄色，粉黏比 1.0～1.2，土壤 pH 6.0 左右，呈微酸性反应，阳离子交换量 12 cmol/kg 左右。据 17 个剖面样分析结果统计，A 层有机质含量 54.6 g/kg、全氮含量 2.70 g/kg、碱解氮含量 210 mg/kg、有效磷含量 12 mg/kg、速效钾含量 153 mg/kg，有效微量元素含量（$n=4$）分别为锌 1 mg/kg、铜 1.40 mg/kg、硼 0.36 mg/kg、钼 0.29 mg/kg、锰13 mg/kg。

3. 典型剖面 采自云南省昭通市水富市两碗镇，低山缓坡，海拔 1 300 m。母质为泥质岩风化的残坡积物。年均温 13.5 ℃，年降水量 1 000 mm，≥10 ℃积温 3 900 ℃，无霜期 290 d。种植玉米、烤烟等。理化性状见表 4 - 15。

表 4 - 15 水富黄泥土理化性状

项目		典型剖面		
		A	B	BC
厚度（cm）		18	20	62
机械组成（%）	0.2～2 mm	5.16	3.39	6.70
	0.02～0.2 mm	20.57	11.86	27.79
	0.002～0.02 mm	36.25	46.00	37.22
	<0.002 mm	38.02	38.75	28.29
质地名称		壤质黏土	粉沙质黏土	壤质黏土
粉黏比		0.95	1.19	1.32
有机质（g/kg）		36.4	11.9	8.5
全氮（N，g/kg）		2.04	0.82	0.57
全磷（P，g/kg）		0.84	0.42	0.34
全钾（K，g/kg）		23.1	28.3	29.8
碱解氮（N，mg/kg）		199	67	44
有效磷（P，mg/kg）		6	2	3
速效钾（K，mg/kg）		169	88	81
pH（H_2O）		6.5	6.0	6.0
阳离子交换量（cmol/kg）		17.2	12.1	9.8

注：数据来源于《中国土种志 第 6 卷》，1996。

A 层：0～18 cm，暗灰黄色（湿，2.5Y5/2），壤质黏土，屑粒状结构，较松，根多，pH 6.5。

B 层：18～38 cm，黄色（湿，2.5Y8/6），粉沙质黏土，块状结构，较紧实，根少，pH 6.0。

BC 层：38～100 cm，黄色（湿，2.5Y8/6），壤质黏土，大块状结构，紧实、根极少，pH 6.0。

4. 生产性能综述 该土种分布于低山、丘陵缓坡地段，土体深厚，耕作管理施肥水平较高，熟化度较高，保水、保肥和抗旱能力较强。宜种性较广，多种植玉米、马铃薯、豆类、麦类以及烤烟、油菜，以马铃薯套玉米间绿肥，烤烟-小麦、玉米-冬闲或玉米间黄豆-冬闲为主，一年两熟。常年出产粮食 5 250 kg/hm² 左右，在水肥条件较好的低海拔地区，粮食产量可达 9 000 kg/hm² 以上。今后应采取粮经、粮饲（菜、药）复种轮作，提高地力。

七、黔江黄泥土

1. 归属与分布 黔江黄泥土，属典型黄壤亚类、黄泥土土属。主要分布在四川盆地四周海拔 600～1 200 m 中低山中下部缓坡地段。以涪陵、泸州、广元、宜宾、绵阳等地分布最多。面积为 9.55 万 hm²。

2. 主要性状 该土种由砂页岩风化的残坡积物发育而成的旱耕地，土体厚在 80 cm 以上，剖面为 A - B - BC 型。土体中含砾石 10%～25%，质地多为壤质黏土。B 层亮黄棕色，粉黏比 0.8 左右，pH 5.0左右，酸性反应，铁的游离度 40%～45%，阳离子交换量 16 cmol/kg 左右。据 16 个剖面样分析结果统计，A 层有机质含量 18.9 g/kg、全氮含量 1.37 g/kg、碱解氮含量 106 mg/kg、有效磷含量 2 mg/kg、速效钾含量 113 mg/kg，有效微量元素含量（n=26）分别为锌 0.8 mg/kg、铜 1.0 mg/kg、硼 0.2 mg/kg、钼 0.3 mg/kg、铁 35 mg/kg、锰 27 mg/kg。

3. 典型剖面 采自重庆市黔江区杉岭乡杉林村，低山中部缓坡，海拔730 m。母质为砂页岩风化的残坡积物。年均温14.9 ℃，年降水量1 380 mm。≥10 ℃积温4 625 ℃，无霜期260 d。小麦（油菜）-玉米轮作。理化性状见表4-16。

表4-16 黔江黄泥土理化性状

项目		典型剖面		
		A	B	BC
厚度（cm）		20	27	53
机械组成（%）	0.2～2 mm	1.11	0.47	5.82
	0.02～0.2 mm	25.35	27.11	24.77
	0.002～0.02 mm	34.83	32.12	31.23
	<0.002 mm	38.71	40.70	38.18
质地名称		壤质黏土	壤质黏土	壤质黏土
粉黏比		0.77	0.94	1.26
有机质（g/kg）		11.1	6.6	4.8
全氮（N，g/kg）		0.69	0.51	0.56
全磷（P，g/kg）		0.29	0.25	0.44
全钾（K，g/kg）		19.1	28.1	12.0
碱解氮（N，mg/kg）		69	—	—
有效磷（P，mg/kg）		1	—	—
速效钾（K，mg/kg）		59	—	—
pH（H_2O）		5.1	5.1	5.0
阳离子交换量（cmol/kg）		19.53	16.78	17.38

注：数据来源于《中国土种志 第6卷》，1996。

A层：0～20 cm，黄棕色（湿，10YR5/8），重砾质壤质黏土，碎块状结构，稍紧，根多，pH 5.1。

B层：20～47 cm，亮黄棕色（湿，2.5Y6/6），重砾质壤质黏土，块状结构，根多，pH 5.1。

BC层：47～100 cm，亮黄棕色（湿，2.5Y7/6），轻砾质壤质黏土，块状结构，夹母岩碎屑，较紧，根少，pH 5.0。

4. 生产性能综述 该土种土体较厚，质地适中，耕作省工，宜耕期长，保水、保肥力较强，有一定的抗旱能力。宜种性广，一般以小麦-玉米套甘薯为主。常年粮食产量3 750～4 500 kg/hm^2。种植烤烟、苎麻、茶树等经济作物产量高且品质好。今后应增施有机肥、土壤杂肥和磷肥，提高土壤供肥能力，坡度大、地块零碎的地段应搞好坡土改梯土，建设好坡面水系，防止土壤侵蚀，增厚土层。不宜农耕者，宜退耕还林，发展茶树等经济作物。

八、黄大土

1. 归属与分布 黄大土，属典型黄壤亚类、大黄泥土土属。集中分布在云南昭通、保山、德宏、临沧等地海拔1 500～2 000 m的山区平缓坡地。面积为1.63万hm^2。

2. 主要性状 该土种由玄武岩风化残坡积物发育而成的耕地土壤，剖面为A-B-C型。土体深厚，一般为80～100 cm，质地以壤质黏土为主，B层呈黄棕色，pH 6.0左右，呈微酸性反应，粉黏比1.0左右，阳离子交换量12 cmol/kg左右，盐基饱和度小于30%。据12个剖面样分析结果统计，A层有机质含量48.4 g/kg、全氮含量1.79 g/kg、碱解氮含量146 mg/kg、有效磷含量8 mg/kg、速效钾含量195 mg/kg，有效微量元素含量（$n=7$）分别为锌0.4 mg/kg、铜1.54 mg/kg、硼

0.46 mg/kg、钼0.38 mg/kg、锰48 mg/kg。

3. 典型剖面 采自云南省昭通市昭阳区布嘎回族乡（以下简称布嘎乡）布嘎村，中山缓坡，海拔1 980 m。母质为玄武岩风化残坡积物。年均温11.5 ℃，年降水量1 738.6 mm，≥10 ℃积温3 217 ℃，无霜期22 d。旱耕地。理化性状见表4－17。

表4－17 黄大土理化性状

项目		典型剖面			
		A	B	BC	C
厚度（cm）		20	14	46	20
机械组成（%）	0.2～2 mm	6.49	7.10	17.44	18.50
	0.02～0.2 mm	25.04	31.45	20.15	18.91
	0.002～0.02 mm	29.82	29.72	34.76	43.29
	<0.002 mm	38.65	31.73	27.65	19.30
质地名称		壤质黏土	壤质黏土	壤质黏土	黏壤土
粉黏比		0.77	0.94	1.26	2.24
有机质（g/kg）		22.3	8.4	5.2	2.0
全氮（N，g/kg）		1.24	0.56	0.41	0.15
全磷（P，g/kg）		0.51	0.39	0.28	0.18
全钾（K，g/kg）		21.6	10.0	12.0	8.743
碱解氮（N，mg/kg）		106	93	44	5
有效磷（P，mg/kg）		13	10	7	20
速效钾（K，mg/kg）		95	77	58	
pH（H_2O）		5.7	5.8	6.2	6.3
阳离子交换量（cmol/kg）		14.6	12.3	11.2	10.5
盐基饱和度（%）		49.7	27.1	—	—

注：数据来源于《中国土种志 第6卷》，1996。

A层：0～20 cm，浊黄棕色（湿，10YR5/4），壤质黏土，屑粒状结构，疏松，根多，pH 5.7。

B层：20～34 cm，黄棕色（湿，10YR5/8），壤质黏土，小块状结构，稍紧实，根少，pH 5.8。

BC层：34～80 cm，淡黄色（湿，2.5Y7/3），壤质黏土，块状结构，紧实，根少，pH 6.2。

C层：80～100 cm，淡黄色（湿，2.5Y7/3），黏壤土，块状结构，紧实，夹母岩碎屑，pH 6.3。

4. 生产性能综述 该土种所处地形平缓，土体较厚，结构较好，保水保肥力较强，耕性好，适种性广。宜种植玉米、马铃薯、豆类、麦类以及烤烟、油菜等多种作物，可采用玉米-小麦、玉米-油菜（绿肥）、马铃薯套玉米、烤烟-绿肥等轮套作方式，一年两熟，常年产粮食4 500 kg/hm²、烤烟2 100 kg/hm²左右。今后应积极采取粮食、烟草轮作，增施有机肥，补施硼、钼等微肥，用地、养地相结合，提高地力。

九、石柱黄泥土

1. 归属与分布 石柱黄泥土，属典型黄壤亚类、黄泥土土属。主要分布于四川盆地东南部中、低山区石灰岩出露的岩溶槽谷地带。海拔在1 300 m以下，集中分布在涪陵、宜宾、乐山等地。面积为14.33万hm²。

2. 主要性状 该土种是由石灰岩和白云岩风化的残坡积物发育而成的耕种土壤。剖面为A－B－BC型。土体厚60 cm左右，通体夹母岩碎屑，砾石含量12%～16%，质地以壤质黏土为主。B层呈黄色，pH 5.0～6.4，呈酸性或微酸性反应，盐基饱和度30%～35%，有少量铁锰纹斑。据27个剖面样分析结果统计，A层有机质含量24.3 g/kg、全氮含量1.39 g/kg、碱解氮含量125 mg/kg、有效磷含量2 mg/kg、速效钾含量142 mg/kg，有效微量元素含量分别为锌1 mg/kg、铜1.2 mg/kg、硼0.3 mg/kg、钼0.5 mg/kg、铁16 mg/kg、锰47 mg/kg。

3. 典型剖面 采自重庆市石柱土家族自治县（以下简称石柱县）鱼池镇鱼池村，石灰岩溶蚀底部平缓处，海拔1 080 m。母质为石灰岩风化的残坡积物。年均温14.5 ℃，年降水量980 mm，≥10 ℃积温4 267 ℃，无霜期322 d。小麦-玉米轮作。理化性状见表4-18。

表4-18 石柱黄泥土理化性状

项目		典型剖面		
		A	B	BC
厚度（cm）		22	48	30
机械组成（%）	0.2～2 mm	21.77	17.17	19.50
	0.02～0.2 mm	19.18	17.76	16.69
	0.002～0.02 mm	37.67	39.56	38.70
	<0.002 mm	21.38	25.51	25.11
质地名称		黏壤土	壤质黏土	壤质黏土
有机质（g/kg）		53.2	23.7	—
全氮（N，g/kg）		1.89	0.90	—
全磷（P，g/kg）		0.40	—	—
全钾（K，g/kg）		16.3	—	—
碱解氮（N，mg/kg）		103	—	—
有效磷（P，mg/kg）		1	—	—
速效钾（K，mg/kg）		59	—	—
pH（H_2O）		6.3	6.3	6.4
阳离子交换量（cmol/kg）		19.33	21.98	16.44
盐基饱和度（%）		37.77	34.39	30.90

注：数据来源于《中国土种志 第6卷》，1996。

A层：0～22 cm，浊黄色（湿，2.5Y6/3），重砾质黏壤土，团块状结构，稍紧，根多，pH 6.3。

B层：22～70 cm，黄色（湿，2.5Y8/6），重砾质壤质黏土，块状结构，有少量铁锰纹斑，紧实，根少，pH 6.3。

BC层：70～100 cm，黄色（湿，2.5Y8/6），壤质黏土，块状结构，夹有较多量的半风化母岩碎屑物，pH 6.4。

4. 生产性能综述 该土种分布区降水日多、云雾大，气温偏低。土壤质地黏重，土性偏凉，养分分解释放慢，作物前期出苗慢，生长差，后期作物长势较好。种植小麦、玉米、黄豆、甘薯等，常年产量5 250～6 000 kg/hm²。改良利用上宜深耕炕土，重施热性有机肥和磷肥以及微肥。热量条件好的地方可发展凉薯、生姜等作物。坡度大、土体又薄者，应退耕还林，发展茶叶、油茶、楠竹、黄连、党参、五倍子等。

十、火石大黄泥土

1. 归属与分布 火石大黄泥土，属典型黄壤亚类、大黄泥土土属。分布在贵州东北部和南部海拔750～1 200 m的岩溶山地丘陵。面积为3.57万hm²。

2. 主要性状 该土种母质为燧石灰岩、含硅白云岩风化物，经耕种形成旱耕地，剖面为A-P-B型。土体厚1 m左右，通体含较多燧石，群众多用这种石头取火，所以将其称为火石大黄泥土。土壤富铁铝化特征明显，B层为黄棕色，壤质黏土，粉黏比0.9左右，土壤pH 5.5左右，呈酸性反应，阳离子交换量10 cmol/kg左右，黏粒硅铝率2.04。据12个剖面样分析结果统计，A层有机质含量33.0 g/kg、全氮含量1.80 g/kg、有效磷含量5 mg/kg、速效钾含量127 mg/kg。

3. 典型剖面 采自贵州省黔南州贵定县德新镇新铺村，丘陵下部，海拔1 050 m，母质为角砾状白云岩夹燧石风化坡积物。年均温15 ℃，年降水量1 120.6 mm，≥10 ℃积温4 297 ℃，无霜期282.1 d。旱耕地。理化性状见表4-19。

表4-19 火石大黄泥土理化性状

项目		典型剖面		
		A	P	B
厚度（cm）		18	9	43
机械组成（%）	0.2～2 mm	17.3	15.5	13.2
	0.02～0.2 mm	25.2	26.1	21.3
	0.002～0.02 mm	27.1	28.2	30.4
	<0.002 mm	30.4	30.2	35.1
质地名称		壤质黏土	壤质黏土	壤质黏土
粉黏比		0.89	0.93	0.87
有机质（g/kg）		2.81	2.64	1.08
全氮（N，g/kg）		0.15	0.13	0.08
全磷（P，g/kg）		0.05	0.04	0.04
全钾（K，g/kg）		1.16	0.76	—
碱解氮（N，mg/kg）		—	—	—
有效磷（P，mg/kg）		10	8	5
速效钾（K，mg/kg）		186	119	83
pH（H_2O）		6.0	6.0	5.5
阳离子交换量（cmol/kg）		11.91	11.02	10.54

注：数据来源于《中国土种志 第6卷》，1996。

A层：0～18 cm，黄灰色（湿，2.5Y4/1），壤质黏土，屑粒状结构，稍松，根多，pH 6.0。

P层：18～27 cm，棕色（湿，10YR4/4），重砾质壤质黏土，块状结构，梢紧，根多，pH 6.0。

B层：27～70 cm，亮黄棕色（湿，10YR6/6），重砾质壤质黏土，块状结构，紧，根少，pH 5.5。

4. 生产性能综述 该土种土体厚，耕层较薄，养分较丰富，土壤结构较好，有一定的保水保肥能力。宜种玉米、大豆、烤烟等作物，产量中等水平。尤其种烤烟，起苗快、烤出的烟叶质量上等。种辣椒质量也高，颜色和辣味都属上品。但该土种含燧石多，耕性差，农具磨损大；同时，石头口子锋利易伤脚。改良利用时，应拣除耕层过多的石头，有条件的地方，可客土加深耕层，适当安排绿肥作物，以提高土壤有机质，改善理化性状。

十一、乌当黄沙泥土

1. 归属与分布 乌当黄沙泥土，属典型黄壤亚类、黄沙泥土土属。广泛分布于贵州海拔600～1 800 m（东部600～1 400 m、西部1 100～1 800 m）的山地、丘陵的中部和下部，以黔西南州最多，安顺、六盘水、黔东南州也有分布。面积为20.06万 hm^2。

2. 主要性状 该土种母质为砂页岩风化物，经垦种而成旱耕地，剖面为A-AB-B型。土体较厚，在70～100 cm，质地以壤质黏土为主。B层为黄棕色，粉黏比1.0左右，土壤pH 5.0～5.6，呈酸性反应，阳离子交换量 10 cmol/kg 左右，盐基饱和度 30%～40%，有铁子和胶膜淀积。据 108 个剖面样分析结果统计，A 层有机质含量 31.1 g/kg、全氮含量 1.69 g/kg、有效磷含量 6 mg/kg、速效钾含量129 mg/kg，有效微量元素含量（n=52）分别为锌 1 mg/kg、铜 1.30 mg/kg、硼 0.38 mg/kg、钼0.31 mg/kg。

3. 典型剖面 采自贵州省贵阳市乌当区新堡乡金竹林，低山中上部，海拔 1 310 m。母质为砂页岩风化残积物。年均温 14 ℃，年降水量 1 204 mm，≥10 ℃积温 4 159 ℃，无霜期 270 d。旱耕地。理化性状见表 4-20。

表 4-20 乌当黄沙泥土理化性状

项目		典型剖面			
		A	AB	B_1	B_2
厚度（cm）		17	28	21	34
机械组成（%）	0.2～2 mm	—	—	—	—
	0.02～0.2 mm	24.0	25.0	28.0	26.0
	0.002～0.02 mm	50.0	40.0	39.0	32.0
	<0.002 mm	26.0	35.0	33.0	42.0
质地名称		粉沙质黏土	壤质黏土	壤质黏土	壤质黏土
粉黏比		—	—	—	—
有机质（g/kg）		34.0	30.9	17.9	13.4
全氮（N，g/kg）		1.44	1.34	1.03	0.73
全磷（P，g/kg）		0.62	0.39	0.28	0.73
全钾（K，g/kg）		11.0	11.4	13.9	18.9
碱解氮（N，mg/kg）		—	—	—	—
有效磷（P，mg/kg）		17	2	1	1
速效钾（K，mg/kg）		52	29	20	28
pH（H_2O）		5.7	5.1	5.1	5.6
阳离子交换量（cmol/kg）		9.44	11.08	8.06	—

注：数据来源于《中国土种志 第 6 卷》，1996。

A 层：0～17 cm，浊黄棕色（湿，10YR5/4），粉沙质黏土，屑粒状结构，较松，根多，pH 5.7。

AB 层：17～45 cm，浊黄棕色（湿，10YR4/3），壤质黏土，块状结构，有较多软铁子淀积，较紧，pH 5.1。

B_1 层：45～66 cm，浊黄棕色（湿，10YR4/3），壤质黏土，有较多铁子，较紧，pH 5.1。

B_2 层：66～100 cm，亮黄棕色（湿，10YR7/6），壤质黏土，大块状结构，结构面上有铁锰斑，较紧，pH 5.6。

4. 生产性能综述 该土种土体较厚、质地较适中，结构较好，渗水保肥，宜耕期长，耕作省力，翻压散垡好，易挖好耙。土壤有机质和磷、钾含量中等，水、肥、气、热较协调，养分供应前期足，后期较弱，宜种性广，种植玉米、小麦、油菜、豆类、花生、甘薯、马铃薯、西瓜、蔬菜、烤烟、中药材等。常年产量：玉米 4 500 kg/hm²、小麦 3 000 kg/hm²、油菜 1 500 kg/hm²、甘薯 30 000 kg/hm²、烤烟 1 500 kg/hm²。该土种生产的烟叶，金黄油润、香正味醇、燃烧性好。因此，今后应充分发挥此特点，增加经济效益。

十二、仪陇黄沙土

1. 归属与分布 仪陇黄沙土，属典型黄壤亚类、黄沙泥土土属。主要分布于四川盆地内丘陵的中上部，海拔 1 000 m 以下，涪陵、南充、乐山、内江、达州、宜宾等地均有分布。面积为 11.97 万 hm^2。

2. 主要性状 该土种母质为砂岩风化的残坡积物。经垦种形成旱耕地。剖面为 A－B 型。土体厚 70 cm 左右，土中夹少量岩石碎屑，平均含量 11%～14%。质地为轻砾质沙质壤土或沙质黏壤土。B 层呈黄色，酸性或微酸性反应，pH 5.0～6.2。有效阳离子交换量 10 cmol/kg 左右，受耕种影响，盐基饱和度略高，在 35%以上。据 29 个剖面样分析结果统计，耕层有机质含量为 11.2 g/kg、全氮含量 0.68 g/kg、全磷含量 0.29 g/kg、全钾含量 13.7 g/kg、碱解氮含量 68 mg/kg、有效磷含量 4 mg/kg、速效钾含量83 mg/kg，有效微量元素含量分别为锌 0.8 mg/kg、硼 0.06 mg/kg、钼 0.14 mg/kg、锰 38 mg/kg、铜0.5 mg/kg、铁 29 mg/kg。

3. 典型剖面 采自四川省南充市仪陇县茶房乡，丘坡上部，海拔 675 m。母质为砂岩风化的残坡积物。年均温 15.8 ℃，年降水量 1 100 mm，≥10 ℃积温 4 832 ℃，无霜期 298 d。旱耕地，以小麦（或油菜）-玉米（或甘薯）轮作、套作为主。理化性状见表 4－21。

表 4－21 仪陇黄沙土理化性状

项目		典型剖面		
		A	B_1	B_2
厚度（cm）		20	22	38
机械组成（%）	0.2～2 mm	38.21	31.21	47.08
	0.02～0.2 mm	34.05	34.01	24.04
	0.002～0.02 mm	12.09	15.44	15.22
	<0.002 mm	15.65	19.34	13.66
质地名称		沙质黏壤土	沙质黏壤土	沙质壤土
粉黏比		—	—	—
有机质（g/kg）		7.4	5.0	2.8
全氮（N，g/kg）		0.42	0.40	0.26
全磷（P，g/kg）		0.32	0.30	0.27
全钾（K，g/kg）		—	—	—
碱解氮（N，mg/kg）		53	—	—
有效磷（P，mg/kg）		2	—	—
速效钾（K，mg/kg）		77	—	—
pH（H_2O）		5.8	5.8	5.8
阳离子交换量（cmol/kg）		6.78	7.50	10.16
盐基饱和度（%）		51.47	55.20	38.39

注：数据来源于《中国土种志　第 6 卷》，1996。

A 层：0～20 cm，黄棕色（湿，2.5Y5/6），沙质黏壤土，屑粒状结构，疏松，根系多，pH 5.8。

B_1 层：20～42 cm，淡黄色（湿，2.5Y7/4），沙质黏壤土，块状结构，疏松，根系多，pH 5.8。

B_2 层：42～70 cm，淡黄色（湿，2.5Y7/4），轻砾质沙质壤土，块状结构，稍紧，根系少，pH 5.8。

4. 生产性能综述 该土种质地适中，表层疏松易耕，但养分贫乏，保水、保肥力差，不耐旱，产量低。种植小麦、油菜、玉米、甘薯、生姜、花生、豆类等作物，以小麦-玉米套甘薯为主，常年粮食产量 6 000 kg/hm^2 左右、花生产量 3 000 kg/hm^2、生姜产量 30 000～37 500 kg/hm^2。此外，发展绿肥，增施有机肥和氮、磷、钾肥，培肥地力，提高土壤供肥能力。

十三、紫黄沙泥土

1. 归属与分布 紫黄沙泥土，属典型黄壤亚类、紫黄沙泥土土属。主要分布在贵州省赤水、桐梓、余庆、正安等地海拔 450～1 000 m 的丘陵和山地的坡地及小盆地。面积为 0.59 万 hm^2。

2. 主要性状 该土种母质为红砂岩或紫色砂页岩风化物，经垦种形成旱耕地，剖面为 A－B－BC 型。土壤富铁铝化特征明显，通体质地均一，为沙质黏壤土。pH 1.5～5.5，酸性反应。B 层呈黄色，粉黏比 0.7～0.9，黏粒硅铝率 1.8～2.0，阳离子交换量 10 cmol/kg 左右。据典型剖面样分析，A 层有机质含量 39.2 g/kg、全氮含量 1.78 g/kg、速效钾含量 277 mg/kg。

3. 典型剖面 采自贵州省赤水市葫市镇天鹅堡社区，低山缓坡，海拔 880 m。母质为红色砂岩风化物。年均温 15.71 ℃，年降水量 1 290 mm，≥10 ℃积温 5 170 ℃，无霜期 305 d。旱耕地。理化性状见表 4－22。

表 4－22 紫黄沙泥土理化性状

项目		典型剖面			
		A	B_1	B_2	BC
厚度（cm）		20	35	28	22
机械组成（%）	0.2～2 mm	—	31.3	30.4	32.3
	0.02～0.2 mm	—	28.2	26.1	33.2
	0.002～0.02 mm	—	17.1	20.2	16.1
	<0.002 mm	—	23.4	23.3	18.4
质地名称		沙质黏壤土	沙质黏壤土	沙质黏壤土	沙质黏壤土
粉黏比		0.87	0.73	0.87	0.88
有机质（g/kg）		39.2	5.5	3.8	2.2
全氮（N，g/kg）		1.78	0.52	0.37	0.17
全磷（P，g/kg）		0.37	0.21	0.13	0.15
全钾（K，g/kg）		7.4	7.9	6.8	5.9
碱解氮（N，mg/kg）		—	—	—	—
有效磷（P，mg/kg）		1	—	—	—
速效钾（K，mg/kg）		277	85	60	40
pH（H_2O）		4.7	4.8	4.6	4.4
阳离子交换量（cmol/kg）		10.8	6.7	6.3	6.0

注：数据来源于《中国土种志 第 6 卷》，1996。

A 层：0～20 cm，灰黄色（湿，2.5Y6/2），沙质黏壤土，屑粒状结构，疏松，根多，pH 4.7。

B_1 层：20～55 cm，黄色（湿，5Y8/8），沙质黏壤土，块状结构，稍紧，有铁锰斑，根少，pH 4.8。

B_2 层：55～83 cm，橙色（湿，2.5YR6/8），沙质黏壤土，块状结构，紧实，有铁锰斑，根少，pH 4.6。

BC 层：83～105 cm，红棕色（湿，2.5YR4/8），沙质黏壤土，紧实，夹大量母岩碎屑，pH 4.4。

4. 生产性能综述 该土种土体和耕层均较厚，质地适中，通透性和耕性良好，宜耕期长，但离村寨远，施肥水平低，保水、保肥性差，前期供肥较好，后期易缺肥。种植玉米、高粱、甘薯、马铃薯、花生、蔬菜等，产量低，玉米产量在 3 000 kg/hm^2 左右。应通过施石灰降低酸性，发展绿肥，施磷肥，以磷增氮，增加有机质，改善土壤结构。以紫红色砂岩风化物发育的土壤，钾素营养丰富，有机质含量较高，是发展烤烟、高粱的良好土壤。

第五章 漂洗黄壤亚类 >>>

第一节　形成条件与分布

漂洗黄壤亚类是在亚热带山地湿润气候条件下的漂洗黄壤经过耕垦培肥熟化的土壤，具有漂洗层，土体构型为 A-E-B-C 构型。主要形成条件与分布状况如下。

一、形成条件

1. 地形　漂洗黄壤亚类多处在坡度较平缓的低山丘陵、台地和坡麓前缘地段，以及具有良好的水分侧渗条件的浅丘宽谷台地或江河两岸 2～3 级阶地边缘。

2. 气候　漂洗黄壤亚类地处亚热带山地湿润气候条件，热量较同纬度的红壤略低，雾天较红壤地区多一半以上，日照率较红壤地区少 30%～40%。虽有雨季（5—8 月）和旱季（9 月至翌年 4 月）之分，但雾露多，各月相对湿度多在 80%左右。

3. 生物　原生植被为常绿阔叶林、针阔混交林，次生植被有马尾松、杉木等。当植被由森林—疏林灌丛—灌丛—疏稀草被—石质山地演化，黄壤土体则由厚层向薄层发展，直至发育呈黄壤性土或粗骨土。开垦后，主要种植各种适宜的农作物，如玉米、小麦、马铃薯、甘薯、油菜、烤烟、蔬菜、中药材等。

4. 成土母质　漂洗黄壤亚类的成土母质有砂岩、砂页岩、板岩、花岗岩、石灰岩等风化物以及部分红色黏土或老风化壳。不同的漂洗黄壤亚类，由于矿物组成不同，其风化淋溶强度也有差异。资料显示，石灰岩风化物发育的漂洗黄壤，风化淋溶系数最大，砂岩、砂页岩和板岩风化物发育的漂洗黄壤次之，花岗岩风化物发育的漂洗黄壤风化淋溶系数最小，见表 5-1。

表 5-1　漂洗黄壤的风化淋溶系数比较

母质	石灰岩风化物	砂岩风化物	砂页岩、板岩风化物	花岗岩风化物
样本数（个）	4	7	15	6
B层	0.50	0.40	0.38	0.23
全土体	0.51	0.36	0.38	0.24

二、分布

（一）在农业区的分布

我国漂洗黄壤亚类总面积为 13 419.04 hm^2，一级农业区全分布在西南区，见表 5-2。二级农业区主要分布在黔桂高原山地林农牧区和渝鄂湘黔边境山地林农牧区，面积分别为 10 547.07 hm^2 和2 014.24 hm^2。

表 5-2 漂洗黄壤亚类在农业区分布

一级农业区	二级农业区	面积（hm^2）	比例（%）
西南区	川滇高原山地林农牧区	255.70	1.91
	黔桂高原山地林农牧区	10 547.07	78.60
	秦岭大巴山林农区	—	—
	四川盆地农林区	602.03	4.49
	渝鄂湘黔边境山地林农牧区	2 014.24	15.00
合计		13 419.04	100.00

（二）在各省份的分布

漂洗黄壤亚类主要分布在贵州省和四川省。在贵州省分布的面积为 12 817.01 hm^2，占漂洗黄壤亚类的 95.52%；四川省面积为 602.03 hm^2，占漂洗黄壤亚类的 4.48%，见表 5-3。

表 5-3 漂洗黄壤亚类在各省份的分布

省份	市（州）名称	面积（hm^2）	比例（%）
贵州省	毕节市	858.91	6.40
	贵阳市	689.19	5.14
	六盘水市	48.83	0.36
	黔东南州	298.94	2.23
	黔南州	157.54	1.17
	黔西南州	612.81	4.57
	铜仁市	1 651.36	12.31
	遵义市	8 499.43	63.33
四川省	达州市	181.74	1.35
	南充市	420.29	3.14
合计		13 419.04	100.00

在贵州省，漂洗黄壤亚类主要分布在遵义市、铜仁市和毕节市，面积分别为 8 499.43 hm^2、1 651.36 hm^2 和 858.91 hm^2，分别占漂洗黄壤亚类的 63.33%、12.31%和 6.40%。漂洗黄壤分布面积最大的县是遵义市湄潭县，面积为 1 948.61 hm^2，占漂洗黄壤亚类的 14.52%；其次是遵义市余庆县，面积为 1 786.65 hm^2，占漂洗黄壤亚类的 13.31%；再次是铜仁市松桃县，面积为 1 651.36 hm^2，占漂洗黄壤亚类的 12.31%。

第二节 主要成土过程与形态特征

一、主要成土过程

漂洗黄壤亚类的成土过程除具有黄壤成土特点外，还有其自身特殊的特征。漂洗黄壤亚类的成土过程与侧渗型白浆化过程相似。漂洗黄壤亚类主要发育在平缓的山坡地带，由于不厚的土体下伏基岩或底土质地黏重，使土体中水分下渗受阻，形成渗水侧流，在还原条件下，铁锰还原淋洗，即在侧渗过程中将土体内的铁锰物质带走，结果形成暗灰色（5Y4/1）的表土层和灰黄色（2.5Y7/3）至灰白色（5Y7/1）的侧渗漂洗层（E），其下为灰黄色（2.5Y7/3）的 BC 层及半风化的母质层（C）。

二、主要形态特征

由于漂洗黄壤亚类所处地带海拔高、云雾多、湿度大，土壤常保持湿润，有机质积累较多，表土层暗灰黑色，但因侧向水流对土壤的漂洗结果，土体的全铁含量低，土色浅，形成灰白色漂洗层，游离铁也极少，盐基饱和度低，交换性铝含量高，土壤呈强酸性反应，pH 为 5.2～7.9。漂洗黄壤亚类土壤剖面中出现灰白色的漂洗层（E），又称白鳝层；常呈块状或棱柱状结构，结构面有较多的铁质胶膜和灰色光泽胶膜。在湿度大、酸性强以及有黏化隔水层存在的条件下，土壤产生还原离铁作用，下层铁锰淀积明显，黏粒含量高，剖面构型为 A－E－B－C 型。若成土母质偏沙，则不具备淀积的条件，往往在 A 层以下出现较深厚的漂洗层，剖面呈 A－E－C 型。漂洗黄壤亚类典型剖面形态特征如下。

A 层：0～15 cm，湿时暗棕色（10YR3/2），干时为灰白色（10YR7/1），颜色较浅，根系密集。

E_1 层：15～22 cm，湿时淡紫灰色（5P7/1），干时为灰白色（N8/0），根系较少，沿根孔有锈纹。

E_2 层：22～37 cm，湿时青灰色（5PB5/1），干时为灰白色（N7/0），根系更少。

C 层：37～76 cm，湿时青灰色（5PB5/1），干时为灰色（N6/0），有少量根系。

第三节　主要理化特性

一、基本理化特性

漂洗黄壤亚类多处在坡度较缓的低山丘陵、台地和坡麓前缘地段，以及江河两岸 2～3 级阶地边缘。其下伏基岩较平滑，或底土较黏重，从而形成天然隔水层，使土壤水分具有良好的侧渗漂洗作用。其主要特征是土壤产生还原离铁作用，经过侧渗水的淋溶漂洗，导致剖面中大量还原性铁外移，形成灰白色漂洗层。与此同时，部分氧化铁锰也下移到 B 层淀积，形成明显的铁锰斑、结核或黑色胶膜。剖面构型为 A－E－B－C 型。若成土母质偏砂，则不具备淀积的条件，往往在 A 层以下出现较深厚的漂洗层，剖面呈 A－E－C 型。贵州资料显示，漂洗黄壤亚类的黏粒矿物组成特点：AE 层含大量水云母、高岭石，有极少量蒙脱石、蛭石；E 层依次为蒙脱石、水云母、高岭石和极少量蛭石；B 层依次为蛭石、水云母、高岭石。漂洗黄壤土体厚度多在 70～100 cm。由于土体盐基大量漂洗淋失，盐基饱和度低，交换性酸中的交换性铝占 90%以上，土壤酸性强。主要养分含量属于中等偏低水平，尤其是漂洗层各种养分较表土层大幅度下降。

漂洗黄壤亚类的成土母质主要为老风化壳，在湿度大、酸性强以及有黏化隔水层存在的条件下，土壤产生还原离铁作用，经侧渗水的淋溶漂洗，土壤剖面中出现灰白色的漂洗层（E），这就是常称的白鳝层。该层多酸性反应，常呈块状或柱状结构，结构面有较多的铁质胶膜，剖面构型为 A－E－C 型。漂洗黄壤亚类的表层有有光泽的胶膜，下层铁锰淀积明显，黏粒含量高，土壤酸度较高，养分贫乏，阳离子交换量低。

二、典型剖面理化特性

漂洗黄壤亚类由于土体盐基大量漂洗淋失，盐基饱和度低，交换性酸中的交换性铝占 90%以上，土壤酸性强。主要养分含量属于中等偏低水平，尤其是漂洗层各种养分比表土层大幅度下降。根据剖面资料统计，漂洗黄壤亚类表土层有机质含量为 4.9～20.4 g/kg，平均值为 14.7 g/kg；全氮含量为 0.46～1.45 g/kg，平均值为 1.1 g/kg；全磷含量为 0.22～0.57 g/kg，平均值为 0.3 g/kg；全钾含量为 10.7～20.6 g/kg，平均值为 16.4 g/kg；阳离子交换量为 7～16 cmol/kg。漂洗层各种养分大幅度下降，一般有机质含量比表土层下降 40%～90%，全钾含量下降 10%左右，全氮含量下降 12%～61%，全磷含量下降 60%～73%。

矿质化学全量组成见表 5－4。漂洗层中二氧化硅与淀积层相比，其含量高出 20.7 g/kg，而三氧化二铁和三氧化二铝比淀积层分别低 15.0 g/kg 和 22.1 g/kg，显示了漂洗层的物质移动特点。由于 AE 层和 E 层二氧化硅含量高，而氧化铝含量低，因此黏粒的硅铝率相应增高，AE 层为 3.36，E 层为 2.76，B_2 层为 2.31。

表 5-4　漂洗黄壤亚类的矿质化学全量组成

土层	深度（cm）	含量（g/kg）									
		SiO_2	Al_2O_3	Fe_2O_3	CaO	MgO	K_2O	Na_2O	MnO	TiO_2	P_2O_5
AE	0～15	856.5	38.2	4.3	0.33	2.14	6.62	1.34	0.10	14.7	0.79
E	15～28	837.3	75.9	8.6	0.35	4.38	13.3	1.43	0.10	15.6	0.72
B_1	28～50	816.6	98.0	23.6	0.31	4.09	14.6	1.30	0.09	15.8	0.76
B_2	50～100	786.0	115.1	17.2	0.74	4.36	26.8	3.08	0.23	9.3	2.65

典型剖面漂洗黄壤亚类机械组成见表 5-5，化学性状见表 5-6，铁的形态见表 5-7，腐殖质组成见表 5-8。

表 5-5　典型剖面漂洗黄壤亚类机械组成

深度（cm）	质地	粉粒/黏粒	>2 mm 砾石（%）	机械组成（颗粒粒径，%）			
				0.2～2 mm	0.02～0.2 mm	0.002～0.02 mm	<0.002 mm
0～15	粉沙质黏壤	3.14	0.5	2.7	15.4	62.1	19.8
15～22	粉沙质黏壤	3.13	0	0.6	7.0	70.0	22.4
22～37	粉沙黏壤	2.69	0.4	2.2	6.4	66.6	24.8
37～76	粉沙黏壤	3.53	0	6.0	10.2	65.3	18.5

表 5-6　典型剖面漂洗黄壤亚类化学性状

深度（cm）	有机质（g/kg）	全氮（g/kg）	全磷（g/kg）	全钾（g/kg）	有效磷（mg/kg）	速效钾（mg/kg）	pH（H_2O）	pH（KCl）
0～15	95.3	3.01	0.40	26.2	30.6	129	4.10	3.20
15～22	37.4	1.43	0.27	28.6	7.7	48	4.30	3.29
22～37	15.0	0.87	0.20	36.0	4.2	23	4.60	3.50
37～76	10.1	0.91	0.16	44.7	2.3	30	4.61	3.66

表 5-7　典型剖面漂洗黄壤亚类铁的形态

样本	深度（cm）	全铁（%）	游离铁（%）	活化铁（%）	络合铁（%）	游离铁（%）	活化度（%）	络合度（%）
土体	0～15	1.42	0.060	0.040	0.024	4.2	66.7	40.0
	15～22	1.51	0.024	0.012	0.004	15.9	50	33.3
	22～37	1.82	0.020	0.007	0.009	1.1	35.0	45.0
	37～76	2.09	0.020	0.003	0.010	1.0	15.0	50.0
胶体	15～22	3.56	0.268	0.031		7.53	11.5	

表 5-8　典型剖面漂洗黄壤亚类腐殖质组成（0～15 cm）

总腐殖质（%）	胡敏酸（%）	富里酸（%）	胡敏素（%）	胡敏素占总腐殖质（%）	胡敏酸/富里酸
5.527	0.971	0.949	3.607	65.26	1.023

第四节　主要土属

一、硅质漂洗黄壤（贵州白散土）土属

母质为砂岩、砂页岩风化物。剖面构型为 A-E-C、A-E-B-C 型。土壤硅铝率：耕层（A）

3.36，漂洗层（E）2.76，心土层（B）2.30～2.46。黏土矿物组成：耕层（A）大量水云母、高岭石，极少蒙脱石、蛭石；漂洗层（E）依次为蒙脱石、水云母、高岭石，极少蛭石；心土层（B）依次为蛭石、水云母、高岭石。通体酸性至强酸性，pH为5左右，上层与下层之间pH相近，耕层（A）与母质层（C）pH差0.6。交换性酸总量：耕层与心土层为4.5～5.2 cmol/kg，漂洗层为7.18 cmol/kg，交换性铝在交换性酸中占90%以上。阳离子交换量：A层7～13 cmol/kg，E层10 cmol/kg，B层8 cmol/kg。盐基饱和度：A层8%以上，E层5.6%，B层6%～10%。通体质地轻，以沙所占比重大，遇雨易分散化浆，所以又称为白散土。沙质壤土至黏壤土，上层较下层轻，土体厚薄不一，多为40～80 cm，底层质地可达壤质黏土。A层厚12～16 cm；E层厚在10 cm以上，灰白色或黄白色；B层厚在20 cm以上，黄色或近黄色。耕层（A）土壤有机质含量20～40 g/kg，平均24 g/kg。有效微量元素含量：硼0.4 mg/kg、钼0.15 mg/kg、锰2.23 mg/kg、铜0.12 mg/kg，都属低量；锌0.91 mg/kg，中量；铁99.6 mg/kg，高量。E层有机质含量10 g/kg，矿质养分含量低于A层。土属特征见表5-9。

表5-9　硅质漂洗黄壤（贵州白散土）土属特征

指标名称	指标范围	说明
肥力等级总分值	70左右	
土层厚度（cm）	40～80	
耕层厚度（cm）	12～16	
耕层有机质含量（g/kg）	20左右	
土体构型	A-E-C、A-E-B-C	
耕层质地	沙质壤土、壤质黏土等	
母岩岩性	砂岩、石英岩、砂页岩等	
耕层土壤pH	5.0左右	
障碍层类型	漂洗层（E）	
障碍层层位（cm）	20～40	
常年地下水水位（cm）	无	
海拔（m）/熟制（一年几熟）	贵州东南部>600，贵州中部>1 400，贵州西北部>1 900/一年1～2熟	中下等肥力，产量低，种植油菜（绿肥等）-玉米（马铃薯、豆类等）

二、泥质漂洗黄壤（贵州白鳝泥土和白黏土）土属

1. 贵州白鳝泥土土属　母质为砂岩、砂页岩、页岩风化物，土体厚40～80 cm，剖面构型为A-E-C、A-E-B-C型。耕层（A）厚12～18 cm，有机质含量20 g/kg左右，pH稍高于E层，交换性能较E层强，阳离子交换量9～14 cmol/kg；漂洗层（E）厚一般在20 cm以上，铁被漂洗，呈灰白色，pH为4.5～6.0，交换性能低，阳离子交换量5～10 cmol/kg，有机质10 g/kg，磷、钾含量都低于耕层。土体质地壤土至壤质黏土，漂洗层较耕层黏重。据22个农化样分析统计，土壤有机质含量30.3 g/kg、全氮含量2.24 g/kg、有效磷含量6 mg/kg、速效钾含量99 mg/kg；有效微量元素含量分别为硼0.39 mg/kg、锌0.59 mg/kg、铜0.7 mg/kg、锰0.85 mg/kg、钼0.1 mg/kg、铁30.9 mg/kg，钼、锰含量极低，硼低量，铜、锌含量中量，铁含量高量。土属特征见表5-10。

表5-10　泥质漂洗黄壤（贵州白鳝泥土）土属特征

指标名称	指标范围	说明
肥力等级总分值	70左右	
土层厚度（cm）	40～80	

（续）

指标名称	指标范围	说明
耕层厚度（cm）	12～18	
耕层有机质含量（g/kg）	20 左右	
土体构型	A-E-C、A-E-B-C	
耕层质地	粉沙质壤土（沙质泥）等	
母岩岩性	砂岩、砂页岩、页岩等	
耕层土壤 pH	5.0 左右	
障碍层类型	漂洗层（E）	
障碍层层位（cm）	20～40	
常年地下水水位（cm）	无	
海拔（m）/熟制（一年几熟）	贵州东南部>600，贵州中部>1 400，贵州西北部>1 900/一年 1～2 熟	中等肥力，产量中等，种植油菜（绿肥等）-玉米（马铃薯、豆类等）

2. 贵州白黏土土属　母质为泥质碳酸盐岩、泥页岩等风化物及第四系黏土、老风化壳等。土体厚 50～100 cm，剖面构型为 A-E-B-C 型。耕层（A）厚 15～17 cm，阳离子交换量 14～18 cmol/kg；漂洗层（E）厚 20 cm 左右，铁被漂洗呈灰白色，pH 为 4.5～5.5，与耕层相近，土壤有机质<10 g/kg，阳离子交换量 11.5 cmol/kg；心土层（B）厚 20 cm 以上，铁水化为黄色，pH 为 4.5～6.0，pH 稍高于漂洗层，阳离子交换量比漂洗层高，为 13～16 cmol/kg。土体质地较重，壤质黏土至黏土，下层稍重于表层。据 4 个耕层样品分析结果，有机质含量 11.7 g/kg、全氮含量 0.82 g/kg、全磷含量 0.2 g/kg、全钾含量 15.4 g/kg、有效磷含量 1 mg/kg，中量；锰含量 17.4 mg/kg，中量；钼含量 0.05 mg/kg，极低量。土属特征见表 5-11。

表 5-11　泥质漂洗黄壤（贵州白黏土）土属特征

指标名称	指标范围	说明
肥力等级总分值	70 左右	
土层厚度（cm）	80 左右	
耕层厚度（cm）	15 左右	
耕层有机质含量（g/kg）	25 左右	
土体构型	A-E-B-C	
耕层质地	黏土等	
母岩岩性	泥质碳酸盐岩、泥页岩、第四系黏土、老风化壳等	
耕层土壤 pH	5.5 左右	
障碍层类型	漂洗层（E）	
障碍层层位（cm）	20～40	
常年地下水水位（cm）	无	
海拔（m）/熟制（一年几熟）	贵州东南部>600，贵州中部>1 400，贵州西北部>1 900/一年 1～2 熟	中下等肥力，产量低，种植油菜（绿肥等）-玉米（马铃薯、豆类等）

三、灰泥质漂洗黄壤（贵州白泥土）土属

母质为泥质碳酸盐岩风化物，土体厚 50～100 cm，剖面构型为 A-E-B-C、AE-E-B-C 型。耕层（A）厚 14～19 cm，有机质含量 25 g/kg 左右，阳离子交换量 15～20 cmol/kg；漂洗层（E）厚

30 cm 左右，铁被漂洗呈灰白色，有机质含量 15 g/kg 左右，pH 为 4.5～5.5，与耕层相近，阳离子交换量 10 cmol/kg 左右；心土层（B）厚 30 cm 以上，铁水化为黄色，pH 为 4.5～6.0，阳离子交换量比漂洗层高，在 14 cmol/kg 左右，pH 稍高于漂洗层。质地较黏重，黏壤土至黏土，下层稍重于表层。据 8 个耕层农化样品分析，土壤有机质含量 12.8 g/kg、全氮含量 0.92 g/kg、全磷含量 0.22 g/kg、全钾含量 5.9 g/kg、有效磷含量 2 mg/kg，低量；锰含量 12.4 mg/kg，中量；钼含量 0.03 mg/kg，极低量。土属特征见表 5-12。

表 5-12　灰泥质漂洗黄壤（贵州白泥土）土属特征

指标名称	指标范围	说明
肥力等级总分值	70 左右	
土层厚度（cm）	50～100	
耕层厚度（cm）	15 左右	
耕层有机质含量（g/kg）	25 左右	
土体构型	A-E-B-C、AE-E-B-C	
耕层质地	黏土等	
母岩岩性	泥质碳酸盐岩等	
耕层土壤 pH	5.5 左右	
障碍层类型	漂洗层（E）	
障碍层层位（cm）	20～40	
常年地下水水位（cm）	无	
海拔（m）/熟制（一年几熟）	贵州东南部>600，贵州中部>1 400，贵州西北部>1 900/一年 1～2 熟	中下等肥力，产量低，种植油菜（绿肥等）-玉米（薯类、豆类等）

第五节　主要土种

一、白鳝泥土

1. 归属与分布　白鳝泥土属于漂洗黄壤亚类、白鳝泥土土属，分布于贵州遵义、安顺、黔南等市（州）海拔 800～1 600 m 的山地缓坡和浅丘中下部，面积共 2.95 万 hm^2，以遵义市为主，面积达 2.92 万 hm^2，安顺市和黔南州也有少量分布。

2. 主要性状　母质为砂页岩风化物，土体厚 50～80 cm，剖面构型为 A-E-BC 型。耕层（A）厚 10～25 cm，厚的达 31 cm，pH 为 5.5～6.0，阳离子交换量 14 cmol/kg 左右。漂洗层（E）厚在 20 cm 以上，铁被漂洗，土层呈灰白色，酸性 pH 为 4.5～6.0，阳离子交换量 10 cmol/kg 左右。心土层（B）厚在 25 cm 以上，呈黄色或近黄色，pH 5.0～6.0。质地多为黏壤土至壤质黏土。据剖面分析统计，表层有机质含量 28.0 g/kg、全氮含量 1.39 g/kg、全磷含量 1.23 g/kg、全钾含量 13.2 g/kg、有效磷含量 6 mg/kg、速效钾含量 93 mg/kg。有效微量元素除铁含量较高外，硼、钼、锌、铜、锰含量均偏低。典型剖面物理性状见表 5-13，化学性状见表 5-14。

表 5-13　白鳝泥土典型剖面物理性状

发生层次	厚度（cm）	>2 mm 砾石	机械组成（颗粒粒径，%）				粉黏比	质地名称
			0.2～2 mm	0.02～0.2 mm	0.002～0.02 mm	<0.002 mm		
A	0～12	—	32.5	25.6	23.5	20.4	1.1	黏壤土
E	12～32	—	28.1	27.2	23.2	21.1	1.1	黏壤土
BC	32～70	—	29.7	26.3	21.7	22.3	0.9	黏壤土

表 5-14　白鳝泥土典型剖面化学性状

发生层次	有机质 (g/kg)	全氮 (g/kg)	C/N	全磷 (g/kg)	有效磷 (mg/kg)	全钾 (g/kg)	速效钾 (mg/kg)	pH (H_2O)	阳离子交换量 (cmol/kg)
A	28.0	1.39	12	1.23	—	13.2	93	5.0	14.6
E	26.7	1.21	13	1.09	6	7.5	71	6.1	—
BC	17.0	0.80	12	1.20	—	11.0	80	6.1	—

3. 典型剖面　采自贵州省遵义市绥阳县枧坝镇，海拔 970 m，低中山坡脚。年均温 15.1 ℃，≥10 ℃积温 4 430 ℃，年降水量 1 160 mm，无霜期 283 d，年均湿度>80%。母质为黄色砂页岩坡积物。剖面特征如下：

A 层：0～12 cm，灰色（7.5Y4/1），粒状结构，黏壤土质地，疏松，根系多，pH 5.0。

E 层：12～32 cm，灰白色（5YR8/1），块状结构，黏壤土质地，紧实，有中量根系，pH 为 6.1。

BC 层：32～70 cm，黄色（5Y8/8），块状结构，黏壤土质地，紧实，pH 为 6.1。

4. 生产性能综述　该土种土体较厚，质地适中，通透性好，酸性，磷、钾较缺，表层有机质含量较高，结构好，但厚薄不一，漂洗层养分贫乏。农业利用上，应根据地形、海拔、表土层厚度和漂洗层出现的深度等综合考虑，地形平缓、漂洗层出现深（30 cm 以下）、表土层厚的，可垦为耕地，降低酸度，施用磷、钾肥，还应注意施用硼、钼、锌等微肥；坡度大、海拔高、漂洗层出现位置高（20 cm 以内）的，应以林业为主，栽种马尾松、桦树等耐酸、耐瘠树种；介于二者之间的，可以种植茶树，也可种草养畜。

二、白散土

1. 归属与分布　白散土属于漂洗黄壤亚类、白鳝泥土土属，分布于贵州遵义、毕节等 6 个市（州）海拔 800～1 800 m 的山地丘陵下部缓坡地段和小盆地边缘。面积共 0.58 万 hm^2，以遵义和毕节两市为主，遵义市 0.31 万 hm^2，毕节市 0.21 万 hm^2，安顺市、黔南州、贵阳市均有少量分布。

2. 主要性状　母质为砂页岩风化物，土体厚 50～80 cm，剖面构型为 A-E-C 型。耕层（A）厚 12～19 cm，pH 稍高于漂洗层（E）；交换性能较漂洗层（E）强，阳离子交换量 9～14 cmol/kg。漂洗层（E）厚在 20 cm 以上，铁被漂洗，呈灰白色，pH 为 4.5～6.0，交换性能低，阳离子交换量 5～10 cmol/kg，有机质含量 10 g/kg，磷、钾含量都低于耕层（A）。土体质地为壤土至壤黏土，漂洗层较耕层黏重。据 22 个农化样分析统计，土壤有机质含量 30.3 g/kg、全氮含量 2.24 g/kg、有效磷含量 6 mg/kg、速效钾含量 99 mg/kg。有效微量元素含量：硼 0.39 mg/kg、锌 0.59 mg/kg、铜 0.7 mg/kg、锰 0.85 mg/kg、钼 0.1 mg/kg、铁 30.9 mg/kg，钼、锰极低量，硼低量，铜、锌中量，铁高量。典型剖面物理性状见表 5-15，化学性状见表 5-16。

表 5-15　白散土典型剖面物理性状

发生层次	厚度（cm）	>2 mm 砾石	机械组成（颗粒粒径，%）				粉黏比	质地名称
			0.2～2 mm	0.02～0.2 mm	0.002～0.02 mm	<0.002 mm		
A	0～13	—	7.04	23.71	60.39	8.81	6.8	粉沙质壤土
E	13～40	—	13.15	25.06	47.57	14.21	3.2	粉沙质壤土
C	40 以下	半风化母质						

表 5-16 白散土典型剖面化学性状

发生层次	容重 (g/cm³)	有机质 (g/kg)	全氮 (g/kg)	全磷 (g/kg)	有效磷 (mg/kg)	全钾 (g/kg)	速效钾 (mg/kg)	pH (H_2O)	阳离子交换量 (cmol/kg)
A	1.36	20.6	1.11	0.67	7	4.2	99	6.7	9.36
E	1.34	3.5	0.29	0.65	—	2.7	68	5.7	5.85
C	40 以下	半风化母质							

3. 典型剖面 采自贵州省黔南州长顺县代化镇斗省村，海拔 1 100 m，丘陵下部，年均温 15.1 ℃，≥10 ℃积温 4 400 ℃，年降水量 1 383.5 mm，无霜期 277.2 d，年均湿度 81%。母质：页岩、砂岩互层坡积物。旱耕地。剖面特征如下：

A 层：0～13 cm，黄灰色（2，5YR6/1），粒状结构，粉沙质壤土，根系较多，较松，pH 为 6.7。

E 层：13～40 cm，灰白色（5YR8/1），块状结构，粉沙质壤土，较紧，根系少，pH 为 5.7。

C 层：40 cm 以下，半风化母质。

4. 生产性能综述 土体较厚，耕层厚薄不一，有机质含量较多，质地适中，E 层较 A 层稍重，通透性好，易耕耘，保肥保水较好，宜肥性较广，养分转化快，供肥前劲较足，后劲弱，发小苗不发老苗，宜种玉米、小麦、薯类、烤烟等，多一年两熟，常年产量不高，玉米产量 2 250～3 000 kg/hm²，小麦产量 1 500～2 250 kg/hm²。对这种土壤应施足有机肥做底肥，配合磷、钾肥，注意硼、锌、锰微量元素的补充与后期的追肥。合理轮作，实行玉米-小麦、玉米-油菜、玉米-绿肥两熟制轮作，发展绿肥，增加有机质，耕层浅薄的应适当深耕，加速培肥地力。

三、白泥土

1. 归属与分布 白泥土属于漂洗黄壤亚类、白泥土土属，分布于贵州省遵义市和安顺市海拔 800～1 450 m 的山地丘陵缓坡和岩溶盆地与凹地边缘。面积共 0.41 万 hm²，以遵义市面积最大，为 0.29 万 hm²，占 70.7%。

2. 主要性状 母质为含硅白云岩、白云质灰岩风化物，土体厚 50～100 cm，剖面为 A-E-B-BC 构型。耕层（A）厚 15～17 cm，阳离子交换量 14～18 cmol/kg。漂洗层（E）厚 20 cm 左右，铁被漂洗呈灰白色，有机质含量<10 g/kg，pH 为 4.5～5.0，与耕层相近，阳离子交换量 11.5 cmol/kg。心土层（B）厚在 20 cm 以上，铁水化为黄色，pH 4.5～5.0，阳离子交换量比漂洗层高，为 13.6 cmol/kg，pH 稍高于漂洗层。土体质地较重，黏壤土至黏土，下层稍重于上层，通体含有砾石。据 4 个耕层样品分析，土壤有机质含量 11.7 g/kg、全氮含量 0.82 g/kg、全磷含量 0.2 g/kg、全钾含量 5.4 g/kg、有效磷含量 1 mg/kg，低量；锰含量 17.4 mg/kg，中量；钼含量 0.05 mg/kg，极低量。典型剖面物理性状见表 5-17，化学性状见表 5-18。

表 5-17 白泥土典型剖面物理性状

发生层次	厚度（cm）	>2 mm 砾石	机械组成（颗粒粒径，%）				质地名称
			0.2～2 mm	0.02～0.2 mm	0.002～0.02 mm	<0.002 mm	
A	0～15	11.3	11.0	28.0	42.8	28.8	多砾质壤黏土
E	15～34	7.0	7.0	14.3	46.8	38.9	中砾质粉黏土
B	34～61	5.3	5.3	7.0	43.5	49.5	中砾质黏土
BC	61～86	8.5	8.5	13.6	39.6	46.8	中砾质黏土

表 5-18　白泥土典型剖面化学性状

发生层次	有机质 (g/kg)	全氮 (g/kg)	全磷 (g/kg)	有效磷 (mg/kg)	全钾 (g/kg)	速效钾 (mg/kg)	pH (H_2O)	阳离子交换量 (cmol/kg)
A	13.6	1.02	0.22	1	4.4	81	4.9	14.7
E	4.5	0.68	0.20	—	—	—	4.9	14.5
B	4.2	0.65	0.16	—	—	—	5.0	15.6
BC	3.1	0.61	0.14	—	—	—	5.0	13.6

3. 典型剖面　采自遵义市播州区团溪镇青垭村，海拔 880 m，垭口。年均温 15.2 ℃，≥10 ℃积温 4 395.9 ℃，年降水量 1 100 mm，无霜期 280 d，年均湿度 80%。母岩：白云质灰岩。植被：农作物。剖面特征如下：

A 层：0～15 cm，棕褐色（5YR2/2），粒状结构，多砾质壤黏土，疏松，根较密集，pH 为 4.9。

E 层：15～34 cm，灰白色（5YR8/1），核块状结构，中砾质粉黏土，紧实，根较少，pH 为 4.9。

B 层：34～61 cm，浅褐色（5Y7/4），块状结构，中砾质黏土，铁锰斑块，根少，紧实，pH 为 5.0。

BC 层：61～86 cm，黄色（5Y8/8），块状结构，少量铁锰斑，中砾质黏土，紧实，pH 为 5.0。

4. 生产性能综述　该土种质地偏重，有机质缺乏，结构差，强酸性，磷、钾养分含量很低，有效养分缺乏，自然肥力不高。在地势较平缓的旱地，土体较厚、耕层较厚，应注意施用石灰和磷、钾肥，种植绿肥，增加土壤有机质，改善土壤结构，培肥地力。

四、白散泥土

1. 归属与分布　白散泥土属于漂洗黄壤亚类、白散土土属。分布于贵州海拔 1 000～1 400 m 的山地丘陵缓坡坡脚、小盆地边缘。面积共 0.17 万 hm^2，安顺市大部分县（区）均有分布，占 0.16 万 hm^2，黔南州和六盘水市六枝特区、贵阳市高坡乡有少量分布。

2. 主要性状　母质为砂岩风化物。剖面构型为 A-E-B 型。土壤硅铝率耕层（A）3.36，漂洗层（E）2.76，心土层（B）2.3～2.46。黏土矿物组成：耕层（A）含有大量水云母、高岭石，极少蒙脱石、蛭石；漂洗层（E）主要为蒙脱石、水云母、高岭石，极少蛭石；心土层（B）主要为蛭石、水云母、高岭石。土壤通体酸性至强酸性，pH 为 4.0～5.0，上层与下层之间 pH 相近，从耕层到母质层（C）pH 差 0.6。土壤交换性酸总量：耕层与心土层 4.5～5.2 cmol/kg，漂洗层 7.18 cmol/kg，交换性铝在交换性酸中占 90%以上。阳离子交换量：耕层 7～13 cmol/kg，漂洗层 10 cmol/kg，心土层 8 cmol/kg。盐基饱和度：耕层 8%以上，漂洗层 5.6%，心土层 6%～10%。通体质地轻，以沙粒所占比重大，遇雨易分散化浆，故称白散泥土。质地沙壤土至黏壤土，上层较下层轻，土体厚薄不一，多为 50～70 cm，底层可达壤黏土质地。漂洗层厚在 10 cm 以上，灰白色或黄白色。心土层厚在 20 cm 以上，黄色或近黄色。耕层厚 14～18 cm，土壤有机质含量 20～30 g/kg，平均 23 g/kg，养分含量低。有效微量元素含量：硼 0.4 mg/kg、钼 0.15 mg/kg、锰 2.23 mg/kg、铜 0.12 mg/kg，低量；锌 0.91 mg/kg，中量；铁 99.6 mg/kg，高量。漂洗层有机质含量 10 g/kg，矿质养分含量低于耕层。典型剖面物理性状见表 5-19，化学性状见表 5-20。

表 5-19　白散泥土典型剖面物理性状

发生层次	厚度（cm）	>2 mm 砾石	机械组成（颗粒粒径，%）				质地名称
			0.2～2 mm	0.02～0.2 mm	0.002～0.02 mm	<0.002 mm	
A	0～15	—	10.0	45.7	31.6	12.0	沙土
E	15～28	—	6.8	41.3	31.8	20.1	壤土
B_1	28～50	—	7.0	38.9	32.1	22.0	黏壤土
B_2	50～100	—	4.8	37.3	30.2	28.0	壤质黏土

表 5-20 白散泥土典型剖面化学性状

发生层次	厚度 (cm)	容重 (g/cm^3)	有机质 (g/kg)	全氮 (g/kg)	全磷 (g/kg)	有效磷 (mg/kg)	全钾 (g/kg)	速效钾 (mg/kg)	pH (H_2O)	阳离子交换量 (cmol/kg)
A	15	1.2	33.7	1.88	0.34	8	5.1	39	4.0～5.0	6.87
E	13	1.26	6.1	0.35	0.24	3	4.5	22	4.0～5.5	6.62
B	72	—	7.6	0.34	0.20	2	9.9	26	4.5～5.5	—

3. 典型剖面 采自贵阳市花溪区高坡乡。海拔 1 600 m，贵州中部高台地，年均温 12.5 ℃，≥10 ℃积温 3 600 ℃，年降水量 1 200 mm，无霜期 260 d。母质：砂岩风化残积物。玉米地。剖面特征如下：

A 层：0～15 cm，暗棕灰色（7.5YR4/2），粒状结构，沙土，较松，pH 为 4.0～5.0。

E 层：15～28 cm，灰白色（5Y7/1），单粒状结构，壤土，较紧，pH 为 4.0～5.5。

B_1 层：28～50 cm，灰黄色（2.5Y7/3），块状结构，有中量铁子和锈斑，较紧，黏壤土。

B_2 层：50～100 cm，灰黄色（2.5Y7/3），大块状结构，有少量锈斑出现，较紧，壤质黏土。

4. 生产性能综述 该土种为强酸性，质地轻，含沙量高，土壤养分较贫乏，分布在沙、酸、瘦，较平缓的地方，除种植旱地农作物外，还可种百脉根、白三叶、黑麦草、鸡脚草等草种，建立人工草场。在有条件的地方，可种茶，如贵州省名茶贵定云雾茶就产于此类土壤上。

五、小结

漂洗黄壤亚类地区降水较充沛，水热条件较好，适宜发展林业，除常绿阔叶林的珍贵树种较多外，华山松、杉木、茶树、果树都适宜发展。垦殖后的耕作土壤，作物可一年两熟，适宜于多种粮食作物和经济作物的生长。漂洗黄壤亚类地处山区，坡地的面积大，漂洗黄壤亚类存在漂洗层，有时存在砾石含量高等障碍因子，坡度超过 25°的坡耕地，应退耕还牧还林。因此，应统筹安排，合理开发利用漂洗黄壤亚类资源，调整农业结构，建设良性循环的漂洗黄壤亚类生态系统。

漂洗黄壤亚类多数处于海拔 700 m 以上，受水的作用深刻，土性冷，养分贫乏，加之气候冷湿，土壤供肥力弱，宜种作物较少，作物抗逆性差，产量低，目前多为林地，常见的有杉、松、青冈和竹林等。改良利用上应保护好现有林被，同时大量发展以杨、槐、青冈为先锋树种的速生薪炭林和板栗、核桃、生漆等经济林木。种植绿肥，增施有机肥和磷、钾肥，以及微量元素肥料，改善作物营养条件，提高产量。

（一）充分用地，积极养地

漂洗黄壤亚类的耕作土壤，作物单产低，不稳产。主要采取“两开三改”，即开梯造地，开辟肥源；改良品种，改革耕作制度，改进栽培技术。漂洗黄壤亚类地区的坡耕地面积大，水土流失较重，又缺水不利于灌溉，应逐年进行坡地改梯地。漂洗黄壤亚类地区的耕作土壤，有机质含量较低，土壤结构不良，耕性差，应开辟有机质肥源，积极扩种绿肥作物，发展养畜积肥，合理施用有机肥与化肥，尤其磷肥堆沤施用及辅施微量元素肥，增产效果大，积极推广优良品种，并根据漂洗黄壤亚类地区冬春低温、夏秋雨热同季的特点，大力推广马铃薯套种玉米、小麦套种玉米、玉米间作大豆等行之有效的间套种模式。在同等施肥条件下，每公顷可增产粮食 1 875 kg；若高水高肥，通过规范化间套种，可以实现大面积出现平均亩*产 500～600 kg 的高产农田。此外，还应采取粮粮、粮经、粮肥轮作，减少连作，做到充分用地、积极养地、用养结合；漂洗黄壤亚类地区的耕作技术水平低，在规范化间套种的同时，还应积极推广顺风成行密植的栽培措施，增产效果大。

在气候冷凉、经济条件较好的漂洗黄壤亚类地区，推广地膜（因地区、气候和种植的作物种类而

* 亩为非法定计量单位，1 亩=1/15 hm^2。

不同）覆盖玉米、烤烟、蔬菜等，每公顷平均可增产粮食 1 500～2 100 kg。采取“两膜一袋”（地膜育苗、地膜盖烟，袋苗移栽）栽培烤烟，可以提高烤烟的质量和产量，但要注意使用量并及时回收利用，以避免塑料污染。

在漂洗黄壤亚类的耕地中，有 10%～15%的陡坡地，水土流失严重，产量低而不稳，应有计划地退耕还林还牧。坡度中等的可植树种草，发展茶叶及水果生产；湿热的亚热带区，可栽桑、种茶及发展柑橘生产，既可保持水土，又可增加收入。必要时，要进行工程治理。

（二）发挥区域优势，扩大商品生产

根据漂洗黄壤亚类地区的特点，除努力提高粮食单产进而增加总产量外，应开展区域规划，发展一些优势农产品的商品生产。例如，云南昭通坝子苹果、黄梨、烤烟的生产量大，质量好，有发展潜力；贵州漂洗黄壤亚类山区发展核桃、板栗、梨及其他水果的潜力大；湿热的河谷区，发展柑橘、樱桃、蜂糖李、小叶茶、桑蚕及魔芋等生产的优势很大；林木、畜产品也有很大潜力。

第六章 黄壤性土亚类 >>>

第一节 形成条件与分布

一、形成条件

（一）气候

黄壤性土发育于温暖湿润的亚热带气候，温度比红壤地区低而比黄棕壤地区高，冬无严寒、夏无酷暑，年均温 14～16 ℃，最冷月（1 月）月均温 4～7 ℃，最高月（7 月）月均温 22～26 ℃，≥10 ℃的积温 4 000～4 900 ℃。据地处黄壤带中部的贵州省贵阳市多年气象观测：5 cm 深土温年均 17.2 ℃，10～20 cm 深土温年均 17.3 ℃，20 cm 深处土温全年稳定通过 5 ℃，地表稳定通过 0 ℃的天数平均达 347 d；地表稳定通过 10 ℃的温度，平均达 253 d。黄壤性土地区降水丰富，年降水量 1 000～1 400 mm，降水分配以 5—8 月为多，占全年降水量的 60%左右；9 月至翌年 4 月降水较少。全年降水日较多，多以毛雨形式降落，年降水量接近年蒸发量，干燥度 0.64，平均相对湿度在 77%以上。充足的水湿条件影响到黄壤有机质的积累和黏土矿物的组成以及土体中氧化铁的水分。黄壤性土地区以云雾多、日照少、太阳总辐射量低为特点。以贵阳市为例，总辐射量平均 3.8×10^5 J/cm^2，日照率平均 29.7%，日照时数平均 1 354 h。

（二）地形地貌

黄壤性土亚类主要分布于黄壤区各地裂带交汇处，地势陡峭、山体切割深、坡度陡的山地，表层严重侵蚀的地区，土壤易受侵蚀的山坡或易被冲刷的部位。所处地形地貌具有多样性，多数地势较陡、地形坡度较大，一般在窄谷盆地、丘陵山地中上部、山脊陡峭处和高山山麓。全国黄壤性土亚类主要分布在海拔 177～2 940 m 的地区，从湖北海拔 177 m 的盆地到云南海拔 2 940 m 的山地，从山地、丘陵到平原、盆地，从岩溶地貌到常态地貌均有黄壤性土亚类形成。其中，广西主要分布在海拔 1 040～1 535 m，贵州分布在海拔 419～1 840 m，湖北海拔 177～1 208 m，四川海拔 360～2 092 m，云南海拔 414～2 940 m，重庆海拔 238～1 592 m。旱地黄壤性土主要分布于山地，面积 207 132 hm^2，占全国黄壤性土亚类总面积的 79.51%。其中，重庆、四川、贵州分布范围最广，面积分别为 66 393 hm^2、61 584 hm^2、49 648 hm^2。在地势陡峭的山岭中上部形成的黄壤性土亚类，土壤形成的生态环境不稳定，常逐步退化成砾石黄泥土和石渣子土（已属于初育土范围）。坡向不同会影响到黄壤性土亚类的分布，如梵净山的偏北坡与偏南坡的光照、蒸发量、寒流的影响都不同，造成水热条件的较大差异，影响到土壤的发育。

（三）母岩及母质

黄壤性土亚类与典型黄壤亚类一样，发育于多种母质，多为三叠系和二叠系以前的砂泥岩、片岩、板岩和花岗岩等的坡残积物。其中，以板岩、页岩风化物发育的面积最大，砂岩和花岗岩次之，石灰岩的面积最小。按成土母岩风化物的地球化学类型、母岩特性不同，大致可归为 8 类。第一类为页岩、板岩、凝灰岩、泥岩等泥质岩类，占黄壤性土成土母岩总面积的 25.1%。这 4 种岩石又以页岩所占比例大、分布广；其中，页岩易成土，所发育的黄壤性土土层较厚，层次分化明显，酸性，颜色较黄，质地壤黏土至黏土，开垦熟化则成为黄泥土；硅质页岩形成的黄壤性土土层较薄，开垦而成黄扁沙泥土；板岩形成的黄壤性土主要分布于贵州省黔东南州，成土较泥岩、页岩慢，土中常夹半风化母岩碎片，通透性较好，酸性，是种植杉、松等人工林最好的土质；凝灰岩及玄武岩发育的黄壤性土主要出现在贵州省西部的六盘水市盘州市和水城区，所形成的黄壤性土土层厚，颜色显橘红色、黄红色，质地稍轻，透水性较强，含钾元素较丰富，开垦熟化的旱地为马肝黄泥土。第二类为普通砂岩、石英砂岩和变余砂岩，占黄壤性土成土母岩总面积的12.9%。其中，普通砂岩所占比例较大，石英砂岩比例较小，变余砂岩出现在贵州东部轻变质的古老地层上，这类岩石形成的土壤质地轻、酸性强，所含矿质养分和盐基元素低，但通水透气，开垦成黄沙土。第三类为砂岩、页岩互层，占黄壤性土成土母岩总面积的37.2%，形成的黄壤性土性质介于砂岩和页岩发育的黄壤性土之间，淀积层的颜色较杂，黄色、褐色均可见，土壤质地以壤质居多，通透性和供肥性均较好，是种植大田作物很好的土质，尤其适合种烤烟。只有煤系砂页岩互层形成的黄壤性土颜色斑驳显黑，酸性极强，开垦的旱作土为煤沙泥土，宜种性窄，生产性能差。第四类为燧石灰岩、硅质白云岩、泥质白云岩等不纯碳酸盐岩类，占黄壤性土成土母岩总面积的18.2%。其中，灰岩发育的黄壤性土具有典型性，表层土色显灰，土体夹有一定数量的燧石，经开垦培育而成火石大黄泥土，适宜于烤烟生长；这类岩石形成的黄壤性土质地从黏质至壤质均有出现，养分含量不高。第五类为黏质老风化壳，所占面积比例为4.8%。这类母质在剖面一定部位常见连续性的铁盘和铁锰结核，成土后质地黏重，颜色带红黄色或褐黄色。第六类为玄武岩和辉绿岩等基性岩类，形成黄壤性土面积不大，仅占1.1%，主要出现在贵州省六盘水市和毕节市西部，形成的黄壤性土在坡麓处为淡红色或橘黄色，质地黏重、酸性，钾、磷等矿质元素较丰富；处在陡坡处所形成的黄壤性土，土层浅，夹半风化砾石多，颜色较深，开垦熟化的旱作土为橘黄泥土。第七类为紫色砂岩，紫色砂岩在温暖湿润的生物气候条件下，经强度淋溶，A层和B层全部或大部分黄化，形成了黄壤性土；贵州省北部的赤水市和习水县有零星出现，面积仅占0.7%；形成的土壤土层较厚，开垦培育成紫黄沙泥土。第八类为花岗岩等酸性岩，仅在贵州与广西交界处的从江县海拔1 200 m左右的低中山上可见，面积仅4 280 hm^2，形成的土壤疏松、沙性重、酸性，全钾含量尚高，磷素缺乏，杉木生长较好。

（四）植被

黄壤性土多为疏林和灌木林地，地表植被疏松，自然植被较差，植被覆盖度低。原生自然植被主要是亚热带常绿阔叶林，另外有常绿落叶阔叶混交林；原生植被破坏后多为次生针叶林、针阔叶混交林、灌丛草被，常见树种有小叶青冈栎、小叶栲、钩栲、甜槠、米槠、樟、杨梅、木荷、木连、木兰、枫香、响叶杨、白杨、白桦、栓皮栎、光皮桦、多穗石栎、麻栎等常绿、落叶阔叶树种和马尾松、杉、云南松等针叶树种，以及白栎、茅栗、小果南烛、继木、铁子、滇白珠、苦竹、映山红等灌丛；此外，还有鸭茅、旱茅、芒箕骨、画眉草、黑穗、黄背草、芒、桔梗、前胡、朝天罐、龙胆、菅草、真蕨、珍珠草及莎草科杂草等草被。

二、分布

黄壤性土亚类是黄壤土类中具有典型性的、分布范围较广的亚类，与典型黄壤亚类往往呈复区分布。我国黄壤性土亚类集中分布于北纬23.5°—30°，以重庆为中心，向四周延伸的广阔地域。从农业分区来看，主要分布于一级农业区的华南区、青藏区、西南区3个地区。其中，西南区面积最大。在二级农业区，黄壤性土亚类主要分布于川藏林农牧区、川滇高原山地林农牧区、滇南农林区、黔桂高原山地林农牧区、秦岭大巴山林农区、四川盆地农林区和渝鄂湘黔边境山地林农牧区。其中，渝鄂湘黔边境山地林农牧区、黔桂高原山地林农牧区和秦岭大巴山林农区面积较大。从行政区域来看，黄壤性土亚类主要分布于广西、贵州、湖北、四川、云南和重庆。其中，重庆、贵州和四川分布面积最大。

黄壤土类中，黄壤性土亚类成土时间短，常受坡积物的影响，土壤发育程度弱，发育不明显。黄壤性土亚类所处地形侵蚀切割强烈，山高坡陡，由于植被破坏以及不合理的耕作，易发生水土流失，土壤侵蚀明显或严重，土壤更新和堆积覆盖频繁，土壤发育过程常中断；土壤剖面形态、机械组成、养分含量和利用方式与典型黄壤有较大差异。黄壤性土亚类土层浅薄，厚度一般小于 65 cm，保肥能力差。由于山体切割深，土体内夹杂大量的碎屑石块及半风化的岩石碎块，粗骨性强，土壤风化度低，土层发育弱，一般无铁锰结核淀积，层段发育不明显，剖面为 A－C 型或 A－(B)－C 型，呈酸性反应，pH 为 4.04～5.58，质地为砾质轻壤土至砾质重壤土，也有较多的砾石土，直径大于 3 mm 的砾石含量和 1～3 mm 的细砾含量为 2.45%～9.97%。黄壤性土亚类的形成也与其他初育土的形成原因类似。一是地形陡峭，侵蚀严重，土层变薄，母岩裸露。在老风化壳黏土母质上形成的黄壤因地形平缓，土质较黏重，侵蚀较轻，没有形成明显的黄壤性土，因而黄壤性土亚类主要分布于除老风化壳黏土母质外的各种母质。二是陡坡开荒，植被遭受破坏，土层失去保护或开发利用中措施不当，使土层裸露，又无水土保持设施，引起面蚀或沟蚀，这是黄壤性土亚类形成的主要原因。

三、形态特征

黄壤性土亚类发育的环境不稳定，土壤发育程度低，剖面层次发育不完整，基本处于黄壤的幼年阶段。黄壤性土亚类根据母质及发育程度，土层构造可分为 A_0－AB－C、A－(B)－C、A－C 型等类型，B层发育弱或不明显。土层厚薄及某些形态特征受母质类型的影响较大，剖面土层厚度大多≤65 cm，A_0 层一般≤3 cm，B 层发育弱或不明显，表土层和心土层难以区分，划为 AB 层。花岗岩母质发育的黄壤性土，自然土壤表层带有草根盘结层（A_0），以下为夹母岩半风化物碎石片粗骨土层，表土层和心土层难以区分，划为 AB 层；耕种土壤表土草根盘结层消失，耕层为含沙粒碎石的薄土层，由于仅有的草根盘结层消失，土层失去保护，遭到进一步侵蚀，母岩裸露。板岩、页岩母质发育的黄壤性土，土体中含有母岩砾石碎片，有利于水分下渗和植物根系伸展，植物生长仍较好。土体中多夹有半风化的母岩碎片，特别是板岩、页岩和花岗岩风化物成土的更甚，有的高达 50%。土体较疏松，质地多为中壤土或轻黏土，板岩、页岩黄壤性土质地上松下紧，母岩碎片也由上向下逐渐增多。

土体矿质全量中 SiO_2 含量，A 层 30.72%～75.45%，B 层 31.04%～76.83%，C 层 32.88%～78.76%。Al_2O_3 含量，A 层 8.26%～24.33%，B 层 9.45%～23.0%，C 层 8.51%～24.41%。Fe_2O_3 含量，A 层 2.40%～24.36%，B 层 3.11%～24.79%，C 层 1.82%～23.29%。黏粒硅铝率，A 层 1.49～2.73，B 层 1.45～2.54，C 层 1.41～1.92。黏土矿物组成，A 层以高岭石为主或大量高岭石和蛭石的剖面占 1/2 以上，以蛭石为主的占 1/3，以水云母为主的占 1/6。铁的游离度，A 层 16.61%～32.89%，B 层 15.43%～31.07%，C 层 22.25%～28.42%，显示了黄壤性土亚类具有脱硅、富铁铝化的特征。黄壤性土亚类土层一般较浅，层次分化不明显，很难发育成完整的 A、B、C 发生层。作为特征土层的 B 层具有弱黄化特征。在森林植被覆盖良好的情况下，地表常有 1～3 cm 的枯枝落叶层和半分解的枯枝落叶层，A 层厚度一般 10～20 cm，B 层 20～60 cm，C 层 30～70 cm。

由页岩母质发育而成的贵州省黔东南州雷山县黄壤性土，因母岩本身易于风化，其土层可达 50～60 cm。该地的中层-薄层黄壤性土有明显的 A 层（厚 10 cm 左右），以下为 AB 层，B 层发育不明显，向下即为 BC 层和 C 层。由紫色砂页岩发育的黄壤性土，具有 A 层、AB 层和 BC 层。AB 层黄化作用较弱，为灰棕黄色；BC 层较厚，为棕黄色带紫色；BC 层以下即见紫色砂页岩半风化体和母岩。贵州省遵义市赤水市官渡镇林场的典型剖面性状如下：

海拔：1 040 m。

母质：紫色砂岩

植被：常绿阔叶林。

地形：中山坡顶，坡度 9°。

A_0：0～2 cm，枯枝落叶层。

A_f：2～7 cm，灰黑色，半分解的腐殖质层。

A：7～13 cm，灰黑色，中壤土，屑粒结构，疏松，根系多，湿润，向下过渡不明显。

AB：13～32 cm，灰棕黄色，中壤土带黏，小核块状结构，稍紧，见灌木根系。

BC：32～50 cm，棕黄带紫色，中壤土，不明显的小块状结构，结构易散。

C：50～115 cm，浅紫色至紫色，半风化母质，紧实。

四川黄壤性土亚类成土母质主要为各地层砂页岩、组地层灰岩、第四系更新统沉积物和紫色砂页岩等的风化物，成土过程及土壤性状具有土类的典型特征。多处于海拔较低（1 100 m 以下）地区和江河沿岸，热量比较丰富，地形平缓，土层较厚，一般为 60～100 cm。土壤发育较深，剖面完整，层次分化比较明显，多呈 A－B－C 或 A－B－BC 构型。全剖面呈黄色或黄棕色，酸度较高，呈酸性至微酸性反应，pH 4.8～6.2。表土土层厚 20 cm 左右，含有 4%～16%的砾石。质地因母质不同而变异较大，母质为老风化壳和灰岩风化物时较黏重，<0.002 mm 黏粒含量在 30%左右，粉沙含量 35%～45%，多壤质黏土，少数黏土。母质为黄色、紫黄色砂岩、砂页岩风化物时质地较轻，<0.002 mm 黏粒含量为 15%～24%，粉沙含量为 23%～33%，多沙质壤土或黏质壤土。林被下的黄壤性土亚类表层有 3 cm 左右厚的枯枝落叶层（A_0），表土层以下淋溶淀积比较明显，有铁锰胶膜和斑纹出现，有的还有软铁子甚至铁盘。四川典型剖面性状如下。

典型剖面①：该剖面位于四川省宜宾市屏山县唐家坝林场，为各地层黄色砂岩风化物，海拔 1 240 m，属厚层冷沙黄泥土土种。

A_0 层：0～3 cm，落物、湿润。

A 层：3～19 cm，暗灰黄色（2.5Y5/2），轻砾质沙质壤土，粒状结构，稍紧，湿润，根系多，pH 4.5。

B 层：19～56 cm，淡黄棕色（2.5Y6/6），轻砾质黏壤土，块状结构，紧实，湿润，根系较多，有管状锈纹，pH 4.7。

BC 层：56～61 cm，黄色（2.5Y8/6），大块状结构，极紧，有大树根穿插其间，并有 5 cm 厚的黑褐色铁盘。

典型剖面②：该剖面位于四川省雅安市名山区红星镇，母质为第四系更新统沉积物，地形为河流沿岸三级阶地，海拔 700 m，属卵石黄泥土土种。农耕地种玉米、马铃薯。

A 层：0～17 cm，暗黄棕色（10YR4/3），壤质黏土，少量卵石，粒状夹核状结构，润，松，中量根系，pH 4.8。

B 层：17～32 cm，黄棕色（10YR5/8），壤质黏土，少量卵石，棱柱状结构，湿润，紧，少量根系，pH 5.0。

BC 层：32～100 cm，黄棕色（10YR5/8），壤质黏土，少量卵石，小棱柱状结构，湿润，稍紧，极少根系，pH 5.3。

湖南省黄壤性土亚类以资兴市的黄壤性土比较典型。该土层很薄，表土层一般只有 10 cm 左右，心土层（B）发育不明显，全土层厚多在 30 cm 左右，厚的达 50 cm。土体中多夹有半风化的母岩碎片，特别是板岩、页岩和花岗岩风化物成土的更甚，有的高达 50%。土体较疏松，质地多为中壤土或轻黏土，板岩、页岩黄壤性土质地上松下紧，母岩碎片也由上向下逐渐增多。黄壤性土的干湿度随坡度和植被情况不同而异，在坡度较缓、植被覆盖较好的地段，土体一般由湿到润。反之，全土层水分较少。结构由粒状到块状，颜色由暗棕色到淡棕色再到淡黄棕色。表土层一般无新生体，心土层和底土层有的出现少量铁锈胶膜。

福建西北部、福建东部一带黄壤性土亚类分布于海拔 900～1 800 m 的中山山顶或陡坡地段，原生自然植被被破坏，土壤侵蚀严重，后因禾草灌丛逐渐着生繁衍，在母质上重新形成了土壤。通常与粗骨土、石质土呈复区分布。由于所处地区海拔高、云雾多、湿度大，成土过程仍以黄化为主要特征。成土时间短，土壤发育年幼，又称为幼黄壤。土层浅薄，剖面发育不完全，土体构型为 A－(B)－

C型，心土层铁、铝富集较弱，呈黄棕色，整个土体颗粒粗，黏粒含量较少，心土层黏粒淀积不明显。土壤质地为沙壤土至沙质黏土。由于所处地段海拔高，气候凉湿，禾草灌丛较茂密，有利于有机质积累，表土层的有机质含量较丰富。

湖北省宜昌市黄壤性土亚类的有效土层不足30 cm，砾石含量在30%以上，多分布在地形较陡处，处于初育阶段，属A－C构型。

广东省黄壤性土亚类以韶关市始兴县比较典型。该土壤发生层次分明，土体构型为A_0－AB－C或A－(B)－C型，枯枝落叶层（A_0）一般在3 cm以下，有机质层（A）在10 cm左右。土壤呈黑棕色（7.5YR2/2）至黑色（5Y2/1），团粒结构，有机物多呈半分解状态，质地为沙壤，紧实度为2.0～2.5 kg/cm^2，淀积层薄或没有典型的淋溶淀积层，多数表土层以下是底土层（C层），新生体以有机络合物为主，主要在表土层中。底土层呈淡黄橙色（7.5YR8/6）至黄色（2.5Y8/6），较湿润，质地多为沙壤，小块状结构，根系少，紧实度为3.5～4.5 kg/cm^2。

综上所述，黄壤性土亚类主要成土特点为：

一是土层浅薄，全土层厚度小于65 cm，剖面发育不完整，A层厚度视发育程度而定，一般较浅薄为20 cm左右。B层发育弱或不明显（B），土体构型多为A－(B)－C、AB－C或A－C型。土壤发育层次不明显，砾石含量大于30%。

二是矿物风化弱或不彻底，表土或心土中常夹有较多半风化的母岩碎片，特别是板岩、页岩和花岗岩风化物发育的黄壤性土亚类土体中更为常见。

三是呈酸性反应，pH多为4.5～5.6。表层阳离子交换量一般为8～28 cmol/kg，并自上而下逐渐减少。交换性铝含量高，通常占交换性酸总量的90%～93%。盐基饱和度小，一般为18%～28%，属盐基不饱和土壤。

四是脱硅富铁铝化作用不明显。黄壤性土亚类的脱硅富铁铝化作用比黄壤亚类弱，表现在硅的富集系数比黄壤亚类高，而铁铝的富集系数则比黄壤亚类低。

第二节　主要理化特性

以耕地质量区域评价调查数据为基础，对黄壤性土亚类的理化性状进行统计分析，黄壤性土亚类土壤的主要理化特性描述于下。

一、物理性质

黄壤性土亚类较疏松，耕地耕层质地从沙土至黏土不等，表现为表土层较疏松、心土层与底土层较紧实的特点。受母质的影响，母质为二叠系沙泥岩残坡积物发育的黄壤性土亚类表层疏松，块状夹粒状结构，根系密集；心土层和半风化层土层较紧，呈块状结构，由于土体中夹有半风化的母岩碎片，土壤通透性好，但保水性能差，土体常因缺水而易遭干旱，特别是板岩、页岩和花岗岩风化物发育的黄壤性土亚类更甚。

（一）耕地耕层质地

土壤质地依母质不同而变化较大，从沙土至黏土不等。以表土层而论，发育在砂岩、白云岩上的黄壤性土亚类质地轻；发育于玄武岩、黏质老风化壳和泥灰岩上的土壤质地重。总体而言，黄壤性土亚类耕地耕层质地以中壤和黏土的分布面积最大；耕地耕层质地为中壤的土壤主要分布在重庆和四川，耕地耕层质地为黏土的主要分布在云南、重庆、贵州和四川。

（二）耕地质地剖面构型

黄壤性土亚类耕地质地剖面构型主要有薄层型、夹层型、紧实型、上紧下松型、上松下紧型和松散型等，以紧实型和上松下紧型为主要类型。

（三）耕地耕层厚度

黄壤性土亚类耕地耕层厚度平均为（19.53±7.25）cm（n=573），变幅为 5.0～26.0 cm，变异系数为 37.11%。不同省份耕层厚度范围有波动，全国黄壤性土亚类耕地耕层厚度基本统计特征见表 6-1。

表 6-1　全国黄壤性土亚类耕地耕层厚度基本统计特征

区域	样本数（个）	变幅（cm）	均值（cm）	标准差（cm）	变异系数（%）
广西	14	13.0～21.0	15.29	2.46	16.11
贵州	127	16.0～24.0	20.57	4.36	21.19
湖北	97	5.0～26.0	23.33	8.23	35.27
四川	71	15.0～23.0	21.58	3.46	16.03
云南	29	15.0～24.0	19.79	4.35	21.96
重庆	235	10.0～26.0	21.13	7.24	34.25
全国	573	5.0～26.0	19.53	7.25	37.11

（四）耕地有效土层厚度

黄壤性土亚类耕地有效土层厚度平均为（56.29±21.86）cm（n=573），变幅为 20.0～70.0 cm，变异系数为 38.83%。不同省份黄壤性土亚类耕地有效土层厚度存在差异，全国黄壤性土亚类耕地有效土层厚度基本统计特征见表 6-2。

表 6-2　全国黄壤性土亚类耕地有效土层厚度基本统计特征

区域	样本数（个）	变幅（cm）	均值（cm）	标准差（cm）	变异系数（%）
广西	14	23.0～50.0	49.36	28.42	57.57
贵州	127	40.0～65.0	61.95	22.53	36.37
湖北	97	30.0～60.0	53.22	17.52	32.92
四川	71	20.0～70.0	57.00	20.63	36.20
云南	29	30.0～60.0	62.00	22.30	35.97
重庆	235	20.0～70.0	47.51	16.71	35.17
全国	573	20.0～70.0	56.29	21.86	38.83

（五）耕地耕层土壤容重

黄壤性土亚类耕地耕层土壤容重平均为（1.32±0.17）g/cm^3（n=573），变幅为 0.90～1.77 g/cm^3，变异系数为 12.62%。全国黄壤性土亚类耕地耕层容重基本统计特征见表 6-3。

表 6-3　全国黄壤性土亚类耕地耕层容重基本统计特征

区域	样本数（个）	变幅（g/cm^3）	均值（g/cm^3）	标准差（g/cm^3）	变异系数（%）
广西	14	0.94～1.56	1.13	0.20	17.54
贵州	127	0.90～1.70	1.26	0.17	13.61
湖北	97	0.98～1.62	1.54	0.07	4.23
四川	71	0.99～1.55	1.28	0.11	8.88
云南	29	1.10～1.47	1.31	0.07	5.60
重庆	235	1.05～1.77	1.30	0.14	10.61
全国	573	0.90～1.77	1.32	0.17	12.62

二、化学性质

（一）pH

黄壤性土亚类耕地耕层 pH 平均为（5.56±0.69）（n=573），变幅为 4.10～6.92，变异系数为 12.38%。全国黄壤性土亚类耕地耕层 pH 基本统计特征见表 6-4。

表 6-4 全国黄壤性土亚类耕地耕层 pH 基本统计特征

区域	样本数（个）	变幅	均值	标准差	变异系数（%）
广西	14	4.10～6.70	4.96	0.69	13.95
贵州	127	4.30～6.90	5.49	0.69	12.64
湖北	97	4.40～6.90	5.55	0.61	10.98
四川	71	4.60～6.90	5.79	0.66	11.38
云南	29	4.40～6.92	6.00	0.77	12.76
重庆	235	4.20～6.90	5.51	0.67	12.21
全国	573	4.10～6.92	5.56	0.69	12.38

（二）有机质

黄壤性土亚类耕地耕层有机质含量平均为（26.95±12.13）g/kg（n=561），变幅为 7.6～59.2 g/kg，变异系数为 45.03%。全国黄壤性土亚类耕地耕层有机质基本统计特征见表 6-5。

表 6-5 全国黄壤性土亚类耕地耕层有机质基本统计特征

区域	样本数（个）	变幅（g/kg）	均值（g/kg）	标准差（g/kg）	变异系数（%）
广西	8	27.0～59.2	47.89	16.23	33.89
贵州	125	10.1～57.5	32.42	14.80	45.63
湖北	96	7.9～44.4	20.82	8.04	38.60
四川	70	7.6～54.2	29.14	10.97	37.64
云南	28	13.6～55.2	31.61	16.92	53.51
重庆	234	8.6～53.9	24.60	8.84	35.93
全国	561	7.6～59.2	26.95	12.13	45.03

（三）全氮

黄壤性土亚类耕地耕层全氮含量平均为（1.55±0.64）g/kg（n=565），变幅为 0.15～3.29 g/kg，变异系数为 40.90%。全国黄壤性土亚类耕地耕层全氮基本统计特征见表 6-6。

表 6-6 全国黄壤性土亚类耕地耕层全氮基本统计特征

区域	样本数（个）	变幅（g/kg）	均值（g/kg）	标准差（g/kg）	变异系数（%）
广西	8	1.30～3.29	2.46	0.89	36.30
贵州	127	0.50～3.18	1.77	0.67	37.91
湖北	97	0.34～3.10	1.20	0.52	43.13
四川	69	0.17～3.02	1.53	0.82	53.81
云南	29	0.65～2.94	1.75	0.66	37.71
重庆	235	0.15～3.17	1.53	0.49	31.63
全国	565	0.15～3.29	1.55	0.64	40.90

（四）有效磷

黄壤性土亚类耕地耕层有效磷含量平均为（18.94±18.22）mg/kg（n=567），变幅为0.8～62.4 mg/kg，变异系数为96.20%。全国黄壤性土亚类耕地耕层有效磷基本统计特征见表6-7。

表6-7　全国黄壤性土亚类耕地耕层有效磷基本统计特征

区域	样本数（个）	变幅（mg/kg）	均值（mg/kg）	标准差（mg/kg）	变异系数（%）
广西	12	0.8～29.4	6.98	5.19	74.35
贵州	126	1.1～56.9	26.18	24.86	94.98
湖北	97	3.4～48.0	24.42	20.95	85.77
四川	68	0.9～62.4	33.36	30.83	92.42
云南	29	5.5～45.1	18.86	9.75	51.69
重庆	235	1.1～42.8	33.38	27.25	81.64
全国	567	0.8～62.4	18.94	18.22	96.20

（五）缓效钾

黄壤性土亚类耕地耕层缓效钾含量平均为（204.57±201.52）mg/kg（n=572），变幅为51～783 mg/kg，变异系数为98.51%。全国黄壤性土亚类耕地耕层缓效钾基本统计特征见表6-8。

表6-8　全国黄壤性土亚类耕地耕层缓效钾基本统计特征

区域	样本数（个）	变幅（mg/kg）	均值（mg/kg）	标准差（mg/kg）	变异系数（%）
广西	14	79～332	145.29	72.25	49.73
贵州	127	51～713	217.53	183.01	84.13
湖北	97	59～783	293.08	288.62	98.48
四川	70	83～523	262.86	200.72	76.36
云南	29	51～755	190.41	180.70	94.90
重庆	235	104～708	297.07	141.17	47.52
全国	572	51～783	204.57	201.52	98.51

（六）速效钾

黄壤性土亚类耕地耕层速效钾含量平均为（119.51±69.79）mg/kg（n=560），变幅为27～342 mg/kg，变异系数为58.39%。全国黄壤性土亚类耕地耕层速效钾基本统计特征见表6-9。

表6-9　全国黄壤性土亚类耕地耕层速效钾基本统计特征

区域	样本数（个）	变幅（mg/kg）	均值（mg/kg）	标准差（mg/kg）	变异系数（%）
广西	14	58～301	166.43	89.39	53.71
贵州	123	38～313	142.25	72.40	50.90
湖北	92	27～298	114.70	60.87	53.07
四川	67	28～282	107.94	61.67	57.13
云南	29	44～342	159.93	105.11	65.72
重庆	235	29～321	105.01	61.30	58.37
全国	560	27～342	119.51	69.79	58.39

（七）微量元素

黄壤性土亚类耕地耕层有效态微量元素的总状况是硼低、锌中，其他元素较高或高。其中，黄壤性土亚类有效铜含量平均为（3.29±3.13）mg/kg（n=217），变幅为0.04～19.59 mg/kg，变异系数为95.14%；有效锌含量平均为（2.34±1.84）mg/kg（n=210），变幅为0.07～13.85 mg/kg，变异系数为78.35%；有效铁含量平均为（89.36±87.79）mg/kg（n=216），变幅为0.10～470.90 mg/kg，变异系数为98.24%；有效锰含量平均为（35.95±33.27）mg/kg（n=202），变幅为0.30～168.20 mg/kg，变异系数为92.54%；有效硼含量平均为（0.46±0.32）mg/kg（n=198），变幅为0.07～2.58 mg/kg，变异系数为68.96%；有效钼含量平均为（0.78±0.72）mg/kg（n=73），变幅为0.07～2.47 mg/kg，变异系数为92.16%；有效硫含量平均为（47.86±39.95）mg/kg（n=198），变幅为6.80～320.80 mg/kg，变异系数为83.47%；有效硅含量平均为（175.97±97.14）mg/kg（n=173），变幅为30.80~-481.93 mg/kg，变异系数为55.20%。不同省份黄壤性土亚类耕地耕层有效态微量元素存在差异，全国黄壤性土亚类耕地耕层微量元素基本统计特征见表6-10。

表6-10 全国黄壤性土亚类耕地耕层微量元素基本统计特征

区域	项目	有效铜	有效锌	有效铁	有效锰	有效硼	有效钼	有效硫	有效硅
广西	样本数（个）	14	14	14	13	14	14	14	13
	变幅（mg/kg）	1.11～5.22	0.48～3.58	33.10～78.80	36.10～168.20	0.13～0.75	0.11～0.82	19.00～200.00	30.80～7 350.00
	平均数（mg/kg）	2.89	1.62	52.27	105.50	0.37	0.39	52.58	50.23
	标准差（mg/kg）	1.47	0.82	14.29	48.85	0.16	0.28	45.29	15.02
	变异系数（%）	50.91	50.56	27.33	46.31	42.66	69.89	86.14	29.89
贵州	样本数（个）	61	54	60	47	42	25	47	29
	变幅（mg/kg）	0.04～12.33	0.07～13.21	0.10～317.20	0.30～156.50	0.12～2.58	0.07～1.59	10.60～120.80	66.39～382.90
	平均数（mg/kg）	2.87	2.79	71.09	41.90	0.44	0.43	43.90	179.77
	标准差（mg/kg）	2.63	2.78	63.94	33.38	0.40	0.34	25.68	91.34
	变异系数（%）	91.70	99.85	89.94	79.68	89.31	78.32	58.50	50.81
湖北	样本数（个）	97	97	97	97	97	—	97	97
	变幅（mg/kg）	0.62～4.36	1.02～3.54	12.70～167.40	10.90～43.20	0.27～1.76	—	20.70～156.70	111.37～246.50
	平均数（mg/kg）	1.93	2.14	59.60	21.43	0.51	—	45.55	152.96
	标准差（mg/kg）	0.80	0.54	41.83	6.10	0.32	—	32.50	33.58
	变异系数（%）	41.53	25.47	70.18	28.45	62.00	—	71.35	21.96
四川	样本数（个）	5	5	5	5	5	5	5	5
	变幅（mg/kg）	0.28～3.38	0.98～5.84	38.80～342.20	5.80～59.80	0.15～0.53	0.12～0.38	11.80～31.80	73.36～474.00
	平均数（mg/kg）	2.23	3.94	167.20	26.40	0.30	0.20	21.88	212.06
	标准差（mg/kg）	1.26	2.05	114.09	22.36	0.16	0.11	7.20	177.09
	变异系数（%）	56.59	52.19	68.24	84.69	53.34	53.74	32.90	83.51
云南	样本数（个）	29	29	29	29	29	29	29	29
	变幅（mg/kg）	0.62～19.59	0.34～13.85	16.50～470.90	11.60～155.00	0.11～1.08	0.14～2.47	6.80～302.80	115.30～481.93
	平均数（mg/kg）	9.76	2.66	202.23	48.24	0.47	1.36	66.59	299.27
	标准差（mg/kg）	6.08	2.54	133.13	38.63	0.25	0.77	65.21	126.52
	变异系数（%）	62.31	95.41	65.83	80.08	53.70	56.57	97.92	42.28

（续）

区域	项目	有效铜	有效锌	有效铁	有效锰	有效硼	有效钼	有效硫	有效硅
重庆	样本数（个）	11	11	11	11	11	—	6	—
	变幅（mg/kg）	0.35～5.14	0.61～2.52	19.50～345.10	8.80～72.00	0.07～0.46	—	15.00～65.80	—
	平均数（mg/kg）	1.61	1.37	165.61	28.26	0.20	—	36.48	—
	标准差（mg/kg）	1.38	0.59	103.89	21.63	0.10	—	19.80	—
	变异系数（%）	85.63	42.64	62.73	76.52	50.61	—	54.26	—
全国	样本数（个）	217	210	216	202	198	73	198	173
	变幅（mg/kg）	0.04～19.59	0.07～13.85	0.10～470.90	0.30～168.20	0.07～2.58	0.07～2.47	6.80～320.80	30.80～481.93
	平均数（mg/kg）	3.29	2.34	89.36	35.95	0.46	0.78	47.86	175.97
	标准差（mg/kg）	3.13	1.84	87.79	33.27	0.32	0.72	39.95	97.14
	变异系数（%）	95.14	78.35	98.24	92.54	68.96	92.16	83.47	55.20

第三节　主要土属

一、硅质黄壤性土土属

硅质黄壤性土土属，又称为幼黄沙土土属，属黄壤性土亚类。主要分布于湖北省恩施州和宜昌市，贵州省铜仁市、遵义市、黔南州等 7 个市（州），海拔 500～1 900 m 的低山和中山上部、陡坡地带和顶部。

该土属母质有石英砂岩、砂岩风化物、变余砂岩。土壤土体浅薄，厚 25～65 cm，剖面发育差，为 A-(B)-C 型。通体质地轻，全剖面质地偏沙，含砾石 30%～55%，质地多为沙质壤土、沙质黏壤土至黏壤土，并夹有较多的半风化母岩碎块，整个剖面呈强酸性至弱酸性反应，pH 4.0～6.9。其中，林草地 pH 为 4.0～5.9。阳离子交换量为 8.5～12.7 cmol/kg，表层容重为（0.94±0.15）g/cm³。A 层阳离子交换量平均为 12.26 cmol/kg。A 层厚 5～20 cm，结构松散，有机质含量 10.8～30.0 g/kg，平均 17.23 g/kg，全氮含量平均 1.43 g/kg，全磷、全钾含量分别为 0.36 g/kg 和 10.57 g/kg，有效磷、速效钾含量分别为 5 mg/kg 和 103 mg/kg。与本亚类剖面样分析统计平均值比较，有机质及养分含量均低。(B) 层黄色或灰黄色，层次发育差，厚度不足 20 cm，结构差，多含半风化母质碎块。C 层常在土体 30 cm 以下出现。表 6-11 为贵州硅质黄壤性土土属理化性状。

表 6-11　贵州硅质黄壤性土土属理化性状

土壤	层次	项目	有机质（g/kg）	全量（g/kg）			有效磷（mg/kg）	速效钾（mg/kg）	容重（g/cm³）	阳离子交换量（cmol/kg）
				氮	磷	钾				
林草地	A	样本数（个）	4	6	4	2	4	14	3	7
		平均值	32.60	1.67	0.39	6.80	5	78	1.18	12.67
	(B)	样本数（个）	2	2	2	1	1	6	3	7
		平均值	6.20	0.47	0.26	9.80	3	34	1.32	11.42
	C	样本数（个）	4	6	4	1	1	4	3	5
		平均值	7.90	0.56	0.26	3.70	1	51	1.41	10.71

（续）

土壤	层次	项目	有机质 (g/kg)	全量（g/kg）			有效磷 (mg/kg)	速效钾 (mg/kg)	容重 (g/cm^3)	阳离子交换量 (cmol/kg)
				氮	磷	钾				
旱地	A	样本数（个）	12	12	11	4	8	10	—	3
		平均值	12.10	0.93	0.35	12.40	5	139	—	11.31
	(B)	样本数（个）	10	7	11	3	5	7	—	3
		平均值	10.97	0.88	0.29	10.80	2	102	—	8.53
	C	样本数（个）	9	6	8	2	2	5	—	2
		平均值	5.89	0.47	0.21	15.70	3	96	—	10.50
土属合计	A	样本数（个）	16	18	15	6	12	24	7	10
		平均值	17.23	1.18	0.36	10.57	5	103	0.94	12.26
	(B)	样本数（个）	12	9	12	4	6	13	4	10
		平均值	10.18	0.79	0.29	10.56	2	70	1.29	10.55
	C	样本数（个）	13	12	12	1	1	4	6	6
		平均值	6.47	0.52	0.23	3.70	1	51	1.31	10.67

注：数据来源于《贵州省土壤》，1994。

该土属所处地势较本亚类其他土属更陡峭，坡度大，土体薄，质地轻，砾石多，有机质和养分含量低。结构松散，易耕，通透性好，保水保肥性较差，水土易流失。作物产量低，不适合农耕，适合林业生产，封山育林，植被以松、杉、杨、青冈、泡桐、茶、杜鹃、蕨类等为宜。对现有植被要加强保护，除林地外，该土属的耕垦率较高，水土流失严重，土壤肥力退化迅速，很容易沦为秃岩地。因此，在利用上应以防治水土流失为重点，封山育林，抚育草灌；有条件的地方，可发展樟、楠木等优质木材林。在地势较低、土体较厚的地段，可种植油茶、茶叶等经济林，以得到较好的经济效益。对于旱地，应在梯化平整土地的基础上，客土和加厚土层，增施有机肥、土杂肥，种植绿肥。在农作物配置时，注意搭配一些适应于沙地生长的作物，如花生等。

贵州硅质黄壤性土土属耕层农化样分析统计，全磷、全钾含量分别为 0.35 g/kg 和 11.53 g/kg，有效磷、速效钾含量分别为 4 mg/kg 和 111 mg/kg。与同亚类耕层农化样平均值比较，各项数据均低（表 6－12）。

表 6－12　贵州硅质黄壤性土土属耕地耕层农化样有机质和养分含量

项目	有机质 (g/kg)	全量（g/kg）			有效磷 (mg/kg)	速效钾 (mg/kg)
		氮	磷	钾		
样本数（个）	20	20	11	7	14	19
变幅	8.1～25.6	0.63～1.24	0.14～1.01	7.7～16.3	0～12	55～309

注：数据来源于《贵州省土壤》，1994。

二、沙泥质黄壤性土土属

沙泥质黄壤性土土属，又称为幼黄沙泥土土属，属黄壤性土亚类。主要分布于湖北省恩施州和宜昌市，广东省韶关市、江门市、肇庆市、惠阳区等市（区），四川盆地周围的中低山中下部包括四川省广元市、绵阳市、乐山市、宜宾市、泸州市、达州市以及重庆市万州区、渝中区、黔江区等市（区），贵州省铜仁市、黔东南州等市（州）均有分布，海拔 500～1 900 m，面积 613 533 hm^2。其中，贵州省面积318 840 hm^2，占贵州省黄壤性土亚类面积的 59%，尤以铜仁市最多。

该土属发育于砂页岩风化物以及砂页岩互层和板岩风化物，层次发育差，自然土壤剖面有 A－

(B)-C型、A_0-A-(B)-C型，土体厚度30～80 cm。质地为沙壤土至壤黏土，上轻下黏，多为黏壤土，夹有较多砾石等母岩碎块，含量在10%～50%。土体呈酸性至中性，pH 3.8～6.8。其中，林草地pH为3.8～5.4。A层阳离子交换量平均18.13 cmol/kg（表6-13）。容重较大，表层为（1.13±0.26）g/cm³，（B）层或BC层为（1.23±0.24）g/cm³。据剖面样分析统计，A层多为沙质壤土，呈灰棕色，有机质、全氮含量分别为36.28 g/kg和1.72 g/kg，全磷、全钾含量分别为0.55 g/kg和11.85 g/kg，有效磷、速效钾含量分别为8 mg/kg和135 mg/kg。与本亚类剖面样分析统计平均值比较，全钾含量低，全磷含量接近，其他元素含量高。表6-14为耕层农化样分析统计，有机质、全氮平均含量分别为35.3 g/kg和1.6 g/kg，全磷、全钾含量分别为0.39 g/kg和15.94 g/kg，有效磷、速效钾含量分别为7 mg/kg和134 mg/kg。与本亚类耕层农化样平均值比较，有机质、速效钾含量略高，其他养分含量接近。表6-15为沙泥质黄壤性土土属有效态微量元素含量统计，总的趋势是硼、钼较缺，而其余微量元素含量较高；（B）层发育差，厚度小于30 cm，为黏壤土，呈浅黄色至黄色；C层黄色沙质黏壤土，夹有大量半风化的母岩碎片。

表6-13　贵州省沙泥质黄壤性土土属理化性状

土壤	层次	项目	有机质(g/kg)	全量(g/kg)			有效磷(mg/kg)	速效钾(mg/kg)	容重(g/cm³)	阳离子交换量(cmol/kg)
				氮	磷	钾				
林草地	A	样本数（个）	13	14	14	—	11	4	1	12
		平均值	52.12	2.53	0.54	—	5	120	1.23	19.37
	(B)	样本数（个）	9	9	9	—	4	4	1	1
		平均值	23.17	1.47	0.51	—	2	72	1.43	15.00
	C	样本数（个）	9	8	7	—	4	3	1	1
		平均值	19.17	1.05	0.49	—	2	32	1.37	13.60
旱地	A	样本数（个）	53	49	14	9	48	34	26	32
		平均值	32.40	1.49	0.56	11.85	9	137	1.13	17.73
	(B)	样本数（个）	50	45	14	5	6	11	27	2
		平均值	20.64	1.34	0.43	12.08	5	76	1.22	11.35
	C	样本数（个）	39	34	11	3	4	9	24	2
		平均值	12.27	0.86	0.31	15.50	4	8	1.35	9.1
土属合计	A	样本数（个）	66	63	28	9	59	38	27	44
		平均值	36.28	1.72	0.55	11.85	8	135	1.13	18.13
	(B)	样本数（个）	59	54	25	5	10	15	28	3
		平均值	22.55	1.36	0.42	12.08	4	74	1.23	12.56
	C	样本数（个）	48	42	18	3	8	12	25	3
		平均值	13.56	0.90	0.33	7.50	3	69	1.26	10.61

注：数据来源于《贵州省土壤》，1994。

表6-14　贵州省沙泥质黄壤性土土属耕层农化样有机质和养分含量

项目	有机质(g/kg)	全量(g/kg)			有效磷(mg/kg)	速效钾(mg/kg)
		氮	磷	钾		
样本数（个）	295	21	19	14	151	101
变幅	5.3～98.5	0.59～2.15	0.09～1.14	3.8～28.4	0～22	42～464
平均值	35.3	1.6	0.39	15.94	7	134

注：数据来源于《贵州省土壤》，1994。

表 6-15　贵州省沙泥质黄壤性土土属有效态微量元素含量

项目	硼	钼	锰	锌	铜	铁
样本数（个）	10	10	10	10	10	10
变幅（mg/kg）	0.02～0.74	0.08～0.59	3.1～44.9	0.36～2.20	0～3.0	1.0～50.9
平均值（mg/kg）	0.31	0.24	22.7	1.13	1.27	28.3

注：数据来源于《贵州省土壤》，1994。

该土属所处地形坡度大、地势陡，土体厚度厚薄不均，有的土体较厚，有的土体浅薄。质地较适宜，上轻下黏，渗透性和保水保肥性能较好，养分含量在黄壤性土亚类中较高，阳离子交换量较大，是黄壤性土亚类中最好的土壤资源。该土属土壤砾石多，耕作费力，易损坏农具，应因地制宜合理利用。例如，林草地适宜多种林木生长，应以发展林业为主，如粤北地区宜发展水源林和用材林；适当发展油茶、茶树和南药；水土流失地区则应封山育林，保持水土，恢复和提高土壤肥力；旱地适宜一般的大田作物生长，其中烤烟、花生、马铃薯等生长较好。分坡治理，陡坡地和坡度过大的旱地应退耕还林、还果、还木；中坡地注意坡土变梯土和地力建设；缓坡地等高种植，并采取增肥、覆盖、少耕等措施，拣除大石块，加深和熟化耕层。目前大部分为林地，主要问题是一些地段的森林破坏严重，多为次生的灌丛和草被代替。今后应坚持营林为主，保持水土，涵养水源，改善生态环境，充分利用资源大力发展经济林，增加收入。

三、泥质黄壤性土土属

泥质黄壤性土土属，属黄壤性土亚类。主要分布于安徽省歙县、休宁县、绩溪县等县（市）的黄山、西天目山、五龙山等中山地区的陡坡地段；湖南省雪峰山、武陵山系所在地的怀化市、湘西州、常德市等市（州）中山上部；四川盆地东南和西北边缘中低山峡谷陡坡地段；贵州省毕节市、遵义市、六盘水市、黔南州、贵阳市、铜仁市等市（州）山地丘陵坡腰、坡脚和平坝等地段，海拔 650～1 900 m，以铜仁市和遵义市分布较多。

该土属母质为千枚岩、页岩、片岩等泥质岩类的风化残坡积物，经垦种而成旱耕地，剖面分异弱，剖面为 A-(B)-C 构型。土体厚度随所处地势不同而异，厚度在 30～80 cm，地势陡的土体较浅薄。砾质性强，半风化母岩碎片含量 20%～40%，夹砾石较多，且随剖面加深递增明显。质地多为黏壤土或壤质黏土，粉/黏比 1.0～1.75，黏粒硅铝率 3.19，黏土矿物中含有较多的蒙脱石和水云母。土壤呈强酸性至中性反应，pH 4.0～6.8。其中，林草地为 4.0～5.9。交换性酸含量较高。代表性剖面达 13.31 cmol/kg，交换性铝占酸度的 96%左右。阳离子交换量 10～20 cmol/kg，表层平均 13.82 cmol/kg。盐基饱和度多小于 35%，且随着剖面加深，盐基交换量及其饱和度逐渐降低，有的仅 8.2%。A 层浅，厚 10～15 cm，有机质含量少；(B) 层厚 20 cm 左右，黄色或淡黄色，土壤 pH 6.0 左右。养分含量在黄壤性土亚类中居中。据剖面样分析统计，A 层有机质、全氮平均含量分别为 24.81 g/kg 和 1.38 g/kg，全磷、全钾平均含量分别为 0.58 g/kg 和 13.85 g/kg，有效磷、速效钾平均含量分别为 5 mg/kg 和 97 mg/kg（表 6-16），除全磷含量外，其他养分含量均低于黄壤性土亚类平均值。该土属耕层农化样分析统计结果，有机质、全氮平均含量分别为 29.85 g/kg 和 1.53 g/kg，全磷、全钾平均含量分别为 0.45 g/kg 和 17.89 g/kg，有效磷、速效钾平均含量分别为 7 mg/kg和 123 mg/kg。可以看出，在黄壤性土亚类土壤中，该土属耕地全钾含量较高，有机质含量偏低，其他养分含量居中（表 6-17）。表 6-18 为贵州省泥质黄壤性土土属耕地耕层有效态微量元素含量统计，与贵州省土壤有效态微量元素平均值相比较，总的趋势是硼、锌、铜、锰、铁含量较高。

表 6-16　贵州省泥质黄壤性土土属理化性状

土壤	层次	项目	有机质 (g/kg)	全量 (g/kg)			有效磷 (mg/kg)	速效钾 (mg/kg)	阳离子交换量 (cmol/kg)
				氮	磷	钾			
林草地	A	样本数（个）	21	24	26	5	27	23	3
		平均值	27.50	1.61	0.61	10.56	4	87	14.83
	(B)	样本数（个）	12	11	12	3	3	2	2
		平均值	12.61	0.90	0.32	8.70	1	61	18
	C	样本数（个）	6	11	6	3	2	1	1
		平均值	9.92	0.75	0.27	4.80	2	67	12.02
旱地	A	样本数（个）	34	34	20	20	35	37	15
		平均值	23.15	1.20	0.55	14.68	6	115	13.62
	(B)	样本数（个）	26	22	11	10	11	17	10
		平均值	17.62	0.92	0.40	12.61	3	82	13.85
	C	样本数（个）	25	24	5	6	18	18	8
		平均值	8.28	0.61	0.40	18.50	2	77	14.89
土属合计	A	样本数（个）	35	58	46	25	62	60	18
		平均值	24.81	1.38	0.58	13.85	5	97	13.82
	(B)	样本数（个）	38	33	23	13	14	19	12
		平均值	8.60	0.91	0.36	11.71	3	81	15.75
	C	样本数（个）	31	35	16	9	20	19	9
		平均值	8.57	0.65	0.35	14.03	2	77	13.29

注：数据来源于《贵州省土壤》，1994。

表 6-17　贵州省泥质黄壤性土土属耕地耕层农化样有机质及养分含量

项目	有机质 (g/kg)	全量 (g/kg)			有效磷 (mg/kg)	速效钾 (mg/kg)
		氮	磷	钾		
样本数（个）	278	157	28	14	247	260
变幅	5.2～96.4	0.53～4.26	0.14～0.90	5.3～37.4	0～29	25～371
平均值	29.85	1.53	0.45	17.89	7	123

注：数据来源于《贵州省土壤》，1994。

表 6-18　贵州省泥质黄壤性土土属耕地耕层有效态微量元素含量

项目	硼	钼	锰	锌	铜	铁
样本数（个）	6	6	6	6	6	6
变幅（mg/kg）	0.06～0.81	0.10～0.85	1.82～53.50	0.16～4.18	0～4.6	5.7～42.4
平均值（mg/kg）	0.49	0.26	24.2	2.87	1.82	24

注：数据来源于《贵州省土壤》，1994。

该土属地形陡峭，侵蚀较重，土体浅薄，耕层也较薄。该土属多含半风化母岩碎片，质地轻，砾质性强，通透性强，土壤保水保肥力弱，供肥能力差，作物后期易脱肥早衰。种植甘薯、马铃薯、玉米、小麦、黄豆等作物，多为一年一熟，产量不高。应采用梯化平整、等高耕作以防止水土流失，改坡地为梯地，减少冲刷，保持水土。加强覆盖，推广轮作套种，种植绿肥，配施磷肥，增加土壤水分，重施有机肥，改善土壤结构，增加养分，提高地力。坡度大于 25°不宜农耕的陡坡，应发展油桐、核桃、中药材等经济林木和经济作物。其余的实行免耕种植，增加复种。

四、麻沙质黄壤性土土属

麻沙质黄壤性土土属，又称为鱼眼沙黄泥土土属，属黄壤性土亚类。主要分布于安徽省歙县、休宁县、绩溪县等县（市）的黄山、西天目山、五龙山等中山地区的陡坡地段，以及西藏墨脱高山峡谷坡地，部分分布在四川绵阳一带，海拔 650～1 700 m，侵蚀较强。

该土属母质有千枚岩、花岗岩、花岗岩夹少量闪长岩等风化的残积坡积物；在四川省成土母质为花岗岩风化物，呈不连续的块状分布于盆地北部和西部边缘。该土属由于母岩抗风化力强，加之海拔高、气温低，土体中含有较多未风化的石英颗粒，形似鱼眼。质地粗，土层薄，发育浅，多呈微酸性，少数呈中性。层次分化不很明显，剖面分异弱，耕地多为 A－B－C 或 A－(B)－C 构型。土体厚度为 36～80 cm，耕层浅薄，多在 15 cm 以下，质地轻，沙粒和粉沙粒含量高，质地多为砾质沙壤土或沙质壤土，夹有多量砾石，含量为 20%～40%，且随剖面加深而递增明显，粒状结构，疏松，心土层和底土层质地变化不大，有少量铁锰淀积斑纹。pH 4.0～5.6，粉黏比 1.15～1.75，阳离子交换量 10～15 cmol/kg，盐基饱和度多小于 35%，且随着剖面加深，盐基交换量及其饱和度有所降低。该土属各种养分含量高，有机质、全氮、全磷、全钾含量都达到了丰富水平，有效磷、速效钾含量也在中量以上，且有较高的潜在肥力，见表 6－19、表 6－20、表 6－21。但因所处位置高寒、坡度大（多在 30°以上），导致冲刷严重，漏水漏肥，限制了肥力的发挥。

表 6－19　四川省和重庆市黄壤性土亚类部分土属典型剖面特征

土属	地点	海拔（m）	母岩	深度（cm）	颜色	结构	新生体	紧实度	根系情况
扁石黄泥土	重庆市黔江区沙坝乡	—	粉沙质	0～18	灰黄色	团状	无	松	多量
				18～45	淡灰黄色	块状	无	紧	少量
				45～100	淡灰黄色	粒状	无	紧	极少
幼橘黄泥土	四川省乐山市金口河区吉星乡	1 120	玄武岩	0～17	棕色	团块	无	松	多量
				17～35	淡棕色	棱柱	少量黏粒胶膜	稍紧	少量
				35 以下	淡棕色	大棱柱	少量黏粒淀积	稍紧	极少
炭渣土	四川省雅安市荥经县荥河镇	1 090	须家河地层炭质页岩	0～20	灰黑色	粒状	无	松	多
				20～40	灰黄色	小块状	无	稍紧	少
				40 以下	灰黄色	大块状	无	稍紧	极少
麻沙质黄壤性土	四川省广元市旺苍县正源乡	930	花岗岩	0～12	灰黄色	粒状	无	松	多
				12～55	褐黄色	小块	少量铁锰锈纹	稍紧	中量
				55～90	褐黄色	大块	无	稍紧	极少

注：数据来源于《四川土壤》，1997。

表 6－20　四川省和重庆市黄壤性土亚类部分土属典型剖面理化性状

土属名称	深度（cm）	>2 mm 砾石（%）	机械组成（%）		质地命名	容重（g/cm³）	总孔隙度（%）	pH
			0.002～0.02 mm	<0.002 mm				
扁石黄泥土	0～18	40.20	13.24	8.26	轻砾石土	1.23	53.36	6.1
	18～45	43.90	13.16	7.65	轻砾石土	1.37	48.76	6.3
	45 以下	63.78	1.78	7.08	中砾石土	—	—	6.0
幼橘黄泥土	0～17	34.67	22.23	29.67	轻砾石土	1.31	50.72	6.3
	17～35	37.98	21.12	30.54	轻砾石土	1.5	44.46	6.1
	35 以下	—	—	—	—	—	—	—

（续）

土属名称	深度（cm）	>2 mm 砾石（%）	机械组成（%）		质地命名	容重（g/cm³）	总孔隙度（%）	pH
			0.002～0.02 mm	<0.002 mm				
炭渣土	0～20	26.16	31.53	13.59	多砾质壤土	0.99	61.3	5.8
	20～40	12.16	32.95	11.45	多砾质沙壤土	1.37	48.7	5.9
	40 以下	21.68	32.64	9.61	多砾质沙壤土	1.39	48.1	5.8
麻沙质黄壤性土	0～12	17.59	16.64	7.28	多砾质沙壤土	1.31	50.72	6.8
	12～55	16.19	14.14	14.55	多砾质沙壤土	1.34	49.73	6.5
	55～90	14.40	15.38	13.57	多砾质沙壤土	1.31	50.72	7.6

土属名称	深度（cm）	阳离子交换量（cmol/kg）	有机质（g/kg）	全氮（g/kg）	全磷（g/kg）	全钾（g/kg）	有效磷（mg/kg）	速效钾（mg/kg）
扁石黄泥土	0～18	—	16.2	0.99	0.49	30.2	2.2	82
	18～45	—	15.6	0.74	0.41	29.6	—	—
	45 以下	—	—	0.26	1.54	0.6	3.0	—
幼橘黄泥土	0～17	20.4	44.5	2.05	0.61	13.3	9.0	82
	17～35	12.6	23.7	1.19	0.41	11.4	5.0	72
	35 以下	—	—	—	—	—	—	—
炭渣土	0～20	—	34.2	1.7	0.84	—	8.0	77
	20～40	—	26.3	1.26	0.58	—	—	—
	40 以下	—	10.3	0.53	0.39	—	—	—
麻沙质黄壤性土	0～12	25.2	30.5	1.71	0.84	22.3	6.0	104
	12～55	—	20.5	0.47	0.47	20.4	—	—
	55～90	—	5.7	0.57	0.60	22.8	—	—

注：数据来源于《四川土壤》，1997。

表 6-21　四川省和重庆市黄壤性土亚类部分土属耕地耕层理化性状

分析项目			扁石黄泥土			幼橘黄泥土		
			样本数（个）	平均值	标准差	样本数（个）	平均值	标准差
土层厚度（cm）			46	19.80	1.97	14	18.60	2.31
>2 mm 砾石（%）			11	28.30	8.47	6	26.27	20.20
物理性质	机械组成（%）	0.2～2 mm	17	30.60	11.88	9	26.16	12.31
		0.02～0.2 mm	17	24.07	4.40	9	13.85	10.15
		0.002～0.02 mm	17	24.09	6.61	9	30.83	6.74
		<0.002 mm	17	21.71	10.64	9	30.07	9.04
	容重（g/cm³）		31	1.27	0.02	12	1.17	0.23
	总孔隙度（%）		31	51.78	0.63	12	55.26	7.12

（续）

分析项目		扁石黄泥土			幼橘黄泥土		
		样本数（个）	平均值	标准差	样本数（个）	平均值	标准差
化学性质	有机质（g/kg）	46	23.7	3.1	13	36.1	10.9
	全氮（g/kg）	46	1.51	0.09	13	1.78	0.66
	全磷（g/kg）	46	0.50	0.08	13	0.77	0.41
	全钾（g/kg）	15	24.0	1.4	4	14.7	3.3
	碱解氮（mg/kg）	42	119	13	13	165	55
	有效磷（mg/kg）	44	4.2	1.3	13	7.4	4.3
	速效钾（mg/kg）	43	107	25	13	120	93
	pH	46	6.0	0.4	14	5.8	0.6
	阳离子交换量（cmol/kg）	16	19.24	0.32	5	27.70	6.24
	有效态锌（mg/kg）	54	0.832	0.131	1	0.654	—
	水溶性硼（mg/kg）	2	0.18	0	—	—	—
	有效态钼（mg/kg）	51	0.340	0.05	1	0.227	—
	有效态锰（mg/kg）	54	26.81	88.73	1	23.70	—
	有效态铜（mg/kg）	54	1.099	0.204	1	0.334	—
	有效态铁（mg/kg）	54	25.44	6.82	1	11.44	—

分析项目			炭渣土			麻沙质黄壤性土		
			样本数（个）	平均值	标准差	样本数（个）	平均值	标准差
物理性质	土层厚度（cm）		22	20.6	5.4	5	14.6	2.5
	＞2 mm 砾石（%）		3	18.63	—	3	9.78	—
	机械组成（%）	0.2～2 mm	8	22.56	13.84	5	31.17	20.71
		0.02～0.2 mm	8	29.30	16.31	5	26.46	6.82
		0.002～0.02 mm	8	28.68	14.05	5	27.48	14.99
		＜0.002 mm	8	19.46	9.90	3	14.89	7.36
	容重（g/cm^3）		14	1.17	0.13	5	1.32	0.09
	总孔隙度（%）		14	55.21	4.41	5	50.25	3.06
化学性质	有机质（g/kg）		18	52.3	5.59	5	31.2	1.09
	全氮（g/kg）		22	2.00	0.087	5	1.75	0.058
	全磷（g/kg）		22	0.58	0.036	5	1.40	0.085
	全钾（g/kg）		10	19.9	0.79	2	21.9	—
	碱解氮（mg/kg）		22	94	46.10	5	144	37.55
	有效磷（mg/kg）		21	7.1	5.30	5	5.9	3.18
	速效钾（mg/kg）		21	137	90	5	94	49
	pH		22	5.5	0.8	5	6.6	0.6
	阳离子交换量（cmol/kg）		5	20.13	8.32	2	20.45	—
	有效态锌（mg/kg）		5	0.716	0.393	1	0.660	—
	水溶性硼（mg/kg）		1	0.180	—	1	0.216	—
	有效态钼（mg/kg）		4	1.142	—	1	0.289	—
	有效态锰（mg/kg）		5	16.35	13.77	1	30.98	—
	有效态铜（mg/kg）		5	1.36	0.58	1	1.88	
	有效态铁（mg/kg）		5	27.09	19.69	1	21.81	—

注：数据来源于《四川土壤》，1997。

该土属地形陡，土体耕层薄，砾质性强，耕作费工，磨损农具。因多为坡耕地，所处地势高，气温低，光热资源不足，土性冷，土壤肥力较低，保水保肥力差，不耐旱，林木多长势较差，作物生长受到限制，宜种作物少，土壤利用率低。加之耕作粗放，作物产量低，多种植玉米、小麦、荞麦、大豆、马铃薯、花生等作物，有一年一熟或一年二熟。开发利用上，应重点加强农田基本建设，加强植被保护，严禁砍伐，保持水土，并利用养分丰富、湿度大的优点，因地制宜地种茶、“三木”（黄柏、杜仲、厚朴）、漆树、花椒等，鹿角桩法栽植水杉、柳杉、马尾松、毛竹、壳斗科乔木等用材林。改良利用应统筹规划，合理布局。不宜农耕的高海拔地区和陡坡耕地以及水土流失较严重的坡地，应有计划地退耕还林，以发展经济林木、用材林为主，改善生态环境。宜农耕地要加强农田基本建设，改造坡地，坡地改梯地，增厚土层，增施有机肥，配施磷肥，深耕深施，提高利用率。要稳定耕地，提高耕作水平。在抓好粮食生产的同时，扩大花生、魔芋、豆科作物的种植面积，利用冬闲地发展绿肥。大力推广玉米肥团育苗和地膜覆盖等栽培措施，提高作物产量。

五、扁石黄泥土土属

扁石黄泥土土属主要分布在四川省，为黄壤性土亚类各土属中面积最大者。该土属成土母质多为志留系地层砂页岩、板岩和千枚岩风化物。主要分布在四川盆地边缘海拔 600～1 200 m 的低中山区，多处于坡脚和缓坡地带。耕地分布以重庆市黔江区和四川省广元市的面积最大，其次是四川省绵阳市、重庆市万州区、四川省宜宾市和乐山市。重庆市渝中区以及四川省成都市、南充市、达州市等市（县、区）有小面积分布。该土属母质风化度不深，土体内含较多的半风化扁形石块，大于 2 mm 的砾石含量为 3%～36%，高的达 55%。土层厚度 30～80 cm，剖面层次分化不明显，常为 A - BC - C 或 A - BC 构型。耕层质地适中，细粒部分多为黏质壤土，粒状夹小块状结构。心土层黏粒明显增加，增加幅度为 20%～38.6%，质地为壤质黏土或黏土。

扁石黄泥土土属质地适中，结构好，易耕作，宜耕期长，有一定的保水保肥能力，养分含量比较丰富。宜种植多种粮食作物，种植的烤烟、茶叶品质好，产量高。但该土属陡坡地多，冲刷严重，耕层较薄，石块多。海拔 1 000 m 以上的地区气温低，耕作粗放，作物产量低，多为一年一熟。改良措施上，应在稳定耕地的基础上，捡除石块，修筑梯地，结合整治坡面水系，防止水土流失，抓好早耕冬炕，增施有机肥，提高土温。补施速效肥，促进作物生长。不宜农耕的陡坡地，应退耕还林，发展茶叶、油桐、核桃、药材等。

六、炭渣土土属

炭渣土土属在贵州省又称为幼煤泥土土属。该土属成土母质为夹炭质页岩的砂页岩风化物，常见的有三叠系须家河组地层的砂页岩，主要分布在四川盆地南部和西部海拔 350～1 100 m 的低山区，多处于山坡中下部，遍及四川省泸州市、成都市、宜宾市、乐山市、雅安市、德阳市、内江市、自贡市、广元市、达州市以及重庆市万州区、黔江区、渝中区等 13 个市（州、区）。耕地面积以泸州市最大，其次是成都市、宜宾市、雅安市、黔江区、乐山市、渝中区。

炭渣土土属土体内含有大量的炭质页岩风化物，全剖面为比较均一的黑色或黄灰色，大于 2 mm 的砾石含量 10%～45%，质地多重砾质沙质黏壤土，酸性至微酸性，少数是强酸性。剖面层次分化不明显。表土层由于遭受不同程度冲刷，厚薄不一，薄的仅 8 cm，厚的可达 36 cm，多粒状结构。心土层多块状结构，有少量铁锰淀积斑纹。该土属各种养分含量较高。微量元素锌、硼偏低。改良利用上，应针对酸、薄、砾石多、熟化度低的问题，平整土地，改坡为梯，拣石垒埂，增厚土层；增施碱性肥料或适量石灰以中和酸度；陡坡耕地应退耕还林，宜农耕地要提高耕作水平，合理轮作，加速土壤熟化。

七、幼大黄泥土土属

幼大黄泥土土属主要分布在贵州省黔南州、毕节市和六盘水市。成土母质为泥质白云岩、泥质灰岩、石灰质白云岩、燧石灰岩和泥灰岩风化物。质地从黏壤土到黏土不等。A层容重平均为1.07 g/cm³，BC层为1.28 g/cm³。表层pH 5.1～6.7，据贵州省幼大黄泥土土属剖面样分析，其交换性酸含量为2.94 cmol/kg，其中，交换性铝占84%。该土属阳离子交换量A层平均为12.55 cmol/kg，BC层为8.40 cmol/kg（表6-22）。据剖面样分析统计，A层有机质、全氮平均含量分别为32.40 g/kg和1.59 g/kg，全磷、全钾平均含量分别为1.44 g/kg和6.90 g/kg，有效磷、速效钾平均含量分别为5 mg/kg和64 mg/kg。与黄壤性土亚类各土属剖面样分析值比较，全磷含量高，全钾、速效钾含量偏低，其余养分含量接近。据幼大黄泥土土属耕层农化样分析统计，有机质、全氮平均含量分别为32.40 g/kg和1.59 g/kg，全磷、全钾平均含量分别为0.8 g/kg和6.9 g/kg，有效磷、速效钾平均含量分别为6 mg/kg和64 mg/kg。与黄壤性土亚类耕层农化样平均值比较，钾素含量水平低，其他养分含量居中（表6-23）。

表6-22 贵州省幼大黄泥土土属理化性状

层次	项目	有机质 (g/kg)	全量（g/kg）			有效磷 (mg/kg)	速效钾 (mg/kg)	容重 (g/cm³)	阳离子交换量 (cmol/kg)
			氮	磷	钾				
A	样本数（个）	3	3	3	3	6	3	3	3
	变幅	9.3～51.4	0.66～2.50	1.06～2.20	5.8～10.5	2～8	15～130	0.99～1.18	1.07～16.41
	平均值	32.40	1.59	1.44	6.90	5	64	1.07	12.55
BC	样本数（个）	2	2	2	2	2	2	2	3
	变幅	8.6～37.0	0.63～2.05	0.16～0.32	6.3～9.5	1～3	1～63	1.2～1.36	7.20～10.01
	平均值	27.80	1.34	0.24	7.93	2	32	1.28	8.40
C	样本数（个）	3	3	6	2	2	3	1	1
	变幅	8.7～30.6	0.64～1.32	0.06～1.77	5.2～12.6	2～2	130～441	1.37	7.50
	平均值	22.00	1.08	0.79	8.90	2	241	1.37	7.50

注：数据来源于《贵州省土壤》，1994。

表6-23 贵州省幼大黄泥土土属耕层农化样有机质和养分含量

项目	有机质（g/kg）	全量（g/kg）			有效磷 (mg/kg)	速效钾 (mg/kg)
		氮	磷	钾		
样本数（个）	4	3	3	3	3	3
变幅	28.5～52.1	1.15～1.90	0.41～1.25	4.0～9.7	0～13	54～95
平均值	32.40	1.59	0.8	6.9	6	64

注：数据来源于《贵州省土壤》，1994。

幼大黄泥土土属土层浅，地势较陡峭，林草地与荒地宜发展林业，旱地可种植大田作物，但需平整土地，加厚耕层，种植绿肥，增施有机肥。对于陡峭处的旱地应退耕，以恢复自然植被。

八、幼橘黄泥土土属

幼橘黄泥土土属，又称为石渣黄泥土土属。该土属成土母质为峨眉山玄武岩风化物，集中分布于四川盆地西南部海拔800～1 300 m的中低山区，一般处于坡脚或缓坡台地，以乐山市、凉山州、宜宾市和雅安市分布较多。耕地以乐山市和凉山州面积最大，其次为宜宾市、雅安市。该土属由于遭受严重冲刷，土层薄，一般在50 cm左右，土体内含有大量未风化的岩石碎块，大于2 mm的砾石含量在30%以上，最多的达70%。剖面层次分化不明显，上下呈较均一的棕色或淡棕色，土体构型为A-BC或A-AB-C型。土壤酸度比扁石黄泥土土属高，多为酸性，少数为微酸性，养分含量丰富。阳离子交换量也比其他土属高，具有较好的保肥供肥能力，宜种粮、经、菜等多种作物。但幼橘黄泥土土属土层薄，石块多，细土质地比较黏重，耕作较为困难。利用上，应扩大实行粮、肥间作。宜施碱性肥料，对酸度高的土壤应适当施用石灰以中和酸度。逐年拣除石块，改造坡地，深耕炕土，增厚土层。

幼橘黄泥土土属在贵州省，主要分布在毕节市和六盘水市。成土母质为玄武岩和辉绿岩等基性岩。质地因风化程度而异，主要是多砾质黏壤土，但沙壤土至黏土也有出现。容重：A 层平均为 1.14 g/cm³，BC 层为 1.30 g/cm³。pH 3.9～6.5。该土属阳离子交换量 A 层平均为 13.82 cmol/kg，BC 层为 10.12 cmol/kg。A 层有机质、全氮平均含量分别为 25.8 g/kg 和 1.78 g/kg（表 6－24），全磷、全钾平均含量分别为 0.71 g/kg 和 9.0 g/kg，有效磷、速效钾平均含量分别为 10 mg/kg 和 140 mg/kg。可以看出，该土属全氮、全磷、有效磷、速效钾含量高于黄壤性土亚类平均值；而有机质、全钾含量则低于黄壤性土亚类平均值。据幼橘黄泥土土属耕层农化样分析统计，有机质、全氮平均含量分别为 43.6 g/kg 和 2.03 g/kg（表 6－25），全磷、全钾平均含量分别为 1.16 g/kg 和 9.0 g/kg，有效磷、速效钾平均含量分别为 8 mg/kg 和 116 mg/kg。与黄壤性土亚类其他土属相比，耕层农化样分析值中的有机质、全氮、全磷、有效磷含量均较高，而全钾含量较低。

表 6－24　贵州省幼橘黄泥土土属土属理化性状

层段	项目	有机质 (g/kg)	全量（g/kg）			有效磷 (mg/kg)	速效钾 (mg/kg)	容重 (g/cm³)	阳离子交换量 (cmol/kg)
			氮	磷	钾				
A	样本数（个）	5	6	6	3	5	4	4	4
	变幅	12.2～47.6	0.41～3.70	0.20～1.06	7.6～10.4	1～17	57～267	0.89～1.38	10.51～17.13
	平均值	25.8	1.78	0.71	9.0	10	140	1.14	13.82
BC	样本数（个）	3	3	4	—	4	4	4	3
	变幅	2.0～16.6	0.25～0.74	0.13～1.34	—	1～11	40～254	1.23～1.38	9.2～11.64
	平均值	8.1	0.52	0.75	—	7	184	1.30	10.12

注：数据来源于《贵州省土壤》，1994。

表 6－25　贵州省幼橘黄泥土土属耕层农化样有机质和养分含量

项目	有机质 (g/kg)	全量（g/kg）			有效磷 (mg/kg)	速效钾 (mg/kg)
		氮	磷	钾		
样本数（个）	15	15	5	3	14	15
变幅	17.8～88.2	1.02～4.39	0.91～1.26	7.6～10.4	1～43	52～334
平均值	43.6	2.03	1.16	9.0	8	116

注：数据来源于《贵州省土壤》，1994。

幼橘黄泥土土属土层浅，土体中夹半风化母岩碎片多，发育程度差的剖面土壤质地轻，保水保肥力弱。与其他土属一样，林草地适宜植树造林、封山育林或种植牧草；旱地宜梯化平整，客土加深土层，重施有机肥和土杂肥，宜种植大田作物。部分陡坡耕地，应改善生态环境，保护坡下部耕地，逐步退耕还林还草。

第四节　主要土种

一、墨脱麻黄沙土

1. 归属与分布　墨脱麻黄沙土，属黄壤性土亚类、麻沙质黄壤性土土属。主要分布在西藏墨脱高山峡谷坡地，海拔在 1 700 m 左右。

2. 主要性状　该土种母质为花岗岩风化的残坡积物，经垦种而成旱耕地，剖面为 A_{11}－(B)－C

型。通体质地为沙质壤土，夹有多量砾石，含量20%～40%，越向下越多。土壤pH 5.5左右，呈酸性反应。(B) 层黄棕色，粉黏比1.15～1.26，阳离子交换量小于10 cmol/kg。据7个剖面样分析结果统计，A_{11}层有机质含量55.8 g/kg、全氮含量2.64 g/kg、碱解氮含量186 mg/kg、有效磷含量16 mg/kg、速效钾含量196 mg/kg；有效微量元素含量（$n=8$）分别为：锌2 mg/kg、铜0.99 mg/kg、硼0.38 mg/kg、钼0.18 mg/kg、铁91 mg/kg、锰16 mg/kg。统计剖面理化性状汇总见表6-26。

表6-26 墨脱麻黄沙土剖面理化性状

项目		样本数（个）	统计剖面			典型剖面			
			A_{11}	(B)	C	A_{11}	(B)	(B) C	C
厚度（cm）		7	15	20	51	16	16	20	28
>2 mm砾石（%）		7	20	18	30	28	28	21	43
机械组成（%）	0.02～2 mm	7	71.9	73.8	78.8	68.8	71.1	69.8	73.5
	0.002～0.02 mm	7	15.1	14.6	15.1	16.1	15.5	16.4	14.8
	<0.002 mm	7	13.0	11.6	6.2	15.1	13.4	13.8	11.7
有机质（g/kg）		7	55.8	27.3	26.3	72.7	27.8	—	—
全氮（N，g/kg）		7	2.64	1.52	1.05	3.31	1.02	—	—
全磷（P，g/kg）		7	1.82	1.38	1.27	1.13	1.20	1.02	0.89
全钾（K，g/kg）		7	24.5	24.0	31.5	37.2	38.5	39.6	40.4
碱解氮（N，mg/kg）		7	186	70	57	247	78	—	—
有效磷（P，mg/kg）		7	16	4	3	24	2	2	—
速效钾（K，mg/kg）		7	196	119	109	285	104	104	179
pH（H_2O）		7	5.5～6.0	5.0～5.5	5.0～5.6	5.8	5.3	5.5	5.6
阳离子交换量（cmol/kg）		7	13.1	—	—	15.4	7.9	11.9	9.6

注：数据来源于《中国土种志 第6卷》，1996。

3. 典型剖面 采自西藏自治区林芝市墨脱县德兴乡海拔1 750 m的谷坡下部，坡度18°，母质为花岗岩风化残坡积物。种植玉米、小麦等。典型剖面理化性状特征如下：

A_{11}层：0～16 cm，暗棕色（湿，10YR3/3），重砾质沙质黏壤土，砾石含量28%，碎块状结构，疏松，根多，pH 5.8。

(B) 层：16～32 cm，灰黄棕色（湿，10YR5/2），重砾质沙质壤土，砾石含量28%，块状结构，较松，根较多，pH 5.3。

(B) C层：32～52 cm，亮黄棕色（湿，10YR6/6），重砾质沙质壤土，砾石含量21%，块状结构，紧实，根少，pH 5.5。

C层：52～80 cm，亮黄棕色（湿，10YR6/8），重砾质沙质壤土，砾石含量43%，单粒状结构，较松，pH 5.6。

4. 生产性能综述 该土种土体较厚，质地适中，耕性好，养分含量较高，但保水保肥能力较弱。因多为坡耕地，局部地段表土遭侵蚀，心土层裸露，土壤肥力明显降低。现多种植玉米、小麦、荞麦、大豆等作物，一年二熟。应重点加强农田基本建设，坡地改梯地，增施有机肥，配施磷肥，深耕深施，提高利用率。对水土流失较严重的坡地，应有计划地退耕还牧或还林，改善生态环境。

二、花溪黄沙土

1. 归属与分布 花溪黄沙土，又称为贵州幼黄沙土，属黄壤性土亚类、硅质黄壤性土土属。分布于贵州省铜仁市、遵义市、黔南州等市（州）海拔500～1 900 m（东部海拔500～1 500 m，逐渐向西抬高至海拔1 100～1 900 m）低山和中山的中下部。以铜仁市最多，其次为遵义市、黔南州，贵阳市和六盘水市也有少量分布。

2. 主要性状 该土种母质为砂岩风化物，经垦种而成旱耕地，剖面为 A -(B)- C 型，弱富铁铝化。土体较薄，厚 40～65 cm，通体质地轻，0.02～2 cm 沙粒含量占 35%～50%，质地为沙质壤土至黏壤土，并夹有较多的半风化母岩碎块。据 12 个剖面样分析结果统计，A 层厚 15 cm，酸度较非耕地有所降低，pH 5.5～6.2，阳离子交换量 11.31 cmol/kg，结构松散，有机质含量 27.2 g/kg，全磷含量 0.35 g/kg，全钾含量 12.5 g/kg，有效磷含量 5 mg/kg，速效钾含量 139 mg/kg；(B) 层铁水化为黄色或灰黄色，pH 5.0～6.0，小于 A 层，粉黏比 2.2 左右，阳离子交换量 8.53 cmol/kg，统计剖面理化性状汇总见表 6 - 27。

表 6 - 27 花溪黄沙土理化性状

项目		样本数（个）	统计剖面			典型剖面		
			A	(B)	C	A	(B)	C
厚度（cm）		12	15	16	30	16	16	30
>2 mm 砾石（%）		—	—	—	—	12.7	14.1	17.4
机械组成（%）	0.02～2 mm	—	—	—	—	50.0	35.0	39.0
	0.002～0.02 mm	—	—	—	—	35.0	45.0	37.0
	<0.002 mm	—	—	—	—	15.0	20.0	24.0
有机质（g/kg）		12	27.2	10.9	5.8	46.6	32.0	5.5
全氮（N，g/kg）		12	1.43	0.88	0.47	2.18	1.44	0.52
全磷（P，g/kg）		11	0.35	0.29	0.21	0.73	0.54	0.19
全钾（K，g/kg）		4	12.5	10.8	15.7	8.0	—	—
有效磷（P，mg/kg）		8	5	2	3	10	—	—
速效钾（K，mg/kg）		10	139	102	96	91	36	28
pH (H_2O)		10	5.5～6.2	5.0～6.0	5.0～6.4	6.0	5.6	6.3
阳离子交换量（cmol/kg）		3	11.31	8.53	10.50	11.30	8.53	—

注：数据来源于《中国土种志 第 6 卷》，1996。

3. 典型剖面 采自贵州省贵阳市花溪区高坡乡李家坡坝子，海拔 1 440 m。母质为砂岩风化残积物。年均温 13.5 ℃，年降水量 1 190 mm，≥10 ℃积温 3 930 ℃，无霜期 260 d。旱耕地。典型剖面理化性状见表 6 - 35，剖面特征如下：

A 层：0～16 cm，浊黄色（湿，2.5Y6/3），轻砾质壤土，屑粒状结构，较松，根多，pH 6.0。

(B) 层：16～32 cm，浊黄色（湿，2.5Y6/3），轻砾质黏壤土，碎块状结构，较紧，根少，pH 5.6。

C 层：32～62 cm，淡黄色（湿，2.5X7/3），重砾质黏壤土，块状结构，较紧，pH 6.3。

4. 生产性能综述 该土种土体薄，质地轻，有机质含量少，结构松散，耕作容易，通透性好，保水、保肥性较差，早春供肥快，发小苗，后期供肥差，作物产量低。种植花生、甘薯、马铃薯、玉米、烟草等，多一年两熟。应施足有机肥，配施磷肥，注意后期追肥，烟草还应特别注意追施钾肥。积肥困难的地方，应大力发展绿肥，增加肥源，提高土壤有机质含量，培肥地力。

三、道真黄泥土

1. 归属与分布 道真黄泥土，又称为贵州幼黄泥土，属黄壤性土亚类、泥质黄壤性土土属。分布于贵州省毕节市、遵义市、六盘水市、黔南州、贵阳市、铜仁市等市（州）海拔 700～1 900 m（东部海拔 700～1 500 m，逐渐向西部抬高至 1 100～1 900 m）低、中山的中下部。以毕节市最多，其次是遵义市，六盘水市、黔南州、贵阳市、铜仁市等市（州）也有少量分布。

2. 主要性状 该土种母质为页岩、板岩风化物，经垦种而成旱耕地。土体浅薄，多在40～60 cm，质地轻，上下层多含有母岩碎片，越往下越多。剖面为A-(B)-C型。具弱富铁铝化特征。(B) 层厚20 cm左右，黄色或淡黄色，土壤pH 6.0左右，呈微酸性反应，粉黏比1.0～1.2，阳离子交换量10 cmol/kg左右。A层厚10～20 cm，粒状结构，pH 5.0～6.5，阳离子交换量10～16 cmol/kg。土壤养分含量较低，有机质含量小于20 g/kg，有效磷含量1～9 mg/kg，速效钾含量50～130 mg/kg，有效微量元素缺硼。

3. 典型剖面 采自贵州省遵义市道真仡佬族苗族自治县（以下简称道真县）槐坪乡槐坪村低山下部，海拔730 m。母质为页岩风化物。年均温15.7 ℃，年降水量1 042.8 mm，≥10 ℃积温5 170 ℃，无霜期285 d。旱耕地。剖面理化性状见表6-28。典型剖面特征如下：

A层：0～20 cm，灰黄色（湿，2.5Y6/2），重砾质黏壤土，碎块状结构，松散，根多，pH 6.4。

(B) 层：20～40 cm，浅黄色（湿，2.5Y7/3），重砾质黏壤土，块状结构，较紧，根少，pH 6.3。

C层：40～60 cm，黄绿色，半风化母岩碎屑，pH 6.1。

表6-28 道真黄泥土理化性状

项目		典型剖面		
		A	(B)	C
厚度（cm）		20	20	20
>2 mm砾石（%）		22.9	30.1	20.7
机械组成（%）	0.2～2 mm	41.17	43.20	47.47
	0.02～0.2 mm	13.49	13.19	11.15
	0.002～0.02 mm	25.31	21.82	20.33
	<0.002 mm	20.03	21.79	21.05
粉/黏		1.26	1.00	0.97
有机质（g/kg）		11.3	8.7	6.6
全氮（N，g/kg）		1.00	0.72	0.48
全磷（P，g/kg）		0.23	0.21	0.48
有效磷（P，mg/kg）		2	—	—
速效钾（K，mg/kg）		57	44	46
pH（H_2O）		6.4	6.3	6.1
阳离子交换量（cmol/kg）		10.8	10.2	11.4

注：数据来源于《中国土种志 第6卷》，1996。

4. 生产性能综述 该土种土体中含半风化母岩碎片，而且往下逐渐增多，土壤保水保肥力差，通透性过强，不耐旱，不易犁，耕性差，会出现跳铧、顶犁的情况。土壤养分和有机质含量低，肥料容易分解转化，早春养分供应较快，后期则变差，特别是易干缺肥，作物生长发育不好，常年产量低。常种植甘薯、马铃薯、玉米等。该土种的主要问题是土壤水的供应。生产利用上，应加强“坡改梯”，逐步加深耕层；加强地面覆盖，推广轮作套种，把绿肥纳入轮作，配合磷肥，以磷增氮，增产绿肥，增加土壤水分和有机质，改善土壤结构，增强保水供肥能力，提高产量。坡度大于25°的地区应逐渐退耕还林还草。

四、贵州黄扁沙泥土

1. 归属与分布 贵州黄扁沙泥土，属黄壤性土亚类、幼黄泥土土属。分布于贵州省海拔1 000～1 300 m山地、丘陵、坡腰、坡脚和平坝等地段。以遵义市为主，分布在桐梓县的元田、狮溪、松坎、新站、花秋和绥阳县的宽阔水地区，其余分布在黔东南州和贵阳市。

2. 主要性状 母质为奥陶纪的灰绿色页岩风化物。剖面构型为 A-(B)-C 型。主要特征是土体含有大量的灰绿色页岩小薄片。土体厚度随所处地势不同而异，陡的约 30 cm，较厚的为 70～80 cm。A 层浅，10～15 cm，有机质含量少，在 2.5%以下。结构差，养分缺乏，酸度小，pH 多在 6.0 左右。阳离子交换量 12～15 cmol/kg，平均 14.3 cmol/kg。全钾含量很高，2.5%左右，速效钾平均含量 164 mg/kg。(B) 层厚 15 cm，黄色或近黄色，单粒状结构，pH 5.0 左右，阳离子交换量平均 13.3 cmol/kg，有机质和养分含量较 A 层低，但全钾含量仍高，与 A 层相近。C 层为灰绿色页岩风化物。

3. 典型剖面 采自贵州省贵阳市乌当区东风镇龙井寨。海拔 1 070 m，低丘中部，坡度 25°，受侵蚀。年均温 14.7 ℃，≥10 ℃年积温 4 502.6 ℃，年降水量 1 172 mm，年湿度 78%。母质为灰绿色页岩坡积物。旱耕地典型剖面理化性状见表 6-29，剖面特征如下：

A 层：0～10 cm，褐色（10YR4/4），粒状夹小块状结构，轻砾石沙质黏壤土质地。疏松，pH 6.2。

(B) 层：10～75 cm，黄褐色（10YR4/3），小块状结构，中砾石沙质黏壤土质地，较松，pH 5.5。

C 层：75～100 cm，绿灰色（10Y4/1），半风化母岩碎片。

表 6-29 贵州黄扁沙泥土理化性状

项目		样本数（个）	统计剖面			典型剖面		
			A	(B)	C	A	(B)	C
厚度（cm）		42	10	55	28	10	65	25
容重（g/cm^3）		16	0.77	0.90	1.05	—	—	—
>2 mm 砾石（%）		—	—	—	—	48	56	—
机械组成（%）	0.02～2 mm	—	—	—	—	56.7	71.0	—
	0.002～0.02 mm	—	—	—	—	20.3	9.5	—
	<0.002 mm	—	—	—	—	23.0	19.5	—
有机质（g/kg）		42	24.9	19.5	17.1	13.2	7.1	3.6
全氮（N，g/kg）		42	1.45	1.21	1.19	0.79	0.55	0.32
全磷（P，g/kg）		43	0.53	0.43	0.47	0.36	0.29	0.21
全钾（K，g/kg）		16	24.8	24.5	29.8	27.5	—	—
有效磷（P，mg/kg）		41	7	3	5	2.5	1	—
速效钾（K，mg/kg）		41	168	84	96	130	105	—
pH（H_2O）		5	4.9～6.4	4.6～6.2	4.7～5.8	6.2	5.5	—
阳离子交换量（cmol/kg）		24	14.34	13.33	—	14.2	9.1	—

注：数据来源于《贵州土种志》，1994。

4. 生产性能综述 该土种由于地势较陡，土层较薄，耕层也薄，土壤中扁沙含量多，施肥少，有机质含量低，土壤结构差，保水保肥力弱，供肥能力弱。作物生长差，产量低，一般只种一季甘薯，也有种两季的，春种玉米，冬种马铃薯。该土种质地轻，结构松散，轻便好耕，但不大翻坯。改良利用上，对于坡度大于 25°的，应该退耕还林还草；其余的实行免耕种植，增加复种，特别是要注意绿肥的发展，做到土面常绿、少露土、保持水土、提高肥力。

五、片石黄泥土

1. 归属与分布 片石黄泥土，属黄壤性土亚类、扁石黄泥土土属。集中分布在四川西北部龙门山一线的青川、平武、北川、江油和四川盆地西南部的峨边、金口河等县（市），以青川县面积最大。该土种多处于中山中下部，海拔 1 000 m 左右，气候冷凉，生产水平低。

2. 主要性状 该土种由志留系茂县群地层板岩、千枚岩风化物发育而成，母质先天风化较深。土体厚 60～80 cm，土体中含半风化的片块状岩石碎屑。多呈灰黄色或黄棕色，微酸至中性反应，层次分化不明显，剖面为 A－BC－C 型。表层厚 10～15 cm，质地一般为多砾质壤质黏土，粒状结构，疏松。心土层黏粒有所增加，质地一般为中砾质壤质黏土，稍紧，向底土层过渡不明显。土壤有机质、全氮含量中等，有效磷、速效钾含量偏低。微量元素有效态锌偏少，硼极缺，剖面理化性状汇总见表 6－30。

表 6－30 片石黄泥土土壤剖面理化性状汇总

项 目	A				BC				C			
	n	$\overline{X}$	s	CV（%）	n	$\overline{X}$	s	CV（%）	n	$\overline{X}$	s	CV（%）
厚度（cm）	12	15.9	4.0	25.16	12	37.6	22.6	60.11	11	49.5	18.3	36.97
＞2 mm 砾石（%）	3	16.36	—	—	3	14.04	—	—	1	21.23	—	—
机械组成（%） 0.2～2 mm	3	14.05	—	—	3	10.88	—	—	1	6.00	—	—
机械组成（%） 0.02～0.2 mm	3	19.92	—	—	3	19.51	—	—	1	17.85	—	—
机械组成（%） 0.002～0.02 mm	3	28.84	—	—	3	24.63	—	—	1	26.57	—	—
机械组成（%） ＜0.002 mm	3	37.19	—	—	3	44.98	—	—	1	49.58	—	—
容重（g/cm³）	6	1.26	0.10	7.94	1	1.24	—	—	—		—	—
有机质（g/kg）	12	25.6	8.3	32.42	12	19.1	13.1	68.59	8	12.9	9.7	75.19
全氮（g/kg）	12	1.62	0.54	33.33	12	1.13	0.28	24.78	8	0.83	0.43	51.81
全磷（g/kg）	12	0.44	0.25	56.82	12	0.36	0.26	72.22	8	0.28	0.09	32.14
全钾（g/kg）	4	26.7	—	—	1	27.0	—	—	1	28.0	—	—
碱解氮（mg/kg）	12	142	49	34.51	3	121	—	—	4	88	—	—
有效磷（mg/kg）	11	6.2	4.2	67.74	—	—	—	—	—	—	—	—
速效钾（mg/kg）	11	58	46	79.31	—	—	—	—	—	—	—	—
pH（H_2O）	12	6.4	0.5	7.81	13	6.6	0.5	7.58	8	6.6	0.5	7.58
阳离子交换量（cmol/kg）	2	19.60	—	—	3	22.25	—	—	2	29.95	8.13	—
有效态锌（mg/kg）	1	1.09	—	—	—	—	—	—	—	—	—	—
水溶性硼（mg/kg）	1	0.18	—	—	—	—	—	—	—	—	—	—
有效态钼（mg/kg）	1	0.27	—	—	—	—	—	—	—	—	—	—
有效态锰（mg/kg）	1	11.8	—	—	—	—	—	—	—	—	—	—
有效态铜（mg/kg）	1	1.50	—	—	—	—	—	—	—	—	—	—
有效态铁（mg/kg）	1	15.1	—	—	—	—	—	—	—	—	—	—

注：数据来源于《四川土种志》，1994。

3. 典型剖面 采自四川省绵阳市江油市雁门乡，海拔 1 200 m，地形为中山中下部向阳缓坡地带，母质为志留系茂县群千枚岩、砂岩风化的残坡积物，农业利用为玉米-马铃薯轮作。典型剖面理化性状见表 6－31，剖面特征如下：

A 层：0～11 cm，淡灰黄色（2.5Y7/3），多砾质壤质黏土，小块状结构，疏松，根系多，pH 6.6。

BC 层：11～44 cm，灰黄色（2.5Y6/3），小块状结构，多砾质壤质黏土，稍紧，无明显胶膜淀积，根系少，pH 6.3。

C 层：44 cm 以下，淡黄棕色（10YR7/6），多砾质壤质黏土，紧实，pH 6.4。

表 6-31　片石黄泥土典型剖面理化性状

发生层次	深度 (cm)	>2 mm 砾石（%）	机械组成（%） 0.2～2 mm	0.02～0.2 mm	0.002～0.02 mm	<0.002 mm	容重 (g/cm³)	有机质（%）
A	0～11	13.23	19.64	15.09	27.79	37.48	1.27	0.56
BC	11～44	12.79	20.53	14.23	38.38	26.86	1.31	0.48
C	44 以下	14.61	23.74	16.16	32.35	27.75	1.41	0.70
发生层次	全氮 (g/kg)	全磷 (g/kg)	全钾 (g/kg)	碱解氮 (mg/kg)	有效磷 (mg/kg)	速效钾 (mg/kg)	pH	阳离子交换量 (cmol/kg)
A	0.43	0.27	19.4	33	3	97	6.6	18.68
BC	0.44	0.27	18.8	—	—	—	6.3	11.57
C	0.57	0.19	19.8	—	—	—	6.4	18.47

注：数据来源于《四川土种志》，1994。

4. 生产性能综述　该土种土层深厚，质地偏黏，砾石含量比扁石黄泥土土属其他土种少，有一定的保水保肥能力，耐干旱不耐涝，透雨后暴晒 10～15 d 则玉米出现卷叶，连续 4～5 d 绵雨则玉米发黄；养分含量较丰富，但因所处地势高，冲刷严重，耕层薄，气温低，养分转化慢，供肥能力差，作物发苗慢，产量低。一般为一年二熟，采用玉米（间大豆）-小麦或玉米-马铃薯的轮作形式，少数一年一熟的只种玉米一季，冬季休闲。改良利用上，应针对冷、薄的特点，实行早耕早炕，提高土温，“坡改梯”，防止水土流失，增厚土层；增施腐熟有机肥和速效肥料，促进作物生长；要大力种植豆科绿肥，培肥地力。陡薄土要退耕还林，增加植被，减少冲刷。

六、扁石黄沙土

1. 归属与分布　扁石黄沙土，属黄壤性土亚类、扁石黄泥土土属。零星分布于四川盆地东南部和西北部边缘中低山峡谷陡坡地段，海拔 1 000 m 左右。以重庆市黔江区、渝中区、万州区以及四川省绵阳市、广元市等地面积较大。

2. 主要性状　该土种由二叠系以前地层的砂岩及板岩风化物发育而成，熟化度低，土体厚 60 cm 左右，呈暗黄棕色或灰黄色。通体含大量的扁形石块，砾石含量一般在 20%～30%，质地轻，沙粒含量达 70%，多为多砾质沙质壤土。多呈微酸性反应。层次分化很不明显，剖面为 A-B-C 型。表层 15～28 cm，粒状结构，疏松。心土层，小块状结构，稍紧。土壤养分除有效磷含量低以外，其余均属中量，剖面理化性状汇总见表 6-32。

表 6-32　扁石黄沙土土壤剖面理化性状汇总

项 目		A n	A $\overline{X}$	A s	A CV (%)	B n	B $\overline{X}$	B s	B CV (%)	C n	C $\overline{X}$	C S_l	C CV (%)
厚度（cm）		18	20.7	5.0	24.15	18	41.2	22.9	55.58	15	41.3	15.3	37.405
>2 mm 砾石（%）		3	36.45	—	—	3	40.71	—	—	1	26.67	—	—
机械组成（%）	0.2～2 mm	6	42.35	25.13	59.35	6	47.60	22.04	46.29	2	40.30	—	—
	0.02～0.2 mm	6	28.46	22.38	78.66	6	26.53	27.08	102.07	2	18.88	—	—
	0.002～0.02 mm	6	17.57	9.29	52.87	6	14.63	8.25	56.39	2	22.67	—	—
	<0.002 mm	6	11.62	7.01	60.33	6	11.24	4.47	39.77	2	18.15	—	—
容重（g/cm³）		10	12.9	1.0	7.75	7	1.41	0.16	11.35	—	—	—	—
有机质（g/kg）		18	25.8	7.7	29.84	18	1.72	6.7	38.95	6	9.5	3.2	33.68
全氮（g/kg）		18	1.56	0.39	25.00	18	1.19	0.36	30.25	6	0.91	0.21	23.08

（续）

项 目	A				B				C			
	n	$\overline{X}$	s	CV（%）	n	$\overline{X}$	s	CV（%）	n	$\overline{X}$	S_l	CV（%）
全磷（g/kg）	18	0.59	0.30	50.85	16	0.47	0.22	46.81	6	0.47	0.18	38.30
全钾（g/kg）	5	23.1	13.0	56.28	4	2.79	—	—	—	—	—	—
碱解氮（mg/kg）	17	118	42	35.59	—	—	—	—	—	—	—	—
有效磷（mg/kg）	15	3.1	1.6	51.61	—	—	—	—	—	—	—	—
速效钾（mg/kg）	17	123	50	40.65	—	—	—	—	—	—	—	—
pH（H_2O）	18	6.2	0.4	6.45	18	6.2	0.5	8.06	—	—	—	—
阳离子交换量（cmol/kg）	3	18.93	7.82	41.31	—	—	—	—	—	—	—	—
有效态锌（mg/kg）	27	0.78	0.20	25.64	—	—	—	—	—	—	—	—
有效态钼（mg/kg）	27	0.39	0.36	92.31	—	—	—	—	—	—	—	—
有效态锰（mg/kg）	27	27.0	11.5	42.59	—	—	—	—	—	—	—	—
有效态铜（mg/kg）	27	0.98	0.52	53.06	—	—	—	—	—	—	—	—
有效态铁（mg/kg）	27	24.3	13.0	53.50	—	—	—	—	—	—	—	—

注：数据来源于《四川土种志》，1994。

3. 典型剖面 采自四川省广元市青川县苏河乡樟河村青构坪，海拔 1 050 m，地形为中切割中山峡谷陡坡下部，志留系地层砂岩风化的坡积母质，中度片蚀。农业利用为玉米-小麦（油菜）轮作。典型剖面理化性状见表 6－33，剖面特征如下：

A 层：0～16 cm，浅灰黄色（2.5Y7/3），多砾质壤土，粒状结构，松散，中量根系，无石灰反应，pH 6.8。

B 层：16～38 cm，浅黄灰色（2.5Y7/3），多砾质黏壤土，小块状结构，松散，少量根系，无石灰反应，pH 6.6。

C 层：38～87 cm。

表 6－33 扁石黄沙土土壤典型剖面理化性状

发生层次	深度（cm）	机械组成（%）				有机质（%）	全氮（g/kg）
		0.2～2 mm	0.02～0.2 mm	0.002～0.02 mm	<0.002 mm		
A	0～16	39.11	11.29	34.80	14.80	21.2	1.68
B	16～38	34.92	14.49	32.97	17.61	20.5	1.60
C	38～87	42.19	6.87	35.60	15.34	19.8	1.16

发生层次	全磷（g/kg）	全钾（g/kg）	碱解氮（mg/kg）	有效磷（mg/kg）	速效钾（mg/kg）	pH	阳离子交换量（cmol/kg）
A	0.64					6.8	
B	0.60	22.0	118	2.6	78	6.6	19.6
C	0.58					6.8	

注：数据来源于《四川土种志》，1994。

4. 生产性能综述 该土种耕层较薄，石块多，质地轻，疏松透气，养分分解较快，耕作不择天气。但熟化度低，耕作易损农具，漏水、漏肥严重，不抗旱（3 d 太阳照射则作物出现蔫萎），需肥量大，作物生长后期常出现脱肥。宜种玉米、马铃薯、小麦、甘薯、大豆等，但产量低。多数为一年一季大春作物，少数为甘薯-马铃薯两熟，属低产土壤类型。改良利用上，应针对坡陡、土薄、严重漏水漏肥问题，采取“坡改梯”，整治坡面水系，保持水土，减少冲刷；拣石砌埂，增厚土层，增施土壤杂肥、厩肥等有机肥，补施钙、镁、磷肥。对于不宜农耕的陡坡薄土，应因地制宜地发展油桐、核桃等经济林木。

七、石渣黄泥土

1. 归属与分布 石渣黄泥土俗名石螺子土、石窖土，属黄壤性土亚类、石渣黄泥土土属。集中分布于四川盆地西南部中低山区海拔 800～1 300 m 地段，一般处于坡脚或缓坡台地。乐山市、凉山州、宜宾市、雅安市 4 市（州）的 15 个县有分布，以乐山市和凉山州的面积最大。

2. 主要性状 该土种由峨眉山玄武岩风化物发育而成，因遭受严重冲刷，土体厚 50 cm 左右。该土种含大量未风化的岩石碎块，砾石含量在 30%以上，剖面层次分化不明显，为 A-B-C 型，呈较均一的棕色，酸性至微酸性反应，pH 5.2～6.3。耕层浅薄，厚度在 20 cm 以下，松紧适度；心土层、底土层紧实。土壤有机质、全氮、全钾含量均为高量，磷素为中量，阳离子交换量比一般土壤高，平均27.70 cmol/kg，土壤缓冲性能较强，剖面理化性状汇总见表 6-34。

表 6-34 石渣黄泥土土壤剖面理化性状汇总

项目	A				B				C			
	n	$\overline{X}$	s	CV (%)	n	$\overline{X}$	s	CV (%)	n	$\overline{X}$	s	CV (%)
厚度（cm）	14	18.6	2.3	12.37	14	35.6	23.1	64.89	12	51.0	12.3	24.12
>2 mm 砾石（%）	6	26.27	20.20	76.89	6	26.30	20.08	76.35	1	32.82	—	—
机械组成（%） 0.2～2 mm	9	25.98	13.31	47.06	9	24.13	15.44	62.89	2	11.32	—	—
机械组成（%） 0.02～0.2 mm	9	13.67	10.15	73.29	9	19.13	13.11	67.06	2	15.51	—	—
机械组成（%） 0.002～0.02 mm	9	30.56	6.74	21.86	9	29.27	8.20	27.51	2	50.52	—	—
机械组成（%） <0.002 mm	9	29.79	9.04	30.06	9	27.47	10.32	36.86	2	22.65	—	—
容重（g/cm^3）	12	1.17	0.23	19.66	9	1.31	0.26	19.85	4	1.31	—	—
有机质（g/kg）	13	36.1	10.9	30.19	12	30.0	12.3	41.00	5	21.1	9.9	46.92
全氮（g/kg）	13	1.78	0.66	37.08	12	1.66	0.47	28.31	5	1.31	0.53	40.46
全磷（g/kg）	13	0.77	0.41	53.25	12	0.65	0.36	55.38	5	0.68	0.37	54.41
全钾（g/kg）	4	14.7	3.3	—	3	12.8	—	—	—	—	—	—
碱解氮（mg/kg）	13	165	55	33.33	—	—	—	—	—	—	—	—
有效磷（mg/kg）	13	7.4	4.3	58.11	—	—	—	—	—	—	—	—
速效钾（mg/kg）	13	120	93	77.50	—	—	—	—	—	—	—	—
pH（H_2O）	14	5.8	0.6	10.34	14	5.8	0.4	6.90	5	5.9	0.6	10.17
阳离子交换量（cmol/kg）	5	27.70	6.24	22.53	5	22.60	6.98	30.88	2	21.05	—	—
有效态锌（mg/kg）	1	0.65	—	—	—	—	—	—	—	—	—	—
有效态钼（mg/kg）	1	0.23	—	—	—	—	—	—	—	—	—	—
有效态锰（mg/kg）	1	23.7	—	—	—	—	—	—	—	—	—	—
有效态铜（mg/kg）	1	0.33	—	—	—	—	—	—	—	—	—	—
有效态铁（mg/kg）	1	11.4	—	—	—	—	—	—	—	—	—	—

注：数据来源于《四川土种志》，1994。

3. 典型剖面 采自四川省乐山市金口河区吉星乡，地形为中山中部，海拔 1 120 m，母质为玄武岩风化物，农业利用为玉米-马铃薯轮作。典型剖面理化性状见表 6-35，剖面特征如下：

A 层：0～17 cm，棕色（7.5YR4/4），团块状结构，砾石含量 34.67%，轻砾石土（细土质地壤质黏土），疏松，pH 6.3。

B层：17～35 cm，淡棕色（7.5YR5/6），棱柱状结构，有少量黏粒胶膜淀积，稍紧，轻砾石土（细土质地壤质黏土），pH 6.1。

C层：35 cm 以下，淡棕色（7.5YR5/6），大棱柱状结构，少量黏粒淀积，稍紧。

表 6-35 石渣黄泥土典型剖面理化性状

发生层次	深度（cm）	>2 mm 砾石（%）	机械组成（%）				容重（g/cm^3）	有机质（g/kg）
			0.2～2 mm	0.02～0.2 mm	0.002～0.02 mm	<0.002 mm		
A	0～17	34.67	43.04	5.06	22.23	29.67	1.31	44.5
B	17～35	37.98	45.46	2.87	21.12	30.54	1.50	23.7
C	35 以下							

发生层次	全氮（g/kg）	全磷（g/kg）	全钾（g/kg）	碱解氮（mg/kg）	有效磷（mg/kg）	速效钾（mg/kg）	pH	阳离子交换量（cmol/kg）
A	2.05	0.61	13.2	132	9	86	6.3	20.4
B	1.19	0.41	11.4	84	5	72	6.1	2.6
C								

注：数据来源于《四川土种志》，1994。

4. 生产性能综述 该土种土层较薄，石块多，耕作时有顶犁、跳铧情况，损耗农具严重。有一定的保水保肥能力，耐干怕涝，群众中有“干吃饭，湿吃风”之说。土壤养分含量比较丰富，但山高、气温低则分解转化缓慢，供肥迟缓，不发小苗，发老苗，耐肥，宜施腐熟的有机肥及有效磷、速效钾；宜种作物多。一般多为小麦-玉米（套甘薯）轮作，是山区肥力较高的土种。主要问题是耕层薄、石块多。改良利用上，首先应拣出石块，“坡改梯”，深耕炕土，增厚土层，改善作物生长环境；其次应开好排水沟，实行开厢种植，除渍防涝。宜扩大烤烟种植面积，实行粮、肥间作；注意有机肥与氮、磷肥配合施用，增施磷肥，苗期补施氮肥，提高产量。对于海拔 1 000 m 以上不宜农耕的地块，应退耕还林，发展经济林木。

八、炭渣土

1. 归属与分布 炭渣土属于黄壤性土亚类、炭渣土土属。主要分布于四川盆地东南部低山区海拔 1 100 m 以下的区域，多处于山坡中下部。行政范围包括四川省泸州市、成都市、乐山市、雅安市、达州市以及重庆市黔江区、渝中区等 13 个市（州、区）的 50 个县。其中，泸州市的面积较大，其次为成都市、乐山市、雅安市等市（区）。

2. 主要性状 该土种由夹炭质岩的砂岩风化物发育而成，以三叠系须家河组地层最为多见。土体薄，多在 50 cm 以下，通体含大量炭质页岩碎屑及其他未风化的石块，砾石含量 18%～26%，一般质地为多砾质沙质黏壤土至壤质黏土。全剖面呈均一的灰黑色或黄灰色，酸性至微酸性反应，少数为强酸性（pH 3.6）；层次分化不明显，剖面为 A-（B）-C 型。表层由于遭受不同程度的冲刷，厚薄差异大，为 8～36 cm，疏松，多粒状结构。心土层稍紧，多为块状结构。土壤各种养分含量较高，微量元素中锌、硼、钼含量偏低，剖面理化性状汇总见表 6-36。

表 6-36 炭渣土土壤剖面理化性状汇总

项 目	A				(B)				C			
	n	$\overline{X}$	s	CV (%)	n	$\overline{X}$	s	CV (%)	n	$\overline{X}$	s	CV (%)
厚度（cm）	22	20.6	5.4	26.21	22	30.4	18.2	59.87	17	45.1	17.2	38.14
>2 mm 砾石（%）	3	18.63	—	—	3	18.07	—	—	1	21.68	—	—

（续）

项 目		A				(B)				C			
		n	$\overline{X}$	*s*	*CV*（%）	*n*	$\overline{X}$	*s*	*CV*（%）	*n*	$\overline{X}$	*s*	*CV*（%）
机械组成（%）	0.2～2 mm	8	22.56	13.82	61.26	8	31.04	12.87	41.50	3	34.14	—	—
	0.02～0.2 mm	8	29.30	16.31	55.67	8	23.18	11.99	51.77	3	19.56	—	—
	0.002～0.02 mm	8	28.68	14.05	48.99	8	27.48	13.27	48.32	3	27.77	—	—
	<0.002 mm	8	19.46	9.90	50.87	8	18.30	9.04	49.45	3	18.53	—	—
容重（g/cm³）		14	1.17	0.13	11.11	12	1.30	0.12	9.23	3	1.50	—	—
有机质（g/kg）		15	38.5	13.9	36.10	15	37.3	10.9	39.93	8	20.2	7.8	38.61
全氮（g/kg）		22	2.00	0.87	43.50	22	1.83	0.62	33.88	10	1.47	0.47	31.97
全磷（g/kg）		22	0.58	0.36	62.07	22	0.48	0.33	68.75	10	0.66	0.40	60.61
全钾（g/kg）		10	19.9	7.9	39.70	10	24.2	13.0	53.72	4	18.2	—	—
碱解氮（mg/kg）		22	94	46	48.94	9	82	34	41.46	1	95	—	—
有效磷（mg/kg）		21	7.1	5.3	74.65	—	—	—	—	—	—	—	—
速效钾（mg/kg）		21	137	90	65.69	—	—	—	—	—	—	—	—
pH（H_2O）		22	5.5	0.8	14.55	22	5.7	0.8	14.04	10	5.8	0.9	15.52
阳离子交换量（cmol/kg）		5	20.13	8.23	40.88	2	20.14	—	—	—	—	—	—
有效态锌（mg/kg）		5	0.72	0.39	54.17	—	—	—	—	—	—	—	—
水溶性硼（mg/kg）		1	0.18	—	—	—	—	—	—	—	—	—	—
有效态钼（mg/kg）		4	0.14	—	—	—	—	—	—	—	—	—	—
有效态锰（mg/kg）		5	16.4	13.8	84.15	—	—	—	—	—	—	—	—
有效态铜（mg/kg）		5	1.36	0.58	42.65	—	—	—	—	—	—	—	—
有效态铁（mg/kg）		5	27.1	19.7	72.69	—	—	—	—	—	—	—	—

注：数据来源于《四川土种志》，1994。

3. 典型剖面 采自四川省雅安市荥经县荥河镇周家村，海拔 1 090 m，地形为低山山坡中下部。母质为须家河地层炭质页岩风化物，有轻度片蚀。农业利用为玉米-小麦轮作。典型剖面理化性状见表 6-37，剖面特征如下：

A 层：0～20 cm，灰黑色（5Y4/1），粒状结构，多砾质壤土，疏松，根系多，pH 5.8。

(B) 层：20～40 cm，暗灰黄色（2.5Y5/2），小块状结构，多砾质沙质壤土，稍紧，根系少，pH 5.9。

C 层：40 cm 以下，灰黄色（2.5Y7/3），多砾质沙质壤土，根系极少，pH 5.8。

表 6-37 炭渣土典型剖面理化性状

发生层次	深度（cm）	>2 mm 砾石（%）	机械组成（%）				容重（g/cm³）
			0.2～2 mm	0.02～0.2 mm	0.002～0.02 mm	<0.002 mm	
A	0～20	26.16	26.26	28.62	31.53	13.59	0.99
(B)	20～40	12.16	28.68	26.91	32.96	11.45	1.37
C	40 以下	21.68	29.99	27.76	32.64	9.61	1.39
发生层次	有机质（g/kg）	全氮（g/kg）	全磷（g/kg）	碱解氮（mg/kg）	有效磷（mg/kg）	速效钾（mg/kg）	pH
A	34.2	1.70	0.84	123	8	77	5.8
(B)	26.3	1.26	0.58	—	—	—	5.9
C	10.3	0.53	0.39	—	—	—	5.8

注：数据来源于《四川土种志》，1994。

4. 生产性能综述 炭渣土土层薄，砾石含量多，结构差，耕作困难，漏水、漏肥严重，俗话说“炭渣土，施肥犹如过筛走”。抗旱力差，热化度低。土壤养分含量虽高，但所处地区阴湿冷凉，土温低，分解释放缓慢，供肥力弱，需肥量大，加之土壤酸度大，宜种作物少，以小麦-甘薯轮作为主，有的只种甘薯一季。不出蚕豆、豌豆，种玉米、小麦则黄苗、死苗严重，属低产土类型。改良利用上，炭渣土应以减少冲刷、改良耕性、加速熟化为中心，宜农耕地要平整土地，拣石砌坎，改坡为梯，增厚土层；增施热性有机肥，适当补施锌、硼、钼微肥。对于酸性重的地块，应施石灰中和酸度。

九、鱼眼沙黄泥土

1. 归属与分布 鱼眼沙黄泥土在四川省绵阳市一带被称为草米黄泥土，因土中含未彻底风化的石英颗粒多，形似鱼眼而得名，属黄壤性土亚类、麻沙质黄壤性土土属。主要分布在四川盆地边缘中山中上部海拔 850～1 400 m。集中于广元市旺苍县、成都市都江堰市、绵阳市平武县以及雅安市天全县、宝兴县 5 县（市）境内，其中旺苍县面积最大。

2. 主要性状 该土种主要由晋宁期花岗岩夹少量闪长岩风化物发育而成，质地粗，发育浅，土体中含有 10%～15%未风化的石英颗粒，质地为多砾质沙质壤土。土体厚 60～80 cm，耕层厚 12～17 cm。全剖面呈淡黄棕色，多呈微酸至中性反应。土壤层次分化不明显，剖面为 A－(B)－C 型。各种养分含量均在中等以上，微量元素中有效锌缺乏、有效硼极缺，剖面理化性状汇总见表 6－38。

表 6－38 鱼眼沙黄泥土土壤剖面理化性状汇总

项目	A				(B)				C			
	n	$\overline{X}$	*s*	*CV*（%）	*n*	$\overline{X}$	*s*	*CV*（%）	*n*	$\overline{X}$	*s*	*CV*（%）
厚度（cm）	5	14.6	2.5	17.12	5	30.8	23.5	76.30	5	39.8	18.3	45.98
>2 mm 砾石（%）	3	9.78	—	—	3	11.93	—	—	2	8.83	—	—
机械组成（%） 0.2～2 mm	5	31.17	20.17	64.71	3	36.41	—	—	2	22.58	—	—
机械组成（%） 0.02～0.2 mm	5	26.46	6.82	25.77	3	21.10	—	—	2	25.61	—	—
机械组成（%） 0.002～0.02 mm	5	27.48	14.99	54.55	3	23.30	—	—	2	31.41	—	—
机械组成（%） <0.002 mm	5	14.89	7.36	49.43	3	19.19	—	—	2	20.40	—	—
容重（g/cm³）	5	1.32	0.09	6.82	5	1.51	0.27	17.88	2	1.36	—	—
有机质（g/kg）	5	31.2	10.9	34.94	5	25.5	12.1	47.45	2	8.4	—	—
全氮（g/kg）	5	1.75	0.58	33.14	5	1.11	0.67	60.36	2	0.68	—	—
全磷（g/kg）	5	1.40	0.85	60.71	5	1.26	0.79	52.70	2	0.67	—	—
全钾（g/kg）	2	21.9	—	—	2	20.5	—	—	2	21.3	—	—
碱解氮（mg/kg）	5	144	38	26.39	2	146	—	—	—	—	—	—
有效磷（mg/kg）	5	5.9	3.2	54.24	—	—	—	—	—	—	—	—
速效钾（mg/kg）	5	94	49	52.13	—	—	—	—	—	—	—	—
pH（H_2O）	5	6.6	0.6	9.09	5	6.6	0.6	9.09	2	7.1	—	—
阳离子交换量（cmol/kg）	1	13.50	—	—	—	—	—	—	—	—	—	—
有效态锌（mg/kg）	1	0.66	—	—	—	—	—	—	—	—	—	—
水溶性硼（mg/kg）	1	0.22	—	—	—	—	—	—	—	—	—	—
有效态钼（mg/kg）	1	0.29	—	—	—	—	—	—	—	—	—	—

（续）

项 目	A				(B)				C			
	n	$\overline{X}$	*s*	*CV*（%）	*n*	$\overline{X}$	*s*	*CV*（%）	*n*	$\overline{X}$	*s*	*CV*（%）
有效态锰（mg/kg）	1	31.0	—	—	—	—	—	—	—	—	—	—
有效态铜（mg/kg）	1	1.88	—	—	—	—	—	—	—	—	—	—
有效态铁（mg/kg）	1	21.8	—	—	—	—	—	—	—	—	—	—

注：数据来源于《四川土种志》，1994。

3. 典型剖面 采自四川省成都市都江堰市虹口乡红色村4组，海拔975 m，地形为中山缓坡中部，震旦系花岗岩风化的残坡积母质。农业利用上，玉米-小麦轮作或种植蔬菜。典型剖面理化性状见表6-39，剖面特征如下：

A层：0～17 cm，暗灰黄色（2.5Y5/2），粒状结构，多砾质黏壤土，松散，根系多，pH 6.4。

(B)层：17～29 cm，暗灰黄色（2.5Y5/2），粒状结构，多砾质壤质黏土，松散，根系少，pH 6.6。

C层：29～90 cm，暗灰黄色（2.5Y5/2），块状结构，多砾质壤质黏土，稍紧，pH 6.4。

表6-39 鱼眼沙黄泥土典型剖面理化性状

发生层次	深度（cm）	>2 mm 砾石（%）	机械组成（%） 0.2～2 mm	0.02～0.2 mm	0.002～0.02 mm	<0.002 mm	有机质（g/kg）
A	0～17	9.78	13.85	24.03	37.12	24.95	27.7
(B)	17～29	11.93	16.87	15.94	40.62	25.39	20.4
C	29～90						18.7
发生层次	**全氮（g/kg）**	**全磷（g/kg）**	**全钾（g/kg）**	**碱解氮（mg/kg）**	**有效磷（mg/kg）**	**pH**	**阳离子交换量（cmol/kg）**
A	1.50	0.71	10.8	145	9	6.4	13.50
(B)	1.12	0.57	9.3	—	—	6.6	—
C	0.70	0.50	10.4	—	—	6.4	—

注：数据来源于《四川土种志》，1994。

4. 生产性能综述 该土种耕层薄，砾石多，耕作费工，磨损农具，宜耕期长，雨后2～3 d即可耕作。保水、保肥力差，不耐旱，供肥力弱。由于所处地势高，气温低，土性冷，作物生长受到限制，宜种作物少，土壤利用率低，多为一年一熟，以玉米间大豆为主，其次为玉米（套马铃薯）-小麦轮作，为山区中产土壤。鱼眼沙黄泥土所处区域海拔高、坡度陡，冲刷严重，具粗、薄、冷的特点。对于宜农耕地块，应拣石砌埂，改坡地为梯地，减少冲刷；增施农家肥、磷肥，发展绿肥；推广玉米营养球、营养块、营养钵等育苗移栽技术，促进苗期生长。对于人少地多地区或不宜农耕的陡坡地，应退耕还林，发展经济林木。

十、扁沙黄泥土

1. 归属与分布 扁沙黄泥土，属黄壤性土亚类、沙泥质黄壤性土土属。主要分布在四川盆地周围海拔800～1 300 m的中低山中下部；四川省广元市、绵阳市、乐山市、宜宾市、泸州市、达州市以及重庆市渝中区、黔江区等市（区）均有分布。贵州省有少量分布。

2. 主要性状 该土种主要由志留系地层的砂岩、页岩风化物发育而成，土体厚70 cm左右。风化度较低，土体内含较多的扁形石块，大于2 mm的砾石含量在10%～25%。剖面为A-B-C型。上下颜色分化不明显，为灰黄色或黄棕色，酸性至微酸性反应，pH 5.0～6.2。表层平均厚20 cm左右，沙黏适中，沙粒、粉沙粒、黏粒含量大致各占1/3，多为黏质壤土，粒状结构，疏松。心土层、底土层黏粒明显增加，主要为少砾质壤质黏土，块状结构。土壤养分中除有效磷含量极低外，其余养分均较丰富，剖面理化性状汇总见表 6－40。

表 6－40　扁沙黄泥土土壤剖面理化性状汇总

项 目	A				B				C			
	n	$\overline{X}$	s	CV（%）	n	$\overline{X}$	s	CV（%）	n	$\overline{X}$	s	CV（%）
厚度（cm）	16	20.9	6.4	30.62	16	38.4	21.0	54.69	11	44.8	15.9	35.49
＞2 mm 砾石（%）	5	22.71	13.42	59.09	1	20.68	—	—	—	—	—	—
机械组成（%） 0.2～2 mm	8	20.65	14.77	71.73	4	7.83	—	—	1	5.82	—	—
机械组成（%） 0.02～0.2 mm	8	19.43	9.63	49.72	4	20.05	—	—	1	24.77	—	—
机械组成（%） 0.002～0.02 mm	8	31.83	8.89	27.97	4	33.48	—	—	1	31.23	—	—
机械组成（%） ＜0.002 mm	8	28.09	10.66	38.03	4	38.64	—	—	1	38.18	—	—
容重（g/cm^3）	15	1.25	0.14	11.20	9	1.37	0.08	5.84	4	1.42	—	—
有机质（g/kg）	16	18.9	7.0	37.04	16	1.3.6	4.2	30.88	8	9.7	5.3	54.64
全氮（g/kg）	16	1.37	0.61	44.53	16	1.05	0.41	39.05	8	0.65	0.30	46.15
全磷（g/kg）	16	0.41	0.21	51.22	14	0.36	0.18	50.00	8	0.45	0.26	57.78
全钾（g/kg）	6	23.5	8.5	36.17	6	19.8	11.7	59.09	1	26.8	—	—
碱解氮（mg/kg）	13	106	37	34.91	—	—	—	—	—	—	—	—
有效磷（mg/kg）	15	2.4	1.4	58.33	—	—	—	—	—	—	—	—
速效钾（mg/kg）	15	113	64	56.64	—	—	—	—	—	—	—	—
pH（H_2O）	16	5.5	0.7	12.73	16	5.5	0.7	12.73	8	5.5	0.6	10.91
阳离子交换量（cmol/kg）	7	19.53	8.38	42.91	4	16.78	—	—	4	17.38	—	—
有效态锌（mg/kg）	26	0.75	0.14	18.67	—	—	—	—	—	—	—	—
水溶性硼（mg/kg）	1	0.18	—	—	—	—	—	—	—	—	—	—
有效态钼（mg/kg）	23	0.031	0.08	25.81	—	—	—	—	—	—	—	—
有效态锰（mg/kg）	26	26.9	8.1	30.11	—	—	—	—	—	—	—	—
有效态铜（mg/kg）	26	1.02	0.19	18.63	—	—	—	—	—	—	—	—
有效态铁（mg/kg）	26	34.5	6.6	19.13	—	—	—	—	—	—	—	—

注：数据来源于《四川土种志》，1994。

3. 典型剖面　采自重庆市黔江区杉岭乡杉林村，地形为低山坡腰，海拔 730 m，母质为志留系地层的砂岩、页岩风化物，农业利用为油菜-玉米轮作。典型剖面理化性状见表 6－41，剖面特征如下：

A 层：0～20 cm，黄棕色（2.5Y6/6），粒状，少砾质壤黏土，稍紧，根系多，pH 5.1。

B 层：20～47 cm，浅黄棕色，（2.5Y6/6），粒状，少砾质壤质黏土，稍紧，根系少，pH 5.1。

C 层：47～100 cm，浅黄棕色（2.5Y6/6），团块状，少砾质壤质黏土，较紧，pH 5.0。

表 6－41　扁沙黄泥土典型剖面理化性状

发生层次	深度（cm）	机械组成（%）				容重（g/cm^3）	有机质（g/kg）
		0.2～2 mm	0.02～0.2 mm	0.002～0.02 mm	＜0.002 mm		
A	0～20	1.11	25.35	34.83	38.70	1.17	11.1
B	20～47	0.47	27.11	32.12	40.70	1.25	6.6
C	47～100	5.82	24.77	31.23	38.18	1.38	4.8

发生层次	全氮（g/kg）	全磷（g/kg）	全钾（g/kg）	碱解氮（mg/kg）	有效磷（mg/kg）	速效钾（mg/kg）	pH
A	0.69	0.29	19.1	69	1.3	59	5.1
B	0.51	0.25	28.1	—	—	—	5.1
C	0.56	0.44	26.8	—	—	—	5.0

注：数据来源于《四川土种志》，1994。

4. 生产性能综述 该土种土层较厚，沙黏适中，结构好，无障碍层次。好耕作，省工，宜耕期长。保水、保肥性较好，有一定的抗旱能力，灌透一次水可抗 7 d 左右的太阳暴晒。养分含量较高，供肥较平稳，有后劲，不择肥。一般为小麦-玉米（间甘薯）轮作，种烤烟、茶树产量高，质量好，是沙泥质黄壤性土土属中肥力较高的土种。主要问题是酸性强、石块多、海拔高、气温低，农业生产受到一定限制。应施适量石灰加以改良，同时逐年拣出大石块，坡底深耕，增厚土层；增施渣肥、厩肥和磷肥，培肥土壤；扩大马铃薯、烤烟、甘薯等作物种植面积。对于海拔 1 000 m 以上不适合农耕的陡坡地，应退耕还林，发展茶树和其他适宜于酸性土壤的树种。

十一、砾质黄沙土

1. 归属与分布 砾质黄沙土属于黄壤性土亚类、幼黄沙土土属。云南省仅分布于怒江州怒江河谷的山坡。

2. 主要性状 砾质黄沙土由酸性结晶岩的坡积母质发育而来，土体呈 A -(B)- C 构型。土壤遭受侵蚀，表土浅薄，(B) 层发育弱。土体各层都夹有花岗岩等母岩的碎屑或碎石，严重影响耕作。质地偏沙，耐涝怕旱，土壤颜色鲜明，主要为黄色（2.5Y8/6），酸性。

3. 典型剖面 采自云南省怒江州福贡县石月亮乡利沙底村和米俄洛村，海拔 1 550 m，坡度 34°，成土母质花岗岩坡积风化物。剖面特征如下：

A 层：0～13 cm，暗黄棕（10YR5/4），沙壤土，核状结构，疏松，多根系，pH 5.5。

(B) 层：13～33 cm，棕色（10YR4/3），砾质粉沙壤土，小块状结构，较紧实，pH 5.5。

C 层：33～89 cm，淡棕色（7.5YR5/6），砾质沙壤，小块状结构，pH 5.5。

表土理化性状：有机质含量 22.8 g/kg、全氮含量 1.03 g/kg、全磷含量 0.51 g/kg、碱解氮含量 S100 mg/kg、有效磷含量 4.1 mg/kg、速效钾含量 156 mg/kg。机械组成：＜0.05 mm 占 37.9%，＜0.01 mm 占11.6%，＜0.005 mm 占 8.59%。

4. 生产性能综述 砾质黄沙土结构差，不便耕作，宜种范围窄。轮作方式单一，以玉米冬闲连作为主，也有玉米-马铃薯轮作的，低产不稳产。土壤较瘦瘠，耕犁不便，管理粗放，怕干旱。应种植绿肥，采取玉米-绿肥间套种，培肥地力，合理施肥，改良土壤结构，增加熟土层，增强土壤的保水保肥、供水供肥能力。对于陡坡耕地，应退耕还牧还林或发展经济林木，控制水土流失，培肥地力。

十二、粗黄泥土

1. 归属与分布 粗黄泥土又称为砾石土、铜汞石土和黄沙夹石，属于黄壤性土亚类、幼黄沙泥土土属。云南省分布于昭通市金沙江及其支流沿岸的山地，多为坡耕地。

2. 主要性状 粗黄泥土成土母质为玄武岩风化的残积物和坡积物，耕作管理水平较低，土壤遭严重侵蚀，表土层较薄，受江河深切割的影响，土体夹有大小不一的玄武岩砾石。俗称“一个石块二两油，离了石头光骨头”，产量低而且不稳产。一般质地较黏，土体较厚，有一定的供水供肥能力，粗黄泥土耕层养分含量统计见表 6 - 42。

表 6 - 42 粗黄泥土耕层养分含量统计

项目	pH	有机质 (g/kg)	全氮 (g/kg)	全磷 (g/kg)	全钾 (g/kg)	碱解氮 (mg/kg)	有效磷 (mg/kg)	速效钾 (mg/kg)
样本数（个）	3	3	3	3	3	3	3	3
平均数	5.8～6.6	22.0	1.10	0.84	11.4	98	8	110
标准差	—	4.4	0.2	0.18	2.33	9.39	8.7	30.5
变异系数（%）	—	19.8	19.4	21.6	20.5	9.55	108	27.7

注：数据来源于《云南土种志》，1994。

3. 典型剖面 采自云南省昭通市盐津县盐井镇仁和村铜厂坡，海拔 500 m。各层都夹有拳头或鸡蛋大小的玄武岩碎石。典型剖面理化性状见表 6－43，剖面特征如下：

A 层：0～15 cm，暗灰黄色（2.5Y5/2），重石质中壤，较疏松。

B_1 层：15～26 cm，灰黄色（2.5Y8/3），重石质重壤，较疏松。

B_2 层：26～60 cm，灰黄色（2.5Y9/4），重石质重壤，较紧实。

表 6－43 粗黄泥土典型剖面理化性状

发生层次	pH	有机质(g/kg)	全氮(g/kg)	全磷(g/kg)	全钾(g/kg)	碱解氮(mg/kg)	有效磷(mg/kg)	速效钾(mg/kg)	质地
A	6.0	26.5	1.24	0.77	16.8	106	3	131	重石质中壤
B_1	5.7	15.7	0.82	0.70	11.8	104	3	62	重石质重壤
B_2	5.7	11.5	0.71	0.69	10.2	91	3	43	重石质重壤

注：数据来源于《云南土种志》，1994。

4. 生产性能综述 粗黄泥土土体夹有玄武岩碎石，结构差，不便耕作，宜种范围较窄，轮作方式也较单一，以玉米连作为主，少数有灌溉条件。应增种绿肥，开辟肥源，增施有机肥，合理施用化肥，培肥地力，增强土壤的保肥能力，提高产量。约 40%的陡坡耕地，应逐步退耕还牧还林或种植经济林木，保持水土，增加收入。

十三、石渣子黄泥土

1. 归属与分布 石渣子黄泥土，又称为黄泥夹石、黄石渣土，属于黄壤性土亚类、石渣子黄泥土土属。云南省分布于昭通市、曲靖市、保山市等地江河沿岸。

2. 主要性状 石渣子黄泥土由泥质岩母质发育而形成的，表土层薄，水土流失严重，剖面通体夹有泥质母岩碎块，心土层发育弱，质地砾质黏土，酸性，有机质、全氮含量中等，缺磷富钾，一般土体较厚，保水供肥性能较好，石渣子黄泥土耕层养分含量统计见表 6－44。

表 6－44 石渣子黄泥土耕层养分含量统计

项目	pH	有机质(g/kg)	全氮(g/kg)	全磷(g/kg)	全钾(g/kg)	碱解氮(mg/kg)	有效磷(mg/kg)	速效钾(mg/kg)
样本数（个）	3	3	3	3	3	3	3	3
平均数	5.2～5.8	29.1	2.26	0.62	42.2	230	7.3	204
标准差	—	6.8	1.0	0.2	25.5	86.0	3.05	222
变异系数（%）	—	23.4	44.6	30.4	60.6	37.0	41.8	109.1

注：数据来源于《云南土种志》，1994。

3. 典型剖面 采自云南省昭通市永善县莲峰镇南林村，海拔 1 960 m，典型剖面理化性状见表 6－45。

表 6－45 石渣子黄泥土典型剖面理化性状

发生层次	深度(cm)	pH	有机质(g/kg)	全氮(g/kg)	全磷(g/kg)	全钾(g/kg)	碱解氮(mg/kg)	有效磷(mg/kg)	速效钾(mg/kg)	<0.01 mm 物理性黏粒（%）	质地
A	0～20	5.4	31.2	1.39	0.33	12.7	144	2.2	240	60.41	重砾轻黏土
(B)	20～33	5.4	25.6	1.07	0.31	11.0	131	0.4	241	63.80	重砾轻黏土
BC	33～52	5.4	23.9	1.12	0.31	11.2	118	0.4	216	63.93	重砾轻黏土

注：数据来源于《云南土种志》，1994。

4. 生产性能综述 石渣子黄泥土水土流失重，耕层较浅，但土体较深，因含石渣子而影响耕作，但保水保肥及供水供肥能力比石渣子黄泥土土属其他土种更强。耕作较粗放，宜种范围窄，以种植玉米为主，一年一熟，属低产土种。应改进栽培技术，精耕细作，采取粮肥间套复种，改良培肥地力，产量可有较大提高。约20%的陡坡耕地，应退耕还牧还林，减少水土流失，也可发展经济林木，增加收入。

十四、砾质棕黄泥土

1. 归属与分布 砾质棕黄泥土，又称为小黄泥夹石，属于黄壤性土亚类、幼黄沙土土属。云南省分布于昭通市和迪庆藏族自治州（以下简称迪庆州）的江河沿岸。

2. 主要性状 砾质棕黄泥土成土母质为碳酸盐岩类风化物。土壤发育不深，土体呈A-(B)-C构型，A层薄，(B)层发育弱，土体厚薄不一，质地较黏重，且夹有石灰岩碎块，影响耕作。

3. 生产性能综述 砾质棕黄泥土轮作方式以玉米连作为主，属低产旱地。土体碎石较多，保水保肥中等。改良利用上，主要是兴修小型水利，争取抗旱播种，并采取玉米与绿肥轮作复种，开辟肥源，增施有机肥，提高耕作技术水平，提高产量。约15%的陡坡耕地，应逐步退耕还牧还林或种植经济林木，减少水土流失，培肥地力，增加收益。

十五、粗沙黄泥土

1. 归属与分布 粗沙黄泥土属于黄壤性土亚类、幼黄沙土土属。云南省分布于昭通市金沙江及其支流沿岸的山地。

2. 主要性状 粗沙黄泥土是在砂岩残坡积母质上发育的，是人为改良利用较差的一个耕地土种。呈A-(B)-C构型，剖面发育弱。多为坡地，表土层浅薄，土体夹有半风化砂岩碎石，影响耕作，水土流失较重，有机质和氮、磷养分较缺，粗沙黄泥土耕层养分含量统计见表6-46。

表6-46 粗沙黄泥土耕层养分含量统计

项目	pH	有机质(g/kg)	全氮(g/kg)	全磷(g/kg)	全钾(g/kg)	碱解氮(mg/kg)	有效磷(mg/kg)	速效钾(mg/kg)
样本数（个）	2	2	2	2	2	2	2	2
平均数	5.9	22.1	1.06	0.66	20.1	110	3.5	201

注：数据来源于《云南土种志》，1994。

3. 典型剖面 采自云南省昭通市盐津县豆沙乡海拔770 m处，典型剖面理化性状见表6-47，剖面特征如下：

A层：0～17 cm，淡黄色（2.5Y5/4），重石质中壤。

(B)层：17～27 cm，黄色（2.5Y8/6），重石质重壤。

C层：27～51 cm，黄色（2.5Y8/6），重石质重壤。

表6-47 粗沙黄泥土典型剖面理化性状

发生层次	pH	有机质(g/kg)	全氮(g/kg)	全磷(g/kg)	全钾(g/kg)	碱解氮(mg/kg)	有效磷(mg/kg)	速效钾(mg/kg)	质地
A	6.4	13.1	0.72	0.57	24.9	77	2	114	重石质中壤
(B)	6.6	5.3	0.31	0.32	23.1	33	1	60	重石质重壤
C	6.8	3.8	0.19	0.40	19.9	35	1	57	重石质重壤

注：数据来源于《云南土种志》，1994。

4. 生产性能综述 粗沙黄泥土土体不厚且夹有砂岩碎石，影响耕作，宜种范围较窄，抗逆力弱。轮作方式以玉米间杂豆连作为主。一年一熟，产量低，属于低产旱地土种。缓坡处应“坡改梯”，开沟防洪排涝，兴修小型水利，增种绿肥，增施有机肥，合理施用化肥，逐步加深耕层，提高土壤保水保肥能力，培肥土壤，增加产量。约30%的陡坡耕地，应退耕还牧还林。

第七章 黄壤物理性质 >>>

第一节 土壤机械组成与质地

土壤质地是土壤最基本的物理性质之一，对土壤的通透性、保蓄性、耕性以及养分含量等都有很大的影响，是评价土壤肥力和作物适宜性的重要依据。黄壤是亚热带常年湿润生物气候条件下形成的地带性土壤，主要成土过程是脱硅富铁铝化作用和铁铝氧化物水化作用，特殊条件下还可伴生表潜和灰化作用。黄壤的富铁铝化强度比砖红壤和红壤弱，由于常年湿润引起强度淋溶，交换性盐基量仅为20%，呈盐基极不饱和状态，pH 4.5～5.5，黏粒硅铝率 2.0～2.3。黏土矿物以蛭石为主，高岭石、水云母其次，质地比红壤轻。黄壤的成土母质有酸性结晶岩、泥质岩类、石英砂岩类风化物以及部分第四纪老风化壳。成土母岩的矿物成分和脱硅富铁铝化作用强度差异，导致土壤机械组成差异，土壤质地主要继承了成土母质的类型和特点。各类母岩（母质）形成的黄壤，以玄武岩、灰岩黏质风化壳形成的黄壤质地最为黏重，砂岩、花岗岩形成的黄壤质地较轻（表 7-1）。

表 7-1 成土母岩（母质）与黄壤质地

母岩（母质）种类	黄壤质地（国际制）
页岩、板岩、凝灰岩	粉沙质黏土-壤质黏土
玄武岩、灰岩黏质风化壳	壤质黏土-黏土-重黏土
砂岩、花岗岩	沙质壤土-沙质黏壤土
砂页岩互层	粉沙质黏壤土-粉沙质黏土
含硅白云岩	粉沙质壤土
紫色岩	沙质黏壤土-沙质黏土

一、西南区黄壤耕地质地与颗粒组成分布

西南区黄壤耕地分区包括川滇高原山地林农牧区、黔桂高原山地林农牧区、秦岭大巴山林农区、四川盆地农林区及渝鄂湘黔边境山地林农牧区五大农业区。西南区典型黄壤亚类面积最大，典型黄壤亚类各质地土壤面积均以黔桂高原山地林农牧区面积最大，其余依次为渝鄂湘黔边境山地林农牧区、川滇高原山地林农牧区、四川盆地农林区、秦岭大巴山林农区；从不同质地的分布面积来看，依次为中壤>沙壤>黏土>轻壤>重壤>沙土。西南区黄壤性土亚类分布面积明显小于典型黄壤亚类，不同质地在西南区的面积依次为中壤>黏土>重壤>沙壤>轻壤>沙土；黄壤性土亚类各质地面积占比以渝鄂湘黔边境山地林农牧区最大，其余依次为黔桂高原山地林农牧区、秦岭大巴山林农区、川滇高原山地林农牧区、四川盆地农林区。西南区漂洗黄壤亚类分布面积明显小于其他两个黄壤亚类，不同质

地漂洗黄壤的面积依次为中壤＞沙壤＞轻壤＞重壤＞黏土；西南区漂洗黄壤亚类各质地土壤面积均以黔桂高原山地林农牧区最大，其余依次为渝鄂湘黔边境山地林农牧区、四川盆地农林区、川滇高原山地林农牧区。

（一）贵州

由于母岩和成土环境的差异，贵州作为全国黄壤集中分布的地区，土壤颗粒分布状况差异较大，表层＞0.25 mm 的水稳性团聚体 27%～75%。据贵州农学院（现为贵州大学农学院）分析，A 层中团聚体直径＞3 mm 的占 17.4%～34.0%，2～3 mm 的占 8.4%～12.2%，1～2 mm 的占 7.4%～11.8%，0.5～1 mm 的占 19.0%～25.4%，0.25～0.5 mm 的占 5.6%～9.8%，＜0.25 mm 的占 20.4%～30.7%，黏粒所占比例较高。从 16 个典型剖面发生层各级颗粒分布状况来看，各剖面发生层次中黏粒所占比例较高，B 层＜0.002 mm 的黏粒含量较 A 层、C 层多；Bt/A 黏粒比平均为 1.18，Bt/C 黏粒比平均为 1.49。粉粒/黏粒和（粉粒＋沙粒）/黏粒比值均为 B 层＜A 层＜C 层。母岩对土壤质地有很大影响。贵州各类母岩（母质）形成的黄壤，以玄武岩、泥灰岩、黏质老风化壳形成的黄壤最为黏重，以砂岩、花岗岩形成的黄壤质地较轻。

从黏土矿物来看，贵州黄壤以蛭石为主（表 7－2）。其中，B 层以蛭石为主的占 7 个，以高岭石为主的占 3 个，出现少量三水铝石的有 3 个。

表 7－2 贵州黄壤的黏粒矿物组成

地点	海拔（m）	粒径（μm）	B 层黏土矿物主要类型
播州区	800	＜2	蛭石为主，少量高岭石、水云母
仁怀市	1 180	＜1	蛭石为主，次为高岭石、三水铝石及伊利石
丹寨县	900	＜2	蛭石为主，大量高岭石、极少绿泥石
红花岗区	990	＜2	高岭石为主，少量蛭石、极少水云母
贵阳市	1 250	＜1	高岭石为主，次为蛭石和水云母
水城区	1 380	＜2	高岭石为主，次为蛭石
湄潭县	850	＜1	蛭石为主，次为高岭石、三水铝石及伊利石
西秀区	1 415	＜2	蛭石为主，次为水云母、高岭石
习水县	1 040	＜1	蛭石为主，次为高岭石、伊利石及三水铝石
赤水市	1 310	＜2	蛭石为主，次为高岭石、水云母

黄壤不同亚类土壤质地因母质不同而异。其中，典型黄壤亚类以粉沙质黏土至壤质黏土为主（表 7－3）。漂洗黄壤亚类的黏土矿物组成特点是 AE 层含大量水云母、高岭石，有极少量蒙脱石、蛭石；E 层依次为蒙脱石、水云母、高岭石和少量蛭石；B 层依次为蛭石、水云母、高岭石。

表 7－3 典型黄壤亚类的黏粒矿物组成和质地（贵州遵义）

深度（cm）	各粒级颗粒含量（%）				质地
	0.2～2 mm	0.02～0.2 mm	0.002～0.02 mm	＜0.002 mm	
0～19	5.8	22.0	46.4	25.8	粉沙质黏土
19～50	1.7	22.8	54.4	30.1	粉沙质黏土
50～69	3.1	24.8	39.4	32.7	壤质黏土
69～87	0.7	17.2	38.3	43.8	壤质黏土

（二）四川

四川黄壤主要分布在北纬 27°50′—32°40′、垂直海拔 1 500 m 以下的区域，四川西南部山地海拔 2 300 m的区域也有分布。四川黄壤划分为典型黄壤、漂洗黄壤和黄壤性土 3 个亚类。其中，典型黄壤亚类的成土母质主要是须家河组地层砂页岩、嘉陵江组地层灰岩、第四纪更新统沉积物和紫色砂页岩等风化物。土壤质地因母质不同而差异较大，母质为第四系更新统沉积物（老冲积物）和灰岩风化物者较黏重，<0.002 mm 粒径的黏粒含量在 30%左右，粉沙含量为 35%～45%，多壤质黏土，少数黏土。母质为黄色、紫黄色砂岩、砂页岩风化物的质地较轻，<0.002 mm 粒径的黏粒含量为 15%～24%，粉沙含量为 23%～33%，多沙质壤土或黏质壤土（表 7-4）。

表 7-4 四川主要黄壤剖面发生层各级颗粒分布状况

发生层次	机械组成（mm）	冷沙黄泥土（砂页岩风化物）		沙黄泥土（砂页岩风化物）		矿子黄泥土（灰岩风化物）		老冲积黄泥土（老冲积物）	
		样本数（个）	比例（%）	样本数（个）	比例（%）	样本数（个）	比例（%）	样本数（个）	比例（%）
A	0.2～2	34	22.01±1.36	39	26.05±6.83	35	15.39±6.20	66	9.04±3.74
	0.02～0.2	34	33.64±2.64	39	35.83±3.34	35	19.43±0.47	66	25.24±2.50
	0.002～0.02	34	27.56±4.02	39	22.26±5.71	35	35.24±2.12	66	36.52±3.98
	<0.002	34	16.79±2.09	39	15.86±4.57	35	29.94±3.84	66	29.20±2.90
B	0.2～2	34	20.88±12.87	38	22.16±17.21	32	13.30±11.77	63	8.84±7.68
	0.02～0.2	34	30.85±14.90	38	33.32±16.53	32	20.03±9.65	63	26.01±11.89
	0.002～0.02	34	27.48±10.08	38	25.62±12.86	32	33.97±8.82	63	34.24±9.03
	<0.002	34	20.79±9.54	39	18.90±7.04	32	32.70±12.30	63	30.91±8.83
C	0.2～2	12	20.79±12.58	14	28.64±19.13	11	8.38±4.90	32	10.15±8.66
	0.02～0.2	12	22.80±7.99	14	29.75±15.74	11	17.21±7.15	32	21.66±10.57
	0.002～0.02	12	33.04±9.75	14	23.87±9.39	11	43.97±8.60	32	37.23±10.72
	<0.002	12	23.37±5.16	14	17.74±8.33	11	30.44±4.10	32	30.86±10.95

（三）云南

云南黄壤处于红壤地带的山地垂直带谱之上，分布在红壤和黄棕壤带之间，主要包括典型黄壤和黄壤性土两个亚类。不同的成土母质，其矿物组成有很大区别，土壤机械组成与质地也不一致（表 7-5）。

表 7-5 云南典型黄壤亚类剖面发生层质地状况

编号	取土地点	海拔（m）	发生层次	取土深度（cm）	质地
黄壤 1 号	昭通市守望乡水井村	1 940	A	0～24	沙壤土
			AB	24～56	细沙质壤土
			B	56～92	细沙质壤土
黄壤 2 号	镇雄县芒部乡乡政府	1 610	A	0～20	细沙质壤土
			AB	20～40	轻壤
			B	40～67	轻壤
黄壤 3 号	镇雄县化肥厂	1 810	A	0～19	壤土
			AB	19～58	壤土
			B	58～88	黏壤土

（四）湖南

湖南黄壤包括典型黄壤和黄壤性土两个亚类。典型黄壤亚类物理性质较好，一般为中壤土到重壤土，并有上层比下层黏重的趋势，表土层机械组成<0.01 mm 的物理性黏粒为 30.4%，B 层 55.0%，BC 层 63.0%。黄壤性土亚类较疏松，质地为中壤土到中黏土，并有表土层较疏松、心土层与底土层较紧实的特点。由于土体中夹有半风化的母岩碎片，致使土壤通透性好，但保水性差，夏秋季土体常因缺水而易遭干旱，特别是板岩、页岩和花岗岩风化物发育的黄壤性土更甚。土壤机械组成因母质而异，板岩、页岩风化物发育的黄壤性土亚类全土层>5 mm 的砾石均在 50%以上，0.2～2 mm 的沙粒只占 7.81%，<0.002 mm 黏粒占 43.72%；花岗岩风化物发育的黄壤性土亚类以物理性沙粒为主，0.2～2 mm 的沙粒占 53.92%，<0.002 mm 黏粒只占 9.88%。湖南黄壤剖面发生层各级颗粒分布状况见表 7-6。

表 7-6 湖南黄壤剖面发生层各级颗粒分布状况

母岩母质	发生层次	各级颗粒含量（%）					
		0.25～1 mm	0.05～0.25 mm	0.01～0.05 mm	0.005～0.01 mm	0.001～0.005 mm	<0.001 mm
花岗岩风化物	A_1	51.72	13.12	10.90	3.65	10.39	10.22
	AB	56.18	12.08	10.40	4.44	9.12	7.78
	B	56.49	8.24	9.18	5.85	7.56	12.68
	BC	62.14	6.26	5.33	2.77	4.70	18.80
板岩、页岩风化物	A_1	2.10	8.07	12.87	14.59	26.38	35.99
	B_1	2.08	5.10	14.09	10.91	23.38	44.44
	B_2	2.49	6.58	13.08	10.09	22.19	45.57
石灰岩风化物	A_1	2.16	6.00	13.58	9.27	18.57	50.42
	A	0.62	6.03	8.96	5.77	14.33	64.29
	B	1.15	5.82	10.09	1.87	15.92	65.15

湖南年降水量 1 600～1 700 mm，年均湿度 78%～83%。黄壤土体中的水分比红壤高，这些水分沿土壤孔隙向下层移动，土壤黏粒也向下层迁移，盐基离子大部分被淋失，黏粒在 B 层淀积，交换性盐基总量和阳离子交换量由上向下也逐渐降低。

（五）湖北

湖北黄壤分布在西南部山地，主要包括典型黄壤亚类和黄壤性土亚类。典型黄壤亚类剖面发育完整，土层较厚，土壤质地随母质不同而有较大差异，碳酸盐母质发育的黄泥巴土，母质质地黏重，质地为黏土；花岗岩母质发育的黄鼓眼大土，母质沙粒含量高，土壤为中砾质中壤或中壤；泥质页岩或砂页岩发育的黄壤，土体中含有母岩未风化的砾石，土层疏松，质地黏重。黄壤性土亚类土壤剖面发育不完整，A 层浅薄，B 层发育弱，是在黄壤遭受侵蚀后形成的，土壤质地和机械组成等均与典型黄壤亚类有较大的差异。

二、青藏区黄壤耕地质地与机械组成分布

该区主要有藏南农牧区和川藏林农牧区两个二级农业区。青藏区以典型黄壤亚类分布面积最大，不同质地的黄壤亚类面积依次为沙土>轻壤>沙壤>重壤>黏土，无中壤分布。青藏区典型黄壤亚类集中分布在川藏林农牧区；黄壤性土亚类面积小，主要分布在川藏林农牧区，以轻壤为主，中壤面积极少。

（一）西藏

西藏黄壤主要包括腐殖质黄壤和典型黄壤两个亚类。其中，腐殖质黄壤主要发育于东喜马拉雅山脉南翼东段山地和察隅地区河谷阴面山坡，可发育于不同坡度的不同地形部位，质地悬殊，从沙壤土

到重壤土都有，质地范围较宽。黏粒含量有不足10%的，也有10%～20%的，B层的黏粒比A层多3%以上，说明有明显的淋洗和聚积。土壤黏土矿物以蛭石为主，伴生有高岭石、水云母，A层还可见硅藻。这与我国中亚热带地区黄壤的黏土矿物组成相似。在西藏，典型黄壤亚类分为黄壤和残余硅铁质红黄壤两个土属。其中，黄壤土属质地轻，洪积扇上的黄壤属沙壤土，黏粒含量1.5%～5.6%；残余硅铁质红黄壤土属由于在古土壤层上发育，质地较黄壤土属重，属轻壤土至中壤土，黏粒含量5%～17%。黏土矿物以水云母和结晶不良的高岭石为主（表7-7）。

表7-7 西藏典型黄壤剖面机械组成

采样点基本信息	取土深度（cm）	机械组成（%）	
		<0.001 mm	<0.01 mm
察隅县下察隅镇沙琼村西北，海拔2 300 m，花岗岩坡积物	4～11	13.0	24.9
	11～19	14.9	43.6
	19～30	16.2	52.2
	30～48	20.1	57.9
	48～80	10.7	52.8
	80～100	15.5	45.9
察隅县沙玛村西南，海拔2 080 m，花岗岩坡积物	6～21	—	—
	21～32	8.5	22.6
	32～46	4.0	15.7
	46～67	4.5	14.5
	67～95	4.1	12.5
	95～144	3.1	9.5
墨脱县班固山后山，海拔1 960 m，角闪石片麻岩残积物	6～11	8.4	16.8
	11～21	8.2	29.0
	21～49	8.3	23.0
	49～72	9.5	29.8
	72～105	11.9	32.1
	105～135	21.4	47.3
墨脱县背崩乡背崩村后山，海拔12 400 m，沙卡岩坡积物	6～21	6.6	18.4
	21～32	12.0	36.4
	32～46	14.6	37.6
	46～67	13.3	37.7
	67～95	16.0	35.9
	95～144	6.9	18.9
墨脱县阿尼桥后山，海拔1 250 m，变斑晶混合岩坡积物	5～11	10.5	20.5
	11～22	6.7	19.8
	22～32	6.1	14.0
	32～40	5.3	14.3
	40～78	4.5	17.8
	78～120	4.7	13.2
	120～165	5.0	13.2

（续）

采样点基本信息	取土深度（cm）	机械组成（%）	
		<0.001 mm	<0.01 mm
察隅县扎拉大桥南洪积扇，海拔 2 260 m，花岗岩洪积物	2～4	5.6	20.0
	4～9	5.5	18.9
	9～24	3.9	11.7
	24～59	2.0	10.0
	59～80	1.5	9.8
察隅县沙通坝南台地，海拔 1 720 m，花岗岩构成的冲积物	1～5	5.6	29.5
	5～11	6.4	35.8
	11～33	8.1	34.8
	33～63	14.8	38.9
	63～90	6.5	25.6
察隅县宗古村西南洪积台地，海拔 1 710 m，片麻状花岗岩为主的洪积物	0～6	6.9	21.7
	6～15	11.6	34.3
	15～47	17.4	42.2
	47～80	9.1	25.8
	80～140	4.9	15.4

（二）青海

青藏区中的青海黄壤耕地质地与机械组成分布未见相关文献及资料描述。

三、华南区黄壤耕地质地与机械组成分布

该区主要有滇南农林区、闽南粤中农林水产区和粤西桂南农林区 3 个二级农业区。华南区以典型黄壤亚类分布面积较大，不同质地在华南区分布总面积依次为中壤>黏土>沙壤，轻壤、沙土和重壤无分布。华南区典型黄壤亚类各质地以滇南农林区分布面积较大，其次为粤西桂南农林区，闽南粤中农林水产区分布较少。华南区黄壤性土亚类分布面积较少，仅有黏土分布，未见轻壤、沙壤、沙土、中壤和重壤分布。

（一）福建

黄壤是福建山地土壤垂直带谱的土类之一，大多分布于中山地带，其下限在海拔 700～1 200 m，由南向北、由东向西其下限逐渐降低、带宽逐渐增大。由于矿物风化度较低，原生矿物（如石英、长石）残余量比红壤多，滚圆度较差，黏粒含量较低，<0.002 mm 粒径的黏粒含量一般少于 36%，粉沙/黏粒比大于 0.75。黏粒 SiO_2/Al_2O_3 率平均为 2.17±0.43（n=20），比红壤低。福建黄壤剖面发生层各级颗粒分布状况见表 7-8。

表 7-8　福建黄壤剖面发生层各级颗粒分布状况

深度（cm）	各级颗粒含量（%）				粉沙/黏粒
	0.2～2（mm）	0.02～0.2（mm）	0.002～0.02（mm）	<0.002（mm）	
0～23	15.05	14.07	20.55	50.33	0.41
23～56	16.69	13.99	19.54	49.78	0.39
56～100	16.91	14.39	22.78	45.92	0.50

（二）广东

广东黄壤分布在海拔 750～800 m 的山地，海拔上限一般在 1 100～1 300 m。根据母岩类型，可

分为花岗岩黄壤、砂页岩黄壤和变质岩黄壤3个土属，其理化性质和土壤剖面形态有所差异（表7-9）。花岗岩黄壤的沙粒含量最高，粉沙/黏粒比小，风化层较厚。砂页岩黄壤粉沙含量最高，粉沙/黏粒比最大，土体较紧实，但质地不均。页岩发育的黄壤，较黏；砂岩发育的黄壤，沙性重；砂砾岩发育的黄壤，多砾石。变质岩黄壤，粉沙含量高，粉沙/黏粒比变幅大，质地不均一，土层较浅，砾石较多。

表7-9 广东主要黄壤剖面发生层各级颗粒分布状况

土壤类型	样本数（个）	各级颗粒含量（%）				其他
		0.05～3 (mm)	0.001～0.05 (mm)	<0.001 (mm)	粉沙/黏粒	
花岗岩黄壤	7	50	32.5	17.5	1.86	土层较厚，土体较松
砂页岩黄壤	6	33	51.5	15.5	3.32	土层厚度不一，土体较紧实，质地不均，部分土体多砾石
变质岩黄壤	2	30～31	45.6～57.8	12.2～23.2	1.9～4.7	土层较薄，质地差异较大，石块较多

四、长江中下游区黄壤耕地质地与机械组成分布

该区域主要有江南丘陵山地农林区、南岭丘陵山地林农区、长江下游平原丘陵农畜水产区、长江中游平原农业水产区和浙闽丘陵山地林农区5个二级农业区。长江中下游区也以典型黄壤亚类分布面积较大，不同质地在长江中下游区分布总面积依次为重壤>沙壤>沙土>中壤>轻壤>黏土。典型黄壤亚类各质地以南岭丘陵山地林农区分布面积最大，其次为江南丘陵山地农林区、浙闽丘陵山地林农区，长江下游平原丘陵农畜水产区及长江中游平原农业水产区分布较少。黄壤性土亚类分布面积较少，不同质地在长江中下游区分布总面积依次为沙土>中壤>轻壤>重壤>沙壤，黏土未见分布；各质地以南岭丘陵山地林农区分布面积较大，其次为江南丘陵山地农林区，浙闽丘陵山地林农区、长江下游平原丘陵农畜水产区和长江中游平原农业水产区未见分布。

第二节 土壤结构

发育于花岗岩、砂岩、砂页岩母质上的黄壤，质地偏沙，渗透性强，淋溶作用较明显。石英砂岩风化物发育的黄壤酸性强，所含养分和盐基饱和度低。发育于第四纪红色黏土的黄壤，土体厚达数米，质地黏重，黏粒含量高达40%以上。石灰岩等碳酸盐岩类风化物发育的黄壤，盐基含量和盐基饱和度较高，土体厚薄不一，不少为石旮旯土，水土流失严重。黄壤的成土母质有酸性结晶盐、泥质岩类、石英砂岩类风化物以及部分老风化壳。黄壤土体比红壤浅薄，A层厚15 cm左右，粒状、屑粒状、碎块状、小块状结构；A层向B层过渡明显，B层厚在30 cm以上，呈黄色至黄棕色，多为块状结构。不同地区、不同母岩、不同耕作习惯会呈现不同的土壤结构特点。

《中国土壤》将黄壤划分为典型黄壤、表潜黄壤、漂洗黄壤和黄壤性土4个亚类，黄壤各亚类土壤主要结构特点列于表7-10。

表7-10 中国主要黄壤亚类分布及结构特点

亚类	典型结构特点
典型黄壤	以贵州省遵义市汇川区高坪镇蒙梓桥黄壤剖面为例，A层粒状结构，B层块状结构，BC层大块状结构，C层无结构，壤质黏土

（续）

亚类	典型结构特点
表潜黄壤	O-Ahg-Bsg-C型。分布于黄壤带内局部山顶低洼处，表土层具有轻度潜育特征，土体呈暗灰色的还原状态，心土层呈现锈纹、锈斑。表层有机质含量可达200 g/kg，心土层也在50 g/kg以上，土壤质地多为粉沙黏壤至黏土。在中国土壤系统分类（修订方案）中，部分表潜黄壤相当于表潜富铝常湿富铁土
漂洗黄壤	O-Ah-E-Bs-C-R型。因漂洗作用使土中盐基贫乏，pH 4.8～5.5，呈酸性。在中国土壤系统分类（修订方案）中，部分漂洗黄壤相当于常湿富铁土
黄壤性土	A-(B)-C型。分布于黄壤区的陡坡、严重侵蚀（水土流失）的地区，土层薄，剖面一般为A-C型，B层发育弱，心土层含有较多半风化的岩石碎片，化学性质与典型黄壤类似，pH 4.2～6.2

注：数据来源于《中国土壤》。

一、西南区黄壤耕地土壤结构

（一）贵州

贵州黄壤表层通常为粒状、小块状、碎块状，B层多为块状或棱柱状。

1. 典型黄壤亚类 从成土环境来看，由于所处地势较为平缓，植被较茂密，发育的环境较稳定，土壤发育程度较深。典型黄壤亚类包括黄泥土、黄沙泥土、黄沙土、橘黄泥土、大黄泥土、黄黏泥土、紫黄沙泥土、麻沙黄泥土8个土属54个土种，各土属剖面结构特点详见表7-11。

表7-11 贵州典型黄壤亚类各土属剖面结构特点

土属	典型剖面结构特点
黄泥土土属	以贵州省遵义市汇川区高坪镇蒙梓桥黄壤剖面为例，A层粒状结构，B层块状结构，BC层大块状结构，C层无结构，壤质黏土
黄沙泥土土属	以厚黄沙泥土种为例，A层粒状结构，B层碎块状结构，C层大块状结构
黄沙土土属	以黄沙土土种为例，A层粒状结构，B层块状结构，C层无结构
橘黄泥土土属	以厚橘黄泥土种为例，A层粒状结构，B层小块状结构，BC层大块状结构
大黄泥土土属	以厚大黄泥土土种为例，A层核粒状结核，AB层粒状加小块状结构，B层小块状结构，BC层块状结构
黄黏泥土土属	以厚大黄泥土土种为例，A层碎块状结构，B层大棱柱状结构，C层结构不明显
紫黄沙泥土土属	以紫黄沙泥为例，A层粒状结构，AB层碎块状结构，B层块状结构，BC层结构不明显
麻沙黄泥土属	以麻沙黄泥为例，A层粒状结构，B层小块状夹碎块状结构，C层块状结构

注：数据来源于《贵州省土壤》。

2. 漂洗黄壤亚类 漂洗黄壤亚类主要分布在遵义市，安顺市、毕节市、贵阳市、六盘水市等地有零星分布。漂洗黄壤亚类包括白胶泥土、白鳝泥土、白散土、白泥土和白黏土5个土属，其剖面结构特点详见表7-12。

表7-12 贵州漂洗黄壤亚类各土属剖面结构特点

土属	典型剖面结构特点
白胶泥土土属	以遵义市桐梓县天门乡土壤剖面为例，A层粒状结构，B层小块状结构，E层块状结构
白鳝泥土土属	以厚白鳝泥土种为例，A层粒状结构，AE层小块状结构，E层块状结构，BE层块状结构
白散土土属	以贵阳市花溪区高坡云顶采集土壤剖面为例，AE层粒状结构，E层块状结构，B_1层块状结构，B_2层块状结构
白泥土土属	以厚白泥土种为例，A层屑粒状结构，E层块状结构，B层大块状结构，BC层大块状结构
白黏土土属	以白黏土土种为例，A层核状结构，B层块状结构，E层块状结构

注：数据来源于《贵州省土壤》。

3. 黄壤性土亚类 黄壤性土亚类是贵州黄壤土类中第二大亚类，各市（州）均有分布，以遵义市、铜仁市所占的比例最大。黄壤性土亚类有幼黄泥土、幼黄沙泥土、幼黄沙土、幼大黄泥土、幼橘黄泥土 5 个土属，其剖面结构特点详见表 7-13。

表 7-13 贵州黄壤性土亚类各土属剖面结构特点

土属	典型剖面结构特点
幼黄泥土土属	以幼黄泥土种为例，A 层多砾质壤黏土，BC 层无结构，中砾石壤黏土
幼黄沙泥土土属	以幼黄沙泥土种为例，A 层粒状结构，B 层块状结构，C 层块状结构
幼黄沙土土属	以幼黄沙土土种剖面为例，A 层碎块状结构，BC 层块状结构，C 层块状结构
幼大黄泥土土属	以幼大黄泥土种剖面为例，A 层核粒状结构，B 层块状结构，C 层块状结构
幼橘黄泥土土属	以幼橘黄泥土种为例，A 层粒状结构，B 层块状结构，C 层块状结构

注：数据来源于《贵州省土壤》。

从各土属的部分土种来看，其土壤结构也有较大差异（表 7-14、表 7-15、表 7-16）。

表 7-14 贵州典型黄壤亚类部分土种团粒结构分布

土种	土属	剖面信息	剖面粒径分布情况
厚黄泥	黄泥土土属	遵义市蒙梓桥省 2 号，母质为泥页岩	A 层：0.2～2 mm 占 5.8%；B 层：0.2～2 mm 占 1.7%；BC 层：0.2～2 mm 占 3.1%；C 层：0.2～2 mm 占 0.7%
黄泥土	黄泥土土属	贵阳市 86-18，母质为页岩	A 层：0.2～2 mm 占 3.0%；B_1 层：0.2～2 mm 占 0.9%；B_2 层：0.2～2 mm 占 0.9%
黄沙土	橘黄泥土土属	遵义 16 号	A 层：>2 mm 占 9.79%，0.2～2 mm 占 48.0%；B 层：0.2～2 mm 占 47.7%；C 层：0.2～2 mm 占 47.5%
厚橘黄泥土	橘黄泥土土属	六盘水水城汇水-06 号	A 层：>2 mm 占 4.3%，0.2～2 mm 占 15.0%；B 层：>2 mm 占 3.4%，0.2～2 mm 占 13.1%；C 层：>2 mm 占 2.5%，0.2～2 mm 占 3.5%
厚大黄泥土	大黄泥土土属	省-3	A 层：0.2～2 mm 占 18.9%；B_1 层：0.2～2 mm 占 22.9%；B_2 层：0.2～2 mm 占 21.1%；C 层：0.2～2 mm 占 20.0%
厚黄黏泥土	黄黏泥土土属	安-015	A 层：0.2～2 mm 占 4.6%；B 层：>2 mm 占 31.3%，0.2～2 mm 占 0.1%；C 层：>2 mm 占 53.8%，0.2～2 mm 占 1.7%
黄黏泥土	黄黏泥土土属	安-016	A 层：>2 mm 占 18.2%，0.2～2 mm 占 6.5%；B 层：0.2～2 mm 占 0.2%；C 层：0.2～2 mm 占 2.0%
紫黄沙泥土	紫黄沙泥土土属	遵义 11 号	A 层：0.2～2 mm 占 17.4%；B 层：0.2～2 mm 占 12.6%

注：数据来源于《贵州省土壤》。

表 7-15 贵州漂洗黄壤亚类部分土种团粒结构分布

土种	土属	剖面信息	剖面粒径分布情况
白胶泥土	白胶泥土土属	六盘水水城红星，母质为泥页岩风化物	A层：0.2～2 mm 占 2.4%；E层：0.2～2 mm 占 1.35%；C层：0.2～2 mm 占 1.26%
白鳝泥土	白鳝泥土土属	长顺斗省 146，母质为页岩夹硅质岩	AE层：0.2～2 mm 占 7.04%；E层：0.2～2 mm 占 13.15%
厚白散泥土	白泥土土属	贵-86-27	AE层：0.2～2 mm 占 10.5%；E层：0.2～2 mm 占 6.8%；B_1层：0.2～2 mm 占 7.0%；B_2层：0.2～2 mm 占 4.5%
厚白泥土	白黏土土属	遵义劳动乡 50 号	A层：0.2～2 mm 占 11.5%；E层：0.2～2 mm 占 7.0%；B层：0.2～2 mm 占 5.3%；BC层：0.2～2 mm 占 8.5%

注：数据来源于《贵州省土壤》。

表 7-16 贵州黄壤性土亚类部分土种团粒结构分布

土种	土属	剖面信息	剖面粒径分布情况
幼黄泥土	幼黄泥土土属	遵义市 1	A层：>2 mm 占 16.2%，0.2～2 mm 占 2.0%；BC层：>2 mm 占 55.2%，0.2～2 mm 占 1.5%
幼黄沙泥土	幼黄沙泥土土属	正安县 202	A层：0.2～2 mm 占 25.75%；B层：0.2～2 mm 占 33.83%；C层：0.2～2 mm 占 39.27%
幼橘黄泥土	幼橘黄泥土土属	赫章白果 164	A层：0.2～2 mm 占 60.56%；B层：0.2～2 mm 占 44.85%；C层：0.2～2 mm 占 38.16%

注：数据来源于《贵州省土壤》。

（二）四川和重庆

四川和重庆黄壤的成土母质复杂，在四川盆地四周的中低山区主要是三叠系至震旦系各地层的砂岩、页岩、千枚岩、灰岩、板岩等风化物；在丘陵区，则多为侏罗系的紫色、黄色石英砂岩风化物；在江河两岸阶地，常见第四纪更新统沉积物及老风化壳。

1. 典型黄壤亚类 典型黄壤亚类成土母质主要是须家河组地层砂页岩、嘉陵江组地层灰岩、第四纪更新统沉积物和紫色砂页岩等的风化物。母质不同，土壤质地和机械组成也不同（表 7-17 至表 7-21）。

表 7-17 四川和重庆典型黄壤亚类各土属剖面结构特点

土属	典型剖面结构特点
矿子黄泥土土属	位于重庆市石柱县鱼池镇，嘉陵江组灰岩，A层团块状结构，B层、C层块状结构
老冲积黄泥土土属	位于四川省泸州市江阳区黄舣镇，第四纪更新统沉积物，A层小块状结构，B层大块状结构，C层棱柱状结构
冷沙黄泥土	位于四川省达州市宣汉县樊哙镇，须家河组地层砂页岩，A层粒状夹块状结构，B层小块状结构，C层块状结构
沙黄泥土	位于重庆市北碚区蔡家岗镇，新田沟粗黄灰色沙泥岩，A层棱状结构，B层粒状结构，C层棱块状结构

注：数据来源于《四川土壤》和《四川土种志》。

表 7-18　四川和重庆典型黄壤亚类矿子黄泥土土属各土种分布及剖面结构特点

土种	母质	结构特点	剖面粒径分布情况	典型剖面
矿子黄泥土	该土种由三叠系嘉陵江组和雷口坡组地层的石灰岩与白云岩风化物发育而成	剖面层次分化比较明显，为A-B-C型，表层为粒状或小块状结构；心土层块状或棱柱状结构，黏粒含量在34.33%左右，紧实。质地黏重	A层：>2 mm占12.69%，0.2～2 mm占11.47%；B层：>2 mm占16.30%，0.2～2 mm占7.71%；C层：0.2～2 mm占9.53%	位于重庆市石柱县鱼池镇，嘉陵江组灰岩，A层团块状结构，B层、C层块状结构
灰泡黄泥土	成土母质为三叠系嘉陵江组、巴东组、雷口坡组以及飞仙关组等地层的厚层灰岩、泥质灰岩的深度风化物	土体不含碎石或含少量碎石，黏粒含量在30%左右，粉沙粒含量36.9%～44.38%，且自上而下逐渐增加，多为壤质黏土。剖面为A-B-C型，表层粒状结构，绵软松泡，心土层多块状结构，紧实板结，有铁锰胶膜和黏粒淀积	A层：>2 mm占7.52%，0.2～2 mm占15.18%；B层：>2 mm占9.20%，0.2～2 mm占9.76%；C层：0.2～2 mm占5.38%	位于四川省广安市华蓥市天池镇，母质为嘉陵江组地层灰岩风化物，A层粒状结构，B层块状结构，C层块状结构夹母岩碎屑
火石子黄泥土	该土种由二叠系、寒武系燧石灰岩或硅质灰岩风化物发育而成	土体较薄，质地多为多砾质黏壤土至轻砾石土，表土层遭受不同程度的冲刷侵蚀，厚薄不一，多粒状夹小块状结构，松散；心土层块状结构，紧实，有少量铁锰淀积斑纹	A层：>2 mm占20.99%，0.2～2 mm占26.85%；B层：0.2～2 mm占27.01%；C层：0.2～2 mm占14.32%	位于四川省成都市彭州市小鱼洞镇，母质为二叠系燧石灰岩风化坡积物，A层团粒状结构，B层小块状结构，C层小块状结构夹岩石碎屑
中层矿子黄泥土	该土种主要由三叠系嘉陵江组、雷口坡组和二叠系茅口组以及泥盆系的石灰岩、白云岩等风化物发育而成	土体厚度一般不超过80 cm，通体含10%～30%的石灰岩碎屑，细粒部分为壤质黏土或黏土，结构较好	A层：>2 mm占10.0%，0.2～2 mm占23.10%；B层：>2 mm占30.4%，0.2～2 mm占22.22%；C层：>2 mm占27.28%，0.2～2 mm占21.97%	位于重庆市北碚区戴家沟乡青蜂村小岚垭，母质为二叠系龙潭组石灰岩残坡积物，A层粒状结构，B层核粒状夹块状结构，C层粒状夹块状结构

注：数据来源于《四川土壤》和《四川土种志》。

表 7-19　四川典型黄壤亚类老冲积黄泥土土属各土种分布及剖面结构特点

土种	母质	结构特点	剖面粒径分布情况	典型剖面
卵石黄泥土	该土种由第四纪更新统沉积物发育而成，通体含有较多的卵石	层次分化明显，剖面为A-B-C型，中砾质至多砾质壤质黏土，耕层薄，小块状结构，稍紧实；心土层铁锰淀积明显，呈大块状或棱柱状结构，紧实。土层深厚，母质风化度深，黏重板结，通透性差，且含大量卵石，耕性不良	A层：>2 mm占4.81%，0.2～2 mm占12.09%；B层：>2 mm占18.29%，0.2～2 mm占9.40%；C层：>2 mm占0.87%，0.2～2 mm占10.29%	采自泸州市江阳区黄舣镇龙头铺村，母质为第四纪更新统沉积物，A层小块状结构，B层大块状结构
面黄泥土	该土种由第四纪更新统沉积物发育而成	质地多为壤质黏土，剖面为A-B-C型，表层为核状夹块状结构，比较疏松，心土层为块状或棱柱状结构，土层深厚，结构良好	A层：>2 mm占2.62%，0.2～2 mm占6.33%；B层：>2 mm占4.00%，0.2～2 mm占5.25%；C层：>2 mm占4.08%，0.2～2 mm占5.43%	采自成都市邛崃市宝林镇百胜村，母质为第四系更新统雅安砾石层冰水沉积物，A层块状夹粒状结构，B层大块状结构

（续）

土种	母质	结构特点	剖面粒径分布情况	典型剖面
铁杆子黄泥土	该土种由第四系中更新统雅安期冰水沉积物（Q2）发育而成	母质风化度深，淋溶淀积作用强烈，质地黏重，多为粉沙质黏土和壤质黏土，块状结构，层次分化明显，剖面为A-B-C型，表层以淋溶为主，心土层质地较黏，为粉沙质壤土或黏土，紧实；瘦薄，黏重，结构不良，耕性差，供肥弱	A层：>2 mm占6.86%，0.2～2 mm占8.38%；B层：>2 mm占4.82%，0.2～2 mm占9.17%；BC层：>2 mm占0.96%，0.2～2 mm占7.15%	采自成都市邛崃市临济镇杨庙村，老冲积母质，A层小块状夹粒状结构，B层块状结构
卵石黄沙泥土	该土种由第四系上更新统堆积物发育而成	通体有卵石，层次分化不明显，剖面为A-B-C型，质地较轻，沙粒含量占54%，多为中砾质沙质壤土至黏壤土。表层为粒状结构，较疏松；下层为块状或柱状结构，土体紧实，土层深厚，沙黏适中，疏松透气，好耕作，宜耕期长	A层：>2 mm占6.45%，0.2～2 mm占17.36%；B层：>2 mm占5.09%，0.2～2 mm占16.23%；BC层：>2 mm占0.96%，0.2～2 mm占25.78%	采自内江市威远县严陵镇滕家坝，母质为第四系上更新统冰水沉积物，A层粒状夹块状结构，B层块状结构，C层柱状结构
厚层卵石黄泥土	该土种由第四纪更新统沉积物发育而成	土体深厚，层次分化明显，质地较重，多为壤质黏土，土壤发育深，冲刷重，心土层铁锰淀积较明显，表层多为块状或小块状结构，心土层和底土层多为棱柱状结构，剖面为A_0-A_1-B-C型，该土种土体深厚，黏重，土壤风化度深，酸度大，养分贫乏，结构差	A层：0.2～2 mm占2.7%；B层：0.2～2 mm占4.59%；BC层：0.2～2 mm占4.52%	采自成都市蒲江县西南乡，母质为第四系更新统雅安砾石层冰水沉积物，A层核状结构，B层块状结构，C层夹较多卵石

注：数据来源于《四川土壤》和《四川土种志》。

表7-20　四川和重庆典型黄壤亚类冷沙黄泥土土属各土种分布及剖面结构特点

土种	母质	结构特点	剖面粒径分布情况	典型剖面
冷沙黄泥土	该土种由三叠系须家河组地层的砂页岩互层风化物发育而成	土体厚40～85 cm，通体含少量半风化岩石碎块，剖面为A-B-C型，质地上轻下重，表层为黏壤土，粒状夹块状结构，疏松；心土层黏粒和粉沙粒含量均比表层增加15%左右，块状结构，稍紧；底土层为壤质黏土，黏粒比表层增加29.3%，紧实	A层：>2 mm占9.86%，0.2～2 mm占20.49%；B层：>2 mm占9.65%，0.2～2 mm占16.50%；C层：>2 mm占4.50%，0.2～2 mm占17.94%	采自达州市宣汉县樊哙镇，母质为须家河组砂岩风化物，A层粒状夹块状结构，B层小块状结构
冷沙土	该土种由三叠系须家河组地层的石英砂岩发育而成	土体厚50 cm左右，质地粗糙，含有较多的砾石碎块，多为中砾质至多砾质沙质壤土，松散	A层：>2 mm占6.60%，0.2～2 mm占26.80%；B层：>2 mm占6.62%，0.2～2 mm占24.33%；C层：0.2～2 mm占35.12%	采自乐山市沐川县高笋乡张岩村1组，母质为须家河组地层厚砂岩坡积物，A层粒状结构，B层小块状结构，C层块状结构夹岩石碎屑
厚层冷沙黄泥土	该土种由三叠系须家河组厚沙薄页岩风化发育而成	土体厚80 cm左右，通体含较多岩石碎屑，剖面层次分化不明显，质地上轻下重，表层多为粉沙质壤土，心土层、底土层为黏壤土，剖面为A-B-C型，表层多为粒状结构，心土层、底土层则多为粒状夹小块状结构	A层：0.2～2 mm占15.83%；B层：0.2～2 mm占11.53%；C层：0.2～2 mm占12.33%	采自重庆市大足区万古镇新石村低山下部，母质为三叠系须家河组砂页岩残坡积物，A层粒状结构，B层粒状夹块状结构，C层块状结构

注：数据来源于《四川土壤》和《四川土种志》。

表 7-21 四川和重庆典型黄壤亚类沙黄泥土土属各土种分布及剖面结构特点

土种	母质	结构特点	剖面粒径分布情况	典型剖面
沙黄泥土	该土种由侏罗系和白垩系底层的砂岩、泥岩风化物经酸化黄化发育而成，以沙溪庙组紫红色泥岩、紫色砂岩和自流井组杂色泥岩、砂岩风化物居多	土体厚 80 cm 左右，土体内含少量岩石碎屑（10%以下），多为少砾质沙质黏壤土或黏壤土，土壤层次分化明显，剖面为 A-B-BC 型，表层粒状或核状结构，疏松；心土层，小块状夹粒状结构，稍紧实，有少量铁锰淀积	A 层：>2 mm 占 3.72%，0.2～2 mm 占 14.78%；B 层：>2 mm 占 5.01%，0.2～2 mm 占 14.70%；BC 层：>2 mm 占 5.21%，0.2～2 mm 占 21.46%	采自重庆市北碚区蔡家乡三溪村，母质为新田沟组黄色、灰色沙泥岩风化物，A 层核状结构，B 层粒状结构，BC 层棱块状结构
黄沙土	该土种由侏罗系、白垩系地层的紫色、黄色厚砂岩风化物发育而成	土体厚度一般小于 50 cm，剖面为 A-B-C 型，含较多的碎石，粗沙含量高达 68%，多为多砾质沙壤土，土体疏松，结构差，层次分化不明显，心土层和底土层无铁锰淀积	A 层：>2 mm 占 11.97%，0.2～2 mm 占 30.14%；B 层：>2 mm 占 11.84%，0.2～2 mm 占 29.61%；BC 层：>2 mm 占 14.60%，0.2～2 mm 占 38.23%	采自四川省南充市仪陇县茶房乡发扬村，母质为黄色砂岩风化物，A 层单粒状结构，B 层碎块状结构，C 层多砾质沙质黏壤土，夹多量半风化母岩碎屑

注：数据来源于《四川土壤》和《四川土种志》。

2. 漂洗黄壤亚类 四川漂洗黄壤亚类成土母质有第四纪更新统沉积物和砂页岩风化物，土壤剖面中常出现灰白色的漂洗层（E），即基层常称的白鳝层，该层多酸性反应，常呈块状或棱柱状结构，黏粒含量高，剖面构型为 A-E-C 型。该亚类黄壤仅白鳝泥土一个土属，典型剖面（位于四川省雅安市名山区百丈镇，母质为第四纪更新统沉积物，白鳝泥土土种）结构显示，A 层为粒状夹核状结构，E 层大棱柱状结构（表 7-22）。

表 7-22 四川漂洗黄壤亚类白鳝泥土土属各土种分布及剖面结构特点

土种	母质	结构特点	剖面粒径分布情况	典型剖面
冷白鳝泥土	该土种由白垩系、侏罗系、二叠系、三叠系的紫色、黄色砂岩、砂页岩风化发育而成	土体厚在 70 cm 以上，含少量岩石碎块，层次分化明显，剖面为 A-E-C 型，质地上轻下重，黏粒下移明显，表层为黏壤土，心土层为壤质黏土，底土层黏重紧实，质地适中，好耕作，宜耕期长	A 层：>2 mm 占 2.80%，0.2～2 mm 占 6.41%；E 层：>2 mm 占 2.25%，0.2～2 mm 占 9.48%；C 层：>2 mm 占 1.10%，0.2～2 mm 占 8.46%	采自达州市宣汉县桃花乡，母质为侏罗系蓬莱镇组地层的灰白色砂岩、棕红色泥岩风化物，A 层小块状结构，B 层小棱块状结构，C 层棱块状结构
白鳝泥土	该土种由第四系更新统黄色黏土发育而成	土体厚在 80 cm 以上，含少量砾石，质地多为壤质黏土，黏粒由上而下递增 20%～40%，层次分化明显，剖面为 A-E-C 型，土体深厚，质地黏重，结构不良	A 层：>2 mm 占 0.69%，0.2～2 mm 占 12.35%；E 层：>2 mm 占 0.21%，0.2～2 mm 占 11.03%；C 层：0.2～2 mm 占 2.59%	采自资阳市雁江区老君镇常乐村，母质由第四系上更新统黄色黏土发育而成，A 层团块结构，E 层大块状结构，C 层大块状结构

注：数据来源于《四川土壤》和《四川土种志》。

3. 黄壤性土亚类 成土母质为二叠系以前各地层的砂页岩、板岩、花岗岩风化物。土层浅薄，土层厚度大多小于 60 cm。岩石风化不彻底，发育浅，土体中夹有大量半风化的岩石碎块，多为砾石土。土壤剖面分化不明显，为 A (B)- C 或 A－BC 构型，表土层>2 mm 砾石含量 36.12%，0.2～2 mm 团粒含量 63.23%。表 7－23 至表 7－28 介绍了部分土属土种分布及剖面结构特点。

表 7－23 四川和重庆黄壤性土亚类各土属分布及剖面结构特点

土属	耕层粒径分布情况	典型剖面结构特点
扁石黄泥土土属	>2 mm 占 28.30%，0.2～2 mm 占 30.60%	位于重庆市石柱县鱼池镇，嘉陵江组灰岩，A 层团块状结构，B 层、C 层块状结构
石渣黄泥土土属	>2 mm 占 26.27%，0.2～2 mm 占 26.16%	位于四川省乐山市金口河区吉星乡，A 层团块状结构，B 层棱柱状结构，C 层大棱柱结构
炭渣土土属	>2 mm 占 18.63%，0.2～2 mm 占 22.56%	位于重庆市巫溪县大河乡新建村，母质为志留系下统砂页岩风化物，A 层粒状结构，B 层块状结构；位于四川省雅安市荥经县荥河镇，A 层粒状结构，B 层小块状结构，C 层大块状结构
鱼眼沙黄泥土土属	>2 mm 占 9.78%，0.2～2 mm 占 31.17%	位于四川省广元市旺苍县正源乡，A 层粒状结构，B 层小块状结构，C 层大块状结构

注：数据来源于《四川土壤》和《四川土种志》。

表 7－24 四川和重庆黄壤性土亚类扁石黄泥土土属各土种分布及剖面结构特点

土种	母质	结构特点	剖面粒径分布情况	典型剖面
扁沙黄泥土	该土种由志留系地层的砂岩、页岩风化物发育而成	土体厚 70 cm 左右，剖面为 A－B－C 型，表层平均厚 20 cm 左右，沙黏适中，多为黏质土壤，粒状结构，疏松；心土层、底土层黏粒明显增加，多为壤质黏土，块状结构；土层较厚，沙黏适中，结构好，无障碍层次	A 层：>2 mm 占 22.71%，0.2～2 mm 占 20.59%；B 层：>2 mm 占 20.68%，0.2～2 mm 占 8.04%；C 层：0.2～2 mm 占 5.82%	采自重庆市黔江区杉岭乡杉林村，母质为志留系地层的砂岩、页岩风化物，A 层粒状结构，B 层粒状结构，C 层团块状结构
片石黄泥土	该土种由志留系茂县群地层板岩、千枚岩风化物发育而成	母质先天风化较深，土体厚 60～80 cm，土体中含半风化的片块状岩石碎屑，层次分化不明显，剖面为 A－BC－C 型，表层厚 10～15 cm，质地一般为多砾质壤质黏土，粒状结构，疏松；心土层黏粒有所增加，质地一般为中砾质壤质黏土，稍紧	A 层：>2 mm 占 16.36%，0.2～2 mm 占 14.22%；BC 层：>2 mm 占 14.04%，0.2～2 mm 占 10.88%；C 层：>2 mm 占 21.23%，0.2～2 mm 占 6.00%	采自四川省绵阳市江油市雁门镇，母质为志留系茂县群千枚岩、砂岩风化的残坡积物，A 层小块状结构，BC 层小块状结构

注：数据来源于《四川土壤》和《四川土种志》。

表 7－25 四川黄壤性土亚类石渣黄泥土土属各土种分布及剖面结构特点

土种	母质	结构特点	剖面粒径分布情况	典型剖面
扁石黄沙土	该土种由二叠系以前地层的砂岩及板岩风化物发育而成	熟化度低，土体厚 60 cm 左右，通体含大量的扁形石块，多为多砾质沙质壤土，剖面为 A－B－C 型，表层 15～28 cm，粒状结构，疏松；心土层，小块状结构，稍紧；耕层浅薄，石块多，质地轻，疏松透气，养分分解较快	A 层：>2 mm 占 36.45%，0.2～2 mm 占 42.34%；B 层：>2 mm 占 40.71%，0.2～2 mm 占 47.61%；C 层：>2 mm 占 26.67%，0.2～2 mm 占 40.31%	采自广元市青川县苏河乡樟河村，母质为志留系地层砂岩风化的坡积母质，A 层粒状结构，B 层小块状结构

（续）

土种	母质	结构特点	剖面粒径分布情况	典型剖面
石渣黄泥土	该土种由峨眉山玄武岩风化物发育而成	冲刷严重，土体厚50 cm左右，土内含有大量未风化的岩石碎块，砾石含量在30%以上，剖面层次分化不明显，为A-B-C型，耕层浅薄，厚度在20 cm以下，松紧适中，心土层、底土层紧实，土层浅薄，石块多	A层：>2 mm占26.27%，0.2～2 mm占26.16%；B层：>2 mm占26.30%，0.2～2 mm占24.55%	采自乐山市金口河区吉星乡，母质为玄武岩风化物，A层团块状结构，B层棱柱状结构，C层大棱柱状结构

注：数据来源于《四川土壤》和《四川土种志》。

表 7-26　四川黄壤性土亚类炭渣土土属土种分布及剖面结构特点

土种	母质	结构特点	剖面粒径分布情况	典型剖面
炭渣土	该土种由夹炭质岩的砂岩风化物发育而成，以三叠系须家河组地层最为多见	土体薄，多在50 cm以下，通体含大量炭质页岩碎屑及其他未风化的石块，一般质地为多砾质沙质黏壤土至壤质黏土，层次分化不明显，剖面为A-B-C型；表层疏松，多粒状结构，心土层稍紧，多为块状结构，土层薄，砾石含量多，结构差，耕作困难	A层：>2 mm占18.63%，0.2～2 mm占22.56%；B层：>2 mm占18.07%，0.2～2 mm占31.01%；C层：>2 mm占21.68%	采自雅安市荥经县荥河镇周家村，母质为须家河地层炭质页岩风化物，A层粒状结构，B层小块状结构

注：数据来源于《四川土壤》和《四川土种志》。

表 7-27　四川黄壤性土亚类鱼眼沙黄泥土土属土种分布及剖面结构特点

土种	母质	结构特点	剖面粒径分布情况	典型剖面
鱼眼沙黄泥土	该土种由晋宁期花岗岩夹少量闪长岩风化物发育而成，质地粗	发育浅，土体中含有10%～15%未风化的石英颗粒，质地为多砾质沙质壤土，耕层厚12～17 cm，层次分化不明显，剖面为A-B-C型，耕层薄，砾石多	A层：>2 mm占9.78%，0.2～2 mm占31.17%；B层：>2 mm占11.93%；C层：>2 mm占8.83%	采自成都市都江堰市虹口乡红色村，母质为震旦系花岗岩风化的残坡积母质，A层粒状结构，B层粒状结构，C层块状结构

注：数据来源于《四川土壤》和《四川土种志》。

表 7-28　四川黄壤性土亚类扁沙黄泥土土属土种分布及剖面结构特点

土种	母质	结构特点	剖面粒径分布情况	典型剖面
厚层扁沙黄泥土	该土种主要由志留系等较老地层杂色砂页岩风化的残坡积物发育而成	土体厚80 cm左右，风化度低，土体内含有10%～30%的扁平状砾石，高者可达50%左右，质地为多砾质黏壤土，心土层、底土层黏粒含量高于表层，剖面为A_0-A_1-(B)-C型，土体厚，质地适中，结构好	A_1层：0.2～2 mm占10.36%；B层：0.2～2 mm占9.91%；C层：0.2～2 mm占7.80%	采自乐山市沙湾区范店乡双溪村，母质为奥陶系砂页岩风化的残坡积物，A_1层团粒状结构，B层块状结构，C层棱柱状结构

注：数据来源于《四川土壤》和《四川土种志》。

（三）云南

1. 山地黄壤（暗黄壤）亚类　表层团粒或核粒状结构，心土层常分为AB层、B层、BC层3个亚层，多为块状结构。山地黄壤亚类中，根据成土母质对土壤发育的影响，划分为6个土属，各土属剖面结构见表7-29。

表 7-29　云南山地黄壤亚类各土属分布及剖面结构特点

土属	典型剖面结构特点
鲜山地黄壤（麻黄土土属）	采自大理州云龙县漕涧镇铁厂村李子坪，A 层块状结构，AB 层块状结构，B 层块状结构，BC 层块状结构
暗山地黄壤（黄大土土属）	采自昭通市城南凤凰山，A 层核粒状结构，AB 层小块状结构，B 层块状结构
泥质山地黄壤（黄泥土属）	采自曲靖市富源县
灰岩山地黄壤（棕黄泥土土属）	采自昭通市昭阳区靖安镇小堡子村孔家坟，A 层小块状结构，AB 层块状结构，B 层块状结构
砂质山地黄壤（沙黄土土属）	A 层粒状结构，B 层小块结构，BC 层块状结构
厚层山地黄壤（厚黄泥土土属）	采自昭通市昭阳区布嘎乡布嘎村孔家坟，A 层粒状结构，AB 层小块状结构，B 层块状结构，BC 层块状结构

2. 黄壤性土亚类　土壤发育层次以 A-(B)-C 或 BC 型为主，B 层发育弱或不明显，或 A 层被冲刷（表 7-30 至表 7-31）。

表 7-30　云南黄壤性土亚类各土属特点

土属	特点
鲜黄壤性土（砾质黄土土属）	以轻壤为主
暗黄壤性土（粗黄土土属）	质地以中壤为主
泥质黄壤性土（石渣子黄泥土土属）	成土母岩抗风化能力差
灰岩黄壤性土（砾质棕黄泥土土属）	成土母质为碳酸盐岩类
沙质黄壤性土（粗沙黄土土属）	成土母质系石英质岩类，抗风化力强

表 7-31　云南黄壤各土种分布及剖面结构特点

土种	土属	母质	结构特点	剖面粒径分布情况	典型剖面
麻沙泥土	暗黄壤亚类、麻黄土土属	由花岗岩等粗粒结晶岩类的风化残积物发育	呈 A-B-C 型，质地沙壤土至黏壤，粒状结构		采自临沧市凤庆县三岔河镇，A 层核状结构，B 层块状结构，BC 层块状结构
麻黄土	暗黄壤亚类、麻黄土土属	花岗岩等酸性结晶盐类风化残积物上形成的耕作土种			采自红河州元阳县新街镇水卜龙村，A 层粒状结构，B 层核粒状结构，C 层块状结构
黄大土	暗黄壤亚类、黄大土土属	又称为黄泥土、细黄泥、黄红土，黄大土是由玄武岩风化的残积物发育形成的耕作土种	呈 A-B-C 型，土体深厚，质地多为壤质黏土至黏壤土	A 层：0.2～2 mm 占 6.44%；B 层：0.2～2 mm占 7.10%；C 层：0.2～2 mm 占 18.50%	采自昭通市昭阳区布嘎乡旱耕地，母质为玄武岩风化物，A 层核粒状结构，B 层小块状结构，BC 层块状结构，C 层块状结构
黄沙泥土	暗黄壤亚类、黄大土土属	又称为黄沙土、小黄泥土、山沙泥土，成土母质是玄武岩等基性结晶盐岩类的风化残积坡积物	耕作比较粗放，土体较薄，呈 A-B-BC 型	A 层：0.2～2 mm 占 16.12%；B 层：0.2～2 mm 占 15.74%；BC 层：0.2～2 mm 占 24.55%	采自昭通市彝良县牛街镇，A 层核粒状结构，B 层小块状结构，BC 层块状结构

（续）

土种	土属	母质	结构特点	剖面粒径分布情况	典型剖面
黄泥		又称为大黄泥、泥质黄泥，由泥质岩类风化的坡残积物发育的耕垦较久的耕作土种	质地较黏，多为壤质黏土，耕层结构较好	A层：0.2～2 mm占5.16%；B层：0.2～2 mm占3.39%；C层：0.2～2 mm占6.70%	采自昭通市水富市两碗镇的旱耕地，母质为泥质岩风化的残积物，A层核粒状结构，B层块状结构，C层大块状结构
灰黄沙泥	暗黄壤亚类、黄泥土属	又称为小黄泥、泥质灰黄沙土、灰黄土，由泥质岩风化的坡残积物发育的耕地土种	质地比黄泥轻，一般为黏壤土	A层：0.2～2 mm占9.55%；B层：0.2～2 mm占9.93%	采自昭通市盐津县牛寨乡的坡耕地，母质为页岩风化的坡残积物，A层小块状结构，B层块状结构，C层块状结构
棕黄泥		由碳酸盐岩类风化物发育的熟化度较高的耕地土种	呈A-B-C型，土体深厚，质地上轻下重，表层多为沙至黏壤土，以下为壤质黏土	A层：0.2～2 mm占4.19%；B层：0.2～2 mm占9.40%；C层：0.2～2 mm占6.69%	采自昭通市镇雄县五德镇新寨村的旱耕地，母质为石灰岩风化物，A层核粒状结构，B层块状结构，C层块状结构
小黄泥	暗黄壤亚类、棕黄泥土属	由碳酸盐岩类风化物发育的熟化度差的耕地土种	呈A-B-C型，土体比棕黄泥薄，质地较黏，属匀质型，通体多为壤质黏土	A层：0.2～2 mm占12.26%；B层：0.2～2 mm占8.47%；C层：0.2～2 mm占7.52%	采自昭通市彝良县荞山镇耕地，母质为石灰岩风化物，A层小块状结构，B层块状结构，C层块状结构
沙黄土	暗黄壤亚类、沙黄土土属	由砂岩、石英质岩风化坡残积物发育的耕地土种	呈A-B-C型，土体薄，质地偏沙，均质型，通体夹石英细粒	A层：0.2～2 mm占54.09%；B层：0.2～2 mm占41.77%	采自昭通市盐津县盐井镇花包村旱耕地，母质为砂岩风化残积物，A层粒状结构，B层小块状结构，C层块状结构
厚黄泥		在深厚的湖泊老冲击物的基础上，经人为长期耕垦形成的一个耕作土种	呈A-B-C型，表土质地多为黏壤土，结构好	A层：0.2～2 mm占13.40%；B层：0.2～2 mm占7.69%；C层：0.2～2 mm占9.41%	采自昭通市城西耕地，母质为老冲（湖）积物，A层核粒状结构，B层块状结构，C层块状结构
窑泥土	暗黄壤亚类、厚黄泥土属	又称为白窑泥、黑窑泥合并死窑泥	土体深厚，呈A-B-C型，一般50 cm以下即为遭淋溶漂洗的白土层或黑泥层，棱柱状结构，群众称为直土，表土质地多为壤质黏土，其下为黏土	A层：0.2～2 mm占4.85%；B层：0.2～2 mm占5.07%；C层：0.2～2 mm占4.25%	采自昭通市昭阳区永丰镇新民村旱耕地，母质为老冲积物，A层小块状结构，B层大块状结构，C层棱柱状结构
黄白沙土		在深厚的老冲积物上发育，经人为耕垦的一个耕作土种	多为A-B-C型，受邻近山地砂岩风化物的影响，土体含沙较多，质地较轻，以黏壤土为主，含细粒较多，板结，保水保肥和供水供肥能力均较差	A层：0.2～2 mm占7.18%；B层：0.2～2 mm占15.26%；C层：0.2～2 mm占20.20%	采自昭通市昭阳区太平街道永乐社区，母质为老冲积物，A层核粒状结构，B层块状结构，C层大块状结构

（续）

土种	土属	母质	结构特点	剖面粒径分布情况	典型剖面
砾质黄土	黄壤性土亚类、砾质黄土土属	由酸性结晶岩的坡积母质发育而来	土体呈 A－B－C 型，砾质黄土结构差，不便耕作，宜种范围小		采自怒江州福贡县石月亮乡米俄洛村，成土母质为花岗岩破积风化物，A 层核状结构，B层小块状结构，BC层大块状结构，C层小块状结构
粗黄泥	黄壤性土亚类、粗黄土土属	成土母质为玄武岩风化的残积物和坡积物	质地较黏，土体较厚，因夹有玄武岩碎石，结构差，不便耕作，宜种范围较窄		采自昭通市盐津县盐井镇仁和村，A 层较疏松，B_1 层较疏松，B_2 层较紧实
石渣子黄泥	黄壤性土亚类、石渣子黄泥土土属	又称为黄泥夹石、黄石渣土，由泥质岩母质发育而形成的耕作土壤	表土层薄，水土流失严重，剖面通体夹有泥质母岩碎块，质地砾质黏土，酸性		
砾质棕黄泥	黄壤性土亚类、砾质棕黄泥土土属	母质为碳酸盐岩类风化物	A－(B)－C 型，A 层薄，B 层发育弱，土体厚薄不一，质地较黏重，且夹有石灰岩碎块，影响耕作		
粗沙黄土	黄壤性土亚类、粗沙黄土土属	在砂岩残坡积母质上发育，人为改良利用较差的一个耕地土种	呈 A－(B)－C 型，剖面发育弱，多为坡地，表土层浅薄，土体夹有半风化砂岩碎石，影响耕作，宜种范围较窄，抗逆力弱		

注：数据来源于《中国土壤》。

（四）湖南

黄壤是湖南垂直带谱上的主要土壤类型，广泛分布于湖南南部、西部和西北部的中低山地区，是山区林业生产的重要基地，对发展和繁荣山区经济具有举足轻重的作用。根据成土过程和不同发育阶段，湖南黄壤分为典型黄壤和黄壤性土两个亚类。

1. 典型黄壤亚类 典型黄壤亚类垂直分布在湖南东南部、西北部和东部、中部红壤之上，发育于多种母质，自然植被较好，土质疏松，淀积层（B）较明显。土体构型为 A_0－A_1－A－B－C 或 A_0－A－B－BC 型。典型黄壤亚物理性质较好，一般为中壤土至重壤土，并有上层比下层黏的趋势，表土层机械组成＜0.01 mm 的物理性黏粒为 30.4%，B 层为 55.0%，BC 层为 63.0%；耕层容重 1.07～1.29 g/cm³，孔隙度 50%～60%，其结构特点见表 7－32。

表 7－32 湖南典型黄壤亚类结构特点

层次	厚度	颜色	结构
表土层	20～30 cm	黄色或棕黄色	粒状结构，质地为中壤土，稍松，有 15%～20%的砾石
心土层	30～50 cm	棕色或淡黄棕色	粒状或块状结构，土体润，较松，有 10%～20%的砾石，质地为中壤土至重壤土，根系多
底土层	20～50 cm	淡黄棕色或棕色	块状结构，质地为重壤土至中黏土，紧实，土体润，有 10%～30%的砾石

2. 黄壤性土亚类 黄壤性土亚类发育于多种母质，其中以板岩、页岩风化物发育的面积最大，砂岩和花岗岩次之，石灰岩的面积最小。黄壤性土亚类土层浅薄，尤其是耕层，一般在 20 cm 左右，B层发育弱或者不明显，土体构型多为 A -(B)- C 或 A - C 型，层次发育不明显，矿物风化不彻底，表土层或心土层中常夹有较多的半风化母岩碎片。特别是板岩、页岩和花岗岩风化物成土的更甚，有的高达 50%，土体较疏松，质地多为中壤土或轻黏土，板岩、页岩黄壤性土质地上松下紧，母岩碎片也由上向下逐渐增多，结构由粒状到小块状，颜色由暗棕色到淡棕色再到淡黄棕色，表土层一般无新生体，底土层有的出现少量铁锈胶膜（表 7 - 33）。

表 7 - 33 湖南黄壤性土亚类结构特点

土壤	发生层次	结构	剖面粒径分布情况
花岗岩黄壤性土	A B C	粒状 粒状 无	位于资兴市彭市乡，母质为花岗岩风化物，A 层：0.2～2 mm 占 54.46%，B 层：0.2～2 mm 占 53.92%
板岩、页岩黄壤性土	A A C	粒状 团粒状 小块状	位于怀化市会同县，母质为板岩、页岩风化物，A 层：0.2～2 mm 占 7.81%，B层：0.2～2 mm 占 8.53%

注：数据来源于《中国土壤》。

（五）广西

广西黄壤主要有厚层沙泥黄壤土、中层沙泥黄壤土、薄层沙泥黄壤土、沙质黄泥土、黄泥土、厚层杂沙黄壤土、中层杂沙黄壤土、薄层杂沙黄壤土和杂沙黄泥土 9 个土种。其土属、结构、团粒结构及典型剖面特点详见表 7 - 34。

表 7 - 34 广西黄壤各土种分布及典型剖面特点

土种	土属	结构特点	剖面粒径分布情况	典型剖面
厚层沙泥黄壤土（常绿阔叶林和常绿阔叶、针叶混交林为主）	典型黄壤亚类、沙泥黄壤土属	土体为 A - B - C 型，质地壤至黏壤，有机质含量高	A 层：>1 mm 占 4.50%，AB 层：>1 mm 占 2.70%，B_1 层：>1 mm 占 3.80%，B_2 层：>1 mm 占 2.70%，C 层：>1 mm 占 11.20%	位于南宁市武鸣区起凤山往大明山公路 25 km 处，母质为泥岩夹砂页岩风化物，A 层团粒结构，B_1 层块状结构，B_2 层棱柱状结构，C 层棱柱状结构
中层沙泥黄壤土（自然土壤）	典型黄壤亚类、沙泥黄壤土属	土体风化层较厚层沙泥黄壤土薄，厚度在 40～80 cm，其他性状同厚层沙泥黄壤土	A 层：>1 mm 占 1.10%，AB 层：>1 mm 占 0.90%，B_1 层：>1 mm 占 14.20%，B_2 层：>1 mm 占 1.90%	位于南宁市武鸣区大明山，母质为砂页岩风化物，A 层团粒状结构，AB 层小块状结构，B_1 层碎块状结构，B_2 层棱块状结构
薄层沙泥黄壤土（灌丛草木为主）	典型黄壤亚类、沙泥黄壤土属	土体厚度小于 40 cm，土体中常伴有碎石，质地壤质至轻黏		位于百色市乐业县同乐镇城郊，母质为砂页岩风化物，A_0 层团粒状结构，A 层小块状结构，B 层小块状结构，C 层块状结构
沙质黄泥土	典型黄壤亚类、黄泥土土属	由沙泥黄壤经人工垦种旱作发育而成，成土物质为砂页岩风化物，质地较轻，多为沙壤至轻壤		位于梧州市苍梧县狮寨镇大昌村，母质为砂页岩风化物，A 层碎块状结构，B 层碎块状结构，C 层碎块状结构

（续）

土种	土属	结构特点	剖面粒径分布情况	典型剖面
黄泥土	典型黄壤亚类、黄泥土土属	由沙泥黄壤开垦种植旱作发育而成，母质为砂页岩风化物，土体为A-B-C型，多为中壤至重壤		位于百色市隆林县者浪乡那隆村，母质为砂页岩风化物，A层团粒状结构，B层块状结构，C层块状结构
厚层杂沙黄壤土（水源林生长基地）	典型黄壤亚类、杂沙黄壤土属	土体为A-B-C型，质地黏中带沙，为壤质黏土，表土粒状结构	A层：>1 mm占14.00%，AB层：>1 mm占16.50%，B层：>1 mm占6.80%，BC层：>1 mm占9.20%，C层：>1 mm占10.00%	位于桂林市兴安县华江瑶族乡猫儿山林业站北，母质为花岗岩坡积、残积物，A层粒状结构，AB层粒状结构，B层碎块状结构，BC层块状结构
中层杂沙黄壤土	典型黄壤亚类、杂沙黄壤土属	比厚层杂沙黄壤土土体风化层薄，质地较轻，通透性好		位于桂林市资源县隘门界，母质为花岗岩风化物，A层粒状结构，B层粒状结构
薄层杂沙黄壤土	典型黄壤亚类、杂沙黄壤土属	风化层薄，多为沙壤至轻壤		位于玉林市容县天堂山林场，母质为花岗岩风化物，A层团粒状结构，B层小块状结构
杂沙黄泥土	典型黄壤亚类、杂沙黄泥土土属	由杂沙黄壤开垦种植农作物而成的耕作土壤，母质为花岗岩风化物，质地适中，耕性好		位于桂林市资源县资源镇金山村，母质为花岗岩风化物，A层微团粒状结构，B层碎块状结构，C层碎块状结构

注：数据来源于《广西土种志》。

（六）湖北

湖北黄壤分布在海拔700～1 200 m西南山地，是湖北西南山地的主要土类。成土母质有花岗岩、泥质页岩、石英砂岩，石灰岩在平缓山地顶部也能发育成黄壤。湖北黄壤分为典型黄壤亚类和黄壤性土亚类。

1. 典型黄壤亚类　分布在中山中下部，又称为山地黄壤。典型黄壤亚类土层较厚，发生层次明显，剖面构型为A-B-C型或A-B-C-D型，弱度侵蚀地段呈A-C-D型。A层呈暗灰棕色或黄棕色；B层土紧实，形成黏土粒淀积层；C层形态受母岩母质性质影响，变化较大，母岩母质黏重，C层也黏重。页岩、花岗岩等母质发育的黄壤，C层疏松多砾石或粗沙。典型黄壤亚类又分为黄泥土、赤沙泥土、细沙泥土、硅沙泥土、岩泥土和麻沙土6个土属。

典型黄壤亚类剖面发育完整，土层较厚，土壤质地和结构则随母质不同而有较大的差别，碳酸盐母质发育的黄泥巴土，母质质地黏重，质地为黏土，块状结构，上下层质地均一；花岗岩母质发育的黄鼓眼大土，母质沙粒含量高，土壤为中砾质中壤或中壤，结构为粒状或团块状；泥质页岩或砂页岩发育的黄壤，土体中含有母岩未风化的砾石，土层疏松，质地黏重（表7-35）。

表7-35　湖北黄壤不同母质发育土壤团粒结构特点

母质	剖面粒径分布情况
碳酸盐岩	A层：0.2～2 mm占1.34%，B层：0.2～2 mm占3.05%，C层：0.2～2 mm占4.55%，D层：0.2～2 mm占4.65%
泥质	A层：0.2～2 mm占1.50%，B层：0.2～2 mm占3.53%，C层：0.2～2 mm占4.39%，D层：0.2～2 mm占3.80%
酸性结晶	A层：0.2～2 mm占29.52%，B层：0.2～2 mm占61.73%
石英质	A层：0.2～2 mm占9.12%，B层：0.2～2 mm占8.02%，C层：0.2～2 mm占11.77%

2. 黄壤性土亚类 土壤剖面发育不完整，A层浅薄，B层发育弱，土体构型多为A－C型或AB－C型。剖面土层厚度小于30 cm，砾石含量大于30%。花岗岩母质发育的黄壤性土亚类，自然土壤表层带有1～2 cm草根盘结层，以下为夹母岩半风化物碎石片粗骨土层，表土层和心土层难以区分，划为AB层；板页岩母质发育的黄壤性土亚类，土体中含有母岩砾石碎片，有利于作物生长。

二、青藏区黄壤耕地土壤结构

按照发生特点，主要分为腐殖质黄壤和典型黄壤两个亚类。

1. 腐殖质黄壤亚类 主要发育于东喜马拉雅山南翼、东段山地和察隅地区河谷阴向山坡，植被为常绿阔叶林，多藤本植物和附生植物。典型剖面位于墨脱县班固后山平台，母质为角闪石片麻岩残积物，植被为常绿阔叶林，剖面结构：A层粒状-团块状结构或团块-块状结构，B层块状结构，C层块状结构，D层核状结构。

2. 典型黄壤亚类 典型黄壤亚类又可分为黄壤和残余硅铁质红黄壤两个土属。

（1）黄壤。主要发育于察隅地区河谷阳坡，土壤水分条件较差，凋落物层和残落物层薄，其下腐殖层很薄。黄壤质地轻，洪积扇上的黄壤属沙壤土，黏粒含量为1.5%～5.6%。典型剖面结构位于林芝市察隅县扎拉桥南洪积扇中部，母质为花岗岩洪积物，植被为云南松林，A层块状结构，B层不稳固的块状结构，C层不稳固的块状结构。

（2）残余硅铁质红黄壤。主要分布于察隅河谷高洪积台地。质地较黄壤土属细，属轻壤土至中壤土，黏粒含量为5%～17%。典型剖面位于林芝市察隅县宗古村西南洪积台地后缘，母质为古土壤层，植被为蕨菜-木兰-云南松林，A层至D层均为块状结构。

三、华南区黄壤耕地土壤结构

（一）福建

黄壤是福建山地垂直带谱的土类之一。主要包括典型黄壤和黄壤性土两个亚类。

1. 典型黄壤亚类 主要分布在海拔800～1 200 m的中山坡地，局部地段下限可达700 m左右。成土母质以凝灰岩、花岗岩、花岗闪长岩、凝灰熔岩等风化物为主，尚有部分沉积岩风化物。剖面发育完整，表土层之上常见有1～3 cm厚的枯枝落叶层；腐殖质层厚度可达20～30 cm，呈暗灰色或黄褐色，团粒状结构；淀积层呈淡棕黄色或蜡黄色，黏壤土至壤质黏土，核状或弱块状结构，结构面可见反光的黄色胶膜淀积；母质层具有黄、白杂色的半风化层。土体原生矿物未彻底风化，黏粒含量较低，次生黏土矿物以高岭石、水云母为主。典型黄壤亚类下分为9个土属，具体见表7－36。

2. 黄壤性土亚类 主要分布于福建西北部、东部一带海拔900～1 800 m的中山顶部或陡坡地段，以宁德市、南平市、三明市、龙岩市四地面积较大。土壤侵蚀严重，成土时间短，土壤发育年幼，又称为幼黄壤。整个土体颗粒粗，黏粒含量较少，心土层黏粒淀积不明显，土壤质地为沙壤土至沙质黏土。黄壤性土亚类下有一个土属——硅铝质黄壤性土土属，质地为母质为流纹岩、流纹质凝灰熔岩、凝灰岩及花岗岩等风化的残坡积物，土壤颗粒较粗，黏粒含量低，沙粒及碎石含量高，质地多为砾质壤黏土或壤质黏土，土层薄，质地粗，保水保肥性能差。典型剖面结构位于龙岩市上杭县梅花山油婆记430号剖面，A层小块状结构，B层弱块状结构。

表7－36 福建典型黄壤亚类各土属分布及剖面结构特点

土属	剖面粒径分布情况	典型剖面结构特点
硅铝质黄壤土土属	A层：0.2～2 mm占25.52%，B层：0.2～2 mm占21.66%，C层：0.2～2 mm占20.18%	位于武夷山市黄岗山顶的7号剖面，母质为花岗岩风化的坡残积物，A_1、A_2层团粒状结构，B_1、B_2层粒状结构，BC层块状结构

（续）

土属	剖面粒径分布情况	典型剖面结构特点
铝硅质黄壤土土属	A层：0.2～2 mm占46.60%，B层：0.2～2 mm占22.85%，C层：0.2～2 mm占14.59%	位于泉州市永春县呈祥雪山顶10114号剖面，母质为英安质凝灰岩残积物，A层粒状结构，B层核状结构，C层弱块状结构
铁质黄壤土土属		位于宁德市虎贝镇20号剖面，母质为辉长岩坡残积物，A层粒状结构，B层、C层弱块状结构
硅铝铁质黄壤土土属	A层：0.2～2 mm占3.17%，C层：0.2～2 mm占9.12%	位于泉州市永春县天湖山顶10 154号剖面，母质为粉砂岩风化物，A层粒状结构，B_1、B_2层核状结构
硅质黄壤土土属	A层：0.2～2 mm占25.84%，B层：0.2～2 mm占17.14%，C层：0.2～2 mm占24.31%	位于南平市延平区茫荡镇茂地村10号剖面，母质为凝灰质砂砾岩风化坡积物，A层小核状结构，B层核状结构
硅钙质黄壤土土属		位于漳平市赤水镇石寮村4743号剖面，母质为石灰岩残积物发育，A_1层粒状结构，A_2层团块状结构，B_1层大块状结构，B_2层大团块状结构
侵蚀黄壤土土属		
黄泥土土属		位于宁德市柘荣县黄山田头6号剖面，A层粒状结构，B层、C层块状结构
黄泥沙土土属		位于泉州市德化县大铭乡金黄村1622号剖面，A层小块状结构，B层、C层块状结构

（二）广东

广东黄壤分布在海拔750～800 m的山地，海拔上限一般为1 100～1 300 m。成土母岩主要是花岗岩，还有砂页岩和变质岩。黄壤分布的地势较高，地面切割深，沟谷明显，坡度陡。主要为林地，包括常绿阔叶林、次生常绿阔叶林，人为活动影响较小。粤西29号剖面，母质为花岗岩，A层团粒结构，B_1层碎块状结构，B_2层不稳固的碎块状结构。广东黄壤分为典型黄壤和黄壤性土两个亚类。

1. 典型黄壤亚类 典型黄壤亚类分为花岗岩黄壤、砂页岩黄壤和变质岩黄壤3种类型。花岗岩黄壤的沙粒含量最高，粉沙/黏粒比小，风化层较厚，表土层0.05～3 mm团粒占50%；砂页岩黄壤粉沙含量最高，粉沙/黏粒比最大，土体较紧实，但质地不均，较黏重；砂岩发育的黄壤多砾石，表土层0.05～3 mm团粒占33%；变质岩黄壤，粉沙含量高，粉沙/黏粒比大，质地不均一，土层较浅，砾石较多，表土层0.05～3 mm团粒占30%左右，具体土种见表7-37。

表7-37 广东典型黄壤亚类各土种分布及结构特点

土种	土属	结构特点	剖面粒径分布情况	典型剖面
厚厚麻黄壤	麻黄壤土属	该土种发育于花岗岩风化的坡积物、残积物，剖面为A-B-C型，质地较粗，一般为沙质壤土至沙质黏壤土	A层：0.2～2 mm占50.3%，B层：0.2～2 mm占42.6%，C层：0.2～2 mm占49.95%	位于清远市佛冈县观音山阿婆髻海拔1 200 m，母质为花岗岩风化物，A层小团粒结构，B层、C层粒状结构

（续）

土种	土属	结构特点	剖面粒径分布情况	典型剖面
厚薄麻黄壤	麻黄壤土属	该土种发育于花岗岩风化的坡积物、残积物，剖面为 A－B－C 或 A_0－A－AB－B－C 型，质地较轻，多为沙质壤土，表层具团粒结构	A 层：0.2～2 mm 占 46.59%，B 层：0.2～2 mm 占 39.5%，C 层：0.2～2 mm 占 56.32%	位于韶关市乳源瑶族自治县（以下简称乳源县）石坑崆峰海拔 1 080 m 的山坡，A 层团粒结构，AB 层粒状结构，B 层小块状结构，C 层块状结构
中厚麻黄壤	麻黄壤土属	该土种发育于花岗岩风化的坡积物、残积物，剖面为 A－B－C、A_0－A－B－C 或 A－AB－B－C 型，表层团粒结构，质地为沙壤土或壤土，表层具团粒结构，质地上轻下黏	A 层：0.2～2 mm 占 33.24%，B 层：0.2～2 mm 占 40.27%	位于揭阳市揭东区新亨镇五房村，A 层团粒状结构，B 层粒状结构，C 层块状结构
中中麻黄壤	麻黄壤土属	该土种发育于花岗岩风化的坡积物、残积物，剖面为 A－B－C 型，表层具团粒结构	A 层：0.2～2 mm 占 61.43%，B 层：0.2～2 mm 占 58.53%	位于信宜市钱排镇白马村，A 层团粒结构，B 层、C 层块状结构
中薄麻黄壤	麻黄壤土属	该土种发育于花岗岩风化的坡积物、残积物，剖面为 A－B－C 型，结构为碎块状至块状，质地偏沙，为沙质壤土至沙质黏壤土	A 层：0.2～2 mm 占 43.03%，B 层：0.2～2 mm 占 38.7%	位于河源市和平县阳明镇均通村仙女石海拔 650 m 山坡，A 层碎块状结构，B 层块状结构，C 层碎块状结构
厚厚片黄壤	片（板）岩黄壤土属	该土种发育于片（板）岩风化的坡积物、残积物，剖面为 A－B－C 型，质地从上向下为沙质黏壤土、沙质黏土、壤质黏土	A 层：>2 mm 占 2.5%，0.2～2 mm 占 39%；B 层：>2 mm 占 1.50%，0.2～2 mm 占 33.5%	位于信宜市钱排镇双合林场海拔 870 m 的山坡，A 层团粒结构，B 层粒状结构，C 层块状结构
中中页黄壤	页黄壤土属	该土种发育于砂页岩风化的残积物、坡积物，剖面为 A－B－C 型，表层为沙质壤土，其下为黏壤土	A 层：0.2～2 mm 占 37.87%，B 层：0.2～2 mm 占 16.36%	位于河源市连平县内莞镇朝天马海拔 860 m 的缓坡，母质为砂页岩风化物，A 层小块状结构，B 层块状结构

2. 黄壤性土亚类 黄壤发育过程中处于幼年阶段的土壤，土层浅薄，表层砾石多，淀积层不明显，土壤发生层次不完善或不明显（表 7－38）。

表 7－38 广东黄壤性土亚类各土种分布及结构特点

土种	土属	结构特点	剖面粒径分布情况	典型剖面
中层黄壤性土	黄壤性土土属	该土种发育于花岗岩风化的残积物、坡积物，剖面为 A－(B)－C 型，母质层具团粒结构，质地偏沙，为壤质沙土	A 层：0.2～2 mm 占 75.5%，B 层：0.2～2 mm 占 58.8%，C 层：0.2～2 mm 占 59.2%	位于韶关市乳源县石坑崆莽山林场，植被为马尾松灌木草丛，A 层团粒状结构，B 层小块状结构，C 层碎块状结构

注：数据来源于《广东土种志》。

（三）海南

海南黄壤垂直分布在中部山区，海拔在 700 m 以上。依据成土条件，分为典型黄壤、黄壤性土 2 个亚类。

1. 典型黄壤亚类 根据成土母质差异，分为花岗岩黄壤、砂页岩黄壤 2 个土属。其中，花岗岩黄壤根据土层厚薄不同，划分为麻黄土 1 个土种；砂页岩黄壤依据土层厚薄不同，划分为页黄土和中页黄土 2 个土种，具体见表 7-39。

表 7-39 海南典型黄壤亚类各土种分布及典型结构特点

土种	土属	变种	结构特点	剖面粒径分布情况	典型剖面
麻黄土（非耕地）	花岗岩黄壤	根据表土有机质厚薄不同，分为厚有机质层麻黄土、中有机质层麻黄土和薄有机质层麻黄土	成土母质为花岗岩风化物，剖面构型为 A-B_1-B_2 型，质地自上至下为沙质黏壤土至壤质黏土	A 层：0.2～2 mm 占 37.36%，B_1 层：0.2～2 mm 占 34.03%，B_2 层：0.2～2 mm占 33.94%	位于万宁市南林农场，常绿阔叶林，A层、B_1 层、B_2 层块状
页黄土（非耕地）	砂页岩黄壤	根据表土有机质厚薄不同，分为厚有机质层页黄土、中有机质页黄土和薄有机质层页黄土	成土母质为砂页岩风化坡物，剖面构型为 A-B_1-B_2 型，表土层团块状，心土层块状	A 层：0.2～2 mm 占 30.99%，B_1 层：0.2～2 mm 占 24.52%，B_2 层：0.2～2 mm占 23.73%	位于琼海市团岭，常绿阔叶林，A 层团块状，B_1 层小块状，B_2 层块状
中页黄土（非耕地）	砂页岩黄壤	根据表土有机质层厚薄不同，分为中有机质页岩黄土和薄有机质层页黄土	成土母质为砂页岩坡残积物，剖面构型为 A-B-C 型，表土层块状，心土层块状	A 层：0.2～2 mm 占 15.51%，B_1 层：0.2～2 mm 占 21.63%，B_2 层：0.2～2 mm占 32.92%	位于白沙黎族自治县（以下简称白沙县）275 号剖面，常绿阔叶林，A 层小块状，B层块状

2. 黄壤性土亚类 只有砂页岩黄壤土属、页黄性土 1 个土种（表 7-40）。

表 7-40 海南黄壤性土亚类土种分布及典型结构特点

土种	土属	变种	结构特点	剖面粒径分布情况	典型剖面
页黄性土（非耕地）	砂页岩黄壤土属	根据表土有机质厚薄不同，分为厚有机质层麻黄土、中有机质层麻黄土和薄有机质层麻黄土	成土母质为砂页岩风化残积物，土体构型为 A-C-D 型	A 层：0.2～2 mm 占 46.54%，B 层：0.2～2 mm占 56.72%	位于东方市东方镇，次生灌木林，A 层小块状，B 层块状

注：数据来源于《海南土种志》。

四、长江中下游区黄壤耕地土壤结构

江西黄壤在山地土壤垂直带谱中，主要位于黄红壤之上、暗棕壤之下，分布在海拔 800～1 200 m 中低山区。自然植被以茂密的亚热带常绿阔叶林为主，伴有落叶阔叶林混交林。黄壤的母质以酸性结晶盐类风化物为主，其次是石英岩类和泥质岩类风化物，一般具有 A-B-BC（C）层次的完整剖面结构。表层有残落物层，其下为腐殖质层和淋溶层（AB），心土层（B）呈块状结构，风化层（BC）块状或无明显结构。土壤质地为沙质壤土或沙质黏壤土。江西黄壤土按成土母质分为麻沙泥黄壤、黄沙泥黄壤和鳝泥黄壤 3 个土属（表 7-41）。

表 7-41　江西黄壤各土属分布及典型结构特点

土属	土种	质地	剖面粒径分布情况	典型剖面结构特点
麻沙泥黄壤（林业土壤资源）	分为 4 个土种，厚层乌麻沙泥黄壤、厚层灰麻沙泥黄壤、薄层乌麻沙泥黄壤和薄层灰麻沙泥黄壤	发育于花岗岩、流纹岩、花岗岩斑、花岗片麻岩等酸性结晶盐风化残、坡积物，黏粒含量相对较少，以黏壤土为主	A层：>2 mm 占 16.36%，0.2～2 mm 占 37.6%，B层：>2 mm 占 18.45%，0.2～2 mm 占 36.67%，C层：>2 mm 占 10.50%，0.2～2 mm 占 52.35%	位于赣州市崇义县思顺乡三江村的齐云山，植被为针叶、阔叶混交林、竹林，A_1 层粒状结构，AB层核块状结构，B层小块状结构，C层块状结构
黄沙泥黄壤（林业土壤资源）	分为 2 个土种，厚层乌黄沙泥黄壤和厚层灰黄沙泥黄壤	发育于砂岩、石英砂岩、石英岩等风化残坡积物，具有 A-B-C 完整构型，以粉沙和黏粒含量为主，颗粒较细，质地多为粉沙质黏壤土	A层：>2 mm 占 10.60%，0.2～2 mm 占 13.0%，B层：>2 mm 占 9.4%，0.2～2 mm 占 7.1%，C层：>2 mm 占 1.2%，0.2～2 mm 占 4.9%	位于井冈山市茨坪镇三角塘路口，A层小块状结构，AB层核块状结构，B层、BC层为棱块状结构
鳝泥黄壤（林业土壤资源）	分为 3 个土种，厚层乌鳝泥黄壤、薄层乌鳝泥黄壤和厚层灰鳝泥黄壤	发育于泥岩、板岩、页岩和千枚岩等泥质岩风化物，具有 A-B-C 完整构型，A层含半风化砾石，B层块状结构，以粉沙粒含量最高	A层：>2 mm 占 34.53%，0.2～2 mm 占 15.08%，B层：>2 mm 占 24.58%，0.2～2 mm 占 16.97%，C层：>2 mm 占 29.67%，0.2～2 mm 占 17.11%	位于上饶市横峰县葛源镇宁夏村西坑，A层屑粒状结构，B层小块状结构，BC层棱块状结构

注：数据来源于《江西土壤》。

第三节　土壤孔隙性

一、黄壤耕地土壤孔隙度概况

（一）土壤孔隙度

土壤孔隙是土壤固体颗粒之间能够容纳水分和空气的空间，是土壤物质和能量交换的场所，也是根系和土壤动物、微生物活动的地方。孔隙性良好的土壤，能够同时较好地满足植物对水分和空气的要求，使植物根系得到良好的发育，更充分地利用各种肥力因素。土壤孔隙性通常包括空隙的数量、孔隙的类型和大、小空隙的比例 3 个方面。

土壤孔隙度是在单位体积自然状态的土壤中，孔隙容积占土壤总容积的百分数。一般由土粒密度和土壤容重来计算，土壤孔隙度（%）=[1－土壤容重/土粒密度（常用土粒密度值为 2.65 g/cm^3）]×100%。一般而言，旱地土壤容重在 1.1～1.3 g/cm^3 的范围内，能适应多种作物生长发育的要求。土壤中的孔隙按照孔径的性质，通常分为无效孔隙、毛管孔隙和通气孔隙 3 种类型。无效孔隙（非活性孔）为土壤中最微细的孔隙，直径<0.002 mm，这种孔隙几乎被水充满，从而使空气不能流通，所以称为无效孔隙。毛管孔隙是土壤中能够通过毛管力保持水分的孔隙，直径 0.002～0.02 mm，可以保持水分和向上下左右各个方向运动，供给作物吸收利用。通气孔隙是土壤中较粗大的孔隙，直径>0.02 mm，这种孔隙不保持水分，但一定数量的通气孔隙有利于作物根系呼吸作用及地上部生长。一般土壤孔隙度在 30%～60%，适于作物生长发育的土壤总孔隙度为 50%～56%，通气孔隙度在 10%～20%；土体内孔隙垂直分布应为“上虚下实”，上虚有利于通气、透水、发芽出苗，下实有利于保水、保肥、稳根。

（二）黄壤孔隙度

黄壤土体比红壤浅薄，剖面发育层次分明。黄壤的孔隙度一般在 45%～68%，其中，毛管孔隙占 60%～67%，非毛管孔隙占 33%～40%。据统计，黄壤 A 层、B 层、C 层平均土壤容重分别为

1.02 g/cm³、1.20 g/cm³、1.25 g/cm³，土壤孔隙度分别为61.5%、54.7%、52.8%。贵州耕地黄壤A层、B层、C层平均土壤容重分别为1.00 g/cm³、1.18 g/cm³、1.24 g/cm³，土壤孔隙度分别为62.3%、55.5%、53.2%。与林草地黄壤相比，耕地黄壤A层土壤容重略小，土壤孔隙度较大（表7-42）。总体而言，耕地黄壤孔隙度基本满足作物生长需求，垂直分布上也符合“上虚下实”的标准。2017—2018年数据显示，耕地黄壤耕层土壤容重平均为1.26 g/cm³，土壤孔隙度为52.5%，与第二次全国土壤普查相比，土壤容重增加了26.0%，土壤孔隙度降低了9.8个百分点。其原因是近年来化肥大量使用，且有机肥投入减少，造成土壤板结和土壤有机质含量降低，进而使土壤容重增加，土壤孔隙度降低。

表7-42 贵州不同类型黄壤容重和土壤孔隙度统计

土壤利用	发生层次	土壤容重（g/cm³）	土壤孔隙度（%）
耕地黄壤	A	1.00	62.3
	B	1.18	55.5
	C	1.24	53.2
林草地黄壤	A	1.09	58.9
	B	1.26	52.5
	C	1.27	52.1
黄壤	A	1.02	61.5
	B	1.20	54.7
	C	1.25	52.8

注：数据来源于《贵州省土壤》和《中国土壤》。

对贵州2 662个耕地黄壤土壤容重进行统计，土壤容重符合正态分布，范围为0.8～1.79 g/cm³，土壤容重均值为1.26 g/cm³，土壤孔隙度为52.5%（图7-1）。其中，10%的样本土壤容重<1.02 g/cm³，15%的样本土壤容重在1.02～1.13 g/cm³，35%的样本土壤容重在1.13～1.31 g/cm³，20%的样本土壤容重在1.31～1.42 g/cm³，20%的样品土壤容重>1.42 g/cm³，可见，黄壤总体容重较黏重，孔隙度较低。

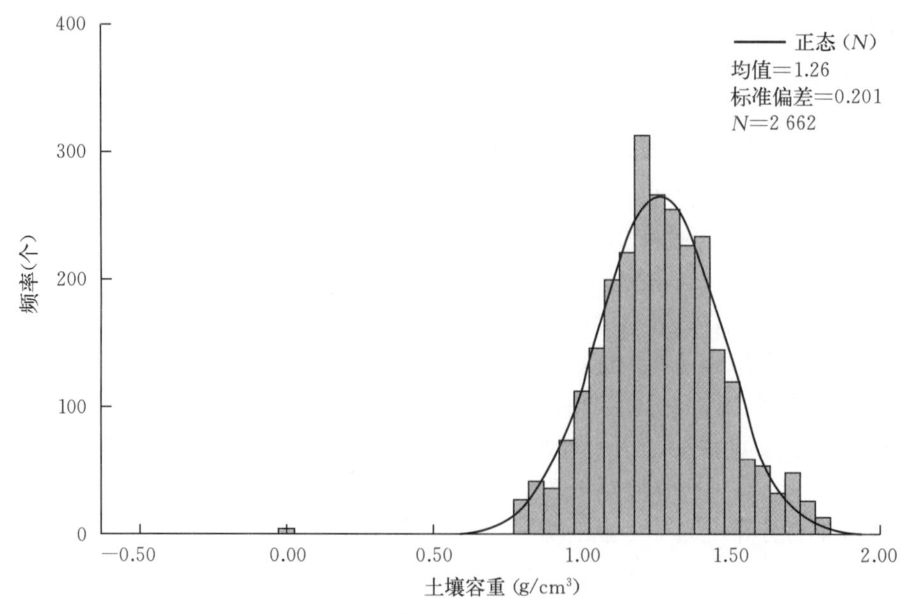

图7-1 贵州耕地黄壤土壤容重分布范围

陈玉真等（2014）对我国不同土壤类型茶园土壤物理性状特征的研究表明（表7-43），茶园黄壤0～20 cm 土壤容重为 1.07 g/cm³，总孔隙度为 59.77%，毛管孔隙度为 45.60%，非毛管孔隙度为 12.57%，毛管孔隙度/非毛管孔隙度比为 3.63；20～40 cm 土壤容重为 1.35 g/cm³，总孔隙度为 49.10%，毛管孔隙度为 43.85%，非毛管孔隙度为 5.18%，毛管孔隙度/非毛管孔隙度比为 8.46，上层土壤容重低于下层，上层土壤总孔隙度、毛管孔隙度、非毛管孔隙度均高于下层土壤，上层毛管孔隙度/非毛管孔隙度比明显低于下层，符合“上虚下实”的标准。与同一土层的红壤相比，黄壤容重显著降低，总空隙度、毛管孔隙度、非毛管孔隙度均有不同程度提升。

表 7-43 黄壤孔隙度特征

土壤类型	土层	容重 (g/cm³)	总孔隙度 (%)	毛管孔隙度 (%)	非毛管孔隙度 (%)	毛管孔隙度/非毛管孔隙度
黄壤	0～20 cm	1.07±0.11	59.77±4.25	45.60±0.79	12.57±2.41	3.63
红壤		1.20±0.05	54.60±1.89	43.07±3.88	11.83±5.37	3.64
黄壤	20～40 cm	1.35±0.01	49.10±0.53	43.85±1.99	5.18±1.85	8.46
红壤		1.49±0.07	43.68±2.64	38.52±1.97	4.18±1.76	9.21

二、不同黄壤亚类土壤孔隙度

（一）不同区域黄壤亚类的孔隙度比较

1. 不同区域典型黄壤亚类土壤孔隙度 华南区以容重>1.4 g/cm³（土壤孔隙度<47.2%）的耕地分布面积最广，占整个华南区统计面积的 96.6%，且集中分布在滇南农牧区；容重 1.1～1.2 g/cm³（土壤孔隙度 54.7%～58.5%）的耕地占 1.1%，主要分布在粤西桂南农林区；容重 1.2～1.3 g/cm³（土壤孔隙度 50.9%～54.7%）的耕地占 2.3%，主要分布在闽南粤中农林水产区和粤西桂南农林区。可见，华南区典型黄壤亚类耕地总体土壤容重较高，土壤孔隙度较低，不利于农作物生长。

青藏区主要以容重 1.2～1.3 g/cm³（土壤孔隙度 50.9%～54.7%）的耕地为主。此外，有少许耕地土壤容重>1.4 g/cm³（土壤孔隙度<47.2%）。

西南区不同等级孔隙度耕地均有较大面积分布，土壤容重<1.0 g/cm³、1.0～1.1 g/cm³、1.1～1.2 g/cm³、1.2～1.3 g/cm³、>1.4 g/cm³（土壤孔隙度>62.3%、58.5%～62.3%、54.7%～58.5%、50.9%～54.7%、<47.2%）分别占西南区统计面积的 1.2%、10.7%、27.1%、47.4%、13.6%。其中，土壤容重 1.1～1.3 g/cm³（土壤孔隙度 50.9%～58.5%）的耕地占比高达 74.6%，主要分布在黔桂高原山地林农牧区和渝鄂湘黔边境山地林农牧区。可见，西南区绝大部分典型黄壤亚类耕地土壤容重和孔隙度较适宜农作物生长。从各二级分区来看，各区域土壤容重和孔隙度面积分布规律与整个西南区域规律较为一致，土壤容重 1.1～1.3 g/cm³（土壤孔隙度 50.9%～58.5%）的耕地占比高达 68.6%～77.2%；土壤容重<1.0 g/cm³（土壤孔隙度>62.3%）的耕地以秦岭大巴山林农区占比最高，为 6.0%，占比较低的为黔桂高原山地林农牧区和渝鄂湘黔边境山地林农牧区；土壤容重>1.4 g/cm³（土壤孔隙度<47.2%）的耕地以渝鄂湘黔边境山地林农牧区占比最高，为 19.7%，黔桂高原山地林农牧区占比最低，为 10.1%。

长江中下游区土壤容重<1.0 g/cm³、1.0～1.1 g/cm³、1.1～1.2 g/cm³、1.2～1.3 g/cm³、>1.4 g/cm³（土壤孔隙度>62.3%、58.5%～62.3%、54.7%～58.5%、50.9%～54.7%、<47.2%）分布占长江中下游区统计面积的 3.8%、15.9%、50.3%、29.5%、0.5%。其中，土壤容重 1.1～1.3 g/cm³（土壤孔隙度 50.9%～58.5%）的耕地占比高达 79.8%，主要分布在南岭丘陵山地林农区、江南丘陵山地农林区和浙闽丘陵山地林农区。总的来看，长江中下游区绝大部分典型黄壤亚类耕地容重和孔隙度也较适宜农作物生长。从各二级分区来看，除长江下游平原丘陵农畜水产区土壤容重<1.0 g/cm³（土壤孔隙度>62.3%）的耕地占比高达 70.3%外，其他区域均以土壤容重 1.1～1.3 g/cm³（土壤孔隙度 50.9%～58.5%）的耕地占比最高，为 72.5%～100%。

2. 不同区域黄壤性土亚类土壤孔隙度 由表 7-44 可知，华南区黄壤性土亚类耕地容重集中在

表 7-44　不同区域黄壤性土亚类各级别土壤容重（孔隙度）分布面积

单位：hm^2

一级分区	二级分区	<1.0 g/cm³	1.0～1.1 g/cm³	1.1～1.2 g/cm³	1.2～1.3 g/cm³	1.3～1.4 g/cm³	>1.4 g/cm³
		>62.3%	58.5%～62.3%	54.7%～58.5%	50.9%～54.7%	47.2%～50.9%	<47.2%
华南区	滇南农林区			3 906.18			
	闽南粤中农林水产区						
	粤西桂南农林区						
	华南区汇总			3 906.18			
青藏区	藏南农牧区						
	川藏林农牧区					677.89	
	青藏区汇总					677.89	
西南区	川滇高原山地林农牧区	1 112.30	744.89	2 844.25	5 959.63	23 403.39	963.71
	黔桂高原山地林农牧区		52.84	7 641.26	38 865.71	16 768.98	1 778.52
	秦岭大巴山林农区		311.95	3 430.42	35 138.10	10 399.27	698.06
	四川盆地农林区		105.71	4 183.17	6 141.26	17 806.98	938.62
	渝鄂湘黔边境山地林农牧区	819.16	11 054.02	11 510.62	29 702.92	88 015.78	9 209.93
	西南区汇总	1 931.46	12 269.41	29 609.72	115 807.62	156 394.40	13 588.84
长江中下游区	江南丘陵山地农林区		92.81	267.20	307.37		
	南岭丘陵山地林农区		133.42	374.53		1 164.64	
	长江下游平原丘陵农畜水产区						
	长江中游平原农业水产区						
	浙闽丘陵山地林农区						
	长江中下游区汇总		226.23	641.73	307.37	1 164.64	

1.1～1.2 g/cm³（土壤空隙度 54.7%～58.5%），主要分布在滇南农林区。可见，华南区黄壤性土亚类耕地土壤容重和孔隙度较适宜作物生长。青藏区黄壤性土亚类耕地容重则集中在 1.3～1.4 g/cm³（土壤空隙度 47.2%～50.9%），主要分布在川藏林农牧区。总的来看，青藏区黄壤性土亚类耕地容重略微偏高，孔隙度偏低。

西南区不同等级孔隙度耕地均有分布，土壤容重<1.0 g/cm³、1.0～1.1 g/cm³、1.1～1.2 g/cm³、1.2～1.3 g/cm³、1.3～1.4 g/cm³、>1.4 g/cm³（土壤孔隙度>62.3%、58.5%～62.3%、54.7%～58.5%、50.9%～54.7%、47.2%～50.9%、<47.2%）分别占西南区统计面积的 0.6%、3.7%、9.0%、35.1%、47.5%、4.1%。总的来看，土壤容重偏高和孔隙度偏低的耕地占比最高，而较适宜农作物生长的土壤容重为 1.1～1.3 g/cm³（土壤孔隙度 50.9%～58.5%）的耕地占比仅为 44.1%，主要分布在黔桂高原山地林农牧区、秦岭大巴山林农区、渝鄂湘黔边境山地林农牧区。从各二级分区来看，黔桂高原山地林农牧区和秦岭大巴山林农区土壤容重为 1.1～1.3 g/cm³（土壤孔隙度 50.9%～58.5%）的耕地占比分别为 73.4%和 73.8%，绝大部分耕地较适宜农作物生长，而其他三个区域均以土壤容重为 1.3～1.4 g/cm³（土壤孔隙度 47.2%～50.9%）的耕地占比较高，为 62.4%～66.8%，土壤容重偏高，孔隙度则偏低；土壤容重极低（<1.0 g/cm³）[土壤孔隙度极高（>62.3%）] 的耕地以川滇高原山地林农牧区占比最高，为 3.2%；土壤容重极高（>1.4 g/cm³）[土壤孔隙度极低（<47.2%）] 的耕地以渝鄂湘黔边境山地林农牧区占比最高，为 6.1%。

长江中下游区以容重为 1.3～1.4 g/cm³（土壤孔隙度 47.2%～50.9%）的耕地分布面积最大，土壤容重 1.1～1.3 g/cm³（土壤孔隙度 50.9%～58.5%）的耕地分布面积也有相当数量，可见长江中下游黄壤性土亚类耕地土壤孔隙度总体较适宜或略偏低，也较适宜农作物生长。

3. 不同区域漂洗黄壤亚类土壤孔隙度 由表 7-45 可知，漂洗黄壤亚类分布在西南区，其中以土壤容重 1.1～1.3 g/cm³（土壤孔隙度 50.9%～58.5%）的耕地分布面积最大，占比高达 77.9%，主要分布在黔桂高原山地林农牧区，其次是渝鄂湘黔边境山地林农牧区；土壤容重为 1.3～1.4 g/cm³（土壤孔隙度 47.2%～50.9%）的耕地占比为 18.9%，主要分布在黔桂高原山地林农牧区；土壤容重极低（<1.0 g/cm³）[土壤孔隙度极高（>62.3%）] 的耕地主要分布在川滇高原山地林农牧区，土壤容重极高（>1.4 g/cm³）[土壤孔隙度极低（<47.2%）] 的耕地主要分布在黔桂高原山地林农牧区。

表 7-45 不同区域漂洗黄壤亚类各级别土壤容重（孔隙度）分布面积

单位：hm²

一级分区	二级分区	<1.0 g/cm³	1.1～1.2 g/cm³	1.2～1.3 g/cm³	1.3～1.4 g/cm³	>1.4 g/cm³
		>62.3%	54.7%～58.5%	50.9%～54.7%	47.2%～50.9%	<47.2%
西南区	川滇高原山地林农牧区	255.70				
	黔桂高原山地林农牧区		3 100.46	5 161.08	2 113.25	172.28
	秦岭大巴山林农区					
	四川盆地农林区			181.74	420.29	
	渝鄂湘黔边境山地林农牧区		237.67	1 776.57		
	西南区 汇总	255.70	3 338.13	7 119.39	2 533.54	172.28

注：由于土壤容重 1.0～1.1 g/cm³（土壤孔隙度 58.5%～62.3%）这一分级中无数据，因此未列入表 7-46。

（二）不同省份黄壤亚类的孔隙度比较

1. 不同省份典型黄壤亚类土壤孔隙度 由图 7-2 可知，土壤孔隙度>58.5%（土壤容重<1.1 g/cm³）的耕地以贵州省分布面积最大，土壤孔隙度 50.9%～58.5%（土壤容重 1.1～1.3 g/cm³）的耕地则主要分布在贵州省、四川省、云南省、湖北省、湖南省等地区，土壤孔隙度<50.9%（土壤容重>1.3 g/cm³）的耕地主要分布在贵州省、云南省、重庆市、四川省等地区。从不同省份各级别土壤孔隙度分布面积占比来看（图 7-3），土壤孔隙度 50.9%～58.5%（土壤容重 1.1～1.3 g/

cm^3）的耕地，广东省、福建省、广西壮族自治区、湖南省分布比例高达80%以上，江西省、四川省、浙江省、贵州省、湖北省分布比例为50%～70%，而重庆市、云南省、西藏自治区占比低于15%。可见，大部分省份典型黄壤亚类耕地土壤容重和孔隙度均较适宜作物生长，而重庆市、云南省、西藏自治区典型黄壤亚类耕地土壤容重偏高，土壤孔隙度偏低，对作物生长不利。

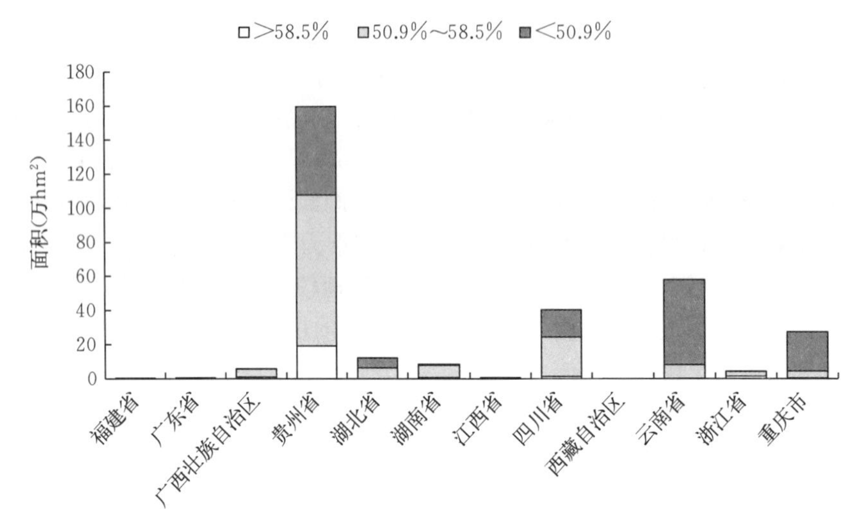

图7-2　不同省份典型黄壤亚类各级别土壤孔隙度分布面积

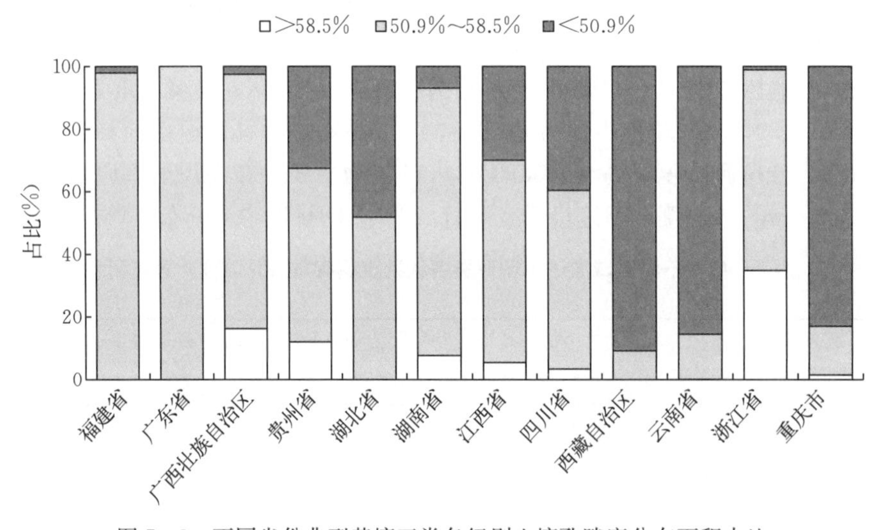

图7-3　不同省份典型黄壤亚类各级别土壤孔隙度分布面积占比

2. 不同省份黄壤性土亚类土壤孔隙度　由图7-4可知，土壤孔隙度>58.5%（土壤容重<1.1 g/cm^3）的耕地以贵州省分布面积最大，土壤孔隙度50.9%～58.5%（土壤容重1.1～1.3 g/cm^3）的耕地则主要分布在四川省、贵州省、重庆市、云南省、湖北省等地区，土壤孔隙度<50.9%（土壤容重>1.3 g/cm^3）的耕地主要分布在重庆市、贵州省、云南省、四川省等地区。从不同省份各等级孔隙度分布面积占比来看（图7-5），土壤孔隙度为50.9%～58.5%（土壤容重1.1～1.3 g/cm^3）的耕地，湖南省和四川省占比均在70%以上，广西壮族自治区、贵州省、湖北省占比为40%～50%，而重庆市和云南省占比低于25%。土壤孔隙度<50.9%（土壤容重>1.3 g/cm^3）的耕地，广西壮族自治区、湖北省、云南省、重庆市占比均高达50%以上。可见，部分省份黄壤性土亚类土壤容重偏高，土壤孔隙度偏低，不太有利于作物生长。

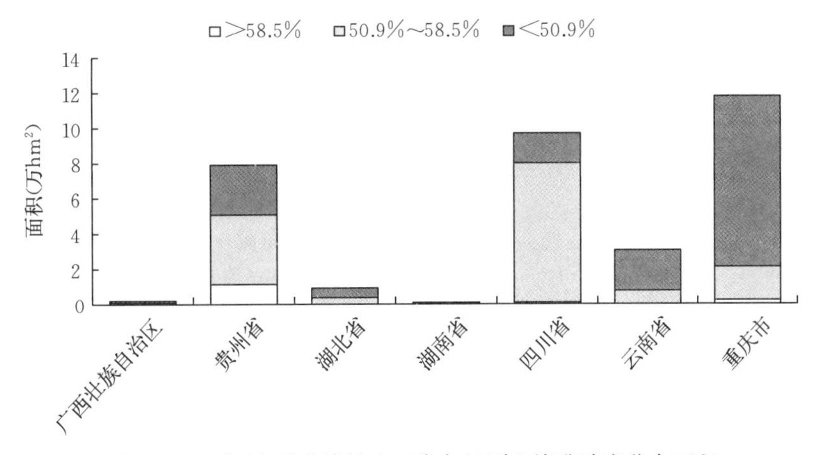

图 7-4　不同省份黄壤性土亚类各级别土壤孔隙度分布面积

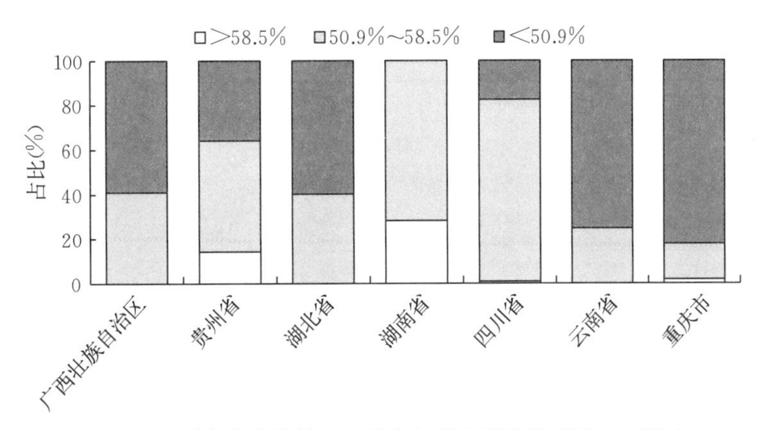

图 7-5　不同省份黄壤性土亚类各级别土壤孔隙度分布面积占比

3. 不同省份漂洗黄壤亚类土壤孔隙度　由图 7-6 可知，漂洗黄壤亚类主要分布在贵州省和四川省，土壤孔隙度>58.5%（土壤容重<1.1 g/cm³）和 50.9%～58.5%（土壤容重 1.1～1.3 g/cm³）的耕地，贵州省所占比重较大，土壤孔隙度<50.9%（土壤容重>1.3 g/cm³）的耕地贵州省和四川省均有分布。从不同省份各等级孔隙度分布面积占比来看，贵州省主要以土壤孔隙度为 50.9%～58.5%（土壤容重 1.1～1.3 g/cm³）的耕地占比最大，而四川省则以土壤孔隙度<50.9%（土壤容重>1.3 g/cm³）的耕地占比最大。可见，贵州省大部分漂洗黄壤亚类耕地土壤容重和孔隙度适中，而四川省漂洗黄壤亚类土壤孔隙度总体偏低。

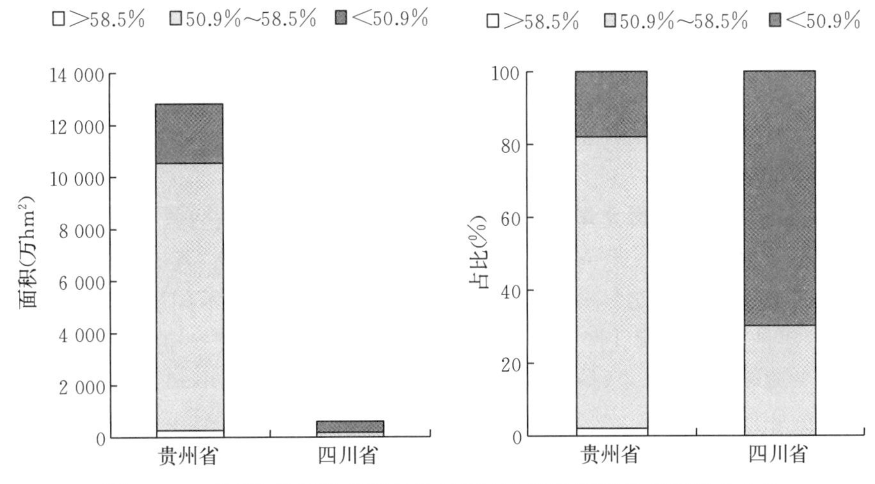

图 7-6　不同省份漂洗黄壤亚类各级别土壤孔隙度分布面积及占比

（三）不同黄壤亚类耕地土壤剖面孔隙度

不同区域之间、土壤类型之间的土壤孔隙度差异较大（表 7－46）。贵州耕地耕层平均土壤容重和孔隙度与四川差异明显，典型黄壤亚类和黄壤性土亚类土壤容重分别比四川低 21.1％和 32.1％，土壤孔隙度则分别提高 19.5％和 34.4％，原因可能与贵州和四川黄壤质地有关。贵州不同黄壤亚类耕地 A 层土壤孔隙度 56.6％～64.9％，黄壤性土亚类＞典型黄壤亚类＞漂洗黄壤亚类，B 层土壤孔隙度 51.7％～55.8％，黄壤性土亚类和典型黄壤亚类高于漂洗黄壤亚类，C 层土壤孔隙度 48.3％～55.1％，典型黄壤亚类＞黄壤性土亚类＞漂洗黄壤亚类。四川黄壤耕地耕层土壤孔隙度则表现为典型黄壤亚类（51.8％）高于黄壤性土亚类（48.3％）。不同土地利用方式下，不同黄壤亚类的土壤容重和孔隙度差异较大，贵州不同黄壤亚类均表现为耕地土壤孔隙度高于或等于林草地，四川则相反，耕地孔隙度小于林草地。总体来看，贵州耕地典型黄壤亚类和黄壤性土亚类土壤容重范围偏轻，土壤孔隙度偏大；四川则相反，土壤容重偏大，土壤孔隙度偏小。林草地土壤容重和孔隙度基本在适宜作物生长的范围内，说明人类耕种过程使土壤容重和孔隙度向不利于作物生长的方向发展。

表 7－46　贵州和四川不同黄壤亚类耕地和林草地的土壤容重与孔隙度

土壤亚类	土层	贵州省				四川省			
		耕地		林草地		耕地		林草地	
		容重（g/cm^3）	孔隙度（％）	容重（g/cm^3）	孔隙度（％）	容重（g/cm^3）	孔隙度（％）	容重（g/cm^3）	孔隙度（％）
典型黄壤	A	1.01	61.9	1.09	58.9	1.28	51.8	1.17	55.8
	B	1.18	55.5	1.26	52.5				
	C	1.19	55.1	1.27	52.1				
漂洗黄壤	A	1.15	56.6	1.20	54.7				
	E	1.28	51.7	1.28	51.7				
	C	1.37	48.3	—	—				
黄壤性土	A	0.93	64.9	1.07	59.6	1.37	48.3	1.26	52.5
	B	1.17	55.8	1.40	47.2				
	C	1.27	52.1	1.37	48.3				

注：数据来源于《贵州省土壤》和《四川土壤》。

三、不同黄壤亚类土属的孔隙度

黄壤主要分布在贵州和四川两省，且有关黄壤孔隙度的资料收集有限，故本部分以贵州和四川两省为例对耕地黄壤孔隙度和土壤容重进行介绍。

（一）典型黄壤亚类

1. 贵州典型黄壤亚类不同土属土壤孔隙度　贵州典型黄壤亚类包括黄泥土、黄沙泥土、黄沙土、枯黄泥土、大黄泥土、黄黏泥土、紫黄沙泥土和麻沙黄泥土 8 个土属。其中，枯黄泥土土属、紫黄沙泥土土属和麻沙黄泥土土属面积较小，分布范围较窄；其他 5 个土属不同层次土壤容重和孔隙度见表 7－47。不同土属旱耕地 A 层土壤孔隙度 57.0％～62.3％，黄黏泥土＜黄沙土＜大黄泥土＜黄泥土＜黄沙泥土；B 层土壤孔隙度 50.9％～60.4％，黄黏泥土＜大黄泥土＝黄沙土＜黄泥土＜黄沙泥土；C 层土壤孔隙度 49.8％～59.2％，黄沙泥土＜大黄泥土＜黄黏泥土＜黄沙土＜黄泥土。从垂直剖面来看，A 层容重小于 B 层，B 层到 C 层无明显规律。有部分土属的林草地土壤孔隙度小于旱耕地。

表 7-47　贵州典型黄壤亚类不同土属旱耕地和林草地土壤容重与孔隙度

土属	土层	旱耕地		林草地	
		土壤容重（g/cm³）	土壤孔隙度（%）	土壤容重（g/cm³）	土壤孔隙度（%）
黄泥土	A	1.04	60.8	1.09	58.9
	B	1.16	56.2	1.30	50.9
	C	1.08	59.2	1.32	50.2
黄沙泥土	A	1.00	62.3	1.09	58.9
	B	1.05	60.4	1.25	50.9
	C	1.33	49.8	1.32	50.2
黄沙土	A	1.06	60.0	0.98	63.0
	B	1.28	51.7	1.15	56.6
	C	1.26	52.5	1.25	52.8
大黄泥土	A	1.05	60.4	1.17	55.8
	B	1.28	51.7	1.34	49.4
	C	1.31	50.6	1.39	47.5
黄黏泥土	A	1.14	57.0	1.07	59.6
	B	1.30	50.9	1.18	55.5
	C	1.29	51.3	1.24	53.2

注：数据来源于《贵州省土壤》。

2. 四川和重庆典型黄壤亚类不同土属土壤孔隙度　四川和重庆典型黄壤亚类分为矿子黄泥土、老冲黄泥土、冷沙黄泥土和沙黄泥土4个土属，不同土属耕地耕层土壤容重和孔隙度见表7-48，老冲黄泥土土属耕层土壤容重高达1.35 g/cm³，土壤孔隙度仅为49.1%，土壤黏重板结，耕种困难，宜耕性较差。矿子黄泥土、沙黄泥土、冷黄沙泥土耕层土壤容重和孔隙度相差不大，由于沙黄泥土和冷沙黄泥土质地较轻，因此疏松好耕，通气性好。据资料，典型黄壤亚类耕地典型剖面A层、B层、C层土壤容重分别为1.26 g/cm³、1.30 g/cm³、1.37 g/cm³，土壤孔隙度分别为52.5%、50.9%、48.3%。如表7-49所示，不同土属土壤容重均随着土层深度的增加不断增大，土壤孔隙度则不断减小，B层或B层以下土壤孔隙度均低于50%。

表 7-48　四川和重庆典型黄壤亚类各土属耕地耕层土壤容重和孔隙度

土属	土壤容重（g/cm³）	土壤孔隙度（%）
矿子黄泥土	1.28	51.7
沙黄泥土	1.25	52.8
冷沙黄泥土	1.26	52.5
老冲黄泥土	1.35	49.1

注：数据来源于《四川土壤》。

表 7-49　四川和重庆典型黄壤亚类各土属耕地典型剖面土壤孔隙度

土属	采样地点	深度（cm）	土壤容重（g/cm³）	土壤孔隙度（%）
矿子黄泥土	重庆市石柱县鱼池镇（1 080 m）	0～22	1.33	50.6
		22～70	1.63	40.2
		70 以下	1.62	40.5

（续）

土属	采样地点	深度（cm）	土壤容重（g/cm³）	土壤孔隙度（%）
沙黄泥土	四川省泸州市江阳区黄舣镇（280 m）	0～22	1.26	52.4
		22～47	1.42	47.1
		47～90	1.45	46.1
冷沙黄泥土	四川省达州市宣汉县樊哙镇（945 m）	0～20	1.45	46.1
		20～55	1.57	42.1
老冲黄泥土	重庆市北碚区蔡家岗街道（265 m）	0～20	1.35	49.3
		20～37	1.40	47.8
		37 以下	1.60	41.2

注：数据来源于《四川土壤》。

总体来看，贵州典型黄壤亚类不同土属土壤容重低于四川和重庆不同土属，孔隙度则高于四川和重庆，四川和重庆各土属耕层土壤孔隙度均小于55%，贵州各土属耕层土壤孔隙度均高于55%。

（二）漂洗黄壤亚类

1. 贵州漂洗黄壤亚类不同土属土壤孔隙度 贵州漂洗黄壤亚类分为白胶泥土、白鳝泥土、白散土、白泥土、白黏土5个土属。其中，白胶泥土多为林草地，耕地很少，其他不同土属土壤容重和土壤孔隙度见表7-50。不同土属土壤表层孔隙度54.7%～60.4%，以白黏土土属土壤容重最小，孔隙度最大；白散土土属容重最大，土壤孔隙度最小。各土属土壤孔隙度均随着土层深度增加不断变小，上松下实。白鳝泥土、白泥土土属土壤孔隙度和土壤质地等物理性质较适宜农作物生长；白散土土属耕地质地较轻，土壤容重较大，应适当掺和黏粒丰富的土壤，改良土壤耕性；白黏土土属土壤容重较小，质地黏重，耕性差，可通过增施有机肥、种植绿肥、客土掺沙等措施改善土壤耕性。

表7-50 贵州漂洗黄壤亚类不同土属土壤容重和土壤孔隙度

土属	土层	土壤容重（g/cm³）	土壤孔隙度（%）
白鳝泥土	A	1.16	56.2
	E	1.24	53.2
	C	1.42	44.9
白散土	A	1.20	54.7
	E	1.26	52.5
白泥土	A	1.16	56.2
白黏土	A	1.05	60.4

注：数据来源于《贵州省土壤》。

2. 四川和重庆漂洗黄壤亚类不同土属土壤孔隙度 漂洗黄壤亚类有白鳝泥土一个土属，A层和E层土壤平均容重分别为1.41 g/cm³和1.48 g/cm³，土壤孔隙度分别为46.8%和44.2%。典型剖面（位于四川省雅安市名山区百丈镇，730 m）A层和E层土壤容重分别为1.37 g/cm³和1.47 g/cm³，土壤孔隙度48.3%和44.5%。可见，四川和重庆漂洗黄壤亚类耕层容重较大，土壤孔隙性低于50%，不利于作物生长。

（三）黄壤性土亚类

1. 贵州黄壤性土亚类不同土属土壤孔隙度 贵州黄壤性土亚类是黄壤土类中的第二大亚类，其中林草地占黄壤性土亚类的79.45%，旱耕地仅占20.55%，分为幼黄泥土、幼黄沙泥土、幼黄沙土、幼大黄泥土、幼橘黄泥土5个土属，分别占黄壤性亚类的24.8%、59.1%、11.7%、2.5%、1.9%。不同土属A层土壤容重0.94～1.14 g/cm³，土壤孔隙度57.0%～64.5%，大部分土属土壤孔隙度较适宜作物生长，幼黄沙土土属 A 层土壤容重仅为 0.94 g/cm³，土壤孔隙度高达 64.5%，原因可能是该土属质地轻，多为沙壤土和沙质黏壤土；不同土属 B 层土壤孔隙度 50.9%～53.6%，均明显低于 A 层，符合作物生长“上虚下实”的要求；不同土属 C 层土壤孔隙度 48.3%～52.5%，与 B 层相差较小。幼黄沙泥土土属在黄壤性土亚类中占比最大，A 层、B 层、C 层土壤容重分别为 1.13 g/cm³、1.23 g/cm³、1.26 g/cm³，土壤孔隙度分别为 57.4%、53.6%、52.5%，土壤容重和孔隙度较适宜农作物生长。

2. 四川和重庆黄壤性土亚类不同土属土壤孔隙度 四川和重庆黄壤性土亚类主要划分为扁石黄泥土、石渣黄泥土、炭渣土、鱼眼沙黄泥土 4 个土属，不同土属耕地耕层土壤容重和孔隙度见表 7-51。石渣黄泥土土属和炭渣土土属耕地耕层土壤容重均为 1.17 g/cm³，土壤孔隙度均为 55.8%；扁石黄泥土土属土壤容重和孔隙度居中；鱼眼沙黄泥土耕层土壤容重在黄壤性土亚类中最大，土壤孔隙性最低，仅为 50.2%。四川和重庆黄壤性土亚类不同土属典型剖面土壤容重和孔隙度见表 7-52，土壤容重基本均随着土层深度的增加不断增大，土壤孔隙度则基本均不断减小，B 层或 B 层以下土壤孔隙度基本均低于 50%。

表 7-51 四川和重庆黄壤性土亚类各土属耕地耕层土壤容重和孔隙度

土属	土壤容重（g/cm³）	土壤孔隙度（%）
扁石黄泥土	1.27	52.1
石渣黄泥土	1.17	55.8
炭渣土	1.17	55.8
鱼眼沙黄泥土	1.32	50.2

注：数据来源于《四川土壤》。

表 7-52 四川和重庆黄壤性土亚类各土属典型剖面土壤容重和孔隙度

土属	取样地点	深度（cm）	土壤容重（g/cm³）	土壤孔隙度（%）
扁石黄泥土	重庆市黔江区沙坝乡	0～18	1.23	53.4
		18～45	1.37	48.7
石渣黄泥土	四川省乐山市金口河区吉星乡（1 120 m）	0～17	1.31	50.7
		17～35	1.50	44.5
炭渣土	四川省雅安市荥经县荥河镇（1 090 m）	0～20	0.99	61.3
		20～40	1.37	48.7
		40 以下	1.39	48.4
鱼眼沙黄泥土	四川省广元市旺苍县正源乡（930 m）	0～12	1.31	50.7
		12～55	1.34	49.7
		55～90	1.31	50.7

注：数据来源于《四川土壤》。

贵州黄壤性土亚类不同土属土壤容重低于四川和重庆，孔隙度则高于四川和重庆，除炭渣土土属外，四川和重庆黄壤性土亚类各土属黄壤耕层土壤孔隙度均小于 56%，贵州黄壤性土亚类各土属 A 层土壤孔隙度均高于 56%。

第四节 土壤水分

黄壤一般处于山地丘陵区，地势落差大，地表水资源赋存条件差，年际地表水资源差异大，生态系统脆弱，降水时空分布极不均衡，季节性干旱问题突出。季节性干旱与农业供水问题是黄壤区农业生产的主要矛盾之一。

一、黄壤持水特性

土壤持水性是指土壤吸持水分的能力。土壤中的水分都处在一定的土壤吸力下，随着吸力的变化，土壤含水量也相应变化。

（一）土壤水分特征曲线

土壤基质势（土壤水吸力）与土壤水分含量的关系，可由土壤持水特征曲线来表征。土壤持水性的差异可由土壤水分特征曲线反映。贵州中部地区 3 个典型耕地黄壤剖面的研究表明，土壤含水率（θ）与水分吸力（S）间呈 $\theta=aS^{-b}$的幂函数关系，且各剖面、各土层的土壤水分特征曲线方程拟合效果极佳。当水分吸力 $S\leqslant 100$ kPa 时，土壤含水率 θ 下降很快，走势陡直，土壤水分释放快，释放量大；当水分吸力 S 超过 100 kPa，直至 1 500 kPa 吸力段，土壤含水率变化平直，土壤水分释放缓慢，释放量小。

表 7－53 是黄壤剖面水分特征曲线方程，可反映典型黄壤剖面土壤的持水特性，定量评价土壤水分状况和指导黄壤水分管理。

表 7－53　黄壤剖面水分特征曲线方程（蒋太明，2007）

土样	土层（cm）	土壤水分特征曲线	决定系数
贵州Ⅰ	0～20	$\theta_m=37.1173S^{-0.046325}$	$R^2=0.9546$
	20～36	$\theta_m=39.1106S^{-0.043688}$	$R^2=0.9334$
	36～65	$\theta_m=50.5585S^{-0.014256}$	$R^2=0.9153$
	65～105	$\theta_m=49.8401S^{-0.010688}$	$R^2=0.9284$
贵州Ⅱ	0～20	$\theta_m=28.7702S^{-0.025206}$	$R^2=0.8435$
	20～30	$\theta_m=27.4634S^{-0.023818}$	$R^2=0.8067$
	30～67	$\theta_m=28.8811S^{-0.021913}$	$R^2=0.7480$
	67～100	$\theta_m=33.4474S^{-0.013745}$	$R^2=0.6858$
贵州Ⅲ	0～20	$\theta_m=27.8213S^{-0.033279}$	$R^2=0.8481$
	20～65	$\theta_m=34.7063S^{-0.016834}$	$R^2=0.8289$
	65～100	$\theta_m=38.0255S^{-0.013536}$	$R^2=0.8344$

注：土壤水分特征曲线中，θ_m 表示土壤重量含水率（g/100 g），S 表示土壤水吸力（10^5 Pa）。

（二）比水容量

比水容量，又称为土壤的容水度，是指单位基质势变化引起的含水量的变化，在数值上等于土壤水分特征曲线斜率的负值，是表征土壤持水特性的一个重要参数。现以贵州中部地区的典型黄壤为例加以说明。

由贵州中部地区黄壤不同水势段（表 7－54）的比水容量可知，当土水势由－10～－2.5 kPa 段降至－30～－10 kPa 段，再降至－300～－100 kPa 段时，比水容量由 10^{-1}数量级降至 10^{-2}数量级，再至 10^{-3}数量级。当土水势为－10 kPa 时，黄壤的释水量已经变小；当土水势为－100 kPa 时，黄壤的释水量已变得很小。－1 500 kPa～－100 kPa 段，黄壤的比水容量变化极小，尽管此时的含水量仍属于有效水范围，但土壤的释水量非常低，这是黄壤易于发生旱灾的主要原因。

从黄壤比水容量的剖面分布（表 7－54）来看，无论是哪一个吸力段，比水容量均由耕层向心土层递减，耕层的比水容量明显高于犁底层（淀积层）及以下的土壤层次。

表 7-54 黄壤剖面不同水势段的比水容量（蒋太明，2007）

单位：θm/－kPa

土样	土层（cm）	－10～－2.5 kPa	－30～－10 kPa	－100～－30 kPa	－300～－100 kPa	－1 500～－300 kPa
贵州Ⅰ	0～20	3.7×10^{-1}	1.0×10^{-1}	6.0×10^{-2}	9.2×10^{-3}	2.1×10^{-3}
	20～36	3.6×10^{-1}	1.0×10^{-1}	5.9×10^{-2}	9.2×10^{-3}	2.1×10^{-3}
	36～65	1.4×10^{-1}	4.1×10^{-2}	2.4×10^{-2}	4.0×10^{-3}	9.5×10^{-4}
	65～105	1.0×10^{-1}	3.0×10^{-2}	1.8×10^{-2}	2.9×10^{-3}	7.0×10^{-4}
贵州Ⅱ	0～20	1.4×10^{-1}	4.2×10^{-2}	2.5×10^{-2}	4.0×10^{-3}	9.3×10^{-4}
	20～30	1.3×10^{-1}	3.8×10^{-2}	2.2×10^{-2}	3.6×10^{-3}	8.5×10^{-4}
	30～67	1.3×10^{-1}	3.7×10^{-2}	2.2×10^{-2}	3.5×10^{-3}	8.2×10^{-4}
	67～100	9.0×10^{-2}	2.6×10^{-2}	1.6×10^{-2}	2.6×10^{-3}	6.0×10^{-4}
贵州Ⅲ	0～20	1.9×10^{-1}	5.4×10^{-2}	3.2×10^{-2}	5.0×10^{-3}	1.2×10^{-3}
	20～65	1.2×10^{-1}	3.3×10^{-2}	2.0×10^{-2}	3.2×10^{-3}	7.6×10^{-4}
	65～100	1.0×10^{-1}	2.9×10^{-2}	1.7×10^{-2}	2.8×10^{-3}	6.8×10^{-4}

（三）黄壤持水性与土壤物理性质的关系

对贵州中部地区黄壤持水性与土壤机械组成等物理性质进行的相关性分析（表 7-55）表明，各吸力下黄壤水分含量与沙粒含量呈显著的负相关，与黏粒含量呈显著的正相关，与粉粒、比重和容重呈负相关关系，但未达显著。

表 7-55 黄壤主要物理性质与各吸力段水分含量的相关性分析（$n=11$）（蒋太明，2007）

各吸力段（kPa）水分含量	沙粒	粉粒	黏粒	比重	容重	总孔隙率
2.5～6	－0.604 3*	－0.547 9	0.576 4*	－0.424 1	－0.460 5	0.414 7
6～10	－0.605 1*	－0.548 1	0.576 5*	－0.432 2	－0.467 4	0.420 6
10～30	－0.605 7*	－0.552 2	0.579 6*	－0.432 2	－0.463 1	0.415 4
30～100	－0.611 4*	－0.557 3	0.585*	－0.438 1	－0.471 1	0.423 1
100～300	－0.617 7*	－0.562 3	0.591 1*	－0.437 2	－0.469 3	0.421 3
300～1 500	－0.620 9*	－0.568 3	0.596*	－0.443 7	－0.474 3	0.425 3
2.5～10	－0.604 6*	－0.548	0.576 5*	－0.427	－0.463	0.416 8
10～100	－0.608 6*	－0.554 8	0.582 3*	－0.435 2	－0.467 1	0.419 3
100～1 500	－0.619 6*	－0.565 7	0.593 9*	－0.440 9	－0.472 2	0.423 6

注：*、** 分别表示在 $P<0.05$ 和 $P<0.01$ 下显著。

二、黄壤水分渗吸特性

水分在土壤中的渗透，在未达到稳定渗透时，受压力作用和毛管力作用迅速向下移动，此时是渗吸阶段。随着水分不断渗吸，毛管作用减弱，在土壤孔隙空气压缩以及土壤湿胀、结构破坏等物理机械作用下，土壤透水性逐渐减小，最后达到稳定的渗透速度，此时称为渗漏阶段。土壤渗吸性反映了土壤对水分的吸收能力。渗吸性好的土壤，能较多地接纳和减小地表径流，增大土壤储水量，降低水土流失。土壤渗吸性主要受土壤结构、质地、矿物组成等影响。如表 7-56 所示，比较三峡库区黄壤与其他 3 种土壤的水分入渗特征，不同土壤类型 A 层的初渗率、稳渗率均高于 B 层。不同土壤类型相同层次土壤的渗透率存在差异，黄壤由于容重较大，孔隙度较小，质地黏重，土壤渗透率最慢，其 A 层、B 层稳渗率平均值分别为 1.98 mm/min、1.65 mm/min，表明黄壤对于水分的渗吸性较差，降水易于导致水土流失，应当注重黄壤农田的水土保持工作。

表 7-56　不同土壤类型的水分入渗特征（王鹏程等，2007）

土壤类型	发生层次	初渗率（mm/min）	稳渗率（mm/min）	到稳渗时间（min）	水分入渗模型
黄壤	A	4.43±3.22	1.98±1.09	60.1±16.1	$f=1.98+(4.43-1.98)/t^{0.5252}$
	B	3.16±3.53	1.65±2.13	56.2±21.8	$f=1.65+(3.16-1.65)/t^{0.2268}$
紫色土	A	13.85±12.36	6.48±4.93	54.5±20.2	$f=6.48+(13.85-6.48)/t^{0.3271}$
	B	7.89±5.90	3.25±2.83	62.1±7.8	$f=3.25+(7.89-3.25)/t^{0.7788}$
黄棕壤	A	8.55±6.44	4.01±3.46	62.4±25.3	$f=4.01+(8.55-4.01)/t^{0.8461}$
	B	4.68±5.33	2.39±2.94	57.5±25.0	$f=2.39+(4.68-2.39)/t^{0.6953}$
棕壤	A	8.60±7.70	5.01±5.26	53.8±23.5	$f=5.01+(8.60-5.01)/t^{1.0507}$
	B	5.84±6.99	2.42±3.25	56.0±27.4	$f=2.42+(5.84-2.42)/t^{0.8948}$

三、黄壤导水性能

土壤水分的移动主要有饱和流动和非饱和流动。饱和流动出现在水田灌溉和降水量较大时。非饱和流动则在旱地、地下水埋藏深，且灌溉和降水未使土壤水分饱和时发生。通过分析重庆地区黄壤与其他土壤类型的饱和导水率可知，黄壤的饱和导水率显著低于同一区域的黄棕壤和棕壤（表 7-57）。利用多因素偏相关分析法对不同孔径的大孔隙密度和大孔隙面积比进行相关分析（表 7-58），结果表明，孔径为 0.3～3.0 mm 的大孔隙密度与土壤饱和导水率具有显著（$P<0.05$）至极显著（$P<0.01$）的正相关关系。黄壤与黄棕壤和棕壤相比，大孔隙密度较低，因此导水率较低。

表 7-57　不同土壤类型的导水性能（刘目兴等，2016）

土壤类型	发生层次	不同孔径的大孔隙密度（个/m²）					大孔隙面积比（%）	饱和导水率（mm/min）
		0.3～0.6 mm（×10⁵）	0.6～1.0 mm（×10⁴）	1.0～1.2 mm	1.2～2.0 mm	2.0～3.0 mm		
黄壤	A	0.13	0.14	175	83	13	0.32	0.58
	B	0.01	0.20	786	175	0	0.23	0.06
	C	0.03	0.14	702	166	0	0.22	0.14
黄棕壤	A	1.88	2.21	2 478	1 265	251	4.71	8.52
	B	1.68	1.20	1 470	1 006	229	3.73	6.58
	C	1.32	1.03	1 316	798	157	2.97	5.50
棕壤	A	2.68	3.72	4 036	2 042	471	7.16	8.94
	B	1.91	1.92	2 160	995	214	4.51	6.12
	C	1.00	1.16	1 338	684	119	2.50	4.70

表 7-58　土壤饱和导水率与不同孔径的大孔隙密度的相关关系（刘目兴等，2016）

土壤参数	相关性	不同孔径的大孔隙密度（个/m²）					大孔隙面积比（%）
		0.3～0.6 mm（×10⁵）	0.6～1.0 mm（×10⁴）	1.0～1.2 mm	1.2～2.0 mm	2.0～3.0 mm	
土壤饱和导水率（mm/min）	相关系数	0.932**	0.752*	0.681*	0.853**	0.833**	0.896**
	P	0.000	0.012	0.030	0.002	0.003	0.000

注：*、** 分别表示在 $P<0.05$ 和 $P<0.01$ 下差异显著。

四、黄壤水分蒸发特征

土壤水分蒸发性能是土壤耐旱性（或抗旱力）评价的重要依据，对保墒抗旱措施的制定具有重要的实践意义。贵州西部黄壤分布区观测资料表明，1956—1980 年平均温度为 13.8 ℃，平均年降水量为 1 005.9 mm，年蒸发量为 1 345.6 mm。春季气温上升剧烈，蒸发量大于降水量，常有春旱发生。据统计，当地春旱年份占 71%，其中重旱占 29%，可以说是“十年七旱，三重四轻”。3 月、4 月、5 月出现春旱的频率分别为 38%、38%和 26%。夏季是该区降水最多的季节，但降水量变异也最大，达 38%。所以，夏旱也是该区农业生产的一大威胁。贵州西部黄壤分布区 1—12 月的水分蒸发特征见图 7-7。

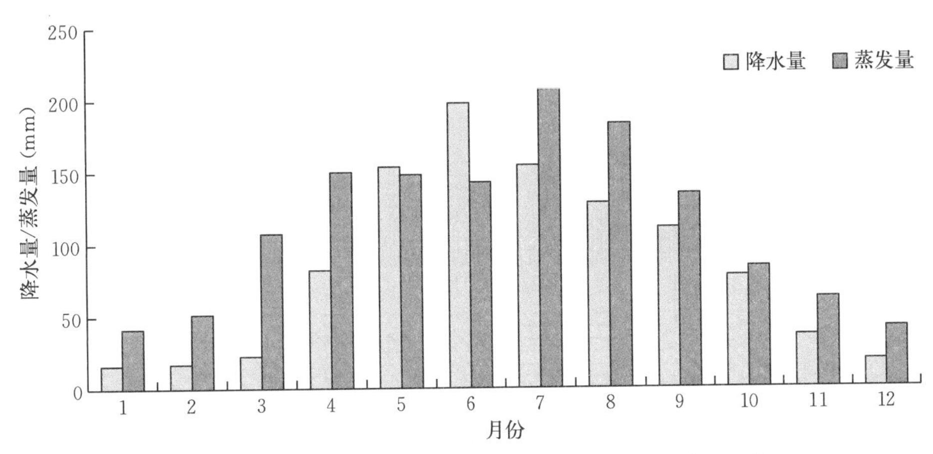

图 7-7 贵州西部黄壤分布区 1—12 月的水分蒸发特征（陈旭晖等，1990）

土壤水分蒸发速率受温度的影响较大，黄壤水分平均蒸发速率在温度为 20 ℃时相对稳定，而在 30 ℃和 40 ℃时，随着时间的增加呈先增加后趋于稳定再逐渐减小的变化（图 7-8）。从 0～120 min，当温度为 30 ℃时，黄壤水分平均蒸发速率增加了 88%；当温度为 40 ℃时，变化率达 100%。120～360 min，黄壤水分平均蒸发速率变化相对平稳，变化率仅为 1%～5%。360 min 至测试结束，黄壤水分平均蒸发速率呈递减趋势。

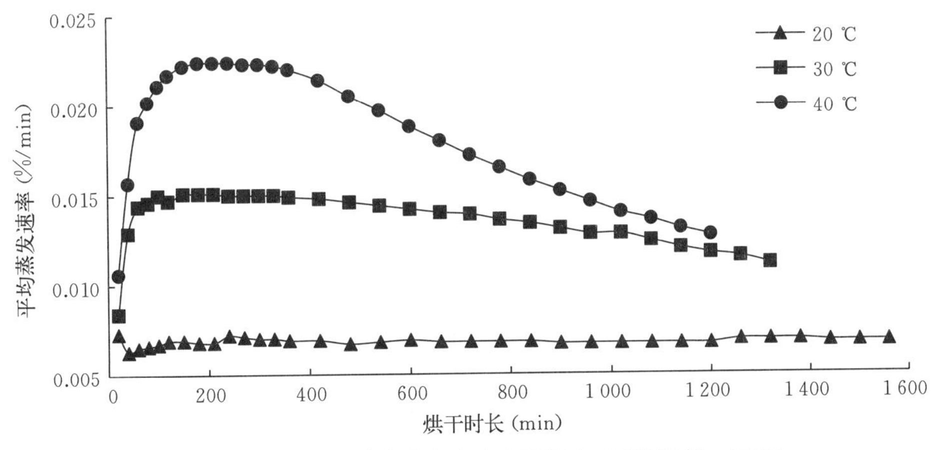

图 7-8 温度对黄壤水分蒸发速率的影响（李沙沙等，2019）

五、黄壤水分动态特征

根据在贵州的定位测定，黄壤水分的年循环可分为 3 个时期，即春季土壤水分强烈上升蒸发期、夏秋土壤水分恢复补充期和冬季土壤水分缓慢蒸发与下渗期（图 7-9）。

春季土壤水分强烈上升蒸发期。历年资料统计，贵州西部 3—5 月降水量为 256.2 mm，同期蒸发量为 403.8 mm，加上气温迅速上升，土壤水分强烈上升蒸发。耕层（0～20 cm）土壤湿度大都处于难效水阶段（15%～20%），其中 0～10 cm 深度土壤湿度有时低于凋萎含水量（<15%）。重力水

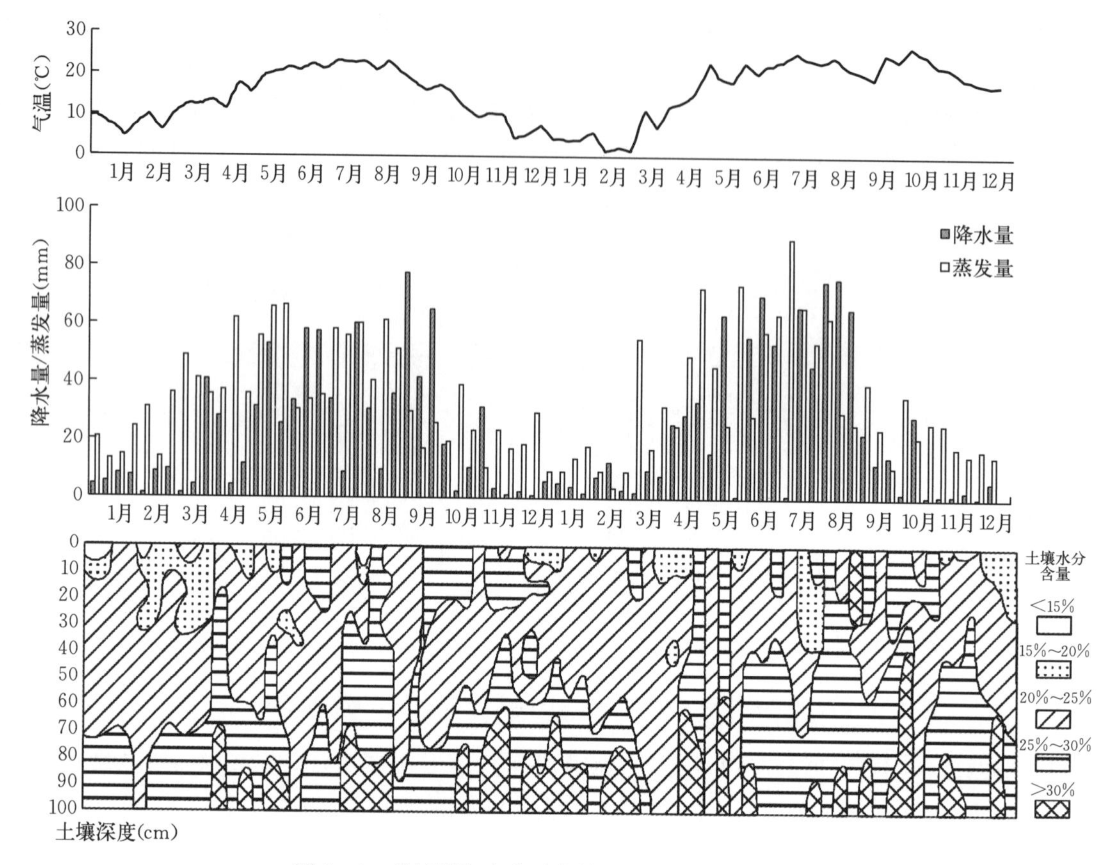

图 7-9 黄壤周年水分动态特征（陈旭晖等，1990）

（>25%）分布多在 50～70 cm 深度，两年此期间平均 1 m 深的土体总储水量 322.1 mm，其中有效水储量 124.2 mm，根系集中分布层（0～30 cm）总储水量 84.0 mm，有效储水量 26.3 mm。

夏秋土壤水分恢复补充期。夏秋是本区的雨季，6—11 月降水量为 701 mm，占年平均降水量的 69.7%，同期蒸发量占年平均蒸发量的 60.2%，是接纳降水、土壤水分得到补充恢复的季节。在此期间，耕层常处于易效水阶段（20%～25%）。除发生夏旱情况以外，30～40 cm 土层土壤湿度都处于重力水阶段，由于夏秋期间降水、蒸发、作物蒸腾错综复杂的影响，土壤干湿交替频繁并常有伏旱发生。两年此期间平均 1 m 深的土体总储水量 337.9 mm，其中有效水储量 140.0 mm。0～30 cm 总储水量 92.9 mm，有效储水量 35.2 mm。

冬季土壤水分缓慢蒸发与下渗期。此期间（12 月至翌年 2 月）蒸发量（131.6 mm）大于降水量（48.7 mm），但气温较低（平均 4.5 ℃），土壤水分蒸发散失较缓慢。此期间重力水分布层位有随着时间的推后向深层下移的现象。耕层土壤湿度常处于难效水或无效水（<15%）阶段。重力水分布层位多在 50～70 cm。两年此期间平均 1 m 深的土体储水量 327.4 mm，有效水储量 129.5 mm。0～30 cm 总储水量 82.9 mm，有效水储量 25.2 mm。

六、黄壤水分有效性

从土壤水分与植物需水的关系来讲，可将土壤水分划分为重力水、有效水和无效水。在土壤-植物-大气连续系统中，普遍采用土壤水吸力或总基质势与土壤含水量的关系来评价土壤水分状态和量度有效水分含量。

（一）田间持水率和凋萎含水率

由于黄壤质地普遍黏重，且吸力 30 kPa 与 10 kPa 的差异极小，以土壤吸力 10 kPa 作为有效水的上限，计算田间持水率，而将 1 500 kPa 作为有效水的下限，即为凋萎含水率。由此计算出，黄壤耕层（0～20 cm）田间持水率高至 28.22%以上（表 7 - 59）。其中，土壤样品重庆Ⅱ高达 44.19%；20 cm 以下土层土壤田间持水率为 27.66%～56.42%，变异较大。在凋萎含水率方面，黄壤耕层（0～20 cm）的凋萎含水率在 25.00%以上，土壤样品重庆Ⅲ表层（0～5 cm）凋萎含水率达 36.10%；20 cm 以下土层凋萎含水率大多高于耕层土壤。耕层有效水容量在 2.52%～9.48%。由此可见，黄壤有效水的上限很高，其下限也很高，有效水范围极窄，这也是黄壤地区易于发生干旱的主要原因。

表 7 - 59　黄壤田间持水特征及水分有效性

土壤样品	层次（cm）	田间持水率（%）	凋萎含水率（%）	有效水容量（%）	数据来源
贵州Ⅰ	0～20	42.03	32.55	9.48	蒋太明，2007
	20～36	43.96	34.30	9.66	
	36～65	52.89	48.50	4.39	
	65～105	50.77	48.05	2.72	
贵州Ⅱ	0～20	29.02	26.50	2.52	
	20～30	27.66	25.25	2.41	
	30～67	28.81	26.50	2.31	
	67～100	33.29	31.50	1.79	
贵州Ⅲ	0～20	28.22	25.00	3.22	
	20～65	35.01	32.75	2.26	
	65～100	38.33	36.25	2.08	
重庆Ⅰ	0～20	36.99	32.10	4.89	刘涓等，2012
	20～60	43.56	40.23	3.33	
	60～95	40.06	37.30	2.76	
重庆Ⅱ	0～10	41.83	32.93	8.90	
	10～17	44.19	36.52	7.67	
	17～49	56.42	53.13	3.29	
	49～100	56.30	53.57	2.73	
重庆Ⅲ	0～5	40.49	36.10	4.39	
	5～20	39.14	35.07	4.07	
	20～47	37.64	33.72	3.92	
	47～90	44.88	41.81	3.07	

（二）水分库容

土壤具有容纳水分的能力，人们形象地称为“土壤水库”，具有不占地、不怕淤、不耗能、不需要特殊地形等优点。土壤库容可以细分为无效水库容、有效水库容、通透库容和总库容。凋萎含水量是植物不能利用的水分含量，由此产生的库容被认为是无效水库容。田间持水量和凋萎含水量之间的蓄水量为有效水库容，当土壤含水量大于田间持水量时，多余水分只能短时间地蓄存于土壤中，最终经入渗补给地下水或蒸发消耗掉。因此，该部分库容只起到滞蓄作用，称为通透库容。土壤完全饱和时的蓄水量是总库容。

贵州和重庆的 6 个黄壤剖面耕层土壤的总库容为 966.5～1 228.5 m^3/hm^2（表 7 - 60），平均为 1 036.4 m^3/hm^2，比广东赤红壤高 6.21%，分别比东北黑土和华北潮土低 13.63%和 4.04%。就 0～100 cm 土层的总库容而言，6 个黄壤剖面在 4 639.6～5 875.6 m^3/hm^2，平均为 5 393.8 m^3/hm^2，与广东赤红壤相当，分别比华北潮土和东北黑土小 716.2 m^3/hm^2 和 916.2 m^3/hm^2。

表 7-60　黄壤与几种土壤的库容比较

土壤	土层 (cm)	总库容 (m^3/hm^2)	储水库容 (m^3/hm^2)	占总库容 (%)	通透库容 (m^3/hm^2)	占总库容 (%)	有效水库容 (m^3/hm^2)	占储水库容 (%)	无效水库容 (m^3/hm^2)	占储水库容 (%)	文献来源
贵州黄壤Ⅰ	0～20	1 228.5	670.5	54.6	558.0	45.4	195.3	29.1	475.2	70.9	蒋太明，2007
	20～100	4 647.1	4 032.0	86.8	615.1	13.2	413.3	10.3	3 618.7	89.7	
贵州黄壤Ⅱ	0～20	966.5	736.7	76.2	229.8	23.8	70.0	9.5	666.7	90.5	
	20～100	4 128.4	3 034.0	73.5	1 094.4	26.5	224.6	7.4	2 809.4	92.6	
贵州黄壤Ⅲ	0～20	996.2	660.0	66.3	336.2	33.7	84.9	12.9	575.1	87.1	
	20～100	4 579.3	3 149.0	68.8	1 430.3	31.2	202.2	6.4	2 946.8	93.6	
重庆黄壤Ⅰ	0～20	1 011.4	749.0	74.1	262.4	25.9	97.3	13.0	651.7	87.0	刘涓等，2012
	20～95	4 304.9	3 177.4	73.8	1 127.5	26.2	223.2	7.0	2 954.2	93.0	
重庆黄壤Ⅱ	0～17	1 027.7	727.6	70.8	300.1	29.2	142.7	19.6	584.9	80.4	
	17～100	4 833.2	4 676.8	96.8	156.4	3.2	244.6	5.2	4 432.2	94.8	
重庆黄壤Ⅲ	0～20	988.1	789.6	80.0	198.5	20.0	83.0	10.5	706.6	89.5	
	20～90	3 651.5	2 946.1	80.7	705.4	19.3	237.8	8.1	2 708.3	91.9	
广东赤红壤	0～20	975.8	603.2	61.8	372.6	38.2	279.2	46.3	324.0	53.7	郭庆荣等，2004
	20～100	4 550.4	3 265.7	71.8	1 284.7	28.2	1 474.8	45.2	1 790.9	54.8	
华北潮土	0～20	1 080.0	685.0	63.4	395.0	36.6	360.0	52.6	325.0	47.4	
	20～100	5 030.0	3 927.0	78.1	1 103.0	21.9	2078.0	52.9	1849.0	47.1	
东北黑土	0～20	1 200.0	860.0	71.7	340.0	28.3	500.0	58.1	360.0	41.9	
	20～100	5 110.0	4 250.0	83.2	860.0	16.8	2 100.0	49.4	2 150.0	50.6	

储水库容计算结果表明，6 个黄壤剖面耕层土壤的储水库容在 660.0～789.6 m^3/hm^2，平均为 722.2 m^3/hm^2；比广东赤红壤多 119 m^3/hm^2，比东北黑土少 137.8 m^3/hm^2。所有土壤 0～100 cm 土层的储水库容在 3 735.7～5 404.4 m^3/hm^2，平均为 4 224.8 m^3/hm^2，比广东赤红壤高 9.20%，分别比华北潮土和东北黑土少 8.40%和 17.32%。6 个黄壤剖面 0～100 cm 土层储水库容占总库容的比例平均为 78.33%，广东赤红壤、华北潮土和东北黑土的储水库容占总库容的比例分别为 70.01%、75.48%和 80.98%。可见，6 个黄壤剖面储水库容所占比例比广东赤红壤和华北潮土高，但比东北黑土低 2.65 个百分点。

6 个黄壤剖面耕层土壤有效水库容在 70.0～195.3 m^3/hm^2，平均为 112.2 m^3/hm^2，占储水库容的 15.54%，远低于广东赤红壤、华北潮土和东北黑土。6 个黄壤剖面 0～100 cm 土层有效水库容占储水库容的 8.75%，分别比广东赤红壤、华北潮土和东北黑土低 36.59 个百分点、44.11 个百分点、42.13 个百分点。可见，黄壤的有效水库容是极其有限的，对作物所需水分的储存非常不利。

6 个黄壤剖面耕层无效水库容平均为 610.0 m^3/hm^2，占储水库容的 84.46%，其比例分别比广东赤红壤、华北潮土和东北黑土高 30.75 个百分点、37.01 个百分点和 42.60 个百分点。6 个黄壤剖面 0～100 cm 土层无效水库容平均为 3 855.0 m^3/hm^2，占储水库容的 91.25%。可见，黄壤的无效水库容比例过高，绝大部分土壤水分是不能被作物利用的。

总体而言，黄壤总库容和储水库容比红壤高，比黑土低。有效水分库容较低导致作物无法吸收，是黄壤易于发生季节性干旱的主要原因。

第五节 土壤热性质

水、肥、气、热是土壤的肥力要素。土壤热量状况直接影响土壤物理的能量和物质交换过程，也影响土壤的生物、化学反应强度。土壤热性质是土壤的物理性质之一，是影响热量在土壤中的保持、传导和分布状况的土壤性质，是决定土壤热量状况的内在因素，也是农业上控制土壤热量状况，使其有利于作物生长发育的重要物理因素，可通过合理耕作、表面覆盖、灌溉、排水以及施用人工聚合物等措施加以调节。

一、黄壤热容量

土壤热容量是指单位质量或体积的土壤每升高（或降低）1 ℃所需要吸收（或放出）的热量。研究表明，黄壤热容量在 $1.3\times10^6\sim2.5\times10^6$ J/（m^3 • ℃）；随着温度的升高，黄壤热容量随着温度的升高呈下降的趋势（图 7 - 10）。黄壤热容量与红壤热容量的变化趋势较为一致，不同温度段热容量均比赤红壤高。

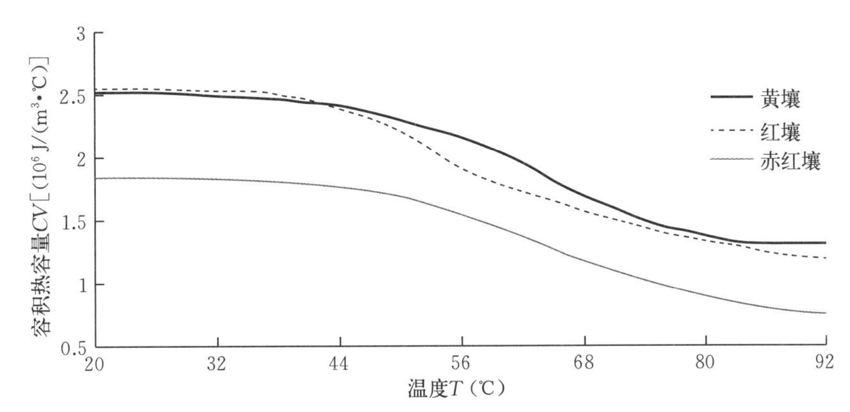

图 7 - 10 黄壤与其他几种土壤热容量随温度的变化（骆玲，2012）

注：黄壤、赤红壤、红壤质地分别为沙土、壤土和黏土，容重分别为 1.533 g/cm^3、0.882 g/cm^3、1.334 g/cm^3。

二、黄壤热导率

土壤吸收热量后，除了按热容量增温外，还能够把吸收的热量传导给邻近的土壤，产生如同水流那样的热流动，称为土壤的热传导。土壤热导率反映了土壤导热性质的大小。研究表明，黄壤热导率在 0.3～1.4 W/（m • ℃），黄壤热导率随着温度的升高呈下降的趋势（图 7 - 11）。黄壤热导率在不同温度段均高于红壤和赤红壤。

三、黄壤热通量

土壤热通量表征土壤表层与深层之间的热交换状况。比较夏季黄壤热通量与总辐射、净辐射的日变化可知，黄壤热通量的日变化呈正态变化的形式，在昼夜交替的变化中，土壤热通量在正负值间发生转变，变化范围在－19.1～111.6 W/m^2（图 7 - 12）。土壤热通量的日变化与太阳辐射直接相关，随着太阳的升起，土壤表面接受太阳的辐射，土壤热通量开始由负值转变为正值；总辐射在 12:00—13:00 达到最大值，土壤表层热通量几乎同时也达到最大值；随着太阳辐射降低，土壤热通量逐渐由正值转变为负值。

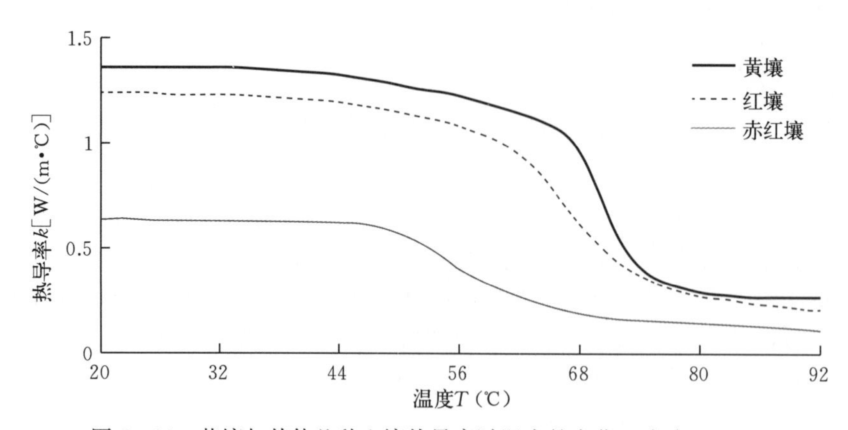

图 7-11　黄壤与其他几种土壤热导率随温度的变化（骆玲，2012）

注：黄壤、赤红壤、红壤质地分别为沙土、壤土和黏土，容重分别为 1.533 g/cm³、0.882 g/cm³、1.334 g/cm³。

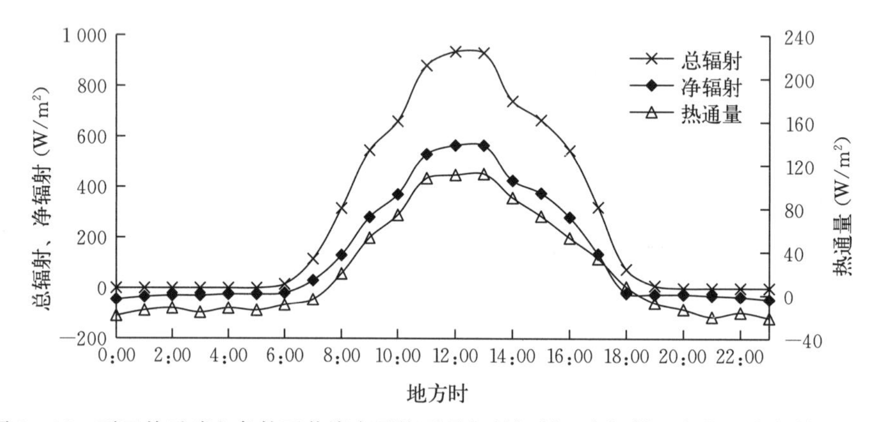

图 7-12　夏至前后晴空条件下黄壤表层热通量与总辐射、净辐射日变化（李亮等，2012）

黄壤土壤表层热通量的年变化表明（图 7-13），在入春后，随着天气的转暖，土壤接收到太阳的热量越来越多，土壤热通量由负值转为正值；而在入秋以后，随着天气的变冷，土壤接收到太阳的热量逐渐减少，土壤热通量由正值转为负值，一般是在 2—3 月由负值转为正值，10 月以后逐渐由正值转为负值。比较不同土壤热通量的年较差，黄壤为 13 W/m²，相比灰漠土（28 W/m²）、黄绵土（27 W/m²）、盐碱潮土和红壤（25 W/m²）、紫色土和沼泽土（24 W/m²）、水稻土（22 W/m²）年较差较小。

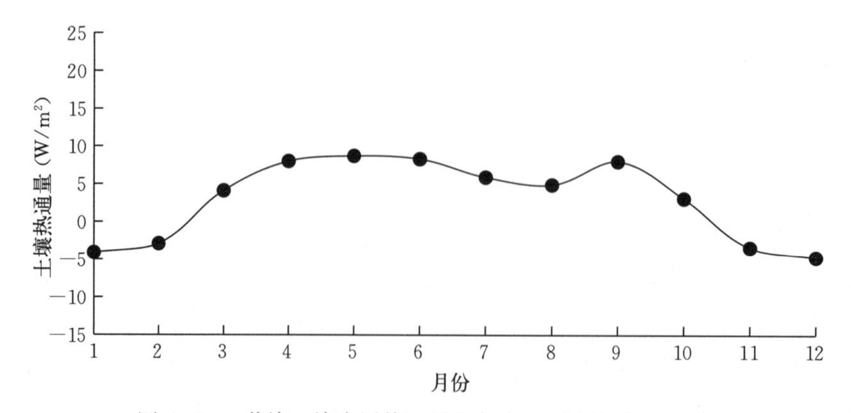

图 7-13　黄壤土壤表层热通量的年变化（李亮等，2012）

第八章 黄壤化学性质 >>>

第一节　土壤矿物质

黄壤具有较强的脱硅富铁铝化过程，该过程由水解、淋溶、淀积、富积等多种亚过程复合。在湿润、温暖的气候条件下，随着风化的持续，硅酸盐类或铝硅酸盐类矿物水解，硅和盐基淋溶流失，铁铝二氧化物、三氧化物相对聚积，黏粒与次生物矿物不断形成。不同区域黄壤矿物组成具有各自的特点。

一、贵州黄壤矿物质

以贵州东南部雷公山板岩发育的黄壤为例，贵州黄壤盐基和 SiO_2 的淋失介于山地黄棕壤与红壤之间，渗出水中的 SiO_2 含量为 9.50 mg/L、K_2O+Na_2O 含量为 1.58 mg/L、$CaO+MgO$ 含量为 1.82 mg/L（表 8-1）。

表 8-1　黄壤与山地黄棕壤、红壤渗出水化学组成

单位：mg/L

土壤类型	地点	SiO_2	$CaO+MgO$	K_2O+Na_2O
黄壤	贵州雷公山	9.50	1.82	1.58
山地黄棕壤	贵州绥阳宽阔水	4.15	2.58	0.045
红壤	江西进贤	16.20	8.31	13.10

表 8-2 为黄壤与山地黄棕壤、红壤化学组成与迁移量的比较。3 个黄壤剖面 Al_2O_3 的富集量为 5.76%～22.99%，均低于山地黄棕壤和红壤；Fe_2O_3 的富集量为 0.89%～24.36%，均低于红壤；3 个黄壤剖面土体表层 SiO_2 的迁移量为 45.16%～75.04%，其平均值低于红壤。

表 8-2　黄壤与山地黄棕壤、红壤化学组成与迁移量

土壤类型	地点	岩石	样本	土体（<2 mm）及母岩化学组成（%）					风化及成土过程迁移量（%）		
				SiO_2	Al_2O_3	Fe_2O_3	CaO	MgO	SiO_2	CaO	MgO
黄壤	贵州遵义	砂岩	土体表层	64.48	16.70	2.40	0.045	0.024	75.04	98.49	92.27
			土体+母质	71.54	16.60	1.82	0.024	0.193	72.14	99.18	93.30
			母岩	89.11	5.76	0.89	1.02	1.00	—	—	—
黄壤	贵州赤水	紫色岩	土体表层	62.15	16.68	4.03	0.085	0.745	45.16	98.18	88.42
			土体中层	65.12	15.08	5.58	0.041	0.898	36.48	99.00	84.57
			母岩	67.66	9.95	3.57	2.79	3.84	—	—	—
黄壤	贵州盘州	玄武岩	土体表层	30.72	22.99	24.36	0.096	0.453	62.66	99.32	93.87
			母岩	48.14	13.44	13.82	8.35	4.61	—	—	—

（续）

土壤类型	地点	岩石	样本	土体（<2 mm）及母岩化学组成（%）					风化及成土过程迁移量（%）		
				SiO_2	Al_2O_3	Fe_2O_3	CaO	MgO	SiO_2	CaO	MgO
山地黄棕壤	贵州盘州	玄武岩	土体表层	30.50	27.66	16.04	0.21	0.50	64.76	—	95.41
			土体+母质	46.16	17.68	11.76	0.05	1.56	16.58	—	77.57
			母岩	49.08	15.70	11.75	—	6.17	—	—	—
红壤	云南昆明	玄武岩	土壤	30.78	26.46	24.31	0.10	0.02	67.80	99.4	97.20
			母质	23.74	24.82	33.82	0.39	0.34	73.50	97.5	95.10
			母岩	50.03	13.86	13.29	8.78	3.87	—	—	—

注：黄壤、山地黄棕壤摘自土壤普查资料，红壤摘自《中国土壤》。

表 8-3 为黄壤与山地黄棕壤、红壤淀积层土壤迁移系数，$K_m>1$ 为元素富集，$K_m<1$ 为元素迁移，$K_m=1$ 为元素迁移量和富集量平衡。各土壤类型 SiO_2 的 K_m 均值均小于 1，其次序为山地黄棕壤>黄壤>红壤；Al_2O_3 的 K_m 除山地黄棕壤接近 1 以外，黄壤和红壤均大于 1，黄壤均值仍低于红壤；黄壤 Fe_2O_3 的 K_m 变动在 0.96～1.76。

表 8-3　黄壤与山地黄棕壤、红壤淀积层土壤迁移系数（K_m）

土壤类型	采样地点	母岩	发生层次	深度（cm）	矿质元素含量（%）				K_m		
					SiO_2	Fe_2O_3	Al_2O_3	TiO_2	SiO_2	Al_2O_3	Fe_2O_3
黄壤	贵州水城	玄武岩	B	7～22	35.48	15.90	25.85	3.39	0.86	1.02	0.96
			C	22～62	39.61	16.05	24.52	3.27	—	—	—
	贵州遵义	砂岩	A	0～10	64.48	2.40	16.70	0.64	0.988	1.10	1.45
			B	10～25	65.72	3.11	16.13	0.68	0.937	1.01	1.76
			C	25～60	71.54	1.82	16.60	0.70	—	—	—
山地黄棕壤	贵州盘州	泥质岩	B	24～56	26.47	23.08	22.47	5.14	0.97	0.97	1.01
			C	56～95	28.74	22.77	23.30	5.14	—	—	—
红壤	云南曲靖	泥质岩	B	32～60	64.74	5.64	16.85	0.85	0.80	1.09	1.01
			C	60～93	77.12	4.95	13.59	0.75	—	—	—

注：$K_m=\frac{\text{指示土层元素}/TiO_2}{\text{母质层元素}/TiO_2}$

表 8-4 为黄壤与红壤、山地黄棕壤的土壤风化系数（ba）和淋溶层土壤的淋溶系数（β），ba、β 越小则盐基元素淋溶越强烈。从 ba 来看，山地黄棕壤>红壤>黄壤；从淋溶层 β 来看，红壤<黄壤<山地黄棕壤，说明黄壤的淋溶强度在 3 个土壤类型中处于中间状态。

表 8-4　黄壤与红壤、山地黄棕壤的土壤风化系数（ba）和淋溶层土壤的淋溶系数（β）

土壤类型	母岩类型	采样点（编号）	发生层次	深度（cm）	土壤矿质元素含量（%）						ba	β
					Al_2O_3	TiO_3	CaO	MgO	K_2O	Na_2O		
黄壤	砂岩	贵阳 27	A	0～15	3.82	1.47	0.033	0.214	0.662	0.134	0.403	0.801
			B	15～28	7.59	1.56	0.035	0.438	1.33	0.143	0.375	
			E	28～50	9.80	1.58	0.031	0.469	1.46	0.130	0.310	
			C	50～100	11.51	0.931	0.074	0.436	2.68	0.308	0.404	
红壤	页岩	罗甸 3	A	0～12	13.88	2.01	0.225	0.732	2.42	0.162	0.403	0.562
			B	12～47	16.65	2.30	0.257	0.911	2.73	0.242	0.402	
			C	47～84	14.55	2.23	0.233	0.977	3.09	0.268	0.443	

（续）

土壤类型	母岩类型	采样点（编号）	发生层次	深度（cm）	土壤矿质元素含量（%）						ba	β
					Al_2O_3	TiO_3	CaO	MgO	K_2O	Na_2O		
山地黄棕壤	页岩	盘州 10	A	0～15	8.11	2.60	0.124	0.882	0.99	0.137	0.464	0.894
			B	15～58	12.69	2.41	0.067	1.53	1.68	0.266	0.493	
			BC	58～78	14.32	2.34	0.075	1.84	2.26	0.269	0.537	
			C	78～100	15.38	2.42	0.032	1.48	2.13	0.262	0.425	

注：$ba=(K_2O+Na_2O+CaO+MgO)/Al_2O_3$；

$$\beta=\frac{\text{淋溶层}\ (K_2O+Na_2O)/Al_2O_3}{\text{母质层}\ (K_2O+Na_2O)/Al_2O_3}$$

表 8-5 是发育在页岩上的黄壤与红壤、山地黄棕壤全铁及游离铁含量。全铁含量为山地黄棕壤>红壤>黄壤，主要是受母岩、母质残留物影响导致的。从游离度来看，红壤>山地黄棕壤>黄壤，将 3 个土壤类型 A 层和 B 层的游离度分别除以成土母质 C 层的游离度，其比值则以红壤最高、山地黄棕壤最低、黄壤居中，说明黄壤富铁作用介于两个土壤类型之间。

表 8-5　发育在页岩上的黄壤与红壤、山地黄棕壤全铁及游离铁含量

土壤类型	采样地点	土样编号	发生层次	深度（cm）	全铁含量（Fe_2O_3，%）	游离铁含量（Fe_2O_3，%）	游离度（%）
黄壤	遵义	省 2	A	0～19	3.54	0.975	27.54
			B	19～50	3.62	0.950	26.24
			BC	50～69	5.37	1.525	28.39
			C	69～97	7.38	1.875	25.41
红壤	罗甸	罗 3	A	0～12	6.01	2.197	36.56
			B	12～47	6.87	2.475	36.07
			C	47～84	9.97	2.938	29.47
山地黄棕壤	盘州	盘 2	A	0～4	21.26	5.745	27.00
			B_1	4～14	21.04	5.775	27.40
			B_2	14～52	20.32	6.550	32.20
			BC	52～73	19.68	5.690	28.90
			C	73～99	15.48	4.738	30.60
山地黄棕壤	盘州	盘 5	A	0～8	23.73	6.713	28.30
			AB	8～24	23.48	6.550	27.90
			B	24～56	23.08	6.555	28.40
			BC	56～95	22.77	6.300	27.70

表 8-6、表 8-7 分别为黄壤<0.001 mm 和<0.002 mm 的土壤黏粒硅铝率。从表 8-6 和表 8-7 的 11 个黄壤剖面来看，黏粒硅铝率随着母岩的不同，A 层变动在 1.49～2.73，以玄武岩发育的黄壤较低，以页岩和白云岩、灰岩发育的较高，其他母岩发育的黄壤居中。

表 8-6　黄壤<0.001 mm 的土壤黏粒硅铝率

剖面号	采样地点	母岩	发生层次	深度（cm）	SiO_2（%）	Fe_2O_3（%）	Al_2O_3（%）
Ⅱ-25	仁怀	页岩	A	0～20	40.19	15.92	27.56
			B	20～38	38.75	15.10	28.89

（续）

剖面号	采样地点	母岩	发生层次	深度（cm）	SiO_2（%）	Fe_2O_3（%）	Al_2O_3（%）
贵 1	紫云	砂岩	A	0～15	37.90	14.71	30.79
			B	15～32	32.19	15.73	34.56
			C	32～120	32.86	17.38	32.46
Ⅰ-52	道真	白云岩灰岩	A	0～10	42.16	11.59	21.26
			B	10～20	41.92	12.29	28.24
			C	20～50	41.55	13.15	27.23
水$_1$	水城	砂页岩	A	2～7	34.99	16.85	24.85
			(B)	7～16	34.45	16.25	25.82
			C	16～51	35.69	12.48	26.93
水$_2$	水城	玄武岩	A	0～7	30.13	12.30	28.20
			(B)	7～22	31.65	16.11	29.65
			C	22～62	30.19	16.18	28.84

表 8-7　黄壤<0.002 mm 的土壤黏粒硅铝率

编号	采样地点	母岩	发生层次	深度（cm）	SiO_2/Al_2O_3
省 2	遵义	页岩	A	0～19	2.73
			B	19～50	2.54
			BC	50～68	2.30
			C	68～97	1.92
遵 16	遵义	砂岩	A	0～10	1.82
			B	10～25	1.79
			C	25～75	1.81
水 6	水城	玄武岩	A	0～4	1.49
			B	4～47	1.45
			C	47～98	1.41
省 3	丹寨	灰岩	A	0～9	2.16
			B	9～29	2.10
			BC	29～69	2.04
			C	69～98	1.71
安 15	安顺	黏土质风化壳	A	0～10	1.90
			B	10～49	1.78
遵 11	赤水	紫色岩	A	0～4	2.01
			B	4 以下	1.86

黏土矿物组成在一定程度上反映土壤脱硅富铁铝化过程的强度。据贵州省第二次土壤普查，黏土矿物以蛭石为主，蛭石含量最高的剖面有 6 个，占剖面总数的 54.5%；蛭石含量在各种黏土矿物组成中占第二位的剖面有 5 个，占剖面总数的 45.5%；不含蛭石的黄壤剖面尚未发现。

虽然黄壤的脱硅富铁铝化过程具有普遍性，但由于黄壤多处于山丘，剖面受来自坡上部新风化物干扰，往往出现剖面“倒置”的现象，即表层的 SiO_2 含量反而比下层高；表层的 Fe_2O_3、Al_2O_3 含量反而比下层低，“倒置”剖面在诸多剖面中占有一定的比例。

黄化是黄壤重要的发生特征。由于黄壤所处气候特殊、雨天多、相对湿度较大，常使土壤保持湿润状态，有利于形成较多的含水氧化铁，如针铁矿（$Fe_2O_3 \cdot H_2O$）、褐铁矿（$2Fe_2O_3 \cdot H_2O$）、多水氧化铁（$Fe_2O_3 \cdot 3H_2O$）。针铁矿、褐铁矿呈黄色及棕色，多水氧化铁呈黄色。黄壤土体中具有较多的含水氧化铁可以从烧失水含量较高得到印证（表 8－8）。

表 8－8　黄壤与红壤烧失水的比较（土体部分）

土壤类型	采样地点	海拔（m）	植被	发生层次	采样深度（cm）	烧失量（%）	有机质（g/kg）	烧失水（%）
黄壤	望谟	1 380	林地	A	0～10	16.01	46.5	11.36
				B	10～35	17.45	26.0	14.85
				BC	35～80	16.94	19.6	14.98
黄壤	榕江	860	草地	A	0～15	13.08	13.3	11.75
				B_1	15～25	10.82	8.8	9.94
				B_2	25～70	10.16	5.9	9.57
				BC	70～90	9.96	4.5	9.51
红壤	罗甸	700	林地	A	0～21	11.40	49.1	6.49
				B	21～56	11.35	13.8	9.97
				BC	56～75	10.76	12.0	9.56
红壤	罗甸	450	草地	A	0～10	7.20	22.3	4.97
				B	10～31	7.96	22.0	5.76

在温暖湿润的气候条件下，黄壤具有强烈的生物富集过程。据调查，贵州高原龙里林场 19 年人工马尾松林下的黄壤，枯枝落叶层干物质约 10.5 t/hm^2，由于这类凋落物的不断腐解和地下部分根系的死亡为土壤补充了丰富的有机物，使 A 层、B 层腐殖质分别提高了 2.6 倍和 0.92 倍。自然植物为土壤增添了原岩石中含量很少甚至完全没有的元素，土壤的氮素含量从无到有在很大程度上是植物的作用（当然也不排除微生物的固氮作用），钠元素也是这样，磷、锰元素的增加也是生物富集作用的结果。黄壤有机质、全氮含量较高，如果以 C 层含量作为基数，那么，A 层分别提高 218%和 125%，B 层分别提高 64%和 41%。生物的选择吸收和再分配，A 层的矿质养分含量也较母质丰富，如全磷、全钾分别增加 51%和 7.7%，有效磷、速效钾分别增加 169%和 152%。

表 8－9 为发育在相似母岩、植被下黄壤、红壤、山地黄棕壤剖面养分层次间差异。保存完好林被下黄壤的枯枝落叶层（A_{00}层）有 2 cm 厚，半分解的枯枝落叶层（A_0 层）达 5 cm，山地黄棕壤的枯枝落叶层和半分解的枯枝落叶层均为 4 cm，根系盘错的 AH 层为 2 cm，而红壤的枯枝落叶层不明显。比较 3 种土壤类型养分含量，黄壤仍处于中间状态，仅钾含量较高，似与成土母质有关。

表 8－9　发育在相似母岩、植被下黄壤、红壤、山地黄棕壤剖面养分层次间差异

土壤类型	编号	母岩	植被	海拔（m）	地点	发生层次	深度（cm）	全量养分（g/kg）				与底层比值			
								有机质	全氮	全磷	全钾	有机质	全氮	全磷	全钾
山地黄棕壤	Ⅰ-43	页岩	常绿落叶阔叶混交林	1 700	宽阔水	A_{00}	0～4								
						A_0	4～8								
						AH	8～10								
						A	0～16	222.0	6.5	0.6	9.1	17.6	13.0	2.8	0.31
						B_1	16～25	55.3	3.3	0.3	10.5	4.3	6.6	1.5	0.35
						B_2	25～43	59.8	3.8	0.4	10.3	4.7	7.6	1.7	0.35
						BC	43～65	12.6	0.5	0.2	29.6	—	—	—	—

（续）

土壤类型	编号	母岩	植被	海拔(m)	地点	发生层次	深度(cm)	全量养分（g/kg）				与底层比值			
								有机质	全氮	全磷	全钾	有机质	全氮	全磷	全钾
黄壤	铜10	千枚岩	常绿落叶阔叶混交林	1 180	梵净山	A_{00}	0～2								
						A_0	2～7								
						A	0～14	148.5	4.2	0.5	20.2	12.7	8.9	1.8	0.87
						B_1	15～25	68.5	2.4	0.4	22.8	5.9	5.2	1.5	0.89
						B_2	30～40	31.4	1.3	0.3	20.7	2.7	2.7	1.0	0.89
						BC	50～56	11.7	0.5	0.3	23.1	—	—	—	—
红壤	Ⅰ-54	页岩	常绿阔叶林为主	500	黎平	A	0～5	78.1	3.1	0.4	6.5	30.0	10.3	2.0	0.75
						AB	10～20	10.8	0.7	0.3	12.7	4.2	2.3	1.5	0.65
						B	25～35	7.2	0.6	0.3	16.1	2.8	2.0	1.5	1.85
						BC	65～75	2.6	0.3	0.2	8.7	—	—	—	—

2009年5月，刘文景等对采自贵州省贵阳市乌当区百宜乡和清镇市王家寨5个采样点样品进行分析。结果表明，铝在黄壤（BY-Ⅰ、QZ-Ⅲ）和黄色石灰土（BY-Ⅱ）剖面中的UCC标准化值小于0.8，在黑色石灰土剖面（QZ-Ⅰ和QZ-Ⅱ）中达到0.8～1.2，体现出黄壤富铁铝化趋势较弱，这与酸沉降会引起土壤的酸化和铝的淋失有关，还可能与其具有较低的pH有关。乌当区百宜乡多数土壤剖面铁样品的UCC标准化值在0.6～1.0，清镇市王家寨土壤剖面铁样品的UCC标准化值在1.0～1.6，同一采样区域内，黄壤剖面比石灰土剖面富集的铁元素更多，铁含量在不同区域和土壤类型之间的变化特征主要体现在成土母质对土壤中元素含量的控制。除乌当区百宜乡黄壤剖面中上部的极少数样品外，5个剖面中土壤样品磷的UCC标准化值均大于1，显示出岩石在风化成土过程中磷在土壤中的相对富集效应，这种现象可能与土壤的碱性条件有关。另外，贵州作为磷矿发育地区，磷的背景值相对较高，这也是所研究的剖面磷含量高于上地壳平均值的重要原因。磷在5个剖面之间的变化没有一定的规律性，但在各剖面内部的变化有一定的共性，即在接近地表不同深度上有一定的亏损，而后随着深度的增大，出现不同程度的富集，剖面浅部发生亏损，可能与它是极强的生物累积元素这一特性有关，即由于生物生长吸收利用磷导致剖面表层含量较低。研究区为酸雨频发区，也可能导致剖面上部可与磷发生絮凝作用的钙离子被强烈淋失，从而使得磷含量降低。黄壤和石灰土剖面主要元素含量见表8-10。

表8-10　黄壤和石灰土剖面主要元素含量

单位：%

剖面类型	样号	SiO_2	Al_2O_3	FeO_T	CaO	MgO	K_2O	Na_2O	MnO	TiO_2	P_2O_5
黄壤	BY-Ⅰ-1	75.57	5.00	4.41	0.22	0.46	0.29	0.51	0.02	0.10	0.22
	BY-Ⅰ-2	82.15	4.52	3.67	0.18	0.45	0.30	0.49	0.01	0.06	0.17
	BY-Ⅰ-3	84.38	3.54	3.77	0.18	0.47	0.32	0.49	0.01	0.05	0.15
	BY-Ⅰ-4	86.15	2.43	3.83	0.16	0.46	0.29	0.63	0.01	0.02	0.10
	BY-Ⅰ-5	85.20	3.47	3.65	0.17	0.41	0.29	0.77	0.01	0.03	0.14
	BY-Ⅰ-6	85.16	3.39	3.60	0.21	0.47	0.29	0.68	0.01	0.03	0.14
	BY-Ⅰ-7	85.54	4.32	3.07	0.15	0.43	0.28	0.49	0.01	0.03	0.16
	BY-Ⅰ-8	84.40	5.30	3.25	0.19	0.46	0.34	0.58	0.02	0.03	0.15
	BY-Ⅰ-9	80.48	7.10	3.72	0.18	0.62	0.45	0.90	0.02	0.10	0.24
	BY-Ⅰ-10	77.70	8.15	4.76	0.18	0.70	0.49	0.57	0.01	0.12	0.25

（续）

剖面类型	样号	SiO_2	Al_2O_3	FeO_T	CaO	MgO	K_2O	Na_2O	MnO	TiO_2	P_2O_5
黄壤	BY-Ⅰ-11	72.62	8.31	5.88	0.31	1.07	0.80	1.71	0.03	0.12	0.20
	BY-Ⅰ-12	72.93	8.60	5.71	0.44	1.04	0.76	1.55	0.01	0.12	0.21
	BY-Ⅰ-13	70.94	10.73	5.83	0.21	0.96	0.79	1.03	0.04	0.15	0.26
	QZ-Ⅲ-1	65.66	10.47	8.20	0.22	0.90	0.78	1.15	0.33	0.16	0.20
	QZ-Ⅲ-2	64.29	10.24	8.10	0.26	0.91	0.75	1.35	0.36	0.17	0.20
	QZ-Ⅲ-3	66.37	9.10	8.34	0.45	0.93	0.73	1.37	0.36	0.15	0.18
	QZ-Ⅲ-4	70.30	8.59	7.56	0.29	0.79	0.64	1.28	0.37	0.15	0.20
	QZ-Ⅲ-5	70.43	8.20	8.03	0.21	0.81	0.68	1.23	0.33	0.15	0.37
	QZ-Ⅲ-6	69.92	7.82	8.31	0.42	0.88	0.72	1.57	0.34	0.13	0.45
	QZ-Ⅲ-7	69.53	9.12	8.05	0.50	0.87	0.73	1.30	0.30	0.15	0.40
	QZ-Ⅲ-8	69.51	7.34	8.51	0.76	0.88	0.90	2.43	0.40	0.12	0.51
	QZ-Ⅲ-9	68.14	9.70	8.44	0.22	0.90	0.79	1.35	0.42	0.16	0.42
	QZ-Ⅲ-10	67.97	10.05	8.56	0.22	0.92	0.78	1.49	0.43	0.15	0.40
	QZ-Ⅲ-11	69.01	9.28	8.07	0.23	0.91	0.74	1.67	0.47	0.13	0.38
	QZ-Ⅲ-12	69.24	8.71	8.49	0.24	0.91	0.80	1.58	0.43	0.14	0.38
	QZ-Ⅲ-13	69.26	8.25	8.30	0.26	0.95	0.78	1.74	0.45	0.14	0.32
	QZ-Ⅲ-14	68.07	10.25	8.04	0.45	0.86	0.87	1.93	0.10	0.18	0.34
石灰土	BY-Ⅱ-1	77.41	5.22	2.98	0.35	0.56	0.47	1.07	0.11	0.10	0.16
	BY-Ⅱ-2	80.00	5.74	2.77	0.25	0.60	0.58	0.82	0.10	0.10	0.20
	BY-Ⅱ-3	81.95	6.20	3.13	0.29	0.64	0.50	0.65	0.12	0.10	0.22
	BY-Ⅱ-4	83.93	5.16	3.05	0.49	0.66	0.52	0.61	0.10	0.08	0.27
	BY-Ⅱ-5	82.61	6.00	3.14	0.56	0.67	0.45	0.87	0.11	0.10	0.24
	BY-Ⅱ-6	82.00	6.22	2.88	0.60	0.68	0.56	0.70	0.13	0.10	0.25
	BY-Ⅱ-7	82.25	5.70	3.22	0.89	0.67	0.52	0.62	0.12	0.10	0.23
	BY-Ⅱ-8	80.56	6.92	3.56	0.88	0.7	0.54	0.66	0.11	0.10	0.26
	BY-Ⅱ-9	79.66	7.15	3.44	0.96	0.69	0.59	0.54	0.12	0.10	0.26
	BY-Ⅱ-10	79.20	7.02	3.63	1.16	0.73	0.67	0.86	0.13	0.10	0.25
	BY-Ⅱ-11	77.71	9.26	3.57	0.70	0.70	0.60	0.58	0.12	0.14	0.22
	BY-Ⅱ-12	77.13	10.25	3.54	0.26	0.74	0.59	0.67	0.12	0.17	0.19
	BY-Ⅱ-13	75.72	10.46	3.99	0.29	0.77	0.6	1.04	0.12	0.17	0.21
	BY-Ⅱ-14	76.65	10.00	3.64	0.39	0.73	0.63	0.76	0.12	0.18	0.24
	BY-Ⅱ-15	74.88	9.28	4.14	0.49	0.82	0.65	1.62	0.13	0.15	0.27
	QZ-Ⅰ-1	49.02	13.54	5.19	1.48	1.60	1.32	1.98	0.20	0.21	0.38
	QZ-Ⅰ-2	52.00	14.36	5.30	1.07	1.79	0.99	1.85	0.19	0.22	0.35
	QZ-Ⅰ-3	52.92	14.10	5.09	1.11	1.85	1.08	1.89	0.21	0.22	0.39
	QZ-Ⅰ-4	53.51	15.54	5.59	1.00	1.73	0.91	1.23	0.23	0.26	0.45
	QZ-Ⅰ-5	55.15	14.88	5.54	0.97	1.80	0.95	1.67	0.27	0.24	0.42
	QZ-Ⅰ-6	55.20	16.41	5.39	0.70	1.74	0.90	1.54	0.32	0.30	0.47
	QZ-Ⅰ-7	57.16	19.80	5.70	0.56	1.64	1.07	0.98	0.29	0.38	0.45
	QZ-Ⅰ-8	57.93	16.20	5.51	0.78	1.79	0.91	1.68	0.23	0.35	0.42

（续）

剖面类型	样号	SiO_2	Al_2O_3	FeO_T	CaO	MgO	K_2O	Na_2O	MnO	TiO_2	P_2O_5
石灰土	QZ-Ⅰ-9	58.33	15.80	6.11	0.70	1.69	0.96	1.79	0.20	0.35	0.44
	QZ-Ⅰ-10	55.53	18.35	6.08	0.64	1.73	1.04	1.45	0.18	0.37	0.45
	QZ-Ⅰ-11	52.08	19.72	7.58	0.38	1.82	1.13	1.40	0.18	0.37	0.46
	QZ-Ⅰ-12	48.78	21.23	7.53	0.46	2.03	1.25	1.71	0.18	0.42	0.53
	QZ-Ⅰ-13	47.41	20.56	8.50	0.40	2.13	1.21	2.12	0.17	0.40	0.50
	QZ-Ⅱ-1	45.93	18.07	7.45	0.67	1.88	1.00	1.72	0.20	0.35	0.46
	QZ-Ⅱ-2	49.41	16.00	7.52	0.73	1.47	0.79	1.52	0.24	0.30	0.41
	QZ-Ⅱ-3	50.46	16.15	6.76	0.65	1.38	0.78	1.45	0.24	0.30	0.42
	QZ-Ⅱ-4	51.24	16.82	7.12	0.62	1.39	0.76	1.28	0.28	0.32	0.45
	QZ-Ⅱ-5	49.60	17.90	7.20	0.73	1.51	0.91	1.55	0.27	0.34	0.47
	QZ-Ⅱ-6	52.19	16.74	7.34	0.62	1.57	0.92	1.82	0.30	0.32	0.44
	QZ-Ⅱ-7	52.58	17.04	7.98	0.57	1.59	0.79	1.10	0.30	0.32	0.45
	QZ-Ⅱ-8	52.43	16.76	8.72	0.63	1.66	0.88	1.94	0.25	0.30	0.47
	QZ-Ⅱ-9	51.68	17.20	8.52	0.69	1.68	0.90	1.80	0.23	0.35	0.42
	QZ-Ⅱ-10	50.41	18.12	8.96	0.50	1.80	1.19	1.80	0.19	0.37	0.45
	QZ-Ⅱ-11	49.81	17.55	8.83	0.73	1.77	1.02	2.28	0.22	0.37	0.46
	QZ-Ⅱ-12	50.45	17.37	9.11	0.77	1.84	1.14	2.52	0.23	0.35	0.43
	QZ-Ⅱ-13	50.20	19.13	8.77	0.73	1.93	1.05	2.28	0.23	0.38	0.43
	QZ-Ⅱ-14	49.82	19.72	9.04	0.63	1.83	1.30	2.17	0.23	0.36	0.45
	QZ-Ⅱ-15	51.38	19.05	8.67	0.49	1.69	1.17	2.00	0.26	0.35	0.42
	QZ-Ⅱ-16	51.26	18.00	8.74	0.63	1.82	1.21	2.61	0.91	0.33	0.46
	QZ-Ⅱ-17	51.52	17.21	8.96	0.70	1.85	1.26	2.81	0.97	0.32	0.44

注：$FeO_T=Fe_2O_3/FeO$。

张伟等对贵州省安顺市喀斯特地区普定县后寨河（海拔1 370 m）和陈旗村（海拔 1 324 m）小流域境内黄壤剖面化学组成变化与风化成土过程进行研究。结果表明，黄壤不同深度的 pH 介于 4.8～5.5，两个小流域黄壤剖面同一深度的 pH 相差不大，且均随着剖面深度的增加而逐渐降低。黄壤不同深度的有机碳含量（质量百分比）介于 1.7～4.9，两个小流域剖面同一深度的有机碳含量比例相差不大，且均随着剖面深度的增加而降低。黄壤不同深度 C/S 介于 44.5～82.3，陈旗村小流域黄壤剖面的 C/S 略高于后寨河小流域黄壤剖面同一深度的 C/S，两个小流域黄壤剖面中 C/S 均随着剖面深度的增加而逐渐降低。黄壤不同深度的黏粒含量（质量百分比）介于 28.3～43.6，陈旗村小流域黄壤剖面的黏粒含量略高于后寨河小流域黄壤剖面同一深度的黏粒含量，两个小流域黄壤剖面中的黏粒含量均随着剖面深度的增加而有增大的趋势。西南喀斯特地区长期酸沉降导致黄壤的总硫和 SO_4^{2-} - S 含量明显高于未受酸沉降影响地区土壤的总硫和 SO_4^{2-} - S 含量。在所采样剖面的各个深度，有机硫都是黄壤硫的主要形态，有机硫含量占总硫含量的比例为 77.4%～87.2%。总体来看，剖面表层有机硫占总硫的比例较高，表层向下至中层，有机硫含量逐渐降低，但剖面底层有机硫含量较中层明显增大。SO_4^{2-} - S 是黄壤主要的无机硫形态，占总硫的比例介于 5.3%～15.3%。剖面表层 SO_4^{2-} - S 含量较高，表层至中层逐渐降低，中层至底层 SO_4^{2-} - S 含量又明显增大。总还原态无机硫含量占总硫含量的比例较小，为 3.9%～13.6%。两个小流域黄壤总还原态无机硫含量均在剖面次表层深度达到峰值。

二、四川黄壤矿物质

四川黄壤成土母质复杂，在四川盆地四周的中低山区，主要为三叠系至震旦系各地层的砂岩、页岩、千枚岩、灰岩、板岩等风化物；在紫色丘陵，主要为侏罗系的紫色、黄色石英砂岩风化物；在江河两岸阶地，常见第四纪更新统沉积物及老风化壳。黄壤的黏土矿物组成以伊利石为主，高岭石次之，蛭石、绿泥石、紫脱石等少见。黄壤黏粒化学组成以 SiO_2 为主，SiO_2 含量为 41.95%～63.90%，平均值为 45.62%；Al_2O_3 次之，含量为 18.40%～33.74%，平均值为 26.82%。黏粒分子比率分别为 SiO_2/Al_2O_3 平均值为 2.91，SiO_2/R_2O_3 平均值为 2.34（表 8-11）。

表 8-11 黄壤黏粒化学组成（n=14）

项 目		范围	平均值	标准差
黏粒化学组成（%）	SiO_2	41.95～63.90	45.62	1.81
	Al_2O_3	18.40～33.74	26.82	1.64
	Fe_2O_3	6.80～14.70	10.32	0.45
黏粒分子比率	SiO_2/Al_2O_3	2.10～3.80	2.91	0.31
	SiO_2/R_2O_3	1.82～2.90	2.34	0.19

黄壤土体中，不同层次土壤的化学组成不同。表层（0～22 cm）土壤 SiO_2 占比稍高，Al_2O_3、Fe_2O_3 占比稍低，分别为 74.34%、13.60%和 4.69%。而 K_2O、Na_2O 占比差异显著，表层与深层（22～40 cm、40～100 cm）土壤相差 10 倍以上。土壤淋溶系数差异不大，为 0.252～0.263（表 8-12）。

表 8-12 黄壤土体的化学组成

深度（cm）	土体化学组成［占烘干土的比例（%）］					黏粒分子比率		土壤淋溶系数（β）
	SiO_2	Al_2O_3	Fe_2O_3	K_2O	Na_2O	SiO_2/Al_2O_3	SiO_2/R_2O_3	
0～22	74.34	13.60	4.69	0.23	3.39	2.89	0.255	0.255
22～40	73.34	13.60	4.90	3.55	0.27	3.32	2.83	0.263
40～100	72.26	14.52	5.40	3.41	0.25	3.30	2.70	0.252

注：采样地点为四川省宜宾市南溪区。

黄壤性土亚类典型剖面化学组成调查结果表明，A 层 SiO_2、TiO_2、K_2O 含量低于 B 层，Al_2O_3、Fe_2O_3、MnO、CaO、MgO、Na_2O 含量高于 B 层；而黏粒化学组成有所变化，SiO_2 含量基本相同，略低于 B 层。黏粒分子率均为 A 层高于 B 层，SiO_2/Al_2O_3 分别为 3.93 和 3.66，SiO_2/R_2O_3 分别为 3.11 和 2.86（表 8-13）。

表 8-13 黄壤性土亚类典型剖面化学组成

发生层次	深度（cm）	化学组成（%）									黏粒化学组成（%）			黏粒分子率	
		SiO_2	Al_2O_3	Fe_2O_3	TiO_2	MnO	CaO	MgO	K_2O	Na_2O	SiO_2	Al_2O_3	Fe_2O_3	SiO_2/Al_2O_3	SiO_2/R_2O_3
A	0～19	63.22	15.20	5.69	0.731	0.12	0.532	2.044	3.09	0.90	50.58	21.80	9.14	3.93	3.11
B	19～85	68.90	12.86	5.28	0.750	0.11	0.383	1.422	3.64	0.88	49.97	23.15	10.27	3.66	2.86

三、云南黄壤矿物质

云南省农业科学院土壤肥料研究所对黄壤黏粒进行 X 射线衍射谱的观察鉴定，不同母质发育的黄壤，黏土矿物均以蛭石为主，其次为高岭石和伊利石。泥质山地黄壤的化学组成分析结果表明，4 个层次的化学组成差异不明显，A 层仅 FeO、CaO、Na_2O 含量较高，4 个层次 SiO_2、Al_2O_3、Fe_2O_3 含量分别为 48.06%～49.36%、19.85%～20.17%和 10.49%～11.10%，FeO、CaO、MgO、K_2O、

Na_2O、P_2O_5、MnO_2 含量变幅分别为 0.61%～1.22%、0.22%～0.38%、1.93%～2.36%、3.22%～4.04%、0.08%～0.16%、0.20%～0.30%和 0.08%～0.15%（表 8-14）。

表 8-14　泥质山地黄壤的化学组成

单位：%

发生层次	SiO_2	Al_2O_3	Fe_2O_3	FeO	CaO	MgO	K_2O	Na_2O	P_2O_5	MnO_2
A	48.06	19.85	10.49	1.22	0.38	2.09	3.22	0.16	0.23	0.09
AB	48.09	20.17	11.03	0.98	0.38	1.93	3.26	0.08	0.20	0.08
B	48.84	19.99	10.93	0.61	0.22	2.36	4.04	0.08	0.25	0.11
C	49.36	20.16	11.10	0.61	0.27	2.32	3.96	0.12	0.30	0.15

四、湖南黄壤矿物质

（一）黄壤的化学组成

湖南地区发育于不同母岩的黄壤黏粒化学组成不同，不同化学成分含量差异较大。SiO_2、TiO_2、MgO 含量以花岗岩风化物发育的黄壤较低，Al_2O_3 含量以花岗岩风化物发育的黄壤较高，3 种母岩发育的黄壤的 Fe_2O_3、MnO、CaO、Na_2O、P_2O_5 含量差异不大。花岗岩风化物发育的不同层次的黄壤 SiO_2、Al_2O_3、Fe_2O_3、TiO_2、MnO、CaO、MgO、K_2O、Na_2O、P_2O_5 含量分别为 36.64%～37.01%、36.55%～36.70%、8.59%～8.90%、0.50%～0.63%、0.019%～0.047%、痕量、0.57%～0.69%、1.47%～1.54%、0.140%～0.598%和 0.09%～0.13%。板页岩风化物发育的不同层次的黄壤 SiO_2、Al_2O_3、Fe_2O_3、TiO_2、MnO、CaO、MgO、K_2O、Na_2O、P_2O_5 含量分别为 47.76%～50.10%、26.11%～27.47%、8.49%～9.21%、1.01%～1.15%、0.026%～0.760%、痕量、1.17%～1.45%、3.10%～3.60%、0.266%～0.702%和 0.068%～0.242%。石灰岩风化物发育的不同层次的黄壤 SiO_2、Al_2O_3、Fe_2O_3、TiO_2、MnO、CaO、MgO、K_2O、Na_2O、P_2O_5 含量分别为 42.31%～44.75%、25.53%～27.72%、8.86%～11.15%、0.80%～1.07%、0.084%～0.186%、0.05%～0.10%、2.15%～2.24%、3.35%～3.59%、0.30%～0.59%和 0.194%～0.239%。3 种母岩发育的黄壤硅铝率（*Sa*，SiO_2/Al_2O_3）为 1.71～3.26，硅铁铝率（*Saf*，SiO_2/R_2O_3）为 1.48～2.70（表 8-15）。

表 8-15　不同母岩发育的黄壤（黏粒）化学组成

母岩母质	深度(cm)	化学组成(%)											黏粒分子率	
		烧失量	SiO_2	Al_2O_3	Fe_2O_3	TiO_2	MnO	CaO	MgO	K_2O	Na_2O	P_2O_5	SiO_2/Al_2O_3	SiO_2/R_2O_3
花岗岩风化物	0～25	14.61	36.99	36.68	8.90	0.50	0.019	痕量	0.69	1.54	0.411	0.13	1.71	1.48
	25～80	14.39	37.01	36.70	8.90	0.56	0.027	痕量	0.68	1.53	0.598	0.09	1.71	1.48
	80～106	15.09	36.64	36.55	8.59	0.63	0.047	痕量	0.57	1.47	0.140	0.098	1.70	1.48
板页岩风化物	1～2.5	9.91	47.46	27.47	9.21	1.01	0.760	0.108	1.45	3.10	0.266	0.242	2.93	2.42
	2.5～10	9.17	49.08	26.33	8.98	1.04	0.053	痕量	1.43	3.15	0.593	0.142	3.16	2.60
	10～69	8.58	50.10	26.11	8.49	1.09	0.039	痕量	1.41	3.42	0.702	0.112	3.26	2.70
	69～150	7.90	49.87	27.02	8.78	1.15	0.026	痕量	1.17	3.60	0.702	0.068	3.13	2.59
石灰岩风化物	0～8	12.71	44.75	25.53	9.23	1.01	0.084	0.05	2.19	3.59	0.30	0.206	2.98	2.42
	8～42	10.9	44.09	26.39	8.86	1.07	0.186	0.05	2.24	3.39	0.31	0.194	2.90	2.34
	42～100	10.86	42.31	27.72	11.15	0.80	0.123	0.10	2.15	3.35	0.59	0.239	2.59	2.06

由表 8－16 看出，黄壤脱硅富铁铝化作用较弱，上下层变化不大，其中板页岩风化物发育的黄壤变化较为显著，钙、钠特别是钙淋溶较为明显，除表层外，其余层次仅是痕迹。不同母岩风化物发育的黄壤风化淋溶系数（*ba*）各有差异，以石灰岩风化物的黄壤 *ba* 最大，砂岩和板页岩风化物发育的次之，花岗岩风化物发育的最小。

表 8－16　不同母岩风化物发育的黄壤 *ba* 比较

项目	石灰岩风化物	砂岩风化物	板页岩风化物	花岗岩风化物	平均
B层 *ba*	0.50	0.40	0.38	0.23	0.38
全土层 *ba*	0.51	0.36	0.38	0.24	0.37
样本数（个）	4	7	15	6	

（二）黄壤铁的形态

黄壤成土于多雨湿润的气候条件，由于土壤水分不断向下层渗透，土壤中的氧化铁在水的作用下还原成游离铁，其含量一般占全铁的 28.63%～31.60%（表 8－17）。但不同母岩发育的黄壤全铁、游离铁和无定形铁含量差异较大，而同一母岩发育的不同层次黄壤的全铁、游离铁和无定形铁含量差异较小。花岗岩风化物发育的黄壤全铁、游离铁和无定形铁含量平均值分别为 5.58%、1.70%和 0.08%，板页岩风化物发育的黄壤全铁、游离铁和无定形铁含量平均值分别为 4.60%、1.40%和 0.10%。

表 8－17　黄壤铁的形态

地点	母岩母质	海拔（m）	深度（cm）	全铁（%）	游离铁（%）	无定形铁（%）	游离铁/全铁（%）
郴州市资兴市彭市乡	花岗岩风化物	1 050	0～25	5.19	1.64	0.14	31.60
			25～80	6.30	1.96	0.06	31.11
			80～106	5.24	1.50	0.03	28.63
怀化市会同县金龙乡	板页岩风化物	800	1～2.5	4.33	1.32	0.13	30.48
			2.5～10	4.49	1.34	0.13	29.84
			10～69	4.92	1.50	0.11	30.49
			69～150	4.64	1.42	0.04	30.60

（三）黄壤的化学组成

资兴市彭市乡花岗岩风化物发育的黄壤性土亚类黏粒化学组成分析表明，同一地点发育于相同母岩的黄壤性土亚类与典型黄壤亚类化学组成基本相同。花岗岩风化物发育的不同层次的黄壤性土亚类 SiO_2、Al_2O_3、Fe_2O_3、TiO_2、MnO、CaO、MgO、K_2O、Na_2O、P_2O_5 含量分别为 50.66%～50.84%、25.63%～28.58%、4.89%～4.98%、0.40%～0.41%、0.10%～0.40%、0.004%～0.02%、0.42%～0.46%、3.92%～4.18%、0.12%～0.17%、0.060%～0.072%（表 8－18）。

表 8－18　同一地点发育于相同母岩的黄壤化学组成

地点	土壤	母岩母质	深度（cm）	发生层次	SiO_2（%）	Al_2O_3（%）	Fe_2O_3（%）	TiO_2（%）	MnO（%）	CaO（%）	MgO（%）	K_2O（%）	Na_2O（%）	P_2O_5（%）	烧失量（%）
资兴市彭市乡	黄壤性土亚类	花岗岩风化物	3～13	A_1	50.84	25.63	4.89	0.41	0.10	0.02	0.46	4.18	0.17	0.072	13.34
			13～35	(B)	50.66	28.58	4.98	0.40	0.40	0.004	0.42	3.92	0.12	0.060	10.73
			母岩	D	64.92	14.23	6.18	0.87	0.87	2.65	1.38	3.62	2.13	0.137	2.80
			B层富集系数		0.78	2.1	0.81	0.46	0.46	0.00	0.30	1.08	0.06	0.45	—

（续）

地点	土壤	母岩母质	深度（cm）	发生层次	SiO_2（%）	Al_2O_3（%）	Fe_2O_3（%）	TiO_2（%）	MnO（%）	CaO（%）	MgO（%）	K_2O（%）	Na_2O（%）	P_2O_5（%）	烧失量（%）
资兴市彭市乡	典型黄壤亚类	花岗岩风化物	0～25	A_1	50.14	25.49	5.19	0.44	0.03	0.03	0.48	3.80	0.20	0.054	14.13
			25～80	B	48.12	28.92	6.30	0.48	0.03	0.02	0.60	3.54	0.19	0.045	11.58
			母岩	D	64.92	14.23	6.18	0.87	0.15	2.65	1.38	3.62	2.13	0.137	2.80
			B层富集系数		0.74	2.03	1.02	0.55	0.20	0.01	0.43	0.98	0.09	0.33	—

黄壤性土亚类的硅铝率与同地点、同母岩风化物发育的典型黄壤亚类相比，A_1 层的硅铝率（SiO_2/Al_2O_3）、硅铁铝率（SiO_2/R_2O_3）分别高 0.27 和 0.23，B层分别高 0.16 和 0.11（表 8－19），说明黄壤性土亚类的脱硅富铁铝程度比典型黄壤亚类弱。

表 8－19 黄壤性土亚类与典型黄壤亚类黏粒硅铝率比较

地点	母岩母质	土壤	深度（cm）	发生层次	SiO_2（%）	Fe_2O_3（%）	Al_2O_3（%）	SiO_2/Al_2O_3	SiO_2/R_2O_3
资兴市彭市乡	花岗岩风化物	黄壤性土亚类	3～13	A_1	38.61	8.26	33.14	1.98	1.71
			13～35	(B)	38.16	9.06	34.83	1.86	1.59
资兴市彭市乡	花岗岩风化物	典型黄壤亚类	1～2.5	A_1	36.99	8.9	36.68	1.71	1.48
			2.5～69	B	36.64	8.59	36.55	1.70	1.48

五、西藏黄壤矿物质

发育于东喜马拉雅南翼东段山地和察隅地区河谷阴向山坡的黄壤土体黏粒化学组成数据表明，不同剖面黄壤的化学组成基本相同。不同化学成分迁移特征不同，如 Fe_2O_3、TiO_2、CaO、P_2O_5 具有表层富集特征，K_2O、Na_2O 具有淋溶淀积特征。以 T3－032 剖面为例，不同层次的黄壤 SiO_2、Al_2O_3、Fe_2O_3、TiO_2、MnO、CaO、MgO、K_2O、Na_2O、P_2O_5 含量分别为 69.24%～72.60%、15.11%～18.04%、5.01%～6.52%、0.26%～0.92%、0.08%～0.15%、0.24%～1.31%、1.13%～1.66%、2.41%～2.98%、0.67%～0.99%和 0.07%～0.42%。活性成分占总成分的比例有所差异，以 Fe_2O_3 为例，T3－032 剖面活性 Fe_2O_3 占 Fe_2O_3 总量的比例为 16.4%～25.6%，T3－038 剖面活性 Fe_2O_3 占 Fe_2O_3 总量的比例为 19.8%～50.2%（表 8－20）。

表 8－20 不同剖面黄壤的化学组成

剖面号	深度（cm）	烧失量（%）	土体化学组成［占灼烧重的比例（%）］										活性（%）		
			SiO_2	Al_2O_3	Fe_2O_3	TiO_2	MnO	CaO	MgO	K_2O	Na_2O	P_2O_5	Fe_2O_3	Al_2O_3	MnO
T3－032	4～11	38.09	71.53	15.11	6.32	0.92	0.09	1.31	1.13	2.41	0.78	0.42	1.13	—	0.088
	11～19	16.12	69.58	17.08	6.52	0.86	0.11	0.32	1.30	2.65	0.75	0.21	1.67	—	0.111
	19～30	12.05	69.24	18.04	6.40	0.56	0.14	0.38	1.34	2.74	0.67	0.16	1.45	—	0.105
	30～48	7.01	70.65	17.47	5.64	0.45	0.15	0.24	1.44	2.84	0.76	0.11	1.25	—	0.120
	48～80	5.43	71.16	16.90	5.56	0.31	0.08	0.76	1.66	2.98	0.93	0.07	0.97	—	0.086
	80～100	4.31	72.60	15.74	5.01	0.26	0.10	0.27	1.62	2.98	0.99	0.07	0.82	—	0.111

（续）

剖面号	深度（cm）	烧失量（%）	土体化学组成［占灼烧重的比例（%）］										活性（%）		
			SiO_2	Al_2O_3	Fe_2O_3	TiO_2	MnO	CaO	MgO	K_2O	Na_2O	P_2O_5	Fe_2O_3	Al_2O_3	MnO
T3 - 038	2～7	52.65	72.67	14.89	3.53	0.36	0.30	4.73	1.31	1.99	3.23	—	0.698	0.509	—
	7～12	15.54	71.38	16.11	3.04	0.49	0.04	3.00	0.96	1.14	3.37	—	1.155	0.761	—
	12～19	7.07	69.01	17.25	3.65	0.38	0.05	3.07	1.30	1.19	3.93	—	1.833	1.362	—
	19～30	5.67	68.86	17.14	3.72	0.43	0.04	0.14	1.39	1.14	3.86	—	1.565	1.472	—
	30～55	5.26	67.96	17.98	3.56	0.37	0.05	3.11	1.53	1.08	4.03	—	1.155	1.636	—
	55～80	4.65	68.21	17.86	3.28	0.27	0.06	3.04	1.51	1.48	4.27	—	0.757	1.350	—
T4 - 027	6～11	37.56	68.93	14.77	6.84	0.99	0.09	2.10	1.07	1.86	1.11	0.32	1.82	—	0.036
	49～72	11.10	69.20	17.13	7.26	0.94	0.04	0.62	0.83	1.83	0.61	0.12	3.25	—	0.008
	105～135	8.87	64.03	19.62	9.38	0.80	0.07	1.08	1.51	2.05	0.57	0.09	3.20	—	0.021
T4 - 028	6～21	16.68	66.17	20.54	6.83	0.72	0.04	1.42	1.42	1.98	0.94	0.23	1.44	3.225	—
	21～32	12.24	63.84	22.55	5.81	0.65	0.09	2.18	1.17	1.90	1.22	0.16	1.49	4.021	—
	32～46	10.84	64.09	22.48	5.72	0.67	0.09	2.24	1.19	1.93	1.20	0.15	1.50	3.897	—
	46～67	9.60	62.41	23.12	5.85	0.56	0.10	2.20	1.38	1.96	1.27	0.15	1.67	3.956	—
	67～95	9.07	60.81	24.73	5.52	0.52	0.10	2.56	1.26	1.94	1.28	1.11	1.59	3.481	—
	95～144	7.21	59.03	29.02	4.43	0.46	0.05	3.14	0.54	1.89	2.35	0.08	0.84	2.032	—
T4 - 029	5～11	47.02	74.97	14.31	5.25	0.70	0.04	1.26	0.87	2.34	1.74	0.37	—	—	—
	40～78	5.71	69.28	16.81	5.51	0.63	0.07	1.32	1.28	2.99	1.95	0.06	—	—	—
	120～165	2.94	69.16	15.81	5.38	0.59	0.09	1.64	1.75	2.50	2.27	0.07	—	—	—

六、广西黄壤矿物质

陈作雄等对广西黄壤的研究表明，土壤呈强酸性，pH 在 4.0 左右，在交换性酸中，以交换性铝占绝对优势，盐基饱和度很低，仅 10.0%～17.0%，硅铁铝率（SiO_2/R_2O_3）为 2.4～2.7，硅铝率（SiO_2/Al_2O_3）为 3.2～3.7（表 8 - 21）。在淀积层的上层出现明显的灰白色漂洗层。

表 8 - 21　黄壤胶体（<0.001 mm）的化学组成

地点	深度（cm）	Fe_2O_3（g/kg）	Al_2O_3（g/kg）	SiO_2（g/kg）	K_2O（g/kg）	MgO（g/kg）	SiO_2/R_2O_3	SiO_2/Al_2O_3
大明山西坡，海拔 1 190 m	7～18	136.9	258.5	490.9	24.33	14.16	2.4	3.2
	18～28	128.7	265.9	505.4	248.7	15.37	2.4	3.2
	28～100	138.0	264.9	502.8	55.24	25.34	2.4	3.2
大明山西坡，海拔 1 300 m	0～10	135.6	258.3	517.5	24.22	15.90	2.7	3.6
	10～22	134.5	264.8	551.1	15.36	11.19	2.7	3.5
	22～112	131.9	251.2	531.0	32.41	21.49	2.7	3.7

第二节　土壤有机质及养分组成

据全国测土配方施肥采样调查结果，黄壤耕层 72 076 个样品的有机质含量为 0.10～61.80 g/kg，平均含量为 26.85 g/kg，达中等水平。其中，以云南黄壤耕层有机质含量最高，湖北黄壤耕层有机质含量最低。黄壤耕层全氮含量为 0.01～23.60 g/kg，平均含量为 1.53 g/kg，达中等水平。其中，以云南黄壤耕层全氮含量最高，平均含量为 1.75 g/kg；湖北黄壤耕层全氮含量最低，平均含量为 1.53 g/kg。

一、不同省份黄壤有机质与全氮含量

（一）贵州黄壤有机质与全氮含量

由于贵州黄壤处于温暖润湿的气候条件下，因此有机质积累较多。据贵州各市（州）黄壤剖面样品统计，A 层有机质平均含量为 34.98 g/kg，B 层平均为 18.59 g/kg，C 层平均为 11.28 g/kg；黄壤林草地均高于黄壤旱地（表 8－22）。黄壤耕层农化样分析结果表明，有机质、全氮平均含量分别为 34.26 g/kg 和 1.78 g/kg（表 8－23），黄壤有机质含量受植被类型影响（表 8－24），有机质含量趋势为阔叶林＞针叶林＞草被，平均含量分别为 74.4 g/kg、43.9 g/kg 和 40.1 g/kg；C/N 则为针叶林＞阔叶林＞草被，分别为 14.3、13.1 和 12.9。在黄壤地带内，有机质、全氮含量随海拔上升而增加，海拔 1 000～1 200 m 的有机质和全氮平均含量分别为 40.1 g/kg 和 1.72 g/kg；海拔 1 200～1 400 m 的有机质、全氮平均含量分别为 48.0 g/kg、2.10 g/kg；海拔 1 400～1 600 m 的有机质、全氮平均含量分别为 60.5 g/kg、2.94 g/kg（表 8－25）。

表 8－22　贵州黄壤土类剖面有机质含量统计

土壤	发生层次	项目	数量
黄壤土类合计	A	样本数（个）	1 294
		有机质平均值（g/kg）	34.98
	B	样本数（个）	1 095
		有机质平均值（g/kg）	18.59
	C	样本数（个）	640
		有机质平均值（g/kg）	11.28
其中，林草地	A	样本数（个）	346
		有机质平均值（g/kg）	50.02
	B	样本数（个）	334
		有机质平均值（g/kg）	18.76
	C	样本数（个）	171
		有机质平均值（g/kg）	10.63
其中，旱地	A	样本数（个）	948
		有机质平均值（g/kg）	30.89
	B	样本数（个）	761
		有机质平均值（g/kg）	18.50
	C	样本数（个）	469
		有机质平均值（g/kg）	15.20

表 8－23　贵州黄壤耕层农化样有机质与全氮含量

项目	有机质	全氮
样本数（个）	6 515	4 698
变幅（g/kg）	5.3～63.0	0.18～7.8
平均值（g/kg）	34.26	1.78

表 8-24　不同植被类型的黄壤 pH、有机质含量、C/N 及阳离子交换量

植被类型	样本数（个）	pH	有机质（g/kg）	C/N	阳离子交换量（cmol/kg）
阔叶林	21	4.5～5.6	74.4	13.1	19.30
针叶林	40	4.0～4.9	43.9	14.3	15.20
草被	43	4.8～5.7	40.1	12.9	16.30

表 8-25　黄壤有机质和全氮含量与海拔的关系

海拔（m）	有机质		全氮	
	样本数（个）	平均值（g/kg）	样本数（个）	平均值（g/kg）
1 000～1 200	25	40.1	25	1.72
1 200～1 400	37	48.0	36	2.10
1 400～1 600	13	60.5	13	2.94

（二）四川黄壤有机质与全氮含量

据四川省第二次土壤普查结果（表 8-26），宜宾市南溪区调查点不同土层有机质含量为 7.5～24.4 g/kg，平均含量为 18.0 g/kg；全氮含量为 0.64～1.06 g/kg，平均含量为 0.87 g/kg。据四川省测土配方施肥 1 394 个土壤样品调查结果，黄壤耕层有机质含量为 0.10～47.00 g/kg，平均含量为 25.82 g/kg；全氮含量为 0.01～23.60 g/kg，平均含量为 1.51 g/kg，达中等水平。

表 8-26　四川黄壤有机质与全氮含量

地点	深度（cm）	pH	有机质（g/kg）	全氮（g/kg）
宜宾市南溪区	0～22	5.8	24.4	1.06
	22～40	5.5	22.1	0.91
	40～100	5.3	7.5	0.64
四川省（1 394 个土壤样品）	平均值	6.15	25.82	1.51
	最大值	8.80	47.00	23.60
	最小值	4.00	0.10	0.01

（三）云南黄壤有机质与全氮含量

据云南省第二次土壤普查结果（表 8-27），4 类黄壤表层有机质含量为 19.6～164.4 g/kg，平均含量为 61.9 g/kg；全氮含量 0.56～5.51 g/kg，平均含量为 2.22 g/kg。据云南省测土配方施肥 4 189 个土壤样品调查结果，黄壤耕层有机质含量为 5.01～88.90 g/kg，平均含量为 32.25 g/kg；全氮含量为 0.51～4.49 g/kg，平均含量为 1.75 g/kg，达中等水平。不同层次黄壤有机质、全氮含量差异明显，表层土壤表现出明显的生物富集特征，如鲜山地黄壤，A_0、A、AB、B 层有机质含量分别为 164.4 g/kg、161.8 g/kg、36.7 g/kg、16.9 g/kg，全氮含量分别为 5.51 g/kg、3.64 g/kg、1.21 g/kg、0.42 g/kg。

表 8-27　云南黄壤有机质与全氮含量

土壤名称	发生层次	pH	有机质（g/kg）	全氮（g/kg）
鲜山地黄壤	A_0	4.9	164.4	5.51
	A	4.0	161.8	3.64
	AB	5.1	36.7	1.21
	B	4.6	16.9	0.42
	BC	4.1	7.5	—

（续）

土壤名称	发生层次	pH	有机质（g/kg）	全氮（g/kg）
暗山地黄壤	A	5.88	38.6	1.61
	AB	5.50	10.2	0.77
	B	5.82	3.7	0.14
泥质山地黄壤	A	5.4	24.8	1.18
	AB	5.2	14.5	0.82
	B	5.2	9.0	0.73
	C	5.2	5.4	0.59
灰岩山地黄壤	A	5.68	19.6	0.56
	AB	5.15	6.3	0.60
	B	4.98	5.2	0.36
云南省（4 189 个土壤样品）	平均值	6.47	32.25	1.75
	最大值	8.70	88.90	4.49
	最小值	4.00	5.01	0.51

(四) 西藏黄壤有机质与全氮含量

据西藏第二次土壤普查结果（表 8-28），4 种母岩发育的黄壤表层有机质含量为 91.2～451.5 g/kg，平均含量为 303.7 g/kg；全氮含量为 4.00～12.60 g/kg，平均含量为 9.88 g/kg。不同母岩发育的黄壤、同一母岩不同层次的黄壤有机质、全氮含量差异明显，表层土壤表现出明显的生物富集特征，如 T3-032 察隅县下察隅沙琼村西北花岗岩坡积物发育的黄壤，4～11 cm、11～19 cm、19～30 cm、30～48 cm、48～80 cm、80～100 cm 土层的有机质含量分别为 295.8 g/kg、101.4 g/kg、58.2 g/kg、20.1 g/kg、8.4 g/kg、6.3 g/kg，全氮含量分别为 11.87 g/kg、3.18 g/kg、4.31 g/kg、1.13 g/kg、0.51 g/kg、0.30 g/kg。

表 8-28　西藏黄壤 pH、有机质与全氮含量

剖面号及采集地点	深度（cm）	pH	有机质（g/kg）	全氮（g/kg）
T3-032（察隅县下察隅沙琼村西北，海拔 2 300 m，花岗岩坡积物）	4～11	5.0	295.8	11.87
	11～19	4.9	101.4	3.18
	19～30	5.0	58.2	4.31
	30～48	5.1	20.1	1.13
	48～80	5.1	8.4	0.51
	80～100	5.1	6.3	0.30
T3-038（察隅县下察隅沙马村西南，海拔 2 080 m，花岗岩坡积物）	2～7	5.1	395.1	—
	7～12	4.7	127.9	4.00
	12～19	5.2	49.0	2.00
	19～30	5.5	36.4	1.50
	30～55	5.6	29.8	1.20
	55～80	5.6	25.3	1.20

（续）

剖面号及采集地点	深度（cm）	pH	有机质（g/kg）	全氮（g/kg）
T4-027（墨脱县班固村后山，海拔1 960 m，角闪石片麻岩残积物）	6～11	5.1	285.0	10.45
	11～21	3.7	170.4	6.37
	21～49	4.5	80.0	2.94
	49～72	5.0	39.4	1.70
	72～105	5.1	26.9	1.05
	105～135	5.0	17.7	0.87
T4-028（墨脱县背崩村后山，海拔1 240 m，硅卡岩坡积物）	6～21	5.5	91.2	4.60
	21～32	5.6	44.8	5.30
	32～46	5.5	36.5	2.00
	46～67	5.8	26.6	1.80
	67～95	5.8	17.1	1.40
	95～144	6.1	7.9	3.10
T4-028（墨脱县阿尼桥村后山，海拔1 250 m，变斑晶混合岩坡积物）	5～11	3.7	451.5	12.60
	11～22	4.3	150.4	3.42
	22～32	4.5	84.9	2.96
	32～40	4.6	48.1	1.75
	40～78	4.6	18.7	0.77
	78～120	4.2	8.0	0.30
	120～165	4.3	4.1	0.12

（五）广西黄壤有机质与全氮含量

陈作雄等对广西山地漂洗黄壤进行了研究，山地漂洗黄壤地处亚热带季风气候区，光热充足，降水充沛，植物生长繁茂。无论在森林还是草本植被下，每年都有大量的凋落物进入土壤。据对大瑶山考察测定，每年进入土壤中的凋落物为6 750～8 250 kg/hm^2。这些凋落物处在较高海拔、温凉多雾、多雨的湿润环境条件，有利于土壤微生物对凋落物的分解以及进一步合成腐殖质，使土壤积累较丰富的有机质，一般表土层有机质含量为100～150 g/kg，较高的在200 g/kg以上，甚至高达592 g/kg。例如，大瑶山主峰圣堂山顶苔藓矮曲林下的山地漂洗黄壤，A层厚达32 cm，有机质含量达629 g/kg，表土层（AH）有机质含量达559 g/kg，C/N为27.2。由表8-29可知，在山地漂白黄壤腐殖质组成中，胡敏酸与富里酸含量的比值（H/F）为0.55～1.02，说明山地漂白黄壤腐殖质的复杂程度和芳化度均较低，且以富里酸占优势。

表8-29　山地漂洗黄壤的腐殖质组成

地点	海拔（m）	发生层次	总量（g/kg）	胡敏酸含量（g/kg）	富里酸含量（g/kg）	H/F
大瑶山东坡	1 010	A	14.0	6.0	8.0	0.75
大瑶山西坡	1 190	A	12.1	4.3	7.8	0.55
大瑶山西坡	1 300	A	31.4	15.7	15.7	1.00
大瑶山太平	1 300	A	19.2	9.71	9.49	1.02

二、黄壤磷的分级特征

（一）有机磷分级特征

曹晓霞等（2012）对四川省雅安市名山区的6个黄壤表层样品进行了研究，采样点均位于海拔

548～650 m，土壤中不同组分有机磷的含量受土地利用方式的影响较大，不同土层土壤中有机磷各组分的含量也有着明显的差异（表 8－30），有机磷（PO）总量在不同土地利用方式中的含量特征为茶园>旱地>林地，在各种土地利用方式的土壤中，0～20 cm 土层中的 PO 含量普遍高于 20～40 cm 土层的。PO 各组分的相对含量呈现的整体趋势为 HR－OP（高稳性有机磷）>MR－OP（中稳性有机磷）>ML－OP（中等活性有机磷）>L－OP（活性有机磷），说明 PO 中易被植物吸收利用的组分相对含量较低。L－OP 在旱地 20～40 cm 土层中的相对含量较其他土层高，而在茶园 0～20 cm 土层土壤中的相对含量只有 2.16%，较其他土壤低。ML－OP 在旱地 20～40 cm 和林地 20～40 cm 土层中的相对含量分别为 24.61%和 21.41%，较其他土层高；而在茶园 0～20 cm 土层中的相对含量只有 4.52%，较其他土层低。MR－OP 在林地 0～20 cm 土层土壤中的相对含量高达 41.09%，而在茶园 20～40 cm 土层中的相对含量只有 16.63%。HR－OP 在茶园 0～20 cm 土层中的相对含量高达 68.08%，较其他土层高；而在林地 0～20 cm 和旱地 20～40 cm 土层中的相对含量最低，分别为 34.70%和 38.86%。综合来看，旱地 20～40 cm 土层的 L－OP 和 ML－OP 两个 PO 组分相对含量较高，说明易被植物吸收利用的有机磷含量较其他土壤高。相反，茶园 0～20 cm 土层中的 L－OP 和 ML－OP 两个 PO 组分相对含量最低，而 HR－OP 相对含量高达 68.08%，说明茶园土壤中易被植物吸收利用的有机磷含量较低（表 8－30）。

表 8－30 黄壤有机磷分级特征

样品	PO 总量 (mg/kg)	L－OP		ML－OP		MR－OP		HR－OP	
		含量 (mg/kg)	占 PO 比例 (%)	含量 (mg/kg)	占 PO 比例 (%)	含量 (mg/kg)	占 PO 比例 (%)	含量 (mg/kg)	占 PO 比例 (%)
林地 0～20 cm	66.59	4.45c	6.65	11.76a	17.57	27.51c	41.09	23.23	34.70
林地 20～40 cm	59.96	4.15c	6.92	12.84a	21.41	17.42d	29.05	25.55	42.61
旱地 0～20 cm	127.96	7.82a	6.11	11.34a	8.86	34.46b	26.93	74.34	58.10
旱地 20～40 cm	51.69	4.48c	8.67	12.72a	24.61	14.40d	27.86	20.09	38.86
茶园 0～20 cm	283.69	6.12b	2.16	12.83a	4.52	71.60a	25.24	193.14	68.08
茶园 20～40 cm	86.03	4.57c	5.31	12.55a	14.59	14.31d	16.63	54.60	63.46

注：L－OP 指活性有机磷，ML－OP 指中等活性有机磷，MR－OP 指中稳性有机磷，HR－OP 指高稳性有机磷；同一列不同小写字母表示在 5%水平上差异显著。

（二）长期施肥下无机磷与有机磷组成

刘方等对长期施用磷肥下土壤不同形态磷含量的变化进行了研究，贵州黄壤旱地主要种植玉米、烤烟、小麦等作物，受成土母质、种植方式以及施肥水平等影响，不同旱作土壤磷含量的差异较大。调查区内，旱地 pH 为 4.94～7.32，有机质含量为 8.68～33.11 g/kg，全磷含量为 254.4～1 027.8 mg/kg，有机磷含量为 52.1～209.0 mg/kg（表 8－31），有效磷（Olsen－P）含量为 2.24～75.0 mg/kg。由于种植烤烟的经济效益较高，磷肥施用量（优质烟区每年施用 P_2O_5 150～180 kg/hm^2）高于其他作物。黄壤长期种植烤烟和施用大量磷肥后，耕层土壤中无机磷占全磷的比例明显提高，有机磷占全磷的比例下降，这与 6 年连续施用磷肥（未施用有机肥）的盆栽试验结果一致（表 8－32）。

表 8－31 长期施用磷肥下旱地不同形态磷含量的变化

土地利用方式	年施磷肥量 P_2O_5 (kg/hm^2)	统计值	pH	有机质 (g/kg)	无机磷 (mg/kg)				有机磷 (mg/kg)	$NaHCO_3$ 浸提磷 (mg/kg)	NaOH 浸提磷 (mg/kg)
					T－P	Al－P	Fe－P	Ca－P			
新耕地（n=4）	0	Min	4.94	8.68	254.4	4.75	37.6	3.60	60.6	2.24	6.82
		Max	5.20	21.18	386.9	15.2	54.8	11.9	125.8	6.40	31.7
		Ave	5.06	14.32	321.4	8.82	45.0	7.44	89.05	4.48	18.4
		CV（%）	2.17	36.77	20.05	50.74	16.09	46.92	30.93	38.13	55.64

（续）

土地利用方式	年施磷肥量 P_2O_5 (kg/hm^2)	统计值	pH	有机质 (g/kg)	无机磷 (mg/kg)				有机磷 (mg/kg)	$NaHCO_3$ 浸提磷 (mg/kg)	NaOH 浸提磷 (mg/kg)
					T-P	Al-P	Fe-P	Ca-P			
中产连作玉米地 (*n*=5)	80～100	Min	5.45	13.83	357.2	12.5	64.3	18.1	70.9	7.54	46.7
		Max	6.84	27.05	696.6	66.8	106.2	39.4	145.8	18.3	88.2
		Ave	6.27	21.39	444.8	33.9	81.9	27.9	108.72	10.1	72.4
		CV (%)	9.78	24.10	32.12	67.93	19.12	27.85	25.59	43.56	22.67
高产连作玉米地 (*n*=5)	100～140	Min	5.96	9.18	282.3	35.0	86.5	18.6	52.1	15.9	68.5
		Max	6.76	33.11	731.6	118.8	275.0	34.4	183.4	29.4	237.4
		Ave	6.39	24.12	522.7	68.2	150.3	25.3	128.84	22.1	144.7
		CV (%)	4.53	40.44	41.99	48.93	50.60	24.73	42.91	28.08	53.12
玉米-烤烟轮作地 (*n*=6)	120～150	Min	5.90	11.25	473.6	71.3	194.5	22.1	114.8	18.0	167.2
		Max	7.32	31.67	956.2	131.8	325.1	57.0	170.1	57.0	334.2
		Ave	6.61	25.96	732.5	107.7	262.7	41.5	141.68	32.9	253.5
		CV (%)	7.92	28.94	23.15	24.75	18.07	31.06	25.70	47.19	30.01
烤烟连作地 (*n*=10)	150～180	Min	5.82	8.78	654.8	94.2	218.1	17.0	70.62	33.2	168.9
		Max	6.74	31.59	1 027.8	171.8	398.6	79.5	209.0	75.0	424.5
		Ave	6.31	23.37	766.7	123.2	278.2	38.9	139.9	51.3	290.9
		CV (%)	4.82	35.15	14.74	23.14	19.31	49.72	34.06	26.27	23.57

注：Min 为最小值；Max 为最大值；Ave 为平均值；*CV* 为变异系数。

表 8-32　盆栽施用磷肥下不同形态磷含量的变化

单位：mg/kg

土壤类型	盆栽年限	无机磷				有机磷	$NaHCO_3$ 浸提磷	NaOH 浸提磷
		T-P	Al-P	Fe-P	Ca-P			
黄黏泥土	0	543.2	63.8	157.5	36.5	290.4	15.0	165.4
	3	668.3	97.8	213.6	46.9	286.0	24.6	231.2
	6	889.3	125.7	340.6	53.4	265.7	39.2	329.9
黄沙土	0	477.6	48.8	122.5	26.0	120.8	12.0	138.0
	3	689.0	79.3	191.5	23.8	79.0	28.9	169.6
	6	924.8	155.7	310.0	48.0	60.2	52.5	298.4

由表 8-31 看出，不同土地利用方式的黄壤旱地长期施用磷肥后，土壤中磷酸铝盐（Al-P）、磷酸铁盐（Fe-P）和磷酸钙盐（Ca-P）均有不同程度的积累；随着磷肥施用量的增加（从中产连作玉米地到烤烟连作地），黄壤旱地中 Fe-P 占无机磷总量的比例平均从 18.41%增加到 36.29%，Al-P 占无机磷总量的比例平均从 7.62%增加到 16.12%，而 Ca-P 占无机磷总量比例未出现明显的变化。盆栽试验结果也表明（表 8-32），在未施有机肥但连续施用磷肥（每盆土重 25 kg，每年施15 g 过磷酸钙）等的条件下，6 年后土壤无机磷以及 Al-P、Fe-P 和 Ca-P 含量明显增加，而有机磷含量则出现下降。就黄黏泥土来说，盆栽 6 年后的土壤 Al-P、Fe-P 和 Ca-P 含量比原始土样（0 年）分别增加 97.0%、116.3%和 46.3%，而有机磷则下降 8.5%，这种变化趋势在黄沙土上表现得更明显。随着磷肥施用年限的增加，旱地 Al-P、Fe-P 占无机磷总量的比例也不断地提高，盆栽 6 年后黄黏泥土和黄沙土中 Fe-P 分别从盆栽前的 28.99%和 25.65%提高到 38.30%和 33.52%，Al-P 分别从盆栽前的 11.75%和 10.22%增加到 14.13%和 16.84%；但 Ca-P 占无机磷总量的比例都未发生明显变化。

三、黄壤锰形态及其影响因素

肖厚军等对贵州中部黄壤锰形态及其影响因素进行了研究，采集了 22 个代表性黄壤表土样品，采用连续提取法研究黄壤锰的形态组成，样品为贵州广泛分布的酸性黄壤。样品的选择主要考虑土壤类型、成土母质、土壤性质及地域差异，成土母质有页岩、砂页岩、白云岩、黏质老风化壳等，土地利用类型有旱地、林地。供试土壤在贵州酸性黄壤中有较好的代表性，基本性质见表 8-33。

表 8-33 贵州供试土壤的基本性质

土壤发生分类	土壤系统分类	母岩/母质	地点	深度（cm）	pH	有机质（g/kg）
白鳝泥	漂白滞水常湿雏形土	页岩	花溪	0～16	4.77	22.33
白鳝泥	漂白滞水常湿雏形土	页岩	花溪	0～17	4.41	23.94
黄泥土	铝质常湿淋溶土	黄色页岩	花溪	0～20	4.30	14.51
黄泥土	铝质常湿淋溶土	黄色页岩	花溪	0～19	4.21	23.22
黄沙泥土	简育水耕人为土	黄色砂页岩	花溪	0～17	4.50	13.78
黄泥土	铝质常湿淋溶土	黏质老风化壳	花溪	0～17	3.75	11.12
黄泥土	铝质常湿淋溶土	黏质老风化壳	花溪	0～18	3.85	28.61
黄泥土	铝质常湿淋溶土	黄色页岩	修文	0～19	4.55	24.29
黄泥土	铝质常湿淋溶土	黄色页岩	修文	0～20	4.75	37.50
黄泥土	铝质常湿淋溶土	黄色页岩	修文	0～19	5.03	29.62
黄泥土	铝质常湿淋溶土	黄色页岩	修文	0～18	4.19	28.32
黄沙泥土	铝质常湿淋溶土	黄色砂岩	乌当	0～17	3.96	12.33
白鳝泥	漂白滞水常湿雏形土	页岩	乌当	0～17	4.01	24.15
黄泥土	铝质常湿淋溶土	泥页岩	乌当	0～17	4.07	27.98
黄泥土	铝质常湿淋溶土	页岩	乌当	0～17	5.22	33.56
黄沙泥土	铝质常湿淋溶土	黄色砂岩	小河	0～16	4.35	28.21
黄沙泥土	铝质常湿淋溶土	黄色砂岩	小河	0～16	4.50	29.86
硅铝质黄壤	铝质常湿淋溶土	黄色砂页岩	长顺	0～17	4.09	13.46
硅铝质黄壤	铝质常湿淋溶土	黄色砂页岩	长顺	0～17	3.89	15.32
硅铁质黄壤	铝质常湿淋溶土	硅质白云岩	长顺	0～18	4.64	27.82
硅铁质黄壤	铝质常湿淋溶土	硅质白云岩	长顺	0～18	5.22	32.30
硅铝质黄壤	铝质常湿淋溶土	黄色砂页岩	长顺	0～17	4.57	24.67

（一）黄壤中锰的不同形态与份额

1. 交换性锰（Ex-Mn） 土壤交换性锰主要是被土壤胶体表面以静电吸引方式吸附的，可通过离子交换解吸进入溶液中的二价锰离子，生物有效性较高，但含量较低，一般为 0～100 mg/kg，并随土壤条件特别是 pH 和 Eh 的变化而异。酸性或强还原条件下，其含量可占全锰的 20%～30%。表 8-34表明，贵州中部黄壤的交换性锰含量差异很大，范围为 12.1～130.5 mg/kg，平均含量为（43.2±27.2）mg/kg（n=22），变异系数为 64.1%。

表 8-34 土壤中不同锰形态的含量

单位：mg/kg

土壤类型	项目	交换性锰（Ex-Mn）	易还原态锰（Ere-Mn）	有机态锰（Or-Mn）	剩余锰（Res-Mn）	总锰（Tot-Mn）
白鳝泥（n=3）	范围	12.1～34.0	10.7～40.5	19.9～46.7	101.8～309.4	305.4～610.6
	平均值 $\bar{X}$±Sd	21.7±11.2	26.0±14.9	32.5±13.5	188.4±108.0	416.8±168.4
	CV（%）	51.7	57.3	41.4	57.3	40.4

（续）

土壤类型	项目	交换性锰（Ex-Mn）	易还原态锰（Ere-Mn）	有机态锰（Or-Mn）	剩余锰（Res-Mn）	总锰（Tot-Mn）
黄泥土（n=10）	范围	20.6～130.5	23.0～354.2	21.9～198.4	198.5～879.5	424.1～1 562.6
	平均值 $\bar{X}$±Sd	57.7±34.1	123.5±103.3	105.7±57.9	457.0±219.2	743.8±380.8
	CV（%）	59.1	83.6	54.8	48.0	51.2
黄沙泥土（n=4）	范围	18.1～56.2	21.9～125.6	13.5～89.0	134.7～484.9	202.3～735.3
	平均值 $\bar{X}$±Sd	42.1±16.8	69.1±45.5	50.8±36.0	274.7±167.7	436.7±222.2
	CV（%）	40.1	65.8	70.9	61.0	50.9
黄壤（林地）（n=5）	范围	12.6～60.4	11.0～88.7	11.0～97.3	122.1～556.4	157.4～781.3
	平均值 $\bar{X}$±Sd	31.4±20.5	39.7±31.9	41.4±41.9	272.8±171.1	385.3±255.3
	CV（%）	65.3	80.3	101.2	62.8	66.3
合计（n=22）	范围	12.1～130.5	10.7～354.2	11.0～198.4	101.8～879.5	144.5～1 562.6
	平均值 $\bar{X}$±Sd	43.2±27.7	81.2±82.5	71.1±55.2	346.1±207.8	541.7±348.8
	CV（%）	64.1	101.6	77.6	60.0	64.4

2. 易还原态锰（Ere-Mn） 土壤易还原态锰是土壤中三价锰和四价锰的氧化物中易还原成为二价锰离子的锰。易还原态锰是矿物态锰与土壤可溶性锰（交换性和水溶性锰）之间联系的重要纽带。交换性锰和易还原态锰常呈相互消长的趋势。pH 上升时，交换性锰减少，易还原态锰增多；pH 下降时，则易还原态锰减少，交换性锰增多。贵州中部黄壤的易还原态锰含量差异很大，范围为 10.7～354.2 mg/kg，平均含量为（81.2±82.5）mg/kg（n=22），变异系数为 101.6%（表 8-34）。

3. 有机态锰（Or-Mn） 有机态锰是土壤中与难溶性有机物结合的锰，包括以螯合方式结合的难溶性有机锰。土壤有机态锰除了在分解后作为可溶性锰的来源以外，在分解时所造成的还原条件也有利于氧化锰的还原并导致可溶性锰的增加。此外，土壤中的锰还有有机吸附现象的存在。有机态锰的含量和有效性视有机物质的形态和种类而有较大差异。贵州中部黄壤的有机态锰含量差异较大，范围为 11.0～198.4 mg/kg，平均含量为（71.2±55.2）mg/kg（n=22），变异系数为 77.6%（表 8-35）。

4. 剩余锰（Res-Mn） 剩余锰（惰性锰）包括原生矿物和次生矿物中存在的锰。锰的主要矿物是软锰矿（MnO_2）、黑锰矿（Mn_3O_4）、水锰矿（MnOOH）和褐锰矿（Mn_2O_3）等，是土壤中锰的主要形态和有效锰的潜在来源。贵州中部黄壤的剩余锰含量差异较大，范围为 101.8～879.5 mg/kg，平均含量为（346.1±207.8）mg/kg（n=22），变异系数为 60.0%（表 8-35）。

5. 总锰（Tot-Mn） 我国土壤中锰的含量为 10～5 532 mg/kg，异常含量最高可达 9 478 mg/kg，平均含量为 710 mg/kg。各类型土壤的锰含量变化很大，总的趋势是南方各地的酸性土壤比北方的石灰性土壤高，石灰性土壤和酸性土壤之间锰的含量存在着显著差异。贵州中部黄壤的总锰含量差异较大，范围为 144.5～1 562.6 mg/kg，平均含量（541.7±348.8）mg/kg（n=22），变异系数为 64.4%（表 8-34）。何亚琳（1995）研究提出，贵州土壤全锰含量范围为 20.0～3 060.0 mg/kg，平均含量为 592.0 mg/kg（n=220）。本研究变幅低于上述结果，平均含量与上述结果相近。

6. 黄壤中不同形态锰的份额 表 8-35 表明，黄壤中交换性锰在总锰中所占比例最小，只占总锰量的 8.4%左右，但其与水溶性锰含量密切相关，需要引起人们的关注；易还原态锰在总锰中的比例略高于交换性锰，达到 12.9%左右；有机态锰在总锰中的比例与易还原态锰相近，占总锰量的 12.7%左右，但其有效性远低于交换性锰；交换性锰、易还原态锰二者之和称为活性锰，其总量占总锰量的 21.3%左右，剩余锰（惰性锰）是黄壤中主要的锰形态，占总锰量的 66.1%左右，且剩余锰占总锰量的比例相当稳定，其变异系数为 19.0%。

表 8-35 黄壤中不同形态锰的份额

项目	Ex-Mn/Tot-Mn（%）	Ere-Mn/Tot-Mn（%）	Or-Mn/Tot-Mn（%）	Res-Mn/Tot-Mn（%）
范围	4.2～15.1	5.4～22.7	3.1～28.2	38.5～83.9
平均值 $\bar{X}$±Sd	8.4±2.7	12.9±5.4	12.7±6.6	66.1±12.5
CV（%）	32.0	41.8	52.4	19.0

（二）土壤类型、母质及施肥对锰形态的影响

锰的不同形态与土壤类型及母质等有关。表 8-34 表明，土壤类型对土壤锰形态起决定性作用，就土壤不同形态锰的含量而言，黄泥土>黄沙泥土>白鳝泥。母质对土壤锰形态的影响取决于母质的矿物成分，交换性锰、有机态锰和剩余锰为老风化壳>白云岩>砂页岩>页岩；易还原态锰为老风化壳>砂页岩>页岩>白云岩（表 8-36）。

表 8-36 不同母质黄壤各种锰形态的数值范围（mg/kg）

土壤母质	项目	Ex-Mn	Ere-Mn	Or-Mn	Res-Mn
白云岩	范围	20.4～60.4	8.7～125.6	15.8～75.8	136.4～556.4
(*n*=3)	平均值 $\bar{X}$±Sd	44.1±21.0	74.3±59.8	55.0±33.9	392.6±224.7
页岩	范围	12.1～91.3	10.7～157.9	11.0～151.8	101.8～559.6
(*n*=12)	平均值 $\bar{X}$±Sd	38.4±23.7	62.3±48.8	69.1±52.1	309.5±149.1
砂页岩	范围	18.1～56.2	21.9～83.9	13.5～97.3	134.7～334.8
(*n*=5)	平均值 $\bar{X}$±Sd	36.5±16.6	46.0±25.1	49.7±40.1	223.0±90.3
老风化壳	范围	69.9～130.5	230.3～354.2	138.1～198.4	716.9～879.5
(*n*=2)	平均值 $\bar{X}$	100.2	292.3	168.3	798.2

（三）黄壤锰形态与土壤性质的关系

1. 交换性锰（Ex-Mn） 黄壤中交换性锰在很大程度上受土壤 pH 的制约。表 8-37 表明，土壤 Ex-Mn 与 pH 呈极显著负相关，可用负指数方程拟合，$Ex-Mn=0.11396e^{25.2914/pH}$（$r=-0.793^{**}$，$n=22$），土壤 pH 在 5.5 左右时，Ex-Mn 已很少。此结果表明，黄壤交换性锰和 pH 的相关性与红壤相似。交换性锰与有机质呈极显著负相关（$r=-0.674^{**}$），与易还原态锰、有机态锰、活性锰、剩余锰、总锰有较好的相关性。

表 8-37 土壤锰形态之间及其与土壤某些性质的相关系数（*n*=22）

锰形态	Ex-Mn	Ere-Mn	(Ex+Ere)-Mn	Tot-Mn	pH	有机质
Ex-Mn		0.813**	0.867**	0.854**	−0.793**	−0.674**
Ere-Mn			0.977**	0.965**	−0.913**	0.412
Or-Mn	0.821**	0.870**	0.941**	0.835**	−0.770**	0.417
(Ex+Ere)-Mn				0.937**	−0.785**	−0.462*
Res-Mn	0.683**	0.855**	0.825**	0.965**	0.740**	0.245

注：$^{*}r_{0.05}=0.423$，$^{**}r_{0.01}=0.537$。

2. 易还原态锰（Ere-Mn） 黄壤中易还原态锰也与 pH 呈极显著负相关，$Ere-Mn=0.00044e^{50.503/pH}$（$r=-0.913^{**}$）。易还原态锰与活性锰、总锰的相关性很好（*r* 分别为 0.977^{**} 和 0.965^{**}），与交换性锰、有机态锰、剩余锰有较好的相关性，与有机质无明显的相关性。

3. 有机态锰（Or-Mn） 有机态锰是移动性较强的锰，与土壤有机质无明显相关性（*r*=

0.417)，其原因有待进一步研究。有机态锰与 pH 呈极显著负相关（Or - Mn=530.16−104.39pH，$r=-0.770^{**}$）。有机态锰与活性锰呈极显著正相关（$r=0.941^{**}$），也与交换性锰、易还原态锰、总锰有较好的相关性。

4. 活性锰［(Ex+Ere)- Mn］ 交换性锰、易还原态锰二者之和称为活性锰，因为这二者在土壤中的活性、移动性较强。活性锰与 pH 呈极显著负相关［(Ex+Ere) - Mn=1 527.5−303.2pH，$r=-0.785^{**}$］，与土壤有机质呈显著负相关（$r=-0.462^{*}$）。活性锰与交换性锰、易还原态锰、有机态锰和总锰有很好的相关性，相关系数分别为 0.867^{**}、0.977^{**}、0.941^{**}和 0.937^{**}。

5. 剩余锰（Res - Mn） 剩余锰主要是结晶态的锰氢氧化物和原生矿物、次生矿物态锰，性质较稳定，其含量与交换性锰、易还原态锰、活性锰、总锰和 pH 有很好相关性，相关系数分别为 0.683^{**}、0.855^{**}、0.825^{**}、0.965^{**}和 0.740^{**}。

第三节　土壤交换性

全国测土配方施肥采样调查结果表明，黄壤耕层阳离子交换量范围为 4.00～49.98 cmol/kg，平均值为 10.57 cmol/kg，达中等水平。其中，以湖北黄壤耕层水平最高，平均值为 19.30 cmol/kg；四川黄壤耕层最低，平均值为 14.30 cmol/kg。

一、贵州黄壤交换性能

贵州各市（州）黄壤土类阳离子交换量化验结果统计表明（表 8 - 38），A 层平均值 15.69 cmol/kg、B 层 13.52 cmol/kg、C 层 14.56 cmol/kg；A 层阳离子交换量为林草地黄壤>耕种黄壤。黄壤阳离子交换量与成土母岩有一定关系，表 8 - 39 为发育于不同母岩（母质）的黄壤阳离子交换量统计，玄武岩、辉绿岩发育的明显高于其他母岩发育的黄壤，以砂岩发育的黄壤阳离子交换量较低。

表 8 - 38　贵州黄壤土类阳离子交换量

土壤	项目	发生层次		
		A	B	C
林草地黄壤	样本数（个）	246	94	17
	范围（cmol/kg）	3.00～40.73	3.90～38.92	3.60～19.51
	平均值（cmol/kg）	16.56	11.45	11.53
耕种黄壤	样本数（个）	408	136	52
	范围（cmol/kg）	3.90～38.29	3.96～28.94	6.00～23.81
	平均值（cmol/kg）	15.05	14.61	15.55
土类合计	样本数（个）	654	230	69
	范围（cmol/kg）	3.0～40.73	3.90～38.92	3.60～23.81
	平均值（cmol/kg）	15.69	13.52	14.56

表 8 - 39　不同母岩（母质）的黄壤阳离子交换量

母岩（母质）	项目	发生层次		
		A	B	C
泥质岩类	样本数（个）	226	97	30
	平均值（cmol/kg）	16.65	21.73	14.99
砂岩、页岩互层	样本数（个）	205	33	6
	平均值（cmol/kg）	16.52	13.29	14.09

（续）

母岩（母质）	项目	发生层次		
		A	B	C
砂岩类	样本数（个）	60	28	4
	平均值（cmol/kg）	13.33	9.58	12.21
基性岩类（玄武岩、辉绿岩）	样本数（个）	3	3	2
	平均值（cmol/kg）	30.78	22.54	18.45
（燧石灰岩等）不纯灰岩类	样本数（个）	115	36	17
	平均值（cmol/kg）	15.84	13.54	12.97
红色风化壳	样本数（个）	89	26	5
	平均值（cmol/kg）	14.54	14.85	12.91
紫色岩类	样本数（个）	2	2	2
	平均值（cmol/kg）	14.40	14.15	14.35
酸性岩类（花岗岩）	样本数（个）	2	—	—
	平均值（cmol/kg）	16.58	—	—

对黄壤交换性盐基总量和盐基饱和度进行统计，林草地黄壤分别为1.79～3.10 cmol/kg和18.04%～21.05%，耕地黄壤则分别为8.12～13.27 cmol/kg和50.00%～79.30%，耕地均大于林草地，显然是人工熟化的结果（表8-40）。

表8-40　黄壤典型剖面阳离子交换量、盐基总量和盐基饱和度统计

土壤利用类型	发生层次	阳离子交换量（cmol/kg）	交换性盐基（cmol/kg）					盐基饱和度（%）	统计剖面数
			总量	Ca^{2+}	Mg^{2+}	K^{+}	Na^{+}		
林草地黄壤	A	14.73	3.10	1.77	0.81	0.28	0.24	21.05	18
	B	11.03	1.99	0.99	0.65	0.18	0.16	18.04	
	C	8.75	1.79	0.89	0.60	0.16	0.14	20.45	
耕种黄壤	A	16.73	13.27	8.06	3.85	0.46	0.90	79.30	7
	B	15.94	9.60	5.11	3.58	0.27	0.64	60.20	
	C	16.23	8.12	4.45	2.72	0.48	0.47	50.00	

二、四川黄壤交换性能

四川省宜宾市南溪区黄壤交换性调查结果表明（表8-41），表层黄壤交换性盐基总量为9.08 cmol/kg，阳离子交换量为19.0 cmol/kg，盐基饱和度达47.74%。不同层次黄壤交换性能不同，随着土层加深，交换性能下降。如0～22 cm、22～40 cm、40～100 cm土层的交换性盐基总量分别为9.08 cmol/kg、6.57 cmol/kg、6.05 cmol/kg，呈现逐渐下降的趋势。

表8-41　四川省宜宾市南溪区黄壤交换性调查

地点	深度（cm）	pH	交换性盐基总量（cmol/kg）	阳离子交换量（cmol/kg）	盐基饱和度（%）	交换性酸总量（cmol/kg）
南溪	0～22	5.8	9.08	19.0	47.74	9.93
	22～40	5.5	6.57	17.5	37.60	10.92
	40～100	5.3	6.05	18.1	33.37	12.06

四川开展的测土配方施肥采样调查结果表明，1 394个耕层样品的黄壤阳离子交换量范围为4.00～38.80 cmol/kg，平均值为14.30 cmol/kg。

三、云南黄壤交换性能

云南第二次土壤普查调查结果表明（表 8－42），5 类黄壤表层交换性能不同，表层阳离子交换量范围为 19.83～39.44 cmol/kg，平均值为 26.93 cmol/kg。不同层次黄壤交换性能差异明显，不同黄壤亚类表现不一。如鲜山地黄壤不同层次的阳离子交换量差异较大，A_0 层、A 层、AB 层、B 层、BC 层的阳离子交换量分别为 24.18 cmol/kg、21.09 cmol/kg、13.02 cmol/kg、11.60 cmol/kg、7.45 cmol/kg；而泥质山地黄壤的阳离子交换量差异不明显，A 层、AB 层、B 层、C 层的阳离子交换量在 24.32～26.16 cmol/kg。

表 8－42　云南黄壤交换性能

黄壤亚类	发生层次	pH	阳离子交换量（cmol/kg）	盐基饱和度（%）
鲜山地黄壤	A_0	4.9	24.18	—
	A	4.0	21.09	—
	AB	5.1	13.02	—
	B	4.6	11.60	—
	BC	4.1	7.45	—
暗山地黄壤	A	5.88	19.83	—
	AB	5.50	14.50	—
	B	5.82	26.80	—
泥质山地黄壤	A	5.4	26.16	6.68
	AB	5.2	25.47	3.87
	B	5.2	26.16	4.86
	C	5.2	24.32	6.94
灰岩山地黄壤	A	5.68	39.44	—
	AB	5.15	38.60	—
	B	4.98	34.20	—
山地黄壤表层	平均值	6.47	25.04	41.1
	标准差	8.70	10.55	29.56
	变异系数（%）	4.00	42.14	71.92

四、湖南黄壤交换性能

湖南第二次土壤普查调查结果表明（表 8－43），发育于 4 类不同母岩风化物的黄壤交换性能不同，表层交换性盐基总量、阳离子交换量、盐基饱和度范围分别为 1.07～12.40 cmol/kg、19.1～31.9 cmol/kg、3.86%～64.92%，平均值分别为 5.92 cmol/kg、24.65 cmol/kg、28.45%。不同层次黄壤交换性能差异明显，不同母岩风化物的黄壤表现不一。如板页岩风化物发育的黄壤不同层次的盐基饱和度差异较大，1.0～2.5 cm、2.5～10 cm、10～69 cm、69～150 cm 土层的盐基饱和度分别为 64.92%、13.44%、7.62%、3.72%。

表 8－43　湖南黄壤交换性能

地点	母岩	深度（cm）	交换性盐基（cmol/kg）					阳离子交换量（cmol/kg）	盐基饱和度（%）
			Ca^{2+}	Mg^{2+}	K^+	Na^+	总量		
资兴市彭市乡	花岗岩风化物	0～25	0.51	0.25	0.21	0.10	1.07	27.7	3.86
		25～80	0.49	0.13	0.21	0.07	0.40	23.0	1.74
		80～106	0.49	0.13	0.14	0.16	0.92	23.3	3.95

（续）

地点	母岩	深度（cm）	交换性盐基（cmol/kg）					阳离子交换量（cmol/kg）	盐基饱和度（%）
			Ca^{2+}	Mg^{2+}	K^{+}	Na^{+}	总量		
怀化市会同县金竹镇	板页岩风化物	1.0～2.5	9.90	1.65	0.68	0.17	12.40	19.1	64.92
		2.5～10	2.40	0.49	0.18	0.09	3.16	23.5	13.44
		10～69	1.00	0.49	0.16	0.14	1.79	23.8	7.62
		69～150	0.50	0.16	0.11	0.07	0.84	22.6	3.72
永州市双牌县五星岭林场	砂岩风化物	0～15	1.99	0.59	0.47	0.23	3.28	31.9	10.28
		15～56	0.57	0.23	0.26	0.21	1.27	29.8	4.26
湘西州花垣县麻栗场镇	石灰岩风化物	0～8	4.49	1.73	0.32	0.35	6.91	19.9	34.72
		8～42	2.00	0.49	0.14	0.16	2.79	19.1	14.60
		42～10	2.99	0.82	0.34	0.25	4.40	20.6	21.35

据湖南开展的测土配方施肥采样调查结果，222 个耕层样品的黄壤阳离子交换量范围为 9.40～32.70 cmol/kg，平均值为 19.25 cmol/kg。

五、西藏黄壤交换性能

西藏第二次土壤普查调查结果表明（表 8-44），发育于不同母岩风化物的黄壤交换性能不同，表层交换性盐基总量、阳离子交换量、盐基饱和度范围分别为 1.54～35.46 cmol/kg、24.11～55.38 cmol/kg、6.4%～78.2%，平均值分别为 18.01 cmol/kg、40.73 cmol/kg、39.94%。不同层次黄壤交换性能差异明显，不同母岩风化物的黄壤表现不一。如角闪石片麻岩残积物发育的黄壤不同层次的阳离子交换量差异较大，6～11 cm、11～21 cm、21～49 cm、49～72 cm、72～105 cm、105～135 cm 土层的阳离子交换量分别为 45.33 cmol/kg、34.67 cmol/kg、25.88 cmol/kg、18.29 cmol/kg、13.57 cmol/kg、12.11 cmol/kg。

表 8-44 西藏黄壤交换性能

剖面号及采集地点	深度（cm）	pH	阳离子交换量（cmol/kg）	盐基饱和度（%）	交换性盐基（cmol/kg）				
					总量	Ca^{2+}	Mg^{2+}	K^{+}	Na^{+}
T3-032（察隅县下察隅镇沙琼村西北，海拔 2 300 m，花岗岩坡积物）	4～11	5.0	54.64	47.3	25.83	17.52	6.74	1.63	0.48
	11～19	4.9	27.83	16.2	4.52	4.04	痕量	0.36	0.18
	19～30	5.0	23.80	12.9	2.07	1.35	1.35	0.34	0.03
	30～48	5.1	15.6	24.0	2.75	1.35	2.02	0.38	—
	48～80	5.1	10.54	49.3	4.99	3.37	1.35	0.14	0.13
	80～100	5.1	8.48	18.6	1.57	1.35	痕量	0.09	0.13
T3-038（察隅县下察隅镇沙玛村西南，海拔 2 080 m，花岗岩坡积物）	7～12	4.7	24.17	33.1	7.99	5.61	1.84	0.34	0.20
	12～19	5.2	16.11	29.8	4.80	3.57	0.77	0.20	0.26
	19～30	5.5	11.63	28.9	3.38	2.55	0.51	0.17	0.13
	30～55	5.6	16.10	32.8	3.31	1.79	1.28	0.68	0.16
	55～80	5.6	7.45	30.2	2.25	1.53	0.51	0.08	0.13
T4-027（墨脱县班固山后山，海拔 1 960 m，角闪石片麻岩残积物）	6～11	5.1	45.33	78.2	35.46	24.99	5.75	0.99	3.73
	11～21	3.7	34.67	16.8	5.85	2.75	0.86	0.50	1.74
	21～49	4.5	25.88	9.6	2.51	0.89	0.25	0.34	1.03
	49～72	5.0	18.29	9.8	1.81	0.75	0.13	0.26	0.37
	72～105	5.1	13.57	10.3	1.40	0.61	0.11	0.26	0.42
	105～135	5.0	12.11	15.0	1.82	0.86	0.17	0.29	0.50

（续）

剖面号及采集地点	深度（cm）	pH	阳离子交换量（cmol/kg）	盐基饱和度（%）	交换性盐基（cmol/kg）				
					总量	Ca^{2+}	Mg^{2+}	K^{+}	Na^{+}
T4-028（墨脱县背崩乡背崩村后山，海拔 1 240 m，硅卡岩坡积物）	6～21	5.5	24.11	6.4	1.54	0.87	0.12	0.37	0.18
	21～32	5.6	16.72	3.8	0.63	0.28	0.02	0.18	0.15
	32～46	5.5	15.26	4.5	0.68	0.19	0.04	0.21	0.24
	46～67	5.8	14.13	3.8	0.54	0.19	0.03	0.17	0.15
	67～95	5.8	10.71	6.6	0.71	0.34	0.07	0.18	0.12
	95～144	6.1	4.46	22.2	0.99	0.66	0.02	0.16	0.15
T4-028（墨脱县阿尼桥后山，海拔 1 250 m，变斑晶混合岩坡积物）	5～11	3.7	55.38	34.7	19.25	5.64	5.10	2.72	5.79
	11～22	4.3	24.62	11.3	2.79	0.83	0.48	0.58	0.92
	22～32	4.5	18.13	14.3	2.61	0.64	0.33	0.56	1.08
	32～40	4.6	15.50	17.4	2.71	0.68	0.32	0.31	1.40
	40～78	4.6	8.06	35.9	2.90	0.61	0.43	0.34	1.52
	78～120	4.2	6.99	—	—	0.81	3.10	0.48	8.70
	120～165	4.3	4.62	49.7	2.30	0.61	0.35	0.26	1.08

六、广西黄壤交换性能

陈作雄等对广西山地漂洗黄壤进行了研究，由于山地漂洗黄壤中的盐基物质绝大部分已被淋失，盐基饱和度较低，一般为 10%～25%。土壤呈强酸性反应，交换性酸含量较高，为 3.20～3.60 cmol/kg，且以活性铝为主。表层阳离子交换量为 10～15 cmol/kg，但淀积层仅为 3.5～6.0 cmol/kg。土壤硅铝率和硅铝铁率分别为 3.2～3.7 和 2.4～2.7。黏土矿物以高岭石为主，并有少量水云母。广西山地漂洗黄壤交换性能见表 8-45。

表 8-45　广西山地漂洗黄壤交换性能

地点（海拔）	发生层次	深度（cm）	颜色	阳离子交换量（cmol/kg）	盐基饱和度（%）	交换铝（cmol/kg）	交换氢（cmol/kg）
大瑶山圣堂山顶（1 979 m）	AH	34～62	黑棕色 2.5YR3/1	63.13	83	6.01	4.41
	A	62～70	淡灰色 5Y7/1	18.28	48	9.46	0.03
	E	70～84	灰白色 5Y8/1	11.79	25	7.77	1.12
	B	84～115	淡黄色 2.5Y7/4	5.90	10	6.28	0.42
大明山西坡（1 190 m）	A	7～18	暗棕色 7.5YR3/4	9.66	—	—	—
	E	18～28	灰白色 5Y8/1	7.26	—	—	—
	B	28～100	黄色 2.5Y8/6	5.94	—	—	—
大明山东北坡（1 300 m）	AH	1～6	棕灰色 10YR4/1	12.1	—	—	—
	A	6～17	棕灰色 5YR6/1	10.1	—	—	—
	E	17～27	灰白色 5Y8/1	6.9	—	—	—
	B	27～69	黄色 2.5Y8/6	6.0	—	—	—
	C	69～100	绿灰色 5G6/1	1.0	—	—	—
大明山龙头山顶（1 760 m）	AH	3～18	灰棕色 5YR4/2	23.0	—	—	—
	A	18～27	黑棕色 7.5YR2/2	22.0	—	—	—
	E	27～36	灰白色 5Y8/1	13.6	—	—	—
	B	36～47	淡黄色 2.5Y7/4	1.8	—	—	—
	C	47～52	绿灰色 5G6/1	2.2	—	—	—

（续）

地点（海拔）	发生层次	深度（cm）	颜色	阳离子交换量（cmol/kg）	盐基饱和度（%）	交换铝（cmol/kg）	交换氢（cmol/kg）
大明山天平（1 300 m）	A	0～15	暗棕色 10YR3/3	8.37	23.8	5.06	1.32
	E_1	15～22	淡紫灰色 5P7/1	6.77	14.0	5.33	0.49
	E_2	22～27	蓝灰色 5PB5/1	5.62	11.2	4.72	0.27
	BC	27～36	灰色 N6/0	3.18	17.3	2.39	0.24

七、黄壤电荷特性

李叔南等对采自云南、贵州、四川三省不同母质上发育的 29 个黄壤、红壤土样（其中，黄壤 17 个、红壤 12 个）进行了研究。结果表明（表 8－46），土壤总电荷（CEC，指土壤胶体上交换性阳离子总量），红壤为 8.90～14.89 cmol/kg，黄壤为 16.42～20.08 cmol/kg。可变负电荷（CECV）：热带、亚热带地区矿物风化程度深，以可变电荷为主，其 CECV 占总电荷的 62%～98%，有别于我国其他同一纬度带的红壤、黄壤。土壤中游离 Fe_2O_3 是土壤中产生正电荷的物质基础。试验研究区域的游离 Fe_2O_3 含量，红壤平均为 90.13 g/kg（n=19），黄壤平均为 26.92 g/kg（n=17），经 t 检验分析 $t=4.86^{**}$（$t_{0.01}=2.80$），即差异极显著。而土壤正电荷（AEC），黄壤为 2.44～2.78 cmol/kg，红壤为 3.29～3.30 cmol/kg。永久负电荷（CECE）产生于黏土矿物晶格中的中心阳离子的同晶替代。经测定，黄壤 B 层黏土矿物以绿泥石或硅石为主，永久负电荷为－4.59～－2.34 cmol/kg，占总电荷的 14.25%～24.66%；红壤 B 层黏土矿物以三水铝石为主时，不存在永久负电荷，即胶体表面和全部为可变电荷，此时土壤 Ki 值低、CEC 低，土壤保肥力差。

表 8－46 土壤的电荷特性

土类	土样号	交换量（cmol/kg）				
		CEC	CECE	CECV	AEC	CRCV/CEC
黄壤	99	20.08	－4.59	14.41	2.44	0.72
	10	16.42	－2.34	14.07	2.78	0.88
红壤	34	14.89	＋3.12	18.00	3.29	1.21
	36	8.90	＋0.86	9.76	3.30	1.09

注：以上土样数据均为 B 层。

第四节 土壤酸碱性

全国开展的测土配方施肥采样调查结果表明，72 076 个黄壤耕层样品的 pH 范围为 4.00～7.70，平均值为 6.11，从平均值来看，呈微酸性。

一、不同省份黄壤酸碱性

（一）贵州黄壤酸度和碳酸钙含量

贵州黄壤的 pH 比红壤低，随植被、母质不同而异，一般阔叶林植被下黄壤 pH 为 4.9～5.7，针叶林植被下 pH 为 4.0～4.9，草被下 pH 为 4.5～5.5。总的趋势是阔叶林植被>草被>针叶林植被。一般砂岩、硅质岩发育的黄壤 pH 低，灰岩发育的黄壤 pH 较高。耕种黄壤 pH 在 5.6～7.0 的居多，明显高于林草地。pH 根据土壤熟化程度不同和石灰类物质的施用与否而变化较大，初度熟化的黄壤耕地一般 pH 较低，多在 6.0 以下；高度熟化的黄壤耕地，pH 接近中性；施用石灰多的黄壤，其耕层 pH 可达 8.0 以上。部分黄壤旱地因受到周围岩溶水浸润、复盐基作用，导致 pH 也较高。表 8－

47 为贵州黄壤交换性酸及其构成统计。林草地黄壤的交换性酸含量高，其中 90%以上的酸度由交换性铝显示出来；耕种黄壤的交换性酸含量则低得多，而且交换性铝的比重也明显下降，尤其是耕层最突出。表 8－48 为贵州黄壤与红壤典型剖面酸度比较。黄壤 A 层交换性酸、水解酸含量明显高于红壤。水解酸与交换性酸的差值——水解系数，黄壤剖面各层次均大于红壤，反映了黄壤比红壤有更高的可变电荷。

表 8－47　贵州黄壤交换性酸及其构成统计

土壤利用类型	发生层次	总量（cmol/kg）		H^+（cmol/kg）		Al^{3+}（cmol/kg）		Al^{3+}/总量（%）	样本数（个）
		范围	平均值	范围	平均值	范围	平均值		
林草地黄壤	A	2.76～13.31	7.629	0.24～0.78	0.470	2.46～12.84	7.159	93.84	12
	B	2.49～11.85	6.056	0.13～0.58	0.322	1.91～11.59	5.734	94.68	
	C	1.30～4.51	4.489	0～0.30	0.387	1.12～4.39	4.102	91.38	
耕种黄壤	A	0～0.30	0.112	0～0.20	0.07	0～0.10	0.04	35.71	8
	B	0～0.40	0.204	0～0.23	0.09	0～0.39	0.114	55.88	
	C	0.16～9.86	2.120	0.10～0.47	0.21	0.02～9.39	1.91	90.09	

表 8－48　贵州黄壤与红壤典型剖面酸度比较

土壤类型	地点	采样深度（cm）	pH（水浸）	交换性酸（cmol/kg）			水解酸（cmol/kg）	水解系数	母岩
				总量	H^+	Al^{3+}			
黄壤	仁怀	0～20	4.9	16.70	0.51	16.19	20.74	4.04	页岩
		22～35	5.3	4.94	0.09	4.85	8.71	3.77	
		70～80	5.4	1.93	0.07	1.86	5.64	3.71	
	梵净山	7～14	4.5	10.25	0.95	9.30	27.01	16.76	千枚岩
		15～25	4.7	8.30	0.52	7.61	19.21	10.91	
		30～40	4.9	5.76	0.20	5.56	15.57	9.81	
		50～59	4.7	5.37	0.07	5.30	10.36	4.99	
红壤	兴仁	2～14	5.2	7.97	0.41	7.56	8.58	0.61	砂页岩
		30～40	4.4	9.38	0.27	9.11	9.40	0.02	
		45～55	4.9	9.24	0.18	9.06	10.83	1.59	
		70～80	4.9	9.66	0.23	9.43	11.03	1.37	

林草地黄壤无石灰反应，耕种黄壤因石灰类物质的积累以及岩溶水的渗入而导致碳酸钙含量不一。贵州 400 余个黄壤耕层土样分析结果表明，含游离碳酸钙的样品仅占 3.0%，其含量大多在 0.05%～3.0%。通常复钙黄沙泥土、复钙黄黏泥土土种含量较高。此外，一些耕种时间长的油黄泥土也有少量碳酸钙。

（二）云南黄壤酸碱性

云南第二次土壤普查调查结果表明（表 8－49），4 个黄壤土属的 A 层呈微酸性至强酸性，pH 范围为 4.00～5.88，平均值为 5.24。除鲜山地黄壤外，其余 3 个黄壤土属不同层次酸性差异较小。而泥质山地黄壤不同层次交换性酸含量差异较大，A 层、AB 层、B 层、C 层的交换性酸含量分别为 2.14 cmol/kg、11.31 cmol/kg、13.00 cmol/kg、11.98 cmol/kg。

表 8-49 云南黄壤交换性能

发生层次	鲜山地黄壤	暗山地黄壤	泥质山地黄壤			灰岩山地黄壤
	pH	pH	pH	水解酸（cmol/kg）	交换性酸（cmol/kg）	pH
A_0	4.9	—	—	—	—	
A	4.0	5.88	5.4	18.48	2.14	5.68
AB	5.1	5.50	5.2	21.60	11.31	5.15
B	4.6	5.82	5.2	21.30	13.00	4.98
BC	4.1	—	—	—	—	
C	—	—	5.2	17.38	11.98	

（三）湖南黄壤酸碱性

湖南第二次土壤普查调查结果表明，典型黄壤亚类 pH 平均为 5.06～5.13，以石灰岩发育的典型黄壤亚类最高，达 5.32～5.40；砂岩发育的典型黄壤亚类最低，为 4.92～5.04。不同土层 pH 差异不明显，除石灰岩发育的典型黄壤亚类外，A 层略低于 B 层、C 层（表 8-50）。

表 8-50 不同母岩发育的典型黄壤亚类 pH

母岩	A层		B层		C层	
	样本数（个）	pH	样本数（个）	pH	样本数（个）	pH
花岗岩	46	5.02	62	5.07	23	5.08
板页岩	129	5.08	201	5.13	62	5.18
砂岩	90	4.92	115	5.03	43	5.04
石灰岩	31	5.40	43	5.32	10	5.34
平均	296	5.06	421	5.11	138	5.13

黄壤性土亚类调查结果表明，黄壤性土亚类的 pH 平均为 5.17～5.44，以板页岩黄壤性土亚类最高，达 5.21～5.58；花岗岩黄壤性土亚类最低，为 4.67～4.89（表 8-51）。

表 8-51 不同母岩发育的黄壤性土亚类 pH

母岩	A层		B层		C层	
	样本数（个）	pH	样本数（个）	pH	样本数（个）	pH
花岗岩	1	4.67	1	4.89	—	—
板页岩	40	5.58	49	5.21	15	5.45
砂岩	8	4.83	22	5.1	2	4.85
平均	49	5.44	72	5.17	17	5.38

湖南开展的测土配方施肥采样调查结果表明，222 个黄壤耕层样品的 pH 范围为 3.90～7.70，平均值为 5.70，从平均值来看，呈微酸性。

二、黄壤铝形态及其影响因素

肖厚军等根据土壤组分与铝结合的机制，以连续提取法分析土壤铝形态。采集 20 个贵州酸性黄壤样品。样品的采集主要考虑土壤类型、成土母质、土壤性质和利用类型等差异，成土母质有白云岩、砂页岩、红色老风化壳等，利用类型有水田、旱地、林地。

（一）铝的不同形态与分布

1. 交换性铝（Ex-Al） 土壤交换性铝是用中性 1 mol/L KCl 提取的铝，主要是静电引力吸附于土壤固相表面的交换性铝离子（包括 Al^{3+} 离子和羟基化离子），与土壤酸度和磷的固定密切相关。表 8-52 结果表明，贵州中部黄壤的交换性铝含量差异很大，范围为 0.050～1.079 g/kg，平均值为（0.326±0.305）g/kg（n=20），变异系数为 93.5%。这与早前贵州黄壤交换性铝含量范围为 0.10～0.92 g/kg、平均值为 0.43 g/kg（n=11）的研究结果相比，含量范围增大，平均值降低，说明黄壤的酸化程度加大。

表 8-52　贵州中部黄壤中不同铝形态的含量

土壤类型	参数	交换性铝（Ex-Al）	吸附态羟基铝（Hy-Al）	有机态铝（Or-Al）	剩余铝（Res-Al）	总铝（Tot-Al）
白鳝泥（n=2）	范围（g/kg）	0.175～0.351	1.297～1.482	0.225～0.281	73.53～87.55	75.40～89.40
	$\bar{X}$（g/kg）	0.263	1.389	0.253	80.54	82.40
黄泥土（n=5）	范围（g/kg）	0.080～0.434	0.635～1.590	0.249～0.340	48.34～88.11	49.30～89.55
	$\bar{X}$±Sd（g/kg）	0.246±0.153	1.078±0.446	0.290±0.037	69.54±16.75	71.14±17.11
	CV（%）	62.2	41.4	12.7	24.1	24.0
黄沙泥土（n=5）	范围（g/kg）	0.050～0.210	0.498～1.072	0.197～0.349	43.92～89.51	44.75～91.05
	$\bar{X}$±Sd（g/kg）	0.073±0.008	0.883±0.253	0.253±0.06	66.86±19.19	68.1±19.42
	CV（%）	11.1	28.6	23.7	28.7	28.5
黄沙泥田（n=3）	范围（g/kg）	0.215～0.243	1.320～1.521	0.267～0.365	40.60～77.37	42.70～79.20
	$\bar{X}$±Sd（g/kg）	0.232±0.015	1.418±0.10	0.316±0.05	62.1±19.16	64.07±19.03
	CV（%）	6.4	7.0	15.5	30.8	29.7
黄壤（林地）（n=5）	范围（g/kg）	0.342～1.079	0.529～1.069	0.265～0.483	60.22～74.62	62.85～76.75
	$\bar{X}$±Sd（g/kg）	0.745±0.302	0.788±0.199	0.332±0.088	68.82±5.89	70.71±5.60
	CV（%）	40.6	25.2	26.5	8.6	7.9
合计（n=20）	范围（g/kg）	0.050～1.079	0.498～1.590	0.197～0.483	40.60～89.51	42.70～91.05
	$\bar{X}$±Sd（g/kg）	0.326±0.305	1.039±0.353	0.291±0.064	68.67±14.50	70.33±14.63
	CV（%）	93.5	34.0	22.0	21.1	20.8

2. 吸附态羟基铝（Hy-Al）　土壤吸附态羟基铝是用 0.2 mol/L HCl 提取的铝，主要是以无机胶膜吸附于矿物表面和边缘的羟基铝与氢氧化铝，以及某些非晶形铝硅酸盐。它通常由交换性铝聚合或矿物中铝在 H^+ 作用下转化而来，是铝形态转化的产物。贵州中部黄壤的吸附态羟基铝含量差异较大，范围为 0.498～1.590 g/kg，平均值为（1.039±0.353）g/kg（n=20），变异系数为 34.0%（表 8-52），其变化趋势与交换性铝相近。

3. 有机态铝（Or-Al）　用 0.1 mol/L 磷酸钠（pH 8.5）提取土壤中的有机态铝。有机态铝是一种非晶态铝，对 KCl 是非交换态的。有机态铝的生成增加了铝在土壤中的移动性，也降低了铝对生物的毒性。贵州中部黄壤的有机态铝含量差异不大，范围为 0.197～0.483 g/kg，平均值为（0.291±0.064）g/kg（n=20），变异系数为 22.0%（表 8-52）。

4. 剩余铝（Res-Al）　土壤总铝减去上述 3 种铝形态，所得差值称为剩余铝（惰性铝）。理论上来说，它应包括原生矿物和次生矿物中存在的铝、结晶良好的铝氢氧化物（如三水铝石及氧化铁中同晶置换的铝等）。这里未对剩余铝作进一步区分，是因为它比前述 3 种形态的铝"活性"较小，相对较稳定。贵州中部黄壤的剩余铝含量差异较小，范围为 40.60～89.51 g/kg，平均值为（68.67±14.50）g/kg（n=20），变异系数为 21.1%（表 8-52）。

5. 总铝（Tot-Al）　土壤总铝是土壤中各形态铝的总和，包括活性铝（Ex-Al、Hy-Al、Or-Al）和剩余铝（Res-Al）。据邵宗臣等（1998）研究，剩余铝可进一步分为氧化铁结合态铝（DCB-Al）、层间铝（In-Al）、非晶态铝硅酸盐和三水铝石（Nc-Al）、矿物态铝（Min-Al）。剩余铝含量相对较稳定，对土壤酸度和生物毒性较小。贵州中部黄壤的总铝含量差异不大，变幅为42.70～91.05 g/kg，平均值为（70.33±14.63）g/kg（$n=20$），变异系数为20.8%（表8-52）。这与贵州典型黄壤亚类剖面分析全铝含量（88.5 g/kg）的结果相近。

6. 黄壤中不同形态铝的分布 表8-53表明，黄壤中交换性铝在总铝中所占的比例最小，只占总铝量的0.5%左右，但与土壤的酸度和水溶性铝含量密切相关，因而引起人们的关注；吸附态羟基铝在总铝中的比例略高于交换性铝，在1.5%左右；有机态铝在总铝中的比例与交换性铝相近，占总铝量的0.5%左右，但其生物毒性远低于交换性铝；交换性铝、吸附态羟基铝、有机态铝三者之和称为活性铝，其总量占总铝量的3%左右，比刘友兆等的研究结果略高；剩余铝（惰性铝）是黄壤中主要的铝形态，占总铝量的97%左右，且剩余铝所占总铝量的比例较为稳定，变异系数仅为0.9%。

表8-53 黄壤中不同形态铝的比例

铝形态	Ex-Al/Tot-Al	Hy-Al/Tot-Al	Or-Al/Tot-Al	Res-Al/Tot-Al
范围（%）	0.006～1.717	0.748～3.562	0.221～0.672	95.08～98.46
平均值 $\overline{X}$±Sd（%）	0.468±0.447	1.518±0.617	0.436±0.136	97.58±0.861
CV（%）	95.5	40.6	31.2	0.9

（二）土壤利用方式、土壤类型、母质及农业措施对铝形态含量的影响

不同形态铝含量与土壤利用方式、土壤类型和母质有关。不同土壤利用方式的铝形态含量有差异，交换性铝和有机态铝含量为林地>水田>旱地，吸附态羟基铝含量为水田>旱地>林地，剩余铝含量为林地>旱地>水田；不同土壤类型的铝形态含量也不同，就交换性铝、吸附态羟基铝和剩余铝含量而言，白鳝泥>黄泥土>黄沙泥土，有机态铝含量则是黄泥土>白鳝泥>黄沙泥土。母质对土壤铝形态含量的影响决定于母质的矿物成分，交换性铝含量为砂页岩>白云岩>页岩>黏质老风化壳（表8-54），吸附态羟基铝含量为页岩>白云岩>砂页岩>黏质老风化壳，黏质老风化壳剩余铝含量与白云岩相当。徐仁扣等指出，一些不当的农业措施会加速土壤的酸化进程，增加土壤中铝等有毒元素的有效性，并有可能导致作物减产。

表8-54 不同母质黄壤各种铝形态的含量

单位：g/kg

土壤母质	项目	Ex-Al	Hy-Al	Or-Al	Res-Al
白云岩	范围	0.005～1.079	0.529～1.482	0.197～0.365	56.45～87.55
（$n=8$）	$\overline{X}$±Sd	0.302±0.365	1.080±0.324	0.290±0.059	69.97±11.22
黄色页岩	范围	0.08～0.434	0.745～1.590	0.223～0.281	59.10～84.23
（$n=4$）	$\overline{X}$±Sd	0.276±0.153	1.293±0.383	0.250±0.031	72.15±10.97
黄色砂页岩	范围	0.111～0.960	0.498～1.521	0.249～0.483	40.60～89.51
（$n=6$）	$\overline{X}$±Sd	0.441±0.352	0.906±0.355	0.327±0.084	64.77±19.03
黏质老风化壳	范围	0.104～0.261	0.635～0.903	0.267～0.276	48.34～88.11
（$n=2$）	$\overline{X}$	0.183	0.769	0.272	68.22

（三）铝形态与土壤性质的关系

1. 交换性铝（Ex-Al） 黄壤中交换性铝决定着土壤的交换性酸，在很大程度上制约着土壤的pH。统计结果表明（表8-55），土壤Ex-Al与土壤交换性酸呈极显著正相关，可用直线方程拟合，交换性酸=0.212+1.828Ex-Al（$r=0.870^{**}$，$n=20$，$r_{0.05}=0.444$，$r_{0.01}=0.561$）；而与pH呈极显著负相关，pH=5.024-1.828Ex-Al（$r=-0.900^{**}$）。土壤pH在5.3左右时，Ex-Al已很少，此结果表明黄壤交换性铝和交换性酸、pH的相关性与红壤相似，但Ex-Al接近零的pH比红壤还

低。交换性铝与总铝无相关性，与吸附态羟基铝有一定的相关性（r=−0.400）。

表 8-55 土壤铝形态之间及其与土壤 pH、有机质、交换性酸的相关系数

铝形态	Ex-Al	Hy-Al	Tot-Al	pH	有机质（OM）	交换性酸
Ex-Al		0.400		−0.900**		0.870**
Hy-Al			0.317	−0.766**		0.721**
Or-Al	0.589**	−0.549*			0.668**	−0.761**
（Ex+Hy+Or）Al	0.678**	0.698**				
Res-Al			0.999**			

注：*$r_{0.05}$=0.444，**$r_{0.01}$=0.561。

2. 吸附态羟基铝（Hy-Al） 黄壤中吸附态羟基铝在很大程度上也影响土壤的交换性酸和 pH。表 8-55 表明，土壤 Hy-Al 与土壤交换性酸呈极显著正相关，可用直线方程拟合，交换性酸=−0.551+1.309Hy-Al（r=0.721**）；而与 pH 呈极显著负相关，pH=5.654−1.059Hy-Al（r=−0.766**）。吸附态羟基铝与总铝有一定的相关性（r=0.317）。

3. 有机态铝（Or-Al） 有机态铝是移动性较强的活性铝，与土壤有机质呈显著正相关（表 8-55），Or-Al=0.188+0.003OM（r=0.668**）；与土壤总铝无相关性；但与土壤交换性酸呈极显著负相关，交换性酸=−3.026−1.309Or-Al（r=−0.761**）。此外，有机态铝与交换性铝有较显著正相关，Ex-Al=−0.490+2.803Or-Al（r=0.589**）；有机态铝也与吸附态羟基铝呈显著负相关，Hy-Al=1.92−3.022Or-Al（r=−0.549*）。

4. 活性铝［(Ex+Hy+Or)-Al］ 交换性铝、吸附态羟基铝、有机态铝三者之和可称为活性铝，这三者在土壤中的活性、移动性较强。它与交换性铝、吸附态羟基铝的相关系数分别为 0.678** 和 0.698**，有极显著相关性（表 8-55），与总铝则无明显相关性。

5. 剩余铝（Res-Al） 剩余铝主要是结晶态的铝氢氧化物和原生矿物态铝、次生矿物态铝，性质稳定，其含量与活性铝无明显相关性（表 8-55），由于剩余铝含量接近总铝含量，因此与总铝呈极显著正相关（r=0.999**）。

第九章 黄壤生物性质 >>>

土壤生物有多细胞的后生动物，单细胞的原生动物，真核细胞的真菌和藻类，原核细胞的细菌、放线菌和蓝细菌以及没有细胞结构的分子生物（如病毒）等。土壤是地球上生物多样性最丰富的生境，土壤高度的空间异质性为不同体型、不同生活习性的生物群体提供了各种各样的栖息场所（Powell et al.，2014）。土壤生物是土壤具有生命力的主要成分，其种类多、数量大、分布广，是陆地生态系统的重要组成部分；在土壤形成和发育、维持陆地生态系统碳氮循环等方面具有重要作用（Bardgett and Wardle，2010）。

第一节 土壤动物

土壤动物是指生命周期的全部或部分时间在土壤中度过，并且对土壤有一定影响的动物。土壤动物约占全球生物多样性的23%，1 g土壤中包括上万个原生动物、几十条到上百条的线虫以及数量众多的螨类和弹尾类昆虫等（邵元虎等，2015）。土壤动物数量众多，体型大小差别很大，其食性、功能也不相同。通常根据体型大小把它们分成小型土壤动物（体宽在0.2 mm以下，如原生动物和土壤线虫等）、中型土壤动物（体宽在0.2～2 mm，如跳虫和螨类等）和大型土壤动物（体宽在2 mm以上，如蚯蚓和白蚁等）；根据土壤动物食性，可将其分为腐食性土壤动物、植食性土壤动物和捕食性土壤动物等（尹文英，2000；张雪萍，2001）。

土壤动物不只是土壤中的“居民”，它们还是土壤的一部分，其生存、取食、活动改变土壤结构和土壤理化性状，影响土壤物质和能量的迁移转化，促进土壤有机质的形成，对改善农田生态系统土壤生态环境、增强作物对养分的吸收利用有着积极的作用，并在维持和发挥农田生态系统正常功能上起着无可替代的作用（宋理洪等，2011）。

一、黄壤土壤动物区系

（一）黄壤土壤动物区系组成

依据《中国土壤动物检索图鉴》，将已公开发表论文中的土壤动物类群重新归类整理，统一到纲或目。我国黄壤区土壤动物共由7门16纲组成（表9-1）。黄壤区中小型土壤动物以线虫、跳虫和螨类为优势类群，大型土壤动物以膜翅目和鞘翅目昆虫为优势类群（林英华，2003；申燕，2010；杨大星、杨茂发，2016）。优势类群的组成与其他土壤类型和其他生态系统基本一致（Yin et al.，2010；宋理洪等，2011）。

表9-1 黄壤土壤动物区系组成

序号	动物类群	
1	扁形动物门 Platyhelminthes	涡虫纲 Turbellaria
2	轮形动物门 Rotifera	轮虫纲 Rotatoria

（续）

序号	动物类群		
3	线虫动物门 Nematoda	线虫纲 Nematoda	
4	环节动物门 Annelida	寡毛纲 Oligochaeta	小蚓类 Microdrile oligochaetes
			大蚓类 Megadrile oligochaetes
		蛭纲 Hirudinea	
5	软体动物门 Mollusca	腹足纲 Gastropoda	
6	缓步动物门 Tardigrada		
7	节肢动物门 Arthropoda	蛛形纲 Arachnida	寄螨总目 Parasitiformes
			真螨目 Acariformes
			蜘蛛目 Araneae
			盲蛛目 Opiliones
			伪蝎目 Pseudoscorpionida
			蝎目 Scorpiones
			裂盾目 Schizomida
		软甲纲 Malacostraca	等足目 Isopoda
		倍足纲 Diplopoda	
		唇足纲 Chilopoda	
		综合纲 Symphyla	
		蠋蜷纲 Pauropoda	
		内口纲 Entognatha	原尾纲 Protura
		弹尾纲 Collembola	
		双尾纲 Diplura	
		昆虫纲 Insecta	膜翅目 Hymenoptera
			鞘翅目 Coleoptera
			双翅目 Diptera
			半翅目 Hemiptera
			缨翅目 Thysanoptera
			鳞翅目 Lepidoptera
			啮虫目 Psocoptera
			直翅目 Orthoptera
			等翅目 Isoptera
			蜚蠊目 Blattaria
			革翅目 Dermaptera
			石蛃目 Microcoryphia

由表 9-1 可以看出，黄壤区土壤动物组成较为丰富，农业生态系统中各种生态类型的土壤动物类群均有分布。

（二）黄壤土壤动物主要类群的种类组成

1. 螨类 黄壤区本类群共记录到 4 个亚目 47 科（类）。隐气门亚目（又称甲螨，Cyptostigmata）的类群最多，中气门亚目（Mesostigmata）、前气门亚目（Prostigmata）和无气门亚目（Astigmata）次之。其中，隐气门亚目包括38科111种（戴轩，2007）。

2. 线虫 黄壤区共记录到土壤线虫27科57属。其中，食细菌线虫21属、食真菌线虫9属、植食线虫10属、捕食-杂食线虫17属。优势类群为原杆属（*Protorhabditis*）、中杆属（*Mesorhabditis*）、小杆属（*Rhabditis*）、头叶属（*Cephalobus*）、环属（*Criconema*）、真滑刃属（*Aphelenchus*）、针属（*Paratylenchus*）、裸矛属（*Psilenchus*）和中矛线属（*Mesodorylaimus*）（毛妙等，2016）。

3. 跳虫 黄壤区共记录土壤跳虫19属。其中，鳞跳属（*Tomocerus*）、小等跳属（*Isotomiella*）、棘跳属（*Onychiurus*）和符跳属（*Folsomia*）为优势类群（戴轩，2009）。

4. 鞘翅目 黄壤区本类群共记录到28科。其中，隐翅虫科（Staphylinidae）和叩甲科（Elateridae）为优势类群；叶甲科（Chrysomelidae）、鳃金龟科（Melolonthidae）、花萤科（Cantharidae）、蜉金龟科（Aphodiidae）、步甲科（Carabidae）、虎甲科（Cicindelidae）、锯谷盗科（Silvanidae）、小蕈甲科（Mycetophagidae）、窃蠹科（Anobiidae）和金龟科（Scarabaeidae）为常见类群（林英华，2003）。

5. 膜翅目 黄壤区本类群共记录到2科，即蚁科（Formicidae）和叶蜂科（Tenthredinidae），共14属（类）。其中，蚁科的小家蚁属（*Monomorium*）和举腹蚁属（*Crematogaster*）为优势类群；次要类群是叶蜂科以及蚁科的短猛蚁属（*Brachyponera*）、盘腹蚁属（*Aphaenogaster*）、红蚁属（*Myrmica*）、扁胸切叶蚁属（*Vollenhovia*）、寡节切叶蚁属（*Oligomyrmex*）、路舍蚁属（*Tetramorium*）和拟猛切叶蚁属（*Tetraponera*）（林英华，2003）。

二、黄壤土壤动物多样性特征

黄壤动物类群数以秋季最多，夏季、冬季次之，春季最少；土壤动物个体数随季节变化先增加后减少，峰值出现在秋季，春季最少（图9-1）。秋季是降水多且较为集中的季节，有适宜的水热条件和凋落物的积累，是动物群落数量及多样性的高峰期。尤其是优势类群中的螨类和跳虫均属于喜温类群，在湿热环境条件下活性较强。因此，在夏季和秋季个体数量较多且多样性相对丰富。此外，优势类群中的膜翅目昆虫适应相对较低的温度环境。因此，土壤动物群落个体数在冬季和春季仍可保持在较高水平。土壤动物密度和类群数的季节分布特征与土壤温度、湿度条件及凋落物输入量的季节分布相吻合。

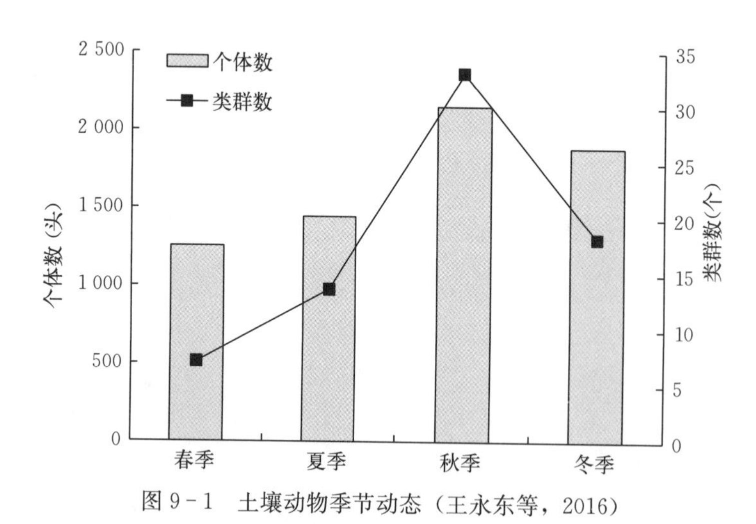

图9-1 土壤动物季节动态（王永东等，2016）

大型土壤动物和中小型土壤动物表聚性明显。土壤表层和上层的土壤动物最丰富、多样性最高，随着土壤垂直深度的增加，土壤动物类群数和个体密度逐渐降低（图9-2）。农业施肥或耕作在改变了土壤某些理化性状的同时，也改变了土壤动物生存的环境，对土壤动物的种类及其分布产生影响。耕作方式还可影响土壤动物的垂直分布，随着干扰强度的加剧，土壤节肢动物出现逐步由土壤表层向深层迁移的现象（杨效东等，2001）。

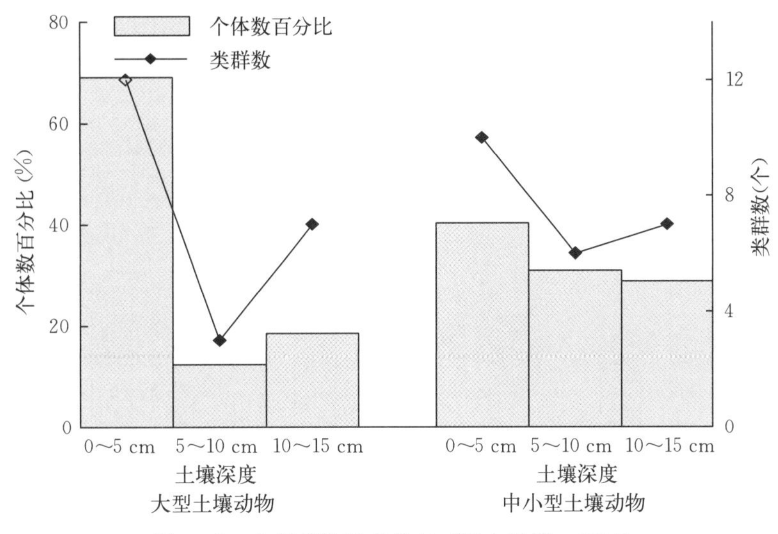

图 9-2　土壤动物垂直分布（杨大星等，2016）

三、农业生产活动对土壤动物群落的影响

施肥和喷洒农药是农业生产的重要措施。我国是一个有着悠久历史的农业大国，在人口的巨大压力下，对粮食产量和产品品质的需求促使化肥、农药的使用量不断增加。化肥和农药的使用可以改善作物的生长环境、清除农业害虫，同时对包括有益昆虫在内的农田土壤动物等非靶标生物产生不同程度的危害，影响耕地的生态平衡。

（一）施肥

20 世纪 60 年代以前，我国耕地养分投入以有机肥为主；60 年代以后，随着化肥工业的迅速发展，施入农田生态系统化肥的种类及用量都迅猛增加；现在则以复合肥及其与有机肥的配合施用为主。耕地施用化肥在改变土壤理化性状的同时也影响土壤动物群落特征。

重复测量方差分析结果显示，施肥显著影响了土壤动物的密度（rANOVA，F=9.9，图 9-3）。由图 9-3 可以看出，施肥增加了土壤动物的密度。尽管增施有机肥与单施无机肥处理之间土壤动物密度的差异不显著，但增施有机肥有增加土壤动物密度的趋势，且有机肥施用量越大，土壤动物密度的增幅越大。

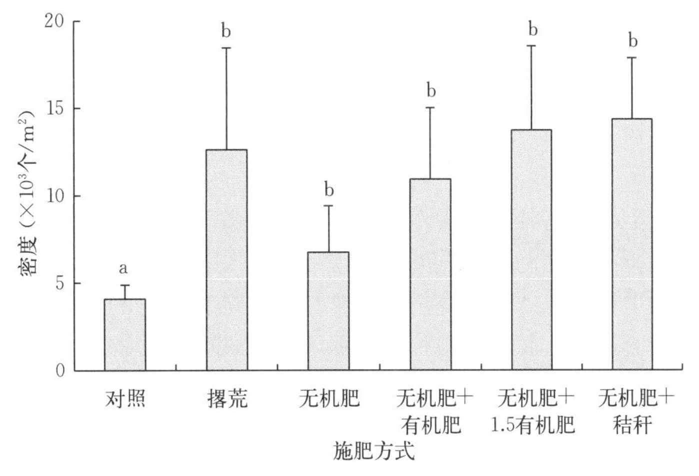

图 9-3　施肥对土壤动物密度的影响（林英华，2003）

注：图中不同小写字母表示差异显著（$P<0.05$）。

重复测量方差分析结果显示，施肥也显著影响了土壤动物的类群数（rANOVA，F=22.8，图

9-4)。由图 9-4 可以看出，施肥增加了土壤动物的类群数。同施肥对土壤动物密度的影响一致，尽管增施有机肥与单施无机肥处理之间土壤动物类群数的差异不显著，但增施有机肥有增加土壤动物类群数的趋势，且有机肥施用量越大，土壤动物类群数的增幅越大。

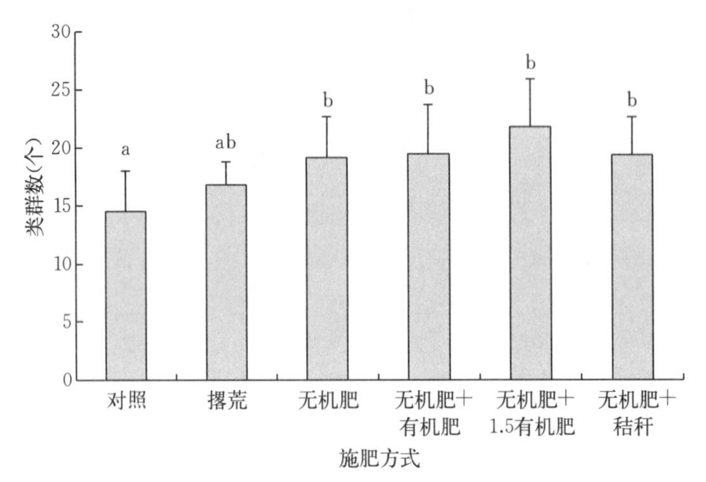

图 9-4　施肥对土壤动物类群数的影响（林英华，2003）
注：图中不同小写字母表示差异显著（$P<0.05$）。

不同施肥措施下，不同土壤动物类群对施肥的响应不同。依据优势类群（个体比例>10%）、常见类群（1%～10%）、稀有类群（0.1%～1%）和极稀有类群（0.1%以下）的标准，主要表现为：①土壤线虫在各施肥条件下均为优势类群。但后孔寡毛目只在增施有机肥和秸秆条件下为优势类群，等足目只在施用无机肥和增施秸秆处理中为优势类群，小家蚁属、举腹蚁属只在施用无机肥处理中为优势类群，奇马陆科只在增施有机肥处理中为优势类群，红蚁属、等翅目只在撂荒处理中为优势类群，拟猛切叶蚁属只在对照处理中为优势类群。②在不同的施肥处理中，均为常见的类群有近孔寡毛目和蜱螨目，而后孔寡毛目在撂荒、对照和增施有机肥条件下为常见类群。③稀有类群步甲科、弹尾目在各施肥和不施肥条件下均有分布。④极稀有类群出现的频次仅在增施有机肥处理中明显高于其他施肥处理。⑤不同施肥条件的土壤动物群落类群不同，群落类群数目最多的增施有机肥处理，其次是增施秸秆处理，数量最少的是单施无机肥处理。⑥单施无机肥条件下优势类群数分布最多，但其所占的比例低。⑦常见类群最多的是对照处理。⑧仅出现在增施有机肥条件下的极稀有类群有 13 个（林英华，2003）。

黄壤增施有机肥，土壤有机质含量明显增加，全氮、全磷和有效磷含量也有不同程度的增加。不同施肥条件下，土壤主要理化性状和土壤微生物群落结构对不同土壤动物类群的影响显著。土壤的理化性状对稀有类群土壤动物密度和土壤线虫影响大；土壤微生物对鞘翅目和膜翅目土壤动物影响较大（林英华，2003）。

根据营养型的不同，土壤动物分为捕食性、枯食性、杂食性和植食性 4 类。不同功能类群的土壤动物在每一种施肥条件下所占的比例不同，如图 9-5 所示。由图 9-5 可以看出，施肥处理降低了捕食性土壤动物的数量；几乎在所有处理条件下，植食性土壤动物所占的比例最大，其次是枯食性土壤动物，最少的是捕食性土壤动物；而增施秸秆处理后，枯食性土壤动物所占的比例增加，且大于植食性土壤动物的比例。这些结果反映出在农田生境中，土壤动物以植物及其残体为主要食物来源是农田土壤动物营养型的特征。

（二）农药和重金属

农药和重金属对土壤动物的影响主要包括改变土壤动物群落组成，导致土壤动物多样性降低。残留在土壤中的农药，对土壤中生存的节肢动物（如步甲、虎甲、蚂蚁、蜘蛛等）、环节动物（如蚯蚓）、软体动物（如蛞蝓）以及线虫动物（如土壤线虫等）都有不同程度的影响。

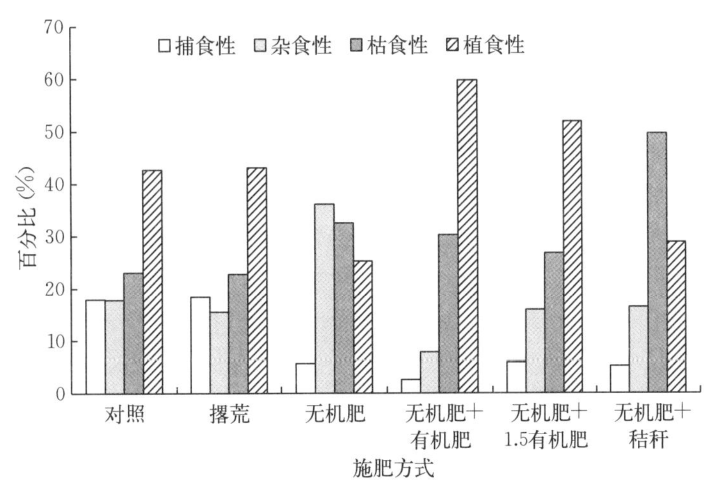

图 9-5 施肥对土壤动物功能类群的影响（林英华，2003）

由表 9-2 可以看出，赤子爱胜蚓的死亡率随着多菌灵和丁草胺浓度的增加而增加，其他两种农药对赤子爱胜蚓死亡率的变化幅度较大，没有明显的规律性。赤子爱胜蚓的死亡率与农药浓度的相关分析结果表明，丁草胺、多菌灵的毒性与赤子爱胜蚓死亡率呈正相关，且丁草胺、多菌灵与赤子爱胜蚓的死亡率相关系数达 0.9 以上，说明赤子爱胜蚓的死亡率在这两种农药高浓度时死亡率大。

表 9-2 农药染毒后赤子爱胜蚓的死亡率（林英华，2003）

农药名称	浓度（mg/L）	死亡条数（条）		死亡率（%）	
		7 d	14 d	7 d	14 d
丁草胺	0.2	9	9	45	45
	0.4	9	9	45	45
	0.6	11	15	55	75
	0.8	13	16	65	80
	1.0	10	18	50	90
	1.2	15	17	75	85
多菌灵	0.5	7	16	35	80
	1.0	17	19	85	95
	1.5	17	20	85	100
	2.0	19	20	100	100
	2.5	20	20	100	100
	3.0	20	20	100	100
阿特拉津	0.006	10	8	50	40
	0.010	9	2	45	10
	0.012	0	19	0	95
	0.014	0	0	0	0
	0.018	0	0	0	0
	0.020	4	4	20	20
对照	0	0	0	0	0

在 14 d 铅急性毒性试验过程中，对照组死亡率在 10%范围内。当土壤中铅含量较低时，赤子爱胜蚓并没有出现死亡，也没有明显的中毒现象，其活性很好。随着土壤中铅含量增加，赤子爱胜蚓明显表现出不愿往土中钻的现象，有的甚至沿着试验器皿的内壁往外爬，表现出明显的逃避倾向。研究

表明，赤子爱胜蚓对土壤中的重金属、农药、多环芳烃及无机盐等多种污染物均具有回避反应(Schaefer，2003)。当土壤中铅含量达到一定程度［(2.0～10.0)×10³ mg/kg］时，赤子爱胜蚓出现了行动迟缓，随着时间的延长，赤子爱胜蚓身体变得柔软、环节松弛，部分身体弯曲糜烂、环节肿大、身体断截，并分泌大量黏液，最后全身溃烂死亡。并且，在土壤铅含量达到（4.0～10.0)×10³ mg/kg时，赤子爱胜蚓刚放入几分钟就开始剧烈弹跳扭动，身体红肿出血，头部有黄色刺鼻体液流出并失去逃避能力，直至死亡。图 9－6 为试验 14 d 时黄壤中铅含量与赤子爱胜蚓死亡率之间的剂量-效应关系，呈明显 S 形剂量效应曲线。由图 9－6 可以看出，铅在黄壤中引起赤子爱胜蚓的初始死亡含量约为250 mg/kg。采用玻尔兹曼（Boltzmann）模型进行非线性回归分析拟合得出 14 d 的 LC_{50} 为 3 652 mg/kg。

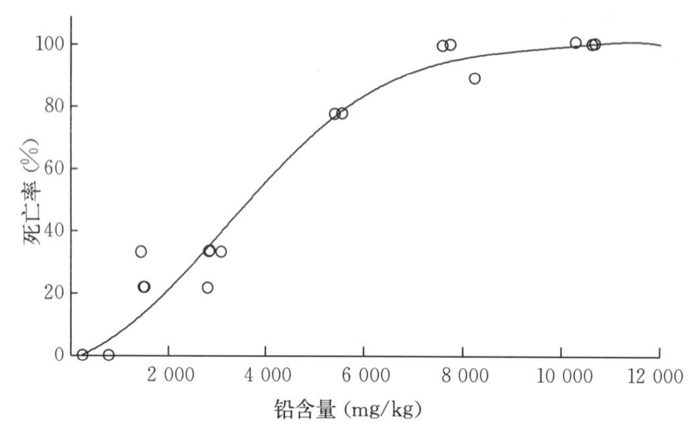

图 9－6　黄壤中铅含量与赤子爱胜蚓死亡率之间的剂量-效应关系（张强，2016）

在 14 d 镉急性毒性试验过程中，对照组死亡率在 10%以内。与铅的急性毒性试验结果一样，当土壤中镉含量较低时，赤子爱胜蚓并没有明显的中毒现象，随着土壤中镉含量增加，表现出明显的逃避倾向。研究表明，赤子爱胜蚓对土壤中的重金属、农药、多环芳烃及无机盐等多种污染物均具有回避反应（Schaefer，2003)。当土壤中镉的添加浓度达到一定程度［(0.6～1.0)×10³ mg/kg］时，赤子爱胜蚓出现了行动迟缓，随着时间的延长，赤子爱胜蚓身体变得柔软、环节松弛，部分身体弯曲糜烂、环节肿大、身体断截，并分泌大量黏稠液，最后全身溃烂死亡。并且，在土壤镉的添加浓度达到（1.2～2.0)×10³ mg/kg 时，赤子爱胜蚓刚放入几分钟就开始剧烈弹跳扭动，身体红肿出血，头部有黄色刺鼻体液流出并失去逃避能力，直至死亡。图 9－7 为试验 14 d 时黄壤中镉含量与赤子爱胜蚓死亡率之间的剂量-效应关系，呈明显 S 形剂量-效应曲线。由图 9－7 可以看出，镉在黄壤中引起赤子爱胜蚓的初始死亡浓度约为 160 mg/kg。采用玻尔兹曼（Boltzmann）模型进行非线性回归分析拟合得出 14 d 的 LC_{50} 为 1 161 mg/kg。

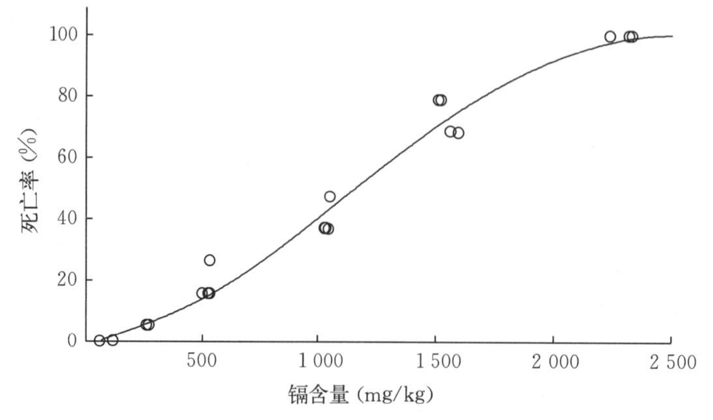

图 9－7　黄壤中镉含量与赤子爱胜蚓死亡率之间的剂量-效应关系（张强，2016）

第二节 土壤微生物

土壤微生物主要包括细菌、放线菌、真菌和藻类，是土壤生态系统的重要组成部分。据估计，1 g 土壤中生存着多达上十亿的微生物个体（细胞）。这些微生物组成复杂、功能多样，参与土壤物质的循环和能量的代谢，在土壤结构的形成、肥力演变、植物养分吸收和有毒物质降解及净化等方面发挥重要作用，是介导作物与土壤关系的关键因子。

一、黄壤微生物数量和种类

碳、氮、磷是核酸、蛋白、磷脂等生命关键大分子的组成元素，其在微生物体内的含量相对固定，微生物生物量碳、生物量氮、生物量磷分别占微生物干物质的 40%～50%、2%～8%、1.4%～4.7%（吴金水等，2015）。因此，黄壤微生物生物量碳、生物量氮、生物量磷可以作为种群数量的基础表征。基于氯仿熏蒸提取法测定黄壤耕地表层土壤微生物生物量碳的含量介于 50～350 mg/kg，微生物生物量氮范围为 5～90 mg/kg，微生物生物碳氮比变化幅度较大，为（2～20）：1（李倩等，2017；柳玲玲等，2017；罗世琼等，2013；罗世琼等，2014；张良，2014）。黄壤微生物量有季节性变化，表现为冬季>秋季>夏季。在同一季节内，随着海拔的降低，平均气温升高，土壤微生物量随之增加，而土壤有机质含量变化趋势与此相反。如图 9－8 所示，黄壤有机质含量的变化与微生物量值呈负相关关系（朴河春等，2001）。

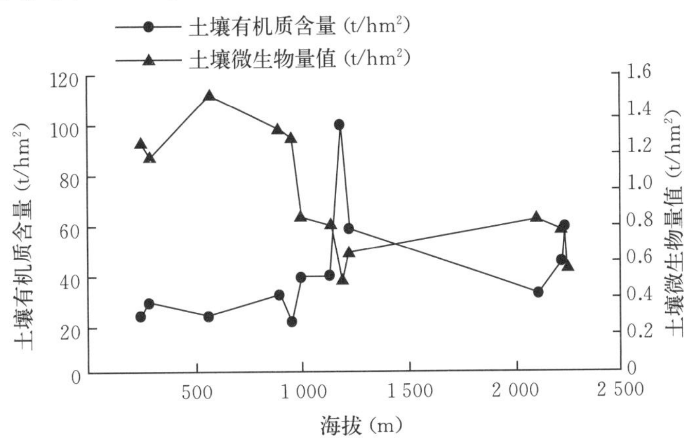

图 9－8 土壤有机质含量与土壤微生物量值随海拔的变化（朴河春等，2001）

黄壤中细菌数量高于真菌，其数量范围分别为 10^8～10^9 个/g 干土和 10^5～10^7 个/g 干土（湛方栋等，2005；张千和等，2014）。黄壤细菌群落由酸杆菌门（Acidobacteria）、变形菌门（Proteobacteria）、放线菌门（Actinobacteria）、硝化螺旋菌门（Nitrospirae）等 32 个菌门组成（苏婷婷等，2016），其中以变形菌门、放线菌门、酸杆菌门为优势群落（黄化刚等，2015）。这与其他耕地土壤中的微生物数量及群落结构类似。自然植被下黄壤的主要细菌群落为变形菌门（Proteobacteria）、酸杆菌门（Acidobacteria）、疣微菌门（Verrucomicrobia）、放线菌门（Actinobacteria）、厚壁菌门（Firmicutes），其相对丰富度分别为 43.35%、12.97%、7.53%、7.12%、6.19%（刘兴等，2015）。黄壤中真菌的主要群落是子囊菌门（Ascomycota）、壶菌门（Chytridiomycota）、担子菌门（Basidiomycota）、球囊菌门（Glomeromycota）、接合菌门（Zygomycota），其中子囊菌门占绝对优势（黄化刚等，2015）。

二、农艺措施对黄壤微生物的影响

土壤微生物是土壤养分循环的推动力。土壤微生物通过参与有机物代谢，调控土壤中氮、磷、钾等植物必需元素的释放和固定（郑华等，2004），对土壤肥力的形成和植物的营养吸收发挥关键的作用。而在农田生态系统中，土壤微生物群落又反过来受肥料、农药等外源投入品的影响，进而改变土壤中的能量流动与物质循环。目前，黄壤中的研究主要针对施用有机肥对耕地土壤微生物的影响，还有少量关于轮作方式、农药、除草剂等的研究。

有机肥的施用是土壤微生物取得能量和养分的主要来源，同时可改善土壤微生物的生长环境。与施用化肥相比，施用有机肥（如猪粪还田、菌渣还田和甲壳素等）有利于土壤微生物生长和繁殖，能提高细菌、真菌及微生物总量（罗世琼等，2013），但猪粪还田和菌渣还田处理之间基本无显著差异（李彦霖等，2016）。长期定位试验也表明，有机肥、化肥配施或单施有机肥、化肥，微生物量碳（MBC）、微生物量氮（MBN）含量均有明显的提高，而且有机肥与化肥配施和单施有机肥还显著提高了黄壤 MBN 与总氮的比例（柳玲玲等，2017）。土壤微生物量碳、微生物量氮和微生物熵的显著提高，均与土壤有机质和全氮的含量变化呈正相关（郭振等，2017）。但是，微生物的数量并不是随着有机肥用量的增加而一直增加。李波等（2012）的研究表明，60%的生物发酵有机肥施入量是配施比例上的拐点，有机肥施入比例大于 60%的处理，土壤酶活性提高幅度变缓，逐渐达到饱和。甲壳素含量在 1.17～4.67 g/kg 范围内，黄壤微生物数量随含有甲壳素的有机肥施用量的增加而增加。而且，与不含甲壳素的有机肥相比，含有甲壳素的有机肥抑制根际真菌的生长繁殖（董俊霞等，2010）。

施用有机肥能提高黄壤微生物的多样性指数、均匀度指数和优势度指数，增加细菌与真菌的比值，说明肥料的施入，改善了黄壤微生物的生态环境，丰富了黄壤微生物种群（罗世琼等，2013）。PLFA（磷脂脂肪酸）分析表明，有机肥与无机肥配施提高了黄壤代表细菌和放线菌的磷脂脂肪酸；但是，代表真菌的磷脂脂肪酸显著降低。与单施化肥处理相比，有机肥与无机肥配施提高了黄壤中自生固氮菌、氨化菌、磷细菌和钾细菌的数量以及多样性指数、均匀度指数和优势度指数（丁伟等，2012；丁梦娇等，2017）。牛粪、油枯处理下黄壤可培养氨化菌数量增加较快，有利于有机氮素分解，同时可培养反硝化菌数量增长缓慢，降低了无机态氮素的反硝化（丁梦娇等，2016）。施入有机肥对根际黄壤微生物数量的影响大于非根际黄壤微生物（李波等，2012）。Xiaoliao W 等（2023a）观察到黄壤大白菜根际土壤和非根际土壤中微生物群落的显著差异，根际土壤中的微生物群落是非根际土壤的一个子集，其 α 多样性低于非根际土壤；与非根际土壤相比，根际土壤中的共生网络显示出较低的复杂性，关键类群与土壤特性的相关性更强；在非根际土壤的细菌群落中，病原体的相对丰度比例较高，而根际土壤中的真菌则相反；还观察到促进大白菜生长的有益细菌种类较多。Xiaoliao W 等（2022）研究了黄壤旱地种植不同作物对土壤中细菌和真菌群落的影响及其与环境因子的关系，不同作物种类改变了土壤中细菌和真菌群落的组成，从而改变了土壤环境因子；土壤全氮和有机质含量是土壤细菌和真菌群落的重要驱动因子；与种植白菜和西葫芦土壤相比，种植玉米土壤有助于建立更丰富和健康的微生物群落。

过去，关于农药和除草剂的研究主要是在合成、光解和生态毒理方面。现在，农药和除草剂对土壤微生物毒性方面的研究，也成为环境安全性评价的一项重要指标。

土壤 pH 是影响土壤理化性状的重要因素之一，也是决定微生物分类群丰富度和组成的主要驱动因子（Fierer et al.，2006）。黄壤 pH 在 5.0～5.5，当种植玉米、烟叶、马铃薯等作物时，往往需要施用改良剂以提高土壤 pH。与施用硫酸钾肥相比，施用 pH 为 9～11 的枸溶性钾肥能提高黄壤 pH，并增加可培养细菌数量，但会降低可培养放线菌数量，对可培养真菌数量没有显著性影响（李鑫等，2016）。施用石灰使得土壤细菌、放线菌数量分别提高 32.7%～115.8%和 32.9%～73.3%，而真菌数量降低 25.0%～51.9%，这可能是由于真菌更适应低 pH 环境（唐明等，2015）。生物炭具有高 pH、比表面积大、吸附性强等特性，是适宜黄壤的改良剂。施用少量生物炭可增加黄壤真菌数量，但随着生物炭施用量增加，黄壤真菌数量却显著减少。添加生物炭增加黄壤中细菌的变形菌门、拟杆菌门、疣微菌门的相对丰度，降低放线菌门、绿弯菌门以及厚壁菌门的相对丰度。增加真菌中接合菌门的相对丰度，降低子囊菌门、担子菌门的相对丰度（李治玲，2016）。

谢朝等（2020）应用高通量测序技术对不同含量（0 mg/kg、10 mg/kg、50 mg/kg、100 mg/kg）镉胁迫下，黄壤旱地马铃薯根际土壤细菌多样性和群落结构进行研究。结果表明，镉含量为 100 mg/kg 时，马铃薯根际土壤细菌多样性最低；镉含量为 10 mg/kg 时，马铃薯根际土壤细菌多样性最高；在门水平上，变形菌门（Proteobacteria）为优势菌门，占比为 37.78%～48.28%；在属水平上，水恒杆菌属（*Mizugakiibacter*）为优势菌属，占比为 9.16%～20.44%；马铃薯根际土壤细菌受镉胁迫后，其群落结构与对照相比具有明显差异；利用相关性分析得到 3 个对镉具有耐性的细菌菌属，分别是苔藓杆菌属（*Bryobacter*）、*Flexivirga* 和 *Jatrophihabitans*。

三、连作障碍对黄壤微生物的影响

黄壤分布区域气候温润，适合多种经济作物的生长繁育，是我国重要的烟草和中药材产区。但是，目前传统种植地区由于连年耕作，已经产生了严重的连作障碍。连作障碍是指同一种作物或者近缘作物连续耕作后，即使采用正常的栽培管理措施，也会出现作物生长不良、病虫害频发、产量下降的现象，在经济作物中普遍发生（李孝刚等，2015）。连作障碍发生的原因是多方面的。土壤微生态失衡、病原菌的累积是连作障碍的主要原因之一（张仕祥等，2015）。

张翼等（2008）研究表明，随着烟地种植年限的增加，黄壤中细菌、真菌、放线菌的数量总体呈下降趋势。王茂胜等（2008）研究表明，烟地连作年限增加，土壤中细菌数量减少，而病原真菌数量增加，导致黄壤细菌与真菌的比值下降。茯苓连作后可培养细菌增加了 2.3%，放线菌和真菌分别下降了 52.6%、66.8%（余世金等，2009）。值得注意的是，这些研究针对的是可培养微生物，而可培养微生物约占土壤微生物总类型的 1%。因此，还需进一步研究连作对黄壤中不同微生物类群数量的影响。聚类分析表明，丹参种植后休耕 3 年，细菌和真菌群落遗传多样性与种植丹参的土壤相比出现明显差异，休耕年限越长的土壤其细菌 DGGE（变性梯度凝胶电泳）条带丰富度越大，真菌 DGGE 条带丰富度越小（林贵兵等，2009）。连作障碍使黄壤中的有益菌落减少，有害菌落增多，从而使包括烟草、中草药在内的作物产量和品质下降，成为区域农业发展的重要制约因素。

对于连作障碍的治理，张黎明等（2016）研究表明，冬休种植绿肥能提高植烟黄壤微生物量和酶活性，土壤基础呼吸提高了 196.44%，细菌、真菌和放线菌数量分别提高了 36.29%、82.88%和 9.16%，蔗糖酶、过氧化氢酶、磷酸酶活性分别提高了 35.82%、10.57%、17.13%。轮作也是解决连作障碍的有效方法。张东艳等（2016）研究表明，川明参与烤烟轮作增加黄壤细菌和真菌的生物多样性，对细菌优势门变形菌门、酸杆菌门和放线菌门的影响不显著，但使真菌优势菌子囊菌减少 27.99%，从而成为次优势菌；而次优势菌担子菌增加 23.69%，并成为优势菌；总体表现出病原菌丰度减少的趋势。于高波等（2011）研究表明，科学合理的轮作具有改善土壤理化性状、调整生物种群结构、提高土壤酶活性等作用，减轻连作带来的危害。此外，在对连作烟田增施含有多种微量元素的微肥，对降低连作烟田青枯病发病率有较好的效果。何振宇等（2015）研究表明，施用有机肥和生物肥，能改变土壤的理化性状并促进黄壤中有益菌群的生长。

Xiaoliao W 等（2023b）研究表明，黄壤区连续种植白菜、甘蓝、黄瓜和番茄对土壤微生物群落及其土壤环境因素具有显著影响，与瓜果类蔬菜土壤（黄瓜和番茄土壤）相比，叶菜类蔬菜土壤（白菜和甘蓝土壤）的有机质、全氮、全钾含量以及细菌 α 多样性水平更高，网络更复杂、更稳定；与瓜果类蔬菜相比，种植叶菜类蔬菜更有利于建立健康的土壤微生物群落。

四、黄壤地区生防菌的应用

化学农药防控病虫害对农业生产起到了重要的作用，但化学农药的高毒性高残留不仅直接危害人类的健康，而且对土壤、水体、大气造成污染，破坏生态平衡（叶钟音等，1987）。其中，抗生素类农药还易使包括病原菌在内的环境微生物产生抗性，催生耐受抗生素的超级细菌（郑小波，1997）。利用微生物与微生物以及微生物与作物之间的相互作用，增加土壤中有益微生物的种类和数量，通过占据生态位、竞争营养物质、诱导植物产生免疫抗性等机制，抑制病原微生物的生长（李艳红等，2014）。目前，生物防控已经成为植病防控的有效措施（Handelsman et al.，1996）。

施用与生防菌复配的生物有机肥能加快上部烟叶成熟（常凯等，2013），提高烟叶的产量和品质，增加中上等烟的比例和总产值（王彦锟等，2017）；降低根际土壤青枯菌数量，增加烟草根际土壤微生物的功能多样性，改变根际土壤微生物群落结构（蒋岁寒等，2016）。刘红杰等（2011）研究发现，微生物菌剂（摩西球囊霉、幼套球囊霉）能提高烤烟连作黄壤中蔗糖酶、脲酶、磷酸酶和过氧化氢酶的活性。张良等（2013）研究表明，长柄木霉（*T. longibrachitum*）和泾阳链霉菌（*S. jingyangensis*）能促进烟苗根系、茎、叶的生长，提高烟苗根系超氧化物歧化酶、苯丙氨酸解氨酶等防御酶活性，对烟草黑胫病的相对防治效果达到了69.3%。多黏类芽孢杆菌（*Paenibacillus polymyxa*）制成的微生物有机肥通过在根际大量定植、产生拮抗物质、刺激根系产生有利生长的物质等方式保护烟草免受病原菌的侵害，能有效防控黄壤地区烟草土传黑胫病的发生（Ren et al.，2012）。目前，黄壤地区生防菌研究主要针对烤烟，关于其余作物的研究还有待开展。

五、黄壤地区解磷微生物的应用研究

在黄壤中，磷酸盐易受铁铝氧化物或黏土矿物吸附，或与游离的铁离子、铝离子发生反应而产生沉淀。因此，黄壤对磷的固定相当强烈，投入的磷肥大部分以缓效态固定在土壤中，难以被植物吸收利用。由于农业耕作对磷持续不断且巨大的需求与现有磷储量之间的矛盾，使得磷将成为最先枯竭的植物必需元素。*Nature* 杂志曾刊文论述磷的可持续利用，并形容磷为一种正在消失中的元素（Gilbert，2009）。当时全球统计磷矿储量约为470亿t，其中仅150亿t是可开采的。大量磷矿资源因为含有镉等有害物质而不可利用。按照现在的磷矿开采速度，现有磷矿资源将在300～400年后消耗殆尽（Van Kauwenbergh，2010）。由于磷资源的匮乏和土壤中磷生物有效性低的特点，提高磷的作物利用率已经成为保障粮食安全和环境安全的主要限制因子之一。在土壤-植物系统中，土壤微生物通过溶解、矿化、固定、与植物共生等方式驱动土壤磷的转化和循环。因此，充分挖掘和利用土壤微生物的磷素转化能力，对农业可持续发展和生态环境保护具有重要意义。

在自然界中，近90%的植物种类和几乎所有的农作物能够形成丛枝菌根（Smith and Read，2008）。丛枝菌属于真菌，与根系相比，菌根真菌的菌丝更细、更长，能有效地进入土壤中的微小孔隙（如团聚体内部），而小孔隙往往是持水孔隙，具有更好的养分释放潜力。菌根真菌和高等植物形成共生体系后，有效地促进植物对磷的吸收。接种菌根真菌是提高土壤磷利用效率十分经济有效的手段。何首林等（1994）对黄壤中的茶树幼苗接种菌根真菌后发现，菌根真菌不仅促进了茶树幼苗对磷的吸收，还对钾、铁、锌、镁、铜的吸收有促进作用。另外，接种菌根真菌还能增强超积累植物对污染土壤的修复（杨柳等，2010）。汝姣等（2017）利用湿筛倾析-蔗糖离心法分离黄壤中的菌根真菌，共分离鉴定出AM真菌4属53种。其中，球囊霉属33种、无梗囊霉属18种、巨孢囊霉属1种、盾巨孢囊霉属1种。由于微生物具有地理分布特异性且微生物-植物互作存在一定的专一性，在未来的研究中，针对黄壤中特定经济作物挖掘对应的菌根真菌非常必要。

目前，微生物对闭蓄态磷、羟基磷灰石、钙氟磷灰石等难溶性磷酸盐的溶解方面有大量研究。微生物通过呼吸作用放出CO_2、NH_4^+同化过程中放出质子以及直接分泌有机酸等方式降低土壤pH，溶解磷酸盐。同时，这些有机酸还能络合土壤中的铁离子、铝离子、钙离子，从而释放出难溶性磷酸盐中的磷酸根离子。部分解磷细菌通过释放H_2S，与磷酸铁进行化学反应产生硫酸亚铁和可溶性磷酸盐。此外，微生物腐解植物残体后产生胡敏酸和富里酸，这两种酸能螯合磷酸盐中的铁离子、铝离子、钙离子，从而释放出磷酸根离子。受解磷机制、调控因素和生态适应性等因素的影响，解磷菌种的解磷能力差异也很大。有学者从贵州黄壤地区葛藤（*Pueraria lobata*）根际分离出8株具有较强溶解无机磷能力的菌株，D/d（解磷圈直径D与菌落生长直径d的比值，表征解磷菌的相对溶磷能力）为2.14～6.73。液体振荡培养下菌株对磷酸钙的溶解量为72.28～159.15 mg/L，菌株培养液pH较初始培养基的 pH 7.0 均下降。菌株 GTR2 和 GTR15 溶解磷酸钙的能力分别为 159.15 mg/L、138.72 mg/L，有望成为黄壤高效微生物磷肥接种剂的优良菌种。何振立等采用人工合成的针铁矿、无定形氧化铝和天然高岭石等可变电荷矿物为研究对象，进行了可变电荷矿物表面专性吸附磷的微生物利用和转化研究。结果表明，微生物能有效地利用专性吸附磷，经 3 周的培养，天然高岭石、针铁矿和无定形氧化铝吸附态磷的微生物转化率分别达到 42%～43%、42%～46%和 38%～43%，这比作物当季对可溶性磷肥利用率高出 4～8 倍。在被微生物转化的吸附磷中，有 17%～34%是水溶性磷和 0.5 mol/L $NaHCO_3$ 可提取的磷，23%～37%转化为微生物磷，这部分被转化的吸附磷有利于植物吸收利用。

除了无机磷外，也有研究探讨了微生物对有机磷的利用。微生物受土壤缺磷条件的诱导，合成磷酸酶、植酸酶、核酸酶等，并将其分泌到细胞外，水解土壤中生物大分子中的有机磷，最终转化为无机磷酸盐供微生物或植物利用。其中，磷酸酶主要是通过磷脂的去磷酸化或有机物中的磷脂键水解释而放磷，植酸酶和核酸酶则分别释放植酸和核酸中的磷。

六、展望

深入研究黄壤微生物，对于提高作物生产、改善作物品质、增加生态系统稳定性具有重要意义。黄壤区生物多样性高，特色经济作物极为丰富，但绿色、有机等高品质农产品数量较少。可以针对上述生产实际问题，在对黄壤微生物进行深入研究的基础上，调整土壤微生物种群结构，改变土壤碳氮供应关系，从而提高农产品品质。此外，部分农场连作障碍严重，可以从土壤中筛选生防菌、根瘤菌、菌根真菌、解磷细菌等促生菌，降低土壤连作障碍，减少化肥和农药用量，构建健康的根际和土壤微生物菌群，以健康的土壤培育健康的作物，最终达到农产品安全生产的目标。

第三节　土 壤 酶

土壤酶是由微生物、动植物活体分泌以及由动植物残体分解释放到土壤中的一类具有催化能力的生物活性物质。土壤中各种生化反应除受生物本身活动的影响外，实际上是在相应酶的参与下完成的。因此，检测土壤酶活性比检测土壤生物数量更能直接表达土壤的生物活性，土壤酶活性也成为评价土壤质量的重要生物指标。

一、土壤酶的种类和功能

土壤酶主要来源于微生物和植物根系，土壤动物通过调节微生物群落结构和取食植物根系也对土壤酶有一定影响。植物根系与许多微生物一样能分泌细胞外酶，并能刺激微生物分泌酶。通常根际土壤微生物数量、酶活性高于非根际土壤。土壤酶主要有氧化还原酶（如脱氢酶和过氧化氢酶）、水解酶（如蛋白酶和脲酶）、转化酶（如氨基转移酶）和裂解酶（如谷氨酸脱羧酶）四大类。黄壤中主要的酶及其功能如下。

1. 过氧化氢酶　主要来源于细菌、真菌以及植物根系的分泌物。过氧化氢酶是参与土壤中物质和能量转化的一种重要氧化还原酶，它们参与土壤腐殖质组分的合成，具有分解土壤中对植物有害的过氧化氢的作用，在一定程度上反映了土壤生物化学过程的强度。

2. 脲酶　催化尿素水解生成氨和二氧化碳的含镍酶。

3. 蔗糖酶　参与土壤碳循环，催化蔗糖水解生成葡萄糖和果糖，为植物及微生物提供重要的碳源。

4. 蛋白酶　水解蛋白质，产生朊、胨和氨基酸。

5. 磷酸酶　分为酸性磷酸酶和碱性磷酸酶，酸性磷酸酶可以从不同的有机磷底物上水解磷酸基团，供植物吸收利用；碱性磷酸酶可以催化磷酸单酯水解，生成无机磷酸和相应的醇、酚、糖等，也可以催化磷酸基团的转移反应。

6. 淀粉酶 分为α-淀粉酶、β-淀粉酶和葡萄糖苷酶，最终产物为葡萄糖。

二、土壤酶活性的影响因素

（一）土壤生物

土壤酶活性是土壤生物群落新陈代谢和可利用养分的直接表达。在外界条件影响下，土壤酶活性与土壤生物群落结构、生物量和数量等紧密相关。一般而言，土壤生物的类群不同，影响着不同土壤酶种类的活性。例如，特定的土壤酶活性与细菌、真菌和放线菌类群关系密切。活体微生物对土壤酶活性数值的影响最大。土壤微生物是土壤酶的重要来源，土壤动物通过对微生物的调控也影响土壤酶活性。与土壤微生物相比，土壤动物对土壤酶活性的影响较小。例如，赤子爱胜蚓释放的酶可以分解植物残根、枯落物和真菌组织，并具有专一性。土壤酶活性可以间接地说明赤子爱胜蚓及其排泄物对土壤质量的影响程度。

（二）土壤理化性状

土壤水分、空气和温度明显影响土壤酶活性。在旱季，土壤酶活性偏低；旱季结束、雨季开始时，土壤酶活性显著增强；而持续的雨季导致土壤湿度过大，土壤酶活性转而减弱。土壤中二氧化碳和氧气含量的比例决定了土壤微生物的活动强度，而土壤微生物数量又影响着土壤酶活性。因此，土壤空气也是影响土壤酶活性的因子之一。随着土层的增加，土壤通气状况变差，微生物种类和数量递减，土壤酶活性随着土壤深度的增加而逐渐减弱。在适宜的温度下，土壤各种酶活性随着温度的升高而增强；但超过一定范围后，土壤酶活性与温度呈负相关；而到达某个高温极限时，土壤酶会完全失活。

土壤酶很少以游离态存在，主要是吸附在土壤有机质和矿质胶体上，并以复合物状态存在。土壤中有机质含量决定了土壤的孔隙度、通气性和结构性，能够有效保证土壤持水力，具有明显的缓冲作用。土壤酶会随着土壤有机质含量的增加而增加。土壤有机质吸附酶的能力大于矿物质，土壤微团聚体比大团聚体中吸附的酶含量高，土壤细粒级部分比粗粒级部分吸附的酶多。酶与土壤有机质或黏粒结合，固然对酶的动力学性质有影响，但土壤酶也因此受到保护，增强了酶的稳定性，防止被蛋白酶或钝化剂降解。

土壤生态条件包括土壤理化性状、土壤水热状况等方面，对土壤酶活性具有深刻的影响。土壤有机质、氮、磷及微量元素含量对土壤酶的特性具有明显的作用。对贵州 13 个县（市）的 79 个样品分析结果表明，耕作黄壤脲酶活性与土壤氮、磷素状况和有机质、速效钾含量等因素密切相关。其中，基础铵量对耕作土壤脲酶活性的影响最显著（汪远品等，1994）。旱地黄壤磷酸酶活性与全氮、有机质、有效磷、水解氮等关系密切，旱地黄壤转化酶活性与全氮、有机质、有效磷、水解氮等关系密切，脲酶活性与全氮、有机质、水解氮等关系密切（杨远平，2002；杨远平，2003）。

土壤水分、空气和热量状况对旱地黄壤酶活性的影响是明显的。脲酶、蛋白酶、蔗糖酶和多酚氧化酶活性与吸湿水含量之间呈显著正相关关系（董玲玲，2006）。旱地黄壤温度直接影响释放酶类的微生物种群及数量，在一定范围内，随着温度升高，土壤酶活性增强；不同温度下，不同抑制剂对旱地黄壤酶活性抑制率的大小不同。

土壤酸碱性直接影响着土壤酶参与生化反应的速度。有些酶促反应对 pH 变化很敏感，甚至只能在较窄的 pH 范围内进行。例如，土壤 pH 对过氧化氢酶活性产生决定性的影响，过氧化氢酶活性与土壤 pH 呈良好的正相关，pH 低于 5，过氧化氢酶活性极低；pH 在 7～8 的中性至微碱性之间，其活性较高（汪远品等，1992）。脲酶在中性土壤中的活性最高，而脱氢酶在碱性土壤中的活性最高。

土壤黏粒、团聚体是反映土壤理化性状和养分状况的一个指标，不同粒径团聚体的酶活性不一样，小团聚体的酶活性要比大团聚体中的高。钙质黄壤烤烟旱地各粒级土壤的过氧化氢酶和蔗糖酶活性远远强于第四系黄壤；无论是钙质黄壤还是第四系黄壤，烤烟连作对土壤脲酶活性的影响体现在粒级较小的土壤上（丁海兵等，2005；丁海兵，2006）。

植物对土壤酶活性的影响主要是通过根分泌物和根分泌物作用于根际微生物区系而引起的。根际土壤酶活性的高低对于探索植物对土壤的作用过程和机制具有重要作用，与根际外的土壤相比，植物根际的酶促过程要强得多，这与根际土壤中根的分泌物和根际微生物积极活动有关。董玲玲（2006）研究表明，乔木林、灌木林、荒地石灰土生态系统的蛋白酶、蔗糖酶和脲酶活性在土壤剖面的分布表现出从上层到下层逐渐下降的过程，在地区分布上表现出贵州西北部＞中部＞东北部，其中多酚氧化酶和过氧化氢酶的分布在土壤剖面和地区间都没有表现出一致的规律性；种植不同农作物的土壤酶活性存在差异，菜地黄壤的脲酶、磷酸酶、纤维素酶和过氧化氢酶活性显著高于种植其他作物的土壤，果园黄壤的过氧化氢酶显著偏低，油菜地黄壤除磷酸酶活性高于小麦地外，两者其他酶活性无显著差异。

土壤肥力水平在很大程度上受制于土壤酶的影响，与土壤酶活性之间存在着非常密切的相关关系。肥力水平较高的土壤过氧化氢酶、转化酶和脲酶活性均高于肥力较低的。同一土类中，如黄壤、石灰土和黄棕壤，不论脲酶或转化酶，其活性值均是高肥力地块＞中等肥力地块＞低肥力地块（杨远平，2003）。

土地耕作方式会影响旱地黄壤酶的分布及活性。与单作相比，间作体系中的玉米、大豆根际土壤养分有效性、根际土壤微生物数量、根际土壤酶活性均显著高于相应单作根际土壤；间作体系中玉米取得间作优势，养分利用率提高主要是因为根际土壤养分有效性的提高，而根际土壤养分有效性的提高受根际土壤中微生物数量和酶活性的影响（刘均霞等，2007）。

（三）人为因素

1. 农业管理措施对土壤酶的影响 农业管理措施对土壤理化性状、土壤生物区系和农业植被均会产生明显的作用，对土壤酶活性也产生直接或间接的影响。施用肥料和作物残体可通过改善土壤水热状况和微生物区系而影响土壤酶活性，增施有机肥能提高土壤微生物数量和土壤酶活性。例如，有研究表明（汪远品等，1989a；赵殊英等，1996；汪远品等，1989b；李丹等，2008），施用绿肥和猪粪对土壤脲酶活性的影响有着完全相反的情况。绿肥腐解的初期酶活性较低，后期酶活性较高，添加绿肥的土壤也有相似的情况；添加猪粪的土壤，可能由于猪粪带来大量的脲酶，培养初期有很高的脲酶活性，而后逐渐降低。施用脲酶抑制剂能够降低土壤脲酶活性，提高土壤的供氮保氮能力，土壤有效磷、缓效钾和速效钾含量变化则与施用磷、钾肥的数量和作物对磷、钾肥的需要量有关。研究还发现，普通过磷酸钙和氯化钾对土壤脲酶活性也有一定的抑制作用。当然，施肥也可能引起部分酶活性降低。

耕作方式直接影响着土壤酶的分布及活性，翻耕通常会降低上层土壤的酶活性。保护性耕作方式对土壤干扰较小，有利于土壤酶活性的增加。肥料和作物残体通过改变土壤水、气、热状况以及土壤微生物种群和分布而间接影响了土壤酶活性。连作可使土壤微生物数量和类群发生变化，作物根系分泌物的残留和逐年积累，再加上相对固定的种植和管理模式导致土壤理化性状变劣，也使根际土壤微生物种属及其原有的协调关系发生改变，并产生自身毒害作用，导致土壤酶活性的变化。烤烟连作严重抑制酸性磷酸酶、脲酶、蔗糖酶的酶活性，直接影响土壤养分的转化及烤烟对养分的有效吸收，烤烟生物量和品质显著降低；过氧化氢酶活性提高，表明土壤氧化过程增强，加速了有毒过氧化氢分解和土壤有机质的转化速度，在一定程度上缓解了烤烟连作障碍（张翼，2008）。因此，调控土壤酶活性的变化，对防止连作作物产量降低和品质下降有利。

张科（2009）通过田间试验研究表明，无论是植烟黄壤还是间作土壤，前作小麦各处理土壤的脲酶、蔗糖酶活性在主要生育时期都强于前作油菜各处理，而过氧化氢酶活性都弱于前作油菜各处理；收获后，不管是前作小麦还是前作油菜，各处理间作土壤的脲酶活性稍高于植烟土壤，而过氧化氢酶和蔗糖酶活性强度相当，没有显著差异。可见，在烤烟的主要生育期，前作小麦各处理与前作油菜各处理相比，植烟黄壤的脲酶、蔗糖酶活性较高，这有利于增加土壤中的易水解营养物质和改善土壤中氮素的供给状况，对烤烟生产质量的形成起着积极作用。

土壤培肥能显著增加蛋白酶、脲酶、磷酸酶和蔗糖酶的活性，也能增加过氧化氢酶活性（林新坚等，2013）。蛋白酶和脲酶活性的增加有利于促进土壤中氨基酸、蛋白质以及其他含蛋白质氮的有机化合物转化，为植物提供更丰富的氮源。磷酸酶活性的增加促进土壤有机磷化合物的水解，生成更多植物可利用的无机态磷，增强土壤磷的供应能力。施用有机肥提高了土壤的通透性，为土壤酶创造适宜的环境，增强了土壤酶活性（如蔗糖酶、脲酶、酸性磷酸酶、过氧化氢酶），有效地维持或提高土壤有效养分的含量，改善了土壤理化性状（张敏，2009；罗富林，2012）。例如，采用牛粪有机肥作为调理剂，可增强渗滤液污染黄棕壤的缓冲性，对黄棕壤微生物活性有一定的激活作用，对过氧化氢酶、蔗糖酶、淀粉酶活性都有激活作用，且添加牛粪有机肥量越大，作用越大（陈思，2012）。研究表明，生物活性肥可明显改善土壤理化性状和微生物种群，从而能显著提高土壤酶活性；与无机肥相比，施用有机肥能显著提高土壤酶活性（倪治华，2004）。随着有机肥替代化肥比例的增加，菜地黄壤纤维素酶、蔗糖酶和脲酶活性均呈现出先增加后降低的趋势，土壤酸性磷酸酶活性则呈现出不断提高的趋势（余高等，2020）。罗安焕等（2020）和夏东（2020）开展盆栽试验，施用有机物料能显著增强旱地黄壤酶活性及呼吸量，提升旱地黄壤肥力。其中，蔗糖酶和过氧化氢酶的活性随培养时间增加而呈下降趋势，在培养 15 d 时，达到峰值（分别为 28.93～35.65 mg/g、3.33～3.92 mg/g）；磷酸酶和脲酶的活性随培养时间增加而呈先增加后下降趋势，在培养 30 d 时，达到峰值（分别为 2.47～4.50 mg/g、0.51～0.69 mg/g）；旱地黄壤呼吸量与土壤蔗糖酶、磷酸酶、脲酶以及过氧化氢酶活性呈显著正相关；有机物料还田 180 d 后，各处理脲酶活性比对照处理［0.55 mg/(g・24 h)］提高了 0.5～1.75 倍，过氧化氢酶活性比对照处理（1.47 mL/g）提高了 0.39～0.69 倍，蔗糖酶活性比对照处理［10.10 mg/(g・24 h)］提高了 1.01～3.27 倍。其中，土壤脲酶、蔗糖酶以猪粪的效果最佳，过氧化氢酶以玉米秸秆＋氮处理效果最优。

张萌等（2018）开展盆栽试验，研究了保水型和稳定型两种新型肥料对贵州菜地黄壤酶活性的影响。结果表明，两种新型肥料显著降低了土壤磷酸酶活性，保水型肥料处理的过氧化氢酶活性显著高于稳定型缓释肥处理。稳定型缓释肥的氮肥回收利用率为 78.22%，显著高于普通复合型肥料和保水型肥料处理，但磷肥回收利用率和钾肥回收利用率各处理间差异不显著；土壤脲酶对氮、磷和钾养分积累影响显著，土壤磷酸酶和过氧化氢酶分别对磷、钾和氮、钾积累影响明显。

综上所述，肥料种类的差异对不同酶活性的影响不一样。因此，需要科学配施肥料才能更好地促进土壤酶活性，从而全面提升土壤肥力。

2. 土壤改良剂对土壤酶的影响 生物炭是在完全缺氧或部分缺氧条件下，作物秸秆、木屑、动物粪便等经热解炭化产生的一种含碳量丰富、性质稳定的有机物质。生物炭在改良土壤的酸度及土壤培肥中有一定的应用。研究表明，黄壤中添加生物炭，可显著降低蔗糖酶活性，显著提高脲酶活性和过氧化氢酶活性；且酶活性随着生物炭施用量和作用时间的增加而提高（李治玲，2016；张旭辉等，2017）。生物炭发达的空隙结构及其具有的活性官能团决定了其对土壤酶作用的复杂性。一方面，生物炭对反应底物的吸附，有利于酶促反应，提高土壤酶活性；另一方面，由于生物炭对酶分子的吸附，保护了酶促反应的结合位点，从而有可能抑制了酶促反应的进行。此外，生物炭通过影响土壤酸碱度和阳离子交换量等理化指标、土壤微生物群落结构等生物学性质，间接地影响土壤酶活性。因此，生物炭对土壤酶活性的影响因生物炭的质和量及土壤酶种类的不同而有差异。

3. 环境污染对土壤酶的影响 由于人类生产活动的加剧，土壤中重金属的种类和含量越来越多，其难降解性和难移动性严重降低了土壤质量。重金属进入土壤后，经过络合、吸附、凝聚、溶解、沉淀等各种反应会形成不同的化学形态，因而其不同形态分布会对土壤酶产生不同的生物毒性，进而产生不同的环境毒理效应。研究表明，重金属污染的程度不同对土壤酶活性的影响不同；不同的土壤酶种类对重金属污染的敏感性也存在差异；不同土壤类型中的土壤酶对重金属的响应也不相同。黄壤中的蔗糖酶活性在镉污染条件下有一定程度下降，镉污染程度越严重，蔗糖酶活性下降越明显。酸性磷酸酶活性在低镉浓度下无影响，而高镉浓度条件下，其活性显著下降（王巧红等，2017）。低浓度镉

(<16 mg/kg) 对土壤脲酶活性有刺激作用，而当镉浓度进一步增加或者胁迫时间延长时，土壤脲酶活性受到明显抑制（申屠佳丽，2008）。

石汝杰等（2005）采用根袋法进行盆栽试验，研究了旱地黄壤中添加不同浓度的铅后，外源铅总量对 4 种土壤酶（脲酶、过氧化氢酶、中性磷酸酶、淀粉酶）活性的影响，以及黄壤中不同植物根际土壤中铅的化学形态特征及其与土壤酶活性的关系。结果表明，在 0～3 000 mg/kg 的铅浓度下，淀粉酶活性被抑制，过氧化氢酶活性总体被激活；在 0～1 000 mg/kg 的铅浓度下，脲酶、中性磷酸酶活性被激活，大于 1 000 mg/kg 的铅浓度抑制其活性。用铅的化学形态研究重金属对土壤酶活性的影响明显好于总量铅，碳酸盐结合态铅和铁锰氧化物结合态铅对淀粉酶活性有显著抑制作用，呈显著负相关。因此，可以把碳酸盐结合态铅和铁锰氧化物结合态铅与淀粉酶活性总体共同作用作为评价黄壤铅污染程度的主要生物学指标。

石汝杰等（2008）开展盆栽试验，研究了酸性黄壤铅污染下 4 种植物根际土壤微生物数量和酶活性的变化。结果表明，4 种植物根际土壤中过氧化氢酶活性、淀粉酶活性和中性磷酸酶活性与土壤铅含量都表现出负相关性，土壤铅含量与淀粉酶活性的负相关性达到极显著，土壤铅含量对黑麦草和狗牙根根际土壤脲酶活性表现出低浓度下激活、高浓度下抑制，早熟禾和翦股颖根际土壤脲酶活性与土壤铅含量表现出正相关性。

农药中含有的某些有机成分对土壤酶有抑制作用，因而影响土壤酶活性。土壤酶活性受农药施用强度和作用时间的影响。例如，低浓度咪唑乙烟酸处理下土壤脲酶活性无显著变化，而高浓度处理下的土壤脲酶活性显著提高；过氧化氢酶活性随咪唑乙烟酸作用时间的增加而先降低后升高（金雷等，2013）。

第十章 黄壤养分 >>>

第一节 氮　　素

一、黄壤氮的来源、含量与分布

（一）黄壤氮的来源

土壤中氮的来源主要包括生物固氮、大气氮沉降、施肥、动植物残体的归还。土壤中氮的输入对于生态系统中氮的循环起着关键性作用。

1. 生物固氮　生物固氮是农业生态系统中一个重要的氮素来源，对土壤肥力具有很大的促进作用。土壤中原来的氮和生物固定的氮一直是植被生长的重要氮源。生物固氮主要分为共生固氮和非共生固氮两大部分。共生固氮主要以豆科植物和根瘤的固氮作用为主。非共生固氮主要包括异养固氮、根际联合固氮及光合固氮等。由于水田中的光合固氮量较多，非共生固氮一般发生在水田，旱地黄壤非共生固氮量较少。

2. 大气氮沉降　大气层发生的自然雷电现象，可使 N_2 氧化成 NO_2、NO 等氮氧化物。散发在空气中的气态氮，如烟道排气、含氮有机质燃烧的废气、由铵化物挥发出来的气体等，通过降水的溶解，随雨水带入土壤。全球由大气降水进入土壤的氮，据估计为每年每公顷 2～22 kg，对作物生产来说意义不大。而黄壤普遍分布于气候湿润、多雨地区，容易固定空气中的氮，所以这部分氮是黄壤氮素的主要来源之一。

3. 施肥　氮肥是农田生态系统最主要的氮源，持续施用有机肥对提高土壤的氮储量、改善土壤的供氮能力具有重要作用。施氮肥提高了生态系统的生产力，同时能对生态系统的组成、结构及许多生态过程（如水分和养分循环等）产生深远影响。

4. 动植物残体的归还　土壤中的氮素 95%以上是有机氮，土壤全氮主要来自有机质。所以，动植物残体（主要是植物残体）的归还是生态系统中土壤氮素的重要输入方式，在一定程度上决定着土壤氮库的大小。

（二）黄壤氮的含量与分布及影响因素

1. 黄壤氮的含量与分布　黄壤分布区域一般海拔较高、温度较低、降水量较高，有机质的分解速率较低，因而全氮含量比红壤、砖红壤高。黄壤旱地全氮的含量 0.70～3.29 g/kg，平均为 1.72 g/kg，在全国属于中等水平。由表 10-1 可以看出，我国黄壤主要分布省份云南、湖北、湖南、四川和贵州的全氮平均含量依次为 1.75 g/kg、1.15 g/kg、1.52 g/kg、1.51 g/kg 和 1.73 g/kg。根据四大区黄壤全氮分级标准（表 10-2），除湖北黄壤全氮含量处于 3 级中等水平外，其余省份均为 2 级较高水平。

表 10-1　我国南方 5 省份黄壤中氮素含量

省份	样本数（个）	项目	全氮（g/kg）	碱解氮（mg/kg）
湖南	222	平均值	1.52	144.41
		最大值	4.31	335
		最小值	0.52	33

（续）

省份	样本数（个）	项目	全氮（g/kg）	碱解氮（mg/kg）
湖北	628	平均值	1.15	102.32
		最大值	2.99	295
		最小值	0.31	21
四川	1 394	平均值	1.51	127.76
		最大值	23.6	384
		最小值	0.01	8.6
云南	4 189	平均值	1.75	—
		最大值	4.49	—
		最小值	0.51	—
贵州	65 643	平均值	1.73	—
		最大值	2.92	—
		最小值	0.85	—

表 10－2　四大区黄壤全氮分级标准

单位：g/kg

区域	1 级/高	2 级/较高	3 级/中	4 级/较低	5 级/低
长江中下游区、青藏区	>2.00	1.50～2.00	1.00～1.50	0.75～1.00	≤0.75
西南区、华南区	>2.00	1.50～2.00	1.00～1.50	0.5～1.00	≤0.5

2. 影响黄壤氮素含量的因素　土壤全氮是土壤中各种形态氮素之和，包括有机氮和无机氮，以有机氮为主。土壤有机质的含氮量一般在 5%左右，氮在土壤中的分布与土壤有机质的分布紧密相关。

土壤全氮含量处于动态变化之中，它的消长取决于氮的积累和消耗的相对多寡，特别是土壤有机质的生物积累和水解作用。影响耕地土壤氮素含量的因素，除了气候、海拔、地形、植被和生物、母质以及成土年龄外，还与种植制度、施肥制度以及耕作和灌溉等有关。此外，土壤氮含量还受土壤侵蚀的影响。

（1）农田管理措施。传统耕作、免耕和松耕 3 种耕作方式对贵州省毕节市黔西市黄壤旱地全氮含量无明显影响（滕浪，2019）。长期施用有机肥、化肥及有机肥与无机肥配施显著提高了黄壤旱地耕层土壤有机碳、全氮含量以及微生物量碳、氮（柳玲玲，2017；张邦喜，2018；安世花，2019），有利于提升土壤养分供应能力，但同时也增加了农田系统碳、氮损失的潜在风险。0～20 cm 土层氮储量占总氮储量的 33.64%～38.20%（张邦喜，2018）。从长远来看，有机物料的输入可以提高黄壤旱地土壤碳氮储量，维持并提高土壤肥力和养分供应能力。绿肥聚垄、秸秆还田和绿肥聚垄+秸秆还田均能在一定程度上提高土壤有机质及全氮含量（何腾兵，2001）。

（2）土层深度。一般来说，土壤全氮含量随土壤深度的增加而减少。根据贵州省土壤普查办公室的调查（表 10－3）可以看出，贵州黄壤旱地土壤有机质和全氮含量在剖面的分布为 A 层>B 层>C 层，土壤氮素富集于耕层，向下逐渐减少。这是因为土壤氮素从无到有很大程度上是植物的功能（当然也不排除微生物的固氮作用），而母岩中是没有氮素的（表 10－4），是植物的凋落物和根系死亡为土壤补充了丰富的有机物，添加了新的元素。

表 10-3 贵州黄壤旱地剖面有机质、全氮含量统计

发生层	项目	有机质	全氮
A	样本数（个）	948	924
	平均值（%）	3.089	0.161
B	样本数（个）	761	698
	平均值（%）	1.85	0.114
C	样本数（个）	469	399
	平均值（%）	1.52	0.083

注：数据来源于贵州省土壤普查办公室，1994。

表 10-4 土壤（黄壤）、岩石的氮含量差异

类别		全氮（%）
土壤	黄沙泥（砂岩发育）	0.108
	黄泥（页岩发育）	0.085
母岩	砂岩	0
	页岩	0

注：数据来源于贵州省土壤普查办公室，1994。

（3）海拔。由于海拔的升高、温度下降，土壤中有机物质分解慢，有机氮矿化少，有利于氮的积累。贵州省贵阳市黄壤中的有机质和全氮含量随海拔的上升而增加。

二、黄壤氮的形态、转化及影响因素

（一）黄壤氮的形态

土壤全氮分为有机氮和无机氮两部分。无机氮主要包括交换态氮和固定态铵；有机态氮分为两类：一类是未分解或部分分解的有机物残体，另一类是腐殖质。

1. 有机态氮 有机态氮指的是土壤有机物结构中结合的氮，一般占土壤全氮量的 90%以上。按其溶解度和水解难易程度，分为以下 3 类。

（1）水溶性有机氮。水溶性有机氮主要是一些较简单的游离态氨基酸、铵盐及酰胺类化合物，在土壤中的数量很少，不超过全氮量的 5%，分散在土壤溶液中，很容易水解释放出铵离子，成为植物的有效性氮源。

（2）水解性有机氮。水解性有机氮是用酸、碱或酶处理水解成的简单易溶性氮化合物，占全氮量的 50%～70%。按其特性可分为 3 种形态：①蛋白质以及多肽类。它是土壤中氮素数量最多的一类化合物，占全氮量的 30%～50%，主要存在于微生物体内，水解后形成多种氨基酸和氨基，以谷氨酸、甘氨酸以及丙氨酸为主，大多数以肽键相连接。氨基酸态氮很容易发生水解，释放出铵离子。②核蛋白质类。核蛋白质水解后生成蛋白质和核酸，核酸水解生成核苷酸、磷酸、核糖或脱氧核糖和有机碱。由于有机碱中的氮呈杂环态结构，氮不易被释放出来，在植物营养上属于迟效性氮源。③氨基糖类。氨基糖为葡萄糖胺，由土壤中核酸类物质在微生物酶的作用下，先分解成尿素一类的中间产物，然后转化为氨基糖。氨基糖类物质在土壤中占水解氮的 7%～18%。

（3）非水解性有机氮。其结构极其复杂，不溶于水、酸和碱液。主要有杂环态氮化物、糖与胺的缩合物、胺或蛋白质与木质素类物质作用形成的复杂结构态物质。

2. 无机态氮 无机态氮指土壤中未与碳结合的含氮化合物，包括铵态氮、硝态氮、亚硝态氮、氨态氮、氮气及气态氮氧化物，一般多指铵态氮和硝态氮。土壤中无机态氮数量很少，表土中一般只

占全氮量的1%～2%，不超过5%。土壤中无机态氮是微生物活动的产物，易被植物吸收，也易挥发和流失，含量变化很大。

(1) 土壤铵态氮。土壤铵态氮可分为土壤溶液中的铵、交换性铵和黏土矿物固定态铵。①土壤溶液中的铵。由于溶于土壤水，土壤溶液中的铵可被植物直接吸收，但数量极少。它与交换性铵通过阳离子交换反应而处于平衡之中，又与土壤溶液中的铵存在着化学平衡，并可被硝化微生物转化成亚硝态氮和硝态氮。②交换性铵。交换性铵是指吸附于土壤胶体表面，可以进行阳离子交换的铵离子。它通过解吸进入土壤溶液，可直接或经转化成硝态氮被植物根系吸收，也可以通过根系的接触吸收而直接被植物利用。交换性铵的含量处于不断变化之中，一方面，它得到土壤有机氮矿化、黏土矿物固定铵的释放以及施肥的补充；另一方面，它又被植物吸收、硝化作用、生物固氮作用、黏土矿物固定作用以及转变为氨后的挥发所消耗。在通气良好的旱地里，因易被氧化为硝态氮，故而含量较少；在水田里，则含量较多且较为稳定。③黏土矿物固定态铵。简称为固定态铵，存在于2∶1型黏土矿物晶层间，一般不能发生阳离子交换反应，属于无效态，其数量取决于土壤黏土矿物类型及土壤质地。黄壤由于成土母岩和成土年龄的多样性，土壤的固定态铵含量差异很大，最低的仅22 mg/kg，最高达677 mg/kg（文启孝，2000）。

(2) 土壤硝态氮。土壤硝态氮一般存在于土壤溶液中，移动性大，在具有可变电荷的土壤中，可部分被土壤颗粒的正电荷所吸附。硝态氮可直接被植物根系所吸收。在通气不良的土壤中，数量极微，并可通过反硝化作用而损失；可随水运动，易被移出根区，发生淋失。

(3) 土壤亚硝态氮。土壤亚硝态氮是铵的硝化作用中间产物。在一般土壤中，它迅速被硝化微生物转化为硝态氮，因而含量极低。但在大量施用液氨、尿素等氮肥时，可因局部的强碱性而导致明显的积累。

（二）黄壤氮的转化及影响因素

土壤氮素的转化包括矿化作用、硝化作用、反硝化作用、氮的固定和淋失等。土壤中各种形态的氮素处于动态变化中。

1. 有机态氮的矿化 有机态氮的矿化指土壤中有机态氮在微生物的作用下分解释放出铵或氨的过程。矿化过程主要包括两个阶段：

第一阶段称为氨基化阶段，即复杂的含氮化合物，如蛋白质、核酸、氨基糖等，在微生物酶的系列作用下，逐级分解而形成简单的氨基化合物的过程。以蛋白质为例，其氨基化过程如式10-1表示为：

$$\text{蛋白质} \longrightarrow RCHNH_2COOH(\text{或}\ RNH_2) + CO_2 + \text{中间产物} + \text{能量} \qquad (10-1)$$

第二阶段，在微生物的作用下，把各种简单的氨基化合物分解成氨，称为氨化阶段（氨化作用）。氨化作用可在不同条件下进行。

(1) 在好气条件下：

$$RCHNH_2COOH + O_2 \longrightarrow RCH_2COOH + NH_3 + \text{能量} \qquad (10-2)$$

(2) 在嫌气条件下：

$$RCHNH_2COOH + 2H \longrightarrow RCH_2COOH + NH_3 + \text{能量} \qquad (10-3)$$

或

$$RCHNH_2COOH + 2H \longrightarrow RCH_3 + CO_2 + NH_3 + \text{能量} \qquad (10-4)$$

(3) 一般水解作用：

$$RCHNH_2COOH + H_2 \xrightarrow{\text{酶}} RCH_2OH + NH_3 + CO_2 + \text{能量} \qquad (10-5)$$

或

$$RCHNH_2COOH + H_2 \xrightarrow{\text{酶}} RCHOHCOOH + NH_3 + \text{能量} \qquad (10-6)$$

土壤有机态氮的矿化主要是在多种微生物的作用下完成的，如细菌、真菌和放线菌等。它们都以有机质中的碳素作为能源，在好气或嫌气条件下都能进行。在通气良好，温度、湿度和酸度适中的条件下，其矿化速率较大且中间产物不易积累；在水分过多、通气不良的情况下，矿化速率较低，且有较多的中间产物积累。当外界条件相同时，碳氮比小的有机质易矿化。

2. 铵的硝化 矿化过程释放的氨在土壤中转化为铵离子（NH_4^+），一部分被土壤吸附，另一部分被植物直接吸收。最后，土壤中大部分的铵离子在有氧条件下、在亚硝化微生物和硝化微生物的作用下氧化为硝酸盐，称为硝化作用（式 10－7、式 10－8）。

$$2NH_4^+ + 3O_2 \xrightarrow{\text{亚硝化微生物}} 2NO_2^- + 2H_2O + 4H^+ + 660kJ \tag{10-7}$$

$$2NO_2^- + O_2 \xrightarrow{\text{硝化微生物}} 2NO_3^- + 167kJ \tag{10-8}$$

硝化过程是一个氧化过程，由于亚硝态氮氧化为硝态氮的速度一般比氨氧化为亚硝态氮的速度要快，因此这也是引起土壤酸化的重要来源。

影响硝化作用的主要因素如下。

（1）土壤水分含量和通气性。硝化微生物是好气性微生物，硝化作用一般发生在通气良好的黄壤旱地土壤中。当土壤含水量为田间持水量的 50%～60%时，硝化作用最为旺盛（范晓晖等，2002）。

（2）土壤 pH。土壤 pH 与硝化作用有很好的相关性，当土壤 pH 在 5.6 以上时，随着 pH 升高，硝化作用的速率成倍增加；当土壤 pH 为 4.6～5.1 时，硝化作用不明显或没有；当 pH 为 5.6～6.0 时，较为迟缓；当 pH 为 6.4 以上时，最旺盛。

（3）土壤温度。一般而言，硝化作用最适宜的土壤温度为 30～35 ℃。若在 5 ℃以下和 40 ℃以上，硝化反应进行得很慢。然而，不同气候条件下土壤硝化细菌最适宜的气温是不同的（张树兰等，2002）。

（4）NH_4^+ 的浓度。硝化作用需要 NH_4^+ 作为底物。硫酸铵施用量（以 N 计算）在 300 mg/kg 以下时，硝化速率随施用量增加而增加；当超过 300 mg/kg 时，硝化速率迅速降低。

（5）氮肥的种类及其用量。氮肥施用引起土壤 pH 变化是硝化细菌和反硝化细菌数量以及脲酶活性变化的主要原因，也是影响土壤硝态氮浓度变化的主要因素。

（6）根系分泌物。根系对硝化作用的影响，目前研究较少。一般认为，根系分泌的有机物质（如酚类物质和有机酸等）能抑制硝化作用。

3. 反硝化损失 又称生物脱氮作用，是在嫌气条件下，NO_3^- 在反硝化细菌作用下还原为 NO、N_2O、N_2 的过程。反硝化作用生化过程的通式如式 10－9 所示：

$$2NO_3^- \longrightarrow 2NO_2^- \longrightarrow NO\uparrow \longrightarrow N_2O\uparrow \longrightarrow N_2 \tag{10-9}$$

黄壤旱地土壤含有大量易分解的有机质，在局部嫌气环境中易发生反硝化作用，反硝化作用最终产物 N_2O 和 N_2 的比例取决于土壤嫌气程度、pH 和温度。当嫌气程度高，反硝化产物几乎全部都是 N_2；当嫌气程度较低，pH 和温度也较低时，N_2O 的比例较高。

影响反硝化作用的主要因素如下。

（1）土壤水分状况和通气性。土壤通气条件直接影响反硝化作用的程度，旱地雨后造成局部嫌气条件以及旱地深层会产生反硝化作用。

（2）土壤易分解有机物质的数量。土壤中易分解有机物质在分解过程中会消耗大量的氧气，从而造成局部嫌气环境。在一定条件下，土壤易分解有机物质的数量越大，则反硝化作用强度越大。

（3）土壤中硝酸盐的含量。土壤中硝态氮或亚硝态氮是反硝化细菌作用的底物。在一定浓度范围内［NO_3^- 浓度＜40 mg（N）/L］，NO_3^- 含量与反硝化速率呈正相关。当 NO_3^- 浓度过高时，会抑制反硝化细菌的生长，从而抑制反硝化作用；当 NO_3^- 浓度过低时，底物不足，也会抑制反硝化作用。

（4）土壤温度。在 2～60 ℃，反硝化速率与温度成正比；超过此范围，温度过高或过低都会抑制反硝化作用。

反硝化作用的结果：①造成土壤氮素损失。据测定，农田中因反硝化作用而损失的氮素占氮肥施入量的 25%～30%。②产生温室气体，促进温室效应。N_2O 是一种重要的温室气体，每摩尔 N_2O 吸收红外辐射光波的能力为 CO_2 的 110～200 倍。③破坏臭氧层。NO 和 N_2O 可以破坏臭氧（O_3）层。④在一定程度上可消除 NO_3^- 对环境和农产品的污染。

4. 无机氮的生物固定 无机氮的生物固定是指土壤中的微生物和植物吸收同化无机态氮（铵态氮、硝态氮和某些简单的氨基态氮）并将其转化为生物有机体的组成部分的过程。土壤氮素被植物吸收形成产量，是正常产生经济效益的过程，而微生物对 NH_4^+-N 和 NO_3^--N 的吸收同化，则降低土壤氮素的有效性，影响植物的吸收。微生物对土壤无机氮的生物固持作用，受有机物质的种类和特性（主要是有机物质的化学组成 C/N）及水热条件等因素的影响。当有机物质 C/N 较大时，固持速率大于有机态氮的矿化速率，从而表现出微生物与植物争夺氮素的现象，土壤中无机态氮降低；相反，当有机物质 C/N 较小时，固持速率小于有机态氮的矿化速率，表现出净矿化，土壤无机态氮增加。

5. 铵离子的矿物固定 土壤中产生的另一个无机氮反应称为铵离子的矿物固定作用。在 2∶1 型黏粒矿物的膨胀性晶格中，层间的阳离子（Ca^{2+}、Mg^{2+}、Na^+、K^+）被 NH_4^+ 取代后可引起铵的固定。被吸附的 NH_4^+ 容易脱去水化膜，进入黏粒矿物层间表面由氧原子形成的六角形孔穴中，由于环境条件的变化，可导致黏粒矿物晶层的收缩，使 NH_4^+ 固定，暂时失去生物有效性。不同土壤对 NH_4^+ 的固定能力不同，影响土壤对 NH_4^+ 固定的主要因素如下。

（1）土壤黏粒矿物类型。蛭石对 NH_4^+ 的固定能力最强，其次是水云母，蒙脱石则较小；高岭石为 1∶1 型黏粒矿物，基本上不固定铵。

（2）土壤质地。一般随黏粒含量的增加而增加；在土壤剖面中，表土的固铵能力比心土和底土弱。

（3）土壤中钾的状态。当晶层间为 K^+ 所饱和时，会影响 NH_4^+ 的进入，铵的固定大大减少。许多土壤可能因为种植作物携带出部分 K^+ 而使固铵能力增加。施用钾肥对 NH_4^+ 的固定有一定的影响。

（4）铵的浓度。土壤中铵的固定量随铵态氮肥施用量的增加而增加，但施入 NH_4^+ 的固定率随着施用量的增加而减少。铵的固定过程虽能持续一段时间，但多在几个小时内完成。

（5）水分条件。施用 NH_4^+ 后土壤变干时，可增加铵的固定率和固定量。蛭石和水云母在大多数条件下能固定 NH_4^+，但蒙脱石必须在干旱时才能固定铵。干湿交替能够促进土壤铵的固定作用；土壤结冻和解冻可能与干湿交替的作用相似。

（6）土壤 pH。土壤酸度和 NH_4^+ 固定能力之间的关系尚未确定。但随着 pH 的增加，如通过使用石灰，铵的固定趋向于微增加。强酸性土壤（$pH<5.5$）一般固定的 NH_4^+ 很少。施用铵态氮肥后形成的土壤“新固定态铵”，其有效性较高；而土壤中“原有固定态铵”的有效性则低，能释放出来的数量很少。

6. 硝酸盐的淋失 铵离子（NH_4^+）和硝酸盐（NO_3^-）易溶于水。以带负电荷为主的土壤胶体表面可以吸附 NH_4^+ 而不易被淋失，而硝酸盐不能被吸附而易被淋失，随水分下渗进入地下水或排入江河湖海，从而导致水体富营养化。自然条件下，硝态氮的淋失与气候、土壤、施肥和栽培管理等密切相关。在湿润和半湿润地区，淋失较严重；而在干旱和半干旱地区，淋失轻微。地表覆盖也与硝酸盐的淋失有密切关系。植物生长旺盛季节，土壤根系密集，吸氮较为强烈，即使在湿润地区，氮的淋失也较弱；相反，休闲地的氮淋失则较强。我国南方雨水多于北方，因此 NO_3^- 的淋失也多于北方。

7. 化学脱氮 化学脱氮是指土壤中的含氮化合物通过纯化学反应生成气态物质而损失的过程。土壤中存在的化学脱氮过程主要如下。

（1）双分解作用。当铵态氮和亚硝态氮同时大量并存于土壤溶液中时，因生成亚硝酸铵（NH_4NO_2）而产生双分解作用脱氮（式 10-10）。

$$NH_4NO_2 = 2H_2O + N_2\uparrow \quad (10-10)$$

（2）亚硝酸分解。在酸性条件下，亚硝态氮呈 HNO_2 形式，在酸性土壤中，HNO_2 不稳定，会产生自动分解作用（式 10-11）。

$$3HNO_2 = HNO_3 + 2NO_2 \uparrow + H_2O \quad (10-11)$$

土壤 pH 越低，分解越快，但由此产生的一氧化氮（NO），大部分可能被吸收或在土壤中再氧化成 NO_2，最后再溶解于水生成硝酸盐。

综上所述，土壤中各种形态的氮素在植物体、微生物体、土壤有机质、土壤矿物中的转化和迁移是土壤氮素循环中极为重要的过程，氮经由矿化过程和固定过程从无机态变为有机态，又从有机态变为无机态，是土壤氮内循环最主要的特征（图 10－1）。

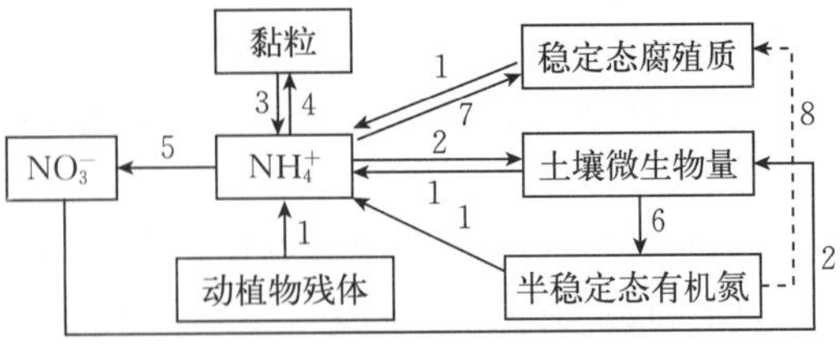

图 10－1　土壤中氮的循环（黄昌勇，2010）
1. 矿化作用　2. 生物固氮作用　3. 铵的黏土矿物固定作用　4. 固定态铵的释放作用　5. 硝化作用　6. 腐殖质形成作用　7. 氨和铵的化学固定作用　8. 腐殖质稳定化作用

三、氮肥种类及黄壤氮的调节

（一）主要氮肥种类

氮肥按含氮基团可分为铵态氮肥、硝态氮肥、酰胺态氮肥和氰氨态氮肥。根据肥料中氮素的释放速率，可分为速效氮肥和缓释/控释氮肥，缓释/控释氮肥是当今氮肥重要的发展方向之一。需要根据黄壤性质、供氮能力、气候条件、作物种类和需氮特征，选择适合的氮肥种类，采用合理的施用技术。

1. 铵态氮肥　凡氮肥中的氮素以 NH_4^+ 或 NH_3 形态存在的均属铵态氮肥。根据肥料中铵（氨）的稳定程度不同，又可分为挥发性氮肥与稳定性氮肥。前者有液氨、氨水和碳酸氢铵，后者有硫酸铵和氯化铵。

① 碳酸氢铵（NH_4HCO_3）简称碳铵，含氮量为 16.5%～17.5%，由氨、二氧化碳和水反应生成，一般为无色或白色细粒晶体，易吸湿结块，易挥发，有强烈的氨味，易溶于水，适用于各种土壤和作物，肥效比尿素快，适合做基肥和追肥。②硫酸铵［$(NH)_2SO_4$］简称硫铵，含氮量为 21.2%，由氨和稀硫酸中和反应生成，为白色结晶，物理性质稳定，不易吸潮。硫铵除含氮外，还含有 24% 的硫，在缺硫土壤上有很好效果。但在淹水条件下，SO_4^{2-} 易还原成 H_2S，对作物根系有毒害作用。③氯化铵（NH_4Cl）简称氯铵，含氮量为 24%～26%，为白色或微黄色结晶，物理性质较好。④液氨含氮量为 82.3%，是目前含氮量最高的氮肥品种，呈碱性反应，与等氮量的其他氮肥相比，液氨具有成本低、节约能源、便于管道运输等优点。由于储运和施用技术尚未普及，液氨在我国的生产和施用不多。⑤氨水是氨的水溶液，含氮量为 12.4%～16.5%。氨水化学性质不稳定，极易挥发，必须深施覆土，可做基肥和追肥，不能做种肥。

2. 硝态氮肥　凡肥料中的氮素以硝酸根（NO_3^-）形态存在的均属于硝态氮肥，包括硝酸铵、硝酸钠、硝酸钙等。不同的硝态氮肥所含阳离子种类不同，在性质上有一定差别。①硝酸铵简称硝铵，含氮量为 35%，为白色结晶，当含有杂质时，呈淡黄色；易溶于水，吸湿性强，易结块，受热易分解，易引起爆炸。适用于旱地作物、烟草、蔬菜和果树，做追肥分次深施覆土。硝酸钠含氮量为 15%～16.9%，硝酸钙含氮量为 12.6%～15%，纯品均为无色晶体，均宜做旱地追肥，不宜施于茶树、马铃薯等。硝酸钠在黄壤旱地做基肥时应适当深施，对甜菜增产显著。硝酸钙适用于缺钙的酸性黄壤旱地，对甜菜、大麦、燕麦、亚麻有良好肥效。

3. 酰胺态氮肥　尿素中的氮素以酰胺态存在，属于酰胺态氮肥，含氮量为42%～46%，是固体氮肥中含氮量最高的品种，为白色晶体或颗粒，易溶于水。尿素因具有含氮量高、物理性质较好和无副成分等优点，是世界上施用量最多的氮肥品种。尿素可用于黄壤上各种作物，作为基肥与追肥深施覆土，不宜做种肥，适宜做根外追肥。

4. 缓释/控释氮肥　缓释氮肥（slow－release nitrogen fertilizer）又称长效氮肥，这类肥料中氮的释放速率延缓，可供植物持续吸收利用。控释氮肥（controlled－release nitrogen fertilizer）中氮的释放速率不仅延缓，而且能按植物的需要有控制地释放，即以各种调控机制使养分释放按照设定的释放模式（释放速率和时间）与作物需肥的规律相一致。缓释/控释氮肥按性质与作用机制可分为合成有机微溶性氮肥和包膜氮肥。

（1）合成有机微溶性氮肥。①脲甲醛（UF），是开发最早且应用较多的品种，含脲分子2～6个，白色粉状或粒状，其溶解度与直键长度成反比。可做基肥一次性施用，当施于生育期较短的作物时，需与速效氮肥配合施用。②脲乙醛（又名丁烯叉二脲，CDU），白色粉状，含氮量为28%～32%，适于酸性黄壤，作为基肥一次施用于生育期较短的作物时，应配合速效氮肥施用。③脲异丁醛（又名丁叉二脲，IBDU），白色粉状或颗粒状，含氮量为32%，微溶于水。④草酰胺（OA）含氮量为31.8%，白色粉状，微溶于水，对玉米的肥效与硝酸铵相似。

（2）包膜氮肥。包膜氮肥是指在速效氮肥外表面包裹一层或数层半透性或难溶性的惰性物质，减缓养分的释放速率而制成的肥料，即通过包膜扩散、包膜逐步分解或水分进入膜内膨胀使包膜破裂而释放氮素。目前，常见的有硫包尿素（SCU）、长效碳酸氢铵、高效涂层氮肥、聚合物包膜控释氮肥等。

缓释/控释氮肥由于氮素释放慢或控制性释放，能降低土壤中氮的挥发、反硝化作用引起的氮损失，从而减少氮素的环境污染。适用于沙性黄壤、多雨地区的多年生林木、果树、草地和花卉等，在黄壤旱地的农作物上应用较少。

（二）黄壤氮的调节

土壤氮的损失途径有氨挥发、硝化-反硝化、淋洗和径流等，由于黄壤土层较薄、酸性强、土质黏重和水土流失较为严重等特点，在施用氮肥时，容易出现损失。可通过以下措施对土壤氮素的含量和供应进行调控，最大限度地发挥其潜在作物营养功能，提高氮肥的利用率。

1. 根据土壤条件合理分配和施用氮肥 土壤条件是合理分配氮肥的前提，土壤本身供氮量的高低是制订施肥方案的依据。为了最大限度地发挥氮肥的增产效果及经济效益，应重点将氮肥分配在中低等肥力的黄壤旱地上。硝态氮肥适用于雨水较少的黄壤旱地上。从黄壤的供肥保肥特性来看，土层深厚、保肥力强的地块，以基肥为主，一次追肥；保肥力差的黄壤沙性土，按照少量多次的原则，分次施肥。

2. 根据作物营养特性合理分配和施用氮肥 不同作物类型对氮的需求量不同，对氮肥的形态有不同的喜好。必须根据作物的营养特性合理分配和施用氮肥。油菜、叶菜类等需氮量较多，玉米、小麦需氮量次之；需氮和累积氮较多的豆科作物，由于能固定空气中的氮素，对氮肥的需求反而较低。因此，应重点把氮肥施用在经济作物和粮食类大田作物中，对于豆科作物应酌情少施，对马铃薯施用铵态氮肥，对烟草和蔬菜施用硝态氮肥。在保证苗期营养的基础上，玉米重施穗肥、油菜重施薹肥、小麦重施拔节肥等。

3. 根据氮肥特性合理分配和施用氮肥 不同氮肥存在酸碱性、挥发性、移动性和在土壤中存留时间的差异。硝态氮肥在土壤中移动性强，肥效迅速，在黄壤旱地上适宜用作追肥，不宜用作基肥；铵态氮肥表施易造成挥发损失，可作为基肥或追肥深施覆土。对种子有毒害作用的氮肥不宜做种肥。硝酸铵宜用在花生、甘薯、小麦、豌豆和大部分叶菜类蔬菜等作物上，硫酸铵宜用在烟草、甜菜、薯芋类、十字花科、葱蒜类、茶树等喜硫作物上。

4. 开展测土配方施肥 测土配方施肥技术是以土壤测试和肥料田间试验结果为基础，根据作物的需肥规律、土壤供肥性能和肥料效应，在合理使用有机肥的基础上，提出氮、磷、钾及中微量元素等肥料的施用数量、施用时期和施用方法的一套施肥技术体系。

（1）土壤、植株测试推荐施肥方法。综合了目标产量法、养分丰缺指标法和作物营养诊断法的优点。对于大田作物，在综合考虑有机肥、作物秸秆应用和管理措施的基础上，根据氮、磷、钾和中微量元素养分的不同特征，采取不同的养分优化调控与管理策略。

氮素推荐根据土壤供氮状况和作物需氮量，进行实时动态监测和精确调控，包括基肥和追肥的调控。根据目标产量确定作物需氮量，以需氮量的0%～30%作为基肥用量。氮肥追肥用量推荐以作物关键生育期的营养状况诊断或土壤硝态氮的测试为依据，这是实现氮肥准确推荐的关键环节，也是控制过量施氮或施氮不足、提高氮肥利用率和减少损失的重要措施。测试项目主要是土壤全氮、硝态氮。此外，小麦可以通过诊断拔节期茎基部硝酸盐浓度、玉米最新展开叶叶脉中部硝酸盐浓度来了解作物氮素情况。

（2）养分平衡法。根据作物目标产量需肥量与土壤供肥量之差估算目标产量的施肥量，通过施肥补足土壤供应不足的那部分养分。养分平衡法涉及目标产量、作物需肥量、土壤供肥量、肥料利用率和肥料中有效养分含量五大参数。地力差减法是根据作物目标产量与基础产量之差来计算施肥量的一种方法。

5. 重视平衡施肥 作物的高产、稳产和优质需要多种养分的均衡供应，而且黄壤的酸性也需要适当的碱性肥料中和。因此，氮肥需与磷、钾肥以及有机肥配合施用，进行平衡施肥。有机肥与氮肥配合施用，可取长补短。因为有机肥是完全肥料，含有丰富的磷、钾和中微量元素，两者结合施用能及时满足作物各生育期对氮素和其他养分元素的需要。

6. 合理的施氮技术

（1）深施覆土的原则。铵态氮肥和尿素做基肥时，坚持深施并结合耕翻覆土，利用土壤的吸附能力减少氨的挥发量，施用深度一般大于 6 cm。做追肥时，应采用穴施、沟施覆土或结合灌溉深施。为了克服氮肥深施可能出现氮肥肥效迟缓的现象，施用时间应适当提前几天，中、后期追肥时，则应酌情减少用肥量。

（2）水肥一体化综合管理。将肥料溶解于水中，通过管道以微灌的形式直接输送到作物根部，大幅减少了肥料淋失和土壤固定，氮肥利用率可由传统土施肥料时的 30%提高到 60%以上。既保证养分均衡供应、改善土壤状况、提高农产品产量和品质，又有利于保护环境，节省劳力（高祥照等，2015）。

7. 抑制剂和新型肥料

（1）抑制剂。包括脲酶抑制剂和硝化抑制剂。脲酶抑制剂可抑制尿素的水解，使尿素能扩散移动到较深的土层中，从而减少黄壤旱地表层土壤中或水田中铵态氮及氨态氮总浓度，以减少氨挥发损失。硝化抑制剂的作用是抑制硝化菌，防止铵态氮向硝态氮转化，减少氮素的反硝化损失和硝酸盐的淋失。

（2）新型肥料。包括缓释肥料和控释肥料。一般情况下，肥料释放养分的时间和强度同作物需求之间的不平衡是导致化肥利用率低的重要原因之一。缓控释肥料是采用各种机制控制常规肥料的水溶性，通过对肥料本身进行改性，有效延缓或控制肥料养分的释放，使肥料养分释放时间和强度同作物养分吸收规律相吻合。

8. 计算机决策支持系统指导施肥 随着计算机和信息技术应用领域的不断拓展，该技术应用于作物生长管理也在逐步发展。利用计算机管理系统可以更加合理地针对施肥量和施肥时间等制定出高效的方案，调控耕地土壤中的氮素。

第二节 磷 素

一、黄壤磷的来源、含量与分布

（一）黄壤磷的来源

磷是作物必需营养元素，也是农业生产中最重要的养分限制因子之一。在动植物出现之前，陆地生态系统中的磷大多数来自土壤母质，小部分来自湿沉降。陆地上有了动植物后，就有一部分来自土壤表层的生物富集，在磷被作为肥料应用于农业土壤之后，磷肥在很大程度上成为黄壤耕地磷的重要来源，给农业生产带来了巨大的效益。

(二) 黄壤磷的含量与分布

大多数自然土壤中全磷(total phosphorus)的含量都很低,并且大部分是以不能被植物吸收的形态存在。在自然生态系统中,植物已经形成了多种磷素最大化利用和循环的有效方法。从历史来看,原始的农业耕种加速了磷的流失和移出,且没有促进其循环和更替。工业革命以后,磷肥的大量施用导致耕地土壤增加的磷远高于收获作物时带走的磷,造成了对耕地土壤磷的过度补偿。以贵州黄壤为例,2010 年以后耕地土壤的全磷与 20 世纪 80 年代相比有较大幅度的提升。过量施用无机磷肥和牲畜粪便等有机肥使得土壤表层磷积累,通过水土流失和淋溶损失等途径进入水体,导致水体富营养化,如贵州湖库发生的水体富营养化大多数是磷营养控制型水体富营养化。据统计,我国由农业面源排放的磷对水体富营养化的贡献率达 60%~80%。因此,把握土壤磷的含量及分布特征,对于黄壤地区农业合理耕作、生态环境保护有着重要意义。

1. 黄壤磷的含量与分布 地壳全磷含量平均为 1.2 g/kg,我国土壤全磷含量一般在 0.2~1.1 g/kg。土壤磷的含量不如氮、钾高,我国大部分地区土壤磷供应不足,主要表现在土壤全磷丰富,全磷量的局部变异很大,一般为 0.4~2.5 g/kg(关连珠,2016),而有效磷质量分数较低。

我国南方 5 省黄壤全磷和有效磷含量如表 10-5 所示,湖南省土壤全磷含量最高,湖北省次之。依我国四大区域黄壤磷素分级标准(表 10-6),湖南省和湖北省均属较高(2 级);四川省最低,属于低含量(5 级)。我国耕地黄壤全磷属中等水平,主要分布省份(如四川省、湖南省和湖北省)全磷量均未超过 1.00 g/kg。

表 10-5 我国南方 5 省黄壤全磷和有效磷含量

省份	样本数(个)	全磷(g/kg)	有效磷(mg/kg)
湖南省	222	0.98	25.90
湖北省	628	0.80	14.33
四川省	1 394	0.29	21.28
云南省	4 189	—	17.89
贵州省	65 643	—	14.31

表 10-6 我国四大区域黄壤磷素分级标准

指标	区域	分级标准				
		1 级/高	2 级/较高	3 级/中	4 级/较低	5 级/低
全磷(g/kg)	长江中下游区、西南区、青藏区	>1.0	0.8~1.0	0.6~0.8	0.4~0.6	≤0.4
	华南区	>1.5	1.0~1.5	0.6~1.0	0.4~0.6	≤0.4
有效磷(mg/kg)	长江中下游区	>35	25~35	15~25	10~15	≤10
	西南区	>40	25~40	15~25	5~15	≤5
	青藏区、华南区	>40	20~40	10~20	5~10	≤5

如表 10-5、表 10-6 所示,我国南方 5 省黄壤有效磷含量在 14.31~25.90 mg/kg,以湖南省最高,达到较高水平(2 级),湖北省和贵州省为较低水平(4 级),四川省和云南省为中等含量水平(3 级)。从我国四大区域黄壤有效磷各等级面积(表 10-7)可知,中等有效磷水平(3 级)的黄壤面积为 1 436 793.57 hm^2,占总面积的 45%左右,主要分布在西南地区;1 级、2 级有效磷含量的黄壤仅占总面积的近 1/3,除西南地区外,主要分布在华南和长江中下游地区。

土壤中有效磷是土壤磷养分供应水平的标志之一,一般理解为能被当季作物吸收利用的磷。土壤有效磷含量受土壤中各种磷化合物本身的组成、性质、数量以及土壤水分、温度和酸碱度(pH)等因素的影响，特别是受到耕作施肥等人为活动的影响，含量变幅很大，且区域分布不明显。每一类土壤类型都有其相对稳定的有效磷含量范围，《中国土壤》（1998）中我国南方黄壤的有效磷含量低，为3.7～6.7 mg/kg。贵州林地黄壤全磷含量仅 0.179 8 g/kg，无机磷含量 92.6 mg/kg（占全磷的51.50%）。其中，有效磷含量 9.49 mg/kg。有机磷含量为 87.2 mg/kg，占全磷含量的 48.50%（张鹏等，2019）。

表 10-7　我国四大区域黄壤有效磷各等级面积

单位：hm^2

区域	1级/高	2级/较高	3级/中	4级/较低	5级/低	面积
华南区	1 191.81	129 199.06	108 804.12			239 194.99
滇南农林区		122 903.23	108 158.99			231 062.21
闽南粤中农林水产区		624.17				624.17
粤西桂南农林区	1 191.81	5 671.66	645.13			7 508.60
青藏区		471.70	1 149.34			1 621.04
藏南农牧区		99.63	175.29			274.92
川藏林农牧区		372.07	974.05			1 346.12
西南区	155 523.91	562 532.83	1 290 822.74	771 751.66	13 774.73	2 794 405.87
川滇高原山地林农牧区	21 985.05	68 416.45	265 128.00	68 806.25		424 335.75
黔桂高原山地林农牧区	24 397.82	200 337.34	503 798.96	522 474.38	13 774.73	1 264 783.23
秦岭大巴山林农区	12 036.68	35 235.04	12 218.88	1 305.01		60 795.61
四川盆地农林区	22 331.04	82 145.85	142 327.13	62 514.03		309 318.05
渝鄂湘黔边境山地林农牧区	74 773.32	176 398.15	367 349.77	116 651.99		735 173.23
长江中下游区	69 143.14	24 033.73	36 017.37	10 365.19	8 544.06	148 103.49
江南丘陵山地农林区	18 973.31	7 323.33	12 494.57	3 911.00	1 009.66	43 711.87
南岭丘陵山地林农区	21 073.53	12 483.05	20 346.33	4 703.73	6 318.11	64 924.75
长江下游平原丘陵农畜水产区	1 613.80	242.56			200.87	2 057.23
长江中游平原农业水产区		534.92	163.21	917.00		1 615.13
浙闽丘陵山地林农区	27 482.50	3 449.87	3 013.26	833.46	1 015.42	35 794.51
总计	225 858.86	716 237.32	1 436 793.57	782 116.85	22 318.79	3 183 325.39

作物所能吸收的磷主要是土壤溶液中的 HPO_4^{2-} 和 $H_2PO_4^-$。土壤溶液中磷酸根离子的浓度受土壤中各种磷化合物的控制。土壤中的磷绝大部分是不溶或溶解度极低的，土壤供磷能力取决于土壤有效磷的含量和土壤磷素有效化的强弱。据张邦喜（2016）研究发现，Ca_2-P、Ca_8-P 或 Fe-P 是黄壤有效磷的主要磷源。

土壤有效磷含量与全磷量的丰缺有关，长期施用化学磷肥或有机肥可提高土壤 Olsen-P 含量。在贵州黄壤性水稻土中，土壤中每累积磷 100 kg/hm^2，Olsen-P 含量平均增加 2.0～4.0 mg/kg。然而，有效磷含量并不严格地与土壤全磷含量平行，而是存在一个临界值，如西南黄壤性水稻土 Olsen-P 的农学阈值为 15.8 mg/kg（刘彦伶，2016），黄壤旱地 Olsen-P 的农学阈值为 22.4 mg/kg（李渝，2016）。当土壤有效磷含量低于该阈值时，作物产量随着磷肥用量增加而提高。当土壤有效磷含量高于该阈值时，则作物产量对磷肥不响应。

2. 影响黄壤磷含量的因素　黄壤磷的含量主要受自然因素和人为因素的影响。

（1）母质。不同母岩发育的黄壤磷素含量变异较大，全磷含量以玄武岩发育的黄壤最高，紫色岩发育的较低；有效磷含量则以砂页岩互层风化物上发育的黄壤最高，紫色岩发育的较低，详见表 10－8。

表 10－8　不同母岩发育黄壤全磷、有效磷含量统计

母岩类型	全磷						有效磷					
	A层		B层		C层		A层		B层		C层	
	样本数（个）	平均值（%）	样本数（个）	平均值（%）	样本数（个）	平均值（%）	样本数（个）	平均值（%）	样本数（个）	平均值（%）	样本数（个）	平均值（%）
页岩、板岩、凝灰岩	449	0.063	310	0.050	224	0.059	436	6.7	205	3.0	126	2.8
砂页岩互层风化物	402	0.055	359	0.041	200	0.035	376	7.3	123	3.2	32	4.0
普通砂岩、石英砂岩	171	0.044	159	0.035	75	0.026	135	5.2	52	1.9	9	2.0
玄武岩、辉绿岩	15	0.140	13	0.129	8	0.131	13	6.9	9	4.8	4	3.0
燧石灰岩等	196	0.060	161	0.048	95	0.068	189	5.9	47	3.6	22	2.4
红色风化壳	193	0.057	163	0.045	65	0.033	153	7.0	44	3.0	7	2.0
紫色岩	2	0.039	3	0.030	4	0.028	2	2.0	2	2.0	2	2.0
花岗岩	2	0.116	2	0.065	2	0.072	2	6.5	2	2.0	2	2.0

注：数据来源于贵州省土壤普查办公室，1994。

（2）施肥方式。施肥量对黄壤中磷素有效性及其利用率有显著影响，不同作物的土壤有效磷农学阈值不同。当施肥量超过其阈值，作物对磷素的利用率下降，造成磷营养的盈余，在土壤磷含量增加的同时，增加了磷营养的环境污染风险。此外，有机肥与磷肥配施能够提升有效磷含量，增加作物吸收利用效率（李渝，2016）。由于当季磷肥施用利用率仅 15%～25%，长期施用磷肥能够提高黄壤磷素水平，土壤全磷及有效磷含量均呈积累趋势，这对作物生长可能有利，但也提升了磷素流失潜能（刘方，2003）。不同的施肥方式对黄壤磷元素的不同形态含量存在影响，长期单施有机肥能显著提高黄壤中 Ca_{10}－P 和 O－P 的质量分数；单施化肥能显著提高 Al－P 和 O－P 的质量分数；有机无机肥配施能显著提高 Ca_2－P、Ca_8－P、Fe－P、O－P 的质量分数。其中，有机无机肥配施能够增加土壤无机磷库，影响土壤无机磷组分和分布，促进无效态磷向有效态磷的转化（张邦喜，2016）。施肥种类和施肥量都会影响磷素的含量，施入土壤中的肥料，其肥效往往对后茬作物影响更大。在没有施磷肥的情况下，有效磷含量急剧下降；在施肥情况下，土壤可溶态活性磷和可溶态有机磷占有机磷的比例增大。

（3）土地利用方式与土层深度。不同的土地利用方式对黄壤旱地的磷含量存在影响，在连作烟地、烤烟-玉米轮作地、连作玉米地以及林地的黄壤旱地上，不同利用方式下其有效磷（Olsen－P）、土壤易解吸磷（$CaCl_2$ 浸提磷）、藻类可利用的土壤总磷（NaOH 浸提磷）的含量出现明显的差异，其大小顺序为连作烟地＞烤烟-玉米轮作地＞连作玉米地＞林地。$CaCl_2$ 浸提磷或 NaOH 浸提磷与土壤全磷或土壤有效磷含量有显著的相关性（刘方，2002）。黄壤磷素含量在不同土地利用方式中有很大的差异，表现为旱地＞草地，草地磷素更易随水流失。一般来说，土壤中全磷含量与有效磷含量呈正相关关系，土壤全磷、有效磷的含量都随着土壤深度的增加而降低。据贵州省土壤普查办公室的调查，黄壤土类全磷、有效磷含量在剖面的分布为 A 层＞B 层＞C 层，B 层与 C 层相差较小。在土壤剖面中，全磷含量一般是表土较高，这主要是生物积累（非耕种土壤）和施肥（耕种土壤）的结果。

二、黄壤磷的形态、转化及影响因素

（一）黄壤磷的形态

在各种矿质元素肥料中，作物对磷肥的吸收利用率相对较低。可溶性磷化合物施入土壤后，经转化，大部分很快变成不溶性磷。土壤中磷的形态可分为有机磷和无机磷两大类，在大多数土壤中，磷以无机形态为主。土壤中的无机磷化合物主要分为3类：一是磷酸钙、磷酸镁类化合物，这类化合物主要存在于石灰性土壤或中性土壤中；二是磷酸铁、磷酸铝类化合物，这类化合物主要存在于酸性土壤中；三是闭蓄态磷。土壤磷的有效性低，因此，各种土壤有效磷普遍缺乏。

1. 有机磷 一般占土壤全磷量的20%～50%，在森林或草原植被下发育的土壤有机磷含量较高。目前，已知的有机磷化合物主要包括3类：

（1）植素类。包括植素及植酸盐，是由植酸（又称肌醇磷酸盐）与钙、镁、铁、铝等离子结合而成。土壤中，植素以植酸铁、铝为主，其在植素酶和磷酸酶作用下，水解并脱去部分磷酸根离子，可为植物提供有效磷。黄壤是酸性土壤，植酸铁、铝的溶解度较小，脱磷困难，因而生物有效性较低。

（2）核酸类。核酸类是一类含磷、氮的复杂有机化合物。土壤中的核酸与动植物和微生物中的核酸组成及性质基本类似。多数人认为，土壤核酸直接由动植物残体，特别是微生物的核蛋白分解而来。

（3）磷脂类。磷脂类是一类醇、醚溶性的有机磷化合物，在土壤中的含量不高。

2. 无机磷 在大部分土壤中，无机磷含量占主导地位，占土壤全磷量的50%～80%，黄壤旱地长期施磷后，无机磷占全磷的比例会逐渐增高。无机磷种类较多，成分较复杂，多以正磷酸盐形式存在，占土壤中全磷量的2/3～3/4。大致可分为水溶态、吸附态和矿物态3种形态。

（1）水溶态磷。主要是与K^+、Na^+形成的正磷酸盐，以及与Ca^{2+}、Mg^{2+}结合形成的一代磷酸盐，如KH_2PO_4、NaH_2PO_4、K_2HPO_4、Na_2HPO_4、$Ca(H_2PO_4)_2$、$Ma(H_2PO_4)_2$等。这些磷酸盐在土壤溶液中主要以HPO_4^{2-}、$H_2PO_4^-$、PO_4^{3-}离子形态存在，3种磷酸根离子的相对浓度随溶液pH的变化而变化。在土壤溶液pH范围内，磷酸根离子的3种解离方式如下（式10-12至式10-14）：

$$H_3PO_4 \rightleftharpoons H^+ + H_2PO_4^- \tag{10-12}$$

$$H_2PO_4^- \rightleftharpoons H^+ + HPO_4^{2-} \tag{10-13}$$

$$HPO_4^{2-} \rightleftharpoons H^+ + PO_4^{3-} \tag{10-14}$$

3种磷酸根离子浓度随体系pH变化而变化，在一般土壤pH范围内，磷酸根离子以$H_2PO_4^-$和HPO_4^{2-}为主。当土壤溶液pH＝7.2时，$H_2PO_4^-$和HPO_4^{2-}数量几乎相等；当pH＜7.2时，以$H_2PO_4^-$为主；当pH＞7.2时，以HPO_4^{2-}为主。由于植物根际微域内的土壤pH多呈酸性，故植物根系主要以吸收$H_2PO_4^-$为主。水溶态磷还包括部分聚合态磷酸盐以及某些有机磷化合物。

（2）吸附态磷。吸附态磷指被土壤固相表面吸附的磷酸根离子。其中，以交换吸附和胶体表面的配位体交换吸附（专性吸附）较为重要。磷酸根离子的交换吸附是指磷酸根离子（以$H_2PO_4^-$和HPO_4^{2-}为主）被固相表面的正电荷点位所吸附，以这种方式被吸附的磷酸根离子可以被其他交换能力更强的阴离子交换出来。磷酸根离子的配位体交换吸附以专性吸附为主。磷酸阴离子取代胶体表面的配位基（OH^-或OH_2^+）而成为胶体表面的一部分。酸性土壤吸附磷酸根最重要的黏土矿物为铁、铝氧化物及其水化物。

（3）矿物态磷。由磷酸根离子与不同比例钙（镁）或铁、铝离子等结合形成的一系列溶解度不同的含磷矿物。它占到土壤无机态磷总量的99%以上，石灰性土壤以磷酸钙盐（Ca-P）为主；酸性土壤以磷酸铁盐（Fe-P）、磷酸铝盐（Al-P）和闭蓄态磷（O-P）为主。黄壤中以O-P为主，其次是Fe-P，含量最少的是Al-P。

① Fe-P（铁磷）。Fe-P指由磷酸根与铁离子结合形成的一系列磷酸铁矿物，主要存在于酸性土壤中，有非晶质态和结晶质态两大类型。非晶质态$FePO_4 \cdot xH_2O$是水溶性磷肥施入土壤后形成的初期产物，无固定的分子组成和结晶构造，化学活性大，有效性中等偏下，其含量与作物吸磷量之间有显著的相关性。结晶质态磷铁盐以粉红磷铁矿为代表，化学式为[$Fe(OH)_2H_2PO_4$]，其溶解度和活性很低，植物不能吸收利用。

② Al-P（铝磷）。Al-P指由磷酸根与铝离子结合形成的一系列磷酸铝矿物，主要存在于酸性

土壤中，有非晶质态和结晶质态两种类型。非晶质态的磷酸铝是指土壤施用磷肥转化后的初期产物，呈胶体状态，表面活性大，有效性高，其含量与作物吸磷量间有显著相关。结晶质态的磷铝石，化学式为［$Al(OH)_2H_2PO_4$］，活性很低，植物不能吸收利用。

③ O-P（闭蓄态磷）。O-P是指被溶解度很小的物质，如［$Fe(OH)_3$］等以胶膜的形式包被起来的磷酸盐化合物。由于氧化铁或氢氧化铁的溶解度很小，被包被的磷酸盐的溶解机会就更少，有效性更低（陈明明，2009）。

在酸性土壤中，磷与Fe^{3+}和Al^{3+}形成难溶性化合物。在酸性土壤中，磷酸盐沉淀在铁、铝的氧化合物表面，或被溶液中游离的铁、铝离子所沉淀，或被高岭石和蒙脱石类的硅酸盐晶体所束缚，磷酸铁盐、磷酸铝盐是主要的无机磷酸盐化合物。在中性至碱性土壤中，磷酸根离子常与钙离子形成沉淀，磷酸钙盐则是主要的无机磷酸盐化合物。

土壤中难溶性的无机磷和有机磷占到土壤总磷量的95%以上，这部分磷是植物不能直接利用的，但在一定的条件下可以转化为溶解性磷；土壤溶解性磷占土壤全磷的比例很小，以正磷酸盐形式存在为主，它可被植物直接吸收利用。此外，还有一部分容易分解的水溶态的有机磷。土壤难溶性磷和易溶性磷之间存在着缓慢的动态平衡，大多数可溶性磷酸盐离子被固相所吸附，在一定条件下，这些被吸附的离子能迅速地与土壤溶液中的离子发生交换反应，进入土壤溶液中而被植物吸收利用。

（二）黄壤磷的转化及影响因素

磷的转化主要在土壤、植物以及微生物中进行。土壤中的磷除通过生物作用转化成有机态外，大部分以无机磷的形态，通过吸附-解吸、沉淀-溶解的过程进行转化。其中，包括固定与释放两个相反的过程。磷的固定即磷的有效性降低，指的是水溶性的磷在化学、物理化学以及生物化学的作用下被固定；磷的释放即磷的有效性增加。土壤中各形态磷的组成是相对稳定的，其均具有一定的活性，且在一定的条件下可以相互转化（张邦喜，2016）。

1. 黄壤磷的转化

（1）土壤有机磷和无机磷的转化。土壤有机磷和无机磷的转化主要是有机磷的矿化和无机磷的生物固定，是两个方向相反的过程。前者使有机态磷转化为无机态磷，后者使无机态磷转化为有机态磷。

土壤中的有机磷除一部分被作物直接吸收利用外，大部分需经微生物的作用矿化为无机磷后才能被作物吸收。

土壤中有机磷的矿化，主要是土壤微生物和游离酶、磷酸酶共同作用的结果，其分解速率与有机氮的矿化速率一样，取决于土壤温度、湿度、通气性、pH、无机磷和其他营养元素及耕作技术、根系分泌物等。在30～40℃，有机磷的矿化速度随着温度增加而加快，矿化最适温度为35℃，30℃以下不仅不进行有机磷的矿化，反而发生磷的净固定。干湿交替可以促进有机磷的矿化，淹水可以加速六磷酸肌醇的矿化，氧压低、通气差时，矿化速率变低。磷酸肌醇在酸性条件下易与活性铁、铝形成难溶性的化合物，降低其水解作用；同时，核蛋白的水解也需一定数量的Ca^{2+}，故酸性土壤施用石灰后，可以调节pH和Ca/Mg，促进有机磷的矿化；施用无机磷对有机磷的矿化也有一定的促进作用。有机质中磷的含量是决定磷是否产生纯生物固定和纯矿化的重要因素，其临界指标约为0.2%。当大于0.2%时，则发生纯矿化；当小于0.2%时，则发生纯生物固定。同时，有机磷的矿化速率还受到C/P和N/P的影响。当C/P或N/P大时，则发生纯生物固定；反之，则发生纯矿化。同样，当供硫过多时，也会发生磷的纯生物固定。土壤耕作能降低磷酸肌醇的含量，因此多耕的土壤中有机磷含量比少耕或免耕的土壤少。植物根系分泌的、易同化的有机物能增加曲霉、青霉、毛霉、根霉和芽孢杆菌、假单胞菌属等微生物的活性，使之产生更多的磷酸酶，加速有机磷的矿化，特别是菌根植物根系的磷酸酶具有较大的活性。可见，土壤有机磷的分解是一个生物作用的过程，分解矿化速率受土壤微生物活性的影响，当环境条件适宜微生物生长时，土壤有机磷分解矿化速率就加快。

土壤中无机磷的生物固定作用，即使在有机磷矿化过程中也能发生，因为分解有机磷的微生物本身也需要有机磷才能生长和繁殖。当土壤中有机磷含量不足或C/P大时（一般认为≥300），就会出现微生物与作物竞争磷的现象，发生磷的生物固定。

（2）土壤中磷的吸持与解吸。土壤中不同形式的磷酸离子在土壤溶液中被土壤吸持，包括吸附和吸收。吸附是指土壤固相上磷酸离子的浓度高于溶液中磷酸离子的浓度。吸附是不完全可逆的，其中只有部分磷可以重新被解吸而进入溶液，通常称为交换态磷。而吸收则是指磷酸离子与土壤固相成分（铁、铝、钙等）相结合，形成难溶性磷酸盐，基本上为不可逆反应。

土壤对磷的吸附有专性吸附和非专性吸附，土壤以专性吸附为主。专性吸附为配位基团的吸附。土壤中由于溶液中 H^+ 的离子浓度高，黏粒矿物表面的 OH^- 被质子化，形成 OH_2^+，吸附活性强。专性吸附不论黏粒带正电荷还是带负电荷，均能发生，其吸附过程较缓慢。随着时间的推移，由单键吸附逐渐过渡到双键吸附，从而出现磷的“老化”，最后形成晶体状态，使磷的活性降低。

在酸性条件下，土壤中铁、铝氧化物能够通过静电引力非专性吸附磷酸根离子（式10－15、式10－16）。

$$\text{M(金属)}-OH+H^+ \longrightarrow M-[OH_2]^+ \quad (10-15)$$

$$M-[OH_2]^+ + H_2PO_4^- = M-[OH_2]^+ \cdot H_2PO_4^- \quad (10-16)$$

土壤磷的解吸则是磷从土壤固相向液相转移的过程，它是土壤中磷释放作用的重要机制之一。土壤磷或磷肥的沉淀物与土壤溶液共存时，土壤溶液中的磷因作物吸收而降低，破坏了原有的平衡，使反应向磷溶解的方向进行。当土壤中其他阴离子的浓度大于磷酸根离子的浓度时，可通过竞争吸附作用，导致吸附态磷的解吸，吸附态磷沿浓度梯度向外扩散进入土壤溶液。

土壤中磷的吸附与解吸始终处于动态平衡。吸附主要取决于土壤溶液中磷的浓度。当溶液中磷酸根被植物吸收而减少时，吸附态磷酸根便释放到溶液中。释放量的多少和难易程度取决于固相表面的阴离子吸附饱和度、吸附类型、吸附点位和吸附结合能力的大小。吸附饱和度越大，吸附态磷的有效性越高。

（3）土壤中磷的沉淀与溶解。土壤中磷化合物的沉淀作用是磷在土壤中被固定的重要机制。其转换过程中，生成物的浓度积常数相继增大，溶解度变小，使其在土壤中趋于稳定。土壤中磷的沉淀与吸附往往同时发生，又相互交错进行。一般认为，当介质的 pH<7 时，以磷的吸附为主；当介质 pH≥7 时，以磷酸钙盐的沉淀为主。一般在土壤溶液中磷的浓度较高、土壤中有大量可溶性阳离子以及土壤 pH 较高或较低时，沉淀作用是引起磷在土壤中被固定的决定因素。相反，在土壤磷浓度较低、土壤溶液中阳离子浓度也较低的情况下，吸附作用才占主导地位。土壤中的磷与其他阳离子形成固体而沉淀。

由于土壤中 H^+ 的浓度以及铁、铝的含量较高，其磷酸根离子主要以 $H_2PO_4^{2-}$ 形态与活性铁、活性铝或交换性铁、交换性铝以及赤铁矿、针铁矿等化合物作用，形成一系列溶解度较低的 Fe（Al）- P 化合物，如磷酸铁铝、盐基性磷酸铁铝等。而当土壤中的 pH 上升，则能促进铁、铝形成氢氧化物沉淀，减少它们对磷的固定。

2. 影响黄壤磷转化的因素

（1）土壤酸碱度。土壤 pH 是影响土壤固磷作用的重要因子之一。中性（pH 6.5～7.0）的土壤有效磷含量最高；在 pH 7.0 以上的碱性土壤中，有效磷含量随着 pH 的升高而降低；在 pH 6.5 以下的酸性土壤中，有效磷含量随 pH 的下降而降低。黄壤为酸性土壤，土壤 pH 越低，土壤中的有效磷含量就越少，可使用石灰调节其 pH 至 6.5～6.8，减少土壤对磷的固定，提高磷的有效性。

（2）土壤有机质。一般情况下，有机质分解时产生的各种有机酸和其他螯合剂与铁、铝螯合，能促进含磷矿物中磷的释放，腐殖质类物质还可以络合铁、铝等磷酸盐中的阳离子，促使这些化合物中的磷转化为有效磷。大量研究显示，向土壤中增施有机肥有利于提高土壤有效磷。在黄壤上，长期单施化肥不利于提高土壤养分，而化肥与有机肥的合理配施可提高土壤磷的含量（刘彦伶，2017）。

（3）土壤水分条件。黄壤淹水后可明显提高磷的有效性。当黄壤淹水后，会使其 pH 上升，从而促进铁、铝形成氢氧化物沉淀，减少它们对磷的固定；淹水还会导致黄壤的氧化还原电位下降，高价铁还原成低价铁，而磷酸低价铁盐具有较高的溶解度。因此，可使磷的有效性提高。同时，还可使被铁质角膜包被的闭蓄态磷溶解，提高其有效性。

（4）磷肥的施用。磷肥的施用能够影响磷在土壤中的含量，长期施肥后，黄壤旱地中磷的积累明显，耕地中土壤有效磷含量通常要高于非耕地。

三、主要磷肥种类和黄壤磷的调节

（一）主要磷肥种类

1. 水溶性磷肥

（1）过磷酸钙。简称普钙，是由硫酸分解磷矿粉，使得难溶性的磷酸钙转化为水溶性的磷酸二氢钙，灰白色的粉末或颗粒，主要成分为一水磷酸二氢钙［$Ca(H_2PO_4)_2 \cdot H_2O$］，含有效磷（P_2O_5）14%～20%。此外，还有3.5%～5%的游离磷酸。过磷酸钙的有效磷含量取决于原料磷矿石的品位，磷矿石的品位越高，磷肥中的有效磷含量也越高。

由于含有游离酸使肥料呈酸性，并具有腐蚀性，易吸湿结块，散落性差。因此，过磷酸钙在储存和运送过程中应防潮，储存时间不宜过长。

过磷酸钙施在酸性或者石灰性土壤中，其中的水溶性磷均易被固定，在土壤中的移动性弱。因此，黄壤上施用过磷酸钙的原则是尽量减少其与土壤的接触面积，降低黄壤的固定；尽量施于根系附近，增加与根系接触的机会，促进根系对磷的吸收。

过磷酸钙可做基肥、种肥和追肥，同有机肥混合施用能有效提高肥效。在黄壤上，还可以配合石灰施用。

（2）重过磷酸钙。简称重钙，是一种高浓度磷肥，含有效磷（P_2O_5）36%～54%，深灰色，颗粒或粉末状，主要成分为水溶性磷酸二氢钙［$Ca(H_2PO_4)_2 \cdot H_2O$］，不含硫酸钙，含4%～8%的游离磷酸，呈酸性，腐蚀性与吸湿性强，易结块，多制成颗粒状。不宜与碱性物质混合，否则会降低磷的有效性。

重钙的施用基本与普钙相似，但是由于其肥料中的有效成分含量较高，其施用量应相应减少。

（3）氨化过磷酸钙。含氮（N）2%～3%、磷（P_2O_5）13%～15%，主要成分为磷酸二氢钙和硫酸钙，次要成分为磷酸二氢铵和硫酸铵。吸湿性、结块性和腐蚀性均大大低于普通过磷酸钙，是一种氮磷复合肥。

2. 弱酸溶性磷肥 凡所含的磷成分溶于弱酸的磷肥，统称为弱酸溶性磷肥，又称为枸溶性磷肥。

（1）钙镁磷肥。钙镁磷肥是由磷矿石与适量的蛇纹石或橄榄石在高温下共熔，经骤冷而成的玻璃状物质，含磷成分主要为α-磷酸三钙，含磷（P_2O_5）14%～18%，不溶于水，溶于2%的柠檬酸溶液，粉碎后的钙镁磷肥大多为灰绿色或棕褐色；水溶液为碱性，不吸湿、不结块、无腐蚀性。

钙镁磷肥的溶解度随着pH的下降而明显增加。施入黄壤后，在酸的作用下，被逐步溶解，释放出磷。钙镁磷肥在黄壤上的肥效相当于或超过过磷酸钙。

钙镁磷肥适宜做基肥，黄壤上也做种肥或蘸根肥。做基肥时，用量为450～600 kg/hm^2，提前施用，使其在土壤中尽量溶解，也可先与新鲜有机肥堆肥、沤肥或与生理酸性肥料配合施用，以促进肥料中磷的溶解，但不宜与铵态氮肥或腐熟的有机肥混合，以免引起氨挥发损失。做种肥或蘸根肥，用量为120～150 kg/hm^2；做水稻秧苗肥，施用量为450～750 kg/hm^2。

（2）钢渣磷肥。钢渣磷肥是炼钢工业的副产品，又称汤马斯磷肥或碱性炉渣，一般含磷（P_2O_5）8%～14%，高的可达17%，也有低于8%的。主要成分为磷酸四钙及磷酸钙与硅酸钙的复盐，不溶于水而溶于弱酸。因含石灰，呈强碱性。成品中还含有铁、硅、镁、锰、锌、铜等营养或有益元素，是一种多成分的弱酸溶性磷肥。

钢渣磷肥适宜在黄壤中做基肥，通过在黄壤中酸及根分泌的碳酸等作用下，逐步溶解释放出磷，供作物吸收利用，但不宜做种肥。

(3) 沉淀磷酸钙。主要成分为磷酸二氢钙，含有效磷（P_2O_5）30%～40%，呈灰白色粉末，不吸湿，不结块，储运方便，含氟量低，也可做饲料。

在黄壤上，沉淀磷肥适用于做基肥和种肥，对各种作物均有增产效果，且肥效优于过磷酸钙，与钙镁磷肥相当。

(4) 脱氟磷肥。一般含磷（P_2O_5）14%～18%，高的可达30%，主要成分为$Ca_3(PO_4)_2$，其中的大部分磷能溶于2%的柠檬酸，属弱酸溶性磷肥。物理性质良好，不吸湿，不结块，不含游离酸，储运方便。酸性土壤适宜于做基肥，对各种作物均有增产效果，施用方法与钙镁磷肥相似。因不含砷、含氟量低，可做饲料添加剂。

3. 难溶性磷肥 凡磷肥中的磷成分只能溶于强酸的磷肥均为难溶性磷肥。

(1) 磷矿粉。磷矿粉呈灰白粉状，主要成分为磷灰石，全磷（P_2O_5）含量一般为10%～25%，枸溶性磷1%～5%，其供磷特点是容量大、强度小、后效长。磷矿石中，枸溶性磷占全磷量的15%以上。

磷矿粉施用的肥效受矿石的结晶状况、土壤类型和作物种类及施用技术等条件制约。成矿原因及结晶状况关系到其枸溶性磷的含量，因此会明显影响磷矿粉的肥效。例如，氟磷灰石结晶明显，晶粒大，结构致密，有效磷含量低，占全磷含量一般不足5%，属于低效磷矿粉；而高碳磷矿石结晶不明显，呈胶体状，结构疏松，其有效磷含量占全磷的50%以上。

酸碱性，特别是酸度对磷矿粉的影响较大，因为其肥效与其在土壤中的溶解度有关。因此，一般磷矿粉施入黄壤中能够达到明显的增产效果。在强酸性土壤中，须适量施用石灰，中和土壤酸性，才能获得更高的产量。

磷矿粉应首先用于吸磷能力强的作物。磷矿粉是一种迟效性磷肥，宜做基肥，均匀撒施后耕翻入土，尽量使肥料与土壤混匀，利用土壤酸度，促进磷矿粉溶解。颗粒细，比表面积大，与土壤或根系接触机会多，有利于肥料溶解。

(2) 鸟粪磷矿粉以及骨粉。鸟粪磷矿粉是由海岛上大量的海鸟粪在高温、多雨条件下，分解释放的磷酸盐淋溶至土壤中，与钙作用形成的矿石制成。全磷含量15%～19%，其中能被柠檬酸铵提取的磷占50%以上，有效性高，直接施用的肥效接近钙镁磷肥。此外，肥料中含有一定量的有机质、氮0.33%～1.0%、氧化钾0.1%～0.18%、氧化钙约40%、氟0.2%、氯0.5%，是一种高效、优质磷肥，施用方法与磷矿粉相似。

骨粉的主要含磷成分是磷酸三钙，占骨粉重的58%～62%。此外，含有磷酸三镁1%～2%、碳酸钙6%～7%、氟化钙2%。骨粉中含氮4%～5%、有机物（脂肪与胶）26%～30%，所以它也是一种多成分肥料。

4. 新型磷肥 聚磷酸以及聚磷酸铵是一类新型磷肥。聚磷酸是一种含磷（P_2O_5）76%～85%、制备高浓度磷肥的原料。将聚磷酸氨化，或与钾、钙、镁等金属离子反应，即可制取相应的聚磷酸盐。其中，最重要的是聚磷酸铵。这类磷肥的特点是高效、缓溶，施入土壤后，可逐步水解成正磷酸盐，被作物吸收，并减少土壤对磷的固定。

（二）黄壤磷的调节

1. 调节酸碱度 酸碱度对黄壤中磷的有效性有很大的影响，当pH过高或过低时，磷的固定程度都很高，当pH从5以下上升到6左右时，铁铝磷酸盐的溶解度有一定程度的提高。因此，对于酸性土壤，适当施用石灰调节其pH至中性附近（以pH 6.5～6.8为宜），可减少磷的固定作用，提高土壤磷的有效性。例如，在对四川黄壤磷有效性影响因素的研究中发现，黄壤中的Fe-P、Al-P、无机磷均与pH呈显著负相关关系，而Ca-P、O-P以及有效磷与pH呈极显著正相关关系。这说明随着pH的升高，磷的有效性降低；这可能与低pH条件下黄壤表面正电荷减少、负电荷增加，由于静电排斥作用土壤颗粒降低对磷的吸附有关。

2. 增加有机质 有机质固定磷酸根离子的能力很弱。因此，有机质含量高的土壤，磷的有效性较高。其首要原因是，吸附在土壤矿物表面的腐殖质大分子能掩蔽矿物表面的固定位点，并阻止其与溶液中的磷酸盐离子反应。其次，植物根系分泌和微生物腐解释放的有机酸可以起到有机阴离子的作用，与磷酸盐阴离子竞争黏土矿物和水化氧化物表面的正电荷位点。再次，一些有机化合物能与铁、铝形成稳定的螯合物。一旦螯合，这些金属离子就不能与溶液中的磷酸盐离子进行反应。在对四川耕地土壤的研究中发现，黄壤中的Fe-P、Al-P和有效磷均与土壤有机质含量成正比，而Ca-P、O-P则与有机质含量的增高相关性不高。这说明有机质含量的提高对磷活性的增强具有促进作用。此外，由于许多富磷有机物的微生物矿化会释放磷离子，也可能减少磷的固定。

3. 肥料的施用及方式 由于磷在土壤中的移动性较差，而且基本没有挥发损失，淋溶也相对较少，所以土壤中磷素的盈亏取决于磷肥的施用和植物的消耗。磷肥的不同施用方式会影响上壤磷素的空间分布和形态转化。目前，施用的磷素主要有两种形态，即化肥形式的磷肥和有机质形态的磷肥。有研究指出，长期大量施用磷肥，土壤中各形态磷素均有不同程度累积，并且施用磷肥主要增加了土壤无机磷库，而无机磷的增加主要以不稳定态无机磷为主（王永壮，2013）。

长期施肥后，黄壤旱地中磷的积累明显，目前耕地中土壤有效磷含量通常要高于非耕地。淹水使土壤磷的有效性提高，但是磷肥的肥效相应降低。因此，在水旱轮作中，磷肥的分配应掌握“旱重水轻”的原则，即将磷肥重点施在旱作时。一般施磷肥时需要注意：①集中施肥，减少与土壤的接触面；②施于作物近根区，减小磷的迁移距离；③与有机肥配合施用，减少被土壤矿物的固定；④在黄壤上施用碱性磷肥（钙镁磷肥等）。

适宜的施肥方式能够提高土壤磷活性。有研究发现，在黄壤旱地上，通过将磷肥与草木灰、氮肥配合施用，能够有效提升土壤有效磷含量，Al-P含量也较高，这可以促进植物对土壤磷的吸收。不同地区的黄壤，调节磷的方式应因地制宜，根据不同的土壤理化性状以及气候环境等条件进行相应施肥方案的制订，才能达到低施用量、高利用率的效果。

复合肥的施用也能提高黄壤中磷的有效性。例如，在缺磷的土壤上，氮、磷肥配合施用可以充分发挥氮与磷的交互作用，同时分别提升磷肥和氮肥的利用率；当铵和磷肥在施肥带中混合后，铵离子氧化产生酸性和以铵根形态吸收的过量阳离子使磷酸盐处于溶解度较高的状态，促进植物对磷的吸收。磷肥与有机肥配施也能提高其在黄壤上的有效性。有机肥分解过程中产生的有机酸，能够促进磷酸钙盐的溶解，以及有机肥中的碳水化合物对土壤固相吸附位点的掩蔽作用，同时能活化黄壤中的磷，减少黄壤对磷的固定。

水肥一体化技术是一种灌溉与施肥相结合的新型农业技术，可以大大提高水资源和肥料的利用，促进生态环境保护，提高农作物的产量和品质（惠海滨等，2019）。水肥一体化技术利用管道灌溉系统，根据作物对水和肥的需求规律，以肥调水、以水促肥，使水和肥料在土壤中以优化组合状态供应给作物吸收利用，实现水和肥的同步管理，极大限度地提高了水肥利用率和生产效率。目前，水肥一体化技术已由过去的局部试验和示范发展成为现在的大规模推广应用，涵盖了设施栽培、无土栽培以及果树、蔬菜、花卉、苗木等多种作物。滴灌水肥一体化与传统地面灌溉相比，具有提高水利用率（滴灌的水利用率可达95%，比地面浇灌省水30%～50%，比喷灌省水10%～20%）、节省肥料和劳力、灌溉均匀度高（可达80%～90%）、便于农作管理、减少病虫害、提高作物产量、提早成熟和延长市场供应期等优点（胡伟等，2016）。因此，将磷肥施用与水肥一体化技术相结合，能够极大地提高磷肥的有效性。

第三节 钾 素

钾是植物生长发育必需的三大营养元素之一，土壤钾含量也是衡量土壤肥力的重要指标。其中，能被植物直接吸收利用的速效钾水平至关重要。

一、黄壤钾的来源、含量与分布

（一）黄壤钾的来源

黄壤中的钾主要来自含钾矿物，主要以原生或次生的结晶硅酸盐状态存在于土壤中，只有很少一部分以无定形或类似结晶状态存在。有些黄壤中的钾则来源于砂页岩、花岗岩以及红色黏土中的沙粒（含长石、云母和黏粒，含15%～25%的水云母）。以花岗岩风化物发育的黄壤中的钾含量最高、玄武岩最低。有研究发现，白云岩发育的黄红壤的全钾和速效钾的含量比同区域的石灰岩发育的高（刘艳等，2014）。在广西德保由紫色页岩发育的黄壤中，有含钾的云母或水云母向蛭石转化的过渡性矿物存在，其中高岭石钾含量与母质差不多，石英有所减少，并有大量的三水铝矿。黄壤中钾还有部分由施肥带入土壤中，如施用化学钾肥、草木灰、农家肥、绿肥和秸秆还田等。灌溉也可将少量钾带入土壤。

（二）黄壤钾的含量与分布及影响因素

1. 黄壤氮的含量与分布 钾在地壳中的平均含量是26 g/kg，为地壳第七位最丰富的元素，也是岩石圈中第四位最丰富的矿质营养元素。在主要营养元素和次要营养元素中，钾在土壤中一般是最丰富的。我国土壤全钾（K_2O）含量为0.5～25.05 g/kg。我国缺钾（速效钾<70 mg/kg）的土壤面积约为2.3×10^7 hm^2（傅伟等，2017），占耕地面积的22.6%。其中，土壤速效钾小于50 mg/kg的严重缺钾土壤约1.0×10^7 hm^2，占9.3%；50～70 mg /kg的耕地约1.3×10^7 hm^2，占13.3%。此外，约有2.1×10^7 hm^2耕地的速效钾含量为70～100 mg/kg，也应酌情施用钾肥。从我国西南地区广泛分布的黄壤来看，土壤也存在一定程度的缺钾。我国南方5省份黄壤各形态钾素含量如表10－11所示，湖南黄壤全钾含量最高，其次为湖北，四川含量最低。我国南方5省份速效钾均处于3级（中）及以上的水平，其中贵州速效钾含量最高，四川最低（表10－9、表10－10）。

表10－9　我国南方5省份黄壤各形态钾素含量

省份	样本数（个）	全钾（g/kg）	速效钾（mg/kg）	缓效钾（mg/kg）
湖南	222	20.35	126.41	274.99
湖北	628	15.34	122.64	399.66
四川	1 394	6.86	100.91	142.65
云南	4 189	—	126.00	221.00
贵州	65 643	—	139.00	—

表10－10　四大区黄壤速效钾分级标准

单位：mg/kg

区域	1级/高	2级/较高	3级/中	4级/较低	5级/低
长江中下游区	>150	125～150	100～125	75～100	≤75
西南区	>150	100～150	75～100	50～75	≤50
华南区	>150	100～150	75～100	50～75	≤50
青藏区	>250	200～250	150～200	100～150	≤100

2. 影响黄壤钾素含量的因素

（1）母质。不同母质发育的黄壤中全钾与速效钾含量不一。贵州全钾含量属中等水平，而速效钾较丰富。根据贵州黄壤剖面统计，平均A层全钾含量为1.443%，速效钾含量为130.2 mg/kg。全钾含量以砂页岩互层和紫色岩发育的黄壤为高，玄武岩、辉绿岩发育的黄壤为低；速效钾含量则以紫色岩、花岗岩发育的黄壤最高，砂岩上发育的黄壤较低（表10－11、表10－12）。

表 10-11　不同母质发育的黄壤全钾含量

母岩类型	A层		B层		C层	
	样本数（个）	平均值（%）	样本数（个）	平均值（%）	样本数（个）	平均值（%）
页岩、板岩、凝灰岩	118	1.470	47	1.151	23	1.315
砂页岩互层	69	1.772	39	1.287	9	1.282
普通砂岩、石英砂岩	45	1.193	23	0.975	8	0.984
玄武岩、辉绿岩	1	0.200	1	0.210	1	0.280
燧石灰岩等	76	1.241	26	1.213	9	1.065
红色风化壳	46	1.166	26	1.064	4	1.855
紫色岩	3	1.700	3	1.583	3	1.963
花岗岩		—		—		—

表 10-12　不同母质发育的黄壤速效钾含量

母岩类型	A层		B层		C层	
	样本数（个）	平均值（mg/kg）	样本数（个）	平均值（mg/kg）	样本数（个）	平均值（mg/kg）
页岩、板岩、凝灰岩	428	132.8	201	69.0	99	49.2
砂页岩互层	354	150.9	123	74.3	59	47.1
普通砂岩、石英砂岩	204	93.7	48	67.5	17	69.2
玄武岩、辉绿岩	12	144.0	10	106.0	5	86.0
燧石灰岩等	167	120.9	55	82.0	25	71.9
红色风化壳	183	180.0	61	70.0	8	45.0
紫色岩	2	203.0	4	108.0	3	87.0
花岗岩	2	204.0		—		—

（2）土层。如表 10-13 所示，黄壤全钾含量为 A 层、C 层较高，B 层较低。这是由于土壤中的钾主要来源于母质风化和植物归还或施肥。黄壤速效钾含量在剖面中的分布则为 A 层>B 层>C 层。

表 10-13　黄壤旱地土壤剖面全钾及速效钾含量统计

层次	项 目	全钾	速效钾
A	样本数（个）	475	857
	平均值	1.49%	126.8 mg/kg
B	样本数（个）	93	338
	平均值	1.24%	61.2 mg/kg
C	样本数（个）	37	176
	平均值	1.55%	50.8 mg/kg

（3）耕作方式。松耕与传统耕作均可使表层土壤速效钾向深层转移，防止有效钾的流失。滕浪等（2019）研究发现，贵州省毕节市黔西市黄壤旱地有效钾含量为表层土壤>深层土壤。

二、黄壤钾的形态、转化及影响因素

（一）黄壤钾的形态

黄壤中钾包含 4 种形态：水溶性钾、交换性钾、非交换性钾（缓效钾）和矿物钾。

1. 水溶性钾　水溶性钾是存在于土壤水（溶液）中的钾离子，是土壤中活性最高的钾，能直接被植物吸收利用，占全钾量的比例最低。水溶性钾含量一般为 1～40 mg/kg，只占土壤全钾量的

0.05%～0.15%。土壤溶液中钾的浓度依土壤风化、前茬作物以及钾肥施用等情况而变化，其随降水和排水而流失。

2. 交换性钾 土壤交换性钾是被有机质或黏粒表面负电荷固持的钾素形态，可以被代换出来。土壤中可交换性钾浓度一般为40～600 mg/kg，占土壤全钾量的1%～5%。它与水溶性钾保持动态平衡，补充水溶性钾，是当季作物钾素营养的主要来源。土壤的水溶性钾和交换性钾统称为速效钾，是土壤钾素肥力的重要指标之一。交换性钾含量的多少，与黏土矿物种类、胶体含量、耕作和施肥等因素有关。

3. 非交换性钾 土壤非交换性钾吸附于土壤黏土矿物（如蒙脱石、伊利石、蛭石等次生矿物）层间的吸附位上，短时间内不能被交换和移走，当土壤水溶性钾和交换性钾含量降低时，非交换性钾会向这两种形态转化，从而补充植物能够有效吸收利用的钾素；在土壤钾素被作物大量吸收的情况下，非交换性钾释放，从而作为作物吸钾的重要来源。非交换性钾作为水溶性钾和交换性钾的备库，它的植物有效性与土壤钾素利用状况和作物种植制度有关。非交换性钾可分为两大类：一类是天然层状矿物层间固有的钾，如黑云母和伊利石中的层间钾；另一类是由吸附在矿物表面的交换性钾或溶液钾转化来的。后者因负电性而将钾吸附在2∶1型黏粒矿物（如蛭石、蒙脱石及一些过渡矿物）的表面上，在成土过程中转入矿物层间或颗粒边缘，转化成非交换性钾。土壤中的交换性钾一旦被固定后，它的生物有效性降低，但在一定条件下仍可以逐渐释放，供植物吸收利用，故又称缓效钾。缓效钾通常只占全钾含量中的很少一部分，一般不足2%，最多不超过8%。在黄壤中，非交换性钾含量是评价黄壤供钾潜力的一个重要指标。

4. 矿物钾 矿物钾是指构成矿物或深受矿物结构束缚的钾，主要存在于微斜长石、正长石等原生矿物和白云母中，以原生矿物形态存在于土壤粗粒部分的钾。矿物钾占全钾量的92%～98%，是土壤全钾的主体，植物对这部分钾难以利用。只有当矿物经长期风化后才可被释放出来供植物吸收利用。因此，矿物钾只能被看作是土壤钾的后备部分。

（二）黄壤钾的转化及影响因素

1. 钾的转化 土壤的各种形态钾素之间可以相互转化。土壤中钾素的转化可以分为钾的有效化和无效化过程。

（1）钾的有效化。钾的释放即为土壤钾的有效化过程，包括矿物风化释放出钾的过程，也包括植物分泌有机酸等物质将含钾矿物溶解以及非交换性钾的释放等过程，释放出的钾能够在一定条件下被植物吸收利用，从而提高土壤的供钾能力。

（2）钾的无效化。钾的固定即为土壤钾的无效化，土壤溶液中的钾和交换性钾进入黏土矿物层间的结合点，从而被固定并转化为非交换性钾，钾的植物有效性降低，我国土壤的固钾能力具有明显的地域差异性。钾固定首先降低钾对植物的吸钾贡献，同时钾被固定能够减少钾淋溶损失，且固定的钾可以释放出来钾供植物吸收利用。

2. 影响因素 土壤钾固定和释放受到土壤水分条件、土壤质地、黏土矿物类型、土壤pH、微生物吸收利用等因素的影响。

（1）土壤水分条件。水分对土壤钾固定有很大影响，土壤中施入钾肥后，固钾效率依次表现为干湿交替＞恒湿＞淹水。当水分多时，矿物层间钾与溶液钾可自由交换，不被固定，因而固钾量少。在稻田淹水情况下，土壤溶液中有大量的可溶性 Fe^{2+} 和 Mn^{2+}，这些离子能够从黏土的结合位点中代换出交换性钾，提高土壤中的交换性钾含量。有研究表明，在淹水条件下，土壤对钾的固定作用降低，土壤固定的钾含量减少，土壤为作物提供的钾量就会有所增加。

（2）土壤质地。土壤质地不同会影响钾的固定和释放。钾的固定随黏粒含量的增多而加强，沙土固钾能力很弱。研究表明，在不同质地类型土壤上施用钾肥，沙壤速效钾增加幅度最大，轻壤和中壤次之，黏壤最小。可见，随着土壤沙性的增强，土壤供应的速效钾含量增加。钾的吸附主要发生在粒径较小的黏粒部分，土壤黏粒在速效钾含量较高时可能会对钾产生固定作用。

（3）黏土矿物类型。1∶1型黏土矿物（如高岭石）几乎不固定钾。钾的固定主要发生在2∶1型黏土矿物，不同矿物的固钾能力不同，大体有以下顺序：蛭石＞伊利石＞蒙脱石。长石类的含钾矿物为架状结构，钾原子处于晶格内部，难以被取代，所以只有经过物理风化使键断裂后，或受作物与微生物所产生的各种有机酸和无机酸的作用，才能逐步水解而释放出钾。这类矿物风化和水解的程度受水热条件及氢离子浓度所控制（谢建昌，2000）。云母类含钾矿物为层状结构，比长石类矿物更易于风化。云母类矿物中最常见的白云母与黑云母相比，由于它们的化学组成和晶胞体积不同，所以稳定性上就有明显区别。黑云母晶格结构的负电性较弱，与K^+的结合力比白云母小，晶层之间的联系因此而松弛，所以黑云母晶格易于瓦解风化，从而释放出钾。云母在风化过程中可逐渐转化为水化云母、伊利石、蒙脱石或蛭石等次生矿物，在这一过程中，矿物的粒径及含钾量不断减少，交换量和水化程度不断增加，晶格组成更为复杂，其中所含的钾更容易释放。

（4）土壤pH。土壤酸度增加可减少钾的固定。因为在酸性条件下，钾离子的选择吸附位置可能被铝离子、氢氧化铝及其聚合物所占据，高度膨胀的黏土也可能形成羟基聚合铝夹层，明显减少钾离子进入层间的机会。一般来说，在酸性条件下，土壤胶体所带的电荷减少，陪伴离子以氢、铝为主，能减少钾固定。在中性条件下，陪伴离子以钙、镁为主，钾的固定较强。

（5）微生物吸收利用。黄壤中钾可被微生物吸收利用而产生生物固定。但是，由于微生物生命周期短，这种固定只是暂时的，当微生物死亡腐解后，这部分钾又可被释放回黄壤中。

三、主要钾肥种类及黄壤钾的调节

（一）主要钾肥种类

1. 氯化钾 氯化钾（KCl），含K_2O 50%～60%，易溶于水，是速效性肥料，可供植物直接吸收利用。氯化钾吸湿性不大，通常不会结块，物理性质良好，便于施用。氯化钾为化学中性、生理酸性肥料。大量、单一和长期施用氯化钾会引起土壤酸化，其影响程度与土壤类型有关，酸性土壤应适当配合施用石灰或钙镁磷肥等碱性肥料。所以，在黄壤中施用氯化钾应配合石灰等碱性肥料，能中和土壤酸度。氯化钾中含有氯，若施用过量，则带入土壤的氯随之增加，对甜菜、甘蔗、马铃薯、葡萄、西瓜、茶树、烟草、柑橘等忌氯作物的品质有不良影响，故一般不宜施用。若必须施用时，应控制用量或提早施用，使氯随雨水或灌溉水流失。氯化钾可做基肥和追肥。大田作物一般施氯化钾150 kg/hm^2左右，宜深施在根系附近。在有施用磷矿粉习惯的地区，氯化钾与磷矿粉混合施用有利于发挥磷矿粉的肥效。

2. 硫酸钾 硫酸钾（K_2SO_4），含K_2O 50%～54%，较纯净的硫酸钾是白色或淡黄色，菱形或六角形结晶，吸湿性远比氯化钾小，物理性质良好，不易结块，便于施用。硫酸钾易溶于水，是速效性肥料，能被植物直接吸收利用。硫酸钾也属化学中性、生理酸性肥料，在酸性土壤上，宜与碱性肥料和有机肥配合施用。但其酸化土壤的能力比氯化钾弱，这与它在土壤中的转化有关。硫酸钾可做基肥、追肥、种肥和根外追肥。通常基肥施150 kg/hm^2左右，种肥施22.5～37.5 kg/hm^2，根外追肥的浓度为2%～3%。

3. 窑灰钾肥 窑灰钾肥是水泥工业的副产品。含K_2O在1.6%～23.5%，有的甚至高达39.6%。窑灰钾肥的含钾量受水泥的原料、燃料、煅烧、回收设备、钾肥颗粒细度等因素的影响，不同水泥厂的产品含钾量差异较大。窑灰钾肥中钾的形态主要是K_2SO_4和KCl。水溶性钾约占95%。此外，还含有SiO_2（2.7%～12.3%）、Fe_2O_3（0.5%～3.0%）、Al_2O_3（1.3%～3.1%）、SO_2（3.1%～19.9%）、CaO（13.7%～36.6%）、MgO（0.8%～1.6%）以及多种微量元素。窑灰钾肥水溶液的pH 9～11，属碱性肥料。一般呈灰黄色或灰褐色，含钾量高时，显灰白色。窑灰钾肥施用前，应先加入少量湿土拌和，以减少飞扬损失；可把少量窑灰钾肥拌入有机肥料堆中以促进有机肥的分解；窑灰钾肥吸水后会发热，又是强碱性肥料，可做基肥或追肥，但不可做种肥，容易烧坏种苗，不可与铵态氮肥混合施用，以免引起氮的挥发损失；不可与过磷酸钙混合，否则会降低磷肥肥效，做追肥必须防止肥料沾在叶片上，早晨有露水时不能施用；窑灰钾肥最适于在酸性土壤中施用。

4. 草木灰 草木灰是我国农村常用的以含钾为主的农家肥料，是农作物秸秆、枯枝落叶、野草和谷壳等植物残体燃烧后的残灰。在燃烧过程中，氮几乎全部损失，留下多种灰分元素，如钾、磷、钙、镁、硫、硅及各种微量元素。其中，钙和钾含量较多，磷次之，习惯上将草木灰视为钾肥，实际上它是以钙、钾为主，含有多种养分的肥料。草木灰中钾的形态主要是碳酸钾，其次是硫酸钾，氯化钾较少。草木灰的钾约90%能溶于水，是速效钾肥，在储存和施用时应防止雨淋，以免引起养分流失。由于含有碳酸钾和较多的氧化钙，草木灰属碱性肥料，水溶液呈碱性，不宜与铵态氮肥、腐熟的有机肥和水溶性磷肥混用。草木灰适用于多种作物和土壤，可做基肥、追肥、盖种肥和根外追肥。追施草木灰宜采用穴施或沟施的集中施肥方法，用前加适量水湿润，防止其飞扬。根外追肥用1%的草木灰浸出液。盖种肥主要用水稻育秧和蔬菜育苗上，宜用尘灰以防灼伤。草木灰具有供应养分、吸热增温、促进早期生长、防止鸟害及抑制青苔生长等功效。酸性土和黄壤上施用草木灰，还可补充土壤的钙、镁、硅等营养元素。

5. 钾镁肥 钾镁肥又称硫酸钾镁肥，含 K_2O 在50%以上。它是一种多元素钾肥，除含钾、硫、镁外，还含有钙、硅、硼、铁、锌等元素，呈弱碱性，特别适合酸性土壤施用，一般做基肥，也可做追肥。适用于水稻、玉米、甘蔗、花生、烟草、马铃薯、甜菜、苜蓿等农作物以及水果和蔬菜。与等钾量（K_2O）的单质钾肥（如氯化钾、硫酸钾）相比，农用硫酸钾镁肥的施用效果优于氯化钾，略优于硫酸钾。钾镁肥自研究成功以来，一直被人们誉为“土壤改良剂”，具有多种优良性能。钾镁肥属枸溶性肥料，无毒、不流失、不污染环境且长效缓慢释放；养分均衡，满足各种农作物在生长期所需营养成分，吸收率达95%以上；有效疏松土壤，防止和改良土壤板结状况；能使农作物根系发达、生长旺盛、茎节粗短、叶片舒展而厚实、叶面光泽呈墨绿色，增强作物抗倒伏、抗病虫害、抗寒等抗逆性；促进农作物增产10%～50%，提高农作物品质，国内很多地区试验效果显著。随着我国农业的不断发展、种植经济作物比例的增加，钾镁肥可以替代硫酸钾施用于喜钾作物，如烟叶、果树；由于还含有镁，施用于茶叶、橡胶、大豆等，具有特殊肥效作用，因此钾镁肥在国内钾肥市场前景良好。

6. 生物钾肥 生物钾肥是一种新型的硅酸盐钾细菌肥料，它的主要成分为硅酸盐钾细菌2亿个/克、有机质20%以及腐殖酸10%。它是利用硅酸盐菌在土壤中大量繁殖与活动，将土壤积存的不能被植物吸收利用的钾转化成能够被植物吸收利用水溶性钾，在土壤中起到解钾作用，快速补充土壤中速效钾的含量。若与硫酸钾混合施用，见效更快、肥效持久。施用生物钾肥具有成本低、施用简便和无副作用的优点。因此，是一条改善土壤钾营养和调节目前供钾紧缺、提高产量、发展高优农业的新途径。生物钾肥用于追肥，可与尿素、硫酸钾、氯化钾等化肥混合施用，但必须现混现用，不能长期存放。混合时，先将生物钾肥与少量细土混合后再与其他化肥混合。可与杀真菌农药混合施用。拌种时，应在室内或棚内进行，防止日光照射，但不能与草木灰等碱性物质混合使用，以免影响使用效果。

（二）黄壤钾的调节

1. 调节土壤酸碱度 适当增加土壤酸度可减少钾的固定。缺钾土壤上要注意控制石灰的施用量。

2. 深施早施 土壤中的钾易被淋失，施用钾肥时，应深施和相对集中施用，以减少钾的损失。

3. 配合施用 有机肥与无机肥配施可增加土壤中速效钾的含量，并促进特殊吸附性钾转换为其他形态的钾。长期施用有机肥或有机肥与化肥配施可显著增加土壤中各形态的钾含量，施用有机肥可维持土壤速效钾的平衡，缓解非交换性钾含量的下降。

第四节 中量元素

钙（Ca）、镁（Mg）、硫（S）是植物生长所必需的中量营养元素。钙、镁元素是第二主族碱土金属元素，是土壤电解质环境中重要的二价交换性阳离子，与钾、铵等一价交换性阳离子抢夺交换位点。所以，植物体中钙、镁、硫3种元素的平衡至关重要。硫元素属于第六主族非金属元素，当黄壤通气性好时，会以硫酸盐的形式存在。中量元素供给的不平衡会导致作物不能正常生长发育，严重影响作物的产量和质量。

一、钙素

(一) 黄壤钙的来源、含量与分布

1. 黄壤钙的来源 主要来源于两个方面：①岩石的风化作用。含钙的岩石最常见的有石灰岩和白云岩，其次是生物甲壳类动物壳形成的各种沉积岩；钙存在于各种原生矿物中，这些矿物包括含钙的铝硅酸盐如长石、角闪石、磷酸钙和碳酸钙，岩石的化学风化作用和生物风化作用会产生易于搬运钙素的碳酸盐、硫酸盐、氯化物等溶解物质，部分钙素在土壤中累积。②土壤有机物的分解作用。黄壤中的钙素部分来源于植物残体，一般新鲜有机物中含钙量在1.0%左右，但因植物种类而异。

2. 黄壤钙的含量与分布 从整体上来看，地壳中钙的平均含量约为3.64%（吴刚等，2002），不同黄壤的钙含量变化很大，主要取决于成土母质、影响黄壤发育的风化作用和淋溶作用的程度以及耕作利用方式，大多数黄壤的含钙量较高，表土平均钙含量可达1.37%，土壤溶液中钙的含量约为0.01 mol/L，正常条件下能够满足大部分作物的需要。由石灰岩或白云岩发育的黄壤，因有大量碳酸钙而富含钙，这些黄壤的含钙量常在10%～20%，但是由于过度淋溶，即使是发育于石灰岩的黄壤表层，钙的含量也可能是低的。在湿润的条件下，高度风化和淋溶的老年土，通常钙的含量也低。在较干旱的条件下，可能有大量的钙以石膏（$CaSO_4 \cdot 2H_2O$）形态积聚在黄壤上层。

我国黄壤中钙的含量在剖面不同层次中的分布不同（表10-14），从岩石风化发育成黄壤，所处成土条件不同，土体中的含钙量可能与母质中的差别极大。黄壤剖面中钙的分布，可以综合反映出成土条件的影响。由表10-14可以看出，贵州黄壤钙含量偏低，镁含量偏高，反映了其白云岩地质背景特征；同时，受母质的影响，土壤底层钙镁含量高，受淋溶作用影响，表层钙镁含量最低。

表10-14 西南3省黄壤剖面中的钙镁含量

地点	土层	CaO (g/kg)	MgO (g/kg)
贵州	AE	0.33	2.14
	E	0.35	4.38
	B_1	0.31	4.09
	B_2	0.74	4.36
四川	A	0.53	2.04
	B	0.38	1.42
云南	A	0.38	2.09
	AB	0.38	1.93
	B	0.22	2.36
	C	0.27	2.32

(二) 黄壤钙的形态、转化及影响因素

1. 黄壤钙的形态 黄壤中的钙有4种存在形态，即矿物态钙、有机物中的钙、溶液中的钙和代换性钙。

(1) 矿物态钙。矿物态钙存在于黄壤固相的矿物晶格中，一般难溶于水，黄壤矿物态钙占黄壤总钙含量的40%～90%，是钙的主要存在形式，但其不能被作物直接吸收利用。

(2) 有机物中的钙。黄壤中有机物中的钙主要来源于植物残体。一般新鲜有机物中含钙量在1.0%左右，但因植物种类而异，如水稻茎叶中含氧化钙0.57%，豆科绿肥茎秆中含氧化钙1.50%以

上，而竹林为0.53%，马尾松林则仅为0.01%。一般有机物灰分中含氧化钙10%～50%，腐殖质灰分中氧化钙占26%～67%，有机物所含氧化钙占黄壤全钙量的0.1%～1%。有机物中的钙大多不能被植物直接吸收利用，属于无效钙。

（3）溶液中的钙。黄壤溶液中钙的含量一般为每升几十毫克到几百毫克，与黄壤中的其他离子相比，其数量是最多的，一般是镁的2～8倍、钾的10倍左右。黄壤溶液中的钙除了以离子形态存在外，还可以其他有机或无机络合物形态存在，是植物可吸收利用的有效钙。

（4）代换性钙。代换性钙吸附在黄壤胶体表面，能被其他代换性阳离子交换出来。它与黄壤溶液中的钙保持着动态平衡，是对作物有效的钙。黄壤中交换性钙的含量较高，变化范围为2～60 mg/kg，交换态钙占全钙量的5%～60%。近年来，由于对酸性黄壤的改良，黄壤中交换性钙离子含量有增高的趋势，如四川省凉山州烟区植烟黄壤中交换性钙集中分布在80～641 mg/kg，尤其分布在320～400 mg/kg，总体供应量充足，极度缺钙和缺钙黄壤分别占4.96%和9.93%（闫凯龙等，2014）；云南省临沧市黄壤中交换性钙含量约为360 mg/kg（杨美仙等，2014）；湖南省张家界市黄壤中交换性钙含量在3个不同剖面层次中含量分别为：A_{11}层152 mg/kg、A_{12}层196 mg/kg、C_1层为188 mg/kg。由于淋溶作用，交换性钙主要淀积在A_{12}层或C_1层（李明德等，2012）。

2. 黄壤钙的转化及影响因素 钙的4种形态之间及其与土壤之间的钙循环，以及植物吸收、灰尘和烟尘的大气沉降、石灰化和淋溶等机制引起的钙增减组成了钙的循环，如图10-2所示。影响植物吸收钙的主要因素是土壤溶液中的钙以及土壤交换性钙离子的含量，这两种形态钙的转化一般发生在土壤胶体表面，与土壤胶体表面化学性质相关，主要表现为土壤胶体的吸附和解吸。黄壤对钙的交换吸附可用Langmuir吸附方程（式10-17）来描述。

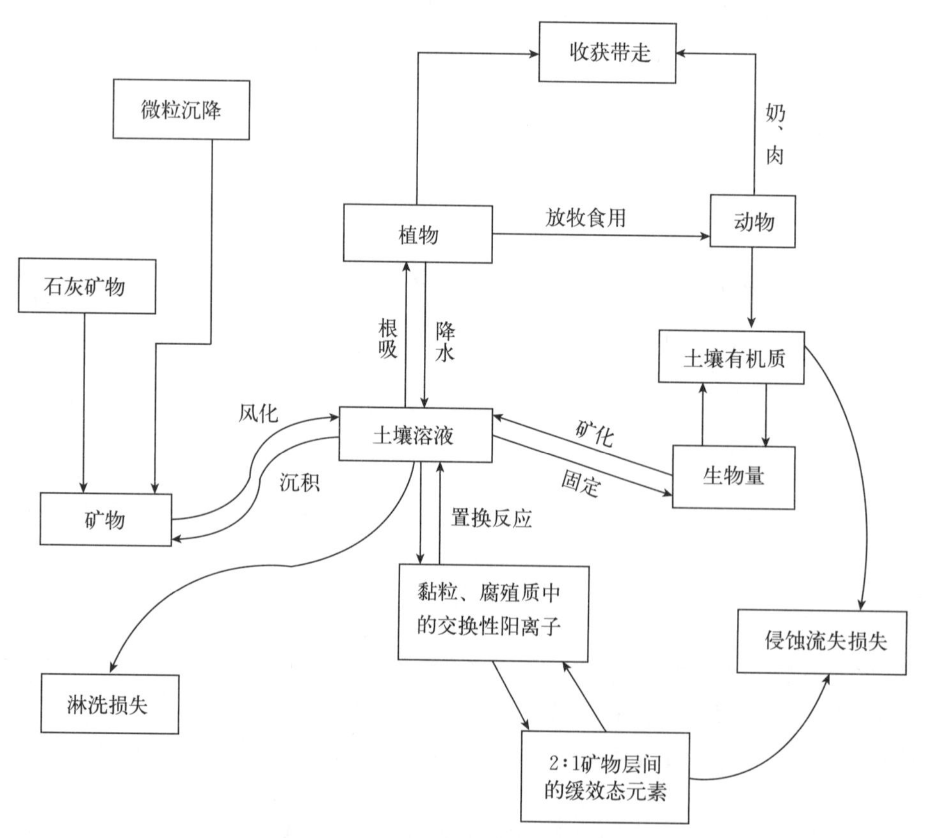

图10-2 土壤中钙、镁循环

$$Y=\frac{SKC}{1+K} \tag{10-17}$$

式中，Y 为钙吸附量；C 为平衡时 Ca^{2+} 浓度；S 为阳离子交换量；K 为常数。

土壤胶体对钙的吸附主要有氧化物的专性吸附，氧化铁、铝胶体吸附钙有 4 种可能的机制：在胶体内层做离子交换、配位体交换、水解-吸附机制和几种机制共存。黄壤中钙的解吸存在滞后现象，Ca^{2+} 与其他阳离子在交换反应中存在不完全的可逆性，称为钙解吸的滞后现象。

黄壤钙的吸附解吸受土壤环境的影响，一价代换性钾离子和钠离子存在时，可显著抑制代换性钙的解吸，而二价镁离子的抑制作用则不明显。这是由于陪伴的一价离子往往进入双电层外部，二价离子进入双电层内部，处于较难交换的位置，故其抑制作用较小，因而在盐渍化条件下尽管黄壤交换钙含量充足，但有效性低，必须通过增施外源钙，确保黄壤钙水平，防止缺钙发生；微生物活动对黄壤中难溶性碳酸钙的转化影响较大，土壤微生物分解有机物质时产生的二氧化碳与碳酸钙的溶解-沉积动态密切相关，微生物在植物残体分解过程中产生的二氧化碳是影响黄壤碳酸钙平衡的重要因素。除此之外，微生物代谢的产物以及微生物的群落结构对黄壤碳酸钙的转化也起着重要作用。有报道称，岩溶土壤的有机质含量对钙元素有很强的吸附和络合作用，从而可以抑制钙的流失（倪大伟等，2018）。

（三）黄壤钙的调节

黄壤普遍富含钙，但也存在钙供应受限的情况。同时，由于黄壤酸性相对较强，当土壤酸度限制了作物生长，也需要以石灰类含钙肥料对土壤酸度进行调节，主要的钙肥种类如下。

1. 主要的钙肥 石灰肥料是最主要的含钙肥料，有生石灰、熟石灰、碳酸石灰以及含钙的工业废渣等。

（1）生石灰。生石灰又称烧石灰，以石灰石、白云石及含碳酸钙丰富的贝壳等为原料，经过煅烧而成。生石灰主要成分是 CaO，含量为 96%～99%。以白云石为原料的称为镁石灰，含 CaO 55%～85%、MgO 10%～40%，还可提供镁营养。以贝壳为原料的石灰，其品位因种类而异：以螺壳为原料的为螺壳灰，含 CaO 为 85%～95%；以蚌壳为原料的为蚌壳灰，含 CaO 约为 47%。生石灰中和酸度的能力很强，还有杀虫、灭草和土壤消毒的作用。但生石灰用量不能过多，否则会引起局部土壤过碱。生石灰吸水后即转化为熟石灰，若长期暴露在空气中，则最后转化为碳酸钙，故长期储存的生石灰，通常是几种石灰质成分的混合物。

（2）熟石灰。熟石灰又称消石灰，由生石灰加水或堆放时吸水而成，主要成分为 $Ca(OH)_2$，含 CaO 为 70%左右，呈碱性，中和酸度的能力比生石灰弱。

（3）碳酸石灰。碳酸石灰由石灰石、白云石或贝壳类直接磨细而成，主要成分是碳酸钙，其溶解度较小，中和土壤酸度的能力较缓，但效果持久，中和酸度的能力随其细度增加而增强。

（4）含钙的工业废渣。工业废渣主要是指钢铁工业的废渣，如炼铁高炉的炉渣，主要成分为硅酸钙（$CaSiO_3$），一般含 CaO 38%～40%、MgO 3%～11%、SiO_2 32%～42%；又如生铁炼钢的碱性炉渣，主要成分为硅酸钙（$CaSiO_3$）、磷酸四钙（$Ca_4P_2O_9$），一般含 CaO 40%～50%、MgO 2%～4%、SiO_2 6%～12%，这类废渣的中和值为 60%～70%。施入土壤后，经水解产生 Ca（OH）$_2$ 和 H_3SiO_3，能缓慢中和土壤酸度，并兼有钙肥、硅肥和镁肥的效果。此外，还有电石渣，主要成分为氢氧化钙；糖厂滤泥，含 CaO 为 42%左右，还含有少量氮、磷、钾养分等。

（5）其他含钙的化学肥料。钙是很多常用化肥的副成分（表 10－15），在施用这类肥料的同时，也补充了钙素，如窑灰钾肥等，中和土壤酸度的能力与熟石灰相似；磷矿粉等施于酸性土壤上有逐步降低土壤酸度的效果。

表 10－15 几种含钙肥料成分（胡霭堂，2015）

名称	Ca（%）	钙的形态
硝酸钙	19.4	$Ca(NO_3)_2$
碳酸钙	8.2	$CaCO_3$

（续）

名称	Ca（%）	钙的形态
石灰氮	38.5	$CaCN_2$、CaO
石膏	22.3	$CaSO_4$
普通过磷酸钙	18～21	$Ca(H_2PO_4)_2 \cdot H_2O$、$CaSO_4$
重过磷酸钙	12～14	$Ca(H_2PO_4)_2$
沉淀磷酸钙	22	$CaHPO_4$
钙镁磷肥	21～24	$\alpha-Ca_3(PO_4)_2$、$CaSiO_3$
钢渣磷肥	25～35	$Ca_4P_2O_9 \cdot CaSiO_3$
磷矿粉	20～35	$Ca_{10}(PO_4)_6F_2$
窑灰钾肥	25～28	CaO

2. 钙肥的施用 黄壤钙的供应水平主要取决于代换性钙的含量，但也受许多其他因素的影响，如钙的饱和度、陪伴离子的种类和数量、pH、盐基饱和度、胶体种类和性质等。在我国南方地区，黄壤交换性钙平均含量在2～60 mg/kg，钙离子占交换性盐基总量的46%～94%，大多数在70%～85%。钙离子饱和度因pH不同而有较大变化，在酸性黄壤中，钙离子饱和度相对较低，占46%～83%。当酸度过低时，需要用钙肥进行调节，同时补充钙的营养供给。

（1）钙肥施用量。合理的钙肥用量依土壤性质、作物种类、石灰肥料的种类、气候条件、施用目的及施用技术等而定。根据土壤的性质确定施用量，当土壤酸性强，活性铝、铁、锰的浓度高，质地黏重，耕层厚时，石灰类钙肥用量可适当增加。旱地的用量应高于水田，坡度大的上坡地要适当增加用量。一般认为，可以依据土壤总酸量而定，因为中和土壤的活性酸所需石灰量甚少，而要中和潜在的总酸量需要的石灰量较多。有人认为，在含有高量铁铝氢氧化物的大多数土壤施用石灰，以能中和交换性铝的大部分，使pH达到5.6或5.7，且交换性铝的含量低于有效阳离子交换量的10%为宜。根据作物的种类确定施用量，各种作物对土壤酸碱度的适应性和钙质营养的要求不同。茶树、菠萝等少数作物喜欢酸性环境，不需施用石灰；水稻、甘薯、烟草等耐酸中等，要施用适量石灰；大麦等耐酸较差，要重视施用石灰。此外，当施用石灰时，应考虑石灰肥料种类及其他条件，当施用中和能力强的石灰或同时施用其他碱性肥料时可少施，降水多的地区施肥用量应大些，采用撒施、中和全耕层、结合绿肥压青或稻草还田的用量也可适当增大。具体确定石灰用量的方法有多种。除根据土壤交换性酸计算法、根据土壤中阳离子交换量与盐基饱和度等计算法外，根据田间试验结果确定石灰用量最为实用。因为影响石灰用量的因素很多，根据田间试验结果能为某地区提出较为合理的用量。

（2）钙肥施用方法。石灰类钙肥一般可做基肥和追肥，不能做种肥，普遍采用撒施的方法，撒施力求均匀，防止局部土壤过碱或未施到位；条播作物可少量条施；番茄、甘蓝和烟草等可在定植时少量穴施。不宜连续大量施用石灰，否则会引起土壤有机质分解过速、腐殖质不易积累，致使土壤结构变坏，还可能在表土层下形成碳酸钙和氢氧化钙胶结物的沉淀层。过量施用石灰会导致铁、锰、硼、锌、铜等养分有效性下降，甚至诱发营养元素缺乏症，还会减少作物对钾的吸收，反而不利于作物生长。石灰肥料不能与铵态氮肥、腐熟的有机肥和水溶性磷肥混合施用，以免引起氮的损失和磷的退化，导致肥效降低。

二、镁素

（一）黄壤镁的来源、含量与分布

1. 黄壤镁的来源 矿物风化是土壤镁的主要来源，含镁的硅酸盐矿物主要有橄榄石、辉石、角闪石、黑云母等，非硅酸盐类的含镁矿物有菱镁石、白云石、硫酸镁等。这些含镁矿物极易风化，在风化程度较高的土壤中，很难找到含镁的原生矿物，一般存在于黏土矿物中，含镁的黏土矿物主要有蛇纹石、滑石、绿泥石、蛭石、伊利石、蒙脱石等。在酸性黄壤中，由于强烈的风化作用，土壤黏土矿物以不含镁的高岭石和三水铝石为主，镁含量普遍较低。

2. 黄壤镁的含量与分布 地壳中镁的平均含量约为2.1%，土壤中镁的含量平均为0.5%（Mayland H F et al.，1989），我国南方地区土壤全镁含量一般在0.06%～1.95%，平均为0.5%左右（袁可能，1983）。土壤含镁量有明显的地区性差异，主要受气候条件的影响，分布在多雨湿润地区。受强烈淋溶的黄壤，其含镁量多在1%以下。此外，土壤镁的含量还与母质、成土过程、有机质含量及风化程度、淋溶作用相关。发育于花岗岩、砂岩和页岩的黄壤含镁较少，由含铁镁矿物较多的镁质火成岩发育而来的黄壤一般含镁较多。在温度高的湿润地区，风化程度高，可溶性镁易流失，含镁量减少；相反，在干燥湿冷、淋溶低的地区，镁含量相对较多。西南3省黄壤剖面中镁的含量见表10 16。总体上看，黄壤中的镁含量高于钙含量，贵州和云南的土壤表现出底层高于表层的强风化淋溶特征。

（二）黄壤镁的形态、转化及影响因素

1. 黄壤镁的形态 土壤中的镁主要有水溶性镁、交换性镁、非交换性镁、矿物态镁以及有机结合态镁等存在形态。

（1）水溶性镁。水溶性镁指存在于土壤溶液中的镁离子，其含量一般为每千克几毫克至几十毫克，也有高达几百毫克，在黄壤溶液中仅次于钙。水溶性镁和交换性镁是植物可以直接吸收利用的速效性养分。

（2）交换性镁。交换性镁指被土壤胶体吸附的镁，一般占全镁量的1%～20%。交换性镁含量与土壤的阳离子交换量、盐基饱和度以及矿物性质等有关，阳离子交换量高的土壤，交换性镁含量也高；在盐基饱和度高的黄壤中，钙离子和镁离子可占阳离子交换量的90%～95%；交换性镁一般占交换性盐基的10%～40%，多数在30%左右。

（3）非交换性镁。非交换性镁又称为酸溶性镁或缓效性镁，其可以作为植物能利用的潜在有效态养分，比矿物态镁更具有实际意义，但是它的成分和含义还不是十分明确。非交换性镁含量占全镁量的10%以下。

（4）矿物态镁。矿物态镁指存在于原生矿物和次生黏土矿物中的镁。它是黄壤中镁的主要形态，占全镁量的70%～90%。矿物态镁不能直接被植物吸收利用，必须经过风化作用才能释放出来，进而被植物所利用。

（5）土壤中还存在少量的有机结合态镁，主要以非交换态存在，也是土壤有效态养分的重要来源之一，主要存在于腐殖质和动植物残体及其分解产物中，一般占全镁量的0.5%～2.8%。

2. 黄壤镁的转化及影响因素 土壤镁的循环如图10-2所示，镁可在土壤-植物-动物-微生物之间循环，在土壤中主要表现为各种形态镁之间的转化。土壤中各种形态的镁在物理、化学以及微生物的作用下发生转化，主要表现为镁的固定和释放、镁的迁移和淋溶两个方面。

（1）土壤镁的固定和释放。土壤中的辉石、角闪石等原生矿物，绿泥石、蛭石等次生矿物，以及腐殖质都可吸附和固定镁，从而降低镁的有效性。不同次生矿物对镁的吸附能力相差很大，以拜来石吸附能力最高，其次为蒙脱石和高岭石，伊利石最小。在土壤胶体吸附的所有盐基离子中，Mg^{2+}的吸附强度一般要大于一价离子K^+、Na^+、NH_4^+，而小于三价离子Al^{3+}、Fe^{3+}；而在同价离子中，Mg^{2+}的吸附强度小于Ca^{2+}。离子间的相互作用能影响镁的吸附，如磷酸盐和石灰的施用能增加镁的吸附，但是大量Ca^{2+}的添加却会减少镁的吸附。土壤中的腐殖质，如胡敏酸等可与镁离子形成稳定的螯合物，降低有效镁的含量。镁的有效性与土壤pH存在相关性，在酸性条件下，土壤中存在着可交换性镁，pH的减小将伴随着可溶性镁浓度数量级的增长；当pH增高时，溶液中的Mg^{2+}可能会进入层间，形成水镁石，从而产生镁的固定。另外，镁也会与铝共沉淀形成无定形Mg-Al凝胶，镁的吸附能力随着铝凝胶的老化而增强，在pH上升后，酸性土壤中可能形成一些新的沉淀或无定形的羟基铝聚合物，表面负电荷增加，增强了对镁的吸附。因此，干湿交替也能促进土壤镁的固定。土壤镁素释放是从非交换态转化为交换态，即镁的有效化过程，释放速率是随着时间的推移而逐渐减慢的。通过对玄武岩中主要离子的释放进行观察，发现其释放基本遵循以下次序：铁≈镁>硅>铝>钙。

（2）土壤镁的迁移和淋溶。镁一般只有溶解在水溶液中才能进行迁移，所以土壤中矿物态镁、代换性镁和有机态镁只有转变为水溶态镁后才会在土壤中迁移。镁在土壤中的移动速率与土壤质地、降水量和钙离子含量等因素有关。一般认为，镁在酸性黄壤中易于迁移；随着降水量的增大，水溶性镁含量增多，移动性增大；施用石灰、过磷酸钙等含钙肥料，则会降低镁的移动速度。土壤中镁离子的外围包有很厚的水化层，因此负电荷对它的吸引力不是很强，造成镁在土壤中容易淋溶损失，在气候湿热、pH小、降水量大以及施用石灰、过磷酸钙和氯化钾等条件下，会加重代换性镁的淋失。

（三）黄壤镁的调节

在我国南方高温、多雨的气候条件下，施用石灰、过磷酸钙和氯化钾等会造成酸性黄壤中镁强烈的风化和淋溶作用，可溶性镁淋失，导致土壤含镁量严重不足，需要供给镁素营养。

1. 主要的镁肥 含镁肥料的种类、含量及成分见表10-16。按其溶解度，可分为水溶性和微水溶性两类。$MgCl_2$、$Mg(NO_3)_2$ 及 $MgSO_4$ 等为属水溶性镁肥，可用于叶面喷施。此外，各类有机肥料也含有镁，含镁量按干重计，厩肥为0.1%～0.6%，豆科绿肥为0.2%～1.2%等。

表10-16 含镁肥料的种类、含量及成分（胡霭堂，2015）

名称	主要成分	MgO（%）
硫酸镁	$MgSO_4 \cdot 7H_2O$	13～16
硝酸镁	$Mg(NO_3)_2 \cdot 6H_2O$	15.7
氯化镁	$MgCl_2$	2.5
含钾硫酸镁	$2MgSO_4 \cdot K_2SO_4$	8
镁螯合物	各种	2.5～4
白云石	$CaCO_3 \cdot MgCO_3$	21.7
蛇纹石	$H_4Mg_4Si_2O_9$	43.3
氧化镁	MgO	58
氢氧化镁	$Mg(OH)_2$	33
磷酸镁	$Mg_3(PO_4)_2$	40.6
磷酸镁铵	$MgNH_4PO_4 \cdot xH_2O$	16.43～25.95

2. 镁肥的施用 镁肥对作物的效应受到多种因素制约，包括土壤交换性镁水平、交换性阳离子比、作物特性、镁肥种类等。据报道，四川省凉山州烟区植烟黄壤交换性镁在19～97 mg/kg，镁含量丰富和极丰富的点位分别占50.35%和6.95%，镁含量中等水平的占19.15%，仅有0.71%和2.84%的土壤分别处于极度和中度缺镁水平（闫凯龙等，2014）；云南省临沧市的植烟黄壤中交换性镁为80.0 mg/kg（杨美仙等，2014）；湖南省张家界市黄壤中交换性镁含量在12～24 mg/kg，处于较低水平，A_{11}层、A_{12}层、C_1层剖面交换性镁的含量依次为17 mg/kg、16 mg/kg和16 mg/kg，变化不明显（李明德等，2012）。可见，土壤交换性镁的供应水平差异较大。

镁肥应首先施用在缺镁的土壤和需镁较多的作物上。各种镁肥的酸碱性不同，对土壤酸度的影响不一。因此，当施用不同种类镁肥时，应考虑土壤性质。如果土壤是强酸性的，施用白云石灰、蛇纹石粉和钙镁磷肥等缓效性镁肥做基肥效果好；如果是弱酸性和中性土壤，施用硫酸镁和硫镁矾效果好。土壤交换性镁的含量能较好地反应土壤供镁状况，对许多植物来说，60 mg/kg为缺镁临界值。土壤供镁状况还受其他阳离子的影响，当交换性Ca/Mg大于20时，易发生缺镁现象。交换性K/Mg一般要求在0.4～0.5，故钾肥与石灰施用量过大会诱发作物缺镁。NH_4^+ 对 Mg^{2+} 有拮抗作用，而 NO_3^- 能促进作物对 Mg^{2+} 的吸收，如胶树施用硫酸铵后，其镁素含量降低，并加重缺镁症，但镁肥也降低胶树的氮含量。因此，施用的氮肥形态影响镁肥的效果，不良影响程度为硫酸铵>尿素>硝酸铵>硝酸钙。配合有机肥、磷肥或硝态氮肥施用，有利于发挥镁肥的效果。镁肥可做基肥、追肥和根外追肥。水溶性镁肥宜做追肥，微水溶性则宜做基肥。用镁量一般为 15～22.5 kg/hm^2。

三、硫素

（一）黄壤硫的来源、含量与分布

1. 黄壤硫的来源 土壤硫主要来源于大气干湿沉降、含硫矿物风化和生物有机质的施用。

（1）大气干湿沉降。大气干湿沉降的主要是无机硫（SO_2），SO_2 主要来源于自然排放（火山爆发、海洋）和人为排放（化石燃料燃烧）。其中，燃煤、燃油和冶矿等造成的 SO_2 酸沉降对土壤酸化造成了严重的影响。SO_2 溶于水形成 H_2SO_4，即酸雨（pH<5.6），20 世纪 80 年代中期以来，我国 SO_2 的排放量每年以 4%的速度递增，酸雨地区在不断扩展，酸雨酸度（pH）也逐年下降；90 年代后期，随着国家对酸沉降整治力度的不断加大，我国（特别是南方地区）酸雨问题得到了一定程度的缓解，酸雨也不再是导致土壤酸化的主要因素。

（2）含硫矿物和生物有机质的施用。农业生产中含硫的矿质肥料包括硫酸铵、硫酸钾及硫酸镁、石膏（$CaSO_4 \cdot 2H_2O$）；含硫的生物有机质包括各种动植物残体，与氮、磷有机物一样，这些含硫生物有机质经过矿化作用可释放出无机硫。

2. 黄壤硫的含量与分布 土壤硫含量与母质有关，但同一母质发育的土壤，其全硫含量可以相差 2～3 倍，这主要是因为硫在风化过程中是以硫酸盐形式存在的。在热带和亚热带地区，土壤在成土过程中因强烈的淋溶作用，母岩中硫的残留很少，相比于风化淋溶作用，母质对土壤硫的影响相对较小（刘崇群等，1981）。不同母质发育土壤的含硫量差别较大，如岩浆岩含硫量一般为 0.05%～0.30%（Whitehead D C，1964），比一般土壤的含硫范围高了十几倍，而沉积岩的含硫量比岩浆岩还要高 5 倍以上。

我国黄壤分布的南方地区气候湿润、雾天多，黄壤有机质含量相对较高，所以黄壤一般全硫和有效硫含量较高（表 10－17），一般不会缺硫。黄壤全硫含量为云南最高，可达 0.072 3%，这与云南海拔高有关，相应的土壤有效硫含量也高，可达 156.3 mg/kg；全硫含量最低的省份是四川，有效硫含量最低的省份是江西，这可能与母质、多雨和强烈的淋溶作用有关。

表 10－17 黄壤中硫的含量

地区	有效硫（S，mg/kg）	全硫（S，%）	有效硫占全硫比例（%）
贵州	36.5	0.050 2	7.3
四川	11.9	0.024 5	4.9
云南	156.3	0.072 3	21.6
福建（闽北）	17.7	0.029 3	6.0
江西	5.5	0.033 1	1.7

（二）黄壤硫的形态、转化及影响因素

1. 黄壤硫的形态 土壤中的硫可分为无机硫和有机硫两大部分，它们之间的比例关系随着黄壤类型、pH、排水状况、有机质含量、矿物组成和剖面深度变化很大。无机硫可分为难溶态硫、水溶性硫和吸附态硫。其中，水溶态和吸附态硫是植物可以利用的有效态硫；土壤有机硫主要存在于动植物残体和腐殖质以及一些经微生物分解形成的较简单的有机化合物中，根据土壤有机硫对还原剂稳定性相对大小将其分成 3 个组分，即碘化氢（HI）可还原的有机硫（硫酯键）、以碳硫键直接结合的碳键硫和惰性硫（残余硫）。硫酸盐在土壤中以水溶态、吸附态和不溶态（如 $CaSO_4$、FeS_2、Al－SO_4 或元素硫）存在。黄壤硫的输出主要是以硫酸根（SO_4^{2-}）形态被植物根部吸收，除此之外，叶片也能少量吸收 SO_2，植物吸收的 SO_4^{2-} 直接参与体内的代谢作用。此外，由于硫酸根（SO_4^{2-}）带负电

荷，不易被吸附在带负电荷的黄壤胶体表面，容易淋失。黄壤在还原条件下形成的硫化氢（H_2S）易挥发损失。

2. 黄壤硫的转化及影响因素 土壤中硫的转化如图 10－3 所示，土壤中的硫不仅能在土壤-植物系统迁移和转化，还能参与大气循环。因此，硫循环对土壤生态环境质量的变化起着重要的作用。

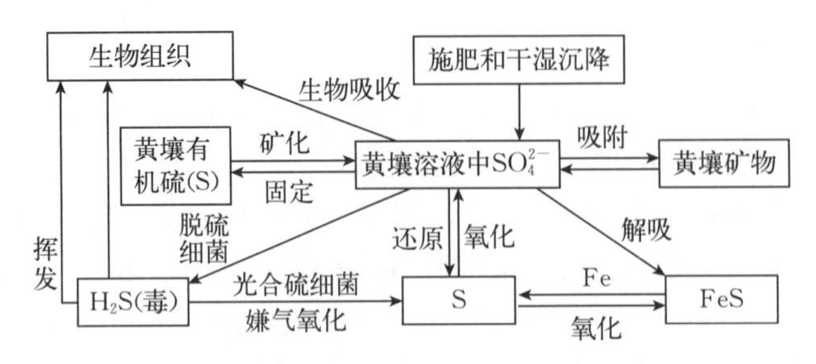

图 10－3 黄壤中硫的转化（黄昌勇，2010）

土壤水溶态和吸附态硫含量是生物可吸收利用的主要硫形态，海拔、地形以及气候等是影响硫形态转化的重要因素，土壤类型、pH、有机物料投入以及种植作物等也对土壤硫形态转化和分布起着重要作用。我国南方土壤的有效硫（磷酸盐-醋酸提取剂）含量在 4.5～62 mg/kg，占全硫量的 5%～10%。对于多种作物来说，黄壤有效性硫的临界值在 6～12 mg/kg，一般土壤有效硫含量多在临界值以上。我国南方不同地区黄壤有效硫含量是有差别的，可分为 3 类：第一类黄壤的有效硫含量在 30～50 mg/kg，这类黄壤由湖积物和石灰岩母质形成，质地较细，黏粒成分含量高，保肥力强，全硫和有效硫含量皆高，供硫潜力大，一般不缺硫；第二类土壤有效硫在16～30 mg/kg，特点是全硫含量较低，土壤中高岭石和氧化铁、铝含量高，对 SO_4^{2-} 的吸附能力较强，因而有效硫含量较高；第三类土壤有效硫接近常见作物的临界值，小于 16 mg/kg，这类土壤全硫和有效硫含量均较低，容易缺硫。一般认为，南方土壤中的硫除有效硫外，主要是有机态硫，占全硫的 90%～95%。因此，土壤有机质对全硫含量的影响较大（李书田等，2001）。在湖南张家界地区植烟黄壤上，随着土壤剖面土层深度的增加，有效硫含量呈明显的降低趋势，自上而下依次为 A_{11} 层 1 994 mg/kg、A_{12} 层 375 mg/kg、C_1 层 304 mg/kg（李明德等，2012）。

（三）黄壤硫的调节

一般而言，黄壤硫素含量偏高，不需要进行调节。在农业生产中，含硫的矿质肥料和生物有机质可在土壤中累积，甚至会加剧土壤的酸化。

1. 主要的硫肥 含硫肥料的种类、含量及成分见表 10－18，现有硫肥可分为氧化型和还原型，氧化型肥料有硫酸铵、硫酸钾、硫酸钙等；还原型有硫黄、硫包尿素等。

表 10－18 含硫肥料的种类、含硫量及成分（胡霭堂，2015）

名称	S（%）	主要成分
生石膏	18.6	$CaSO_4 \cdot 2H_2O$
硫黄	95～99	S
硫酸铵	24.2	$(NH_4)_2SO_4$
硫酸钾	17.6	K_2SO_4
硫酸镁（水镁矾）	13.0	$MgSO_4$
硫硝酸铵	12.1	$(NH_4)_2SO_4 \cdot 2NH_4NO_3$
普通过磷酸钙	13.9	$Ca(H_2PO_4)_2 \cdot H_2O$，$CaSO_4$
硫酸锌	17.8	$ZnSO_4$
青矾	11.5	$FeSO_4 \cdot 7H_2O$

还有一大类含硫肥料为石膏，主要用于调节土壤碱度，适用于石灰性土壤和碱性土壤，在酸性黄壤上的适用性较差。农用石膏可分为生石膏、熟石膏、磷石膏 3 种。

（1）生石膏。即普通石膏，俗称白石膏。它由石膏矿直接粉碎而成，呈粉末状，主要成分为 $CaSO_4 \cdot 2H_2O$。还有一种天然的青石膏矿石，俗称青石膏，粉碎过 90 号筛即可用，含 $CaSO_4 \cdot 2H_2O \geqslant 55\%$、CaO 20.7%～21.9%，还含有铁、铝、镁、钾及锌、铜、锰、钼等。

（2）熟石膏。它由生石膏加热脱水而成。其主要成分为 $CaSO_4 \cdot 1/2H_2O$，含硫 20.7%，吸湿性强，吸水后又变为生石膏，物理性质变差，施用不便，宜储存在干燥处。

（3）磷石膏。磷石膏是硫酸分解磷矿石制取磷酸后的残渣，是生产磷铵的副产品，主要成分为 $CaSO_4 \cdot 2H_2O$，约占 64%，其成分因产地而异，一般含硫 11.9%、P_2O_5 0.7%～4.6%，可代替石膏使用。

2. 硫肥的施用 硫肥的有效施用条件取决于很多因素，土壤中有效硫的含量是最重要的一个影响因素。其他因素还包括降水和灌溉水中硫的含量，硫肥品种和用量、施用方法和时间、水分管理、作物品种和产量等都影响硫肥的肥效。

（1）土壤条件。作物施硫是否有效取决于土壤中有效硫的含量。通常认为，土壤有效硫含量小于 16 mg/kg 时，作物可能缺硫。土壤 pH 影响土壤中有效硫的含量，酸性土中，铁、铝氧化物对 SO_4^{2-} 的吸附能力较强，随着 pH 的升高，吸附性下降，故在酸性土上施用石灰，有效硫量增加。土壤通气性也影响到土壤硫的有效性。土壤通气良好，硫以 SO_4^{2-} 形式存在，在排水不良的沤水田中，SO_4^{2-} 被还原为 H_2S，对作物会产生危害。

（2）硫肥的品种及施用的时间方法等。硫肥施入土壤后，其形态往往会发生各种转化。施用的无机态硫肥常被微生物同化固定为有机态硫，硫的形态转化不仅关系到硫肥本身的有效性，而且影响到其他养分的有效性。另外，H_2S 可与 Fe^{2+}、Zn^{2+} 和 Cu^{2+} 等起反应，降低这些养分的有效性。

第五节　微量元素

微量元素是指相对大量元素而言需要量少，在土壤和植物中元素含量往往低于 0.001%、最多不超过 0.01%的植物必需营养元素。这些微量元素对植物的干物质积累起着重要作用，微量元素不仅影响作物的品质和产量，也在一定程度上影响到了人体和动物的健康。土壤中微量元素有铁（Fe）、锰（Mn）、锌（Zn）、铜（Cu）、硼（B）、钼（Mu）、氯（Cl）和镍（Ni）。

一、黄壤微量元素的来源、含量与分布

（一）黄壤微量元素的来源

土壤中微量元素的来源包括自然源和人为源。自然源主要来自成土母质，火山灰等也是土壤微量元素的自然源；人为源主要是施肥，通过施肥输入的微量元素，首先是微量元素肥料，其次是磷肥，磷肥中的微量元素含量较多，其他如各种人为活动产生的大气沉降、灌溉水、城市垃圾以及污水污泥等也是土壤中微量元素的来源途径。

成土母质和母岩是土壤微量元素的主要来源，不同微量元素的成土母岩不同，矿物类型和化学组成也有很大差异。

1. 黄壤铁素的来源 铁是岩石圈中第四大元素，占地球表层的5%。土壤中的铁大多数存在于原生矿物、黏土矿物、氧化物和水化物中。常见的含铁原生矿物和次生矿物有橄榄石、菱铁矿、磁铁矿、赤铁矿、针铁矿和褐铁矿等。植物可利用 Fe^{2+} 和 Fe^{3+}，在排水状况良好时，氧化性的黄壤里，铁主要以 Fe^{3+} 形态存在；当黄壤积水时，Fe^{3+} 还原为 Fe^{2+}，以 Fe^{2+} 为主要形态存在，黄壤形成于湿润的生物气候下，游离氧化铁以黄色的针铁矿或纤铁矿为主。

2. 黄壤锰素的来源 岩石圈中大部分岩石都含有锰，经溶解和氧化作用形成氧化物和含氧酸盐而

进入土壤溶液，含锰的主要矿物有软锰矿、黑锰矿、水锰矿和褐锰矿（曾睿等，2009）。

3. 黄壤锌素的来源 原生矿物和次生矿物提供黄壤溶液中最初始的锌，土壤溶液中的锌可被吸附在胶体表面，参与微生物体的合成以及被土壤溶液中的有机物质螯合。锌在黄土性壤土、冰碛黏土以及碳酸盐岩石和砂石中的含量相对最低，在基性火成岩中含量高。含锌的矿物主要有锌铁尖晶石、菱锌矿和硅锌石。

4. 黄壤铜素的来源 孔雀石和铜铁矿是含铜的重要原生矿物，含铜的次生矿物有氧化铜、碳酸铜、硅酸铜、硫酸铜、氯化铜等。在沉积岩中以砂岩含铜最低，铜可被一些层状硅酸盐黏土矿物、有机质、铁铝或锰的氧化物所吸附，铜还可能被一些矿物结构包被，如黏土矿物、铁铝或锰的氧化物，这些被包被的铜又可称为闭蓄态铜，表层土壤的可溶性铜主要是有机的络合物，它富集在腐殖质层的上部，铜和有机物之间的结合是微量元素中最牢固的。

5. 黄壤硼素的来源 地球表层及大多数岩浆岩里含硼较少，土壤硼主要存在于沉积岩和矿物中，还吸附在黏土矿物以及铁铝氧化物上，同时以硼酸的形式与有机质结合。在沉积岩里，页岩含硼最高，电气石（硼酸硅盐的一种）是黄壤中主要的含硼矿物，黄壤黏粒越多，则含硼量也越高。

6. 黄壤钼素的来源 黄壤中的钼主要来源于含钼矿物，主要的含钼矿物是辉钼矿。钼矿物经过风化作用从含钼原生矿物中以钼酸离子的形态进入土壤溶液。砂岩发育的黄壤含钼量低，花岗岩和第四季红色黏土发育的土壤含钼量高，冰碛黏壤土和黄土性壤土含钼较丰富。我国存在着大面积的低钼和缺钼黄壤，南方地区全钼量较高而有效态钼偏低。

7. 黄壤镍素的来源 镍的含量在超基性岩和它们的变质矿物中是最高的，在变质岩和沉积岩中含量居中，花岗岩及其他酸性岩中含量少，一般情况下是岩石含硅越多时，则含镍越少，蛇纹岩中含镍最多，可达0.5%，黄壤含镍量反映了成土母质的特性。

8. 黄壤氯素的来源 含氯的肥料，如氯化钾、有机肥和有机氯农药的施用，以及大气沉降是土壤氯元素最主要的来源。大气沉降的氯一部分来源于海洋水汽的蒸发，还有工矿业的废气排放。例如，煤在燃烧时，煤中的氯元素吸附在煤微孔和裂隙的表面，加热时以氯化氢的形式释放到大气中，再通过大气沉降进入土壤。

（二）黄壤微量元素的含量与分布

1. 黄壤微量元素的含量 土壤中微量元素的总量，作为植物养分的储备或土壤养分供应潜力的量度，同时影响到土壤可给态微量元素供应的水平。凡母岩或成土母质中微量元素含量较高的，其所发育的土壤微量元素含量也相应较高。在沉积岩母质中，质地黏重的页岩较砂岩发育的土壤微量元素含量高；火成岩中，玄武岩发育的土壤较花岗岩发育的土壤微量元素含量高；第四纪红色黏土母质与碳酸盐类母质（石灰岩、白云岩）所发育的黄壤，由于成土过程中的富集，其微量元素含量也较高。除母质的影响外，不同的土壤在成土过程中微量元素的迁移和富集状况不一样，含量也表现出明显的差异，如富铁铝化作用增加了土壤铁、锰、钼含量，减少了土壤硼的含量。

不同母质（母岩）发育的黄壤微量元素含量见表10-19。土壤全锌含量表现为：第四纪红色黏土＞石灰岩、白云岩＞紫色页岩＞玄武岩＞页岩＞砂岩＞花岗岩；土壤全硼含量：石灰岩、白云岩＞第四纪红色黏土＞页岩＞紫色页岩＞玄武岩＞砂岩＞花岗岩；土壤全钼含量：第四纪红色黏土＞玄武岩＞石灰岩、白云岩、紫色页岩＞页岩＞花岗岩＞砂岩；土壤全锰含量：玄武岩＞紫色页岩＞石灰岩、白云岩＞第四纪红色黏土＞花岗岩＞页岩＞砂岩；土壤全铜含量：玄武岩＞紫色页岩＞页岩＞第四纪红色黏土＞石灰岩、白云岩＞砂岩＞花岗岩。

表10-19 不同母质（母岩）发育的黄壤微量元素含量

单位：mg/kg

母质（母岩）	锌	铜	硼	钼	锰
石灰岩（白云岩）	159.90	38.60	187.70	2.50	542.20

（续）

母质（母岩）	锌	铜	硼	钼	锰
页岩	145.01	119.02	108.90	2.40	155.01
紫色页岩	156.33	125.87	86.11	2.50	774.52
砂岩	56.02	12.04	40.02	0.40	75.02
第四纪红色黏土	164.40	63.68	136.31	2.84	309.83
玄武岩	153.40	305.34	49.62	2.53	929.40
花岗岩	53.02	8.03	18.01	1.04	184.02

注：数据来自耕地地力评价、测土配方施肥相关资料。

2. 黄壤有效性微量元素的含量与分布 一般情况下，土壤微量元素总量高，有效态含量也相应较高。微量元素大部分存在于矿物晶格中，不能被植物吸收利用，在生物学意义上是无效的，全量只是土壤微量元素的储量指标，不能反映其有效性。影响土壤微量元素有效性的因素主要有土壤类型、利用方式、酸碱度、母质与母岩等。

在黄壤耕地中，沉积岩母质发育的土壤有效硼含量最低；花岗岩发育的黄壤，如黄沙土，因母质含硼量低，且易于淋失，有效硼含量也低。发育于红色黏土母质的黄壤，如肥力较高的小黄泥土，其有效锌含量最高，缺锌黄壤的分布较分散；发育于碳酸盐岩母质，以及施用石灰或磷肥过多的黄壤耕地，由于 pH 相对较高，锌的有效性相应较低；砂岩与花岗岩发育的黄壤，其全锌量与有效锌含量较低。黄壤中钼的可给性受酸碱度的影响，当 pH 升高时，黄壤有效钼含量随之升高；由于作物吸收磷、钼的相互促进作用，熟化度高、有效磷含量较多的小黄泥土，其有效性钼含量也高；砂岩及紫色砂页岩发育的黄壤，有效钼含量低。

南方部分省份黄壤耕地中有效态微量元素含量见表 10－20。在母质、气候、耕作方式等综合作用下，不同省份黄壤耕地有效态微量元素表现出显著差异。由表 10－20 可以看出，云南黄壤的硼、锌、钼、锰、铁和铜等微量元素有效性都是最高的，推测原因是除母质影响外，云南的高海拔和淋溶作用弱可能是主要的影响因素。四川黄壤中硼、铁有效态含量是最低的，湖南黄壤中锌、铜有效态含量最低，广西黄壤中钼、锰有效态含量最低，可能是母质、成土过程、气候和耕作方式长期综合作用的结果。

表 10－20 南方部分省份黄壤耕地有效态微量元素含量

单位：mg/kg

省份	硼	锌	钼	锰	铁	铜
贵州	0.36	1.11	0.22	25.52	24.66	1.07
云南	0.45	2.30	1.28	32.96	240.68	46.11
四川	0.20	1.05	0.10	20.32	23.27	0.88
湖南	0.24	0.80	0.18	21.69	37.09	0.77
广西	0.35	1.34	0.02	16.04	94.13	1.49

注：数据来自耕地地力评价、测土配方施肥。

二、黄壤微量元素形态、转化及影响因素

（一）黄壤微量元素的形态

微量元素在土壤中通过一系列复杂的化学反应，如沉淀、吸附、解吸、氧化还原、螯合、络合等

转化成不同的形态存在。土壤微量元素的活动性、生物有效性、迁移路径、毒性等主要取决于其形态，而不是总量。

土壤微量元素的结合形态有以下几种：①存在于土壤溶液中或者土壤表面上的简单或者复杂的无机离子；②与土壤中其他成分相结合、沉淀而成为新的固相，或者被包被在新形成的固相中；③在土壤矿物中作为固定成分或者通过固相扩散而进入矿物晶格；④有机结合态的微量元素，各种结合态的微量元素在土壤中保持着动态的平衡（王书传，2016）。现普遍采用 Tessier A（Tessier，1979）形态分级法或改进的方法对微量元素形态进行划分，该方法将土壤微量元素的形态划分为交换态（Ex-）、碳酸盐结合态（Ca-）、有机结合态（Om-）、铁锰（铝）氧化物结合态（Ox-）和矿物态（残余态）（Min-）。

土壤溶液中微量元素的形态是影响微量元素生物有效性的重要因素，也是不同形态微量元素相互转化的重要介质。如表 10-21 所示，土壤溶液中铁主要以 Fe^{2+}、Fe $(OH)^{2+}$、Fe^{3+} 存在，而锰只以 Mn^{2+} 存在，这些阳离子在酸性条件下起主导作用，随着 pH 的升高，可转化为较为复杂的羟基金属阳离子，有效性相应降低。钼元素主要是以 MoO_4^{2-} 存在，这种阴离子在低 pH 条件下反应。因此，酸性黄壤中微量元素的供应一般都是较充足的。只有硼是在高 pH 条件下以未离解的硼酸（H_3BO_3）为主要形式存在，在酸性黄壤上种植油菜等作物时，可能会因缺硼而产生“花而不实”的现象，需要以叶面肥的形式进行施肥。

表 10-21　主要存在于土壤溶液中的微量元素形态

微量元素	铁	锰	锌	铜	钼	硼	钴	氯	镍
形态	Fe^{2+}、$Fe(OH)^{2+}$、Fe^{3+}	Mn^{2+}	Zn^{2+}、$Zn(OH)^{+}$	Cu^{2+}、$Cu(OH)^{+}$	MoO_4^{2-}、$HMoO_4^{-}$	H_3BO_3	Co^{2+}	Cl^{-}	Ni^{2+}、Ni^{3+}

注：数据来源于 Lindsay，1972。

（二）黄壤微量元素的循环与转化

1. 黄壤微量元素的转化及影响因素　影响土壤微量元素形态转化的因素很多，如酸碱度、土壤质地、氧化还原电位、通透性、有机质含量以及微生物活动等。其中，以酸碱度的影响最为突出，具体可以用图 10-4 表示。由图 10-4 可以看出，pH 增大和氧化作用增强，铁、锰、铜、锌的可给性降低；反之，可给性升高。在干旱年份或季节以及在排水以后，微量元素缺乏情况都会加重，吸附可以缓冲土壤溶液中微量元素离子浓度，从而影响土壤微量元素的可给性。

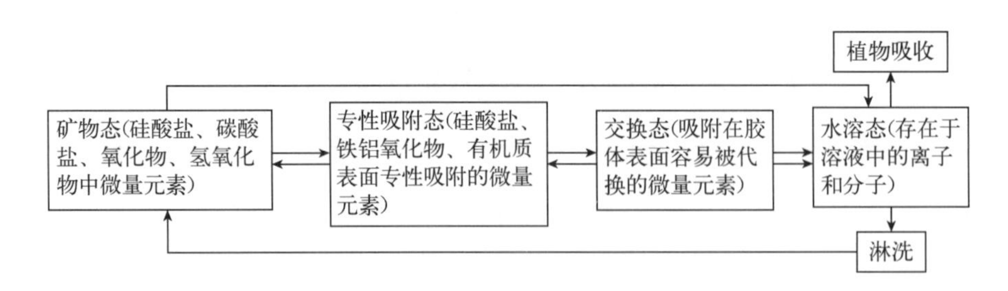

1. pH 下降，$CaCO_3$ 含量减少　2. 氧化电位降低　3. 水分含量增加　4. 生物活性增强　5. 络合物形成

有效性增加

有效性降低

1. pH 升高，施用过量石灰　2. 氧化电位上升　3. 干旱/排水　4. 有机络合物分解　5. 腐殖质少　6. 耕作不良

图 10-4　影响土壤微量元素有效性的因子（黄昌勇、徐建明，2015）

2. 黄壤微量元素的循环　微量元素在土壤—植物—动物系统中的循环和转化如图 10-5 所示。土壤中微量元素主要来源于矿物的风化和肥料的施用，在土壤溶液中除以离子态存在以外，还以可溶性螯合物的形态存在，土壤溶液中的微量元素被土壤有机和无机胶体吸附和解吸，被植物吸收后营养可传递到动物体内，最终归还于土壤（尼尔·布雷迪、雷·韦尔，2019）。

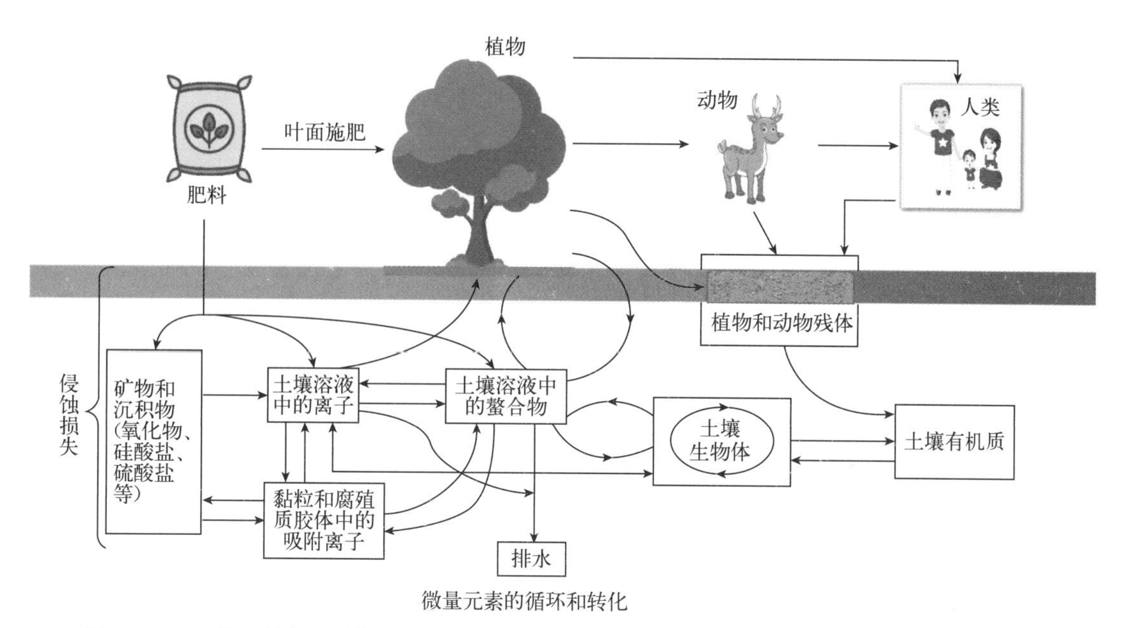

图 10-5　土壤—植物—动物系统中微量元素的循环和转化（尼尔·布雷迪、雷·韦尔，2019）

三、黄壤微量元素的调节

（一）主要的微量元素肥料

传统微量元素肥料一般是无机盐类，如硼砂、硼酸以及铁、锰、铜、锌的硫酸盐、硝酸盐等可溶性肥料，还有硼泥、碳酸盐和矿物态等非水溶性肥料。由于溶解性较差，且易受外界环境影响而产生固定、退化等作用，导致植物吸收效率低，微量元素通过土壤施用方式产生的施肥效果不稳定，一般采用种肥、叶面喷施的方法进行营养的补充。近年来，微量元素肥料新产品的研制及应用发展较快，各种新型肥料品种不断涌现，如糖醇硼、锌、铁等肥料（Manni-plex），与 EDTA、EDDHA 等大分子螯合剂相比，用小分子山梨糖醇和甘露醇作为螯合剂，可以使营养元素不经解离直接进入叶片内部，显著提高了微量元素在植物体内的运输能力。

（二）微量元素肥料的施用

黄壤地区土壤微量元素明显缺乏和微量元素肥料施用，始于 20 世纪 80 年代初期。1981 年，贵州遵义等地多处发生甘蓝型油菜“花而不实”的现象，反映出土壤有效硼的严重缺乏。在黄壤地区施用微量元素肥料取得了良好的增产效果，在一定的施硼水平范围内，施硼对烤烟具有显著的增产效果，能提高烤烟品质（胡雷，2008）；施用铁、锌肥可有效促进梨枣的生长发育，提高产量，并显著改善果实品质（刘惠杰，2015）；玉米施用锌肥、大豆和花生施用钼肥都取得了显著的增产，在玉米常规基施的基础上，施用硫酸锌和硫酸锰也有利于玉米增产，增产可达到 1 204.16～1 981.25 kg/hm^2（周建国，2020）；在黄壤缺素地区的 9 个油菜（甘蓝型）硼肥试验结果表明，施用硼肥后平均每亩增产油菜籽 40.95 kg，增产 32.9%；施素肥对雷竹笋营养品质、食味品质有较明显的影响，但未体现出明显的增产效应（杨丽婷等，2020）。

黄壤中微量元素肥料的适宜施用时间和施用量：硼肥施用于油菜，做基肥，每亩施硼砂 0.5～1 kg或者做追肥，采用 0.05%～0.1%浓度的硼砂溶液，在蕾薹期喷施 2 次或苗期（花芽开始分化时）与薹期各喷施 1 次，每次每亩喷施肥液 50～100 kg；锌肥施用于水稻或玉米，做基肥，每亩施硫酸锌 1～2 kg；钼肥施用于大豆、花生拌种，以每千克种子加钼酸铵 2～4 g 为宜（陈旭辉，1992）。

第十一章 黄壤肥力特性 >>>

根据《土地利用现状分类》（GB/T 21010—2017）的定义，耕地是指种植农作物的土地，包括熟地，新开发、复垦、整理地，休闲地（含轮耕地、休耕地）。耕地是人为因素（耕作、灌溉、施肥及其他技术措施）作用于自然土壤的综合产物，是人类从事农业生产的基地，是人类赖以生存的基本资源。

第一节 肥力特征

土壤肥力是土壤物理、化学和生物学性质的综合反映。其中，养分是土壤肥力的物质基础，温度和空气是环境因素，水既是环境因素又是营养因素。各种肥力因素（水、肥、气、热）同时存在、相互联系和相互制约。影响土壤肥力的因素有很多，如土壤质地、结构、水分状况、温度状况、生物状况、有机质含量、pH 等，凡是影响土壤物理、化学、生物性质的因素，都会对土壤肥力造成一定的影响。

土壤肥力有自然肥力与人工肥力之分。自然肥力（natural fertility）是土壤在自然成土因素（气候、生物、母质、地形和年龄）的综合作用下形成的肥力，它是自然成土过程的产物。人工肥力（anthropogenic fertility）是在人为因素（耕作、灌溉、施肥及其他技术措施）作用下形成的肥力，也是耕地（土壤）肥力不同于自然土壤的重要特征。自有人类从事农耕活动以来，自然植被被农作物所代替，森林或草原生态系统被农田生态系统所代替。随着人口不断增加、耕地面积减少、人类对土壤的利用强度不断扩展，人为肥力已成为决定土壤肥力发展方向的基本动力之一。人为因素对土壤肥力的影响集中反映在人类用地和养地两个方面，只用不养或不合理的耕作、施肥、灌排必然会导致土壤肥力的递减，用养结合可以培肥土壤，保持土壤肥力的持续性。

近年来，随着土壤肥力研究的深入，人们认识到影响土壤肥力的因子有很多，土壤肥力评价不可能也没有必要选择所有这些因子作为分等级的指标，必须选择对耕地土壤肥力有较大影响的因子。目前，大多数研究者所选取的指标多集中在土壤肥力营养指标，其次是土壤物理性质指标，对土壤生物学和环境指标的选取相对较少。具体指标体系见表 11 - 1。

表 11 - 1 土壤肥力指标体系构成

土壤肥力营养指标（化学指标）	土壤物理性质指标	土壤生物学指标	土壤环境指标
1. 全氮	1. 质地	1. 有机质	1. 土壤 pH
2. 全磷	2. 容重	2. 腐殖质	2. 地下水深度
3. 全钾	3. 水稳性团聚体	3. 微生物态碳	3. 坡度
4. 碱解氮	4. 孔隙数量与类型	4. 微生物态氮	4. 林网化水平
5. 有效磷	5. 土壤耕层温度变幅	5. 土壤酶活性	5. 气候

（续）

土壤肥力营养指标（化学指标）	土壤物理性质指标	土壤生物学指标	土壤环境指标
6. 速效钾	6. 土层厚度		6. 地形地貌
7. 阳离子交换量	7. 土壤含水量		7. 水文地质
8. 碳氮比	8. 黏粒含量		8. 土壤管理

注：数据来源于吕贻忠、李保国编著的《土壤学》。

一、黄壤肥力特征

按农业农村部九大农区耕地质量监测指标分级标准对耕地黄壤进行统计，耕地黄壤分为典型黄壤、黄壤性土、漂洗黄壤 3 个亚类。其中，典型黄壤 3 183 325.1 hm^2，占耕地黄壤的 90.0%；黄壤性土 336 525.3 hm^2，占耕地黄壤的 9.3%，以西南区面积最大。典型黄壤加上西南区黄壤性土的面积占全国耕地黄壤面积的 99.3%。因此，关于我国耕地黄壤的肥力特征以典型黄壤和西南区黄壤性土为对象进行描述。

根据全国耕地地力评价的统计结果，典型黄壤以中等地力水平为主，下等地力次之，上等地力最少（表 11-2）。上等地力（1～3 级）的面积为 299 725.6 hm^2，占区域典型黄壤面积的 9.4%；中等地力（4～7 级）的面积为 2 407 587.9 hm^2，占区域典型黄壤的 75.6%；下等地力（8～10 级）的面积为 476 011.6 hm^2，占区域典型黄壤的 15.0%。中下等地力面积占比达 90.6%。

表 11-2　典型黄壤耕地地力评价结果统计

分级		面积（hm^2）					占比（%）
		华南区	西南区	长江中下游区	青藏区	全区	
上等	1		29 696.1	1 688.4			
	2		75 667.9	3 258.4	1.7		
	3	78.7	179 742.9	9 585.2	6.3		
	小计	78.7	285 106.9	14 532	8	299 725.6	9.4
中等	4	8 947.7	526 282.9	24 524.8	253.8		
	5	30 066.8	578 245.1	23 776.3	596.7		
	6	35 719.7	651 880.4	27 247.5	351.7		
	7	55 615.4	425 223.4	18 743.7	112		
	小计	130 349.6	2 181 631.8	94 292.3	1 314.2	2 407 587.9	75.6
下等	8	48 063.8	202 304.4	15 465.0	179.6		
	9	23 476.7	65 564.0	10 869.1	70.3		
	10	37 226.1	59 798.7	12 945.1	48.8		
	小计	108 766.6	327 667.1	39 279.2	298.7	476 011.6	15.0
合计		239 194.9	2 794 405.8	148 103.5	1 620.9	3 183 325.1	100.0

不同区域典型黄壤地力水平有较大差异，华南区中等地力（4～7 级）的面积为 130 349.6 hm^2，占本区域典型黄壤面积的 54.5%；下等地力（8～10 级）的面积为 10.88 万 hm^2，占本区域典型黄壤的 45.5%。西南区中等地力（4～7 级）的面积最大，为 2 181 631.8 hm^2，占本区域典型黄壤面积的 78.1%；下等地力（8～10 级）的面积次之，为 327 667.1 hm^2，占本区域典型黄壤的 11.7%；上等地力（1～3 级）的面积为 285 106.9 hm^2，占本区域典型黄壤面积的 10.2%。长江中下游区中等地力（4～7 级）的面积最大，为 94 292.3 hm^2，占本区域典型黄壤面积的 63.7%；下等地力（8～10 级）的面积次之，为 39 279.2 hm^2，占本区域典型黄壤的 26.5%；上等地力（1～3 级）的面积为 14 532 hm^2，

占本区域典型黄壤的 9.8%。青藏区中等地力（4～7 级）的面积为 1 314.2 hm²，占本区域典型黄壤面积的 81.1%；下等地力（8～10 级）的面积为 298.7 hm²，占本区域典型黄壤的 18.4%。总体来看，典型黄壤主要集中在西南区、长江中下游区和华南区，地力水平以中下等为主。

根据黄壤性土耕地地力评价结果（表 11－3），以中等地力水平为主，下等地力次之，上等地力最少。上等地力（1～3 级）的面积为 6.15 万 hm²，占区域黄壤性土耕地面积的 18.3%；中等地力（4～7 级）为 21.62 万 hm²，占区域黄壤性土耕地面积的 64.2%；下等地力（8～10 级）为 5.88 万 hm²，占区域黄壤性土耕地面积的 17.5%，中下等地力面积占比达 81.7%。

表 11－3　黄壤性土耕地地力评价结果统计

分级		面积（hm²）					占比（%）
		华南区	西南区	长江中下游区	青藏区	全区	
上等	1		6 862				
	2		10 554.6				
	3		43 983.3	133.4			
	小计		61 399.9	133.4		61 533.3	18.3
中等	4		51 752.4	267.2			
	5		54 477		378.8		
	6		53 808.6	467.3	299.1		
	7		54 750.8				
	小计		214 788.8	734.5	677.9	216 201.2	64.2
下等	8		33 889.9	1 164.6			
	9	43.9	14 302.5	307.4			
	10	3 862.2	5 220.3				
	小计	3 906.1	53 412.7	1 472		58 790.8	17.5
合计		3 906.1	329 601.4	2 339.9	677.9	336 525.3	100

不同区域黄壤性土地力水平有较大差异，华南区只有下等地力（8～10 级）的耕地，面积为 3 906.1 hm²。西南区中等地力（4～7 级）的面积最大，为 214 788.8 hm²，占本区域黄壤性土耕地面积的 65.2%；上等地力（1～3 级）的面积次之，为 61 399.9 hm²，占本区域黄壤性土耕地面积的 18.6%；下等地力（8～10 级）的面积第三，为 53 412.7 hm²，占本区域黄壤性土耕地面积的 16.2%。长江中下游区下等地力（8～10 级）的面积最大，为 1 472 hm²，占本区域黄壤性土耕地面积的 62.9%；中等地力（4～7 级）的面积次之，为 734.5 hm²，占本区域黄壤性土耕地面积的 31.4%；上等地力（1～3 级）分布较少，仅占本区域黄壤性土耕地面积的 5.7%。青藏区只有中等地力（4～7 级）的耕地，面积为 677.9 hm²。黄壤性土主要集中在西南区和华南区，地力水平以中下等为主。

二、黄壤肥力指标

目前，表征黄壤肥力的指标主要有土层（耕层）厚度、质地、容重、有机质、全氮、全磷、全钾、有效磷、速效钾、阳离子交换量、土壤 pH 等。据农业农村部全国耕地地力评价的相关统计，全国典型黄壤面积为 318.33 万 hm²，贵州省 159.58 万 hm²，云南省 58.00 万 hm²，四川省 40.39 万 hm²，重庆市 27.63 万 hm²，贵州省典型黄壤面积占全国典型黄壤面积的 50.1%，有关典型黄壤耕地肥力某些指标的描述以贵州省典型黄壤耕地为主。根据《贵州省土壤》(1994) 中黄壤土类归纳整理，黄壤主要肥力指标分述如下。

（一）土壤层次及厚度

黄壤土类分为黄壤、漂洗黄壤、黄壤性土 3 个亚类。总体来看，黄壤、漂洗黄壤表层（A，耕层）较厚，颜色多为灰色至灰褐色；心土层（B）较深厚，颜色多为灰黄色至橘黄色；母质层（C）与母岩颜色相近。漂洗黄壤表层（A，耕层）较厚，颜色多为灰色至灰褐色，受淋溶漂洗的影响部分呈浅灰色；漂洗层（E）厚薄不一，多为灰白色至浅灰色；心土层（B）较厚，颜色多为灰黄色至黄色；母质层（C）与母岩颜色相近。黄壤性土主要分布在侵蚀严重的黄壤区，表层（A，耕层）较浅，颜色多为灰黄色至灰色；心土层（B）发育弱，甚至缺少心土层，多为心土层与母质层的过渡层（BC），含有较多的半风化岩石碎片，颜色与母岩颜色相近。

黄壤土层厚度与地形地貌、母质母岩、耕种时间密切相关，一般位于低山山麓、丘陵台地、宽谷盆地边缘的黄壤土层较深厚，位于低山、丘陵中上部的黄壤土层较薄；耕种时间长的黄壤耕地土层较深厚，反之土层较薄。页岩、板岩、凝灰岩、玄武岩、红色（黄色）黏土质风化壳发育的黄壤土层较深厚，石灰岩、砂岩、变余砂岩、紫色岩、砂页岩互层发育的黄壤土层较厚；石英砂岩、燧石灰岩、硅质白云岩、硅质页岩、花岗岩发育的黄壤土层较薄。

按农业农村部九大农区耕地质量监测标准统计，不同区域典型黄壤有效土层面积结果（表 11-4）表明，有效土层 60～80 cm 的典型黄壤面积最大，为 1 389 036 hm^2，占典型黄壤总面积的 43.6%；有效土层大于 60 cm 的典型黄壤面积为 2 484 100 hm^2，占典型黄壤总面积的 78.0%；有效土层小于 60 cm 的典型黄壤面积为 699 226 hm^2，占典型黄壤总面积的 22.0%。

表 11-4　不同区域典型黄壤有效土层面积统计

区域	<20 cm (hm^2)	占本区域 (%)	20～40 cm (hm^2)	占本区域 (%)	40～60 cm (hm^2)	占本区域 (%)	60～80 cm (hm^2)	占本区域 (%)	80～100 cm (hm^2)	占本区域 (%)	≥100 cm (hm^2)	占本区域 (%)
华南区							109	0.00	2 534	1.1	236 551	98.9
西南区	7 284	0.3	127 045	4.5	544 253	19.5	1 346 130	48.2	682 239	24.4	87 455	3.1
长江中下游区	37	0.00	859	0.6	18 329	12.4	42 734	28.9	22 334	15.1	63 810	43.0
青藏区			881	54.4	537	33.1	63	3.9			140	8.6
合计	7 321	0.2	128 786	4.0	563 119	17.8	1 389 036	43.6	707 108	22.2	387 956	12.2

不同区域典型黄壤有效土层占比有较大差异，华南区有效土层大于 100 cm 的典型黄壤面积为 236 551 hm^2，占本区域典型黄壤面积的 98.9%。西南区有效土层 60～80 cm 的典型黄壤面积最大，为 1 346 130 hm^2，占本区域典型黄壤面积的 48.2%；80～100 cm 的典型黄壤面积为 682 239 hm^2，占本区域典型黄壤面积的 24.4%；40～60 cm 的典型黄壤面积为 544 253 hm^2，占本区域典型黄壤面积的 19.5%。长江中下游区大于 100 cm 的典型黄壤面积为 63 810 hm^2，占本区域典型黄壤面积的 43.0%；60～100 cm 的黄壤面积为 65 068 hm^2，占本区域典型黄壤面积的 44.0%（表 11-5）。

西南区黄壤性土有效土层 60～80 cm 的面积为 16.18 万 hm^2，占本区域黄壤性土面积的 49.1%；40～60 cm 的面积为 8.77 万 hm^2，占本区域黄壤性土面积的 26.6%；80～100 cm 的面积为 5.20 万 hm^2，占本区域黄壤性土面积的 15.8%；20～40 cm 的面积为 2.35 万 hm^2，占本区域黄壤性土面积的 7.1%。

（二）土壤质地与容重

黄壤质地主要受母岩、母质的影响，玄武岩、灰岩、黏土质风化壳形成的土壤质地最黏重，多为轻黏土至重黏土，页岩、板岩、凝灰岩、紫色岩、砂页岩互层发育的黄壤多为壤土，石英砂岩、花岗岩形成的黄壤质地较轻，多为沙质壤土或沙土（表 11-5）。

表 11-5　黄壤的机械组成（%）与质地

地点	母岩或母质	粒径（mm）							质地
		1～0.25	0.25～0.05	0.05～0.01	0.01～0.005	0.005～0.001	<0.001	<0.01	
云南南糯山	花岗岩	33.0	11.0	9.0	4.0	11.0	32.0	47.0	重壤土
贵州黔西	玄武岩	6.9	9.7	21.6	8.0	13.9	39.9	61.8	轻壤土
贵州黔西	紫色岩	11.8	22.6	23.7	6.4	19.5	16.0	41.9	中壤土
贵州黔西	砂页岩	17.4	3.6	13.0	5.6	17.1	43.3	66.0	轻黏土
贵州安顺	泥页岩	0.9	2.3	8.7	9.8	22.0	56.3	88.1	重黏土
贵州平坝	白云岩	0.9	2.3	16.3	11.4	21.8	48.3	81.5	中黏土
贵州平坝	风化壳	0.5	1.8	6.9	5.6	10.6	74.6	90.8	重黏土
四川	砂岩	9.0	28.0	23.0	10.0	13.0	17.0	40.0	沙壤土

注：数据来源于何电源（1994）。

按农业农村部九大农区耕地质量监测标准统计，不同区域典型黄壤耕层质地面积统计结果（表 11-6）表明，典型黄壤耕层质地中壤的面积最大，为 983 325 hm^2，占典型黄壤总面积的 30.9%；质地沙壤的面积次之，为 631 703 hm^2，占典型黄壤总面积的 19.8%；质地黏土的面积第三，为 578 769 hm^2，占典型黄壤总面积的 18.2%；质地轻、重壤的面积分别为 438 479 hm^2 和 399 489 hm^2，分别占典型黄壤总面积的 13.8%和 12.5%。

表 11-6　不同区域典型黄壤耕层质地面积统计

区域	黏土（hm^2）	占本区域（%）	轻壤（hm^2）	占本区域（%）	沙壤（hm^2）	占本区域（%）	沙土（hm^2）	占本区域（%）	中壤（hm^2）	占本区域（%）	重壤（hm^2）	占本区域（%）
华南区	56 614	23.6	—	—	47 551	19.9	—	—	135 031	56.5	—	—
西南区	506 197	18.1	420 820	15.1	553 662	19.8	123 995	4.4	821 782	29.4	367 949	13.2
长江中下游区	15 949	10.8	17 360	11.7	30 230	20.4	26 573	17.9	26 512	17.9	31 480	21.3
青藏区	9	0.6	300	18.5	260	16.0	992	61.2	—	—	60	3.7
合计	578 769	18.2	438 479	13.8	631 703	19.8	151 560	4.8	983 325	30.9	399 489	12.5

不同区域典型黄壤耕层质地有所不同，华南区中壤的面积最大，达 135 031 hm^2，占本区域典型黄壤的 56.5%；质地黏土的占比为 23.6%。西南区中壤的面积最大，达 821 782 hm^2，占本区域典型黄壤的 29.4%；沙壤、黏土的面积分别为 553 662 hm^2 和 506 197 hm^2，占本区域典型黄壤面积的 19.8%和 18.1%。长江中下游区耕层质地重壤、沙壤相当，分别为 31 480 hm^2 和 30 230 hm^2，分别占本区域典型黄壤面积的 21.3%和 20.4%（表 11-6）。

西南区黄壤性土耕层质地中壤的面积为 12.08 万 hm^2，占本区域黄壤性土面积的 36.7%；黏土的面积为 6.16 万 hm^2，占本区域黄壤性土面积的 18.7%；重壤的面积为 4.06 万 hm^2，占本区域黄壤性土面积的 12.3%；沙壤、轻壤的面积分别为 3.96 万 hm^2 和 3.75 万 hm^2，占本区域黄壤性土面积的 12.0%和 11.4%；沙土的面积为 2.94 万 hm^2，占本区域黄壤性土面积的 8.9%。

黄壤容重与母岩母质和有机质含量密切相关，玄武岩、灰岩、黏土质风化壳形成的土壤比较黏重，容重比较大；石英砂岩、花岗岩形成的黄壤质地较轻，容重比较小。土壤有机质含量与容重呈负相关，土壤有机质含量越高，土壤容重就越小。

按农业农村部九大农区耕地质量监测标准，黄壤耕层容重华南区 1 级为 1.0～1.2 g/cm^3，2 级为 1.2～1.3 g/cm^3，3 级为 1.3～1.4 g/cm^3 或 0.9～1.0 g/cm^3，4 级为 1.4～1.5 g/cm^3，5 级为>1.5 g/cm^3 或<0.9 g/cm^3；西南区 1 级为 1.10～1.25 g/cm^3，2 级为 1.25～1.35 g/cm^3 或 1.0～1.10 g/cm^3，3 级为 1.35～1.45 g/cm^3，4 级为 1.45～1.55 g/cm^3 或 0.9～1.0 g/cm^3，5 级>1.5 g/cm^3 或<0.9 g/cm^3；长江

中下游区1级为1.0～1.2 g/cm³，2级为1.2～1.3 g/cm³ 或0.9～1.0 g/cm³，3级为1.3～1.4 g/cm³，4级为1.4～1.5 g/cm³，5级>1.5 g/cm³ 或<0.9 g/cm³。不同区域典型黄壤耕层容重面积统计结果（表11-7）表明，典型黄壤耕层容重处于2级的面积最大，为1 351 061 hm²，占典型黄壤总面积的42.4%；处于1级的面积次之，为980 290 hm²，占典型黄壤总面积的30.8%；处于3级的面积477 059 hm²，占典型黄壤总面积的15.0%，容重总体处在较好以上水平。不同区域典型黄壤耕层容重分级面积有较大变化，华南区4级的面积最大，达231 062 hm²，占本区域的96.6%。西南区2级的面积最大，达1 298 160 hm²，占本区域的46.5%；1级的面积次之，为883 502 hm²，占本区域的31.6%；3级面积为470 187 hm²，占本区域的16.8%。长江中下游区1级的面积最大，达94 254 hm²，占本区域的63.6%；2级的面积次之，达46 823 hm²，占本区域的31.6%。

表11-7 不同区域典型黄壤耕层容重面积统计

区域	1级（高）（hm²）	占本区域（%）	2级（较高）（hm²）	占本区域（%）	3级（中）（hm²）	占本区域（%）	4级（较低）（hm²）	占本区域（%）	5级（低）（hm²）	占本区域（%）
华南区	2 534	1.1	5 598	2.3	—	—	231 062	96.6	—	—
西南区	883 502	31.6	1 298 160	46.5	470 187	16.8	83 843	3.0	58 714	2.1
长江中下游区	94 254	63.6	46 823	31.6	5 731	3.9	756	0.5	540	0.4
青藏区	—	—	480	29.6	1 141	70.4	0.1	0.0	—	—
合计	980 290	30.8	1 351 061	42.4	477 059	15.0	315 662	9.9	59 254	1.9

西南区黄壤性土耕层容重2级的面积最大，达19.84万hm²，占本区域的60.2%；1级的面积次之，为8.30万hm²，占本区域的25.2%；3级的面积为4.10万hm²，占本区域的12.4%；4级的面积为0.60万hm²，占本区域的1.8%；5级的面积为0.13万hm²，占本区域的0.4%。

贵州黄壤不同亚类的容重差异也较大，详见表11-8。

表11-8 贵州黄壤不同亚类的容重统计

单位：g/cm³

土壤层次	典型黄壤		漂洗黄壤		黄壤性土	
	自然土壤	旱地	自然土壤	旱地	自然土壤	旱地
A	1.09	1.01	1.20	1.15	1.07	0.93
B（B_1）	1.26	1.18	1.28	1.28	1.40	1.17
BC（B_2）	—	—	—	—	—	—
C	1.27	1.19	—	1.37	1.37	1.27

注：数据来源于《贵州省土壤》（1994）。

（三）阳离子交换量与土壤pH

土壤阳离子交换量（CEC）是土壤所能吸附的可交换性阳离子的总量，代表土壤有效养分库容。影响土壤阳离子交换量的因素如下。

1. 土壤胶体类型 有机胶体（腐殖质）的阳离子交换量最大，2∶1型黏土矿物比1∶1型黏土矿物的阳离子交换量高，氧化物的阳离子交换量很小。在质地相同的情况下，北方的土壤比南方的土壤阳离子交换量大，有机质含量高的土壤则阳离子交换量也较大。

2. 土壤质地 土壤黏粒是土壤胶体的主体部分，也是土壤电荷的主要提供者。因此，质地越黏重的土壤，一般阳离子交换量也越大。阳离子交换量：沙土<壤土<黏土。

黄壤阳离子交换量与土壤pH详见表11-9。一般自然黄壤的阳离子交换量低于10 cmol/kg，且铝离子含量很高。耕作熟化后，黄壤耕地的阳离子交换量为10～15 cmol/kg。

表 11-9 黄壤阳离子交换量与土壤 pH

地点	母岩或母质	自然黄壤							黄壤耕地 pH
		层次	深度（cm）	pH（H_2O）	交换性酸（cmol/kg）		交换性阳离子（cmol/kg）	盐基饱和度（%）	
					总量	Al^{3+}			
贵州平坝	红色风化壳	A	0～18	4.90	5.06	4.81	7.71	34.4	6.6±0.8
		B	18～89	4.67	6.82	6.62	8.34	18.2	
		C	89～138	4.53	6.86	6.68	7.80	12.1	
贵州黔西	砂页岩	A	0～12	5.16	6.64	6.58	7.75	14.3	6.8±0.9
		B	12～38	5.24	6.14	5.80	7.72	20.5	
		C	38～57	5.00	6.98	6.78	8.11	13.9	
贵州安顺	泥页岩	A	0～22	4.61	12.48	12.24	13.34	6.4	6.3±0.5
		B	22～69	4.91	14.18	13.92	14.91	4.9	
		C	69～102	5.41	11.11	10.91	12.27	9.5	

注：数据来源于何电源（1994）。

3. 土壤 pH 土壤酸碱性是土壤溶液中 H^+ 浓度和 OH^- 浓度比例不同而表现出来的酸碱性质，是土壤的重要化学性质。它对土壤肥力有多方面的影响，而高等植物和土壤微生物对土壤酸碱度都有一定的要求。

大多数自然黄壤的 pH 在 4.5～5.5，人为耕作后，绝大多数黄壤耕地 pH 升高到 6.0～7.0。按农业农村部九大农区耕地质量监测 pH 的分级标准，西南区、华南区 1 级 6.0～7.0，2 级 7.0～7.5 或 5.5～6.0，3 级 7.5～8.0 或 5.0～5.5，4 级 8.0～8.5 或 4.5～5.0，5 级>8.5 或<4.5；长江中下游区 1 级 6.5～7.5，2 级 5.5～6.5，3 级 7.5～8.5，4 级 4.5～5.5，5 级>8.5 或<4.5；青藏区 1 级 6.5～7.5，2 级 7.5～8.5，3 级 8.5～9.0，4 级 5.5～6.5，5 级>9.0 或<5.5。不同区域典型黄壤 pH 分级面积统计（表 11-10）表明，典型黄壤 pH 较好及以上的面积 254.07 万 hm^2，占典型黄壤总面积的 79.8%；pH 处于中间水平的面积 47.59 万 hm^2，占典型黄壤总面积的 14.9%，pH 处于中间及以上水平的占比为 94.7%。

表 11-10 不同区域典型黄壤 pH 分级面积统计

区域	1 级（好）（hm^2）	占本区域（%）	2 级（较好）（hm^2）	占本区域（%）	3 级（中）（hm^2）	占本区域（%）	4 级（较差）（hm^2）	占本区域（%）	5 级（差）（hm^2）	占本区域（%）
华南区	58 306	24.4	52 206	21.8	127 996	53.5	568	0.2	119	0.05
西南区	1 416 066	50.7	958 915	34.3	347 855	12.4	70 644	2.5	926	0.03
长江中下游区	5 316	3.6	48 442	32.7	—	—	92 980	62.8	1 365	0.92
青藏区	520	32.1	975	60.2	—	—	126	7.7	—	—
合计	1 480 208	46.5	1 060 538	33.3	475 851	14.9	164 318	5.2	2 410	0.07

西南区典型黄壤 pH 好的面积 1 416 066 hm^2，占西南区典型黄壤面积的 50.7%；pH 较好的面积 958 915 hm^2，占西南区典型黄壤面积的 34.3%。长江中下游区典型黄壤 pH 处于较差水平的面积 92 980 hm^2，占本区域典型黄壤面积的 62.8%；pH 处于较好及以上的面积 53 758 hm^2，占本区域面积的 36.3%。华南区典型黄壤 pH 处于中等水平的面积 127 996 hm^2，占本区域典型黄壤面积的 53.5%；pH 处于较好及以上的面积 110 512 hm^2，占本区域典型黄壤面积的 46.2%（表 11-10）。

西南区黄壤性土 pH 处于 1 级的面积 17.17 万 hm^2，占本区域黄壤性土面积的 52.1%；2 级的面积 12.21 万 hm^2，占本区域黄壤性土面积的 37.0%；3 级的面积 3.08 万 hm^2，占本区域黄壤性土面积的 9.4%；4 级的面积 0.49 万 hm^2，占本区域黄壤性土面积的 1.5%。

（四）土壤有机质及全氮

土壤有机质是进入土壤中的各种有机物质，在土壤微生物作用下形成的一系列有机化合物的总称，土壤中所有的有机化合物都是含碳的有机化合物，又称为土壤有机碳。有机质含量超过 200 g/kg 的土壤称为有机土壤，而小于或等于 200 g/kg 的土壤称为矿质土壤。有机质是土壤的重要组成部分，尽管土壤有机质只占土壤总重量的很小一部分，但它在土壤肥力、环境保护、农业可持续发展等方面都有重要的作用和意义。

黄壤的有机质含量根据所处的生物气候条件，自然土壤（林草地）表层有机质含量为 50～100 g/kg，耕作黄壤（旱地）为 10～40 g/kg。按农业农村部九大农区耕地质量监测有机质的分级标准，西南区、长江中下游区 1 级>35 g/kg、2 级 25～35 g/kg、3 级 15～25 g/kg、4 级 10～15 g/kg、5 级<10 g/kg；华南区、青藏区 1 级>35 g/kg、2 级 30～35 g/kg、3 级 20～30 g/kg、4 级 10～20 g/kg、5 级<10 g/kg。对不同区域典型黄壤有机质分级面积统计（表 11-11）结果显示，典型黄壤有机质含量较高，含量在 3 级及以上水平的面积达 99.7%。其中，含量在 25～35 g/kg 的面积 1 298 063 hm^2，占典型黄壤面积的 40.8%；含量>35 g/kg 的面积 1 171 305 hm^2，占典型黄壤面积的 36.8%；含量在 15～30 g/kg 的面积 704 396 hm^2，占典型黄壤面积的 22.1%。

表 11-11　不同区域典型黄壤有机质分级面积统计

区域	1 级（高）（hm^2）	占本区域（%）	2 级（较高）（hm^2）	占本区域（%）	3 级（中）（hm^2）	占本区域（%）	4 级（较低）（hm^2）	占本区域（%）
华南区	28 745	12.0	102 427	42.8	108 022	45.2	—	—
西南区	1 064 017	38.1	1 130 306	40.5	590 522	21.1	9 535	0.3
长江中下游区	78 230	52.8	64 170	43.3	5 704	3.9	—	—
青藏区	313	19.3	1 160	71.6	148	9.1	—	—
合计	1 171 305	36.8	1 298 063	40.8	704 396	22.1	9 535	0.3

西南区典型黄壤有机质含量在 3 级及以上水平的面积达 2 784 845 hm^2，占典型黄壤总面积的 99.7%；有机质含量在 2 级及以上水平的面积达 2 194 323 hm^2，占西南区典型黄壤面积的 78.6%。华南区典型黄壤有机质含量 2 级、3 级水平的面积 210 449 hm^2，占本区域面积的 88.0%。长江中下游区典型黄壤有机质含量 1 级、2 级水平的面积 142 400 hm^2，占本区域面积的 96.1%（表 11-11）。

西南区黄壤性土有机质含量处于 2 级的面积 14.96 万 hm^2，占本区域面积的 45.4%；3 级的面积 13.74 万 hm^2，占本区域面积的 41.7%；1 级的面积 4.23 万 hm^2，占本区域面积的 12.8%；4 级的面积 0.026 万 hm^2，占本区域面积的 0.1%。

西南区典型黄壤面积以贵州典型黄壤的面积最大，有机质含量详见表 11-12。

表 11-12　贵州黄壤不同亚类的有机质含量统计

单位：g/kg

土壤层次	典型黄壤		漂洗黄壤		黄壤性土	
	自然土壤	旱地	自然土壤	旱地	自然土壤	旱地
A	52.48	34.45	30.56	32.72	40.69	26.17
B（E）	19.24	18.40	7.43	16.05	19.01	18.60
C	10.21	11.96	6.35	8.22	14.15	10.11

注：数据来源于《贵州省土壤》(1994)。

土壤氮素是土壤中含氮的有机物质与无机物质。土壤中氮素形态可分为无机态和有机态两大类，土壤气体中存在的气态氮一般不计算在土壤氮素之内。黄壤的全氮含量一般在 2.0 g/kg 左右，与有机质含量呈极显著正相关。贵州黄壤不同亚类的全氮含量详见表 11－13。

表 11－13　贵州黄壤不同亚类的全氮含量统计

单位：g/kg

土壤层次	典型黄壤		漂洗黄壤		黄壤性土	
	自然土壤	旱地	自然土壤	旱地	自然土壤	旱地
A	2.35	1.64	1.59	1.78	1.87	1.32
B（E）	1.08	1.13	0.47	1.27	1.12	1.17
C	0.69	0.85	0.51	0.68	0.80	0.76

注：数据来源于《贵州省土壤》(1994)。

（五）土壤磷和钾

土壤磷是土壤中含磷的有机物质与无机物质。黄壤的全磷含量一般在 0.05～1.58 g/kg，平均 0.51 g/kg，与母质类型、熟化程度、土壤侵蚀情况有关。贵州黄壤不同亚类的全磷含量详见表 11－14。

表 11－14　贵州黄壤不同亚类的全磷含量统计

单位：g/kg

土壤层次	黄壤		漂洗黄壤		黄壤性土	
	自然土壤	旱地	自然土壤	旱地	自然土壤	旱地
A	0.42	0.64	0.33	0.54	0.60	0.50
B（E）	0.33	0.48	0.23	0.40	0.43	0.38
C	0.28	0.44	0.19	0.36	0.31	0.24

注：数据来源于《贵州省土壤》(1994)。

按农业农村部九大农区耕地质量监测有效磷的分级标准，西南区 1 级＞40 mg/kg，2 级 25～40 mg/kg，3 级 15～25 mg/kg，4 级 5～15 mg/kg，5 级＜5 mg/kg；长江中下游区 1 级＞35 mg/kg，2 级 25～35 mg/kg，3 级 15～25 mg/kg，4 级 5～15 mg/kg，5 级＜5 mg/kg；华南区、青藏区 1 级＞40 mg/kg，2 级 20～40 mg/kg，3 级 10～20 mg/kg，4 级 5～10 mg/kg，5 级＜50 mg/kg。对不同区域典型黄壤有效磷分级面积统计结果（表 11－15）表明，典型黄壤有效磷总体含量中偏下的居多。中等水平的面积为 1 436 793 hm^2，占典型黄壤总面积的 45.1%；较低水平的面积为 782 117 hm^2，占典型黄壤总面积的 24.6%；较高及以上水平的面积为 942 097 hm^2，占典型黄壤总面积的 29.6%。较低及以下水平（4～5 级）的占比达 25.3%。

表 11－15　不同区域典型黄壤有效磷分级面积统计

区域	1 级（高）(hm^2)	占本区域（%）	2 级（较高）(hm^2)	占本区域（%）	3 级（中）(hm^2)	占本区域（%）	4 级（较低）(hm^2)	占本区域（%）	5 级（低）(hm^2)	占本区域（%）
华南区	1 192	0.5	129 199	54.0	108 804	45.5				
西南区	155 524	5.6	562 533	20.1	1 290 823	46.2	771 752	27.6	13 775	0.5
长江中下游区	69 143	46.7	24 034	16.2	36 017	24.3	10 365	7.0	8 544	5.8
青藏区			472	29.1	1 149	70.9				
合计	225 859	7.1	716 238	22.5	1 436 793	45.1	782 117	24.6	22 319	0.7

不同区域典型黄壤有效磷的差异较大，西南区典型黄壤有效磷处于 3 级的面积达 1 290 823 hm^2，占本区域典型黄壤面积的 46.2%；4 级的面积达 771 752 hm^2，占本区域典型黄壤面积的 27.6%；2

级及以上水平的面积为 718 057 hm²，占本区域典型黄壤面积的 25.7%。华南区有效磷 2 级的面积为 129 199 hm²，占本区域典型黄壤面积的 54.0%；3 级的面积为 108 804 hm²，占本区域典型黄壤面积的 45.5%。长江中下游区有效磷 1 级的面积为 69 143 hm²，占本区域典型黄壤面积的46.7%；3 级的面积为 36 017 hm²，占本区域典型黄壤面积的 24.3%。青藏区处于 3 级的面积为 1 149 hm²，占本区域典型黄壤面积的 70.9%（表 11－15）。

西南区黄壤性土有效磷处于 3 级的面积达 17.95 万 hm²，占本区域黄壤性土面积的 54.5%；2 级的面积达 7.67 万 hm²，占本区域黄壤性土面积的 23.3%；4 级水平为 5.64 万 hm²，占本区域黄壤性土面积的 17.0%；1 级的面积为 1.70 万 hm²，占本区域黄壤性土面积的 5.2%。

土壤钾是土壤中含钾物质的总称。土壤中含钾物质主要是无机态，包括水溶性钾、交换性钾、非交换性钾和结构钾。贵州黄壤不同亚类的全钾含量见表 11－16。据统计，黄壤表层全钾（K）平均为 10.6 g/kg，缓效钾（K）平均为 175.9 mg/kg，速效钾（K）平均为 98.0 mg/kg。

表 11－16 贵州黄壤不同亚类的全钾含量统计

单位：g/kg

土壤层次	典型黄壤		漂洗黄壤		黄壤性土	
	自然土壤	旱地	自然土壤	旱地	自然土壤	旱地
A	13.2	15.0	10.0	9.3	13.5	15.1
B（E）	10.2	12.5	9.2	8.4	8.7	12.2
C	8.3	16.0	8.1	9.2	4.4	15.0

注：数据来源于《贵州省土壤》(1994)。

按农业农村部九大农区耕地质量监测速效钾（mg/kg）的分级标准，西南区和华南区 1 级>150 mg/kg，2 级 100～150 mg/kg，3 级 75～100 mg/kg，4 级 50～75 mg/kg，5 级<50 mg/kg；长江中下游区 1 级>150 mg/kg，2 级 125～150 mg/kg，3 级 100～125 mg/kg，4 级 75～100 mg/kg，5 级<75 mg/kg；青藏区 1 级>250 mg/kg，2 级 200～250 mg/kg，3 级 150～200 mg/kg，4 级 100～150 mg/kg，5 级<100 mg/kg。对不同区域典型黄壤速效钾分级面积统计结果（表 11－17）表明，典型黄壤速效钾总体含量中偏上的居多。2 级（较高）面积为 1 613 650 hm²，占典型黄壤总面积的 50.7%；1 级面积为 748 832 hm²，占典型黄壤总面积的 23.5%；3 级面积为 608 696 hm²，占典型黄壤总面积的 19.1%。

表 11－17 不同区域典型黄壤速效钾分级面积统计

区域	1 级（高）（hm²）	占本区域（%）	2 级（较高）（hm²）	占本区域（%）	3 级（中）（hm²）	占本区域（%）	4 级（较低）（hm²）	占本区域（%）	5 级（低）（hm²）	占本区域（%）
华南区	27 410	11.5	143 815	60.1	57 465	24.0	10 506	4.4		
西南区	703 833	25.2	1 448 475	51.8	520 118	18.6	120 871	4.3	1 109	0.04
长江中下游区	17 589	11.9	21 360	14.4	30 971	20.9	32 852	22.2	45 331	30.6
青藏区					142	8.7	1 479	91.3		
合计	748 832	23.5	1 613 650	50.7	608 696	19.1	165 708	5.2	46 440	1.5

不同区域典型黄壤速效钾有较大差异，西南区典型黄壤速效钾处于 2 级的面积达 1 448 475 hm²，占本区域典型黄壤面积的 51.8%；1 级的面积为 703 833 hm²，占本区域典型黄壤面积的 25.2%；3 级的面积为 520 118 hm²，占本区域典型黄壤面积的 18.6%，本区域中等及以上水平的占比为 95.6%。长江中下游区速效钾处于 3 级、4 级、5 级的面积达 109 154 hm²，占本区域典型黄壤面积的

73.7%；2级及以上的占比为26.3%。华南区处于2级的面积达143 815 hm²，占本区域典型黄壤面积的60.1%；3级的面积为57 465 hm²，占本区域典型黄壤面积的24.0%，3级及以上的占比为95.6%（表11-17）。

西南区黄壤性土速效钾处于2级的面积达16.68万hm²，占本区域黄壤性土面积的50.6%；3级的面积达10.65万hm²，占本区域黄壤性土面积的32.3%；4级水平为2.93万hm²，占本区域黄壤性土面积的8.9%；1级的面积为2.70 hm²，占本区域黄壤性土面积的8.2%。

（六）微量元素

黄壤的微量元素含量主要与成土母质有关。据有关资料统计，黄壤中铁、锰、铜、锌、硼、钼的全量较高。黄壤微量元素全量含量详见表11-18。

表11-18　黄壤微量元素全量含量

单位：mg/kg

地点	锌		铜		硼		钼		锰	
	范围	平均	范围	平均	范围	平均	范围	平均	范围	平均
贵州	52～345	129	32～171	80	49～292	143	2.4～14.5	5.2		699
云南	41～252	114	11～224	66	13～70	36			174～3 870	815
红壤	11～492	177	0.1～91	22	1～125	40	0.3～12	2.4	10～5 532	565

注：数据来源于何电源（1994）。

土壤全锌：红色黏土、石灰岩（白云岩）、玄武岩>页岩>砂岩>花岗岩。

土壤全硼：石灰岩>红色黏土>页岩>玄武岩>砂岩>花岗岩。

土壤全钼：红色黏土>石灰岩、玄武岩、页岩>花岗岩>砂岩。

土壤全锰：玄武岩>紫色页岩>石灰岩>红色黏土>花岗岩>砂岩。

土壤全铜：玄武岩>页岩>红色黏土>石灰岩>砂岩>花岗岩。

黄壤中微量元素有效态含量除了与全量有关外，还受土壤pH、质地等因素影响。贵州黄壤不同亚类表层有效态微量元素含量详见表11-19。据测定，贵州黄壤耕地有效硼平均0.37 mg/kg，低于0.5 mg/kg的临界值；有效锌1.02 mg/kg，有效钼0.32 mg/kg，分别略高于1.0 mg/kg和0.15 mg/kg的临界值。缺硼的频率达73.7%，缺锌、缺钼的频率分别为52.5%与52.6%。

表11-19　贵州黄壤不同亚类表层有效态微量元素含量统计

单位：mg/kg

黄壤亚类	锌		铜		硼		钼		锰	
	范围	平均	范围	平均	范围	平均	范围	平均	范围	平均
典型黄壤	0.1～0.37	1.23	0～6.9	1.22	0～0.94	0.37	0～1.4	0.32	0～182	29.4
漂洗黄壤	0.48～1.51	0.79	0～0.84	0.33	0～0.62	0.43	0.01～0.24	0.13	0～8.9	1.94

注：数据来源于《贵州省土壤》（1994）。

第二节　肥力演变

黄壤耕地肥力演变是一个漫长的过程，长期以来，农业科技工作者一直致力于维持和提高黄壤耕地肥力，在空间和时间尺度上揭示黄壤肥力演变规律和驱动机制。根据不同时期全国土壤普查或典型采样调查结果，本节以全国黄壤耕地集中分布的贵州为例，分别从1980年第二次贵州省土壤普查、1998年贵州省土壤养分典型采样调查以及2005—2012年贵州省测土配方施肥土壤养分普查等历史数据，结合贵州省农业科学院于20世纪90年代开展的全国唯一一个黄壤肥力与肥效长期定位试验，按照不同时段对黄壤耕地有机质、养分及肥力演变特征进行分析。

黄壤肥力与肥效长期试验地位于贵州省贵阳市小河经济技术开发区贵州省农业科学院内（106°07′E，26°11′N），地处贵州中部黄壤丘陵区，平均海拔1 071 m，年均气温15.3℃，年均日照时数1 354 h左右，相对湿度75.5%，全年无霜期270 d左右，年降水量1 100～1 200 mm。试验从1995年开始，设置10个处理：①1/4有机肥＋氮磷钾（1/4M＋NPK）；②1/2有机肥＋氮磷钾（1/2M＋NPK）；③常量有机肥（M）；④不施肥（CK）；⑤常量有机肥＋常量氮磷钾（MNPK）；⑥氮磷钾（NPK）；⑦氮钾（NK）；⑧氮（N）；⑨氮磷（NP）；⑩磷钾（PK）。肥料种类主要为尿素（含N 46%）、普通过磷酸钙（含 P_2O_5 16%）、氯化钾（含 K_2O 60%），常规用量为每年施N 165 kg/hm²、P_2O_5 82.5 kg/hm²、K_2O 82.5 kg/hm²、有机肥30.5 t/hm²。有机肥为新鲜牛粪（平均含C 10.4%、N 2.7 g/kg、P_2O_5 1.3 g/kg、K_2O 6 g/kg），除PK和对照处理不施用氮肥外，其余施氮小区的化肥氮素施用量相同。该长期定位试验积累了1994—1996年、2006—2012年的土壤养分分析数据，以及1995—2012年作物产量与经济性状的连续测定数据，为我国南方山区黄壤耕地肥力演变和肥料效益评价、农业可持续发展模式与技术研究提供了较为丰富的数据支撑。

一、有机质的含量特征

（一）第二次土壤普查的黄壤有机质含量特征

贵州黄壤有机质含量的总体水平较高。据耕层样分析统计，平均含量为38.7 g/kg（n=30 022），有机质全量水平以三级和一级所占面积比例大，分别为29.1%和27.1%；其次是二级，为25.8%，而四级、五级、六级所占面积比例较少，依次为15.2%、2.2%和0.6%（图11-1）。

黄壤耕地的有机质含量以中等等级居多。若以有机质含量＞40 g/kg、20～40 g/kg、＜20 g/kg分别为丰富、中等、缺乏的指标，则黄壤耕地有机质含量丰富、中等、缺乏的面积比例分别为27.1%、54.9%和18.0%（表11-20）。

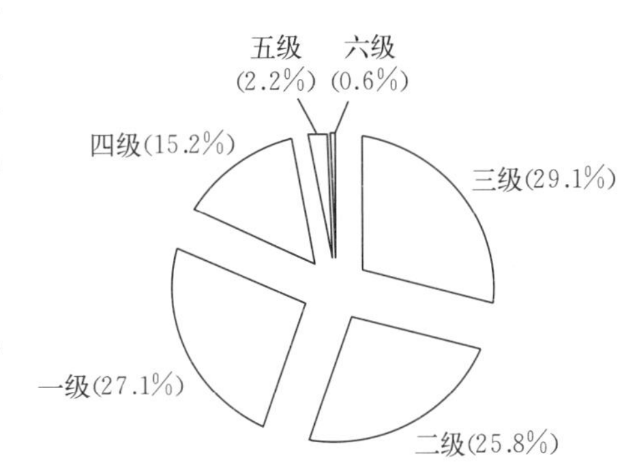

图11-1 第二次贵州省土壤普查期间黄壤耕地有机质等级比例

表11-20 贵州黄壤有机质及其所占比例

含量等级	有机质	
	含量（g/kg）	比例（%）
一	＞40	27.1
二	30～40	25.8
三	20～30	29.1
四	10～20	15.2
五	6～10	2.2
六	＜6	0.6

（二）1998年跟踪采样的黄壤有机质含量特征

将1998年贵州省95个黄壤耕层土样测定值和1980年相应点位的黄壤耕地化验结果相比较（表11-21），土壤有机质含量有所降低；旱地土壤有机质含量明显减少，较第二次贵州省土壤普查的含量降低3.4%。

表 11-21 贵州不同土壤类型的有机质、全氮和碱解氮含量

耕地类型	母岩（质）	土壤类型	土样数（个）	有机质（g/kg）		全氮（g/kg）		碱解氮（mg/kg）	
				1998年	1980年	1998年	1980年	1998年	1980年
旱地	红色黏土	黄泥土	64	28.7	29.7	1.5	1.6	96.3	84.4
	泥（砂）页岩	黄泥土	16	31.7	31.9	1.6	1.7	104.4	97.4
	砂岩	黄沙土	5	29.2	28.8	1.5	1.4	90.0	83.8
	板岩	黄泥土	8	29.7	36.5	1.6	2.1	114.8	107.4
	玄武岩	大黄泥土	2	76.6	62.4	2.1	2.9	189.0	109.1
	平均		95	29.8	32.4	1.3	1.6	94.2	89.3

（三）黄壤长期定位试验有机质的演变规律

施用有机肥可以增加土壤有机质，与试验开始前相比（1994 年），18 年连续单施有机肥土壤有机质含量增加了 10.0%，MNPK 处理有机质增加了 20.1%，1/2M+NPK 增加 14.9%，1/4M+NPK 增加了 3.6%。而不施肥和单施化肥各处理的土壤有机质含量较试验开始前（1994 年）有小幅下降。其中，NK 处理有机质含量降低了 9.16%，降幅最大；NPK 处理土壤有机质含量降低了 5.33%，降幅最小（表 11-22）。

表 11-22 长期不同施肥处理下黄壤的有机质含量

单位：g/kg

年份	处理									
	1/4M+NPK	1/2M+NPK	M	对照	MNPK	NPK	NK	N	NP	PK
1994	41.6	41.6	45.1	43.1	42.8	39.4	38.2	41.9	41.6	44.9
1996	40.3	42.3	44.3	40.3	44.3	43.7	41.6	45.0	43.7	49.0
2006	45.9	47.8	50.7	38.8	45.2	35.8	35.8	39.1	40.5	39.8
2008	55.3	50.5	55.3	41.1	54.3	43.3	40.4	39.9	41.9	38.5
2010	45.1	50.1	59.8	43.3	53.5	36.8	44.7	38.4	42.8	39.6
2012	43.1	47.8	49.6	40.4	51.4	37.3	34.7	38.9	38.4	41.7

二、全氮的含量特征

（一）第二次贵州省土壤普查的黄壤耕地氮素含量特征

贵州黄壤耕地全氮含量的总体水平较高。据耕层样分析统计，全氮含量平均值为 2.14 g/kg（$n=$2 485），全氮含量水平以一级所占面积比例最大；四级、五级、六级所占的面积比例小，合计仅为 16.0%。

耕地的全氮含量以中等等级的居多。以全氮含量>2 g/kg、1～2 g/kg、<1 g/kg 为丰富、中等、缺乏的指标，则贵州耕地全氮含量丰富、中等、缺乏的面积比例分别为 29.9%、54.1%和 16.0%。

（二）黄壤长期定位试验氮素的演变规律

土壤全氮包括所有形态的有机氮、无机氮，是标志土壤氮素总量和供应植物有效氮素的源和库，综合反映了土壤的氮素状况（王娟等，2010）。长期施有机肥的各处理，土壤全氮含量随着施肥年限的增加而呈升高趋势，施肥 18 年后，有机肥各处理土壤全氮含量平均提高 22.35%，且均高于对照（表 11-23）。随着有机肥施用量的增加，全氮含量的增加幅度也增大，施有机肥的各处理间增幅 13.3%～46.6%。MNPK 增长幅度最大，为 46.7%。长期施用化肥的各处理土壤全氮含量的增加趋

势与对照相似，在6%左右；PK处理的全氮含量则较试验开始前（1994年）下降了6.25%。可见，施用有机肥对于提高土壤全氮含量的作用较施化肥处理明显。

表11-23 长期不同施肥黄壤的全氮含量

单位：g/kg

年份	处理									
	1/4M+NPK	1/2M+NPK	M	对照	MNPK	NPK	NK	N	NP	PK
1994	1.5	1.7	1.7	1.6	1.5	1.6	1.5	1.5	1.5	1.6
2006	1.8	1.8	2.0	1.6	1.8	1.5	1.6	1.6	1.6	1.5
2010	1.7	2.2	2.2	1.8	2.2	1.4	1.9	1.6	1.8	1.4
2011	1.8	2.1	2.3	1.6	2.3	1.5	1.6	1.6	1.6	1.6
2012	1.7	1.9	2.0	1.7	2.2	1.6	1.6	1.6	1.6	1.5

在长期施肥条件下，不同年份的土壤碱解氮含量波动较大。比较试验开始前（1994年）碱解氮含量与2010—2012年平均值，发现MNPK、M、NPK处理的碱解氮含量有所提高，分别提高了32.3%、14.7%和0.8%，而偏施化肥各处理的碱解氮均呈下降趋势（表11-24），其中PK处理下降最多，达33.1%。

表11-24 长期不同施肥黄壤的碱解氮含量

单位：mg/kg

项目	处理									
	1/4M+NPK	1/2M+NPK	M	对照	MNPK	NPK	NK	N	NP	PK
1994年值	127.2	196.9	131.0	159.9	115.9	124.0	128.6	142.0	128.3	162.6
2010—2012平均值	122.6	142.8	150.2	118.7	153.3	125.0	119.8	114.9	117.3	108.7

三、磷的含量特征

（一）全磷

1. 第二次贵州省土壤普查的黄壤全磷含量特征 据6 252个耕层样分析统计，贵州黄壤全磷平均含量为0.68 g/kg，全磷含量在全国处于中等水平。其中，有效磷在全磷中所占的平均比重很小，是土壤生产力提高的主要限制因素。

2. 黄壤长期定位试验全磷的演变规律 长期施有机肥对土壤全磷含量有一定的提升作用（表11-25），2010—2012年土壤全磷含量较试验开始前（1994年）均有一定程度的增加，增幅在8.3%～24.6%，其中MNPK处理增幅最大，达24.6%。不施磷肥处理的土壤全磷均呈下降趋势，下降幅度为5%～10.5%。其中，N处理的下降幅度最大，为10.5%；对照处理下降幅度最小，为5%。

表11-25 长期不同施肥黄壤全磷含量及其变化

项目	处理									
	1/4M+NPK	1/2M+NPK	M	对照	MNPK	NPK	NK	N	NP	PK
1994年值（g/kg）	1.9	2.0	1.9	2.0	1.9	2.1	1.9	2.16	1.9	1.9
2010—2012年平均值（g/kg）	2.1	2.2	2.1	1.9	2.4	1.9	1.8	1.9	2.1	2.1
变化幅度（%）	12.3	8.3	12.3	−5.0	24.6	−9.5	−5.3	−10.5	10.5	8.8

（二）有效磷

1. 第二次贵州省土壤普查的黄壤有效磷含量特征 据耕层样分析统计，贵州黄壤有效磷平均含量为8.8 mg/kg（n=26 264）。贵州黄壤耕地土壤有效磷含量分级统计结果：一级（>40 mg/kg）占1.0%，二级（20～40 mg/kg）占5.4%，三级（10～20 mg/kg）占19.7%，四级（5～10 mg/kg）占33.4%，五级（3～5 mg/kg）占22.0%，六级（<3 mg/kg）占18.5%。

2. 1998 年跟踪采样的有效磷含量特征 经过10余年的耕作和施肥，耕地土壤有效磷普遍上升（表11-26）。旱地土壤有效磷含量增加6.9 mg/kg，稻田土壤有效磷含量增加8.7 mg/kg。

表 11-26　贵州不同黄壤耕地有效磷与速效钾含量

耕地类型	母岩（质）	土壤类型	土样数	有效磷（mg/kg）		速效钾（mg/kg）	
				1998 年	1980 年	1998 年	1980 年
旱地	红色黏土	黄泥土	64	19.1	5.8	82.8	106.2
	泥（沙）页岩	黄泥土	16	16.5	4.8	114.2	141.5
	砂岩	黄沙土	5	14.0	4.4	51.0	92.0
	板岩	黄泥土	8	13.5	4.5	95.5	92.8

3. 黄壤长期定位试验有效磷的演变规律 长期施有机肥对土壤有效磷含量有一定的提升作用（表11-27），2010—2012年土壤有效磷含量较试验初期均有不同程度的增加，增加幅度在1.2%～95.5%，其中MNPK处理的增加幅度最大，达95.5%。不施肥或施化肥处理中，仅PK处理2010—2012年土壤有效磷含量较试验初期增加13.7%，其余处理均呈下降趋势。其中，对照处理的下降幅度最大，其次为N处理（52.0%），NP处理下降幅度最小，仅为1.0%。

表 11-27　长期不同施肥黄壤有效磷含量

项目	处理									
	1/4M+NPK	1/2M+NPK	M	对照	MNPK	NPK	NK	N	NP	PK
1994—1996 平均值（mg/kg）	24.5	27.8	19.5	21.2	30.9	30.6	18.4	22.1	30.6	29.3
2010—2012 平均值（mg/kg）	24.8	29.2	27.1	9.5	60.4	23.6	8.9	10.6	30.3	33.3
变化幅度（%）	1.2	5.0	39.0	−55.2	95.5	−22.9	−51.6	−52.0	−1.0	13.7

四、钾的含量特征

（一）全钾

1. 第二次贵州省土壤普查的黄壤耕地全钾含量特征 贵州黄壤耕层农化样全钾平均含量为15.1 g/kg（n=1831）。土壤全钾含量较丰富，在全国处于中偏上水平。钾素含量分布受多种因素控制，主要是土壤类型、土壤利用、成土母岩、质地、有机质含量等。

不同质地土壤全钾含量与土壤物理性黏粒、黏粒含量呈正相关关系，可由如下方程式表达：

$$Y=1.385+1.675X_1+0.268X_2,\ r=0.239\ (n=144)$$

2. 黄壤长期定位试验钾素的演变规律 2010—2012年，土壤全钾含量与试验初期相比，除MNPK处理外，其余处理均呈增加趋势，增加幅度在2.7%～18.7%（表11-28）。由于作物需钾量较大，MNPK处理的作物产量最高，带走的养分也最多，因而该处理的全钾含量呈下降趋势。

表 11-28　长期不同施肥黄壤的全钾含量

项目	处理									
	1/4M+NPK	1/2M+NPK	M	对照	MNPK	NPK	NK	N	NP	PK
1994—1996 平均值 (g/kg)	12.3	12.3	12.8	12.9	14.7	12.7	13.7	13.7	13.4	13.4
2010—2012 平均值 (g/kg)	13.6	14.6	14.3	13.9	13.7	13.1	14.6	14.1	14.0	13.8
变化幅度（%）	10.6	18.7	11.7	7.8	−6.8	3.1	6.6	2.7	4.5	3.5

（二）速效钾

1. 第二次贵州省土壤普查的黄壤耕地速效钾含量特征　贵州黄壤耕地速效钾耕层农化样平均含量为 123.9 mg/kg（n=27 128）。贵州耕地土壤速效钾分级统计结果：一级（>200 mg/kg）占 15.3%，二级（150～200 mg/kg）占 14.8%，三级（100～150 mg/kg）占 27.6%，四级（50～100 mg/kg）占 27.7%，五级（30～50 mg/kg）占 10.4%，六级（<30 mg/kg）占 4.2%。土壤速效钾含量较丰富，在全国处于中偏上水平。据耕层农化样分析统计，速效钾含量>150 mg/kg 的占 30.1%，50～150 mg/kg 的占 55.3%，<50 mg/kg 的仅占 14.6%。如果以 100 mg/kg 含量为丰富和较丰富级标准，则 57.7%的耕地速效钾含量达标。

土壤速效钾含量与土壤物理性黏粒、黏粒含量也呈正相关：

$$Y=2.552+261.870X_1+21.749X_2,\ r=0.266^{**}$$

土壤速效钾含量与土壤有机质含量关系较密切：

$$Y=88.588+12.368X,\ r=0.230^{*}\ (n=71)$$

2. 黄壤长期定位试验速效钾的演变规律　长期施用有机肥对土壤速效钾含量有一定的提升作用，且随着有机肥施用量的增加，提升作用越明显（表 11-29）。与试验初期相比，2010—2012 年施有机肥处理的速效钾含量提高 3.5%～111.5%，MNPK 和 M 处理提高最明显，分别提高 111.5%和 115.5%。除 PK 处理外，其余不施肥或施化肥处理的土壤速效钾含量 2010—2012 年平均值均低于试验初期，降幅 7.9%～53.5%。其中，单施氮肥处理（N）下降最明显，达 53.5%。

表 11-29　长期不同施肥黄壤的速效钾含量

项目	处理									
	1/4M+NPK	1/2M+NPK	M	对照	MNPK	NPK	NK	N	NP	PK
1994—1996 平均值 (mg/kg)	256.3	267.8	371.1	233.2	390.6	238.1	243.6	236.1	218.4	295.4
2010—2012 平均值 (mg/kg)	265.2	539.7	785.0	179.8	841.9	193.7	224.4	109.7	124.4	303.3
变化幅度（%）	3.5	101.5	111.5	−22.9	115.5	−18.6	−7.9	−53.5	−43.0	2.7

五、黄壤耕地其他理化性质的变化

（一）黄壤耕地 pH 的变化

2012 年土壤 pH 与试验初期 1995 年相比，长期施用有机肥或对照处理的土壤 pH 有所提高（表 11-30），提高 0.19～0.9 个单位。随着有机肥施用量的增加，土壤 pH 也逐渐增加。其中，MNPK 处理的土壤 pH 增加最多（0.90），其次为 M 处理（0.85）。施化肥处理中，施氮肥处理的土壤 pH 降低 0.06～0.25 个单位，PK 处理的 pH 增加了 0.27 个单位。

表 11-30 长期不同施肥黄壤 pH 的变化

项目	处理									
	1/4M+NPK	1/2M+NPK	M	对照	MNPK	NPK	NK	N	NP	PK
1995 年值	6.57	6.49	6.42	6.68	6.42	6.61	6.50	6.62	6.42	6.51
2012 年值	7.04	7.14	7.27	6.87	7.32	6.55	6.25	6.40	6.33	6.78
变化幅度	0.47	0.65	0.85	0.19	0.90	−0.06	−0.25	−0.22	−0.09	0.27

(二) 长期施肥黄壤阳离子交换量（CEC）的变化

与试验初始土壤阳离子交换量相比，长期施肥条件下土壤阳离子交换量含量呈增加趋势（表 11-31）。除 1/4M+NPK 处理外，其余施用有机肥处理的土壤阳离子交换量均有不同程度增加，MNPK 处理增幅最大，高达 19.9%；其次为 M 处理，增幅 13.0%。施用化肥处理的土壤阳离子交换量年际间有一定的波动，但基本保持稳定，其中 PK 处理阳离子交换量增加了 9.9%，增幅最大。

表 11-31 长期不同施肥黄壤阳离子交换量（CEC）的变化

项目	处理									
	1/4M+NPK	1/2M+NPK	M	对照	MNPK	NPK	NK	N	NP	PK
1994 年值（cmol/kg）	17.4	16.9	16.9	17.1	15.6	16.3	16.3	16.9	16.9	16.2
2010—2012 年平均值（cmol/kg）	17.1	18.1	19.1	17.0	18.7	16.3	16.4	16.7	16.2	17.8
变化幅度（%）	−1.7	7.1	13.0	−0.6	19.9	0.0	0.6	−1.2	−4.1	9.9

第三节 生产性能

一、黄壤地区的生产潜力

土地生产潜力是指土地资源生产食物的潜在能力（邱道持，2005）。它是土地生产潜力可以不断提高，但并非无限，而是有一个极限值，这个极限值就是作物光合潜力。它是当空气中二氧化碳含量正常，其他环境因素也都处于最适状态时，单位面积土地上高光合效能作物所产生的植物有机物质量。

据相关资料统计，贵州黄壤旱地玉米高产区产量（9 381±1 165）kg/hm^2（n=26），中产区产量（8 522±1 205）kg/hm^2（n=54），低产区产量（7 136±1 154）kg/hm^2（n=26）。中产区产量增加到高产区产量仍有 10.0%左右的增产潜力，低产区产量增加到高产区产量仍有 24.0%左右的增产潜力（赵欢等，2016）。2012 年，贵州省黔南州福泉市玉米（中单 808）单产 12 304 kg/hm^2，该产量达气候生产潜力的 57%左右（王美等，2008）。

二、黄壤地区典型黄壤的特点

黄壤属于地带性土壤，成土过程中母质的风化和淋溶作用强烈，矿物不断水解，碱金属和碱土金属及硅酸盐大量流失，铁铝三氧化物、黏土矿物相对聚积，土壤盐基饱和度、阳离子交换量低，表现出黏、酸、瘦的特点。

(一) 黏

据《贵州省土壤》的统计，由玄武岩、页岩、板岩、凝灰岩、泥岩、红（黄）色黏土质风化壳上发育的黄壤占黄壤总面积 31.0%，质地为壤质黏土至重黏土。也就是说，质地黏重的黄壤约占黄壤的 1/3。质地黏重会带来宜耕性差、养分释放慢、有效水含量低等问题。

（二）酸

据《贵州省土壤》的统计，贵州微酸性、酸性、强酸性耕地土壤占耕地面积的 54.1%。其中，酸性至强酸性占贵州耕地土壤 18.4%。黄壤占土壤总面积的 46.4%，微酸性至强酸性的土壤中黄壤占 25.1%，约 1/4。可以看出，黄壤在酸性土壤占有相当大的比重。酸度过大，会导致作物生长不良、养分有效性差等。

（三）瘦

黄壤在成土过程中母质的风化和淋溶作用强烈，所形成的次生黏土矿物主要是蛭石、高岭石、三水铝石、水云母。全磷含量不高、有效磷含量偏低，有效钾含量中等偏下，有效铜、有效锰、有效铁较丰富，有效硼、有效锌、有效钼较缺乏。同时，由于阳离子交换量低，保肥性能也不高。因此，黄壤通过人为耕种熟化，黄壤黏、酸、瘦的不良性状才能逐渐消失，通过施肥培肥土壤，有机质、有效养分才不会下降；pH、盐基饱和度、阳离子交换量逐渐上升。

三、影响黄壤耕地生产能力的因素

根据王美等（2008）对贵州不同地力耕地生产能力的限制因子初步研究，结果排序如下：质地（稻田、旱地）>阳离子交换量（稻田）、pH 和土壤剖面中障碍层（旱地）>pH 和土壤剖面中障碍层（稻田）及耕层厚度（旱地）。这与黄壤在贵州土壤中占有高达 46.4%的比例以及黄壤的黏、酸特性有很大的关系。贵州不同地力耕地主要限制因子参数见表 11－32。

表 11－32　贵州不同地力耕地主要限制因子参数

地力水平	耕层厚度	剖面中障碍层	pH	阳离子交换量	质地
高产	0.95	1.00	1.00	0.93	0.88
中产	0.83	0.85	0.75	0.91	0.63
低产	0.58	0.50	0.50	0.88	0.41

注：数据来源于王美等（2008）。

质地构型和土壤中障碍因素是影响黄壤耕地生产能力发挥的重要因素。据农业农村部全国耕地地力评价的相关结果，典型黄壤的质地构型面积统计见表 11－33。结果表明，较差的紧实型质地构型的面积为 975 655 hm^2，占典型黄壤面积的 30.6%，夹层型、松散型、薄层型 3 类较差质地构型的面积为 1 315 045 hm^2，占典型黄壤面积的 41.4%，较好的上松下紧质地构型的面积为 637 267 hm^2，仅占典型黄壤面积的 20.0%。

表 11－33　不同区域典型黄壤质地构型的面积统计

区域	薄层型面积（hm^2）	占本区域（%）	海绵型面积（hm^2）	占本区域（%）	夹层型面积（hm^2）	占本区域（%）	紧实型面积（hm^2）	占本区域（%）	上紧下松型面积（hm^2）	占本区域（%）	上松下紧型面积（hm^2）	占本区域（%）	松散型面积（hm^2）	占本区域（%）
华南区			119	0.05			5 479	2.3			233 597	97.7		
西南区	265 487	9.5	119 380	4.3	566 585	20.3	960 056	34.3	130 329	4.7	299 549	10.7	453 020	16.2
长江中下游区	611	0.4	4 680	3.2	5 275	3.6	9 174	6.2	756	0.5	104 015	70.2	23 593	15.9
青藏区	134	8.3					946	58.4	94	5.8	106	6.5	340	21.0
合计	266 232	8.4	124 179	3.9	571 860	18.0	975 655	30.6	131 179	4.1	637 267	20.0	476 953	15.0

表 11－33 结果还显示，不同区域典型黄壤的质地构型差别较大。华南区质地构型较好的上松下紧型面积为 233 597 hm^2，占本区域典型黄壤面积的 97.7%。长江中下游区上松下紧型的面积为 104 015 hm^2，占本区域典型黄壤面积的 70.2%；较差的松散型、紧实型的面积为 32 767 hm^2，占本

区域典型黄壤面积的22.1%。西南区质地构型较好的上松下紧型的面积299 549 hm^2，仅占本区域典型黄壤面积的10.7%；而较差的紧实型、夹层型、松散型、薄层型、上紧下松型面积2 375 477 hm^2，占本区域典型黄壤面积的85.0%，占典型黄壤总面积的74.6%，阻碍了黄壤生产能力的发挥。

西南区黄壤性土质地构型较好的上松下紧型的面积11.10万hm^2，占本区域黄壤性土面积的33.7%；而较差的紧实型面积9.10万hm^2，占本区域黄壤性土面积的27.6%；其余的夹层型、松散型、薄层型、海绵型、上紧下松型面积12.77万hm^2，占本区域黄壤性土面积的38.7%。

据农业农村部全国耕地地力评价的相关结果，不同区域典型黄壤障碍因素面积统计见表11-34。结果表明，无障碍因素的面积2 441 868 hm^2，占典型黄壤面积的76.7%；有障碍因素（有障碍层、酸化、瘠薄、渍潜和盐碱）的面积741 457 hm^2，占典型黄壤面积的23.3%。也就是说，有1/5～1/4的典型黄壤耕地存在障碍因素。

表11-34 不同区域典型黄壤障碍因素的面积统计

区域	瘠薄面积（hm^2）	占本区域（%）	酸化面积（hm^2）	占本区域（%）	无障碍面积（hm^2）	占本区域（%）	盐碱面积（hm^2）	占本区域（%）	有障碍层面积（hm^2）	占本区域（%）	渍潜面积（hm^2）	占本区域（%）
华南区			119	0.05	236 541	98.9			2 534	1.1		
西南区	134 886	4.8	96 638	3.5	2 092 538	74.9			436 109	15.6	34 236	1.2
长江中下游区	4 390	3.0	26 210	17.7	111 502	75.3	427	0.3	1 373	0.9	4 202	2.8
青藏区	116	7.1			1 287	79.4	160	9.9	58	3.6		
合计	139 392	4.4	122 966	3.9	2 441 868	76.7	587	0.02	440 074	13.8	38 438	1.2

表11-34结果显示，不同区域典型黄壤的障碍因素差异较大，华南区无障碍因素的面积为236 541 hm^2，占本区域典型黄壤面积的98.9%。长江中下游区无障碍因素的面积为111 502 hm^2，占本区域典型黄壤面积的75.3%；酸化的面积为26 210 hm^2，占本区典型黄壤域面积的17.7%。西南区无障碍因素的面积为2 092 538 hm^2，仅占本区域典型黄壤面积的74.9%；有障碍因素（有障碍层、酸化、瘠薄、渍潜和盐碱）的面积为701 869 hm^2，占本区域典型黄壤面积的25.1%，占典型黄壤面积的22.0%；西南区有障碍因素的耕地黄壤体量大，也就导致有约1/5的典型黄壤耕地存在障碍因素。

西南区黄壤性土无障碍因素的面积为26.84万hm^2，占本区域黄壤性土面积的81.4%；有障碍层的面积为2.70万hm^2，占本区域黄壤性土面积的8.2%；瘠薄的面积为2.41万hm^2，占本区域黄壤性土面积的7.3%；酸化的面积为1.02万hm^2，占本区域黄壤性土面积的3.1%。

第四节　肥力培育与调节

高产稳产土壤（耕地）是我国粮、油、菜等食品安全的重要保证。弄清高产稳产土壤（耕地）的肥力特征，掌握土壤培肥技术，对提高作物种植水平十分重要。

一、高产稳产土壤的肥力特征

高产稳产土壤是相对概念，对黄壤区域来讲，是指宜种性广、常年粮食产量在7 500 kg/hm^2以上、对自然灾害有一定抗御力、年际间产量变幅不大的农业土壤。高产稳产土壤包括水田和旱地，这两类土壤由于栽种作物和耕作方式不同，其分布特征和肥力特征有一定的差异。

（一）高产稳产土壤分布特征

高产稳产土壤主要分布在热量条件较好（≥10 ℃的积温在4 500 ℃以上）的红壤、黄壤区域；集中分布在地形起伏较小的丘陵地带，或坡度小于15°的低山坡麓和山前台地。这些旱地离村寨较近，种植历史悠久、平整梯化、地势开阔、阳光充足。

（二）高产稳产土壤肥力特征

1. 物理特征 耕层深厚，厚度大于 18 cm，土体厚度在 70 cm 以上且无不良障碍层；耕层土壤以粒状、团粒状、小块状结构为主，耕层以下以块状结构为主；质地以壤土、壤黏土为主，耕层与犁底层土壤下黏型；耕层土壤容重 1.04 g/cm^3 左右，总孔隙度 60%左右。

2. 化学特征 耕层土壤 pH 5.8～7.0；有机质含量耕层土壤平均 42.5 g/kg，心土层 20.2 g/kg；全氮含量耕层土壤平均 2.4 g/kg，心土层 1.0 g/kg；全磷含量耕层土壤平均 0.85 g/kg，有效磷含量平均 11.0 mg/kg；全钾含量耕层土壤平均 1.42 g/kg，速效钾含量平均 125 mg/kg；阳离子交换量 18.33 cmol/kg。

从农业农村部耕地质量监测保护中心制定的部分区域监测指标分级标准也可以看出高产稳产土壤地力培肥的方向（表 11－35）。

表 11－35 黄壤分布区域耕地质量监测指标分级标准

区域	指标	单位	1 级（高）	2 级（较高）
长江中下游区	土壤容重	g/cm^3	1.0～1.2	1.2～1.3
	有机质	g/kg	>35	25～35
	pH		6.5～7.5	5.5～6.5
	有效磷	mg/kg	>35	25～35
	速效钾	mg/kg	>150	125～150
	耕层厚度	cm	>20	16～20
	阳离子交换量	cmol/kg	>30	20～30
西南区	土壤容重	g/cm^3	1.10～1.25	1.25～1.35
	有机质	g/kg	>35	25～35
	pH		6.0～7.0	7.0～7.5
	有效磷	mg/kg	>40	25～40
	速效钾	mg/kg	>150	100～150
	耕层厚度	cm	>25	20～25
	阳离子交换量	cmol/kg	>30	20～30
华南区	土壤容重	g/cm^3	1.0～1.2	1.2～1.3
	有机质	g/kg	>35	30～35
	pH		6.0～7.0	7.0～7.5
	有效磷	mg/kg	>40	20～40
	速效钾	mg/kg	>150	100～150
	耕层厚度	cm	>25	20～25
	阳离子交换量	cmol/kg	>20	15～20
青藏区	土壤容重	g/cm^3	1.10～1.25	1.25～1.35
	有机质	g/kg	>35	30～35
	pH		6.5～7.5	7.5～8.5
	有效磷	mg/kg	>40	20～40
	速效钾	mg/kg	>250	200～250
	耕层厚度	cm	>25	20～25
	阳离子交换量	cmol/kg	>25	20～25

贵州高产土壤部分参考指标（养分除外）见表 11－36。

表 11－36　贵州高产土壤部分参考指标

耕层厚度	质地	障碍层	pH	阳离子交换量	<0.01 mm 黏粒比例
18～22 cm	壤土、壤黏土	100 cm 内无	6.0～7.5	12.8～22.8 cmol/kg	30%～50%

注：数据来源于王美等（2008）。

另从《云南土壤》摘录的高产稳产农田建设标准，有 4 个方面的要求：①有良好的土体构型，土体厚度在 60 cm 以上，耕层厚度 23 cm 左右，上松下紧，无障碍层，地下水位小于 60 cm；②有良好的耕性和保肥性能，土壤结构好，质地壤土至重壤，易耕作，阳离子交换量 15～20 cmol/kg，pH 5.5～7.5，胶体品质好；③有机质和养分充足，耕层土壤有机质平均 42.7 g/kg，全氮 2.8 g/kg，全磷 3.2 g/kg，碱解氮 182.7 mg/kg，有效磷 32.6 mg/kg，速效钾 115.2 mg/kg；④水源有保障，能灌能排，宜种性广。

二、高产稳产土壤培肥调节技术

（一）高产稳产土壤肥力物质基础与培肥原理

1. 高产稳产土壤肥力物质基础　据研究，高产稳产土壤肥力物质基础是由腐殖质与矿质黏粒结合形成的土壤有机-无机复合体。这些不同粒径的复合体及其结合形成的各级微团聚体具有保持水分和养分，协调土壤供水、供肥的能力，由于它们还结成微粒结构，使土壤具有良好的通透性和稳温性，从而成为土壤中的能量和物质集散库（陈恩凤等，1993）。

2. 高产稳产土壤培肥原理　高产稳产土壤的基础是由粒径 0.001～0.25 mm 微团聚体结合形成微粒结构组合。这些微粒结构比表面积减小，空隙度增大，保水保肥能力强，缓冲性能较大，自动调节能力较强，在保持土壤酶活性和形成稳定疏松深厚的熟化层方面具有重要作用。而形成微团聚体的有机-无机复合体中的腐殖质是有机质的重要成分，由新鲜有机质腐殖化而来。一方面，土壤有机质中易分解有机物分解释放氮、磷、硫等有效养分，是植物营养物质的来源；另一方面，有机质中高分子稳定性腐殖质与黏粒复合，聚合成粒级大小不同的团聚体，以不同的比例和方式在土壤中累积，形成不同的土体构型，对土壤物理、化学和生物学性质及土壤环境因素（温度、通透性、水分）的调控起着重要作用。可以认为，有机质是构成土壤肥力的核心物质。

既然有机质是土壤肥力的核心，也是作物持续稳产、高产的基础。因此，提高土壤有机质含量并维持在高产稳产土壤所要求的适宜含量水平就是土壤培肥重要内容。当单位时间内土壤有机质的累积量与分解量相等时，土壤有机质达到收支平衡状态，这是一个动态平衡。农田有机质平衡的定量施肥计算公式如下（徐明岗等，2009）：

$$M=(W\times O\times K-R\times D\times C)/(T\times B)$$

式中，M 为有机肥年计划用量（kg/hm^2）；W 为耕层土壤重（kg/hm^2）；O 为有机质培肥目标含量（g/kg）；K 为土壤有机质年矿化率（%）；R 为根茬量（kg/hm^2）；D 为根茬有机质含量（g/kg）；C 为根茬腐殖化系数；B 为有机肥腐殖化系数；T 为有机肥中有机质含量（g/kg）。

土壤培肥的中心任务就是充分利用农业生态系统产生的有机物料，提高耕地土壤的有机质含量。

据研究，在玉米中产情况下，维持黄壤旱地有机碳平衡所需的最低碳投入量为每年 2 570 kg/hm^2（蒋太明等，2014）；在水稻中产情况下，维持黄壤水稻土有机碳平衡所需的最低碳投入量为每年 2 700 kg/hm^2（李渝等，2014）。

（二）培肥与调节技术

1. 多渠道增施有机肥，实施有机质提升技术

（1）因地制宜实施秸秆还田。秸秆直接还田的优点：①施用恰当有明显的增产效果。据贵州省农业科学院土壤肥料研究所油菜秸秆还田试验资料，施油菜秸秆 2 250～4 500 kg/hm^2 还田，配合施用氮肥（纯 N 27 kg/hm^2），水稻平均增产稻谷 936 kg/hm^2，增产率达 6.9%～15.4%，不同肥力稻田油菜秸秆还田的增产效果有差异。②连续秸秆还田后，土壤的物理性质得到明显改善。表现为土壤容重下降，总孔隙度提高。据测定，施用油菜秸秆 2 250 kg/hm^2 和 4 500 kg/hm^2，土壤容重分别为 1.21 g/cm^2 和 1.35 g/cm^3，总孔隙度（%）分别为 49.1%和 54.3%，而对照的容重和孔隙度分别为 1.38 g/cm^3 和 47.9%。③连续两年秸秆还田后，土壤有机质、全氮、全磷养分也与对照相比有不同程度的增加，土壤基础肥力得到提高。

秸秆直接还田时应注意，秸秆养分含量低，在作物需肥高峰期难以满足作物的要求；肥效较缓慢，当季作物利用率低。因此，在秸秆直接还田时，要适当配施化肥。

秸秆直接还田时，作物秸秆上半部细枝可直接翻压，秸秆中下部需粉碎后还田。若在收割时还田，应将秸秆机械粉碎后撒施入土，还田量一般每亩 200～300 kg。此外，秸秆覆盖栽培还田也是一项秸秆还田技术，秸秆（稻草或玉米秸）通过覆盖一季作物后还田，有利于秸秆的腐殖质化，改善土壤结构，腐烂的秸秆可为作物的生长提供钾素等养分，减少钾肥用量。

（2）科学施用无害化处理的有机肥。目前，农村施用的有机肥主要有以下 3 类：①厩肥（圈肥）。作为饲料和垫圈材料的农作物秸秆，经家畜的踩压堆制而成厩肥（圈肥）。目前，厩肥仍是交通不便农村地区农民积制有机肥的主要来源。②加工处理的有机肥。包括各种饼肥，烟草加工后的烟末、烟筋，食用菌生产后的废菌渣，沼气池的沼渣、沼液等。菌渣、沼渣与粪肥类似，含有氮、磷、钾、钙、镁等大量与中量元素，以及铁、锰、铜、锌等微量元素，是完全肥料。饼肥养分含量较高，还有相当数量的脂肪、蛋白质，施用前需发酵处理。③生活垃圾、饼肥或规模养殖畜禽粪便无害化处理后生产商品有机肥，以及畜禽粪便在工厂化发酵无害化处理后，通过添加无机养分生产的有机无机复合肥。

作物秸秆积制的厩肥主要做基肥，在作物播种或移栽之前施用。有机肥施用量一般为 15 000～22 500 kg/hm^2，施用方式一般为开沟条施或打窝穴施；沼渣、菌渣的施用量、施用方式与厩肥相同。饼肥单独施用时，要经过发酵处理，原则上用量是厩肥的 1/10。商品有机肥由于成本较高，用量相当于厩肥的 1/5，施用方式与厩肥相同。

（3）绿肥种植与还田。绿肥是指耕翻入土作为肥料的绿色植物体。按其来源，可分为栽培绿肥、野生绿肥、水生绿肥等。其中，栽培绿肥按其科属，可分为豆科（如紫云英、苕子、箭筈豌豆等）、非豆科（如肥田萝卜、油菜、二月蓝等）；按其生育期长短，又可分为一年生、两年生、多年生绿肥；按其主要生育期，又可分为冬季绿肥和夏季绿肥。利用水面养殖的浮萍、水葫芦等，称为水生绿肥。

施用绿肥具有良好的作物增产效果，绿肥翻压后经过一段时间的腐解，成为下茬作物的优质基肥，增产效果明显，增产率可达 10%～20%。绿肥具有良好的土壤培肥效果，增加或更新土壤有机质，若以鲜草 30 000 kg/hm^2 计算，则每公顷耕层可以增加 30 kg 有机质和 3～6 kg 氮素；绿肥能富集耕层土壤的养分，如豆科绿肥作物，不仅本身能固定空气中的氮素，而且对土壤难溶性磷酸盐有较强的吸收能力，提高土壤中含磷量；同时能降低土壤容重，提高土壤总孔隙度和通气性；还能覆盖地面、固沙护坡、防止水土流失、改善生态环境。

绿肥直接翻压技术：一般在初花期或盛花期进行，具体视下季作物栽插时间而定，一般在栽插前半个月最为安全。绿肥在翻压降解过程中会产生一些还原性物质，如有机酸、硫化氢等。在绿肥翻压时，施入石灰等碱性物质可消除硫化氢等过高造成的毒害。绿肥在翻压过程中，可搭配施用钙镁磷肥，提高对缓释性磷钾肥的利用率。

绿肥综合利用技术包括绿肥种植技术、草粉加工技术、饲喂技术、沼气配套技术等配套综合利用技术。在绿肥利用上，改“单一压青”为“刈青制粉—干粉喂畜—根茬肥地—畜粪入沼—沼肥还田”。

2. 有机肥与无机肥配合施用技术 实行有机肥与化肥配施，具有很多优点：一是调节有机肥肥效较慢和化肥肥效较快的供肥特点，更接近作物吸收营养需求，提高作物产量；二是降低有害物质积累，提高农产品品质；三是减少磷的固定和钾的淋失，可适当减少化肥用量，提高化肥利用率和经济效益。

有机肥主要用作基肥，要控制施用量，固态有机肥施用量一般为22 500～45 000 kg/hm²。施肥时间一般在整地的第二次犁耙或播种前施用，施用方式一般为开沟条施或打窝穴施。磷肥、钾肥、复合肥可与固态有机肥一起施用。液态有机肥（沼液、腐熟的尿液）也可做追肥施用。

（三）合理的轮作或间套作技术

1. 合理间套作 两种作物间作中的产量在成熟期均大于相应单作的产量。不同科属作物间套作后能均衡利用土壤中的营养元素，减少土壤中某一元素的连续性消耗。当作物产量提高时，相应的作物根茬残留量也增多，对土壤有机质增加有一定作用（李隆，1999；李隆等，2000）。目前推广的间套作模式主要有玉米-豆类间套作、玉米-甘薯间套作、玉米-绿肥套作、小麦-绿肥间套作等。

2. 合理轮作 部分消除连作中土壤养分吸收不平衡带来的某些养分亏缺，通过轮作可消除植物选择性吸收，避免造成土壤某些养分亏缺；减少连作带来的某些土传病害微生物的大量繁殖，减轻下茬作物病害的发生；通过不同作物施肥，施用不同的肥料，在维持地力上有重要作用；同时，也减少连作物分泌有毒物质的积累，有利于作物的持续增产。不同作物根的分泌物不同，形成的土壤微生物区系也有区别，这对维持土壤微生物区系平衡也有重要作用。目前，推广的轮作模式有玉米-绿肥轮作、小麦-烤烟轮作、玉米-蔬菜轮作、玉米-油菜轮作等方式。

（四）培肥地力的耕作技术

1. 深耕与晒垡 主要是针对土层深厚的旱地，机械深耕土壤，打破多年形成的坚硬犁底层，活化深层土壤，改善土壤物理结构，降低土壤容重，增强蓄水能力，促进作物根系向深层伸展，加速土壤熟化。

2. 横坡垄作或横坡聚土起垄 主要是针对旱坡地，采用横坡垄作或横坡聚土起垄，再加粮肥分带间套轮作。在坡耕地上沿等高线横坡开沟起垄，一般垄底宽83～100 cm、垄面宽50～67 cm、沟宽83～100 cm、垄高20～70 cm，并在垄沟中按一定距离交错设置宽20～33 cm的梯形土档，把坡土变成垄沟相间的小水平梯土，起到层层筑坝截留降水，减缓地表径流的作用，促进水分沿垄沟向下的侧渗透，有效地控制水、土、肥的流失。配套粮肥分带间套轮作技术，特别适合旱坡耕地的用养结合、培肥增效。横坡聚土起垄＋粮肥分带间套轮作技术的集成，增厚活土层，提高土壤温度，改善土壤通气性，增强土壤的供肥性能。

3. 深松结合少耕和免耕技术 主要针对质地较轻的沙壤土或壤质沙土，少耕和免耕既能蓄水，增加降水入渗，也能协调蓄水供水，克服岗地怕旱、洼地怕涝的矛盾。同时，间隔深松创造了“虚实并存”的耕层构造。“虚”的部分容重降低，大孔隙较多，小孔隙较少，能够容纳大气降水，是“地下蓄水库”；“实”的部分容重较大，大孔隙较少，小孔隙较多，形成土壤毛管孔隙，可以源源不断地供应农作物水分。

三、其他改善土壤环境的配套技术

（一）干旱耕地配套技术

1. 高标准农田基本建设工程 针对大坝平缓旱地，完善农田排灌工程，改善土壤水分状况，达到灌排方便、科学用水的目的。

2. 坡改梯及小型水利工程 在5°～25°的旱坡耕地上，就地取石，沿等高线横坡修筑梯石埂，回填泥土，加厚土层，降低局部坡度，使梯面达到“平、实、厚、肥”的标准，把跑肥、跑水、跑土的“三跑土”变成“三保土”，稳定提高耕地基础地力（李士敏等，2008）。配套建设小型蓄水、保水工程，重点是在旱坡耕地土壤侵蚀较重的坡面修建拦山沟和沉沙凼。在拦山沟缓坡转弯处和即将流入水塘、田的位置，修筑沉沙池，配套修建小水池、小水窖、小山塘的“三小”工程，解决旱坡耕地的季节性干旱灌溉用水问题（蒋太明，2011）。

（二）酸性耕地配套技术

1. 用弱酸性或中性的盐类物质替代石灰改良技术 施用消石灰活性大，与土壤胶体胶结在一起，会引起土壤板结，并导致土壤酸度大起大落。施用石灰石粉被认为是改良酸性土壤比较经典的方法。近年来的研究发现，石灰石改良效果较慢，石灰在土壤剖面的移动性差，改良效果往往局限于土壤表层，对心土层的土壤酸度改良效果不理想。施用含硅酸钙、过磷酸钙、硫酸钙等弱酸性或中性的物质，改酸效果缓和；同时，可补充土壤硅、磷、钙、镁等营养元素，改土培肥效果优于石灰（赵其国等，2002）。

2. 生物炭配施化肥的改土培肥技术 生物炭作为石灰替代物，可通过提高土壤碱基饱和度、降低可交换铝水平等来提高酸性土壤 pH。同时，可提高酸性土壤一些养分的有效性。生物炭中含有大量植物所需的必需营养元素，除碳含量较高外，氮、磷、钾、钙和镁的含量也较高，有利于提高土壤阳离子交换量。在改良酸化土壤领域，生物炭被认为是比硅酸钙等弱酸性或中性的盐类更为理想的改良剂（袁金华等，2012）。

3. 黏重型耕地配套技术

（1）晒垡冻垡。质地黏重的耕地，选择适宜时期耕翻，经过晒垡和冻垡，可以改善土壤结构，增加毛管孔隙，活化土壤养分。

（2）掺沙改土。结合国家大型基建或土地整治项目，对黏重耕地采用异地运输沙土掺入的方法，可以很快地改善土壤黏重特性。所选取沙土为含有一定有机质的河沙或旱地沙土，靠近林地的黑沙土，板岩、砂页岩、玄武岩、紫色岩的风化物，用量 450～600 t/hm^2，挖掘机混匀，推土机平整。

第十二章 黄壤耕地质量评价 >>>

黄壤耕地质量评价是以全国耕作黄壤为对象，根据所在地特定气候、地形地貌、成土母质、土壤理化性状、管理水平、农田基础设施以及培肥水平等要素相互作用表现出来的综合特征，经过一系列的相关分析运算，综合评价耕地生产潜力和土地适宜性的过程，揭示生物生产力和潜在生产力，从而优化利用耕地，最大限度地发掘耕地潜力。

第一节 评价分区、参评面积和评价方法

一、评价分区

依据《耕地质量等级》(GB/T 33469—2016)，全国耕地质量等级划分为 9 个一级农业区、37 个二级农业区。其中，黄壤耕地分布涉及的一级农业区有长江中下游区、西南区、华南区和青藏区 4 个一级农业区，二级农业区包括长江下游平原丘陵农畜水产区、长江中游平原农业水产区、江南丘陵山地农林区、浙闽丘陵山地林农区、南岭丘陵山地林农区、秦岭大巴山林农区、四川盆地农林区、渝鄂湘黔边境山地林农牧区、黔桂高原山地林农牧区、川滇高原山地林农牧区、闽南粤中农林水产区、粤西桂南农林区、滇南农林区、藏南农牧区、川藏林农牧区 15 个二级农业区。共涉及贵州、云南、四川、重庆、湖北、湖南、广西、浙江、江西、广东、福建和西藏 12 个省份的 456 个县（市、区）（表 12 - 1）。

表 12 - 1 黄壤耕地质量等级划分区域情况

一级农业区	二级农业区	省份	市（州）	县（市、区）
华南区	滇南农林区	云南省	保山市	昌宁县
				龙陵县
				隆阳区
				施甸县
			德宏傣族景颇族自治州	梁河县
				陇川县
				芒市
				盈江县
			红河哈尼族彝族自治州	个旧市
				河口瑶族自治县
				红河县
				建水县
				金平苗族瑶族傣族自治县
				绿春县
				蒙自市
				屏边苗族自治县
				元阳县

（续）

一级农业区	二级农业区	省份	市（州）	县（市、区）
华南区	滇南农林区	云南省	临沧市	沧源佤族自治县
				凤庆县
				耿马傣族佤族自治县
				临翔区
				双江拉祜族佤族布朗族傣族自治县
				永德县
				云县
			普洱市	景谷傣族彝族自治县
				澜沧拉祜族自治县
				孟连傣族拉祜族佤族自治县
				墨江哈尼族自治县
				宁洱哈尼族彝族自治县
				西盟佤族自治县
				镇沅彝族哈尼族拉祜族自治县
			文山壮族苗族自治州	富宁县
				广南县
				麻栗坡县
				马关县
				西畴县
			西双版纳傣族自治州	景洪市
				勐海县
	闽南粤中农林水产区	福建省	泉州市	安溪县
		广东省	清远市	英德市
	粤西桂南农林区	广东省	茂名市	信宜市
		广西壮族自治区	南宁市	武鸣区
青藏区	藏南农牧区	西藏自治区	山南市	错那市
	川藏林农牧区	四川省	阿坝藏族羌族自治州	茂县
				汶川县
		西藏自治区	林芝市	察隅县
				墨脱县
		云南省	怒江傈僳族自治州	贡山独龙族怒族自治县
西南区	川滇高原山地林农牧区	贵州省	毕节市	赫章县
				威宁彝族回族苗族自治县
		四川省	乐山市	峨边彝族自治县
				金口河区
				马边彝族自治县
			凉山彝族自治州	甘洛县
				雷波县
				美姑县
				越西县
				昭觉县
			宜宾市	屏山县

（续）

一级农业区	二级农业区	省份	市（州）	县（市、区）
西南区	川滇高原山地林农牧区	云南省	保山市	腾冲市
			楚雄彝族自治州	南华县
			大理白族自治州	南涧彝族自治县
				云龙县
			丽江市	宁蒗彝族自治县
			怒江傈僳族自治州	泸水市
			普洱市	景东彝族自治县
			曲靖市	富源县
				会泽县
				罗平县
				师宗县
				宣威市
			文山壮族苗族自治州	丘北县
				文山市
				砚山县
			昭通市	大关县
				鲁甸县
				水富市
				绥江县
				威信县
				盐津县
				彝良县
				永善县
				昭阳区
				镇雄县
	黔桂高原山地林农牧区	广西壮族自治区	百色市	乐业县
				凌云县
				隆林各族自治县
				田林县
				西林县
			河池市	东兰县
				凤山县
				环江毛南族自治县
				天峨县
		贵州省	安顺市	关岭布依族苗族自治县
				平坝区
				普定县
				西秀区
				镇宁布依族苗族自治县
				紫云苗族布依族自治县

（续）

一级农业区	二级农业区	省份	市（州）	县（市、区）
西南区	黔桂高原山地林农牧区	贵州省	毕节市	大方县
				金沙县
				纳雍县
				七星关区
				黔西市
				织金县
			贵阳市	白云区
				观山湖区
				花溪区
				开阳县
				清镇市
				乌当区
				息烽县
				修文县
				云岩区
			六盘水市	六枝特区
				盘州市
				水城区
				钟山区
			黔东南苗族侗族自治州	黄平县
				麻江县
			黔南布依族苗族自治州	都匀市
				独山县
				福泉市
				贵定县
				惠水县
				荔波县
				龙里县
				罗甸县
				平塘县
				瓮安县
				长顺县
			黔西南布依族苗族自治州	安龙县
				册亨县
				普安县
				晴隆县
				望谟县
				兴仁市
				兴义市
				贞丰县

（续）

一级农业区	二级农业区	省份	市（州）	县（市、区）
西南区	黔桂高原山地林农牧区	贵州省	遵义市	播州区
				赤水市
				凤冈县
				红花岗区
				汇川区
				湄潭县
				仁怀市
				绥阳县
				桐梓县
				习水县
				余庆县
		四川省	泸州市	古蔺县
				叙永县
			宜宾市	珙县
				筠连县
				兴文县
	秦岭大巴山林农区	四川省	巴中市	南江县
				通江县
			达州市	万源市
			广元市	朝天区
				青川县
				旺苍县
			绵阳市	北川羌族自治县
				平武县
		重庆市		城口县
				巫溪县
	四川盆地农林区	四川省	成都市	崇州市
				大邑县
				都江堰市
				金堂县
				彭州市
				蒲江县
				青白江区
				邛崃市
				双流区
				新都区
				新津区
			达州市	达川区
				大竹县
				开江县
				渠县
				宣汉县

（续）

一级农业区	二级农业区	省份	市（州）	县（市、区）
西南区	四川盆地农林区	四川省	德阳市	旌阳区
				罗江区
				绵竹市
				什邡市
				中江县
			广安市	华蓥市
				邻水县
				前锋区
				武胜县
			广元市	剑阁县
				利州区
				昭化区
			乐山市	峨眉山市
				夹江县
				犍为县
				井研县
				市中区
				沐川县
				沙湾区
				五通桥区
			泸州市	合江县
				龙马潭区
				泸县
			眉山市	丹棱县
				东坡区
				洪雅县
				彭山区
				青神县
				仁寿县
			绵阳市	安州区
				涪城区
				江油市
				三台县
				游仙区
				梓潼县
			南充市	高坪区
				嘉陵区
				南部县
				蓬安县
				顺庆区
				仪陇县
				营山县

（续）

一级农业区	二级农业区	省份	市（州）	县（市、区）
西南区	四川盆地农林区	四川省	内江市	隆昌市
				威远县
				资中县
			遂宁市	蓬溪县
				射洪市
			雅安市	宝兴县
				芦山县
				名山区
				天全县
				荥经县
				雨城区
			宜宾市	翠屏区
				高县
				江安县
				南溪区
				宜宾市
				长宁县
			资阳市	雁江区
			自贡市	大安区
				富顺县
				贡井区
				荣县
				沿滩区
		重庆市		巴南区
				北碚区
				璧山区
				大足区
				垫江县
				丰都县
				涪陵区
				合川区
				江北区
				江津区
				九龙坡区
				开州区
				梁平区
				南岸区
				南川区
				綦江区
				荣昌区

（续）

一级农业区	二级农业区	省份	市（州）	县（市、区）
西南区	四川盆地农林区	重庆市		沙坪坝区
				铜梁区
				潼南区
				万盛经济技术开发区
				万州区
				永川区
				渝北区
				长寿区
				忠县
	渝鄂湘黔边境山地林农牧区	贵州省	黔东南苗族侗族自治州	岑巩县
				从江县
				丹寨县
				剑河县
				锦屏县
				凯里市
				雷山县
				黎平县
				榕江县
				三穗县
				施秉县
				台江县
				天柱县
				镇远县
			黔南布依族苗族自治州	三都水族自治县
			铜仁市	碧江区
				德江县
				江口县
				石阡县
				思南县
				松桃苗族自治县
				万山区
				沿河土家族自治县
				印江土家族苗族自治县
				玉屏侗族自治县
			遵义市	道真仡佬族苗族自治县
				务川仡佬族苗族自治县
				正安县

（续）

一级农业区	二级农业区	省份	市（州）	县（市、区）
西南区	渝鄂湘黔边境山地林农牧区	湖北省	恩施土家族苗族自治州	巴东县
				恩施市
				鹤峰县
				建始县
				来凤县
				利川市
				咸丰县
				宣恩县
			宜昌市	五峰土家族自治县
				兴山县
				夷陵区
				宜都市
				长阳土家族自治县
				秭归县
		湖南省	常德市	石门县
			怀化市	辰溪县
				洪江市
				会同县
				通道侗族自治县
				新晃侗族自治县
				溆浦县
				芷江侗族自治县
			邵阳市	城步苗族自治县
			湘西土家族苗族自治州	保靖县
				凤凰县
				古丈县
				花垣县
				吉首市
				龙山县
				永顺县
			张家界市	慈利县
				桑植县
				永定区
		重庆市		奉节县
				彭水苗族土家族自治县
				黔江区
				石柱土家族自治县
				巫山县
				武隆区
				秀山土家族苗族自治县
				酉阳土家族苗族自治县
				云阳县

（续）

一级农业区	二级农业区	省份	市（州）	县（市、区）
长江中下游区	江南丘陵山地农林区	湖南省	郴州市	安仁县
			娄底市	涟源市
				新化县
			邵阳市	洞口县
				隆回县
				新宁县
				新邵县
			益阳市	安化县
			永州市	祁阳县
			岳阳市	平江县
			长沙市	宁乡市
			株洲市	茶陵县
		江西省	抚州市	黎川县
				宜黄县
			赣州市	会昌县
				宁都县
			吉安市	井冈山市
				遂川县
				新干县
			九江市	武宁县
				修水县
			上饶市	上饶市
			宜春市	奉新县
				靖安县
				万载县
		浙江省	杭州市	建德市
				临安区
			湖州市	安吉县
			金华市	东阳市
				磐安县
				浦江县
				武义县
				婺城区
				义乌市
				永康市
			衢州市	江山市
				开化县
				柯城区
				龙游县
				衢江区
			绍兴市	诸暨市

（续）

一级农业区	二级农业区	省份	市（州）	县（市、区）
长江中下游区	南岭丘陵山地林农区	广西壮族自治区	桂林市	灌阳县
				临桂区
				灵川县
				龙胜各族自治县
				全州县
				兴安县
				资源县
			河池市	罗城仫佬族自治县
				宜州市
			贺州市	八步区
				富川瑶族自治县
			来宾市	象州县
				忻城县
			柳州市	鹿寨县
				融水苗族自治县
				三江侗族自治县
		湖南省	郴州市	北湖区
				桂东县
				桂阳县
				临武县
				汝城县
				苏仙区
				宜章县
				资兴市
			永州市	道县
				江华瑶族自治县
				蓝山县
				宁远县
			株洲市	炎陵县
		江西省	赣州市	崇义县
	长江下游平原丘陵农畜水产区	浙江省	宁波市	鄞州区
				余姚市
			绍兴市	柯桥区
	长江中游平原农业水产区	湖北省	荆州市	松滋市
		湖南省	岳阳市	岳阳县
		江西省	九江市	永修县
	浙闽丘陵山地林农区	福建省	福州市	闽侯县
				永泰县
			龙岩市	永定区
				漳平市

（续）

一级农业区	二级农业区	省份	市（州）	县（市、区）
长江中下游区	浙闽丘陵山地林农区	福建省	南平市	延平区
			宁德市	蕉城区
				周宁县
			泉州市	德化县
			三明市	大田县
				沙县
				永安市
				尤溪县
		浙江省	丽水市	缙云县
				景宁畲族自治县
				莲都区
				龙泉市
				青田县
				庆元县
				松阳县
				遂昌县
				云和县
			宁波市	奉化区
				宁海县
			绍兴市	嵊州市
				新昌县
			台州市	黄岩区
				天台县
				仙居县
			温州市	苍南县
				乐清市
				鹿城区
				瓯海区
				平阳县
				瑞安市
				泰顺县
				文成县
				永嘉县

二、参评面积

全国参评黄壤耕地面积为 353.33 万 hm^2。其中，西南区黄壤耕地参评面积为 313.75 万 hm^2，占全国的 88.80%；华南区黄壤耕地参评面积为 24.31 万 hm^2，占 6.87%；长江中下游区黄壤耕地参评面积为 15.04 万 hm^2，占 4.26%；青藏区黄壤耕地参评面积为 0.23 万 hm^2，占 0.07%。

从各省份分布情况来看，参评黄壤耕地主要分布在贵州省，参评面积为 168.78 万 hm^2，占全国参评黄壤耕地面积的 47.77%；其次是云南省、四川省和重庆市，参评面积占比分别为 17.28%、14.19%

和11.16%。

三、评价方法

黄壤耕地质量等级评价方法参照《耕地质量等级》(GB/T 33469—2016)，在此标准中确定耕地质量综合评价方法与流程（图12－1）。依据《农业农村部耕地质量监测保护中心关于印发〈全国耕地质量等级评价指标体系〉的通知》(耕地评价函〔2019〕87号)，选定了一级农业区所辖二级农业区评价指标，建立了各指标权重和隶属函数，并明确了耕地质量等级划分指数。

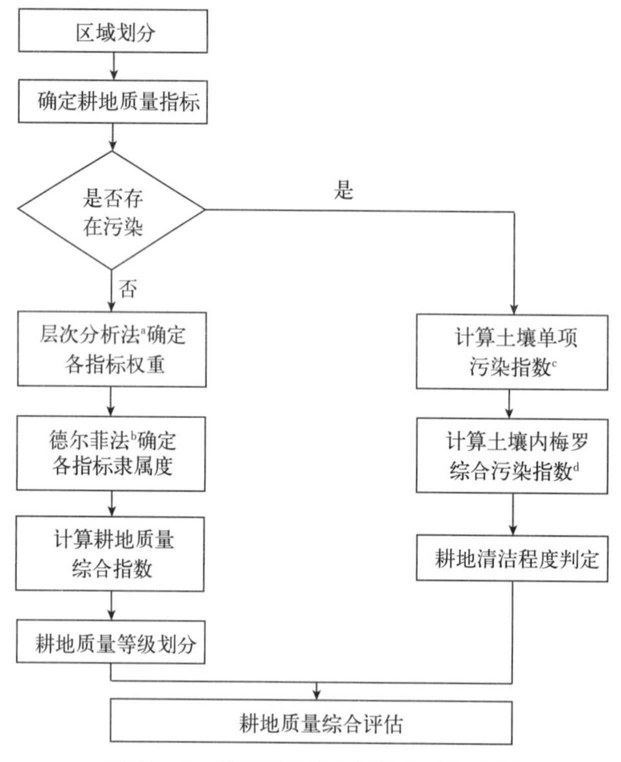

图12－1　耕地质量综合评价方法与流程

[a] 层次分析法是将与决策有关的元素分解成目标、准则、方案等层次，在此基础之上进行定性分析和定量分析的决策方法。

[b] 德尔菲法是采用背对背的通信方式征询专家小组成员的预测意见，经过几轮征询，使专家小组的预测意见趋于集中，最后作出符合发展趋势的预测结论。

[c] 土壤单项污染指数是土壤污染物实测值与土壤污染物质量标准的比值。具体计算方法见《土壤环境监测技术规范》(HJ/T 166)。

[d] 内梅罗综合污染指数反映了各污染物对土壤的作用，同时突出了高浓度污染物对土壤环境质量的影响。具体计算方法见《土壤环境监测技术规范》(HJ/T 166)。

第二节　评价指标体系

一、指标权重

1. 长江中下游区　长江中下游区指标权重见表12－2。

表12－2　长江中下游区指标权重

长江下游平原丘陵农畜水产区		长江中游平原农业水产区		江南丘陵山地农林区		浙闽丘陵山地林农区		南岭丘陵山地林农区	
指标名称	指标权重	指标名称	指标权重	指标名称	指标权重	指标名称	指标权重	指标名称	指标权重
有机质	0.1220	排水能力	0.1319	地形部位	0.1404	地形部位	0.1297	地形部位	0.1358

（续）

长江下游平原丘陵农畜水产区		长江中游平原农业水产区		江南丘陵山地农林区		浙闽丘陵山地林农区		南岭丘陵山地林农区	
指标名称	指标权重	指标名称	指标权重	指标名称	指标权重	指标名称	指标权重	指标名称	指标权重
排水能力	0.114 5	灌溉能力	0.109 0	灌溉能力	0.137 6	灌溉能力	0.112 5	灌溉能力	0.128 6
灌溉能力	0.108 8	地形部位	0.107 8	有机质	0.108 2	有机质	0.099 9	排水能力	0.100 5
地形部位	0.098 8	有机质	0.092 4	耕层质地	0.075 4	速效钾	0.069 9	有机质	0.091 7
耕层质地	0.079 7	耕层质地	0.072 1	pH	0.066 0	有效磷	0.069 9	耕层质地	0.078 6
速效钾	0.059 3	土壤容重	0.057 2	排水能力	0.064 6	排水能力	0.065 0	pH	0.064 4
有效磷	0.056 5	质地构型	0.056 9	有效磷	0.057 3	质地构型	0.060 8	有效土层厚	0.057 4
土壤容重	0.055 8	障碍因素	0.055 9	速效钾	0.056 8	pH	0.060 5	质地构型	0.054 6
障碍因素	0.053 6	pH	0.055 5	质地构型	0.053 9	有效土层厚	0.059 0	速效钾	0.050 3
质地构型	0.051 8	有效磷	0.055 4	有效土层厚	0.052 3	耕层质地	0.057 6	有效磷	0.048 8
pH	0.049 1	速效钾	0.054 9	土壤容重	0.043 7	土壤容重	0.056 0	土壤容重	0.042 9
有效土层厚	0.041 3	有效土层厚	0.047 8	障碍因素	0.042 8	障碍因素	0.043 1	障碍因素	0.041 9
农田林网化	0.040 8	生物多样性	0.038 7	生物多样性	0.040 7	农田林网化	0.042 8	农田林网化	0.038 3
生物多样性	0.034 5	农田林网化	0.035 3	农田林网化	0.032 4	生物多样性	0.042 4	生物多样性	0.037 8
清洁程度	0.033 5	清洁程度	0.029 1	清洁程度	0.027 9	清洁程度	0.030 8	清洁程度	0.028 5

2. 西南区 西南区指标权重见表 12－3。

表 12－3 西南区指标权重

秦岭大巴山林农区		四川盆地农林区		渝鄂湘黔边境山地林农牧区		黔桂高原山地林农牧区		川滇高原山地林农牧区	
指标名称	指标权重	指标名称	指标权重	指标名称	指标权重	指标名称	指标权重	指标名称	指标权重
地形部位	0.113 4	地形部位	0.122 7	地形部位	0.118 8	地形部位	0.100 0	地形部位	0.094 2
灌溉能力	0.086 5	灌溉能力	0.101 4	灌溉能力	0.105 7	灌溉能力	0.099 5	海拔	0.089 2
质地	0.084 0	有机质	0.094 2	有效土层厚	0.087 2	有效土层厚	0.091 1	有机质	0.084 4
海拔	0.082 5	有效土层厚	0.086 1	pH	0.080 2	有机质	0.089 4	质地	0.084 3
有机质	0.073 2	质地	0.074 1	海拔	0.071 1	质地	0.085 9	灌溉能力	0.079 2
有效土层厚	0.073 1	排水能力	0.062 9	有机质	0.065 7	速效钾	0.074 3	速效钾	0.069 9
容重	0.073 0	海拔	0.058 5	质地	0.065 5	pH	0.061 4	有效土层厚	0.069 4
速效钾	0.067 5	有效磷	0.056 6	质地构型	0.056 1	容重	0.060 0	质地构型	0.068 3
有效磷	0.051 9	速效钾	0.052 8	速效钾	0.054 8	障碍因素	0.055 0	pH	0.062 3
排水能力	0.050 8	pH	0.052 5	容重	0.050 5	排水能力	0.054 2	障碍因素	0.052 5
障碍因素	0.049 1	质地构型	0.050 3	排水能力	0.050 3	质地构型	0.048 4	有效磷	0.051 9
质地构型	0.047 2	障碍因素	0.047 1	障碍因素	0.047 2	海拔	0.047 1	容重	0.049 3
pH	0.045 7	容重	0.038 8	有效磷	0.041 0	有效磷	0.045 4	排水能力	0.046 9
生物多样性	0.041 9	生物多样性	0.037 5	农田林网化	0.038 8	生物多样性	0.033 1	生物多样性	0.036 1
农田林网化	0.032 1	农田林网化	0.036 8	生物多样性	0.038 3	农田林网化	0.028 2	清洁程度	0.035 5
清洁程度	0.028 1	清洁程度	0.027 6	清洁程度	0.028 7	清洁程度	0.027 2	农田林网化	0.026 6

3. 华南区 华南区指标权重见表 12-4。

表 12-4 华南区指标权重

闽南粤中农林水产区		粤西桂南农林区		滇南农林区	
指标名称	指标权重	指标名称	指标权重	指标名称	指标权重
灌溉能力	0.110 6	灌溉能力	0.109 4	地形部位	0.115 4
地形部位	0.109 5	地形部位	0.108 0	排水能力	0.105 3
排水能力	0.093 3	有机质	0.087 6	有机质	0.096 2
有机质	0.084 6	排水能力	0.078 8	灌溉能力	0.094 7
耕层质地	0.073 0	pH	0.072 0	pH	0.083 3
质地构型	0.069 8	耕层质地	0.071 4	速效钾	0.076 9
速效钾	0.065 0	速效钾	0.069 3	有效磷	0.076 9
有效土层厚	0.063 2	质地构型	0.064 6	质地构型	0.068 2
pH	0.059 0	有效磷	0.059 8	耕层质地	0.066 7
土壤容重	0.052 6	有效土层厚	0.052 9	土壤容重	0.050 0
障碍因素	0.051 7	障碍因素	0.051 7	有效土层厚	0.040 9
有效磷	0.050 7	土壤容重	0.050 5	障碍因素	0.040 9
农田林网化	0.045 5	生物多样性	0.044 1	农田林网化	0.034 6
生物多样性	0.038 3	农田林网化	0.044 1	生物多样性	0.027 8
清洁程度	0.033 2	清洁程度	0.035 8	清洁程度	0.022 2

4. 青藏区 青藏区指标权重见表 12-5。

表 12-5 青藏区指标权重

藏南农牧区		川藏林农牧区	
指标名称	指标权重	指标名称	指标权重
海拔	0.143 3	地形部位	0.135 0
灌溉能力	0.136 8	海拔	0.131 8
地形部位	0.117 0	灌溉能力	0.123 1
质地构型	0.084 4	有效土层厚	0.088 8
有效土层厚	0.068 3	耕层质地	0.070 8
耕层质地	0.064 5	障碍因素	0.068 4
有机质	0.058 6	土壤容重	0.055 8
障碍因素	0.050 3	有机质	0.055 6
土壤容重	0.047 1	质地构型	0.047 0
有效磷	0.042 4	有效磷	0.040 7
排水能力	0.042 3	排水能力	0.035 4
盐渍化程度	0.037 7	速效钾	0.033 9
农田林网化	0.029 2	农田林网化	0.032 5
生物多样性	0.028 3	盐渍化程度	0.031 9
速效钾	0.027 4	生物多样性	0.027 5
清洁程度	0.022 4	清洁程度	0.021 8

二、隶属函数

1. 长江中下游区 见表12-6、表12-7。

表12-6 长江中下游区概念型指标隶属度

地形部位	山间盆地	宽谷盆地	平原低阶	平原中阶	平原高阶	丘陵上部	丘陵中部	丘陵下部	山地坡上	山地坡中	山地坡下
隶属度	0.8	0.95	1	0.95	0.9	0.6	0.7	0.8	0.3	0.45	0.68
耕层质地	沙土	沙壤	轻壤	中壤	重壤	黏土					
隶属度	0.6	0.85	0.9	1	0.95	0.7					
质地构型	薄层型	松散型	紧实型	夹层型	上紧下松型	上松下紧型	海绵型				
隶属度	0.55	0.3	0.75	0.85	0.4	1	0.95				
生物多样性	丰富	一般	不丰富								
隶属度	1	0.8	0.6								
清洁程度	清洁	尚清洁									
隶属度	1	0.8									
障碍因素	盐碱	瘠薄	酸化	渍潜	障碍层次	无					
隶属度	0.5	0.65	0.7	0.55	0.6	1					
灌溉能力	充分满足	满足	基本满足	不满足							
隶属度	1	0.8	0.6	0.3							
排水能力	充分满足	满足	基本满足	不满足							
隶属度	1	0.8	0.6	0.3							
农田林网化	高	中	低								
隶属度	1	0.85	0.7								

表12-7 长江中下游区数值型指标隶属函数

指标名称	函数类型	函数公式	a	c	u的下限值	u的上限值
pH	峰型	$y=1/[1+a(u-c)^2]$	0.221 129	6.811 204	3.0	7.4
有机质	戒上型	$y=1/[1+a(u-c)^2]$	0.001 842	33.656 446	0	33.7
有效磷	戒上型	$y=1/[1+a(u-c)^2]$	0.002 025	33.346 824	0	33.3
速效钾	戒上型	$y=1/[1+a(u-c)^2]$	0.000 081	181.622 535	0	182
有效土层厚	戒上型	$y=1/[1+a(u-c)^2]$	0.000 205	99.092 342	10	99
土壤容重	峰型	$y=1/[1+a(u-c)^2]$	2.236 726	1.211 674	0.50	3.21

注：y为隶属度；a为系数；u为实测值；c为标准指标。当函数类型为戒上型，u小于或等于下限值时，y为0；u大于或等于上限值时，y为1；当函数类型为峰型，u小于或等于下限值或u大于或等于上限值时，y为0。

2. 西南区 见表12-8、表12-9。

表12-8 西南区概念型指标隶属度

地形部位	山间盆地	宽谷盆地	平原低阶	平原中阶	平原高阶	丘陵上部	丘陵中部	丘陵下部	山地坡上	山地坡中	山地坡下
隶属度	0.85	0.9	1	0.9	0.8	0.6	0.75	0.85	0.45	0.65	0.75
耕层质地	沙土	沙壤	轻壤	中壤	重壤	黏土					
隶属度	0.5	0.85	0.9	1	0.95	0.65					
质地构型	薄层型	松散型	紧实型	夹层型	上紧下松型	上松下紧型	海绵型				
隶属度	0.3	0.35	0.75	0.65	0.45	1	0.9				

（续）

生物多样性	丰富	一般	不丰富		
隶属度	1	0.85	0.7		
清洁程度	清洁	尚清洁			
隶属度	1	0.9			
障碍因素	瘠薄	酸化	渍潜	障碍层次	无
隶属度	0.3	0.5	0.75	0.65	1
灌溉能力	充分满足	满足	基本满足	不满足	
隶属度	1	0.9	0.7	0.35	
排水能力	充分满足	满足	基本满足	不满足	
隶属度	1	0.9	0.7	0.5	
农田林网化	高	中	低		
隶属度	1	0.85	0.7		

表 12-9　西南区数值型指标隶属函数

指标名称	函数类型	函数公式	a	b	c	u 的下限值	u 的上限值	备注
海拔	负直线型	$y=b-au$	0.000 295	1.026 724		300.0	3 475.4	秦岭大巴山林农区
海拔	负直线型	$y=b-au$	0.000 618	1.083 636		135.3	1 752.9	渝鄂湘黔边境山地林农牧区
海拔	负直线型	$y=b-au$	0.000 302	1.042 457		300.0	3 446.5	黔桂高原山地林农牧区、川滇高原山地林农牧区、四川盆地农林区
有效土层厚	戒上型	$y=1/[1+a(u-c)^2]$	0.000 155		112.542 55	5	113	
土壤容重	峰型	$y=1/[1+a(u-c)^2]$	7.766 045		1.294 252	0.50	2.37	
pH	峰型	$y=1/[1+a(u-c)^2]$	0.192 480		6.854 550	3.0	7.4	
有机质	戒上型	$y=1/[1+a(u-c)^2]$	0.001 725		37.52	1	37.5	
速效钾	戒上型	$y=1/[1+a(u-c)^2]$	0.000 049		205.253 9	5	205	
有效磷	峰型	$y=1/[1+a(u-c)^2]$	0.000 253		63.712 849	0.1	252.3	

注：y 为隶属度；a 为系数；u 为实测值；c 为标准指标。当函数类型为戒上型，u 小于或等于下限值时，y 为 0；u 大于或等于上限值时，y 为 1；当函数类型为峰型，u 小于或等于下限值或 u 大于或等于上限值时，y 为 0。

3. 华南区　见表 12-10、表 12-11。

表 12-10　华南区概念型指标隶属度

地形部位	山间盆地	宽谷盆地	平原低阶	平原中阶	平原高阶	丘陵上部	丘陵中部	丘陵下部	山地坡上	山地坡中	山地坡下
隶属度	0.7	0.9	1	0.9	0.8	0.4	0.5	0.6	0.2	0.3	0.5
耕层质地	沙土	沙壤	轻壤	中壤	重壤	黏土					
隶属度	0.4	0.7	0.9	1	0.8	0.6					
质地构型	薄层型	松散型	紧实型	夹层型	上紧下松型	上松下紧型	海绵型				
隶属度	0.3	0.2	0.5	0.7	0.4	1	0.8				
生物多样性	丰富	一般	不丰富								
隶属度	1	0.85	0.75								
清洁程度	清洁										
隶属度	1										
障碍因素	盐碱	瘠薄	酸化	渍潜	障碍层次	无					
隶属度	0.5	0.5	0.5	0.4	0.6	1					

（续）

灌溉能力	充分满足	满足	基本满足	不满足
隶属度	1	0.8	0.6	0.3
排水能力	充分满足	满足	基本满足	不满足
隶属度	1	0.8	0.6	0.3
农田林网化	高	中	低	
隶属度	1	0.85	0.75	

表 12-11 华南区数值型指标隶属函数

指标名称	函数类型	函数公式	a	c	u 的下限值	u 的上限值
pH	峰型	$y=1/[1+a(u-c)^2]$	0.256 941	6.7	4.0	7.4
有机质	戒上型	$y=1/[1+a(u-c)^2]$	0.002 163	38.0	6.0	38.0
速效钾	戒上型	$y=1/[1+a(u-c)^2]$	0.000 068	205	30	205
有效磷	戒上型	$y=1/[1+a(u-c)^2]$	0.003 8	40.0	5.0	40.0
土壤容重	峰型	$y=1/[1+a(u-c)^2]$	2.786 523	1.35	0.90	2.10
有效土层厚	戒上型	$y=1/[1+a(u-c)^2]$	0.000 230	100	10	100

注：y 为隶属度；a 为系数；u 为实测值；c 为标准指标。当函数类型为戒上型，u 小于或等于下限值时，y 为 0；u 大于或等于上限值时，y 为 1；当函数类型为峰型，u 小于或等于下限值或 u 大于或等于上限值时，y 为 0。

4. 青藏区 见表 12-12、表 12-13。

表 12-12 青藏区概念型指标隶属度

地形部位	河流宽谷阶地	河流低谷地	洪积扇前缘	坡积裙	台地	湖盆阶地	山地坡下	洪积扇中后部	山地坡中	起伏侵蚀南台地	山地坡上
隶属度	0.95	0.85	0.84	0.79	0.64	0.58	0.56	0.53	0.46	0.37	0.27
耕层质地	沙土	沙壤	轻壤	中壤	重壤	黏土					
隶属度	0.4	0.7	0.9	1	0.8	0.6					
质地构型	薄层型	松散型	紧实型	夹层型	上紧下松型	上松下紧型	海绵型				
隶属度	0.3	0.35	0.7	0.6	0.5	1	0.9				
生物多样性	丰富	一般	不丰富								
隶属度	1	0.85	0.75								
清洁程度	清洁	尚清洁									
隶属度	1	0.75									
障碍因素	盐碱	瘠薄	酸化	渍潜	障碍层次	沙化	无				
隶属度	0.4	0.6	0.6	0.5	0.5	0.5	1				
灌溉能力	充分满足	满足	基本满足	不满足							
隶属度	1	0.8	0.6	3							
排水能力	充分满足	满足	基本满足	不满足							
隶属度	1	0.8	0.6	0.4							
农田林网化	高	中	低								
隶属度	1	0.85	0.75								
盐渍化程度	轻度	中度	重度	无							
隶属度	0.85	0.75	0.4	1							

表 12-13 青藏区数值型指标隶属函数

指标名称	函数类型	函数公式	a	b	c	u 的下限值	u 的上限值	备注
有机质	戒上型	$y=1/[1+a(u-c)^2]$	0.000 92		45.690 316	5.0	45.0	
有效磷	戒上型	$y=1/[1+a(u-c)^2]$	0.001 324		40.438 873	3.0	40.0	
速效钾	戒上型	$y=1/[1+a(u-c)^2]$	0.000 013		322.935 272	10	322	
海拔	负直线型	$y=b-au$	0.000 161	0.918 331		80.0	4 800.0	藏南农牧区
海拔	负直线型	$y=b-au$	0.000 216	1.116 926		550.0	4 600.0	川藏林农牧区
土壤容重	峰型	$y=1/[1+a(u-c)^2]$	6.347 613		1.309 506	0.50	2.00	
有效土层厚	戒上型	$y=1/[1+a(u-c)^2]$	0.000 462		86.018 551	10	85	

注：y 为隶属度；a 为系数；u 为实测值；c 为标准指标。当函数类型为戒上型，u 小于或等于下限值时，y 为 0；u 大于或等于上限值时，y 为 1；当函数类型为峰型，u 小于或等于下限值或 u 大于或等于上限值时，y 为 0。

三、等级划分方法

利用累加模型计算耕地地力综合指数（integrated fertility index，IFI），即对应于每个单元的综合评语。

$$IFI = \sum F_i \times C_i (i = 1,2,3,\cdots) \quad (13-1)$$

式中，IFI 代表耕地地力综合指数；F_i 代表第 i 个因素的评价评语；C_i 代表第 i 个因素的组合权重。计算参评因子的隶属度进行加权组合得到每个评价单元的综合评价分值，以其大小表示耕地地力的优劣。

依据《耕地质量等级》(GB/T 33469—2016)，耕地质量等级划分是从农业生产角度出发，通过综合指数法对耕地地力、土壤健康状况和田间基础设施构成的满足农产品持续产出和质量安全的能力进行评价从而划分出的等级。耕地质量划分为 10 个耕地质量等级，耕地地力综合指数越大，耕地质量水平越高。一等地耕地质量最高，十等地耕地质量最低。

依据《农业农村部耕地质量监测保护中心关于印发〈全国耕地质量等级评价指标体系〉的通知》（耕地评价函〔2019〕87 号），各个区域根据该文件进行等级划分（表 12-14 至表 12-17）。

表 12-14 长江中下游区等级划分指数

耕地质量等级	综合指数范围	耕地质量等级	综合指数范围
一等	>0.917 0	六等	0.793 9～0.818 5
二等	0.892 4～0.917 0	七等	0.769 3～0.793 9
三等	0.867 8～0.892 4	八等	0.744 6～0.769 3
四等	0.843 1～0.867 8	九等	0.720 0～0.744 6
五等	0.818 5～0.843 1	十等	<0.720 0

表 12-15 西南区等级划分指数

耕地质量等级	综合指数范围	耕地质量等级	综合指数范围
一等	>0.855 0	六等	0.736 0～0.759 8
二等	0.831 2～0.855 0	七等	0.712 2～0.736 0
三等	0.807 4～0.831 2	八等	0.688 4～0.712 2
四等	0.783 6～0.807 4	九等	0.664 6～0.688 4
五等	0.759 8～0.783 6	十等	<0.664 6

表 12-16 华南区等级划分指数

耕地质量等级	综合指数范围	耕地质量等级	综合指数范围
一等	>0.885 0	六等	0.769 5～0.792 6
二等	0.861 9～0.885 0	七等	0.746 4～0.769 5
三等	0.838 8～0.861 9	八等	0.723 3～0.746 4
四等	0.815 7～0.838 8	九等	0.700 2～0.723 3
五等	0.792 6～0.815 7	十等	<0.700 2

表 12-17 青藏区等级划分指数

耕地质量等级	综合指数范围	耕地质量等级	综合指数范围
一等	>0.857 3	六等	0.722 0～0.751 1
二等	0.838 4～0.857 3	七等	0.692 9～0.722 0
三等	0.809 3～0.838 4	八等	0.663 8～0.692 9
四等	0.780 2～0.809 3	九等	0.635 0～0.663 8
五等	0.751 1～0.780 2	十等	<0.635 0

第三节 耕地质量等级分布及特点

一、一级地

1. 一级地在农业区的分布 一级地黄壤面积 38 246.51 hm^2，占全国耕地黄壤的 1.08%。其中，典型黄壤亚类面积为 31 384.44 hm^2，占一级地的 82.06%；黄壤性土亚类面积为 6 862.07 hm^2，占一级地的 17.94%。

从一级农业区分布来看，一级地分布在西南区和长江中下游区。其中，西南区 36 558.15 hm^2，占一级地的 95.59%；长江中下游区 1 688.36 hm^2，占一级地的 4.41%（表 12-18）。

表 12-18 一级地在农业区的分布

一级农业区	二级农业区	面积（hm^2）	比例（%）
西南区	川滇高原山地林农牧区	3 003.26	7.85
	黔桂高原山地林农牧区	5 874.94	15.36
	秦岭大巴山林农区	2 125.17	5.56
	四川盆地农林区	22 128.36	57.86
	渝鄂湘黔边境山地林农牧区	3 426.42	8.96
长江中下游区	江南丘陵山地农林区	856.83	2.24
	南岭丘陵山地林农区	657.20	1.72
	长江下游平原丘陵农畜水产区	85.50	0.22
	浙闽丘陵山地林农区	88.83	0.23
合计		38 246.51	100.00

从二级农业区分布来看，主要分布在四川盆地农林区，面积为 22 128.36 hm^2，占一级地的 57.86%；其次是黔桂高原山地林农牧区，面积为 5 874.94 hm^2，占一级地的 15.36%；再次是渝鄂湘黔边境山地林农牧区，面积为 3 426.42 hm^2，占一级地的 8.96%（表 12-18）。

2. 一级地在省（自治区、直辖市）、市（州）的分布 一级地主要分布在四川省、重庆市和云南省，面积分别为27 666.92 hm^2、4 070.77 hm^2 和 3 003.26 hm^2，分别占一级地的 72.34%、10.64%和 7.85%（表 12－19）。

表 12－19 一级地省（自治区、直辖市）、市（州）分布情况

省（自治区、直辖市）	市（州）	面积（hm^2）	比例（%）
湖北省	恩施土家族苗族自治州	973.93	2.55
	宜昌市	843.27	2.20
湖南省	郴州市	657.20	1.72
	娄底市	76.90	0.20
	益阳市	779.93	2.04
四川省	成都市	10 389.68	27.17
	达州市	447.20	1.17
	德阳市	191.49	0.50
	乐山市	5 232.18	13.68
	泸州市	4 023.87	10.52
	眉山市	1 218.67	3.19
	绵阳市	3 316.24	8.67
	内江市	136.83	0.36
	宜宾市	2 258.13	5.90
	自贡市	452.63	1.18
云南省	保山市	573.96	1.50
	曲靖市	531.94	1.39
	昭通市	1 897.36	4.96
浙江省	丽水市	88.83	0.23
	绍兴市	85.50	0.22
重庆市		4 070.77	10.64
合计		38 246.51	100.00

一级地主要分布在四川省的成都市、乐山市和泸州市，面积分别为 10 389.68 hm^2、5 232.18 hm^2 和 4 023.87 hm^2，分别占一级地的 27.17%、13.68%和 10.52%（表 12－19）。

一级地分布面积最大的县（市、区）是四川省泸州市古蔺县，面积为 4 006.30 hm^2，占一级地的 10.47%；其次是四川省成都市双流区，面积为 3 569.73 hm^2，占一级地的 9.33%；再次是四川省乐山市峨眉山市，面积为 3 145.35 hm^2，占一级地的 8.22%。

二、二级地

1. 二级地在农业区的分布 二级地主要集中在四川盆地周边，以及重庆市与贵州省的交接地区。二级地黄壤面积为 89 499.69 hm^2，占全国耕地黄壤的 2.53%。其中，典型黄壤亚类面积为 78 928.02 hm^2，占二级地的 88.19%；黄壤性土亚类面积为 10 554.60 hm^2，占二级地的 11.79%；漂洗黄壤面积为 17.07 hm^2，占二级地的 0.02%。

从一级农业区分布来看，二级地分布在西南区、长江中下游区和青藏区。其中，西南区面积为 86 239.54 hm^2，占二级地的 96.36%；长江中下游区面积为 3 258.41 hm^2，占二级地的 3.64%；青藏区面积为 1.74 hm^2，占二级地的 0.002%（表 12－20）。

表 12-20 二级地在农业区的分布

一级农业区	二级农业区	面积（hm²）	比例（%）
青藏区	川藏林农牧区	1.74	0.002
西南区	川滇高原山地林农牧区	6 575.28	7.347
	黔桂高原山地林农牧区	19 586.24	21.88
	秦岭大巴山林农区	7 573.22	8.46
	四川盆地农林区	36 451.64	40.73
	渝鄂湘黔边境山地林农牧区	16 053.16	17.94
长江中下游区	江南丘陵山地农林区	932.70	1.04
	南岭丘陵山地林农区	970.14	1.08
	浙闽丘陵山地林农区	1 355.57	1.52
合计		89 499.69	100.00

从二级农业区分布来看，主要分布在四川盆地农林区，面积为 36 451.64 hm²，占二级地的 40.73%；其次是黔桂高原山地林农牧区，面积为 19 586.24 hm²，占二级地的 21.88%；再次是渝鄂湘黔边境山地林农牧区，面积为 16 053.16 hm²，占二级地的 17.94%（表 12-20）。

2. 二级地在省（自治区、直辖市）、**市**（州）**的分布** 二级地主要分布在四川省、重庆市和贵州省，面积分别为46 874.40 hm²、17 124.33 hm² 和 9 818.03 hm²，分别占二级地的 52.38%、19.13%和 10.96%（表 12-21）。

表 12-21 二级地省（自治区、直辖市）、市（州）分布情况

省（自治区、直辖市）	市（州）	面积（hm²）	比例（%）
广西壮族自治区	百色市	1 670.91	1.87
贵州省	贵阳市	4 622.49	5.16
	六盘水市	160.69	0.18
	黔南布依族苗族自治州	262.30	0.29
	铜仁市	405.51	0.45
	遵义市	4 367.04	4.88
湖北省	恩施土家族苗族自治州	4 591.09	5.13
	宜昌市	296.76	0.33
湖南省	郴州市	820.95	0.92
	娄底市	187.72	0.21
江西省	赣州市	149.19	0.17
	吉安市	139.14	0.16
四川省	成都市	7 919.87	8.85
	达州市	2 248.00	2.51
	德阳市	533.58	0.60
	广安市	1 656.90	1.85
	广元市	686.27	0.77
	乐山市	4 715.69	5.27
	凉山彝族自治州	537.68	0.60
	泸州市	4 332.48	4.84
	眉山市	6 649.70	7.43

（续）

省（自治区、直辖市）	市（州）	面积（hm^2）	比例（%）
四川省	绵阳市	10 203.41	11.40
	雅安市	355.33	0.40
	宜宾市	5 684.38	6.35
	自贡市	1 351.11	1.51
西藏自治区	林芝市	1.74	0.00
云南省	保山市	939.01	1.05
	大理白族自治州	175.63	0.20
	曲靖市	971.12	1.09
	文山壮族苗族自治州	649.32	0.73
	昭通市	3 128.94	3.50
浙江省	金华市	405.69	0.45
	丽水市	318.80	0.36
	宁波市	22.61	0.03
	衢州市	200.15	0.22
	台州市	717.87	0.80
	温州市	296.29	0.33
重庆市		17 124.33	19.13
合计		89 499.69	100.00

二级地主要分布在四川省绵阳市、成都市和眉山市，面积分别为 10 203.41 hm^2、7 919.87 hm^2 和 6 649.70 hm^2，分别占二级地的 11.40%、8.85%和 7.43%（表 12－21）。

二级地分布面积最大的县（市、区）是四川省绵阳市安州区，面积为 5 523.82 hm^2，占二级地的 6.17%；其次是四川省宜宾市珙县，面积为 4 198.52 hm^2，占二级地的 4.69%；再次是重庆市武隆区，面积为 4 175.11 hm^2，占二级地的 4.66%。

三、三级地

1. 三级地在农业区的分布 三级地主要集中在四川盆地东部、四川盆地南部丘陵地带、四川盆地西部、贵州中部、武陵山脉西部、巫山周边。三级地黄壤面积为 235 877.79 hm^2，占全国耕地黄壤的 6.68%。其中，典型黄壤亚类面积为 189 413.21 hm^2，占三级地的 80.30%；黄壤性土亚类面积为 44 116.74 hm^2，占三级地的 18.70%；漂洗黄壤亚类面积为 2 347.84 hm^2，占三级地的 1.00%。

从一级农业区分布来看，西南区三级地面积为 226 074.10 hm^2，占三级地的 95.84%；长江中下游区面积为 9 718.64 hm^2，占三级地的 4.13%；华南区面积为 78.74 hm^2，占三级地的 0.03%；青藏区面积为 6.31 hm^2，占三级地的 0.003%（表 12－22）。

表 12－22　三级地在农业区的分布

一级农业区	二级农业区	面积（hm^2）	比例（%）
华南区	滇南农林区	78.74	0.03
青藏区	川藏林农牧区	6.31	0.003

（续）

一级农业区	二级农业区	面积（hm^2）	比例（%）
西南区	川滇高原山地林农牧区	26 125.32	11.08
	黔桂高原山地林农牧区	77 205.95	32.73
	秦岭大巴山林农区	9 576.79	4.06
	四川盆地农林区	50 724.14	21.50
	渝鄂湘黔边境山地林农牧区	62 441.90	26.47
长江中下游区	江南丘陵山地农林区	6 461.51	2.74
	南岭丘陵山地林农区	1 500.38	0.64
	长江中游平原农业水产区	207.65	0.09
	浙闽丘陵山地林农区	1 549.10	0.66
合计		235 877.79	100.00

从二级农业区分布来看，三级地主要分布在黔桂高原山地林农牧区，面积为 77 205.95 hm^2，占三级地的 32.73%；其次是渝鄂湘黔边境山地林农牧区，面积为 62 441.90 hm^2，占三级地的 26.47%；再次是四川盆地农林区，面积为 50 724.14 hm^2，占三级地的 21.50%（表 12－22）。

2. 三级地在省（自治区、直辖市）、**市**（州）**的分布** 三级地主要分布在重庆市、四川省和贵州省，面积分别为75 736.71 hm^2、68 444.69 hm^2 和 60 253.10 hm^2，分别占三级地的 32.11%、29.01%和 25.54%（表 12－23）。

表 12－23 三级地省（自治区、直辖市）、**市**（州）**分布情况**

省（自治区、直辖市）	市（州）	面积（hm^2）	比例（%）
广西壮族自治区	百色市	614.16	0.26
	河池市	211.68	0.09
贵州省	安顺市	2 025.86	0.86
	毕节市	1 030.43	0.44
	贵阳市	23 216.02	9.84
	六盘水市	1 411.01	0.60
	黔东南苗族侗族自治州	920.31	0.39
	黔南布依族苗族自治州	6 821.21	2.89
	黔西南布依族苗族自治	3 846.59	1.63
	铜仁市	717.37	0.30
	遵义市	20 264.30	8.59
湖北省	恩施土家族苗族自治州	3 693.04	1.57
	荆州市	207.65	0.09
	宜昌市	1 711.05	0.73
湖南省	郴州市	1 500.38	0.64
	娄底市	975.80	0.41
	邵阳市	1 691.62	0.72
	益阳市	1 062.18	0.45
	长沙市	1 618.56	0.69
江西省	赣州市	118.66	0.05
	吉安市	286.04	0.12

（续）

省（自治区、直辖市）	市（州）	面积（hm^2）	比例（%）
四川省	成都市	6 734.93	2.86
	达州市	3 849.51	1.63
	德阳市	24.30	0.01
	广安市	814.51	0.35
	广元市	1 043.76	0.44
	乐山市	10 579.13	4.49
	凉山彝族自治州	5 421.33	2.30
	泸州市	17 795.69	7.54
	眉山市	3 900.62	1.65
	绵阳市	8 757.59	3.71
	南充市	263.30	0.11
	内江市	1 514.30	0.64
	雅安市	2 187.34	0.93
	宜宾市	3 783.62	1.60
	自贡市	1 774.76	0.75
西藏自治区	林芝市	6.31	0.00
云南省	保山市	714.51	0.30
	红河哈尼族彝族自治州	78.74	0.03
	普洱市	414.36	0.18
	曲靖市	8 760.42	3.71
	文山壮族苗族自治州	190.97	0.08
	昭通市	5 329.42	2.26
浙江省	湖州市	95.06	0.04
	金华市	355.33	0.15
	丽水市	1 291.61	0.55
	衢州市	258.26	0.11
	绍兴市	41.79	0.02
	台州市	109.89	0.05
	温州市	105.81	0.04
重庆市		75 736.71	32.11
合计		235 877.79	100.00

三级地主要分布在贵州省贵阳市、遵义市和四川省泸州市，面积分别为 23 216.02 hm^2、20 264.30 hm^2 和 17 795.69 hm^2，分别占三级地的 9.84%、8.59%和 7.54%（表 12 - 23）。

三级地分布面积最大的县（市、区）是重庆市酉阳土家族苗族自治县，面积为 30 480.90 hm^2，占三级地的 12.92%；其次是重庆市武隆区，面积为 12 287.67 hm^2，占三级地的 5.21%；再次是贵州省遵义市湄潭县，面积为 10 474.54 hm^2，占三级地的 4.44%。

四、四级地

1. 四级地在农业区的分布 四级地主要集中在四川盆地周边，重庆盆地丘陵区域，贵州中部、北部及西南部的山地丘陵区域，云南怒江、元江一带，大南岭、罗霄山一带，浙江南部。四级地黄壤面积为 614 618.61 hm²，占全国耕地黄壤的 17.40%。其中，典型黄壤亚类面积为 560 009.14 hm²，占四级地的 91.12%；黄壤性土亚类面积为 52 019.58 hm²，占四级地的 8.46%；漂洗黄壤亚类面积为 2 589.89 hm²，占四级地的 0.42%。

从一级农业区分布来看，四级地在西南区的面积为 580 625.12 hm²，占四级地的 94.47%；长江中下游区 24 791.99 hm²，占四级地的 4.03%；华南区面积为 8 947.68 hm²，占四级地的 1.46%；青藏区面积为 253.82 hm²，占四级地的 0.04%（表 12-24）。

表 12-24 四级地在农业区的分布

一级农业区	二级农业区	面积（hm²）	比例（%）
华南区	滇南农林区	8 947.68	1.46
青藏区	川藏林农牧区	253.82	0.04
西南区	川滇高原山地林农牧区	50 757.16	8.26
	黔桂高原山地林农牧区	334 456.41	54.42
	秦岭大巴山林农区	36 217.22	5.89
	四川盆地农林区	66 342.58	10.79
	渝鄂湘黔边境山地林农牧区	92 851.75	15.11
长江中下游区	江南丘陵山地农林区	5 061.68	0.82
	南岭丘陵山地林农区	15 101.70	2.45
	长江下游平原丘陵农畜水产区	475.31	0.08
	浙闽丘陵山地林农区	4 153.30	0.68
合计		614 618.61	100.00

从二级农业区分布来看，主要分布在黔桂高原山地林农牧区，面积为 334 456.41 hm²，占四级地的 54.42%；其次是渝鄂湘黔边境山地林农牧区，面积为 92 851.75 hm²，占四级地的 15.11%；再次是四川盆地农林区，面积为 66 342.58 hm²，占四级地的 10.79%（表 12-24）。

2. 四级地在省（自治区、直辖市）、市（州）的分布 四级地主要分布在贵州省、四川省和重庆市，面积分别为 322 094.58 hm²、107 982.47 hm² 和 90 462.12 hm²，分别占四级地的 52.41%、17.56%和 14.72%（表 12-25）。

表 12-25 四级地省（自治区、直辖市）、市（州）分布情况

省（自治区、直辖市）	市（州）	面积（hm²）	比例（%）
福建省	福州市	25.33	0.00
	南平市	21.97	0.00
	泉州市	20.45	0.00
	三明市	66.62	0.01
广西壮族自治区	百色市	2 936.61	0.48
	桂林市	407.00	0.07
	河池市	161.87	0.03
	柳州市	362.81	0.06
贵州省	安顺市	29 145.10	4.74
	毕节市	100 965.47	16.43
	贵阳市	39 564.22	6.44

（续）

省（自治区、直辖市）	市（州）	面积（hm^2）	比例（%）
贵州省	六盘水市	26 016.24	4.23
	黔东南苗族侗族自治州	12 634.50	2.06
	黔南布依族苗族自治州	25 766.43	4.19
	黔西南布依族苗族自治	32 445.59	5.28
	铜仁市	18 846.05	3.07
	遵义市	36 710.98	5.97
湖北省	恩施土家族苗族自治州	10 312.79	1.68
	宜昌市	7 659.63	1.25
湖南省	郴州市	4 104.73	0.67
	娄底市	200.46	0.03
	邵阳市	1 062.12	0.17
	永州市	7 222.40	1.18
	株洲市	4 559.71	0.74
江西省	吉安市	1 216.34	0.20
四川省	阿坝藏族羌族自治州	139.83	0.02
	巴中市	467.76	0.08
	成都市	6 508.73	1.06
	达州市	7 603.11	1.24
	德阳市	86.78	0.01
	广安市	3 962.10	0.64
	广元市	1 858.06	0.30
	乐山市	14 379.91	2.34
	凉山彝族自治州	3 025.36	0.49
	泸州市	27 731.47	4.51
	眉山市	5 391.53	0.88
	绵阳市	14 375.86	2.34
	南充市	980.43	0.16
	内江市	6 969.05	1.13
	遂宁市	682.13	0.11
	雅安市	3 675.62	0.60
	宜宾市	8 221.14	1.34
	资阳市	576.34	0.09
	自贡市	1 347.26	0.22
西藏自治区	林芝市	113.99	0.02
云南省	保山市	6 864.82	1.12
	大理白族自治州	579.18	0.09
	红河哈尼族彝族自治州	6 643.35	1.08
	临沧市	981.97	0.16
	怒江傈僳族自治州	47.00	0.01
	普洱市	813.28	0.13
	曲靖市	9 304.16	1.51
	文山壮族苗族自治州	2 127.60	0.35
	昭通市	20 741.20	3.37

（续）

省（自治区、直辖市）	市（州）	面积（hm^2）	比例（%）
浙江省	金华市	684.21	0.11
	丽水市	1 967.98	0.32
	宁波市	687.44	0.11
	衢州市	281.28	0.05
	绍兴市	629.01	0.10
	台州市	1 147.97	0.19
	温州市	124.16	0.02
重庆市		90 462.12	14.72
合计		614 618.61	100.00

四级地主要分布在贵州省毕节市、贵阳市和遵义市，面积分别为100 965.47 hm^2、39 564.22 hm^2和36 710.98 hm^2，分别占四级地的16.43%、6.44%和5.97%（表12-25）。

四级地分布面积最大的县（市、区）是贵州省毕节市织金县，面积为28 390.60 hm^2，占四级地的4.62%；其次是贵州省六盘水市六枝特区，面积为25 488.36 hm^2，占四级地的4.15%；再次是贵州省毕节市大方县，面积为19 557.19 hm^2，占四级地的3.18%。

五、五级地

1. 五级地在农业区的分布 五级地主要分布在四川盆地北部区域，重庆丘陵地带，云南金沙江、怒江、元江一带，贵州除乌蒙山脉及东南低山地带外的其余地区，重庆巫山一带，浙江南部，罗霄山南部等区域。五级地黄壤面积为691 469.27 hm^2，占全国耕地黄壤的19.57%。其中，典型黄壤亚类面积为632 684.93 hm^2，占五级地的91.50%；黄壤性土亚类面积为54 855.77 hm^2，占五级地的7.93%；漂洗黄壤亚类面积为3 928.57 hm^2，占五级地的0.57%。

从一级农业区分布来看，五级地在西南区的面积为636 650.66 hm^2，占五级地的92.07%；华南区面积为30 066.82 hm^2，占五级地的4.35%；长江中下游区面积为23 776.26 hm^2，占五级地的3.44%；青藏区面积为975.53 hm^2，占五级地的0.14%（表12-26）。

表12-26 五级地在农业区的分布

一级农业区	二级农业区	面积（hm^2）	比例（%）
华南区	滇南农林区	30 066.82	4.35
青藏区	川藏林农牧区	975.53	0.14
西南区	川滇高原山地林农牧区	82 294.04	11.90
	黔桂高原山地林农牧区	305 301.35	44.15
	秦岭大巴山林农区	22 979.06	3.32
	四川盆地农林区	65 946.03	9.54
	渝鄂湘黔边境山地林农牧区	160 130.18	23.16
长江中下游区	江南丘陵山地农林区	4 563.70	0.66
	南岭丘陵山地林农区	10 042.95	1.46
	长江下游平原丘陵农畜水产区	969.82	0.14
	长江中游平原农业水产区	643.27	0.09
	浙闽丘陵山地林农区	7 556.52	1.09
合计		691 469.27	100.00

从二级农业区分布来看，主要分布在黔桂高原山地林农牧区，面积为 305 301.35 hm^2，占五级地的 44.15%；其次是渝鄂湘黔边境山地林农牧区，面积为 160 130.18 hm^2，占五级地的 23.16%；再次是川滇高原山地林农牧区，面积为 82 294.04 hm^2，占五级地的 11.90%（表 12-26）。

2. 五级地在省（自治区、直辖市）、市（州）的分布 五级地主要分布在贵州省、云南省和四川省，面积分别为347 157.01 hm^2、105 610.35 hm^2 和 98 804.40 hm^2，分别占五级地的 50.21%、15.27%和 14.29%（表 12-27）。

表 12-27 五级地省（自治区、直辖市）、市（州）分布情况

省（自治区、直辖市）	市（州）	面积（hm^2）	比例（%）
福建省	福州市	13.85	0.00
广西壮族自治区	百色市	6 250.32	0.90
	桂林市	1 826.39	0.26
	河池市	129.20	0.02
	贺州市	906.22	0.13
	柳州市	1 524.75	0.22
贵州省	安顺市	43 231.48	6.25
	毕节市	56 859.65	8.23
	贵阳市	22 477.71	3.25
	六盘水市	7 659.37	1.11
	黔东南苗族侗族自治州	30 439.59	4.40
	黔南布依族苗族自治州	48 551.74	7.02
	黔西南布依族苗族自治	26 456.41	3.83
	铜仁市	55 623.52	8.04
	遵义市	55 857.54	8.08
湖北省	恩施土家族苗族自治州	26 396.75	3.82
	宜昌市	8 627.16	1.25
湖南省	郴州市	5 410.15	0.78
	怀化市	81.48	0.01
	娄底市	79.94	0.01
	邵阳市	1 216.67	0.18
	湘西土家族苗族自治州	63.27	0.01
	永州市	484.70	0.07
	岳阳市	409.99	0.06
	张家界市	8.74	0.00
	株洲市	135.99	0.02
江西省	赣州市	431.15	0.06
	吉安市	294.25	0.04
	九江市	480.06	0.07
四川省	阿坝藏族羌族自治州	436.85	0.06
	巴中市	1 049.19	0.15
	成都市	3 772.94	0.55
	达州市	3 112.30	0.45

（续）

省（自治区、直辖市）	市（州）	面积（hm^2）	比例（%）
四川省	德阳市	388.91	0.06
	广安市	3 594.11	0.52
	广元市	5 453.06	0.79
	乐山市	13 980.02	2.02
	凉山彝族自治州	642.60	0.09
	泸州市	22 221.89	3.21
	眉山市	2 481.76	0.36
	绵阳市	4 107.88	0.59
	南充市	868.58	0.13
	内江市	9 490.33	1.37
	遂宁市	597.89	0.09
	雅安市	1 845.46	0.27
	宜宾市	22 471.67	3.25
	资阳市	230.78	0.03
	自贡市	2 058.18	0.30
西藏自治区	林芝市	538.68	0.08
云南省	保山市	8 285.70	1.20
	大理白族自治州	1 382.60	0.20
	德宏傣族景颇族自治州	619.13	0.09
	红河哈尼族彝族自治州	22 289.30	3.22
	临沧市	1 447.42	0.21
	普洱市	3 684.26	0.53
	曲靖市	19 940.34	2.88
	文山壮族苗族自治州	4 151.67	0.60
	昭通市	43 809.93	6.34
浙江省	杭州市	275.55	0.04
	金华市	1 043.49	0.15
	丽水市	5 760.59	0.83
	宁波市	1 154.94	0.17
	衢州市	353.54	0.05
	绍兴市	633.70	0.09
	台州市	39.48	0.01
	温州市	1 300.86	0.19
重庆市		74 025.65	10.71
合计		691 469.27	100.00

五级地主要分布在贵州省的毕节市、遵义市和铜仁市，面积分别为 56 859.65 hm^2、55 857.54 hm^2 和 55 623.52 hm^2，分别占五级地的 8.23%、8.08%和 8.04%（表 12 - 27）。

五级地分布面积最大的县（市、区）是云南省昭通市镇雄县，面积为 21 084.28 hm^2，占五级地的 3.05%；其次是四川省泸州市叙永县，面积为 14 704.94 hm^2，占五级地的 2.13%；再次是贵州省安顺市西秀区，面积为 14 609.64 hm^2，占五级地的 2.11%。

六、六级地

1. 六级地在农业区的分布 六级地主要分布在四川盆地北部区域，重庆丘陵地带，云南金沙江、怒江、元江一带，贵州除乌蒙山脉及东南低山地带外的其余地区，重庆巫山一带，浙江南部，罗霄山南部等区域。六级地黄壤面积为 772 777.28 hm^2，占全国耕地黄壤的 21.87%。其中，典型黄壤亚类面积为 715 199.33 hm^2，占六级地的 92.55%；黄壤性土亚类面积为 54 574.97 hm^2，占六级地的 7.06%；漂洗黄壤亚类面积为 3 002.98 hm^2，占六级地的 0.39%。

从一级农业区分布来看，六级地在西南区的面积为 708 691.98 hm^2，占六级地的 91.71%；华南区面积为 35 719.72 hm^2，占六级地的 4.63%；长江中下游区面积为 27 714.81 hm^2，占六级地的 3.58%；青藏区面积为 650.77 hm^2，占六级地的 0.08%（表 12-28）。

表 12-28 六级地在农业区的分布

一级农业区	二级农业区	面积（hm^2）	比例（%）
华南区	滇南农林区	32 748.23	4.24
	闽南粤中农林水产区	505.10	0.07
	粤西桂南农林区	2 466.39	0.32
青藏区	川藏林农牧区	650.77	0.08
西南区	川滇高原山地林农牧区	105 121.09	13.60
	黔桂高原山地林农牧区	338 966.83	43.87
	秦岭大巴山林农区	16 000.86	2.07
	四川盆地农林区	45 805.58	5.93
	渝鄂湘黔边境山地林农牧区	202 797.62	26.24
长江中下游区	江南丘陵山地农林区	7 173.39	0.93
	南岭丘陵山地林农区	12 778.24	1.65
	长江下游平原丘陵农畜水产区	393.53	0.05
	浙闽丘陵山地林农区	7 369.65	0.95
合计		772 777.28	100.00

从二级农业区分布来看，主要分布在黔桂高原山地林农牧区，面积为 338 966.83 hm^2，占六级地的 43.87%；其次是渝鄂湘黔边境山地林农牧区，面积为 202 797.62 hm^2，占六级地的 26.24%；再次是川滇高原山地林农牧区，面积为 105 121.09 hm^2，占六级地的 13.60%（表 12-28）。

2. 六级地在省（自治区、直辖市）、市（州）的分布 六级地主要分布在贵州省、云南省和四川省，面积分别为 461 784.17 hm^2、126 259.75 hm^2 和 70 596.48 hm^2，分别占六级地的 59.75%、16.33%和 9.13%（表 12-29）。

表 12-29 六级地省（自治区、直辖市）、市（州）分布情况

省（自治区、直辖市）	市（州）	面积（hm^2）	比例（%）
福建省	福州市	224.03	0.03
	龙岩市	421.42	0.05
	泉州市	98.96	0.01
	三明市	124.42	0.02

（续）

省（自治区、直辖市）	市（州）	面积（hm^2）	比例（%）
广东省	茂名市	358.08	0.05
	清远市	505.10	0.07
广西壮族自治区	百色市	4 552.80	0.59
	桂林市	1 939.73	0.25
	河池市	772.25	0.10
	贺州市	374.53	0.05
	来宾市	153.47	0.02
	柳州市	507.22	0.07
	南宁市	2 108.31	0.27
贵州省	安顺市	17 599.92	2.28
	毕节市	108 433.03	14.02
	贵阳市	12 222.02	1.58
	六盘水市	50 594.42	6.55
	黔东南苗族侗族自治州	57 104.72	7.39
	黔南布依族苗族自治州	47 811.78	6.19
	黔西南布依族苗族自治	40 025.89	5.18
	铜仁市	75 256.84	9.74
	遵义市	52 735.55	6.82
湖北省	恩施土家族苗族自治州	16 638.04	2.15
	宜昌市	12 415.13	1.61
湖南省	郴州市	5 862.97	0.76
	怀化市	370.77	0.05
	邵阳市	3 484.72	0.45
	湘西土家族苗族自治州	597.01	0.08
	永州市	2 831.93	0.37
	岳阳市	1 356.20	0.18
	张家界市	276.33	0.04
	长沙市	622.26	0.08
江西省	抚州市	263.39	0.03
	赣州市	576.48	0.07
	九江市	101.37	0.01
	上饶市	77.20	0.01
四川省	阿坝藏族羌族自治州	299.08	0.04
	巴中市	1 545.44	0.20
	成都市	366.36	0.05
	达州市	6 206.42	0.80
	广安市	1 524.99	0.20
	广元市	1 602.95	0.21
	乐山市	7 908.40	1.02

（续）

省（自治区、直辖市）	市（州）	面积（hm^2）	比例（%）
四川省	凉山彝族自治州	3 723.92	0.48
	泸州市	9 020.01	1.17
	眉山市	475.51	0.06
	绵阳市	2 196.52	0.28
	南充市	1 654.89	0.21
	内江市	6 161.09	0.80
	雅安市	2 781.82	0.36
	宜宾市	22 983.08	2.97
	自贡市	2 146.00	0.28
西藏自治区	林芝市	347.18	0.04
云南省	保山市	6 865.38	0.89
	楚雄彝族自治州	183.23	0.02
	大理白族自治州	424.57	0.05
	德宏傣族景颇族自治州	371.45	0.05
	红河哈尼族彝族自治州	14 985.01	1.94
	临沧市	6 890.99	0.89
	怒江傈僳族自治州	4.51	0.00
	普洱市	6 083.58	0.79
	曲靖市	10 450.02	1.35
	文山壮族苗族自治州	3 477.00	0.45
	西双版纳傣族自治州	111.42	0.01
	昭通市	76 412.59	9.89
浙江省	金华市	996.73	0.13
	丽水市	3 994.98	0.52
	宁波市	439.95	0.06
	衢州市	232.38	0.03
	台州市	224.62	0.03
	温州市	2 234.80	0.29
重庆市		48 052.12	6.22
合计		772 777.28	100.00

六级地主要分布在贵州省毕节市、云南省昭通市和贵州省铜仁市，面积分别为 108 433.03 hm^2、76 412.59 hm^2 和 75 256.84 hm^2，分别占六级地的 14.02%、9.89%和 9.74%（表 12-29）。

六级地分布面积最大的县（市、区）是贵州省毕节市大方县，面积为 36 879.01 hm^2，占六级地的 4.77%；其次是云南省昭通市镇雄县，面积为 33 051.95 hm^2，占六级地的 4.28%；再次是贵州省六盘水市盘州市，面积为 25 711.29 hm^2，占六级地的 3.33%。

七、七级地

1. 七级地在农业区的分布 七级地主要分布在重庆丘陵地带，云南西部、南部一带，贵州乌蒙山脉、苗岭，贵州北部与重庆交界处，重庆巫山一带，浙江雁荡山一带。七级地黄壤面积为 555 660.53 hm^2，占全国耕地黄壤的15.73%。其中，典型黄壤亚类面积为499 694.62 hm^2，占七级地的89.93%；黄壤性土亚类面积为54 750.83 hm^2，占七级地的9.85%；漂洗黄壤亚类面积为1 215.08 hm^2，占七级地的0.22%。

从一级农业区分布来看，七级地在西南区的面积为481 189.30 hm^2，占七级地的86.61%；华南区面积为55 615.42 hm^2，占七级地的10.00%；长江中下游区面积为18 743.71 hm^2，占七级地的3.37%；青藏区面积为112.10 hm^2，占七级地的0.02%（表12-30）。

表12-30　七级地在农业区的分布

一级农业区	二级农业区	面积（hm^2）	比例（%）
华南区	滇南农林区	54 978.59	9.89
	粤西桂南农林区	636.83	0.11
青藏区	藏南农牧区	5.44	0.00
	川藏林农牧区	106.66	0.02
西南区	川滇高原山地林农牧区	58 089.82	10.45
	黔桂高原山地林农牧区	196 580.93	35.39
	秦岭大巴山林农区	10 216.92	1.84
	四川盆地农林区	28 725.27	5.17
	渝鄂湘黔边境山地林农牧区	187 576.36	33.76
长江中下游区	江南丘陵山地农林区	7 404.58	1.33
	南岭丘陵山地林农区	4 246.53	0.76
	长江下游平原丘陵农畜水产区	133.07	0.02
	长江中游平原农业水产区	90.93	0.02
	浙闽丘陵山地林农区	6 868.60	1.24
合计		555 660.53	100.00

从二级农业区分布来看，主要分布在黔桂高原山地林农牧区，面积为196 580.93 hm^2，占七级地的35.39%；其次是渝鄂湘黔边境山地林农牧区，面积为187 576.36 hm^2，占七级地的33.76%；再次是川滇高原山地林农牧区，面积为58 089.82 hm^2，占七级地的10.45%（表12-30）。

2. 七级地在省（自治区、直辖市）、市（州）的分布　七级地主要分布在贵州省、云南省和重庆市，面积分别为315 288.61 hm^2、84 889.62 hm^{2}和52 388.80 hm^2，分别占七级地的56.73%、15.27%和9.43%(表12-31)。

表12-31　七级地省（自治区、直辖市）、市（州）分布情况

省（自治区、直辖市）	市（州）	面积（hm^2）	比例（%）
福建省	福州市	108.20	0.02
	龙岩市	41.22	0.01
	宁德市	87.96	0.02
	泉州市	159.11	0.03
	三明市	193.32	0.03
广东省	茂名市	210.71	0.04
广西壮族自治区	百色市	7 191.00	1.29
	桂林市	438.99	0.08
	河池市	324.58	0.06
	柳州市	2 097.36	0.38
	南宁市	426.12	0.08

（续）

省（自治区、直辖市）	市（州）	面积（hm^2）	比例（%）
贵州省	安顺市	7 423.77	1.34
	毕节市	55 391.89	9.97
	贵阳市	298.07	0.05
	六盘水市	44 817.86	8.07
	黔东南苗族侗族自治州	34 921.90	6.28
	黔南布依族苗族自治州	23 719.19	4.27
	黔西南布依族苗族自治	42 468.47	7.64
	铜仁市	67 109.22	12.07
	遵义市	39 138.24	7.04
湖北省	恩施土家族苗族自治州	13 995.84	2.52
	宜昌市	8 960.61	1.61
湖南省	常德市	54.91	0.01
	郴州市	1 601.95	0.29
	怀化市	797.39	0.14
	娄底市	1 008.78	0.18
	邵阳市	4 985.22	0.90
	湘西土家族苗族自治州	1 020.32	0.18
	益阳市	239.00	0.04
	永州市	108.23	0.02
	岳阳市	90.93	0.02
	张家界市	743.47	0.13
江西省	吉安市	163.75	0.03
	九江市	85.54	0.02
	宜春市	68.52	0.01
四川省	巴中市	255.16	0.05
	成都市	95.89	0.02
	达州市	3 424.62	0.62
	广安市	1 094.18	0.20
	广元市	1 893.99	0.34
	乐山市	4 849.71	0.87
	凉山彝族自治州	13 498.74	2.43
	泸州市	12 869.29	2.32
	眉山市	207.28	0.04
	绵阳市	288.33	0.05
	南充市	1 161.22	0.21
	内江市	2 706.14	0.49
	雅安市	1 555.62	0.28
	宜宾市	5 746.26	1.03
	自贡市	849.45	0.15

（续）

省（自治区、直辖市）	市（州）	面积（hm^2）	比例（%）
西藏自治区	林芝市	32.91	0.01
	山南市	5.44	0.00
云南省	保山市	9 067.57	1.63
	德宏傣族景颇族自治州	834.77	0.15
	红河哈尼族彝族自治州	9 528.53	1.71
	临沧市	20 159.01	3.63
	怒江傈僳族自治州	73.75	0.01
	普洱市	11 774.77	2.12
	曲靖市	4 402.34	0.79
	文山壮族苗族自治州	6 683.73	1.20
	西双版纳傣族自治州	596.82	0.11
	昭通市	21 768.33	3.92
浙江省	杭州市	179.55	0.03
	金华市	764.83	0.14
	丽水市	2 897.50	0.52
	宁波市	133.07	0.02
	绍兴市	89.62	0.02
	台州市	397.48	0.07
	温州市	2 894.19	0.52
重庆市		52 388.80	9.43
合计		555 660.53	100.00

七级地主要分布在贵州省铜仁市、毕节市和六盘水市，面积分别为 67 109.22 hm^2、55 391.89 hm^2 和 44 817.86 hm^2，分别占七级地的 12.07%、9.97%和 8.07%（表 12-31）。

七级地分布面积最大的县（市、区）是贵州省六盘水市盘州市，面积为 26 054.78 hm^2，占七级地的 4.69%；其次是贵州省铜仁市思南县，面积为 20 844.19 hm^2，占七级地的 3.75%；再次是重庆市彭水苗族土家族自治县，面积为 20 419.89 hm^2，占七级地的 3.67%。

八、八级地

1. 八级地在农业区的分布 八级地主要分布在贵州乌蒙山，贵州、重庆、湖南三省份交界处，云南怒江、澜沧江一带。八级地黄壤面积为 301 385.11 hm^2，占全国耕地黄壤的 8.53%。其中，典型黄壤亚类面积为 266 012.92 hm^2，占八级地的 88.26%；黄壤性土亚类面积为 35 054.58 hm^2，占八级地的 11.63%；漂洗黄壤亚类面积为 317.61 hm^2，占八级地的 0.11%。

从一级农业区分布来看，西南区面积为 236 512.00 hm^2，占八级地的 78.48%；华南区面积为 48 063.82 hm^2，占八级地的 15.95%；长江中下游区面积为 16 629.69 hm^2，占八级地的 5.51%；青藏区面积为 179.60 hm^2，占八级地的 0.06%（表 12-32）。

表 12 - 32　八级地在农业区的分布

一级农业区	二级农业区	面积（hm^2）	比例（%）
华南区	滇南农林区	46 610.99	15.47
	粤西桂南农林区	1 452.83	0.48
青藏区	藏南农牧区	175.65	0.06
	川藏林农牧区	3.95	0.00
西南区	川滇高原山地林农牧区	72 170.59	23.95
	黔桂高原山地林农牧区	52 177.81	17.31
	秦岭大巴山林农区	3 814.29	1.27
	四川盆地农林区	13 185.37	4.37
	渝鄂湘黔边境山地林农牧区	95 163.94	31.58
长江中下游区	江南丘陵山地农林区	4 981.22	1.65
	南岭丘陵山地林农区	7 154.24	2.37
	长江中游平原农业水产区	673.28	0.22
	浙闽丘陵山地林农区	3 820.95	1.27
合计		301 385.11	100.00

从二级农业区分布来看，主要分布在渝鄂湘黔边境山地林农牧区，面积为 95 163.94 hm^2，占八级地的 31.58%；其次是川滇高原山地林农牧区，面积为 72 170.59 hm^2，占八级地的 23.95%；再次是黔桂高原山地林农牧区，面积为 52 177.81 hm^2，占八级地的 17.31%（表 12 - 32）。

2. 八级地在省（自治区、直辖市）、市（州）的分布　八级地主要分布在贵州省、云南省和四川省，面积分别为124 251.39 hm^2、109 458.87 hm^2 和 18 342.69 hm^2，分别占八级地的 41.21%、36.32%和 6.09%（表 12 - 33）。

表 12 - 33　八级地省（自治区、直辖市）、市（州）分布情况

省（自治区、直辖市）	市（州）	面积（hm^2）	比例（%）
福建省	龙岩市	25.17	0.01
	泉州市	37.03	0.01
	三明市	67.96	0.02
广东省	茂名市	1 452.83	0.48
广西壮族自治区	百色市	4 322.56	1.43
	桂林市	3 486.99	1.16
	河池市	83.72	0.03
	来宾市	1 164.64	0.39
	柳州市	622.52	0.21
贵州省	安顺市	8 445.96	2.80
	毕节市	13 742.73	4.56
	贵阳市	18.57	0.01
	六盘水市	14 632.21	4.85
	黔东南苗族侗族自治州	25 078.99	8.32
	黔南布依族苗族自治州	5 355.18	1.78
	黔西南布依族苗族自治	5 632.48	1.87
	铜仁市	34 883.87	11.56
	遵义市	16 461.40	5.46

（续）

省（自治区、直辖市）	市（州）	面积（hm^2）	比例（%）
湖北省	恩施土家族苗族自治州	5 575.54	1.85
	荆州市	236.34	0.08
	宜昌市	2 309.72	0.77
湖南省	常德市	84.42	0.03
	郴州市	1 794.75	0.60
	怀化市	741.66	0.25
	邵阳市	1 679.97	0.56
	湘西土家族苗族自治州	1 057.28	0.35
	益阳市	863.39	0.29
	永州市	85.34	0.03
	岳阳市	558.83	0.19
	张家界市	743.21	0.25
江西省	九江市	436.94	0.14
	宜春市	173.86	0.06
四川省	巴中市	177.75	0.06
	达州市	3 343.48	1.11
	广安市	144.90	0.05
	广元市	736.85	0.24
	乐山市	198.04	0.07
	凉山彝族自治州	2 180.74	0.72
	泸州市	2 500.12	0.83
	眉山市	188.40	0.06
	南充市	179.56	0.06
	内江市	3 825.96	1.27
	雅安市	203.21	0.07
	宜宾市	3 217.59	1.07
	资阳市	14.24	0.00
	自贡市	1 431.85	0.48
西藏自治区	林芝市	3.95	0.00
	山南市	175.65	0.06
云南省	保山市	6 130.54	2.03
	德宏傣族景颇族自治州	4 248.22	1.41
	红河哈尼族彝族自治州	3 743.30	1.24
	丽江市	751.37	0.25
	临沧市	12 238.03	4.06
	普洱市	21 993.85	7.30
	曲靖市	8 256.60	2.74
	文山壮族苗族自治州	4 593.97	1.52
	西双版纳傣族自治州	679.36	0.23
	昭通市	46 823.63	15.54

（续）

省（自治区、直辖市）	市（州）	面积（hm²）	比例（%）
浙江省	杭州市	783.44	0.26
	金华市	969.28	0.32
	丽水市	1 601.37	0.53
	绍兴市	61.67	0.02
	台州市	102.41	0.03
	温州市	1 925.34	0.64
重庆市		16 104.38	5.33
合计		301 385.11	100.00

八级地主要分布在云南省昭通市和贵州省铜仁市、黔东南苗族侗族自治州，面积分别为 46 823.63 hm^2、34 883.87 hm^2 和 25 078.99 hm^2，分别占八级地的 15.54%、11.56%和 8.32%（表 12 - 33）。

八级地分布最大的县（市、区）是贵州省铜仁市沿河县，面积为 14 918.94 hm^2，占八级地的 4.95%；其次是云南省昭通市彝良县，面积为 13 153.63 hm^2，占八级地的 4.36%；再次是贵州省黔东南苗族侗族自治州剑河县，面积为 9 388.84 hm^2，占八级地的 3.12%。

九、九级地

1. 九级地在农业区的分布 九级地主要分布在重庆、湖北交界的巫山一带，贵州北部与重庆交界一带，云南澜沧江一带。九级地黄壤面积为 114 633.98 hm^2，占全国耕地黄壤的 3.24%。其中，典型黄壤亚类面积为 99 980.11 hm^2，占九级地的 87.22%；黄壤性土亚类面积为 14 653.86 hm^2，占九级地的 12.78%。

从一级农业区分布来看，九级地在西南区面积为 79 866.59 hm^2，占九级地的 69.67%；华南区面积为 23 520.62 hm^2，占九级地的 20.52%；长江中下游区面积为 11 176.49 hm^2，占九级地的 9.75%；青藏区面积为 70.28 hm^2，占九级地的 0.06%（表 12 - 34）。

表 12 - 34 九级地在农业区的分布

一级农业区	二级农业区	面积（hm²）	比例（%）
华南区	滇南农林区	22 279.70	19.44
	粤西桂南农林区	1 240.92	1.08
青藏区	藏南农牧区	70.22	0.06
	川藏林农牧区	0.06	0.00
西南区	川滇高原山地林农牧区	21 092.28	18.40
	黔桂高原山地林农牧区	9 094.34	7.93
	秦岭大巴山林农区	2 269.88	1.98
	四川盆地农林区	6 208.60	5.42
	渝鄂湘黔边境山地林农牧区	41 201.49	35.94
长江中下游区	江南丘陵山地农林区	3 857.04	3.36
	南岭丘陵山地林农区	5 006.83	4.37
	浙闽丘陵山地林农区	2 312.62	2.02
合计		114 633.98	100.00

从二级农业区分布来看，主要分布在渝鄂湘黔边境山地林农牧区，面积为 41 201.49 hm^2，占九级地的 35.94%；其次是滇南农林区，面积为 22 279.70 hm^2，占九级地的 19.44%；再次是川滇高原

山地林农牧区，面积为 21 092.28 hm²，占九级地的 18.40%（表 12 - 34）。

2. 九级地在省（自治区、直辖市）、市（州）的分布 九级地主要分布在云南省、贵州省和湖南省，面积分别为39 996.05 hm²、35 042.19 hm² 和 10 560.22 hm²，分别占九级地的 34.89%、30.59%和 9.21%（表 12 - 35）。

表 12 - 35 九级地省（自治区、直辖市）、市（州）分布情况

省（自治区、直辖市）	市（州）	面积（hm²）	比例（%）
福建省	龙岩市	135.81	0.12
	三明市	207.98	0.18
广东省	茂名市	1 240.92	1.08
广西壮族自治区	百色市	120.75	0.11
	桂林市	3 092.75	2.70
	河池市	38.37	0.03
	柳州市	1 240.80	1.08
贵州省	安顺市	215.77	0.19
	毕节市	1 119.37	0.98
	六盘水市	3 434.53	3.00
	黔东南苗族侗族自治州	7 618.19	6.65
	黔南布依族苗族自治州	2 361.54	2.06
	黔西南布依族苗族自治	1 375.97	1.20
	铜仁市	9 016.97	7.87
	遵义市	9 899.85	8.64
湖北省	恩施土家族苗族自治州	2 958.79	2.58
	宜昌市	1 428.03	1.25
湖南省	常德市	462.97	0.40
	郴州市	673.28	0.59
	怀化市	1 172.99	1.02
	邵阳市	2 412.84	2.10
	湘西土家族苗族自治州	3 923.36	3.43
	益阳市	571.96	0.50
	张家界市	1 342.82	1.17
江西省	吉安市	95.99	0.08
四川省	达州市	484.31	0.42
	广安市	1 131.20	0.99
	广元市	62.78	0.05
	乐山市	25.62	0.02
	凉山彝族自治州	2 722.30	2.37
	泸州市	1 213.02	1.06
	眉山市	145.30	0.13
	绵阳市	770.88	0.67
	内江市	749.24	0.65
	雅安市	58.31	0.05
	宜宾市	579.16	0.51
	自贡市	83.92	0.07

（续）

省（自治区、直辖市）	市（州）	面积（hm^2）	比例（%）
西藏自治区	林芝市	0.06	0.00
	山南市	70.22	0.06
云南省	保山市	1 820.91	1.59
	德宏傣族景颇族自治州	2 378.35	2.07
	红河哈尼族彝族自治州	2 128.70	1.86
	丽江市	42.22	0.04
	临沧市	9 969.10	8.70
	普洱市	5 585.69	4.87
	曲靖市	7 801.78	6.81
	文山壮族苗族自治州	1 024.19	0.89
	西双版纳傣族自治州	1 346.18	1.17
	昭通市	7 898.93	6.89
浙江省	杭州市	279.64	0.24
	金华市	474.67	0.41
	丽水市	1 010.12	0.88
	衢州市	21.94	0.02
	温州市	958.71	0.84
重庆市		7 633.93	6.66
合计		114 633.98	100.00

九级地主要分布在云南省临沧市和贵州省遵义市、铜仁市，面积分别为 9 969.10 hm^2、9 899.85 hm^2 和 9 016.97 hm^2，分布占九级地的 8.70%、8.64%和 7.87%（表 12－35）。

九级地分布面积最大的县（市、区）是贵州省铜仁市沿河县，面积为 8 133.81 hm^2，占九级地的 7.10%；其次是云南省临沧市沧源佤族自治县，面积为 5 207.68 hm^2，占九级地的 4.54%；再次是贵州省遵义市道真县，面积为 4 728.84 hm^2，占九级地的 4.13%。

十、十级地

1. 十级地在农业区的分布 十级地主要分布在贵州乌蒙山一带、云南西南部澜沧江一带。十级地黄壤面积为 119 101.16 hm^2，占全国耕地黄壤的 3.37%。其中，典型黄壤亚类面积为 110 018.67 hm^2，占十级地的 92.37%；黄壤性土亚类面积为 9 082.49 hm^2，占十级地的 7.63%。

从一级农业区分布来看，十级地分布在西南区的面积为 65 018.92 hm^2，占十级地的 54.59%；华南区面积为 41 088.36 hm^2，占十级地的 34.50%；长江中下游区面积为 12 945.10 hm^2，占十级地的 10.87%；青藏区面积为 48.78 hm^2，占十级地的 0.04%（表 12－36）。

表 12－36 十级地在农业区的分布

一级农业区	二级农业区	面积（hm^2）	比例（%）
华南区	滇南农林区	39 257.65	32.96
	闽南粤中农林水产区	119.08	0.10
	粤西桂南农林区	1 711.63	1.44
青藏区	藏南农牧区	23.61	0.02
	川藏林农牧区	25.17	0.02

（续）

一级农业区	二级农业区	面积（hm^2）	比例（%）
西南区	川滇高原山地林农牧区	34 390.78	28.88
	黔桂高原山地林农牧区	1 192.81	1.00
	四川盆地农林区	3 578.25	3.00
	渝鄂湘黔边境山地林农牧区	25 857.08	21.71
长江中下游区	江南丘陵山地农林区	3 086.60	2.59
	南岭丘陵山地林农区	9 139.13	7.68
	浙闽丘陵山地林农区	719.37	0.60
合计		119 101.16	100.00

从二级农业区分布来看，主要分布在滇南农林区，面积为 39 257.65 hm^2，占十级地的 32.96%；其次是川滇高原山地林农牧区，面积为 34 390.78 hm^2，占十级地的 28.88%；再次是渝鄂湘黔边境山地林农牧区，面积为 25 857.08 hm^2，占十级地的 21.71%（表 12－36）。

2. 十级地在省（自治区、直辖市）、**市**（州）**的分布** 十级地主要分布在云南省、贵州省和重庆市，面积分别为71 815.64 hm^2、12 108.29 hm^2 和 8 665.18 hm^2，分别占十级地的 60.28%、10.16%和 7.28%（表 12－37）。

表 12－37 十级地省（自治区、直辖市）、**市**（州）**分布情况**

省（自治区、直辖市）	市（州）	面积（hm^2）	比例（%）
福建省	泉州市	139.68	0.12
广东省	茂名市	1 711.63	1.44
广西壮族自治区	桂林市	6 406.34	5.38
	贺州市	1 100.46	0.92
	柳州市	956.83	0.80
贵州省	六盘水市	476.20	0.40
	黔东南苗族侗族自治州	4 656.18	3.91
	黔南布依族苗族自治州	765.80	0.64
	铜仁市	2 145.40	1.80
	遵义市	4 064.71	3.41
湖北省	恩施土家族苗族自治州	1 111.60	0.93
	宜昌市	893.57	0.75
湖南省	常德市	570.92	0.48
	郴州市	675.50	0.57
	怀化市	745.24	0.63
	娄底市	205.64	0.17
	湘西土家族苗族自治州	2 308.64	1.94
	益阳市	1 037.83	0.87
	岳阳市	376.22	0.32
	张家界市	1 828.49	1.54
江西省	九江市	248.27	0.21
	宜春市	1 024.08	0.86
四川省	达州市	239.88	0.20
	广元市	30.16	0.03
	乐山市	447.67	0.38

（续）

省（自治区、直辖市）	市（州）	面积（hm^2）	比例（%）
四川省	凉山彝族自治州	1 820.88	1.53
	泸州市	34.33	0.03
	内江市	651.68	0.55
	雅安市	41.32	0.03
	宜宾市	797.02	0.67
	自贡市	190.33	0.16
西藏自治区	林芝市	0.90	0.00
	山南市	23.61	0.02
云南省	保山市	5 492.58	4.61
	德宏傣族景颇族自治州	1 842.22	1.55
	红河哈尼族彝族自治州	1 947.19	1.63
	临沧市	11 796.78	9.90
	怒江傈僳族自治州	24.27	0.02
	普洱市	17 211.78	14.45
	曲靖市	1 233.73	1.04
	文山壮族苗族自治州	1 129.78	0.95
	西双版纳傣族自治州	454.75	0.38
	昭通市	30 682.56	25.75
浙江省	杭州市	57.79	0.05
	衢州市	136.77	0.11
	温州市	698.77	0.59
重庆市		8 665.18	7.28
合计		119 101.16	100.00

十级地主要分布在云南省昭通市、普洱市和临沧市，面积分别为 30 682.56 hm^2、17 211.78 hm^2 和 11 796.78 hm^2，分别占十级地的 25.75%、14.45%和 9.90%（表 12－37）。

十级地分布面积最大的县（市、区）是云南省昭通市昭阳区，面积为 25 513.70 hm^2，占十级地的 21.42%；其次是云南省普洱市澜沧拉祜族自治县，面积为 14 778.91 hm^2，占十级地的 12.41%；再次是云南省临沧市凤庆县，面积为 9 860.49 hm^2，占十级地的 8.28%。

第四节　主要参评指标情况

一、耕地质量监测指标分级标准

根据农业农村部耕地质量监测保护中心发布的有关文件，将黄壤所在四大农业区（西南区、长江中下游区、华南区和青藏区）有关土壤容重、有机质、pH、有效磷及速效钾分级标准列出如下（表 12－38 至表 12－41）。

表 12－38　西南区耕地质量监测指标分级标准

指标	单位	分级标准				
		1 级（高）	2 级（较高）	3 级（中）	4 级（较低）	5 级（低）
土壤容重	g/cm^3	1.10～1.25	1.25～1.35	1.35～1.45	1.45～1.55	>1.55
有机质	g/kg	>35	25～35	15～25	10～15	<10

（续）

指标	单位	分级标准				
		1级（高）	2级（较高）	3级（中）	4级（较低）	5级（低）
pH	—	6.0～7.0	5.5～6.0	5.0～5.5	4.5～5.0	＜4.5
有效磷	mg/kg	＞40	25～40	15～25	5～15	＜5
速效钾	mg/kg	＞150	100～150	75～100	50～75	＜50

表12-39 长江中下游区耕地质量监测指标分级标准

指标	单位	分级标准				
		1级（高）	2级（较高）	3级（中）	4级（较低）	5级（低）
土壤容重	g/cm^3	1.0～1.2	1.2～1.3	1.3～1.4	1.4～1.5	＞1.5
有机质	g/kg	＞35	25～35	15～25	10～15	＜10
pH	—	6.5～7.5	5.5～6.5	—	4.5～5.5	＜4.5
有效磷	mg/kg	＞35	25～35	15～25	10～15	＜10
速效钾	mg/kg	＞150	125～150	100～125	75～100	＜75

表12-40 华南区耕地质量监测指标分级标准

指标	单位	分级标准				
		1级（高）	2级（较高）	3级（中）	4级（较低）	5级（低）
土壤容重	g/cm^3	1.0～1.2	1.2～1.3	1.3～1.4	1.4～1.5	＞1.5
有机质	g/kg	＞35	30～35	20～30	10～20	＜10
pH	—	6.0～7.0	5.5～6.0	5.0～5.5	4.5～5.0	＜4.5
有效磷	mg/kg	＞40	20～40	10～20	5～10	＜5
速效钾	mg/kg	＞150	100～150	75～100	50～75	＜50

表12-41 青藏区耕地质量监测指标分级标准

指标	单位	分级标准				
		1级（高）	2级（较高）	3级（中）	4级（较低）	5级（低）
土壤容重	g/cm^3	1.10～1.25	1.25～1.35	1.35～1.45	1.45～1.55	＞1.55
有机质	g/kg	＞35	30～35	20～30	10～20	＜10
pH	—	6.5～7.5	—	—	5.5～6.5	＜5.5
有效磷	mg/kg	＞40	20～40	10～20	5～10	＜5
速效钾	mg/kg	＞250	200～250	150～200	100～150	＜100

二、参评指标各等级特点

（一）立地条件

1. 地形部位 地形部位评价指标类型为河流宽谷阶地、宽谷盆地、平原低阶、平原高阶、平原中阶、丘陵上部、丘陵下部、丘陵中部、山地坡上、山地坡下、山地坡中和山间盆地12种。一级地黄壤耕地的地形部位主要为平原低阶和丘陵下部；二级地黄壤耕地的地形部位主要为丘陵下部；三级地至九级地黄壤耕地的地形部位均主要为山地坡中；十级地黄壤耕地的地形部位主要为山地坡上和山地坡中。

在相同耕地质量等级条件下，不同农业区黄壤耕地所处的地形部位类型分布也不同。一级地中，西南区黄壤耕地的地形部位主要为平原低阶，长江中下游区的地形部位主要为山地坡下；二级地中，西南区和长江中下游区地形部位均以丘陵下部的面积较大，青藏区的地形部位主要为河流宽谷阶地；三级地中，西南区以山地坡中为主，长江中下游区以丘陵中部为主，华南区以山间盆地为主，青藏区以河流宽谷阶地为主；四级地中，西南区和青藏区主要为山地坡中，长江中下游区以丘陵中部面积最大，华南区主要处于山间盆地；五级地中，西南区和长江中下游区主要为山地坡中，华南区主要处于山间盆地，青藏区主要处于山地坡下；六级地中，西南区、长江中下游区和青藏区主要处于山地坡中，华南区主要处于山地坡下；七级地中，西南区、长江中下游区均以山地坡中面积较大，华南区和青藏区则以山地坡下为主；八级地中，西南区、华南区、青藏区以山地坡中为主，长江中下游区以山地坡上为主；九级地中，西南区、长江中下游区、华南区和青藏区黄壤耕地均以山地坡中为主；十级地中，西南区、青藏区以山地坡上为主，长江中下游区和华南区以山地坡中为主。

2. 农田林网化程度 农田林网化程度是农田四周的林带保护面积与农田面积占比程度的指标，包含高、中、低 3 个等级。

一、二、三级地农田林网化程度主要是中，四级地农田林网化程度主要是中和低，五至十级地农田林网化程度主要是低。

从不同农业区来看，在一级地和二级地中，西南区农田林网化程度均为中，长江中下游区均为高；二级地中，青藏区农田林网化程度为中；三级地中，西南区、青藏区农田林网化程度为中，长江中下游区和华南区为高；四级地和五级地中，西南区、青藏区农田林网化程度均为低，长江中下游区和华南区均为高；六级地中，西南区、青藏区、华南区农田林网化程度均为低，长江中下游区为高；七级地至十级地中，西南区、青藏区、华南区农田林网化程度均为低，长江中下游区为中。

3. 海拔 一级地的海拔主要集中在 1 000 m 以下，二级地、三级地以及七级地、八级地和九级地海拔主要集中在 600～1 000 m，四至六级地的海拔主要集中在 600～1 500 m，十级地海拔主要集中在 1 500～2 000 m。

从不同农业区来看，一级地中，西南区主要集中在 600 m 以下，长江中下游区主要集中在 600～1 000 m。二级地中，西南区、长江中下游区及青藏区均集中在 600～1 000 m。三级地中，西南区和长江中下游区主要集中在 600～1 000 m，华南区和青藏区主要集中在 1 500～2 000 m。四级地中，西南区主要集中在 1 000～1 500 m，长江中下游区主要集中在 600～1 000 m，华南区和青藏区主要集中在 1 500～2 000 m。五级地和六级地中，西南区和长江中下游区均主要集中在 600～1 000 m，青藏区主要集中在 1 000～1 500 m，华南区主要集中在 1 500～2 000 m。七级地和九级地中，西南区和长江中下游区均主要集中在 600～1 000 m，华南区和青藏区主要集中在 1 500～2 000 m。八级地中，西南区和长江中下游区主要集中在 600～1 000 m，华南区主要集中在 1 500～2 000 m，青藏区主要集中在 1 000～1 500 m。十级地中，除长江中下游区主要集中在 600～1 000 m，西南区、华南区、青藏区均集中在 1 500～2 000 m。

（二）剖面性状

1. 有效土层厚度 一级地、三级地至九级地黄壤耕地的有效土层厚度主要集中在 60～80 cm，二级地黄壤耕地的有效土层厚度主要集中在 80～100 cm，十级地黄壤耕地的有效土层厚度主要集中在 100 cm 或以上。

从不同农业区来看，一级地中，西南区有效土层厚度主要集中在 60～80 cm，长江中下游区有效土层厚度主要集中在 100 cm 及以上。二级地中，西南区有效土层厚度主要集中在 80～100 cm，长江中下游区有效土层厚度主要集中在 60～80 cm，青藏区有效土层厚度主要集中在 40～60 cm。三级地、五级地中，西南区有效土层厚度主要集中在 60～80 cm，长江中下游区和华南区有效土层厚度主要集中在 100 cm 及以上，青藏区有效土层厚度主要集中在 20～40 cm。四级地中，西南区有效土层厚度主要集中在 60～80 cm，长江中下游区、华南区和青藏区有效土层厚度主要集中在 100 cm 及以上。六级地、八级地、九级地中，西南区有效土层厚度主要集中在 60～80 cm，长江中下游区和华南区有效土层厚度主要集中在100 cm及以上，青藏区有效土层厚度主要集中在40～60 cm。七级地中，西南区和长江中下游区有效土层厚度主要集中在60～80 cm，华南区有效土层厚度主要集中在100 cm及以上，青藏区有效土层厚度主要集中在40～60 cm。十级地中，西南区有效土层厚度主要集中在80～100 cm，长江中下游区和华南区有效土层厚度主要集中在100 cm及以上，青藏区有效土层厚度主要集中在40～60 cm。

2. 质地构型 质地构型评价指标类型为薄层型、海绵型、夹层型、紧实型、上紧下松型、上松下紧型和松散型7种。一至三级地质地构型主要为上松下紧型，四至六级地质地构型主要为紧实型，七至八级地质地构型主要为松散型，九至十级地质地构型主要为上松下紧型。

从不同农业区来看，一级地中，西南区和长江中下游区质地构型主要为上松下紧型。二级地中，西南区质地构型主要为紧实型，长江中下游区和青藏区质地构型主要为上松下紧型。三级地中，西南区、长江中下游区、华南区和青藏区质地构型均主要为上松下紧型。四至六级地中，西南区和青藏区质地构型主要为紧实型，长江中下游区和华南区质地构型主要为上松下紧型。七级地中，西南区质地构型主要为松散型，长江中下游区和华南区质地构型主要为上松下紧型，青藏区质地构型主要为薄层型。八级地中，西南区和青藏区质地构型主要为松散型，长江中下游区和华南区质地构型主要为上松下紧型。九级地中，西南区质地构型主要为薄层型，长江中下游区和青藏区质地构型主要为松散型，华南区质地构型主要为上松下紧型。十级地中，西南区质地构型主要为上紧下松型，长江中下游区质地构型主要为松散型，华南区质地构型主要为上松下紧型，青藏区质地构型主要为薄层型。

3. 障碍因素 障碍因素评价指标有无、瘠薄、酸化、盐碱、障碍层次和渍潜6种。一至十级地黄壤耕地的障碍因素主要都是无。

从不同农业区来看，一级地中，西南区和长江中下游区黄壤耕地障碍因素主要是无。二级地中，西南区、长江中下游区和青藏区黄壤耕地障碍因素主要是无。三至七级地中，西南区、长江中下游区、华南区和青藏区黄壤耕地障碍因素都主要是无。八至九级地中，西南区、长江中下游区和华南区黄壤耕地障碍因素主要是无，青藏区黄壤耕地障碍因素主要是盐碱。十级地中，西南区和青藏区黄壤耕地障碍因素主要是瘠薄，长江中下游区和华南区黄壤耕地障碍因素主要是无。

（三）耕层理化性状

1. 耕层质地 耕层质地指标为黏土、轻壤、沙壤、沙土、中壤和重壤6种。一至五级地以及七级地黄壤耕地质地主要以中壤为主，六级地以及八至十级地黄壤耕地质地主要以黏土为主。

从不同农业区来看，一级地中，西南区耕地质地主要是中壤，长江中下游区耕地质地主要是重壤。二级地中，西南区和长江中下游区耕地质地主要是中壤，青藏区耕地质地为沙土。三级地中，西南区和华南区耕地质地主要是中壤，长江中下游区耕地质地主要是沙壤，青藏区耕地质地主要是沙土。四级地中，西南区和华南区耕地质地主要是中壤，长江中下游区耕地质地主要是沙壤，青藏区耕地质地主要是轻壤。五级地中，西南区和华南区耕地质地主要是中壤，长江中下游区耕地质地主要是重壤，青藏区耕地质地主要是沙土。六级地中，西南区耕地质地主要是黏土，长江中下游区和华南区耕地质地主要是中壤，青藏区耕地质地主要是轻壤。七级地中，西南区耕地质地主要是沙壤，长江中下游区耕地质地主要是重壤，华南区耕地质地主要是中壤，青藏区耕地质地主要是沙土。八级地中，西南区耕地质地主要是黏土，长江中下游区耕地质地主要是沙土，华南区耕地质地主要是中壤，青藏区耕地质地主要是沙壤。九级地中，西南区和华南区耕地质地主要是黏土，长江中下游区耕地质地主要是沙土，青藏区耕地质地主要是沙壤。十级地中，西南区和华南区耕地质地主要是黏土，长江中下游区和青藏区耕地质地主要是沙土。

2. 土壤容重 根据农业农村部耕地质量监测保护中心发布的有关文件，土壤容重指标被划分为5个等级。一至八级地以及十级地土壤容重主要为2级，九级地土壤容重主要为1级。

从不同农业区来看，一级地中，西南区和长江中下游区土壤容重主要是2级。二级地中，西南区和青藏区土壤容重主要是2级，长江中下游区土壤容重主要是1级。三至七级地中，西南区土壤容重主要是 2 级，长江中下游区土壤容重主要是 1 级，华南区土壤容重主要是 4 级，青藏区土壤容重主要是 3 级。八级地和十级地中，西南区和青藏区土壤容重主要是 2 级，长江中下游区土壤容重主要是 1 级，华南区土壤容重主要是 4 级。九级地中，西南区和长江中下游区土壤容重主要是 1 级，华南区土壤容重主要是 4 级，青藏区土壤容重主要是 2 级。

3. pH 根据农业农村部耕地质量监测保护中心发布的有关文件，土壤 pH 指标被划分为 5 个等级。一至六级地以及八级地、十级地黄壤 pH 主要是 1 级，七级地和九级地黄壤 pH 主要是 2 级。

从不同农业区来看，一级地中，西南区和长江中下游区黄壤 pH 主要是 1 级。二级地中，西南区和青藏区黄壤 pH 主要是 1 级，长江中下游区黄壤 pH 主要是 4 级。三级地中，西南区黄壤 pH 主要是 1 级，长江中下游区黄壤 pH 主要是 4 级，华南区和青藏区黄壤 pH 主要是 2 级。四级地中，西南区和青藏区黄壤 pH 主要是 1 级，长江中下游区和华南区黄壤 pH 主要是 2 级。五级地和六级地中，西南区、华南区和青藏区黄壤 pH 主要是 1 级，长江中下游区黄壤 pH 主要是 4 级。七级地中，西南区黄壤 pH 主要是 2 级，长江中下游区和青藏区黄壤 pH 主要是 4 级，华南区黄壤 pH 主要是 3 级。八级地和十级地中，西南区黄壤 pH 主要是 1 级，长江中下游区黄壤 pH 主要是 4 级，华南区黄壤 pH 主要是 3 级，青藏区黄壤 pH 主要是 2 级。九级地中，西南区和青藏区黄壤 pH 主要是 2 级，长江中下游区黄壤 pH 主要是 4 级，华南区黄壤 pH 主要是 3 级。

（四）养分状况

1. 有机质 根据农业农村部耕地质量监测保护中心发布的有关文件，土壤有机质指标被划分为 5 个等级。一至三级地以及五至八级地有机质含量主要是 2 级，四级地有机质含量主要是 1 级，九至十级地有机质含量主要是 3 级。

从不同农业区来看，一级地中，西南区有机质含量主要是 2 级，长江中下游区有机质含量主要是 1 级。二级地中，西南区和青藏区有机质含量主要是 2 级，长江中下游区有机质含量主要是 1 级。三级地中，西南区有机质含量主要是 3 级，长江中下游区有机质含量主要是 1 级，华南区和青藏区有机质含量主要是 2 级。四级地中，西南区有机质含量主要是 1 级，长江中下游区、华南区和青藏区有机质含量主要是 2 级。五级地、六级地中，西南区、华南区和青藏区有机质含量主要是 2 级，长江中下游区有机质含量主要是 1 级。七级地中，西南区和华南区有机质含量主要是 2 级，长江中下游区和青藏区有机质含量主要是 1 级。八级地中，西南区和长江中下游区有机质含量主要是 2 级，华南区有机质含量主要是 3 级，青藏区有机质含量主要是 1 级。九级地中，西南区和青藏区有机质含量主要是 2 级，长江中下游区有机质含量主要是 1 级，华南区有机质含量主要是 3 级。十级地中，西南区和华南区有机质含量主要是 3 级，长江中下游区有机质含量主要是 2 级，青藏区有机质含量主要是 1 级。

2. 有效磷 根据农业农村部耕地质量监测保护中心发布的有关文件，土壤有效磷指标被划分为 5 个等级。一级地有效磷含量主要是 2 级，二至十级地有效磷含量主要是 3 级。

从不同农业区来看，西南区有效磷含量主要是 2 级，长江中下游区有效磷含量主要是 1 级。二级地中，西南区和青藏区有效磷含量主要是 3 级，长江中下游区有效磷含量主要是 1 级。三级地、五级地中，西南区和青藏区有效磷含量主要是 3 级，长江中下游区有效磷含量主要是 1 级，华南区有效磷含量主要是 2 级。四级地中，西南区和长江中下游区有效磷含量主要是 3 级，华南区和青藏区有效磷含量主要是 2 级。六级地中，西南区和华南区有效磷含量主要是 3 级，长江中下游区有效磷含量主要是 1 级，青藏区有效磷含量主要是 2 级。七级地中，西南区有效磷含量主要是 3 级，长江中下游区有效磷含量主要是 1 级，华南区和青藏区有效磷含量主要是 2 级。八级地中，西南区和青藏区有效磷含量主要是 3 级，长江中下游区有效磷含量主要是 1 级，华南区有效磷含量主要是 2 级。九级地和十级地中，西南区、华南区和青藏区有效磷含量主要是 3 级，长江中下游区有效磷含量主要是 1 级。

3. 速效钾 根据农业农村部耕地质量监测保护中心发布的有关文件，土壤速效钾指标被划分为 5 个等级。一至十级地速效钾含量主要是 2 级。

从不同农业区来看，一级地中，西南区速效钾含量主要是 2 级，长江中下游区速效钾含量主要是 1 级。二级地中，西南区速效钾含量主要是 2 级，长江中下游区速效钾含量主要是 3 级，青藏区速效钾含量主要是 4 级。三级地中，西南区速效钾含量主要是 2 级，长江中下游区速效钾含量主要是 3 级，华南区速效钾含量主要是 1 级，青藏区速效钾含量主要是 4 级。四级地中，西南区和华南区速效钾含量主要是 2 级，长江中下游区速效钾含量主要是 4 级，青藏区速效钾含量主要是 3 级。五至十级地中，西南区和华南区速效钾含量主要是 2 级，长江中下游区速效钾含量主要是 5 级，青藏区速效钾含量主要是 4 级。

第十三章 黄壤利用现状与改良利用 >>>

土地是由地质、地貌、气候、水文、土壤、植被等因素共同构成的自然综合体，是地球的表层，包括陆地和水域面。土壤则是地球陆地上能生长植物的疏松表层，两者均为人类赖以生存和生活的基本物质条件。我国古代人民就很重视土地资源的利用，早在春秋时期就主张对土地的利用，不要“竭泽而渔”和“焚薮而田”。管仲明确指出：“地者政之本也，辨于土而民可富。”主张辨明土地资源状况，讲究合理利用，注意按自然规律进行土地的开发利用和地力的提高，以达到物质资料生产的增加。为了实现国民经济的发展目标，实现农业现代化，对黄壤资源开展调查研究，拟定合理的开发利用措施，具有十分重要的意义。

第一节　利用现状

黄壤资源的分布特点，由地质、地貌、气候、水文、土壤、植被等因素共同构成，也决定了它的利用特性。

一、黄壤资源状况

（一）分布的自然特点

黄壤是我国重要的土壤资源，具有水平分布和垂直分布的特点。黄壤的分布大体与红壤在同一纬度地带，但受地形、气候的影响很大。其水平分布由南往北，横跨热带、南亚热带和中亚热带，海拔由低到高，带幅也由窄变宽。南部热带海南岛的黄壤分布于海拔 800（1 000）～1 200（1 400）m；北部四川盆地分布在 500～1 100 m。四川盆地由于地势低，同时因横断山屏障，东南季风受阻留，并有青藏高原气团下沉，气候湿润，黄壤分布位置下移。由东往西是东部的南亚热带台湾，黄壤分布于 800～1 500 m；中部的中亚热带江西，黄壤分布于 700～1 400 m，贵州的黄壤分布于 800～1 600 m；西部的中亚热带云南，云贵高原西部受高原型亚热带气候影响，黄壤在高原面消失，高原东北部黄壤分布于 1 500～2 300 m，高原西部边缘山地黄壤分布于 1 600～2 600 m。

黄壤在亚热带还表现出在水平分布的基础上又有垂直分布的特点，如云贵高原的贵州自东向西长约 350 km、宽约 300 km 的范围内，由于湘西丘陵向云贵高原过渡，受东南季风影响，随着地势逐渐升高，东南季风影响逐渐减弱，因此土壤分布也随之变化。贵州东部海拔 500（600）～1 200 m 出现黄壤，贵州中部海拔 800（1 000）～1 400（1 600）m 出现黄壤，贵州西部海拔 1 100（1 300）～1 900（1 950）m 出现黄壤。这种东低西高的现象，在贵州北部的大娄山也同样出现，大娄山迎风面的东段与背风面的西段黄壤相比分布低至 450～520 m。

黄壤的垂直分布，因地形和生物气候而发生变化：在热带湿润地区，黄壤分布于800～1 200 m；在半湿润地区，黄壤分布于 100～1 400 m。在南亚热带湿润地区，黄壤分布于 800～1 500 m；半湿润地区，黄壤分布于 600～1 300 m；半干旱半湿润地区，黄壤分布于 1 900～2 600 m。在中亚热带湿润地区，黄壤分布于 700～1 400 m；在高原半湿润地区，黄壤分布于 1 000～1 400 m；四川盆地北缘半湿润地区，黄壤分布上限在1 000～1 300 m，盆地南缘半湿润地区，黄壤分布上限低于1 800 m，四川西南部半湿润地区黄壤分布上限低于2 300 m。

黄壤分布地形复杂，母质主要是砂岩、页岩和白云岩、花岗岩等母岩风化物以及老风化壳、第四纪红色黏土。黄壤除在上述广泛区域分布外，尚有系列中域和微域分布的特点。这主要取决于中小地形、水文地质与人为活动的影响，而在不同地区又有着不同的土壤组合。在热带（包括部分亚热带），土壤组合基本为垂直带谱，在南亚热带和中亚热带为镶嵌着初育土和耕种土壤的土壤组合。例如，四川盆地内有黄壤与大面积紫色土和水稻土的组合，盆地周围低平区基带土壤为黄壤，其上为黄棕壤；在石灰岩广泛出露区，出现了黄壤与石灰（岩）土、水稻土组合。四川西南部山地垂直带中基带土壤为红壤，其上为黄壤，并与石灰（岩）土、水稻土组合。云贵高原基带土壤为黄壤，也常与水稻土、黄色石灰土和黑色石灰土组合。

（二）分布的区域特点

根据全国第二次土壤普查、2019年耕地质量变更调查和土地利用现状调查结果，全国共有黄壤土类总面积2 324.74万hm^2，黄壤旱耕地354.19万hm^2。其中，贵州有黄壤土类703.79万hm^2，占土类面积的30.27%，黄壤旱耕地168.78万hm^2；四川、重庆有黄壤土类452.17万hm^2，占土类面积的19.45%，黄壤旱耕地89.57万hm^2；云南有黄壤土类229.49万hm^2，占土类面积的9.87%，黄壤旱耕地61.05万hm^2；湖南有黄壤土类210.71万hm^2，占土类面积的9.06%，黄壤旱耕地8.64万hm^2；西藏有黄壤土类197.03万hm^2，占土类面积的8.48%，黄壤旱耕地0.13万hm^2；广西有黄壤土类127.39万hm^2，占土类面积的5.48%，黄壤旱耕地6.05万hm^2；浙江有黄壤土类102.87万hm^2，占土类面积的4.42%，黄壤旱耕地4.50万hm^2；福建有黄壤土类87.83万hm^2，占土类面积的3.78%，黄壤旱耕地0.22万hm^2；广东有黄壤土类87.25万hm^2，占土类面积的3.75%，黄壤旱耕地0.55万hm^2；湖北有黄壤土类61.55万hm^2，占土类面积的2.66%，黄壤旱耕地13.18万hm^2；江西有黄壤土类41.30万hm^2，占土类面积的1.78%，黄壤旱耕地0.64万hm^2；海南有黄壤土类12.20万hm^2，占土类面积的0.52%，黄壤旱耕地0.40万hm^2；安徽有黄壤土类11.16万hm^2，占土类面积的0.48%，黄壤旱耕地0.48万hm^2（表13-1）。

表13-1 各省份黄壤及旱耕地分布情况

省份	贵州	四川、重庆	云南	湖南	西藏	广西	浙江	福建	广东	湖北	江西	海南	安徽	合计
总面积（万hm^2）	703.79	452.17	229.49	210.71	197.03	127.39	102.87	87.83	87.25	61.55	41.30	12.20	11.16	2 324.74
占土类（%）	30.27	19.45	9.87	9.06	8.48	5.48	4.42	3.78	3.75	2.66	1.78	0.52	0.48	100.00
旱耕地（万hm^2）	168.78	89.57	61.05	8.64	0.13	6.05	4.50	0.22	0.55	13.18	0.64	0.40	0.48	354.19

调查结果表明，黄壤以贵州分布最广，集中分布在中部、东北部、东南部、南部和西北部海拔1 000 m左右的高原面上，占贵州土壤总面积的46.4%。其中，旱耕地168.78万hm^2，占贵州旱耕地面积的46.2%。除贵州外，自海南岛五指山至大巴山南坡，西藏的德让宗与不丹交界处至台湾南湖大山均有分布，四川、重庆分布面积也很大。这为黄壤资源的开发利用、保护、管理工作提供了依据。

（三）黄壤类型特征及利用现状

黄壤土类分为典型黄壤、漂洗黄壤和黄壤性土3个亚类，黄壤的旱耕地熟化度低，主要有死黄泥土、死马肝黄泥土、生黄沙泥土、寡黄沙泥土、死橘黄泥土、死黄黏泥土等耕地土壤类型。

典型黄壤亚类主要分布于山地，具有明显的发生层次，黄色特征明显。一般高原面上和缓坡山地，土层常常厚在1 m以上，宜于农用和发展茶树、果树等多种经济作物。较高、较陡的山坡，土层较薄，不适宜开垦为耕地，而适宜发展林木。

漂洗黄壤亚类多分布于山地顶部与山脊地带，气候湿凉，植被为喜湿性常绿阔叶林或常绿落叶阔叶混交林，林下为喜湿性草本植物。由于枯枝落叶层积累深厚，根盘层富有弹性，有强烈的吸水作用，表层出现滞水现象，剖面中形成浅灰色的表潜层，但向下仍具有较薄的黄色心土层，淋淀明显，并逐渐向半风化母质层过渡。高山山脊分水岭地区的漂洗黄壤亚类土层一般较薄，通常为60～80 cm，不适宜开垦为耕地，应以防护林为主，林内还可采集和培育药用植物，如当归、天麻、灵芝等；分布于缓坡山地的漂洗黄壤亚类，土层较厚，可以适当开垦为耕地，但是需要加强土壤改良培肥。

黄壤性土亚类主要分布于贵州切割深、坡度陡的山地或表层严重侵蚀地区，植被稀疏，土壤发育均处于幼年黄壤阶段，土壤肥力极低，不适宜开垦为耕地，应封山育林、涵养水源，是造林的重要基地。分布于缓坡山地的黄壤性土亚类，土层较厚，可以适当开垦为耕地。但是，需要修建水土保持设施，加强土壤改良培肥。

黄壤旱耕地是黄壤经过长期耕种施肥培育而成的耕地土壤，主要分布于缓坡山地和丘陵地；受母质与地形影响，大多具有黏重、冷湿、酸性、缺磷和钾的特点，一般表层土壤有机质含量较多、土壤结构性差、土壤肥力低、作物产量不高，提高作物单产的潜力很大。

以贵州为例，黄壤发育形成的旱耕地和水稻土，大多分布在山间盆地（坝子）、山沟两旁（湾冲）和丘陵、山坡、山槽、山洼（麻窝）等地形部位。盆地和山地沟槽两侧大多为稻田，山坡、山槽、山洼大多为旱土，一般丘陵地带旱耕地和水稻土各占一半。

二、黄壤资源利用状况

位于地形平缓处的黄壤，土层深厚，多开垦为耕地，栽培有玉米、高粱、小杂粮、小麦、薯类、油菜、烤烟、茶叶、麻类等作物。

贵州黄壤旱耕地种植的旱粮作物产量占贵州旱粮总产量的60%左右，每年烤烟总产量的80%产于黄壤旱耕地，每年茶叶总产量的90%产于黄壤旱耕地。砂页岩及变质岩风化物发育的黄壤，是岩性软、土质疏松的沙壤土，油桐生长良好，油桐栽培面积较大。黄壤pH为5.5左右，适宜于茶树生长，区域内茶树栽培历史悠久，品质好，产量高。据《石阡县志》记载，清代年间，石阡城郊的梁家坡及坪山的茶叶曾作为贡品献给当时的帝王，至今已有300多年的栽培历史。宋代宋子安《东溪试茶录》记载：“茶宜高山之阴，而喜日阳之早。”高山上见太阳早的地方，长出的茶叶肥嫩多汁，品质优良，区域内山地面积大，土层深厚，质地黏重。黄壤地区山体大、云雾多，气候温凉湿润，相对湿度大，有利于发展茶叶生产。乌江、锦江及其支流的河谷盆地，山麓的缓坡地带，气候温暖、光照好、土体厚，适宜柑橘、桃、李、梅、杏、梨、枇杷、蓝莓等水果的生长。据《德江县志》记载，德江县黄土坎的柑橘是在清代时从四川涪陵引种栽培以来，至今已有100多年的栽培历史。

黄壤旱耕地的开发利用应遵循因地制宜、全面规划、综合利用的原则。黄壤性土亚类区域，成土过程弱，水土流失严重，黄壤性土亚类分布区域山体大，谷深坡陡，侵蚀严重，土体浅薄，土体中含有较多未风化的碎石块，农业利用水平低，耕作粗放，农作物产量低，不适宜于农作物生长，以水源涵养为主，种植覆盖时间长、覆盖度高的作物和果树，涵养水源，保持水土，从而促进农业生产的发展。黄壤性土亚类旱耕地的改良利用，应该优先考虑退耕还林，有计划地种树、种草，增加覆盖，改善生态环境，减少冲刷。

典型黄壤亚类区域，在地势高、云雾多的地段可发展名优云雾茶，山脊应以保持水土、涵养水源为主。山地中部缓坡开阔向阳地段，应农林牧结合，发展油茶、茶叶、杜仲等，林下可发展天麻、太子参、半夏、钩藤、白芨、石斛、丹参、黄精、五茄、柴胡、白木、厚朴、田七、当归等中药材，建立经济林和中药材基地，也可林粮间作和种草养畜，发展畜牧业；山地下部和丘陵平缓地区，应以农业为主，加强农田基本建设，修筑梯地，发展绿肥，合理轮作和施肥，提高土壤肥力，建设旱粮、油菜和烤烟基地。有水源的地方，大力发展水利灌溉，变旱地为水田，提高土壤的生产能力。不同母质发育的黄壤及其旱耕地，在改良利用上应有所侧重，如发育于花岗岩、砂岩、砂页岩母质上的黄壤，质地偏沙、渗透性强，淋溶作用较明显。其中，石英砂岩风化物发育的黄壤呈酸性或强酸性反应，所含养分元素和盐基饱和度低，适宜于种植茶叶，应重视加强水土保持。贵州海拔 500～1 300 m 的山地适宜实行林粮间作，黄壤旱耕地还应施用石灰和磷肥进行中和与改良。四川、贵州地区发育于老风化壳上的黄壤，土体厚达数米，质地黏重，黏粒含量在 40%以上，富铁铝化作用强，矿质养分贫乏，但由于地势较平缓，黄壤旱耕地可通过种植绿肥、施用有机肥和磷肥，结合掺沙进行改土，较多地方已培育成为水稻土。石灰岩等碳酸盐岩类风化物发育的黄壤，盐基含量和盐基饱和度较高，土体厚薄不一，水土流失严重，应该侧重于砌石坝梯地化，结合水土保持，适宜于茶叶、油茶、马尾松等喜酸性植物生长。岩石露头过多、地势过陡的地段应退耕还林，也可种植药材，如杜仲、天麻。

黄壤旱耕地的有效利用，首先要稳定面积，提高耕作管理水平，做好坡改梯，种植利用绿肥；同时，补充锌、硼肥，提高土壤肥力；推广间作套种，扩大烤烟、花生、魔芋等经济作物的种植面积，提高产量，增加收益。

第二节　黄壤资源特点

黄壤分布区域，具有气候温和、湿度高等特点，适宜杉、松、竹等各种林木生长，多为我国林业基地，能调节气候、涵养水源、保持水土，从而促进农业生产的发展。茶叶、油茶、油桐、乌桕、漆树、桑、果木等亚热带经济林木生长良好，不少地区在经济林、果木行间种植粮油和蔬菜等以山养山、以农养林、以林促林，不仅发展了经济林木，促进了多种经营，而且有利于粮食生产和牧业生产的发展。

虽然黄壤旱耕地的表层土壤熟化度有所改变，但是整个土体构型带有显著的自然土壤特征特性。

一、黄壤的特征特性

（一）具有富铁铝化特征，但黄壤富铁铝化作用比红壤弱

富铁铝化作用使铝、铁氧化物相对累积，黄壤出现红色或黄色、酸性、缺磷、吸收和保肥性能差等系列特征。在相同母质上，黄壤的硅铝率一般比红壤高。例如，发育在砂岩上的红壤，各层次黏粒硅铝率为 2.12～2.28，而黄壤则为 2.46～2.8。

（二）具有旺盛的生物累积过程

黄壤所在区域热量较低、湿度较大，有机质分解较缓慢而积累较多，其含量往往比同地带同样植被下的红壤高 1～2 倍。

（三）黄化作用强烈

黄壤的土层经常保持湿润状态，土体中以含化合水的针铁矿、褐铁矿与多水氧化铁为主。这些矿物的色泽显黄，因而黄壤剖面呈明显的黄色或暗黄色，心土层尤甚。这是因为黄壤在长期、自然的成土过程中，水溶性易移动的盐基性离子（钾、钠、钙、镁等）的大量流失，而氧化铁铝等相对富集，致使土壤呈黄色。

二、黄壤的土壤理化特性

黄壤旱耕地是黄壤耕作熟化而成，耕层土壤理化特性稍有改善，但是仍带有黄壤显著的烙印。因此，黄壤及其旱耕地的土壤理化特性一致。黄壤具有黏重、板结、土壤团粒结构少（黏板），土壤通气性差、宜耕性差、耕（牛耕、人挖）作（耕种作物）阻力大，土壤 pH＜7 而呈酸性反应，土壤因

缺乏氮、磷、钾及腐殖质而瘦，水土流失严重而致土层浅薄。因此，需采取综合治理的措施加以改良利用。

（一）土体各层次的土壤酸性较大，pH 一般为 4.5～6.5

土体各层次的土壤呈酸性反应，部分耕地的表土层因耕作熟化而趋于中性反应，底土层呈酸性反应。土壤交换性酸含量很高，一般每 100 g 土 4～10 毫克当量，有的每 100 g 土高达 18 毫克当量。土壤交换性酸中又以活性铝为主，一般占土壤交换性酸的 90%以上。黄壤的交换性酸吸收量比红壤高，因土壤交换性酸高、盐基离子少，所以土壤盐基饱和度很低，一般为 10%～30%。黄壤旱耕地土壤 pH 分布情况见表 13-2。

表 13-2 黄壤旱耕地土壤 pH 分布情况

单位：hm^2

亚类	典型黄壤			
pH	<4.5	4.5～5.5	5.5～6.5	6.5～7.5
华南区	119.08	102 635.39	117 654.66	18 785.86
青藏区	—	—	122.12	280.18
西南区	84.84	281 832.03	1 811 730.09	676 391.55
长江中下游区	1 148.65	82 081.21	58 640.18	5 938.25
小计	1 352.57	466 548.63	1 988 147.05	701 395.84
亚类	黄壤性土			
华南区	—	3 288.25	617.93	—
青藏区	—	—	—	637.09
西南区	—	26 866.68	197 299.40	104 310.04
长江中下游区	—	667.38	1 539.17	133.42
小计	—	30 822.31	199 456.50	105 080.55
亚类	漂洗黄壤			
华南区	—	—	—	—
青藏区	—	—	—	—
西南区	—	181.74	10 422.62	2 314.57
长江中下游区	—	—	—	—
小计	—	181.74	10 422.62	2 314.57

特别要注意，土层浅薄的淋溶石灰土，其表层土壤呈酸性反应，心土层土壤呈中性或碱性反应，容易被误认为是铁铝质黄壤，从而在开发利用上出现偏差。

（二）黄壤含黏粒多而质地黏重

发育在第四纪红色黏土上的黄壤比发育在砂岩、花岗岩上的黄壤更加黏重，黏粒含量一般超过 40%，因而土壤通透性较差。黄壤旱耕地土壤质地分布情况见表 13-3。

表 13-3 黄壤旱耕地土壤质地分布情况

单位：hm^2

亚类	典型黄壤					
质地分级	黏土	轻壤	沙壤	沙土	中壤	重壤
华南区	56 613.51	—	47 550.84	—	135 030.60	—
滇南农林区	56 613.51	—	39 418.07	—	135 030.60	—

（续）

亚类	典型黄壤					
质地分级	黏土	轻壤	沙壤	沙土	中壤	重壤
闽南粤中农林水产区	—	—	624.17	—	—	—
粤西桂南农林区	—	—	7 508.60	—	—	—
青藏区	9.18	299.59	260.13	992.42	—	59.72
藏南农牧区	—	16.55	255.18	3.19	—	—
川藏林农牧区	9.18	283.04	4.95	989.23	—	59.72
西南区	506 197.16	420 819.65	553 662.32	123 995.25	821 782.44	367 949.15
川滇高原山地林农牧区	168 546.20	49 932.87	125 333.00	3 010.35	32 917.62	44 595.76
黔桂高原山地林农牧区	175 704.20	260 536.00	267 453.20	60 554.83	358 269.60	142 265.40
秦岭大巴山林农区	33 089.75	5 265.47	291.38	1 548.71	17 906.92	2 693.38
四川盆地农林区	40 032.79	34 877.18	35 924.04	8 305.23	133 328.80	56 850.01
渝鄂湘黔山地林农牧区	88 824.22	70 208.13	124 660.70	50 576.13	279 359.50	121 544.60
长江中下游区	15 948.71	17 359.90	30 230.27	26 572.77	26 511.81	31 480.03
江南丘陵山地农林区	4 782.90	7 548.79	10 366.83	3 259.43	6 065.35	11 688.57
南岭丘陵山地林农区	2 922.49	7 195.95	18 176.40	23 313.34	7 003.65	6 312.92
长江下游平原丘陵农畜水区	775.83	133.07	—	—	816.01	332.32
长江中游平原农水产区	1 007.93	163.21	443.99	—	—	—
浙闽丘陵山地林农区	6 459.56	2 318.88	1 243.05	—	12 626.80	13 146.22
小计	578 768.56	438 479.14	631 703.56	151 560.44	983 324.85	399 488.90
亚类	黄壤性土					
华南区	3 906.18	—	—	—	—	—
滇南农林区	3 906.18	—	—	—	—	—
青藏区	—	637.09	—	—	40.80	—
川藏林农牧区	—	637.09	—	—	40.80	—
西南区	61 621.47	37 521.85	39 627.29	29 363.34	120 824.93	40 642.57
川滇高原山地林农牧区	13 647.55	4 996.33	6 226.44	—	3 890.06	6 267.79
黔桂高原山地林农牧区	15 743.69	10 502.26	11 376.61	1 117.47	13 899.68	12 467.60
秦岭大巴山林农区	2 154.90	12 337.74	1 017.56	2 275.33	23 418.14	8 774.13
四川盆地农林区	7 945.85	2 152.22	2 180.91	6 015.94	9 341.16	1 539.66
渝鄂湘黔山地林农牧区	22 129.48	7 533.30	18 825.77	19 954.60	70 275.89	11 593.39
长江中下游区	—	360.01	133.42	1 164.64	374.53	307.37
江南丘陵山地农林区	—	360.01	—	—	—	307.37
南岭丘陵山地林农区	—	—	133.42	1 164.64	374.53	—
小计	65 527.65	38 518.95	39 760.71	30 527.98	121 240.26	40 949.94
亚类	漂洗黄壤					
西南区	2 122.28	2 385.48	2 547.36	—	4 011.61	2 352.31
川滇高原山地林农牧区	—	168.12	87.58	—	—	—
黔桂高原山地林农牧区	1 491.60	2 217.36	2 341.26	—	3 709.84	787.01
四川盆地农林区	181.74	—	118.52	—	301.77	—
渝鄂湘黔边境山地林农牧区	448.94	—	—	—	—	1 565.30
小计	2 122.28	2 385.48	2 547.36	—	4 011.61	2 352.31

（三）黄壤旱耕地土壤养分含量较低

黄壤旱耕地土壤有机质含量、有效磷含量、速效钾含量的分布情况分别见表13-4至表13-6。

表13-4　黄壤旱耕地土壤有机质含量的分布情况

亚类	典型黄壤			黄壤性土			漂洗黄壤		
有机质含量（g/kg）	最大	最小	平均	最大	最小	平均	最大	最小	平均
华南区	42.1	20.4	30.41	30.0	22.7	26.03	—	—	—
滇南农林区	42.1	20.4	30.45	30.0	22.7	26.03	—	—	—
闽南粤中农林水产区	31.7	20.4	27.80	—	—	—	—	—	—
粤西桂南农林区	30.4	26.3	29.14	—	—	—	—	—	—
青藏区	45.0	20.5	34.13	34.9	25.2	31.81	—	—	—
藏南农牧区	44.2	25.4	37.44	—	—	—	—	—	—
川藏林农牧区	45.0	20.5	28.90	34.9	25.2	31.81	—	—	—
西南区	63.0	15.3	29.13	48.9	13.9	26.28	47.7	14.2	32.35
川滇高原山地林农牧区	56.9	13.0	32.12	46.3	18.7	28.60	45.7	43.8	44.75
黔桂高原山地林农牧区	63.0	16.5	37.08	48.9	21.2	35.03	47.7	23.9	33.74
秦岭大巴山林农区	39.2	18.1	29.28	39.3	15.4	25.98	—	—	—
四川盆地农林区	47.0	13.0	22.09	42.6	13.9	24.85	21.2	14.2	16.13
渝鄂湘黔边境山地林农牧区	52.6	15.3	26.05	46.0	16.2	24.01	31.3	26.9	28.92
长江中下游区	69.9	18.3	36.40	44.9	26.0	35.37	—	—	—
江南丘陵山地农林区	56.4	21.4	34.33	38.4	26.0	31.50	—	—	—
南岭丘陵山地林农区	66.6	18.5	37.85	44.9	35.1	39.23	—	—	—
长江下游平原丘陵农畜水产区	46.0	33.9	40.58	—	—	—	—	—	—
长江中游平原农业水产区	30.9	18.3	26.87	—	—	—	—	—	—
浙闽丘陵山地林农区	69.9	21.1	36.68	—	—	—	—	—	—

表13-5　黄壤旱耕地土壤有效磷含量的分布情况

亚类	典型黄壤			黄壤性土			漂洗黄壤		
有效磷含量（mg/kg）	最大	最小	平均	最大	最小	平均	最大	最小	平均
华南区	43.8	11.7	21.23	23.4	12.1	18.79	—	—	—
滇南农林区	37.0	11.7	20.82	23.4	12.1	18.79	—	—	—
闽南粤中农林水产区	32.2	30.5	31.07	—	—	—	—	—	—
粤西桂南农林区	43.8	17.3	36.10	—	—	—	—	—	—
青藏区	27.2	14.0	19.28	33.6	27.1	28.27	—	—	—
藏南农牧区	24.3	16.8	19.26	—	—	—	—	—	—
川藏林农牧区	27.2	14.0	19.3	33.6	27.1	28.27	—	—	—
西南区	101.5	2.7	23.28	86.0	5.2	22.44	59.0	7.9	25.82
川滇高原山地林农牧区	73.0	8.4	23.62	49.4	12.8	23.27	16.3	14.9	15.60
黔桂高原山地林农牧区	73.4	2.7	19.27	48.8	5.2	21.66	59.0	7.9	25.99
秦岭大巴山林农区	87.3	8.5	31.27	86.0	6.0	25.93	—	—	—
四川盆地农林区	84.6	6.0	22.95	71.8	9.6	21.23	42.8	17.2	31.02
渝鄂湘黔边境山地林农牧区	101.5	6.7	25.96	60	9.2	22.30	28.3	14.6	20.15
长江中下游区	552.7	3.4	71.61	56.2	12.8	25.43	—	—	—

（续）

亚类	典型黄壤			黄壤性土			漂洗黄壤		
有效磷含量（mg/kg）	最大	最小	平均	最大	最小	平均	最大	最小	平均
江南丘陵山地农林区	469.7	4.5	66.58	23.5	17.5	19.67	—	—	—
南岭丘陵山地林农区	378.1	4.3	47.26	56.2	12.8	31.20	—	—	—
长江下游平原丘陵农畜水产区	552.7	6.9	207.31	—	—	—	—	—	—
长江中游平原农业水产区	28.9	11.4	22.67	—	—	—	—	—	—
浙闽丘陵山地林农区	403.4	3.4	82.92	—	—	—	—	—	—

表 13-6　黄壤旱耕地土壤速效钾含量的分布情况

亚类	典型黄壤			黄壤性土			漂洗黄壤		
速效钾含量（mg/kg）	最大	最小	平均	最大	最小	平均	最大	最小	平均
华南区	248	52	113	153	93	120	—	—	—
滇南农林区	248	52	114	153	93	120	—	—	—
闽南粤中农林水产区	72	53	60	—	—	—	—	—	—
粤西桂南农林区	118	60	80	—	—	—	—	—	—
青藏区	183	101	119	166	137	155	—	—	—
藏南农牧区	132	101	119	—	—	—	—	—	—
川藏林农牧区	183	102	118	166	137	155	—	—	—
西南区	302	45	117	237	52	106	204	72	139
川滇高原山地林农牧区	240	71	127	194	64	122	149	147	148
黔桂高原山地林农牧区	302	47	138	237	65	127	204	72	141
秦岭大巴山林农区	148	60	110	150	58	91	—	—	—
四川盆地农林区	195	50	103	179	64	100	133	113	125
渝鄂湘黔边境山地林农牧区	213	45	105	186	52	103	139	97	130
长江中下游区	402	17	105	186	55	109	—	—	—
江南丘陵山地农林区	380	46	128	116	55	87	—	—	—
南岭丘陵山地林农区	214	24	91	186	86	131	—	—	—
长江下游平原丘陵农畜水产区	266	67	146	—	—	—	—	—	—
长江中游平原农业水产区	266	89	179	—	—	—	—	—	—
浙闽丘陵山地林农区	402	17	98	—	—	—	—	—	—

第三节　开发利用存在的问题

黄壤旱耕地的中低产田面积较大，分布广泛，从黄壤旱耕地所处地形地貌、土壤理化指标、耕层质地、土体条件、立地条件等角度入手，分析影响黄壤旱耕地利用的障碍因素。

一、山高坡陡、耕地所处地形部位复杂

黄壤旱耕地所处区域人烟较稠密，耕作水平相对较高，是开发利用和垦殖率较高的土壤类型，呈现坡耕地多、坝区耕地少、中低产田耕地多、优质耕地少的“两多两少”的特点。耕地坡度陡、土层薄，极易发生水土流失，极其不利于农作物的生长发育。

黄壤旱耕地主要分布在贵州高原区、川鄂湘黔浅山区，滇黔高原山地也有少量分布。耕地分布地

形复杂，有丘陵坡腰、低中山坡腰、中山坡腰、丘陵坡顶、低中山坡顶、河谷、丘陵坡脚、中山坡顶、平坝、低中山坡脚和中山坡脚等类型。以贵州为例，贵州黄壤耕地坡度在25°以上的耕地占黄壤旱耕地面积的24.59%；坡度在15°～25°的耕地占黄壤旱耕地面积的33.15%；坡度在6°～15°的耕地占黄壤旱耕地面积的34.68%；坡度在2°～6°的耕地占黄壤旱耕地面积的5.97%；坡度＜2°的耕地占黄壤旱耕地面积的1.61%。

二、耕地土壤贫瘠、偏酸

从黄壤旱耕地的酸碱度来看，土体各层次土壤pH在4.0～7.0。土壤呈酸化和部分呈复盐基化的趋势。土壤酸碱性对土壤中养分的有效性和土壤结构有很大的影响，只有在中性范围内，土壤中的有机态氮素和磷素养分的有效性才高，土壤过酸会加剧土壤营养元素的淋溶和固定，抑制土壤有益微生物的生长和活动，从而影响土壤有机质的分解。土壤胶体也只有在中性范围内才具有良好的性能，从而形成团粒结构，过酸则易形成氢胶体，分散性增加，结构被破坏，土壤板结。土壤养分是农作物在完成其生命活动或在生长发育过程中所必需且不可替代的物质，如果土壤中缺少某种养分或含量较低，将会影响农作物的正常生长。因此，要采取有效对策缓解土壤酸化的趋势，改善施肥措施，增加有机肥的施用量。

三、耕层土壤浅薄、质地黏重

黄壤旱耕地的质地有沙土、壤土、黏土、砾质土及砾石土，以壤土面积最大。耕层较薄，耕层是耕地土壤最重要的发生层次和物质交换层次，受耕作、施肥、灌溉的影响较大，其厚度与农作物产量息息相关。黄壤旱耕地的耕层厚度一般在10～20 cm。土壤耕层养分含量是衡量土壤肥力高低的主要依据，因此对农作物的产量及耕地质量有着很大影响。

四、农田灌排系统差、水资源利用率低、抗旱能力弱

黄壤旱耕地区域降水较为充沛，但在时间上分布不均，5—10月降水最为集中，11月至翌年4月只占15%～30%。降水在区域分布上也不平衡，一般是南部多于北部、西部少于东部、山区多于河谷。并且，山区地势导致河流比降大，降水汇流快，加之岩溶地貌面广及裂隙发育，地表径流急速流走，难以存留，主要属于工程性缺水地区。

黄壤旱耕地区域基础设施建设虽然取得了长足发展，建成各类蓄、引、堤以及“三小”水利工程，在灌溉、防洪排涝、水土保持、水利建设方面得到不断加强，为经济发展发挥了重要的作用。但是，从总体来看，水利基础设施建设仍很薄弱，骨干水利工程少、农业用水供水和排水能力低、抵御自然灾害能力不强仍是制约农业快速发展的主要因素。

黄壤旱耕地区域现状是水资源开发利用率和用水水平有待提高。供水工程以小型工程为主，具有一定调蓄能力的大中型水库工程偏少，大部分的县级城镇没有中型水库供水，绝大部分县域甚至没有一座中型水库供水工程，抵御干旱的能力弱，水土流失严重，涵养水源能力弱；同时，蒸发较大，若出现长时间的少雨或无雨天气，会造成溪沟断流、泉井干涸、河道来水减小甚至断流，地下水埋藏加深，将形成旱灾。

五、耕地土壤污染

汞、镉等重金属元素含量与成土母质污染物本底值密切相关，硝酸盐和六六六、滴滴涕、有机氯等有害物质主要来自含重金属元素污水的农田灌溉、污泥的农业利用、生活污染物的丢弃、化肥和化学农药的使用以及矿区排污和飘尘的沉降等。

六、耕地利用不合理

黄壤旱耕地区域存在撂荒和掠夺式生产，农业生产存在着重数量、轻质量的现象；也有因为对黄

壤旱耕地的土壤性质和作物需求情况不了解，导致种植的作物类型不合理。应该将黄壤旱耕地长期土壤培肥、土壤改良措施和耕地合理利用纳入耕地管理制度，使黄壤旱耕地质量不断提高。

第四节　黄壤旱耕地利用改良分区

一、土壤改良利用分区的原则和依据

土壤改良利用区划既服务于当前，也要有利于长远发展，不仅要为全局提供宏观性指导，也要为基层生产规划提供方向性的意见。土壤改良利用分区就是根据土壤资源在空间上的差异性，进行梯级分区划片和改良利用。土壤改良利用区划应把土壤地理学、土壤生态学以及土壤管理科学作为理论依据，要掌握好土壤水平带与垂直带相结合的一系列土壤地理分布规律。

土壤改良利用区划工作有 3 个原则。第一，必须建立在土壤发生学特性及其地理分布的基础上，要按照各种土壤类型的空间结构及其地理特征区划，力求做到土壤适宜性、生产能力及经济因素的一致。第二，要把土壤与周围环境联系起来，通过分析区域的水热条件以及土壤类型质和量的关系，对土壤资源及其生态条件作出确切的评价。在此基础上，提出区域的土壤利用方向和改良培肥途径。第三，在进行土壤利用改良区划工作的过程中，要总结各地的改土用土经验和科技研究成果，使提出的区域开发和治理规划能有章可循、有范可依、目标明确、方向正确、减少盲目性。

摸清黄壤旱耕地资源，揭示土壤分布规律的目的是合理地利用土壤、有效地改良土壤、提高土壤肥力、充分发挥土壤资源的生产潜力。黄壤旱耕地区域地质构造复杂，地貌类型多样，耕作历史悠久，土壤形成分布、特征特性和利用方式有着明显的地域差异和区域性生产特点。根据土壤资源特点、区域生产实际，结合不同地区农业特点和国民经济发展的需要，对土壤存在的问题，提出因地制宜的改良利用方向，对提高黄壤旱耕地区域土壤肥力、充分发挥土壤增产潜力具有重要意义。

黄壤旱耕地改良利用划分为水平分布区域和垂直分布区域，在各个区域内可以划分为土区、亚区。当土壤改良利用分区时，土区、亚区的划分遵循以下依据。

土区：保持行政区域的完整性，大的地貌、土壤发生类型、耕作制度、改良利用方向基本一致；同一改良利用区的气候、地貌、土壤结构基本相似，着眼于充分考虑整个地区的光照、热量、水分、养分条件的组合，建立起良好的生态系统，促进农业生产持续、稳定和协调发展。

亚区：亚区是土区的续分，根据土壤组合、存在问题类型、利用方式、改良措施的差异及难易划分；同一亚区内土壤区域特点、区域生产问题以及改良利用途径基本一致。既要充分发挥区域内各种土地生产潜力，又要有利于合理利用和保护土壤资源。

二、黄壤旱耕地改良利用分区

（一）青藏区

黄壤旱耕地资源主要分布在海拔 1 000～2 100 m 高山峡谷区，区域内地势较高、起伏较大，年均气温 10.5～13.7 ℃，冬长无夏、春秋相连，年有效积温在 4 000 ℃以下；年降水量 900～1 200 mm，耕作制度为 1 年 1 熟制。

1. 藏南农牧区　位于西藏自治区南部，只包括错那市，仅有典型黄壤亚类旱耕地，主要土种有麻沙黄泥土、薄沙黄土、熟黄沙土，是青藏区黄壤旱耕地比例最小的区。黄壤旱耕地大多数耕层浅，土壤结构差，土壤质地黏重，土壤肥力不高，土壤酸度大，土温低。每年都有不同程度的春旱发生，年日照时数 2 377 h。无霜期 210～265 d。主要作物为茶叶、青稞、马铃薯、油菜、蚕豆、杂粮等，为 1 年 1 熟制。

2. 川藏林农牧区　位于西藏自治区东部及四川省北部，包括察隅县、贡山独龙族怒族自治县、茂县、墨脱县、汶川县 5 个县，典型黄壤亚类旱耕地主要土种有麻沙黄泥土、薄沙黄土、熟黄沙土；黄壤性土亚类旱耕地主要土种有墨脱麻黄沙土、花溪黄沙土、幼黄沙土等。黄壤旱耕地大多数耕层浅，土壤结构差，土壤质地黏重，土壤肥力不高，土壤酸度大，土温低。每年都有不同程度的春旱发生，年日照时数 1 970 h。无霜期 210～265 d。主要作物为茶叶、青稞、玉米、马铃薯、油菜、蚕豆、杂粮、燕麦、小黑麦、蔓菁等耐寒作物，为 1 年 1 熟制。

（二）西南区

本区域耕作制度为 1 年 2 熟制。本区域的黄壤旱耕地是以垂直分布为主、水平分布为辅，按照地域分异规律，划分为 5 个改良利用分区。

1. 川滇高原山地林农牧区 包括大关县、峨边彝族自治县、富源县、甘洛县、赫章县、会泽县、金口河区、景东彝族自治县、雷波县、泸水市、鲁甸县、罗平县、马边彝族自治县、美姑县、南华县、南涧彝族自治县、宁蒗彝族自治县、屏山县、丘北县、师宗县、水富市、绥江县、腾冲市、威宁县、威信县、文山市、宣威市、盐津县、砚山县、彝良县、永善县、越西县、云龙县、昭觉县、昭阳区、镇雄县 36 个县（市、区）。典型黄壤亚类旱耕地主要土种有麻沙泥土、黄大土、黄泥土、黄沙泥土、大黄泥土、灰黄沙泥土、棕黄泥土、昭通沙黄土等；黄壤性土亚类旱耕地主要土种有麻黄土、粗沙黄土等；漂洗黄壤亚类主要土种有白散泥土、白胶泥土、白鳝泥土等。大部分地区海拔在 1 000～2 000 m，相对高差 200～300 m，丘陵盆地较多，属于高山山原地带。河谷两岸和陡坡山地由于过度垦荒，水土流失严重，土层瘠薄。河流河床与农田的落差较小，灌溉方便。丘陵坝地土壤肥力较高，坡耕地较瘦、薄、干，多为死黄泥土等。年均气温 14～16 ℃，年有效积温 4 500～5 000 ℃，年降水量 1 100～1 300 mm，80%集中在 4—10 月。年日照时数 1 100～1 797 h。无霜期 270～340 d。主要作物为茶叶、玉米、甘薯、蚕桑、果树、中药材等，多为 1 年 2 熟制。

2. 黔桂高原山地林农牧区 包括安龙县、白云区、播州区、册亨县、赤水市、大方县、都匀市、独山县、凤冈县、福泉市、关岭县、观山湖区、贵定县、红花岗区、花溪区、黄平县、汇川区、惠水县、金沙县、开阳县、荔波县、六枝特区、龙里县、罗甸县、麻江县、湄潭县、纳雍县、盘州市、平坝区、平塘县、普安县、普定县、七星关区、黔西市、清镇市、晴隆县、仁怀市、水城区、绥阳县、桐梓县、望谟县、瓮安县、乌当区、西秀区、息烽县、习水县、兴仁市、兴义市、修文县、云岩区、长顺县、贞丰县、镇宁县、织金县、钟山区、紫云县、东兰县、凤山县、珙县、古蔺县、环江毛南族自治县、筠连县、乐业县、凌云县、隆林各族自治县、天峨县、田林县、西林县、兴文县、叙永县等县（市、区）。典型黄壤亚类旱耕地主要土种有火石大黄泥土、死大黄泥土、大黄泥土、油大黄泥土、平坝黄黏泥土、死黄黏泥土、油黄黏泥土、复盐基黄黏泥土、六枝黄胶泥土、橘黄泥土、死橘黄泥土、油橘黄泥土、黄沙泥土、生黄沙泥土、油黄沙泥土、复钙黄沙泥土、煤沙泥土、遵义黄沙土、乌当黄沙泥土；黄壤性土亚类旱耕地主要土种有花溪黄沙土、道真黄泥土、幼大黄泥土、扁沙黄泥土、幼煤泥土、幼橘黄泥土、幼大黄泥土；漂洗黄壤亚类旱耕地主要土种有白鳝泥土、白泥土。本区海拔一般在 600～2 000 m，相对高差 500～800 m，山高、谷深、坡陡、坝地少。土壤肥力较低，含磷少，质地黏重，耕作困难。气候温和，降水充沛。大部分地区年均气温 15～18 ℃，年有效积温 5 000～5 500 ℃，年降水量 1 100～1 300 mm。日照少、阴雨日多，年日照时数 1 100～1 800 h。无霜期 280～290 d。主要作物为玉米、马铃薯、烤烟、油菜、茶叶、蔬菜等，多为 1 年 2 熟制或 2.5 熟制。

3. 秦岭大巴山林农区 包括北川羌族自治县、朝天区、城口县、南江县、平武县、青川县、通江县、万源市、旺苍县、巫溪县 10 个县（区）。典型黄壤亚类旱耕地主要土种有沙黄泥土、灰泡黄泥土、火石大黄泥土；黄壤性土亚类旱耕地主要土种有花溪黄沙土、粗黄沙土。本区大部分地区海拔 500～1 500 m，是地势较高、起伏较大的区域。耕地大多耕层浅，土壤结构差，土壤质地黏重，土壤肥力不高，土壤酸度大，土温低。年均气温 15～17 ℃，年有效积温 5 000～5 500 ℃，冬长无夏、春秋相连；年降水量 700～1 000 mm，是降水较少的区域。每年都有不同程度的春旱发生，年日照时数 1 377～1 800 h。无霜期 210～265 d。主要作物为茶叶、玉米、马铃薯、大豆、杂粮等，多为 1 年 1 熟制或 2 熟制。

4. 四川盆地农林区 包括安州区、翠屏区、巴南区、宝兴县、北碚区、璧山区、崇州市、达川区、大安区、大邑县、大竹县、大足区、丹棱县、垫江县、东坡区、都江堰市、峨眉山市、丰都县、涪城区、涪陵区、富顺县、高坪区、高县、贡井区、合川区、合江县、洪雅县、华蓥市、嘉陵区、夹江县、犍为县、剑阁县、江安县、江北区、江津区、江油市、金堂县、旌阳区、井研县、九龙坡区、开江县、开州区、乐山市、市中区、利州区、梁平区、邻水县、龙马潭区、隆昌市、芦山县、泸县、罗江区、绵竹市、名山区、沐川县、南岸区、南部县、南川区、南溪区、彭山区、彭州市、蓬安县、蓬溪县、蒲江县、綦江区、前锋区、青白江区、青神县、邛崃市、渠县、仁寿县、荣昌区、荣县、三台县、沙坪坝区、沙湾区、射洪市、什邡市、双流区、顺庆区、天全县、铜梁区、潼南区、万盛经济技术开发区、万州区、威远县、五通桥区、武胜县、新都区、新津区、宣汉县、沿滩区、雁江区、仪陇县、叙州区、荥经县、营山县、永川区、游仙区、渝北区、雨城区、长宁县、长寿区、昭化区、中江县、忠县、资中县、梓潼县等县（市、区）。典型黄壤亚类旱耕地主要土种有黔江黄泥土、大足黄泥土、石柱黄泥土、北碚黄泥土、仪陇黄沙土、卵石黄泥土、沙黄泥土；黄壤性土亚类旱耕地主要土种有扁沙黄泥土、片石黄泥土、石渣黄泥土、鱼眼沙黄泥土；漂洗黄壤亚类旱耕地主要土种有宜汉冷白鳝泥土、资阳白鳝泥土。本区黄壤旱耕地一般分布在海拔500～800 m，少量分布在800～1 300 m，耕层深厚，土壤肥力中等，是旱耕地比例较大的区域。年均气温15～19 ℃，年有效积温5 500～6 000 ℃，年降水量1 100～1 384 mm，3—5月降水量占全年的32%左右，基本无春旱，但夏旱特别严重。夏季平均少雨日数超过40 d，中旱和重旱的概率超过55%。年日照时数1 400～2 100 h。无霜期276～332 d。水资源丰富，是水利化程度较高的地区，主要作物为柑橘、玉米、薯类、油菜、豆类等，多为1年2熟制或3熟制。

5. 渝鄂湘黔边境山地林农牧区 包括巴东县、保靖县、辰溪县、城步苗族自治县、慈利县、凤凰县、奉节县、古丈县、鹤峰县、洪江市、花垣县、会同县、吉首市、来凤县、利川市、龙山县、彭水苗族土家族自治县、黔江区、桑植县、通道侗族自治县、石门县、石柱土家族自治县、巫山县、武隆区、咸丰县、新晃侗族自治县、兴山县、秀山土家族苗族自治县、溆浦县、夷陵区、酉阳土家族苗族自治县、芷江侗族自治县、碧江区、岑巩县、从江县、丹寨县、道真县、余庆县、德江县、剑河县、江口县、锦屏县、凯里市、黎平县、榕江县、三都县、三穗县、施秉县、石阡县、思南县、印江县、松桃县、台江县、天柱县、雷山县、万山区、务川县、沿河县、玉屏县、镇远县、正安县、恩施市、建始县、五峰土家族自治县、宣恩县、宜都市、永定区、永顺县、云阳县、长阳土家族自治县、秭归县等县（市、区）。典型黄壤亚类旱耕地主要土种有乌当黄沙泥土、火石大黄泥土、生黄沙泥土、油黄沙泥土、煤沙泥土、复钙黄沙泥土、大黄泥土、火石大黄泥土、死大黄泥土、油大黄泥土、浅黄泥土、寡浅黄泥土、熟浅黄泥土、紫黄沙泥土、细泥土、墨石泥土、细沙泥土、硅沙泥土、赤沙泥土、麻沙泥土；黄壤性土亚类旱耕地主要土种有花溪黄沙土、幼黄沙泥土、道真黄泥土、扁沙黄泥土、幼煤泥土、幼橘黄泥土、幼大黄泥土、薄细沙土、薄岩石骨土；漂洗黄壤亚类旱耕地主要土种有白散土、白胶泥土、白鳝泥土、白黏土、白泥土。本区黄壤旱耕地一般分布在海拔500～1 300 m，境内以梵净山为主体的武陵山脉自东北向西南纵贯全境。梵净山西侧切割较深，地形破碎，海拔变化较大，一般相对高差为100～500 m。东侧切割较浅，坡度起伏不大，形成了丘陵和盆地，海拔变化较小，一般相对高差为50～300 m，耕层深厚，肥力中等。年均气温16～20 ℃，年降水量1 100～1 400 mm，3—5月降水量占全年的35%左右，是当地春雨最多的区。夏末秋初常有干旱发生，大旱年份可连续25～30 d无降水，同时伴随≥35 ℃的高温，对秋收作物十分不利。年日照时数1 100～1 300 h。无霜期300 d左右。主要作物为茶叶、柑橘、猕猴桃、水稻、甘薯、油菜、花生等，多为1年2熟制或3熟制。

（三）华南区

本区域耕作制度为1年2熟制或3熟制。本区域的黄壤旱耕地是以水平分布为主、垂直分布为辅，按照地域分异规律，划分为3个改良利用分区。

1. 滇南农林区 包括沧源佤族自治县、昌宁县、凤庆县、富宁县、个旧市、耿马傣族佤族自治县、广南县、河口瑶族自治县、红河县、建水县、金平苗族瑶族傣族自治县、景谷傣族彝族自治县、景洪市、澜沧拉祜族自治县、梁河县、临翔区、龙陵县、隆阳区、陇川县、绿春县、麻栗坡县、马关县、芒市、蒙自市勐海县、孟连傣族拉祜族佤族自治县、墨江哈尼族自治县、宁洱哈尼族彝族自治县、屏边苗族自治县、施甸县、双江拉祜族佤族布朗族傣族自治县、西畴县、西盟佤族自治县、盈江县、永德县、元阳县、云县、镇沅彝族哈尼族拉祜族自治县等县（市、区）。典型黄壤亚类旱耕地主要土种有麻沙泥土、麻黄土、黄大土、黄泥土、黄沙泥土、大黄泥土、灰黄沙泥土、棕黄泥土、昭通沙黄土、昭通窑泥土、黄白沙土；黄壤性土亚类旱耕地主要土种有砾质黄土、粗黄泥土、石渣子黄泥土、砾质棕黄泥土、粗沙黄土。本区主要处在山间盆地，有低热、中暖、高冷凉 3 层气候，年均气温 16～20 ℃，年有效积温 5 000 ℃，除一些低热河谷外，年降水量一般在1 000～1 400 mm，植被为季风常绿阔叶林。黏粒硅铝率为 1.9～20，表土有机质含量在 3%左右，土壤呈酸性反应。坝区部分旱地以玉米种植为主，水浇地种植甘蔗，山区种植茶叶。加强林业建设，控制水土流失，建设好茶园，发挥山区优势，加强水利建设，增施肥料，不断培肥土壤，提高作物单产水平。

2. 闽南粤中农林水产区 本区包括安溪县、英德市 2 个县（市）。黄壤旱耕地主要分布在海拔 700～1 500 m，属于垂直分布。典型黄壤亚类旱耕地主要土种有灰黄泥土、黄泥土、死黄泥土、黄泥沙土。安溪县地势自西北向东南倾斜，位于戴云山脉东南坡；西北高，河谷狭窄，平均海拔在 700 m 以上，以山地为主；东南低，东南部地势相对较平缓，以丘陵山地为主，河谷盆地呈串珠状分布在西溪、蓝溪沿岸；内安溪地势较为高峻。属亚热带湿润气候区，全年高温或夏季高温热量充足，年降水量 1 800～2 200 mm，年相对湿度在 85%以上，年均气温 14～15 ℃，无霜期 230～240 d；大部分集中在年降水量 1 800 mm 以上的地区，降水充沛，雨热同期，水源充足，灌溉便利。

英德位于南岭山脉东南部、广东省中北部、北江中游。从总体来看，周围山地环绕向南倾斜的盆地主体——英德盆地。盆地东面以滑水山山脉为界，北面是黄思脑山脉，南面为一群花岗岩和低山、丘陵地区，西面主要是一列呈西北—东南走向的山脉屏障。东部岭谷为北东向，西部岭谷为北西向，形成明显的弧形构造。境内以变质砂岩、沙砾岩、长石、石英岩、花岗岩、硅质岩为主，地貌上形成冲积平原、河谷平原，岩石断层、逆断层。境内大部分土地皆为山地，处于南亚热带向中亚热带的过渡地区，属亚热带季风气候，夏季盛行偏南的暖湿气流，冬季盛行干冷的偏北风。气候灾害种类较多，且出现较频繁，主要有低温阴雨、倒春寒、高温、寒露风、霜冻、雷暴、大风、冰雹等自然灾害。年均气温 14～15 ℃。年均降水量 1 906.2 mm，年均蒸发量 1 717.9 mm，年均相对湿度 77%。年均日照时数1 631.7 h，年际变化介于 1 357.6～2 210 h。

3. 粤西桂南农林区 本区包括武鸣区、信宜市 2 个县（市），典型黄壤亚类旱耕地主要土种有黄泥土、杂沙黄泥土。主要分布在海拔 800～1 400 m 的中山地带，属垂直带谱的土壤。气候具有暖性、常湿润的特点，充足的水湿条件是黄壤形成的重要因素。属南亚热带季风气候区，同时又具备复杂多变的山区气候特点，气候随海拔不同而各异，夏热冬凉，四季分明，本区降水充沛。武鸣区，年均温度为 17～18 ℃，常年相对湿度为80%～90%，年总日照时数 1 400～1 600 h，年降水量 1 200～1 600 mm，地表水、地下水等水资源丰富；信宜市年均降水量 1 816.2 mm，年均气温 22.6 ℃，年均日照时数 1 757.4 h。本区光热充足，夏长冬短，降水充沛，夏湿冬干，适合植物生长，草木经冬而不枯，植物种类繁多，森林植物初步调查有 100 个科、1 700 个种和变种，在天然森林植被中，有杪椤、福建柏、白豆杉、枧木、格木、紫荆木、小叶红豆、鹅掌楸、苏木、香木莲、海南粗榧、长苞铁杉、大明山松、穗花杉、紫茎、马尾松、湿地松、杉木、桉树，果树主要有香蕉、柑橘、龙眼、荔枝、杧果、李、桃、扁桃、板栗、阳桃、番桃等。其中，柑橘、香蕉、龙眼属大宗水果。林果树种有橄榄、乌榄等，中药材有砂仁、何首乌、七莪、柴胡、生地、杜仲、茯苓、天冬等。常年种植的旱地作物有高粱、旱谷、黄豆、荞麦、番薯、木薯、甘蔗、芋头、花生、茶叶、蔬菜以及砂仁、田七、肉桂、益智、八角、巴戟、沉香等中药材。多为 1 年 2 熟制或 3 熟制。

(四) 长江中下游区

本区域的黄壤旱耕地是以水平分布为主、垂直分布为辅。按照地域分异规律，划分为5个改良利用分区。

1. 江南丘陵山地农林区 本区包括安化县、安吉县、安仁县、茶陵县、东阳市、洞口县、奉新县、会昌县、建德市、江山市、井冈山市、靖安县、开化县、柯城区、黎川县、涟源市、临安区、龙游县、隆回县、宁都县、宁乡市、磐安县、平江县、浦江县、祁阳市、衢江区、广信区、遂川县、万载县、武宁县、武义县、婺城区、新干县、新宜黄县、义乌市、永康市、诸暨市、化州市、新宁县、新邵县、修水县等县（市、区）。典型黄壤亚类旱耕地主要土种有山地黄泥土、梯田黄泥土、死黄泥土、硬坞黄泥土、淀浆黄泥土、山域死泥土、山域黄泥土、黄泥沙土；黄壤性土亚类旱耕地主要土种有山地黄泥土、山地黄沙土、石沙土、山沙土。本区海拔一般在1 000 m以下，相对高差50～200 m。丘陵盆地约占1/2，耕地相对集中连片。河流河床与农田的落差较小，灌溉方便。土层较深厚，是本区种植业的主要基地。丘陵坝地土壤肥力较高，坡耕地较瘦、薄、干，多为死黄泥土等。气候温和，降水充沛。大部分地区年均气温16～19 ℃，年降水量1 100～1 300 mm。年日照时数1 600～2 300 h。无霜期300～320 d。主要作物为水稻、玉米、烤烟、油菜、茶叶等，多为1年2熟制或3熟制。

2. 南岭丘陵山地林农区 本区包括八步区、北湖区、崇义县、道县、富川瑶族自治县、灌阳县、桂东县、桂阳县、江华瑶族自治县、蓝山县、临桂区、临武县、灵川县、龙胜各族自治县、鹿寨县、罗城仫佬族自治县、宁远县、全州县、融水苗族自治县、汝城县、三江侗族自治县、苏仙区、象州县、忻城县、兴安县、炎陵县、宜章县、宜州区、资兴市、资源县等县（市、区）。典型黄壤亚类旱耕地主要土种有黄泥土、死黄泥土、寡黄泥土、油黄泥土、麻沙黄泥土；黄壤性土亚类旱耕地主要土种有幼黄沙泥土、扁沙黄泥土、道真黄泥土、幼橘黄泥土。本区海拔一般在1 000 m以下，相对高差150 m左右。丘陵盆地约占1/2，有部分坝地，耕地较为集中连片。河流河床与农田的落差较小，灌溉方便。土层较深厚，是本区种植业的主要基地。丘陵坝地土壤肥力较高，坡耕地较瘦、薄、干，多为死黄泥土等。气候温和，大部分地区年均气温16～19 ℃，降水充沛，年降水量1 200～1 400 mm，降水主要分布在春、夏、秋季，冬季降水较少；年日照时数在1 700 h以上，无霜期在300 d以上。主要作物为水稻、玉米、烤烟、油菜、茶叶等，多为1年2熟制或3熟制。

3. 长江下游平原丘陵农畜水产区 本区包括柯桥区、鄞州区、余姚市3个市（区）。典型黄壤亚类旱耕地主要土种有山地黄泥土、山地黄黏泥土、油黄黏泥土、死黄黏泥土、油黄泥土。本区海拔全部在1 000 m以下，相对高差一般在100 m左右。丘陵盆地约占3/5，坝地较多，耕地集中连片。河流河床与农田的落差较小，灌溉沟渠网格化分布，灌溉方便。土层深厚，是本区种植业的主要基地。坡耕地较瘦、薄、干，丘陵坝地土壤肥力较高；气候温和，大部分地区年均气温16～20 ℃，水资源丰富，降水充沛，年均降水量1 538.8 mm，年均相对湿度82.4%；年日照时数1 900～2 500 h，无霜期在238 d以上。主要作物为水稻、玉米、烤烟、油菜、茶叶等，多为1年2熟制或3熟制。

4. 长江中游平原农业水产区 本区包括松滋市、永修县、岳阳县3个县（市）。典型黄壤亚类旱耕地主要土种有黄泥土、死黄泥土、寡黄泥土、油黄泥土。本区海拔全部在1 000 m以下，相对高差一般在100 m左右。丘陵约占1/2，坝地较多，耕地集中连片。河流河床与农田的落差较小，灌排水沟渠网格化分布，灌溉方便。土层较深厚，是本区种植业的主要基地。丘陵坝地土壤肥力较高，坡耕地较瘦、薄、干。气候温和，大部分地区年均气温18～22 ℃，水资源丰富，降水充沛，年降水量在1 300 mm以上。年日照时数在1 700 h以上，无霜期在330 d以上。主要作物为水稻、玉米、烤烟、油菜、茶叶等，多为1年2熟制或3熟制。

5. 浙闽丘陵山地林农区 本区包括苍南县、大田县、德化县、奉化区、黄岩区、蕉城区、缙云县、景宁畲族自治县、乐清市、莲都区、龙泉市、鹿城区、闽侯县、宁海县、瓯海区、平阳县、青田县、庆元县、瑞安市、沙县、嵊州市、松阳县、遂昌县、泰顺县、天台县、文成县、仙居县、新昌县、延平区、永安市、永定区、永嘉县、永泰县、尤溪县、云和县、漳平市、周宁县等县（市、区）。

典型黄壤亚类旱耕地主要土种有黄泥土、死黄泥土、寡黄泥土、油黄泥土、油黄胶泥土、熟黄沙土、薄沙黄土。本区海拔一般在600～1 200 m，相对高差200～300 m。丘陵山地约占1/2，耕地相对集中连片。河流河床与农田的落差较小，灌溉较方便。坡耕地较瘦、薄、干，多为死黄泥土等，丘陵坝地土壤肥力较高，土层较深厚，是本区种植业的主要基地。气候温和，大部分地区年均气温16～20 ℃，水资源较丰富，降水充沛，年降水量1 200～1 500 mm，年日照时数在1 500 h以上，无霜期在300 d以上。主要作物为水稻、玉米、烤烟、油菜、茶叶等，多为1年2熟制或3熟制。

第五节　黄壤旱耕地改良利用对策措施

黄壤旱耕地受自然环境条件、土壤性状和人为活动的影响。从自然环境条件来看，陡坡耕地多、渍涝危害重和灾害性气候发生频率高。从土壤性状来看，土体薄、耕层浅、土体中夹有障碍层次，耕层土壤过黏、过沙或含大量砾石、土壤过酸、土壤养分含量不均衡。从人为活动来看，耕地减少、质量下降，重用轻养，掠夺式耕种，农业投入少，基础设施差，土壤受"三废"污染严重，水土流失严重，缺乏综合治理。为因地制宜地进行中低产田改造，从制约耕地潜力因素入手，对坡耕地、瘠薄偏酸型、质地黏重型、耕层瘠薄型、干旱缺水型、土壤污染型等中低产田提供改造技术措施。黄壤旱耕地在长期、自然的成土过程中，出现通气性差、耕作阻力大、酸、瘦、土层浅薄、水土保持作用减弱，进而导致水土流失严重、土层渐变浅薄等不良特点。对此，须采取综合治理的措施加以改良利用。

一、建立良好的生态系统

黄壤旱耕地改良利用，建立良好的生态系统是首要条件，主要有以下措施。第一，黄壤旱耕地的改良利用应优先建立良好的生态系统。水土流失的危害性，不仅表现在跑水、跑土、跑肥，使耕地难以熟化，还常常造成水库和渠道淤塞，失去水利设施的作用，支流、河沟因为泥沙淤积而变浅，造成洪涝灾害，引起山洪暴发或大量滑坡崩塌，毁坏良田好土。应综合发展，因地制宜，既发展林业、保持水土，又做好粮食和各种名特农产品生产。第二，陡坡旱耕地的土层浅薄，易发生水土流失，应退耕还林。第三，高海拔、高纬度地区的黄壤旱耕地，气候冷凉，宜发展茶树、油桐、松树等经济林木。第四，缓坡地段黄壤旱耕地的土层深厚，可发展宜种性中药材、名特水果、适宜蔬菜等，如黄连、天麻、黄柏、杜仲、厚朴、银杏（罗汉果）等中药材，猕猴桃、脆红李、油桃、大红桃、大樱桃、柑橘等名特水果，辣椒、生姜、甘薯等适宜蔬菜。第五，平缓地段的黄壤旱耕地，要结合农田基本建设，修筑梯地，增加基础设施，发展农田水利设施，减轻水土流失的影响，有条件的区域可以实行旱地改水田。

二、优化旱耕地的利用策略及方向

（一）从政策层面加大保障力度，管理与利用好黄壤旱耕地资源

政策上加大对黄壤旱耕地的质量提升补贴，增加补贴方式。提高农民在耕地质量保护上获取的收入与回报，提高农民种植的积极性，从而使农民自觉地保护耕地质量；加大从政策层面制定对农田水利设施建设投资的引导，确保农业基建投资保持在较高的增长水平，提高农业机械化程度，保证黄壤旱耕地的产出比不断增加；应用现代科学技术手段，发展高效农业耕作模式，提高单位耕地面积的利用率和产出率，通过不同作物的循环轮作方式，较好地提高黄壤旱耕地的土壤环境质量；通过政策与市场相互结合的调节机制，优化配置、合理利用好黄壤旱耕地资源，使黄壤旱耕地的利用效益更高。

（二）完善土地征用机制，确保黄壤旱耕地的质量和数量

大幅提高等级较高黄壤旱耕地征用成本，以制约耕地的盲目占用和开发。同时，建立合理的土地收益分配机制，在土地出让金中，建议加大一定比例的国有土地出让金用于黄壤旱耕地的改良、培肥

地力以及农业基础设施建设，确保耕地的质量和数量不受影响。通过以坡改梯、水利设施配套、水肥一体化、土壤培肥为主要内容的基本农田建设，达到方便耕作、保土保肥、节水节肥、抗旱排涝、稳产增产的效果。要在突出6°～25°坡耕地治理这个重点的前提下，坚持因地制宜、分类指导，综合配套的原则，通过坡改梯（坡土改梯田、梯土）、碎改整（小块改大块、零乱改规整、平地炸除卧牛石）、新开田土等，着力提高耕地质量，努力增加耕地数量，有效防止水土流失。特别是在土地出让金项目的实施上，要以提高国家补助标准为契机，坚持高起点、高标准、高效益，以有效灌溉农田为目标，大力推广水肥一体化技术，探索山地农业的发展模式。

（三）用养相结合，维护并提高黄壤旱耕地的质量

拓展有机肥源在黄壤旱耕地上的应用；提倡绿肥种植，引导秸秆还田，逐步扩大秸秆还田面积，大力发展冬季绿肥种植；提倡施用农家肥，沤制堆肥及猪、牛粪肥，同时推广使用精制商品有机肥，增加土壤有机质含量，将用地与养地相结合，以提高耕地地力水平；从规划上制定培肥工程和方案，加速土壤熟化，逐步提高黄壤旱耕地土壤肥力；结合中低产田的改造，对退化及污染区域的耕地，采用针对性的农艺、生物、物理、化学措施进行治理。

（四）科学合理使用黄壤旱耕地，保护黄壤旱耕地生态环境

在农业生产过程中，大量不合理地使用农药、化肥、农膜以及生活污水或工业废水灌溉，导致其残留物质在土壤中积累与残留，不仅破坏了黄壤旱耕地土壤理化性状，毒害黄壤旱耕地，甚至降低了农产品质量，严重影响耕地质量。防治黄壤旱耕地污染是一个系统复杂的工程，主要农艺措施有推广配方施肥，水肥一体化灌溉，增施有机肥，种植绿肥，酸性土壤改良；推广高效、低毒、低残留农药，大力提倡采用生物方法防治病虫害；推广使用可降解地膜、多年使用高质量地膜。减少农业生产资源使用带来的不利影响，保护耕地生态环境，促进农业长期可持续发展。

（五）确保黄壤旱耕地质量与数量，建立完善耕地质量与数量的监测和保护机制

必须转变农业发展方式，根据黄壤旱耕地的特点，抓好中低产田改造，通过提高质量和增加数量，确保农业粮食综合生产能力，同时加大山地经济作物的种植。通过建立国土资源信息系统，对土地利用状况和土壤的变化状况进行动态监测，及时掌握黄壤旱耕地数量和质量变化情况，建立黄壤旱耕地质量监测体系；加大对土壤理化性状的研究力度，应用3S技术和测土配方施肥项目中土壤测试分析技术，分析黄壤旱耕地中低产田成因、类型和生产障碍因子，制定中低产田改良措施，为农户提供科学而具体的耕作、施肥、灌溉等质量管理技术方案；充分利用生物、农艺等方面的措施对中低产田进行综合改造，重点研究和推广种植业结构调整技术、优良品种引进利用技术、保护性耕作技术、测土配方施肥技术、水肥一体化技术、有机肥综合开发利用技术等。在高标准基本农田建设中，增加以上技术的应用，逐步实现耕地由增加数量向数量、质量、生态并重的发展模式。

三、综合改良黄壤旱耕地不良性状，提高土壤肥力

黄壤旱耕地低产的原因为瘦、薄、黏、酸和缺水，水土流失严重，耕作粗放，施肥水平低，作物产量不稳不高，应对症下药，进行综合改良。黄壤分布地区的气候、土质，适宜杉、松、竹的生长，亚热带经济林木茶叶、油茶、油桐、乌桕、漆树、桑等生长良好。不少地区在经济林木行间种植粮油、蔬菜等作物以山养山、以农养林、以林促林，不仅发展了经济林木，促进了多种经营，而且有利于粮食生产和畜牧业生产的发展。黄壤旱耕地综合治理的措施有以下几点。

第一，深耕晒垡（炕土）结合施用有机肥。施用保蓄水分、养分能力较好的猪粪，养分含量较高的热性有机肥，是改良、熟化、培肥黄壤的重要措施。

第二，客土掺沙，改良质地。采取施用绿色砂页岩风化物的客土掺沙改良措施，可以达到改良土壤、增加养料、降低土壤pH的效果。

第三，施用石灰。在冬季深耕、增施有机肥的基础上，配合施用石灰，对于降低土壤酸度，改良土壤结构，加速缓效态、迟效态肥料养分分解，提高土温均有良好效果。

第四，科学合理施肥，由于黄壤旱耕地的土壤养分含量较低、供肥性能差，必须施用大量有机肥，保证作物各生长发育期不致脱肥，同时考虑黄壤易固定磷素的问题，还必须采用窝施、条施或根外喷施等措施重点、集中地施用磷肥。

第五，合理种植各种作物。首先，种植绿肥植物，如紫云英、苕子、田菁、柽麻、草木樨、紫花苜蓿、绿萍、水葫芦、水花生、水浮莲等，配合施用磷肥，促进绿肥植物优质高产，培肥土壤。其次，在黄壤上种植豆科作物或玉米间种黄豆，提高其土壤肥力。再次，依据土壤在淹水条件下可以促使土壤 pH 趋于中性的作用机制，在有水源条件的地方，黄壤旱地改水田而种植水稻，可以促进降酸、培肥、改良土壤。

四、黄壤旱耕地的利用改良经验

黄壤旱耕地具有酸性强、质地黏重以及氮、磷、钾有效养分缺乏等理化特性，如不积极改良，要发挥黄壤旱耕地的生产性能和生产潜力是很困难的。贵州广大农民群众和农业科研人员在长期生产实践中，积极改良黄壤旱耕地，培育了大量高度熟化的黄壤田，积累了丰富的经验。例如，通过深耕改善黄壤旱耕地的物理性质，疏松土层；通过施肥调节黄壤旱耕地的营养状况；通过施用石灰，中和黄壤酸性；通过旱改水、坡改梯，平整土地，减少水土流失，保蓄水分等。经验归纳如下。

（一）增施有机肥，提高黄壤旱耕地的土壤有机质含量

高肥力黄壤旱耕地的有机质含量多在 3%以上，低肥力黄壤旱耕地的有机质含量多在 1%～1.5%，有的尚不到 1%。黄壤旱耕地有机质含量在 3%以上的，全氮含量一般在 0.2%左右，全磷含量 0.12%～0.25%。有机质含量在 1%左右的，其全氮和全磷含量都在 0.1%以下。土壤有机质含量高的黄壤旱耕地，结构好，土质疏松，土壤容重为 0.85～1.10 g/cm^3，孔隙度高，通气性良好，有效水分含量较高，抗旱和抗涝能力均较强；而土壤有机质含量低的黄壤旱耕地，结构差，土体较紧实，土壤容重为 1.2～1.5 g/cm^3，孔隙度低，有效水分含量低，不耐旱涝。目前，黄壤旱耕地的土壤有机质含量大多偏低，致使土壤瘦瘠、黏重，耕性不良，产量不高。所以，大力发展畜牧业，积制各种圈肥、堆肥、沤肥，种植绿肥，秸秆还田，增施有机肥，提高土壤有机质含量，是培肥土壤的基础措施。遵义市农业科学研究院在新开的黄泥土中每亩施圈肥 2 500 kg，有机质含量增加 0.3%～0.8%。贵州省农业科学院调查，镇宁布依族苗族自治县长期施用圈肥水平高的黄泥土，土壤腐殖质含量 1.11%，而长期施用圈肥水平低的黄泥土，土壤腐殖质含量只有 0.76%。在黄泥土中，利用轮作的油菜副产物秆、叶、壳、油饼等直接还田，补充土壤养分，改善土壤理化性状、生物性状，作物生长正常，增产效果显著。贵州省农业科学院土壤肥料研究所试验结果，每亩施油菜秆 150～300 kg 比不施的增产 5.98%～8.78%，每亩增施油饼 35 kg 以调整 C/N 关系的可增产 10.44%～20.52%。连续种植利用几年绿肥苕子，对黄壤耕地改良作用显著。如贵州省农业科学院部分黄泥土，1955 年开始种植苕子，生长差，每亩产鲜草 250～300 kg，经种植 6 年时间，一般可亩产鲜草 1 250 kg 以上，土壤中的氮、磷养分含量分别由开始的 0.1%～0.2%、0.10%～0.15%提高到 0.2%～0.3%、0.15%～0.3%，含钾量也相应提高，土壤有机质含量由原来的 1%左右提高到 2%～3%。由此可见，黄壤耕地施用有机肥、增加土壤有机质，在肥力中的作用是多方面的。直接影响是为作物生长发育供给一定数量的营养元素和生理活性物质。有机质中的含氮化合物、含磷化合物、含硫化合物等，在微生物的作用下，分解释放 NH_4^+、$H_2PO_4^-$ 等。这些离子都是作物需要的养料。土壤中氮素大部分来自土壤有机质。在氮肥施用量很高的农田中，作物吸收的氮量有 50%以上是土壤有机质提供的。间接影响是有机质通过对土壤各种性质的影响，为作物创造良好的生长发育环境。有机质影响土壤阳离子交换量，有机质含量高的土壤，阳离子交换量也高，保肥能力也相对地要强一些；有机质含量越高，土壤的缓冲力也越强，缓冲力大的土壤，在施用大量化肥和大量新鲜有机质时，不会使土壤 pH 发生很大的波动而影响作物的正常生长。

（二）适当施用石灰，中和黄壤耕地的酸性

在氢离子含量高的黄壤耕地中，施用适量石灰，增加钙元素后，对氢离子、铝离子、镁离子等毒害的消除，都有良好的效果。

例如，贵州黄壤旱耕地施用石灰，增产效果很显著。据统计，适量的石灰配合其他改土措施，增产10%～50%的占36.25%，增产50%～100%的占28.75%。毕节市织金县黄壤低产田，一般原产玉米仅100 kg左右，而在每亩施圈肥1 500～2 000 kg或岩泥、土皮灰1 500～2 000 kg的情况下，增施石灰350～2 000 kg，可增产玉米100%～200%。毕节3个试验点的石灰不同用量比较结果，都以每亩施石灰1 500 kg的增产幅度最大。贵州省农业科学院进行酸性黄泥土施用石灰田间试验，设置每亩施石灰285 kg、570 kg和855 kg 3个处理。试验结果显示，石灰对玉米抽丝期植株叶片内叶绿素含量及叶脉中氮、磷养分含量也有较明显的影响。该试验地每季在每亩施用圈肥750 kg做基肥的情况下，连续3年种植玉米、小麦、红苕、豌豆等作物，施用石灰的各个处理都有显著的增产作用，玉米增产31%～45%、小麦33%～46%、红苕4%～16%、豌豆69%～89%。

（三）发挥黄壤优势，建立良好的生态平衡，促进农业生产的发展

应着重抓好黄壤旱耕地的改造和森林覆被两个基本环节。第一，在25°以上的坡耕地退耕还林、还草；在25°以下的缓坡耕地逐步实现坡改梯。修筑梯田梯土要保持原耕层，选用耐瘠品种，加强管理，增施肥料，力争当年建成、当年增产。不能修筑梯田梯土的坡耕地，一定要修筑拦山沟、地埂等简易水土保持工程，改顺坡耕种为等高耕植，实行间作套种，增大地面覆盖，减少水土流失。水土流失严重地区，适当修建较大型的防洪滞淤工程。在侵蚀严重的砂页岩溪沟地区，可修建适量石谷坊，既可拦沙，又可淤地。一些边远山区，应改进耕作技术，努力增加生产。放牧场要加强牧场管理，做好放牧计划，防止牧场的水土流失。第二，抓紧在水土流失严重地区营造水土保持林，如河溪源头、水库、塘坝周围的水源涵养林和连片农田地区的防护林、坡地的护坡固土林、渠沟边的护渠护岸林等。从根本上防治水土流失，还应在现有森林中划出部分森林为水土保持林。水土保持林的树（草）种，要选择生长迅速、枝叶茂盛、根系发达、耐旱、耐瘠、耐湿、耐牧、适应性强的乡土树（草）种，大力推行封山育林，这是一项投资少、收效大的水土保持措施。制定切实可行的封管制度，3～5年时间，就可收到保持水土的效益。此外，做好果园和经济林山地的水土保持工程，对经济林木高产稳产意义十分重大。经济林山地要尽可能地修建梯土或实行等高种植，以减少水土流失。

（四）氮、磷、钾配合施用，调节黄壤旱耕地营养不足状况

施用化肥是促进农业增产的一项重要措施。根据历年来的试验，氮、磷、钾三要素按1∶1∶1的比例施用，对玉米、小麦、油菜等作物均有显著的增产作用。其中，以氮、磷、钾配合施用的增产最高，为150%左右；氮、磷配施的次之，氮、钾配施的又次之，单独施氮、磷、钾或磷、钾二者配施的均不如前3种配施的。显而易见，在中下等肥力的黄壤旱耕地上，氮、磷、钾配合施用是很重要的，而氮起主导作用，控制氮素的施用量是增产的关键问题，要慎重从事。

黄壤旱耕地中的氮素90%或更多是有机态的，无机态氮（包括铵态氮和硝态氮等）含量很少，一般不超过全氮量的2%。低肥力黄壤旱耕地全氮量多在0.1%以下，一般为0.04%～0.08%。熟化度高的黄壤旱耕地全氮量一般可到0.10%～0.20%。因为黄壤旱耕地全氮含量不高，易矿化的氮所占比例也较低，所以施用各种氮肥品种增产效果都比较显著。平均每千克氮素可增产玉米、小麦和油菜籽分别为27.9 kg、10.6 kg、4.2 kg。但是，氮肥在不同肥力水平的黄壤旱耕地上，增产效果是不一致的。在肥力高的黄壤旱耕地上，增产幅度较低；而在肥力中低的黄壤旱耕地上，增产幅度较高。不同氮肥品种，其增产效果也有一定的差异。旱地上以硝酸铵的肥效最好，尿素优于其他氮肥品种。在一块黄泥土上连续进行两季作物试验结果显示，当碳酸氢铵用量相同时，表施的油菜籽增产100%、红苕增产25%；深施的油菜增产182%、红苕39.9%。深施的每千克碳酸氢铵比表施的分别多收油菜籽5.48 kg、红苕6.2 kg，足见碳酸氢铵的施用方法很重要。从目前的生产水平来看，在中等肥力的黄壤上种植谷类作物，一般以每亩施纯氮10 kg左右的增产效果较好，其经济效益较高。

黄壤旱耕地全磷含量一般为0.04%～0.22%，多数含磷量在0.1%以下。黄壤旱耕地中的磷素大多以难于被作物利用的形态存在，因而有效磷含量少。黄壤旱耕地施用磷肥的增产效果极为显著。施用磷肥不仅使当季作物增产，还有很好的后效作用。在黄壤旱耕地上施用钙镁磷肥，从第一季到第三季作物增产效果仍然显著。磷矿粉的后效还更长些。黄壤旱耕地上施用磷肥，对提高产量、改善品质都可以起到作用。例如，施磷小麦的粗蛋白质含量为15.89%，不施磷的粗蛋白质含量为12.26%，可以提高3.63个百分点。施磷油菜籽脂肪含量为42.2%，不施磷的油菜籽脂肪含量为38.6%，可以提高3.6个百分点。可见，施磷肥调节黄壤旱耕地磷素营养状况，对维持和增进黄壤旱耕地生产力以及对作物的稳产都是不可缺少的。

黄壤旱耕地土壤全钾含量多为1%～2%，低的只有0.25%，平均为1.29%。土壤全钾中90%～98%是以原生矿物形态分布在土壤粗粒中，很难被作物利用。黄壤旱耕地土壤速效钾含量一般为80～250 mg/kg，多数为100～150 mg/kg。评价黄壤旱耕地土壤钾素供应能力，除考虑土壤速效钾的含量，还应注意土壤缓效钾的含量。贵州省黔南州独山县土壤速效钾在50 mg/kg以下的黄壤旱耕地占总面积的50%左右，在这些黄壤旱耕地中，每亩施用氯化钾7.5～11.5 kg，作物可以增产9.5%～37.6%。

第十四章 黄壤测土配方施肥 >>>

第一节 施肥现状

我国作为农业大国，化肥在农业生产上有着举足轻重的地位，是农业生产中的主要物资性投入之一，是粮食的“粮食”。据统计，世界粮食单产的1/2、总产的1/3来自化肥的贡献。同时，化肥对我国粮食产量的贡献率达40%以上。目前，我国化肥产业及施肥存在以下特点。

一、化肥产业及施肥现状

（一）化肥产业强调“多要素、全营养”发展

近十几年，我国化肥的生产能力和产量都有较大增长。1990年，我国化肥总产量已达1 879.7万t（折纯量，下同），占世界产量的1/10，列第三位。

我国化肥工业起步较晚，20世纪70年代以前，有机肥在农业生产上占据主导地位。70年代以后，化肥工业迅速发展，特别是改革开放以来，在相关政策的扶持之下，化肥产量得到了快速发展。国家统计局公布的数据显示，2016年，我国化肥总产量6 629.62万t，较1990年增长了252.7%。近20年来，我国复合肥施用量增速显著高于氮肥、磷肥以及化肥总施用量的增速。1980年，我国复合肥使用量仅为总施肥量的2.15%。而到了2016年，我国复合肥使用量已经达到了2 207.1万t，占总施肥量（5 984.1万t）的36.9%，极大地提高了肥料利用率和施肥效果。

（二）走高效、绿色和生态的新型肥料发展之路

我国的新型肥料产业发展迅猛。在强调新型肥料营养全面的同时，农业生产者对肥料利用率、环保生态等重要指标越发重视。绿色环保肥料将是肥料产业未来发展的一个重要方向。按照新型肥料的组成和性质，我国新型肥料的主要类型包括缓/控释肥料、水溶性肥料、有机无机复混肥料、商品化有机肥料、生物肥料、多功能肥料等。目前，全国各类新型肥料生产企业占全国化肥生产企业总数的1/4。据统计，2013年我国生产各种缓控释肥料近200万t，生物肥和各种菌剂600万～800万t，有机无机复合肥1 000万t。

（三）化肥施用日趋强调“对症下药”

我国科学施肥水平正在逐步提升，尤其是测土配方施肥技术的推广为我国粮食稳定增产、农业成本的降低和农民的增收作出了突出贡献。我国测土配方施肥较发达国家起步较晚。在20世纪中叶，联合国在全世界推行平衡施肥技术的时候，我国还在以传统方法施肥。2004年，时任国务院总理温家宝在湖北省宜昌市枝江市安福寺镇桑树河村的调研拉开了我国全面推进测土配方施肥的序幕。自2005年起，国家不断加大测土配方施肥的补贴力度，基本覆盖所有农业县。据国家统计局数据，2005—2015年，我国粮食增产了28.39%，同期我国化肥用量增长了26.36%，粮食的增长速度已超过了化肥使用量的增长速度。

（四）化肥使用量呈现逐步降低的趋势

我国是化肥生产和使用大国。为大力推进化肥减量提效，走产出高效、产品安全、资源节约、环

境友好的现代农业发展之路，2015 年，农业部印发《到 2020 年化肥使用量零增长行动方案》。数据显示，2015 年我国农用化肥施用量 6 022.60 万 t，较 2014 年的 5 995.94 万 t 仅增长 0.44%。而到了 2016 年，我国农用化肥使用量 5 984.1 万 t，较 2015 年的 6 022.60 万 t 减少 38.5 万 t，首次实现了化肥施用量的降低。

二、存在的主要问题

近年来，我国现代农业快速发展，农业供给侧结构性改革不断深入，农业生产逐步向低投入、高产出、高效率和可持续发展靠拢。但在发展与靠拢过程中，也慢慢地暴露出一些突出问题。

（一）农民科学施肥的意识及技术水平待加强

我国农户人均耕地少，农民科技素质不高，再加上长期受传统农业生产方式的影响，普遍存在不合理的施肥习惯，科学施肥技术水平仍然较低。黄壤区域山区面积相对较大，农业种植技术发展落后于发达地区，农民知识水平较低，农民施肥很难根据作物产量水平和土壤肥力状况来合理计算肥料投入，而是尽可能地多投入，这在经济作物上十分突出。重基肥、轻追肥的现象较为突出。生产中还是以传统的肥料投入技术为主，施肥配套技术的开发和推广十分薄弱。这也是造成农民科学施肥技术水平低的重要原因。

（二）施肥结构不平衡

据统计，我国有机肥资源总养分实际利用率却不足 40%。其中，畜禽粪便养分还田率为 50%左右，农作物秸秆养分还田率为 35%左右。重化肥、轻有机肥，重大量元素肥料、轻中微量元素肥料，重氮肥、轻磷钾肥，“三重三轻”等问题突出。传统人工施肥方式仍然占主导地位，化肥撒施、表施现象比较普遍，机械施肥仅占主要农作物种植面积的 30%左右。由于长期化肥的不合理施用，在造成养分流失、耕地质量退化、农业投入成本增加和农产品质量下降的同时，还对水体、大气等造成污染。

（三）肥料利用率较低

据统计，2013 年，我国水稻、玉米、小麦三大粮食作物氮肥、磷肥和钾肥当季平均利用率分别为 33%、24%、42%，低于欧美等发达国家 15%～30%。尤其是黄壤耕地地区肥料利用率较低，在造成大量资源的浪费的同时，还对大气和水体生态环境等造成严重影响。

（四）化肥行业的科技水平低于发达国家

近年来，虽然我国在水溶肥、功能肥、缓释肥等新型肥料方面取得了重大进步，但是与农业发达国家相比，我国化肥的研发、生产、推广、应用等领域都还存在较大差距。其中，化肥利用率低较直观地反映出我国化肥产业科技水平还存在着较大的提升空间。从生产工艺来说，仅简单引进国外肥料生产工艺设备或者简单的配方、原材料模仿，并不能真正地做到新型肥料养分的高效利用。

（五）黄壤土类土壤条件较差，施肥和保肥困难

黄壤土类分为典型黄壤、漂洗黄壤和黄壤性土 3 个亚类。典型黄壤旱耕地熟化度低，黄壤及其旱耕地主要分布于山地，具有明显的发生层次。较高较陡的山坡，土层较薄。漂洗黄壤多分布于山地顶部与山脊地带，气候湿凉，土层一般较薄，通常为 60～80 cm，耕作困难。黄壤性土主要分布于贵州坡度陡的山地或表层严重侵蚀地区，土壤发育均处于幼年黄壤阶段，土壤肥力极低。黄壤耕地是黄壤经过长期耕种施肥培育而成的耕地，主要分布于缓坡山地和丘陵地。受母质与地形影响，大多具有黏重、冷湿、酸性、缺磷和钾的特点，一般表层土壤有机质含量高、土壤结构性差，土壤肥力低，作物产量不高，施肥和保肥困难。

三、发展方向与趋势

（一）肥料产品多元化、功能化

随着我国化肥产业发展，科技创新与转化不断增强，为更好地满足农民农业生产需求，肥料企业

积极深入研发，产品呈现出专用化、功能化、水溶化、缓释化等特点。企业根据土壤养分状况和作物生长特性，按照配方生产复合肥、作物专用肥等，肥料养分配比日趋经济性与合理性。同时，水溶肥、生物肥、缓释肥、功能肥等新型肥料相继问世，为解决区域性施肥不合理、不平衡等问题提供了条件。

(二) 施肥结构合理化、均衡化

随着现代农业的推进，我国施肥结构也在发生深刻变化。2005 年，中央 1 号文件提出“搞好沃土工程建设，推广测土配方施肥”，把测土配方施肥作为粮食综合生产能力增强行动的重要内容，以加快科学施肥体系构建。近年来，国家大力推广普及测土配方施肥技术，测土配方施肥观念深入人心，农民传统的施肥观念和方法正在发生转变。同时，国家大力开展果菜茶有机肥替代化肥、畜禽粪污资源化利用等农业绿色发展五大行动的实施，有机肥“重新回归”到农民的土壤中。“绿色、高效、安全”施肥理念慢慢深入人心。开始重视有机肥投入，氮、磷、钾合理配比，微量元素补施等，重视肥料施用的专用性、时效性及合理性，当好肥料的“配方者”和“实施者”。在追求产量效益的同时，重视生态环境保护。

(三) 施肥方式科学化、集约化

当前我国农业劳动力结构状况，导致农业生产过程中主要还是采取传统施肥方式。表现为施肥过程主要采取表施、撒施等方式，深施、沟施等技术措施难以普及推广。随着我国农业生产的规模化、生产过程的标准化及农民的高素质化，逐渐带动施肥方式方法的转变、施肥水平的提升。同时，随着我国农业生产机械化水平不断提高，也必将带动施肥过程的机械化，推进施肥方式的转变。农业施肥方式将逐步向科学化、集约化、社会化转变。

当前，我国现代农业快速发展，面临着新形势、新要求和新变化，农业施肥必将要走“减量增效、调优结构、转变方式”的可持续健康发展道路。

第二节　测土配方施肥技术

一、测土配方施肥概述

(一) 测土配方施肥定义

测土配方施肥是以土壤测试和肥料田间试验为基础，根据作物需肥规律、土壤供肥性能和肥料效应，在合理施用有机肥的基础上，提出氮、磷、钾及中微量元素等肥料的施用数量、施用时期和施用方法。测土配方施肥技术的核心是调节和解决作物需肥与土壤供肥之间的矛盾，有针对性地补充作物所需的营养元素，因缺补缺，实现各种养分的平衡供应，满足作物需要。测土配方施肥是既要突出测土、配方、施肥技术指导等环节的公益性，又要明确配方肥生产、供应等环节的经营性，坚持以政府为主导、科研为基础、推广为纽带、企业为主体、农民为对象的科学施肥体系。

(二) 测土配方施肥实施步骤

测土配方施肥的主要工作分为 5 个步骤。

1. 土壤肥料的测试　通过对项目区的土壤和使用的肥料进行检测，了解土壤和作物养分状况，确定各种肥料及配方的数量和比例，为科学施肥提供依据。其中，测土是工作重点，就是采集土壤样品，并测定土壤中有机质、pH、氮、磷、钾、钙、镁和必要的微量元素含量等，以了解土壤肥力状况。

2. 肥料试验与施肥推荐　在充分利用已有的技术成果基础上，开展肥料试验、示范，进行资料分析汇总。通过建立各个土壤区域内各种农作物科学施肥模型，得出各种元素的最佳经济施肥量，整理探索各地区、各作物的科学施肥方法、时期和次数，通过建立系统的、科学的肥料数据库和专家咨询系统，达到微机化、网络化、快速化和专家咨询化。

3. 专用肥的配制　根据研究开发的各作物高产配方，加工出针对性强、技术含量高的专用肥，直接供应给农户，把技术、物质融为一体，做到“测土、配方、生产、供肥、技术指导”一条龙服务。

4. 推荐施肥技术 推荐施肥技术就是将配方施肥与推广先进的配套施肥方法结合起来，以求取得更好的施肥效果。例如，与化肥深施技术、微量元素肥料配施、有机无机肥配施及施肥时期方法等的配合。

5. 肥料效应田间试验 田间试验是获得各种作物最佳施肥量、施肥时期、施肥方法的根本途径，也是筛选、验证土壤养分测试技术、建立施肥指标体系的基本环节。通过田间试验，掌握各个施肥单元不同作物优化施肥量，基肥、追肥分配比例，施肥时期和施肥方法；摸清土壤养分校正系数、土壤供肥量、农作物需肥参数和肥料利用率等基本参数；构建作物施肥模型，为施肥分区和肥料配方提供依据。目前，测土配方施肥主要开展的田间试验包括“3414”试验和2+X动态优化施肥试验。

(1) “3414”试验主要推荐在大田作物上使用，在具体实施过程中，可根据研究目的，选用“3414”完全试验方案、部分试验方案或单因素多水平等其他试验方案。

①“3414”完全试验方案。“3414”完全试验方案设计吸收了回归最优设计处理少、效率高的优点，是目前应用较为广泛的肥料效应田间试验方案。“3414”是指氮、磷、钾3个因素、4个水平、14个处理。4个水平的含义：0水平指不施肥，2水平指当地推荐施肥量，1水平=2水平×0.5，3水平=2水平×1.5（该水平为过量施肥水平）。为便于汇总，同一作物、同一区域内施肥量要保持一致。如果需要研究有机肥和中微量元素肥料效应，可在此基础上增加处理。

②“3414”部分试验方案。若试验仅研究氮、磷、钾中某两个养分效应，可采用“3414”部分试验方案。其中，非研究养分选取2个水平，试验设置3次重复。若为了取得土壤养分供应量、作物吸收养分量、土壤养分丰缺指标等参数，推荐采用“3414”完全试验方案中的处理1、处理2、处理4、处理8和处理6，分别对应为空白对照区、缺氮区、缺磷区、缺钾区和氮磷钾区。若研究有机肥料效应，可在“3414”完全试验方案设计的基础上增加一个有机肥处理区。该区有机肥用量的确定依据：若以有机肥中的氮当量为研究目的，则以氮、磷、钾区中氮的用量为依据确定；若以磷或钾为研究目的，则以氮、磷、钾区中磷或钾为依据确定。若研究中（微）量元素效应，可在“3414”完全试验方案设计的基础上增加一个中（微）量元素处理区。该区的氮、磷钾用量与氮、磷、钾区相同，仅增加中（微）量元素用量。

(2) 2+X动态优化施肥试验。2+X动态优化施肥试验主要应用于蔬菜、果树等经济作物的田间肥效试验研究。“2”代表常规施肥和优化施肥2个处理，若“X”代表氮肥总量控制（X_1）试验、氮肥分期调控（X_2）试验、有机肥当量（X_3）试验、肥水优化管理（X_4）试验、氮营养规律研究（X_5）试验等，则主要在蔬菜上实施；若“X”代表氮肥总量控制（X_1）试验、氮肥分期调控（X_2）试验、果树配方肥料（X_3）试验、中微量元素（X_4）试验等，则主要在果树上实施［具体试验实施方法和步骤参照《测土配方施肥技术规程》（NY/T 2911—2016）］。

二、土壤样品采集、制备和测试

（一）土壤样品采集与田间基本情况调查

土壤样品采集应具有代表性和可比性，并根据不同分析项目，采取相应的采样和处理方法。

1. 采样单元 根据土壤类型、土地利用方式和行政区划，将采样区域划分为若干个采样单元，每个采样单元的土壤性状要尽可能均匀一致。在确定采样点位时，形成采样点位图。当实际采样时，严禁随意变更采样点。若有变更，应注明理由。

在采样之前进行农户调查，选择有代表性的地块。作物大田平均每个采样单元为66 700～133 400 m^2。采样集中在位于每个采样单元相对中心位置的有代表性地块（同一农户的地块），采样地块面积为667～6 670 m^2。

蔬菜田平均每个采样单元为6 670～13 340 m^2，温室大棚作物每20～30个棚室或6 670～10 005 m^2

采1个样。采样集中在位于每个采样单元相对中心位置的有代表性地块（同一农户的地块），采样地块面积为667～6 670 m^2。

果园平均每个采样单元为13 340～26 680 m^2，地势平坦果园取高限，丘陵区果园取低限。采样集中在位于每个采样单元相对中心位置的有代表性地块（同一农户的地块），采样地块面积为667～3 335 m^2。

有条件的地区，以农户地块为土壤采样单元。采用GPS定位仪定位，记录采样地块中心点的经纬度，精确到0.1″。

2. 采样时间 作物大田一般在秋季作物收获后、整地施基肥前采集；蔬菜田一般在秋后收获后或播种施肥前采集，设施蔬菜在凉棚期采集；果园在上一个生育期果实采摘后至下一个生育期开始之前，连续1个月未进行施肥后的任意时间采集土壤样品。

3. 采样周期 同一采样单元，无机氮每季或每年采集1次；土壤有效磷、速效钾等一般2～3年采集1次；中微量元素一般3～5年采集1次。肥料效应田间试验每季采样1次。尽量进行周期性原位取样。

4. 采样深度 大田作物采样深度0～20 cm；蔬菜采样深度为0～30 cm；果树采样深度为0～60 cm，分为0～30 cm、30～60 cm采集基础土壤样品。如果果园土层薄（＜60 cm），则按照土层实际深度采集或只采集0～30 cm土层；用于土壤无机氮含量测定的采样深度，应根据不同作物、不同生育期的主要根系分布深度来确定。

5. 采样点数量 采样应多点混合，每个样点由15～20个分点混合而成。

6. 采样路线 采样时应沿着一定的线路，按照“随机”“等量”和“多点混合”的原则进行采样。一般采用S形布点采样。在地形变化小、地力较均匀、采样单元面积较小的情况下，也可采用梅花形布点采样。要避开路边、田埂、沟边、肥堆等特殊部位。混合样点的样品采集要根据沟、垄面积的比例确定沟、垄采样点数量。

7. 采样方法 每个采样分点的取土深度及采样量应保持一致，土样上层与下层的比例要相同。取样器应垂直于地面入土。用取土铲取样应先铲出一个耕层断面，再平行于断面取土。所有样品在采集过程中应防止各种污染。果树要在树冠滴水线附近或以树干为圆点向外延伸到树冠边缘的2/3处采集，距施肥沟（穴）10 cm左右，避开施肥沟（穴），每株对角采2点。

8. 样品量 混合土样以取土1 kg左右为宜（用于田间试验和耕地地力评价的土样取土在2 kg以上，长期保存备用），可用“四分法”将多余的土壤弃去。方法是将采集的土壤样品放在盘子里或塑料布上，粉碎、混匀，弃去石块、植株残体等杂物，铺成正方形，画对角线将土样分成4份，把对角的2份分别合并成1份、保留1份、弃去1份。如果所得的样品依然很多，可再用“四分法”处理，直至所需数量为止。

9. 样品标记 采集的样品放入统一的塑料袋或牛皮纸样品袋，用铅笔写好标签，内外各具1张。同时，开展田间基本情况调查，调查内容参照NY/T 2911—2016。

（二）土壤样品制备

1. 新鲜样品 某些土壤成分（如二价铁、硝态氮、铵态氮等）在风干过程中会发生显著变化，应用新鲜样品进行分析。采集新鲜样品后，应用保温箱保存，并及时送实验室，用粗玻璃棒或塑料棒将样品混匀后迅速称量测定。

新鲜样品一般不宜储存，如需要暂时储存，可将新鲜样品装入塑料袋，扎紧袋口，放在冰箱冷藏室或进行速冻保存。

2. 风干样品 从野外采回的土壤样品要及时放在土壤风干盘上自然风干，也可放在样品盘上，摊成薄薄一层，置于干净整洁的室内通风处自然风干。严禁暴晒，并注意防止气体及灰尘的污染。风干过程中，要经常翻动土样并将大土块捏碎以加速干燥，同时剔除侵入体。

风干后的土样按照不同的分析要求研磨过筛，充分混匀后，装入样品瓶中备用。瓶内外各放标签

1张，写明编号、采样地点、土壤名称、采样深度、细度、采样日期、采样人及制样时间、制样人等项目。制备好的样品要妥善储存，避免日晒、高温、潮湿和气体污染。全部分析工作结束、分析数据核实无误后，样品一般还要保存12～18个月，以备查询。对于试验价值大、需要长期保存的样品，应保存于棕色广口瓶中，用蜡封好瓶口。

（1）一般化学分析试样。将风干后的样品平铺在制样板上，用木棍或塑料棍碾压，并将植物残体、石块等侵入体和新生体剔除干净。细小已断的植物须根，可采用静电吸附的方法清除。也可将土壤侵入体和植株残体剔除后采用不锈钢土壤粉碎机制样。压碎的土样用2 mm孔径筛过筛，未通过的土粒重新碾压，直至全部样品通过2 mm孔径筛为止。将通过2 mm孔径筛的土样用四分法取约100 g继续研磨，余下通过2 mm孔径筛的土样用四分法取500 g装瓶，用于pH、有效养分等项目的测定。取出约100 g通过2 mm孔径筛的土样继续研磨，使之全部通过0.25 mm孔径筛，装瓶用于有机质、全氮等项目的测定。

（2）微量元素分析试样。用于微量元素分析的土样，其处理方法同一般化学分析样品，但在采样、风干、研磨、过筛、运输、储存等环节，不要接触容易造成样品污染的铁、铜等金属器具。采样、制样推荐使用不锈钢、木、竹或塑料工具，过筛使用尼龙网筛等。通过2 mm孔径尼龙筛的样品可用于测定土壤有效态微量元素。

（3）颗粒分析试样。将风干土样反复碾碎，用2 mm孔径筛过筛。留在筛上的碎石称量后保存，同时将过筛的土壤称重，计算砾石质量的百分数。将通过2 mm孔径筛的土样混匀后盛于广口瓶内，用于颗粒分析及其他物理性状测定。

若风干土样中有铁锰结核、石灰结核或半风化体，不能用木棍碾碎，应首先将其细心拣出，称量保存，然后再进行碾碎。

3. 土壤样品测试 测土配方施肥土壤样品测试项目汇总见表14-1。

表14-1 测土配方施肥土壤样品测试项目汇总

序号	测试项目	大田作物测土施肥	蔬菜测土施肥	果树测土施肥
1	土壤质地，指测法	必测		
2	土壤质量，比重计法	选测		
3	土壤容重	选测		
4	土壤含水量	选测		
5	土壤田间持水量	选测		
6	土壤pH	必测	必测	必测
7	土壤交换性酸含量	选测		
8	石灰需要量	pH<6的样品必测	pH<6的样品必测	pH<6的样品必测
9	土壤阳离子交换量	选测		选测
10	土壤水溶性盐量	选测	必测	必测
11	土壤氧化还原电位	选测		
12	土壤有机质含量	必测	必测	必测
13	土壤全氮含量	必测		
14	土壤水解性氮含量	至少测试1项	至少测试1项	必测
15	土壤铵态氮含量			
16	土壤硝态氮含量			
17	土壤有效磷含量	必测	必测	必测

（续）

序号	测试项目	大田作物测土施肥	蔬菜测土施肥	果树测土施肥
18	土壤缓效钾含量	必测		
19	土壤速效钾含量	必测	必测	必测
20	土壤交换性钙、镁含量	pH＜6.5 的样品必测	选测	必测
21	土壤有效硫含量	必测		
22	土壤有效硅含量	选测		
23	土壤有效铁、锰、铜、锌、硼含量	必测	选测	选测
24	土壤有效钼含量	选测，豆科作物产区必测	选测	

注：以上土壤理化性状指标测试方法参照 NY/T 2911—2016 中所列方法进行。

（三）植株样品采集、制备和测试

1. 植物样品的采集

（1）采样要求。采样应具有代表性、典型性和适时性。

① 代表性：采集样品能符合群体情况。

② 典型性：采样的部分能反映所要了解的情况。

③ 适时性：根据研究目的，在不同生长发育阶段，定期采样。

（2）样品采集。

① 粮食作物。粮食作物一般采用多点取样，避开田边 1 m 区域，按梅花形（适用于采样单元面积小的情况）或 S 形采样法采样。采集作物籽粒、秸秆和叶片部位样品，在采样区内采集不少于 10 个样点的样品组成一个混合样。采样量根据检测项目而定，籽实样品一般为 1 kg 左右，装入纸袋或布袋；秸秆及叶片为 2 kg，用塑料纸包扎好。

② 棉花样品。棉花样品包括茎秆、空桃壳、叶片、籽棉、脱落物等部分。样株选择和采样方法参照粮食作物。按样区采集籽棉，第一次采摘后将籽棉放在通透性较好的网袋中晾干（或晒干），以后每次收获时均装入网袋中。各次采摘结束后，将同一取样袋中的籽棉作为该采样区籽棉混合样。脱落物包括生长期间掉落的叶片和蕾铃。收集要在开花后，即多次在定点观察植株上进行，并合并各次收集的脱落物。

③ 油菜样品。油菜样品包括籽粒、角壳、茎秆、叶片等部分。样株选择和采样方法参照粮食作物。鉴于油菜在开花后期开始落叶，至收获期株株上叶片基本全部掉落，叶片的取样应在开花后期，每区采样点不应少于 10 个（每点至少 1 株），采集油菜植株全部叶片。

④ 蔬菜样品。蔬菜品种繁多，可大致分为叶菜、根菜、瓜果 3 类，按需要确定采样对象。菜地采样可按对角线或 S 形采样法布点，采样点不应少于 10 个，采样量根据样本个体大小确定，一般每个点的采样量不少于 1 kg。

⑤ 果树样品。进行 2＋X 动态优化施肥试验的果园，要求每个处理都应采样。当基础施肥试验面积较大时，在平坦果园可采用对角线法布点采样，由采样区的一角向另一角引一对角线，在此线上等距离布设采样点；山地果园应按等高线均匀布点，采样点一般不应少于 10 个。对于树型较大的果树，采样时应在果树的上、中、下、内、外部的果实着生方位（东南西北）均匀采摘果实。将各点采摘的果品进行充分混合，按四分法缩分，根据检验项目要求，最后分取所需份数，每份 20～30 个果实，分别装入袋内，粘贴标签，扎紧袋口。

在进行果树叶片样品采集时，一般分为落叶果树和常绿果树采集叶片样品。落叶果树，在 6 月中下旬至 7 月初营养性春梢停长、秋梢尚未萌发即叶片养分相对稳定期，采集新梢中部第 7～9 片成熟正常叶片（完整无病虫叶），分树冠中部外侧的 4 个方位进行；常绿果树，在 8—10 月（在当年生营养春梢抽出后 4～6 个月）采集叶片，应在树冠中部外侧的 4 个方位采集生长中等的当年生营养春梢顶部向下第3叶（完整无病虫叶）。一般以8:00—10:00采叶为宜。一个样品采10株，样品数量根据叶片大小确定，苹果叶等大叶一般50～100片；杏、柑橘叶等一般100～200片；葡萄要分叶柄和叶肉两部分，用叶柄进行养分测定。

（3）标签内容。包括采样序号、采样地点、样品名称、采样人、采集时间和样品处理号等。

（4）采样点调查内容。包括作物品种、土壤名称（或当地俗称）、成土母质、地形地势、耕作制度、前茬作物及产量、化肥与农药施用情况、灌溉水源、采样点地理位置简图和坐标。

2. 植株样品处理与保存

（1）大田作物。粮食籽实样品应及时晒干脱粒，充分混匀后用四分法缩分至所需量。需要洗涤时，注意时间不宜过长并及时烘干。为了防止样品变质、虫咬，需要定期进行风干处理。使用不污染样品的工具将籽实粉碎，用0.5 mm筛过筛制成待测样品。带壳类粮食（如稻谷）应去壳制成糙米，再进行粉碎过筛。测定微量元素含量时，不要使用能造成污染的器械。

完整的植株样品先洗干净，用不污染待测元素的工具粉碎样品，充分混匀用四分法缩分至所需的量，制成鲜样或于60 ℃烘箱中烘干后粉碎备用。

（2）蔬菜。完整的植株样品先洗干净，根据作物生物学特性差异，采用能反映特征的植株部位，用不污染待测元素的工具粉碎样品，充分混匀用四分法缩分至所需的数量，制成鲜样或于85 ℃烘箱中杀酶10 min后，保持65～70 ℃恒温烘干后粉碎备用。田间所采集的新鲜蔬菜样品若不能马上进行分析测试，应将新鲜样品装入塑料袋，扎紧袋口，放在冰箱冷藏室或进行速冻保存。

（3）果树。完整的植株叶片样品先洗干净，洗涤方法是先将中性洗涤剂配成1 g/L的水溶液，再将叶片置于其中洗涤30 s，取出后尽快用清水冲掉洗涤剂，再用2 g/L盐酸溶液洗涤约30 s，然后用二级水洗净。整个操作应在2 min内完成。叶片洗净后应尽快烘干，一般是将洗净的叶片用滤纸吸去水分，先置于105 ℃鼓风干燥箱中杀酶15～20 min，然后保持在75～80 ℃条件下恒温烘干。烘干的样品从烘箱中取出冷却后随即放入塑料袋里，用手在袋外轻轻搓碎，然后再用玛瑙研钵或玛瑙球磨机或不锈钢粉碎机中磨细（若仅测定大量元素的样品，可使用瓷研钵或粉碎机磨细），用直径0.25 mm尼龙筛过筛。干燥磨细的叶片样品，可用磨口玻璃瓶或塑料瓶储存。若需长期保存，则应将密封瓶置于−5 ℃以下冷藏。

果实样品测定品质（糖酸比等）时，应将果皮洗净后尽快进行。若不能马上进行分析测定，应暂时放入冰箱保存。需测定养分的果实样品，洗净果皮后将果实切成小块，充分混匀后用四分法缩分到所需的数量制成匀浆。

3. 植物样品测试　植物样品测试指标主要是全氮、全磷、全钾、含水量、粗灰分、全钙、全镁、全硫、全钼、全硼和全铜、全锌、全铁、全锰等。主要测试方法参照NY/T 2911—2016的规定执行（表14-2）。

表14-2　测土配方施肥植株样品测试项目汇总

序号	测试项目	大田作物测土配方施肥	蔬菜测土配方施肥	果树测土配方施肥
1	全氮、全磷、全钾含量	必测	必测	必测
2	含水量	必测	必测	必测
3	粗灰分含量	选测	选测	选测
4	全钙、全镁含量	选测	选测	选测
5	全硫含量	选测	选测	选测
6	全硼、全钼含量	选测	选测	选测
7	全铜、全锌、全铁、全锰含量	选测	选测	选测
8	硝态氮田间快速诊断	选测	选测	选测
9	冬小麦/夏玉米植株氮营养快速诊断	选测		

（续）

序号	测试项目	大田作物测土配方施肥	蔬菜测土配方施肥	果树测土配方施肥
10	水稻氮营养快速诊断	选测		
11	蔬菜叶片营养诊断		必测	
12	果树叶片营养诊断			必测
13	叶片金属营养元素快速诊断		选测	选测
14	维生素 C 含量		选测	选测
15	硝酸盐含量		选测	选测
16	可溶性固形物含量			选测
17	可溶性糖含量			选测
18	可滴定酸含量			选测

三、肥料用量确定与肥料配方设计

（一）肥料用量确定

根据田间试验测试土壤和植株样品结果，可利用氮磷钾实时监控法、肥料效应函数法、土壤养分丰缺指标法、养分平衡法、目标产量法等进行施用量确定。具体计算方法可参照 NY/T 2911—2016 的规定执行。

（二）肥料配方设计

1. 基于地块的肥料配方设计 基于地块的肥料配方设计，首先确定氮、磷、钾养分用量，然后确定相应的肥料组合。

2. 施肥单元确定与肥料配方设计

（1）施肥单元确定。以县域土壤类型（土种）、土地利用方式和行政区划（村）的结合作为施肥单元，具体工作中可应用土壤图、土地利用现状图和行政区划图叠加生成施肥单元。

（2）肥料配方设计。①根据每个施肥单元的作物产量和氮、磷、钾及微量元素肥料的需要量设计肥料配方。设计配方时，可只考虑氮、磷、钾的比例，暂不考虑微量元素肥料。在氮、磷、钾三元素中，可优先考虑磷、钾的配比设计肥料配方，在此基础上，以不过量施用为原则设计氮的含量。②区域肥料配方一般包括基肥配方和追肥配方，以县为单位分别设计。区域肥料配方设计以施肥单元肥料配方为基础，应用相应的数学方法（如聚类分析、线性规划等）将大量的配方综合，形成配方科学、工艺可行、性状稳定的区域主推肥料配方。

3. 制作县域施肥分区图 区域肥料配方设计完成后，按照既经济又节肥的原则为每一个施肥单元推荐肥料配方。具有相同肥料配方的施肥指导单元即为同一个施肥分区，将施肥单元图根据肥料配方进行渲染后形成县域施肥分区图。

4. 肥料配方校验 对肥料配方应用的作物和区域，开展肥料配方验证试验，根据各地实际情况，适时优化调整配方比例，以优选出适合当地情况的最佳配方予以推广。

（三）配方肥料合理施用

1. 施肥原则 在养分需求与供应平衡的基础上，坚持有机肥与无机肥相结合，坚持大量元素与中微量元素相结合，坚持基肥与追肥相结合，坚持施肥与其他措施相结合。在确定肥料配方和用量后，选择适宜肥料种类、确定施肥时期和施肥方法等。

2. 肥料种类 根据肥料配方和种植作物，选择配方相同或相近的复混肥料，也可选用单质或复混肥料自行配制。

3. 施肥时期 根据作物阶段性养分需求特性、灌溉条件和肥料性质，确定施肥时期。配方肥料主要作为基肥施用。

4. 施肥方法 应根据作物种类、栽培方式、灌溉方式、肥料性质、施肥设备等确定适宜的施肥方法。常用的施肥方式有撒施后耕翻、条施、穴施等。有条件的地区，推荐采用水肥一体化、机械深施、种肥同播等先进施肥方式。

第三节　测土配方施肥信息服务系统

一、系统设计

测土配方施肥信息服务系统是对黄壤耕地资源相关信息进行管理和应用的软件。系统集空间数据、属性数据及各类多媒体数据于一体，可完成从数据的采集、编辑、储存到分析、输出等一整套功能。根据各地区黄壤土质等环境因子，按照国际通用的配方施肥计算公式，得出适宜当地黄壤类型下不同农作物所需的化肥用量，并在满足农作物生长需求的同时，能够节约使用化肥、减少农作物投资开销。同时，在系统中提供农业相关的宣传知识以及视频课件等，更好地为黄壤耕地作物种植提供帮助。

系统的核心功能是测土配方施肥推荐。以我国测土配方施肥工作成果数据为基础，通过测土配方施肥数据管理系统中的数据库建立施肥指标体系，再依托江苏省扬州市耕地质量保护站开发的县域耕地资源管理信息系统中各县空间数据库和属性数据库为基础数据，建立以县为系统单元的黄壤分布区域测土配方施肥专家系统，系统以计算机、智能手机、智能配肥机等为载体，通过获取地块的立地条件及养分信息，实现精确到地块的施肥推荐。

二、数据库建立

（一）耕地单元图的制作

耕地施肥管理单元图是GIS空间数据库最基本和最重要的组成部分，用土壤图、土地利用现状图与行政区划图叠加产生的图斑作为耕地管理单元，对重叠后形成的“真空”图斑、碎图斑等问题，通过分析不同图件的信息，按自动生成图斑与手动生成图斑相结合的方式进行耕地管理单元图斑制作，即以土地利用现状图与土壤图叠加形成图斑，叠加后若出现土种与利用现状的矛盾情况，则根据土种的演变更改图斑土种，使图斑更符合实际情况。最后筛选有精确坐标的边界图为基准用于修改（合并、切割等）其他对应图件，这样形成的管理单元空间界线及行政隶属关系明确，有准确的面积，地貌类型与土壤类型一致，利用方式和耕作方法基本相同。根据土壤类型划分单元可以在一定程度上反映耕地地力的差异；用行政村为界限划分单元，适用于农业生产管理；按土地利用现状图的基础制作单元，单元内地形、水利状况基本一致，种植作物的种类、管理水平、常年产量也基本相同。

（二）属性数据库制作

系统采用栅格矢量混合数据模式，施肥管理单元采用矢量模式的划分方法，空间分辨率高，属性数据容易落实，不需要对数据进行格式的转换。并且，这种模式的数据量、运算复杂度介于矢量模式和栅格模式之间，运算时间比栅格模式要短。

对于剖面结构、排水能力、土体厚度等相对定性的因子，由于没有相应的专题图和足够样本的数据采集，因此根据第二次全国土壤普查资料按土种进行赋值，以每个单元的土种来获取因子值。

对于耕层质地、灌溉能力、地形部位等相对定性的因子，通过土壤采样点的调查数据得到。在采集土壤时，对各样点的耕层质地、灌溉能力、地形部位因子进行详细调查；土壤调查样点分布较为均匀且密度较大，这些因子在空间一定范围内存在相对的一致性，也就是说，在一定的采样密度下，每个采样点附近的评价单元的耕层质地等因子值可以用该样点的值代替，即以点代面来实现评价单元中对耕层质地、灌溉能力、地形部位等因子值的提取。

对于土壤理化性状因子，为了更准确地使耕地图斑的养分符合实际情况，在实施中对各类插值模型进行分析，找出“以点代面、同土种相似、空间相关”的土壤养分空间属性数据赋值方法，具体为对每个图斑内的样点测试值进行统计，以平均值对图斑进行赋值，没有样点的以相邻同土种图斑的值进行赋值，无相邻同土种图斑的以同村（如无则以同乡，还无则以全县）同土种图斑值的加权平均值与相邻图斑值的加权平均值加权赋值，从而形成黄壤养分单元图层。

对于海拔、降水、积温等立地条件和环境因子值的获取，采用等高线等线状地物进行数据内插而生成数字高程模型（DEM），再通过对每个单元所覆盖的 DEM 进行高程统计，最终就实现了这些因子值的提取。

（三）空间数据库制作

由于建立空间数据库的各种原始地图的来源不同，在扫描矢量化以后，它们的坐标体系不同，导致图层不能够在同一个平面内显示，因此必须统一坐标体系，根据系统的实际需要，以西安 80 坐标系为统一的坐标体系。

本数据库涉及的空间数据类型多样，既有矢量的管理单元图件，也有栅格的影像图件，而且这些空间数据与其对应的属性数据存在高度集成的特点，因而采用 ARCGIS Geodatabase 来设计和开发系统空间数据库。在空间数据库中，处于层状结构顶端的是要素集，往下按照分图件组织要素类，以及各种值域规则和行为规则。要素集具有相同坐标系统，如土壤要素、土地利用要素类、河流要素类、样点要素类、耕地施肥管理单元要素类等。要素类是具有相同属性的空间实体的集合，如可由大小不等的耕地图斑共同构成耕地管理单元要素类，要素类在 Geodatabase 中用业务表、扩展属性表、要素表和空间索引表组成的一组表来存储，业务表存储要素类的属性数据，要素表存储要素类的几何坐标、位置信息，空间索引表存储要素类的索引格网和要素的封装边界，三者通过要素的识别码实现统一。扩展属性表存储要素类的大量属性信息（如耕地施肥管理单元的图斑 40 多个属性数据），通过关键字与业务表来实现关联。

（四）施肥模型制作

根据农业农村部在全国实施的测土配方施肥项目所产生的测土配方施肥“3414”田间试验数据、同田对比试验数据进行分析，确定作物施肥参数，建立施肥模型。

1. 施肥模型设计 对于推荐施肥的模型库，采用如图 14－1 所示的推荐施肥知识表示方法进行分解设计，由于系统总的推理网络图较为复杂，在此仅以玉米施肥中求解目标产量部分示意。先考虑施肥中需要解决哪些问题，再考虑每个问题会涉及哪些因素，然后利用这些因素的一组关系（经验知识或运算公式）来描述这些问题。对于不能确定的因素，又利用一组新的因素或这些因素之间的关系确定，相当于求解一个子问题，一步一步地分解推理，直至确定每一个因素。

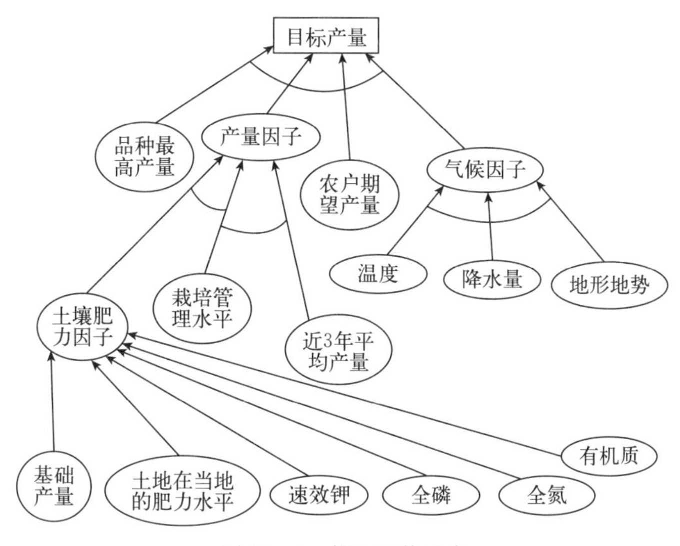

图 14－1 推理网络示意

明确推荐施肥的具体任务：在已知玉米品种、咨询地点和有机肥用量的前提下，根据有关因素确定玉米氮、磷、钾化肥的总施用量、预估产量，并分别给出底肥、各生育期的追肥时间和追肥量。总的任务确定后，将其分解为若干个独立具体的子任务；然后再分别分析每个子任务。在具体分解和分析每个子任务的过程中，一些子任务之间不是完全独立的，具有交叉因果关系，有的相当复杂，因此运用了推理网络图的方式进行描绘。

系统中推荐施肥模型建立的方法主要有养分平衡配方法、地力分区配方法、土壤养分丰缺指标法。

（1）养分平衡配方法。在地力分区的基础上，确定各种施肥参数，提供个性化服务。

涉及目标产量、作物需肥量、土壤供肥量、肥料利用率和肥料中有效养分含量五大参数。目标产量确定后，因土壤供肥量的确定方法不同，形成了地力差减法和土壤有效养分校正系数法两种。

（2）地力分区配方法。主要提供区域层面上的服务，按分区确定施肥量。根据已有资料，经统计分类，找出规律，将耕地按肥力高低分成若干等级，结合产量目标，制定推荐施肥配方，供用户查询使用。

（3）土壤养分丰缺指标法。通过土壤养分测试结果和田间肥效试验结果，建立不同作物不同土壤类型的养分丰缺指标，调整施肥量。

2. 数据处理与统计　为保证数据完整、真实、可靠，对试验结果进行逐个审核，所有剔除数据均做好标注或备份，以便核实。单位错误（亩和 hm^2、斤和 kg、%和 g/kg 等）、内容错误（小区产量和亩产量、小区施肥量和亩施肥量、鲜重和干重等）、录入错误（小数点错误等）等错误数据，能更正的应尽量更正，难以更正的则剔除。异常数据先追溯原因，再决定是否剔除，采取理性剔除而非机械剔除，有明显原因或统计检验异常的结果剔除，无明显原因的核实后保留。缺失数据查找原始数据，确定能否补齐；不能补齐的则剔除，不估计赋值。数据分析与处理流程如下。

（1）数据审核。①基本信息审核。包括信息完整性审核和信息规范性审核，逐列检查，补充遗漏信息，保持各列信息规范一致。②问题数据的审核。虚假值采用列间比例值是否完全相同或数据排列等来查找，错误值、异常值采用数据筛选排列功能查找。对产量不在参考范围的试验数据，进行重点审查，确定其真实性和合理性。对养分含量范围超过参考范围的试验数据，进行重点审查，确定其真实性和合理性。③逻辑与比例关系审核。如合理施肥产量＞空白产量，籽粒氮、磷养分含量＞茎叶氮、磷养分含量等。④数值合理性审核。根据参考标准范围值进行合理性审核。

（2）对缺失数据进行赋值，并进行数据类型归类为Ⅰ类数据、Ⅱ类数据。

（3）对审核符合的基本数据进行肥料利用率测算，对于肥料利用率＞100%和＜0 的数据进行分析，找出原因，再次作出甄别、剔除和保留。

（4）利用统计学原理进行异常值的剔除，符合正态分布数据，以 95%置信区间为控制标准；对于偏态分布数据，以 3 倍四分位距值作为标准，用四分位距的方法判别异常值。对数据作正态分布检验后，再次进行数据类型归类。

（5）在保留全部数据的同时，对不同数据类型分别进行时段和区域划分。

（6）对各种参数测算结果进行正态分布检验，若不符合正态分布要求的，进行数据剔除。

3. 模型参数计算　参考肥料利用率的计算方法与“3414”肥料效应试验计算方法。利用“3414”试验中的处理 2、处理 4、处理 8 的总吸氮量、总吸磷量、总吸钾量分别测算土壤全氮、有效磷、速效钾的校正系数。利用肥效试验回归分析所得的最佳产量与空白产量（处理 1）建立线性方程，分区域确定目标产量。“3414”试验一类数据根据样本量分区域测算 2 水平氮、磷、钾肥料利用率等相关参数。对于有籽粒产量、籽粒养分含量和秸秆养分含量的“3414”试验二类数据，利用一类数据测算并估计各处理籽粒秸秆比，然后计算其秸秆产量，再根据上述一类数据计算公式测算每个试验肥料利用率；如果只有籽粒产量的“3414”试验二类数据，则利用一类数据测算不同处理百千克经济产量养分需求量，再按公式“养分吸收量＝籽粒产量×百千克经济产量养分需求量/100”计算各处理养分吸收量，并参照一类数据计算方法测算各个处理和区域氮、磷、钾肥利用率。

（1）目标产量。

方法 1：采用平均产量法来确定。利用本地块（或施肥区）前 3 年平均单产（代表土壤施肥、品种、栽培和气候等综合生产力）和年递增率为基础确定目标产量，递增率根据分区在 0～1 取值。

方法 2：采用空白产量法来确定。分不同区域建立空白产量（代表土壤基础肥力、品种、栽培和气候等综合生产力）与目标产量的相关模型。

方法 3：采用地力水平决定。考虑各种条件（如气候、养分或土种）进行地块的生产潜力评价，建立不同分区地力水平与目标产量间的关系模型。

（2）土壤养分丰缺指标与校正系数。养分丰缺指标法是利用土壤养分测定值和作物吸收养分之间存在的相关性，对不同作物通过田间试验，把土壤测定值以一定的极差进行分等后，制成养分丰缺检索表，待取得土壤测定值后，就可以通过检测检索表上的数值，按级确定丰缺程度。通过土壤养分测试结果和田间肥效试验结果，建立不同作物、不同分区的养分丰缺指标。通过土壤养分测定判断丰缺状况，以推荐施肥量不造成土壤污染（环境污染）为前提，按照满足当季需求、兼顾培肥地力（下中等田土）、发挥高产田土壤潜力的原则进行。

（3）百千克产量吸收量。作物因品种因地域每生产百千克产量对养分的吸收量差异较大，在研究中根据分区计算得到几种作物在不同系统单元的吸收量数值。例如，贵州水稻百千克籽粒养分需求量为纯 N（2.1±0.3）kg、P_2O_5（1.25±0.2）kg、K_2O（3.13±0.3）kg，在同级产量水平下，生产 100 kg 粳稻稻谷需氮量比籼稻高 0.2 kg，需根据分区及目标产量进行取值。

三、系统功能

（一）地图推荐施肥

地图推荐施肥是系统的核心内容。系统可对不同生态条件下主要作物的施肥提供决策咨询，咨询分为面上服务的单元配方和根据采样点进行的采样配方，配方的推荐实现了个性化服务，包括氮、磷、钾肥的使用量推荐，施用时期分配，不同肥料品种的组合决策、产量预测、效益估算等功能。

在系统主界面点击“地图推荐施肥”按钮打开地图推荐施肥界面。系统提供了县界、乡镇界、村界、公路、水库（河流）、城镇、居民地、耕地单元等图层，用户可以通过勾选图层名称开关选择需要加载的图层，通过工具条中“放大”“缩小”“复位”和“漫游”等导航按钮的触击来实现对地图单元的定位控制。选定地块单元后，进入“推荐施肥”界面。在“推荐施肥”界面，用户按照实际情况通过下拉单选框选择或系统的数字小键盘输入目标地块的“耕地面积”“常年产量”“目标产量”等数据，根据所在区域的特点及自身经验，对界面中参数进行一定程度的调整，在“肥料品种”中选择系统库中包含所需的复合肥或单质肥料品种后，点击“计算施肥量”按钮进行施肥量计算，系统直接推荐出地块所需肥料纯量、化肥总用量、基肥和各生育期的追肥用量和施用时期，用户可以直接打印施肥推荐卡。施肥推荐卡上包括该单元地理位置、土种名称、土壤养分测试值、施肥纯量、总肥料用量、各期追肥用量等内容，直观地为农民提供土壤资源情况和科学施肥信息。

（二）样点推荐施肥

对采样地块进行科学推荐施肥是本模块的核心功能。建立各县（区）的测土配方施肥项目采样点数据库，用户通过乡镇名、村名、农户姓名、地块名称等下拉菜单的选择确定采样单元，系统自动调出采样地块的详细信息（如面积、土种类型、采样时间、土壤理化性状等），并在此基础上进行施肥推荐。样点推荐施肥针对性地为测土配方施肥工作中已采样的农户提供施肥建议，能够为农民施肥提供个性化的咨询决策服务，在系统推广应用中更易于被农户接受。

施肥咨询是系统的核心功能，分点触式咨询和输入式咨询两种形式。在进行点触式咨询之前，需要设置数据源、肥料参数、肥力指标等相关参数。系统中均有针对不同地区地力和作物种植特点的个性化初始设定，非特殊需要时，无须更改默认设置即可直接进行施肥咨询操作。输入式咨询即在无法通过地图获取土壤养分信息而又明确具体养分状况的情况下，通过手动输入养分信息而计算推荐的施肥用量和方案。

（三）成果图件制作

系统的地图显示窗口分为数据视图和版面视图。在进行耕地单元属性浏览或对耕地进行推荐施肥时，使用数据视图；需要排版出图时，则通过视图菜单选择使用版面视图。通过图件制作模块，用户可以制作土壤类型图、地貌类型图、土壤肥力等级图、土壤理化性状（有机质、pH、全氮、碱解氮、全磷、全钾等）分布图等。用户根据需要将土壤类型图、耕地资源管理单元图等图层添加到图集，连接相关数据表，对图层单元属性进行颜色、图层要素标注等的调整，插入标题、图例、指北针、比例尺等元素即可完成图件的制作，地图可输出为 pdf、png、gif、bmp 等格式的不同分辨率的图件。

（四）测土配方施肥知识普及

由作物缺素症状、测土配方施肥知识和肥料知识 3 部分内容组成。作物在生长过程中，常由于缺乏氮、磷、钾或微量元素发生生长异常，作物缺素症状部分收集了主要农作物和各地特色果蔬的缺素症状，辅以大量田间照片，图文并茂、形象生动。测土配方施肥知识部分主要介绍测土配方施肥的相关知识，指导用户科学施用配方肥。肥料知识部分主要介绍常见肥料的品种特性、使用方法及注意事项等。

测土配肥施肥信息服务系统主要面向对象为基层涉农技术部门人员和农民，建立总的作物栽培数据库，包括玉米、小麦等农作物的优良品种、栽培技术、管理技术以及病虫害防治技术等。根据各地区农业生产特点，有针对性地选择适宜该地区的栽培管理技术内容以及各地目前主推的农作物或农业生产技术，为用户掌握先进的、适宜的作物栽培管理技术提供了参考。

农业技术影像课件模块主要播放的是主要作物栽培、病虫防治等与农业生产密切相关的视频，形象直观地展示农业常识和农业技术。播放窗口有视频播放控制控件，可以播放、暂停和停止视频播放，可拖动声音控制滑块调节声音的大小，拖动播放进度块可以实现视频任意点播放。通过界面下方的“上一个”和“下一个”的按钮，实现视频的顺序播放。

（五）后台管理

后台管理主要用于维护和更新技术资料数据库。后台管理由栏目管理、内容管理、视频管理和施肥参数 4 部分组成，管理员可以在后台对数据进行增加、更改或删除操作。

栏目管理内容管理和视频管理部分允许用户对各级标题及内容进行增加、修改和删除操作。施肥参数部分提供了查询、修改和导出现有配方施肥参数的功能。施肥参数较多，包括作物品种特征、肥料品种特征、单位经济产量养分吸收量、土壤基础地力产量、元素丰缺指标、肥料适宜用量、肥料运筹方案（氮肥利用率）、作物适宜性评价模型等。

其中，作物品种特征表是测土施肥模块管理作物品种的出入口，系统按照作物品种、栽培方式推荐施肥方案，所有推荐施肥方案的作物品种均需要在此登记，如果栽培方式对施肥方案有影响，则需要分别登记。在作物品种特征表中，“大田最高产量”一栏为必填参数。大田最高产量是指某一作物品种在当地大田生产条件下最高生产潜力下的产量，是适宜度指数法预测作物目标产量的重要参数。用户在添加作物时，还可填入作物的生育期、最佳播种期、移栽期、密度等信息。

作物单位经济产量养分吸收量是百千克籽粒（或其他经济产量）吸收的氮、磷、钾量，要输入品种的施氮、无氮区的百千克产量纯氮吸收量，施磷、无磷区的百千克产量磷吸收量，以及施钾、无钾区的百千克产量钾吸收量。

土壤基础地力产量比例表中，施肥参数部分包括了百千克产量吸收量、肥料当季利用率、目标产量、土壤养分丰缺指标、土壤有效养分校正系数、农作物空白产量与目标产量对应函数、农作物前 3 年平均产量与目标产量增产率和施肥时期运筹等参数，提供了作物施肥参数的查询、修改和导出功能。参数库中作物推荐施肥指标参数来源于“3414”田间肥料试验、配方施肥与常规施肥同田对比试验以及多年来田间肥效试验等试验结果。在作物目标产量的计算中，如有空白产量（未施肥地块产量），系统根据地力差减法进行计算；如有前 3 年平均产量，系统根据目标产量法及土壤有效养分校正系数法进行施肥推荐的加权计算；如 2 种数据均有，则按照 2 种推荐结果加权计算；如 2 种数据都没有，则根据经验输入目标产量，系统根据耕地所处分区，采用效应函数法和目标产量法进行施肥推荐。系统在进行施肥决策时，所有条件在一个界面完成选择输入，系统可调用前期采集的信息数据库中的数据（如土种类型、质地、土壤养分测试值等），以简化咨询流程。系统还提供了数据查询和数据导出功能。数据采集和更新的方法以及采集的数据要具备能够根据用户提出的新数据需求而适时调整和完善的能力。

四、各类终端的应用

依据农业农村部在我国实施测土配方施肥项目的土壤测试数据、1：10 000 的第二次农村土地调查产生的土地利用现状图、第二次全国土壤普查的 1：50 000 的土壤图等资料，建立黄壤耕地数据库和黄壤施肥推荐系统属性数据库、空间数据库，并以县行政区划为基础，建立了主要农作物推荐施肥模型参数，包括百千克产量吸收量、肥料当季利用率、目标产量、土壤养分丰缺指标、土壤有效养分校正系统、肥料效应函数、施肥时期运筹等相关参数。建立了黄壤施肥系统数据中心和基于各类终端的推荐施肥移动 App、推荐施肥 Web 系统、推荐施肥短信平台、智能配肥机查询平台、推荐施肥桌面系统等，实现了耕地信息数据浏览、数据的统计应用、图属一体化查询等，通过选择施肥管理单元与相应的条件，施肥模型会对具体田块的目标产量、施肥量和最佳经济效益施肥量计算，可以方便地进行相关数据查询，生成各种施肥图件、方案和文本报表并打印输出，为农民提供便捷的作物精准施肥科学指导，为基层农技推广部门提供技术支撑。

（一）触摸屏查询系统

触摸屏坚固耐用，是目前最简单、方便且又适用于农户使用的信息查询输入设备，特别适合基层农技人员和农户操作使用。测土配方施肥触摸屏查询系统是专门为乡村肥料销售点开发的。系统不仅能实现对地块的精准推荐施肥和信息查询功能，还能宣传、推广测土配方施肥技术与知识，将农业信息技术引入施肥中，能为农民提供种植施肥管理的决策与咨询。系统可以对当地主要作物的施肥提供决策咨询，咨询分为面上服务的单元配方和根据采样点情况提供的采样配方，配方的推荐达到个性化服务，能实现氮、磷、钾肥的使用量推荐，施用时期分配，不同肥料品种的组合决策、产量预测、效益估算等功能。用户通过在触摸屏上操作实现对自己田块相关信息的浏览、查询，对田间任何位点（或任何一个操作单元）进行配方施肥的咨询，打印施肥建议卡。

系统安装在触摸屏一体机上，能够放在肥料供应点等公众场合使用，农民到肥料销售点购买肥料时，可以及时方便地浏览、查看、打印所需的自家田块的土壤信息和施肥方案，并根据自家田块的实际情况购买相应的肥料。测土配方施肥触摸屏查询系统简洁明快，既能满足政府农业主管部门的决策需求，又能满足推广单位的指导需要。触摸屏系统加快了测土配方施肥技术的推广应用以及耕地地力评价成果在农业生产中的应用，提高了农民的科学施肥观念，为深化测土配方施肥技术应用奠定了基础。

（二）智能配肥机版施肥查询系统

智能配肥机版施肥查询系统是专门为乡村肥料销售点研制的，农民到肥料供应点购买肥料时，只需轻轻点击屏幕便可查询到自家田块土壤信息和施肥方案。还可以通过配肥机实时配置精准的肥料。在很大程度上减少了农户在肥料上不必要的花费，保护了生态环境。在推荐出肥料用量后，可以点击“肥料配制”按钮，启动配肥机，将单质肥料进行实时、精准配肥。

（三）基于 Android 手机版系统

基于 Android 手机的测土配方施肥推荐系统包括施肥（细分地图推荐施肥、样点推荐施肥、输入数据推荐施肥、配方施肥技术资料、肥料施用技术等模块）、技术（种植技术、生产技术视频资料）、查询（土壤属性、耕地地力等级、采样点、行政区搜索等）、维护（登录、数据更新、版本、说明、设置在线或离线等）等部分。系统可对田间耕地的任何位点进行定位，根据地块土壤养分等各方面自然原因，按照具有科学规定的配方施肥计算公式，实现农作物施肥中氮、磷、钾肥的使用量和施用时期推荐。系统在平时离线运行，在需要进行地图运行时，以 ARCGIS SERVER 地图服务的在线地图方式实现，所有的离线地图、数据均需要从软件中自行下载更新，提供的安装包只带一个基础的数据。同时，在本系统中提供各种农业相关的技术知识以及视频等，更好地为作物种植提供有效的帮助。

该系统为测土配方施肥技术的信息化、智能化和易操作化提供了实在的工具，为农民提供了直观、简便、科学的施肥指导，提高了农技人员的工作效率，树立了农民的科学施肥观念，扩大了测土配方施肥技术的推广应用范围，有力地支撑了节约肥料资源、减少农业面源污染、改善生态环境的目标。

随着信息技术的发展，国内外学者借助信息手段对推荐施肥进行了探索，精准施肥技术成为精准农业的最早应用领域，也是未来高效施肥研究与应用的主要方向。作物测土配方施肥服务系统采用以用户为本的软件界面信息设计，在地图推荐施肥图层中添加了卫星影像图和小地名，在样点推荐施肥中提供了农户姓名、采样时间和地块名称，有利于用户对耕地单元进行更直观定位，增加了系统的可信度和可操作性。根据用户的需求建立场景模型，对界面信息结构的设计集中于如何满足用户多层次的需求。例如，用户可以选择根据不同的参数进行施肥计算，或选择测试施肥对采样空白区域进行计算施肥，满足不同用户的个性化使用需求。

系统的应用大大缩短了农技人员手工填写施肥建议卡的时间，降低了农技人员的工作强度，提高了农户对测土配方施肥工作的认可度和拿卡的主动性，扩大了测土配方施肥应用范围。系统更新方法简便，农技人员稍加培训即可掌握。测土配方施肥工作每年都新增加采样点及土壤养分分析数据，基层技术人员随时可在后台更新当地的施肥参数，获取更为科学的推荐施肥配比。随着测土配方施肥工作的不断实施，将对施肥指标体系进一步细化和调整，建立更本地化的施肥信息服务系统。

第四节　黄壤区主要作物科学施肥指导意见

以测土配主施肥项目成果为主要依据，研究制定黄壤区马铃薯、玉米及油菜的施肥指导意见。总体原则：因地制宜确定不同区域、不同作物经济合理施肥量，优化施肥时期，改进施肥方式，提高肥料利用率，鼓励多施有机肥，倡导秸秆还田、改良土壤，提高土壤综合产出能力。

一、马铃薯施肥指导意见

（一）施肥原则

一是增施有机肥，提倡有机无机肥相结合。二是依据土壤钾素状况，适当增施钾肥。三是肥料施用应与作物品种、高产优质栽培技术相结合。

（二）指导意见

1. 脱毒马铃薯

（1）目标产量每 667 m^2 1 800 kg 以上：氮肥（N）每 667 m^2 9～18 kg，磷肥（P_2O_5）每 667 m^2 9～12 kg，钾肥（K_2O）每 667 m^2 15～24 kg。

（2）目标产量每 667 m^2 1 800～1 400 kg：氮肥（N）每 667 m^2 7～16 kg，磷肥（P_2O_5）每 667 m^2 6～10 kg，钾肥（K_2O）每 667 m^2 12～21 kg。

（3）目标产量每 667 m^2 1 400 kg 以下：氮肥（N）每 667 m^2 4～14 kg，磷肥（P_2O_5）每 667 m^2 5～8 kg，钾肥（K_2O）每 667 m^2 9～18 kg。

2. 常规马铃薯

（1）目标产量每 667 m^2 1 500 kg 以上：氮肥（N）每 667 m^2 11～16 kg，磷肥（P_2O_5）每 667 m^2 6～10 kg，钾肥（K_2O）每 667 m^2 12～24 kg。

（2）目标产量每 667 m^2 1 500～1 200 kg：氮肥（N）每 667 m^2 4～14 kg，磷肥（P_2O_5）每 667 m^2 4～9 kg，钾肥（K_2O）每 667 m^2 15～21 kg。

（3）目标产量每 667 m^2 1 200 kg 以下：氮肥（N）每 667 m^2 3～12 kg，磷肥（P_2O_5）每 667 m^2 4～7 kg，钾肥（K_2O）每 667 m^2 6～18 kg。

二、玉米施肥指导意见

（一）施肥原则

一是氮肥分次施用，适当降低基肥用量，充分利用磷、钾肥后效。二是速效钾含量高、产量水平低的地块在施用有机肥的情况下可以少施或不施钾肥。三是土壤缺锌的土壤注意施用锌肥。四是增加有机肥用量，加大秸秆还田力度。五是推广应用高产耐密品种，适当增加玉米种植密度，提高玉米产量，充分发挥肥料效果。六是若基肥施用了有机肥，可酌情减少化肥用量。在含磷较丰富的田块，应适当施用微量元素锌、铁肥料。

（二）指导意见

目标产量每 667 m^2 600 kg 以上：氮肥（N）每 667 m^2 10.5～14 kg，磷肥（P_2O_5）每 667 m^2 3.5～4 kg，钾肥（K_2O）每 667 m^2 7～9 kg。

目标产量每 667 m^2 500～600 kg：氮肥（N）每 667 m^2 8～11 kg，磷肥（P_2O_5）每 667 m^2 3～4 kg，钾肥（K_2O）每 667 m^2 5～7 kg。

目标产量小于每 667 m^2 500 kg：氮肥（N）每 667 m^2 7～9 kg，磷肥（P_2O_5）每 667 m^2 2～3 kg，钾肥（K_2O）每 667 m^2 3～5 kg。

三、油菜施肥指导意见

（一）施肥原则

一是增施有机肥，提倡有机无机肥配合和秸秆还田。二是依据土壤有效硼状况，补充硼肥。三是适当降低氮肥基施用量，增加薹肥比例。四是肥料施用应与其他高产优质栽培技术相结合。

（二）施肥建议

目标产量每 667 m^2 150 kg 以上，施氮肥（N）每 667 m^2 9～11 kg，磷肥（P_2O_5）每 667 m^2 4～6 kg，钾肥（K_2O）每 667 m^2 4～6 kg。

目标产量每 667 m^2 100～150 kg，施氮肥（N）每 667 m^2 8～10 kg，磷肥（P_2O_5）每 667 m^2 4～5 kg，钾肥（K_2O）每 667 m^2 4～5 kg。

目标产量每 667 m^2 100 kg 以下，施氮肥（N）每 667 m^2 7～9 kg，磷肥（P_2O_5）每 667 m^2 3～5 kg，钾肥（K_2O）每 667 m^2 3～5 kg。

第五节　测土配方施肥实践成效

一、农户节支增收效果明显

调查数据统计表明，测土配方施肥对主要粮油作物有较好的增产增收作用。推荐施用复合肥、配方肥，降低氮肥用量，将施用单质肥变成施用多元复合肥后节约了肥料运输成本和施用用工成本，其带来的间接经济效益更明显。统计数据表明，如每 667 m^2 油菜少施纯氮 1.0 kg，可节约 2.0 元（运输和田间用工合计）。

二、有机肥施用稳定控制在合理水平

调查数据表明，实施测土配方施肥以后，一是稻田有机肥的施用比较合理，玉米、油菜基肥中有机肥用量下降的现象得到遏制，稳定在每 667 m^2 1 000 kg 以上。二是有机无机肥配施的比例提高。如调查数据中，推荐施肥中油菜基肥采用有机肥+复合肥模式的农户占调查总数的 48.7%，而习惯施肥中采用有机肥+复合肥模式的农户占调查总数的 40.3%。

三、氮、磷、钾肥施用趋于合理，提高肥料利用率

通过大面积推广测土配方施肥技术，化肥的当季利用率比习惯施肥提高 4.3～11.8 个百分点。据测算，配方施肥玉米氮肥利用率较习惯施肥氮肥的利用率增加 8.18%，马铃薯氮肥利用率较习惯施肥氮肥的利用率增加 4.3%，油菜氮肥利用率较习惯施肥氮肥的利用率增加 11.8%。

四、复合肥和微肥的普及率提高

测土配方施肥中复合肥的平均施用量为每 667 m^2 47.4～52.2 kg，比习惯施肥高 14.0～18.7 kg，复合肥施用的占比由 40.0%提高到 49.4%。油菜施用硼肥的占比，2006 年推荐施肥比常规施肥高出 2.7 个百分点，2007 年推荐施肥比常规施肥高出 10.9 个百分点。

五、改变肥料施用结构，促进肥料产业发展

统计数据显示，不施复合肥的农户的比例从 77.8%下降到 50.6%。表明实施测土配方施肥以后，改变单质肥料或单一肥料“包打天下、包治百病”的局面，肥料品种丰富，不同浓度复合肥和不同配方专用肥进入肥料市场。这样不仅减轻肥料购买及运输成本，而且使施用过程简单。施用复合肥，同样用工就能同时施氮、磷、钾肥，也减少了农户自己配肥的困难，促进肥料产业的发展。

六、促使科学施肥技术推广工作再上一个台阶

通过实施测土配方施肥，广大基层农技人员得到充实锻炼，专业知识和业务水平明显提高。据贵州抽样调查，测土配方施肥项目覆盖贵州 93%以上的县（市、区）。在主要作物上采用测土配方施肥的农户占调查总数的 83%，拿到配方施肥卡的农户占调查总数的 83%，能够看懂配方施肥卡的农户占调查总数的 76%，按照配方施肥卡施肥的农户占调查总数的 72%。这说明各级领导对测土配方施肥项目的重视，也说明广大基层农技人员的工作是扎实的，这样就有力地推动科学施肥技术向前发展，使土壤肥料工作再上一个新台阶。

主要参考文献

安世花，李渝，王小利，等，2019. 长期施有机肥对黄壤旱地不同粒径有机碳矿化的影响［J］. 贵州农业科学，47（8）：47－51.

曹明慧，冉炜，杨兴明，等，2011. 烟草黑胫病拮抗菌的筛选及其生物效应［J］. 土壤学报，48（1）：151－159.

曹文藻，张明，蔡是华，等，1993. 贵州土壤及其利用改良［M］. 贵阳：贵州科学技术出版社.

曹晓霞，夏建国，李璐娟，等，2013. 不同土地利用方式下腐植酸对名山老冲积黄壤有机磷组分的影响［J］. 水土保持学报，27（6）：249－255.

常凯，王玉川，蔡良勇，等，2013. 微生物菌剂对烤烟上部叶质量的影响［J］. 安徽农业科学，41（2）：587－588，590.

陈恩凤，1993. 土壤肥力物质基础及其调控［M］. 北京：科学出版社.

陈国潮，2001. 土壤固定态 P 的微生物转化和利用研究［J］. 土壤通报，32（2）：80－83，98.

陈默涵，何腾兵，黄会前，2016. 贵州地形地貌对土壤类型及分布的影响［J］. 贵州大学学报（自然科学版），33（5）：14－16，35.

陈默涵，何腾兵，舒英格，2018. 不同生物有机肥对春茶生长影响及其土壤改良效果分析［J］. 山地农业生物学报，37（2）：70－73.

陈思，2012. 渗沥液污染黄棕壤生态修复研究［D］. 武汉：华中科技大学.

陈旭晖，夏园，黄全能，等，1990. 黄壤旱地土壤水分动态观测总结［J］. 贵州农业科学（3）：1－7.

陈作雄，张巧平，1995. 广西山地漂白黄壤的理化性质及合理利用［J］. 热带亚热带土壤科学，4（4）：221－227.

仇有文，2007. 土壤微生物对药材白术生物学产量和品质影响的研究［D］. 重庆：西南交通大学.

戴轩，2007. 贵州茶园土壤螨类生态分布的初步研究［J］. 贵州茶叶（131）：19－22.

戴轩，2009. 跳虫在茶园生态系统中的生态作用［J］. 贵州茶叶（137）：21－24.

丁海兵，2006. 连作对烤烟生长和不同粒级土壤酶活性的影响［D］. 重庆：西南大学.

丁海兵，郭亚利，黄建国，等，2005. 连作烤烟不同粒级土壤酶活性研究［J］. 耕作与栽培（5）：13－15.

丁梦娇，黄莺，李春顺，等，2017. 植烟土壤中微生物特性及氨化、亚硝化菌分离鉴定与活性研究［J］. 中国生态农业学报，25（10）：1444－1455.

丁伟，叶江平，蒋卫，等，2012. 长期施肥对植烟土壤微生物的影响［J］. 植物营养与肥料学报，18（5）：1168－1176.

董俊霞，魏成熙，王晓峰，等，2010. 甲壳素有机肥对烤烟根际土壤微生物数量的影响［J］. 贵州农业科学，38（2）：109－111.

董玲玲，2006. 不同生态模式下石灰土酶活性对环境因子的响应分析［D］. 贵阳：贵州大学.

董玲玲，何腾兵，刘元生，等，2008. 喀斯特山区不同母质（岩）发育的土壤主要理化性质差异性分析［J］. 土壤通报，39（3）：471－474.

范晓晖，朱兆良，2002. 旱地土壤中的硝化-反硝化作用［J］. 土壤通报，33（5）：385－391.

高崇辉，2004. 土壤分类参比数据库的建立和应用［D］. 武汉：华中农业大学.

高祥照，杜森，钟永红，等，2015. 水肥一体化发展现状与展望［J］. 中国农业信息（4）：14－19，63.

耿增超，戴伟，2011. 土壤学［M］. 北京：科学出版社.

关连珠，2016. 普通土壤学［M］. 2 版. 北京：中国农业大学出版社.

广东省土壤普查办公室，1993. 广东土壤［M］. 北京：科学出版社.

广东省土壤普查办公室，1996. 广东土种志［M］. 北京：科学出版社.

广西土壤肥料工作站，1993. 广西土种志［M］. 南宁：广西科学技术出版社.

广西土壤肥料工作站，1994. 广西土壤［M］. 南宁：广西科学技术出版社.

贵州省农业厅，中国科学院南京土壤研究所，1980. 贵州土壤［M］. 贵阳：贵州人民出版社.

贵州省土壤普查办公室，1994. 贵州省土壤［M］. 贵阳：贵州科学技术出版社.

郭庆荣，钟继洪，张秉刚，等，2004. 南亚热带丘陵赤红壤水库容状况及水分问题研究［J］. 农业系统科学与综合研究（4）：254-257.
郭振，王小利，徐虎，等，2017. 长期施用有机肥增加黄壤稻田土壤微生物量碳氮［J］. 植物营养与肥料学报，23（5）：1168-1174.
海南省农业厅土肥站，1994. 海南土种志［M］. 海口：海南出版社.
何电源，1994. 中国南方土壤肥力与栽培植物施肥［M］. 北京：科学出版社.
何首林，刘柏玉，方德华，等，1994. VA 菌根菌对茶树矿质营养的效应及其机理研究［J］. 西南大学学报（5）：492-496.
何腾兵，1999. 水土保持与土壤耕作技术［M］. 贵阳：贵州科学技术出版社.
何腾兵，2000. 贵州喀斯特山区水土流失状况及生态农业建设途径探讨［J］. 水土保持学报，14（5）：28-34.
何腾兵，谢德蕴，2002. 贵州旱坡地水土流失状况及其整治［J］. 贵州大学学报，21（4）：280-286.
何腾兵，董玲玲，李广枝，等，2008. 乌当区不同母质（岩）发育的重金属含量差异研究［J］. 农业环境科学学报，27（1）：188-193.
何腾兵，樊博，李博，等，2014. 保护性耕作对喀斯特山区旱地土壤理化性质的影响［J］. 水土保持学报，28（4）：163-167.
何腾兵，黄莺，张凤海，等，2003. 垃圾复混肥对玉米增产和土壤性状影响的研究［J］. 农业环境科学学报，22（2）：203-206.
何腾兵，刘从强，王中良，等，2006. 贵州乌江流域喀斯特生态系统土壤物理性质研究［J］. 水土保持学报，20（5）：43-47.
何腾兵，毛国军，梅涛，等，2001. 贵州喀斯特山区旱地绿肥聚垅秸秆还土的培肥增产效应研究［J］. 土壤通报（2）：62-65，97.
何腾兵，赵殊英，1996. 不同抑制剂对脲酶活性的抑制效果研究［J］耕作与栽培（增刊）：19.
何振宇，戴良英，陈武，2015. 烟草连作障碍及其防治技术研究进展［J］. 农学学报，5（10）：64-69.
侯光炯，1962. 中国农业土壤的分类体系［M］//中国农业土壤论文集. 上海：上海科学技术出版社.
胡霭堂，周立祥，2003. 植物营养学［M］. 北京：中国农业出版社.
胡蕾，2008. 硼肥施用对黄壤种植烤烟产量和品质的影响［J］. 南方农业（5）：1-3.
胡伟，陆国军，姜春月，等，2016. 浙江农田节水与水肥一体化的分析探索：以杭嘉湖平原稻田为例［J］. 农学学报，6（4）：48-51.
湖北省农业厅土肥站，2015. 湖北土壤［M］. 武汉：湖北科学技术出版社.
湖南省农业厅，1989. 湖南土壤［M］. 北京：农业出版社.
黄昌勇，2000. 土壤学［M］. 北京：中国农业出版社.
黄昌勇，徐建明，2010. 土壤学［M］. 3 版. 北京：中国农业出版社.
黄会前，何腾兵，牟力，2016. 贵州母岩（母质）对土壤类型及分布的影响［J］. 浙江农业科学，57（11）：1816-1820.
惠海滨，盛萍萍，2019. 水肥一体化技术的应用现状与发展前景［J］. 农业开发与装备（3）：136-137.
江西省土地利用管理局，江西省土壤普查办公室，1991. 江西土壤［M］. 北京：中国农业科学技术出版社.
蒋岁寒，刘艳霞，孟琳，等，2016. 生物有机肥对烟草青枯病的田间防效及根际土壤微生物的影响［J］. 南京农业大学学报，39（5）：784-790.
蒋太明，2007. 贵州喀斯特山区黄壤水分动态及其影响因素［D］. 重庆：西南大学.
蒋太明，2011. 山区旱地农业抗旱技术［M］. 贵阳：贵州科学技术出版社.
蒋太明，罗龙皂，李渝，等，2014. 长期施肥对西南黄壤有机碳平衡的影响［J］. 土壤通报，45（3）：666-671.
金雷，成明根，黄星，等，2013. 不同浓度咪唑乙烟酸对黄棕壤可培养微生物及土壤酶活的影响［J］. 江苏农业科学，41（7）：343-345.
李渝，罗龙皂，何昀昆，等，2014. 长期施肥对黄壤性水稻土耕层有机碳平衡特征的影响［J］. 西南农业学报，27（6）：2428-2431.
李波，魏成熙，文庭池，等，2012. 农业有机废弃物发酵后的有机肥对植烟土壤微生物数量及酶活性的影响［J］. 土壤通报，43（4）：821-825.
李丹，何腾兵，刘丛强，等，2008. 喀斯特山区土壤酶活性研究回顾与展望［J］. 贵州农业科学，36（2）：87-90.
李景壮，王睿，张朝颖，等，2015. 双氟磺草胺对土壤微生物呼吸作用的影响［J］. 贵州科学，33（4）：84-87.

李亮，张宏，胡波，等，2012. 不同土壤类型的热通量变化特征 [J]. 高原气象，31 (2)：322-328.
李隆，李晓林，张福锁，等，2000. 小麦大豆间作条件下作物养分吸收利用对间作优势的贡献 [J]. 植物营养与肥料学报，6 (2)：140-146.
李隆，1999. 间作作物种间促进与竞争作用研究 [D]. 北京：中国农业大学.
李倩，杨水平，崔广林，等，2017. 不同种植年限条件下黄花蒿根际土壤微生物生物量、酶活性及真菌群落组成 [J]. 草业学报，26 (1)：34-42.
李庆逵，1983. 中国红壤 [M]. 北京：科学出版社.
李沙沙，韦杰，徐文秀，等，2019. 不同温度下紫色土与黄壤的水分持续性耗散特征 [J]. 水土保持通报，39 (3)：51-56.
李上敏，顾永忠，陈必静，2008. 贵州省旱作农业节水技术模式及效益分析 [J]. 贵州农业科学，36 (2)：100-104.
李叔南，王昌全，夏建国，等，1996. 西南森林红、黄壤矿物组成及电荷特性 [J]. 四川农业大学学报，14 (2)：215-218.
李天杰，2004. 土壤地理学 [M]. 北京：高等教育出版社.
李孝刚，张桃林，王兴祥，2015. 花生连作土壤障碍机制研究进展 [J]. 土壤，47 (2)：266-271.
李鑫，周冀衡，贺丹锋，等，2016. 干旱胁迫下枸溶性钾肥配施对烤烟土壤理化性质、微生物数量及根系生长的影响 [J]. 核农学报，30 (12)：2434-2440.
李艳红，徐智，汤利，2014. 生物有机肥调控烟草青枯病和黑胫病研究进展 [J]. 云南农业大学学报（自然科学）29 (3)：436-442.
李渝，刘彦伶，张雅蓉，等，2016. 长期施肥条件下西南黄壤旱地有效磷对磷盈亏的响应 [J]. 应用生态学报，27 (7)：2321-2328.
李治玲，2016. 生物炭对紫色土和黄壤养分、微生物及酶活性的影响 [D]. 重庆：西南大学.
林贵兵，万德光，杨新杰，等，2009. 四川中江丹参栽培地轮作期间土壤微生物的变化特点 [J]. 中国中药杂志，34 (24)：3184-3187.
林景亮，1991. 福建土壤 [M]. 福州：福建科学技术出版社.
林新坚，林斯，邱珊莲，等，2013. 不同培肥模式对茶园土壤微生物活性和群落结构的影响 [J]. 植物营养与肥料学报，19 (1)：93-101.
林英华，2003. 长期施肥对农田土壤动物群落影响及安全评价 [D]. 北京：中国农业科学院研究生院.
刘丛强，等，2009. 生物地球化学过程与地表物质循环：西南喀斯特土壤-植被系统生源要素循环 [M]. 北京：科学出版社.
刘方，黄昌勇，何腾兵，等，2003. 长期施磷对黄壤旱地磷库变化及地表径流中磷浓度的影响 [J]. 应用生态学报，14 (2)：196-200.
刘方，黄昌勇，何腾兵，等，2003. 长期施肥下黄壤旱地磷对水环境的影响及其风险评价 [J]. 土壤学报 (6)：838-844.
刘方，2002. 黄壤旱坡地磷积累、迁移及其环境影响评价 [D]. 杭州：浙江大学.
刘涓，魏朝富，2012. 喀斯特地区黄壤土壤水库蓄存能力及分形估算 [J]. 灌溉排水学报，31 (4)：99-104.
刘均霞，陆引罡，远红伟，等，2007. 玉米、大豆间作对根际土壤微生物数量和酶活性的影响 [J]. 贵州农业科学，35 (2)：60-61.
刘目兴，吴丹，吴四平，等，2016. 三峡库区森林土壤大孔隙特征及对饱和导水率的影响 [J]. 生态学报，36 (11)：3189-3196.
刘世全，张明，1997. 区域土壤地理 [M]. 成都：四川大学出版社.
刘文景，涂成龙，郎赟超，2010. 喀斯特地区黄壤和石灰土剖面化学组成变化与风化成土过程 [J]. 地球与环境，38 (3)：271-279.
刘兴，王世杰，刘秀明，等，2015. 贵州喀斯特地区土壤细菌群落结构特征及变化 [J]. 地球与环境，43 (5)：490-497.
刘彦伶，李渝，张雅蓉，等，2016. 长期施肥对黄壤性水稻土磷平衡及农学阈值的影响 [J]. 中国农业科学，49 (10)：1903-1912.
刘彦伶，李渝，张雅蓉，等，2017. 长期氮磷钾肥配施对贵州黄壤玉米产量和土壤养分可持续性的影响 [J]. 应用生态学报，28 (11)：3581-3588.
柳玲玲，李渝，蒋太明，等，2017. 长期不同施肥措施对黄壤微生物量碳及氮的影响 [J]. 西南农业学报 (3)：645-649.
罗安焕，夏东，王小利，等，2020. 有机物料对旱作黄壤呼吸及酶活性的影响 [J]. 作物研究，34 (6)：568-573.
罗富林，2012. 不同植烟土壤供钾能力及改良效应 [D]. 长沙：湖南农业大学.
罗世琼，黄建国，袁玲，2014. 野生黄花蒿土壤的养分状况与微生物特征 [J]. 土壤学报 (4)：868-879.
罗世琼，杨雪鸥，2013. 烤烟石灰性黄壤肥力状况及其与土壤微生物的关系 [J]. 广东农业科学 (14)：78-80，84.
罗世琼，杨雪鸥，林俊青，2013. 施肥对烤烟土壤微生物群落结构多样性及蔗糖酶活性的影响 [J]. 贵州农业科学，41 (7)：124-128.
骆玲，2012. 土壤温度特性试验及其对直流接地极温升过程影响研究 [D]. 重庆：重庆大学.
吕贻忠，李保国，2006. 土壤学 [M]. 北京：中国农业出版社.
毛妙，王磊，席运官，等，2016. 有机种植业土壤线虫群落特征的调查研究 [J]. 土壤 (48)：492-502.
倪治华，2003. 有机无机生物活性肥料施用技术对蔬菜作物生长及产量的影响 [J]. 土壤通报 (6)：548-550.
尼尔·布雷迪，雷·韦尔，等，2019. 土壤学与生活 [M]. 李保国，徐建明，等，译. 北京：科学出版社.
牛惠杰，徐福利，王渭玲，等，2015. 施用 Fe、Zn 对山地梨枣生长及品质的影响 [J]. 中国土壤与肥料 (3)：55-61.
朴河春，洪业汤，袁芷云，2001. 贵州山区土壤中微生物生物量是能源物质碳流动的源与汇 [J]. 生态学杂志，20 (1)：33-37.
邱道持，2005. 土地资源学 [M]. 重庆：西南大学出版社.
全国土壤普查办公室，1993. 中国土种志　第 1 卷 [M]. 北京：中国农业出版社.
全国土壤普查办公室，1994. 中国土种志　第 3 卷 [M]. 北京：中国农业出版社.
全国土壤普查办公室，1994. 中国土种志　第 4 卷 [M]. 北京：中国农业出版社.
全国土壤普查办公室，1994. 中国土种志　第 5 卷 [M]. 北京：中国农业出版社.
全国土壤普查办公室，1996. 中国土种志　第 6 卷 [M]. 北京：中国农业出版社.
全国土壤普查办公室，1998. 中国土壤 [M]. 北京：中国农业出版社.
汝姣，梁娴，黄凌昌，等，2017. 艾纳香丛枝菌根与土壤因子的相关性 [J]. 西南农业学报，30 (4)：817-823.
申屠佳丽，2008. 蔬菜系统镉污染的土壤化学与生物学响应及蔬菜安全诊断 [D]. 杭州：浙江大学.
沈思渊，1991. 淮北涡河流域农业自然生产潜力模型与分析 [J]. 自然资源学报，6 (1)：23-33.
石汝杰，陆引罡，2008. 酸性黄壤铅污染下植物根际微生物和酶活性研究 [J]. 水土保持学报，22 (1)：114-117.
石汝杰，陆引罡，丁美丽，2005. 植物根际土壤中铅形态与土壤酶活性的关系 [J]. 山地农业生物学，24 (3)：225-229.
四川省农牧厅，1995. 四川土壤 [M]. 成都：四川科学技术出版社.
四川省农牧厅，四川省土壤普查办公室，1994. 四川土种志 [M]. 成都：四川科学技术出版社.
四川省农牧厅，四川省土壤普查办公室，1997. 四川土壤 [M]. 成都：四川科学技术出版社.
宋理洪，武海涛，吴东辉，2011. 我国农田生态系统土壤动物生态学研究进展 [J]. 生态学杂志 (12)：2898-2906.
苏婷婷，周鑫斌，张跃强，等，2016. 生物有机肥和磷肥配施对新整理黄壤烟田细菌群落组成的影响 [J]. 烟草科技，49 (5)：8-15.
唐明，向金友，袁茜，等，2015. 酸性土壤施石灰对土壤理化性质、微生物数量及烟叶产质量的影响 [J]. 安徽农业科学，43 (12)：91-93.
滕浪，何腾兵，曾庆庆，等，2019. 不同耕作方式对旱地黄壤理化性质及玉米产量的影响 [J]. 贵州农业科学，47 (10)：33-38.
涂成龙，何腾兵，2006. 贵州西部喀斯特石漠化地区草地土壤有机质和氮素变异特征初步研究 [J]. 水土保持学报，20 (2)：50-53.
汪远品，何腾兵，1994. 贵州主要耕作土壤的脲酶活性研究 [J]. 热带亚热带土壤科学，3 (4)：226-232.
汪远品，何腾兵，李广枝，1992. 黔东部分低产田两种酶活性与土壤性状关系的初步研究 [J]. 贵州农业科学 (4)：35-38.
汪远品，何腾兵，王晓东，等，1989. 贵州东部低产田脲酶活性及其影响因素的研究 [J]. 贵州农业科学 (6)：27-33.

王美，滕飞龙，钱晓刚，2008. 贵州主要粮油作物高产潜力研究：Ⅳ土地生产潜力研究 [J]. 种子，27 (12)：60 - 62.
王果，2010. 土壤学 [M]. 北京：高等教育出版社.
王茂胜，姜超英，潘文杰，等，2008. 不同连作年限的植烟土壤理化性质与微生物群落动态研究 [J]. 安徽农业科学，36 (12)：5033 - 5034，5052.
王鹏程，肖文发，张守攻，等，2007. 三峡库区主要森林植被类型土壤渗透性能研究 [J]. 水土保持学报 (6)：51 - 55，104.
王巧红，董金霞，张君，等，2017. Cd 污染对 3 种类型土壤酶活性及 Cd 形态分布的影响 [J]. 四川农业大学学报，35 (3)：339 - 344.
王彦锟，周鑫斌，汪代斌，等，2017. 生物有机肥对黄壤烟田微生物生态特性的影响 [J]. 西南大学学报 (自然科学版)，39 (9)：153 - 158.
文启孝，程励励，陈碧云，2000. 我国土壤中的固定态铵 [J]. 土壤学报，37 (2)：145 - 146.
西藏自治区土地管理局，1994. 西藏自治区土种志 [M]. 北京：科学出版社.
西藏自治区土地管理局，1994. 西藏自治区土壤资源 [M]. 北京：科学出版社.
西南大学，1988. 土壤学 (南方本) [M]. 2 版. 北京：农业出版社.
夏东，2020. 不同有机物料还田的腐解特征及对黄壤养分的影响 [D]. 贵阳：贵州大学.
肖厚军，何佳芳，苟久兰，等，2013. 贵州省中部黄壤锰形态及其影响因素研究 [J]. 土壤通报，44 (5)：1113 - 1117.
肖厚军，王正银，何佳芳，2009. 贵州黄壤铝形态及其影响因素研究 [J]. 土壤通报，40 (5)：1044 - 1048.
谢朝，付天岭，何腾兵，等，2020. Cd 胁迫对马铃薯根际土壤细菌群落组成及多样性的影响 [J]. 河南农业科学，49 (6)：48 - 58
谢德体，2014. 土壤学 (南方本) [M]. 3 版. 北京：中国农业出版社.
谢卓霖，2006. 稻田保护性耕作土壤微生物特性研究 [D]. 雅安：四川农业大学.
熊毅，李庆逵，1987. 中国土壤 [M]. 北京：科学出版社.
徐明岗，卢昌艾，李菊梅，等，2009. 农田土壤培肥 [M]. 北京：科学出版社.
许松林，赵传良，王勋朗，2002. 宜昌土壤 [M]. 武汉：中国地质大学出版社.
杨大星，杨茂发，2016. 黔南不同撂荒地土壤节肢动物群落特征 [J]. 贵州农业科学 (44)：149 - 154.
杨丽婷，陈双林，郭子武，等，2020. 增施氯肥对雷竹笋感观、营养和食味品质的影响 [J]. 林业科学研究，33 (4)：102 - 107.
杨柳，李广枝，童倩倩，等，2010. Pb^{2+}、Cd^{2+} 胁迫作用下蚯蚓、菌根菌及其联合作用对植物修复的影响 [J]. 贵州农业科学，8 (11)：156 - 158.
杨柳，2011. 贵州喀斯特地区主要土壤系统分类的研究 [D]. 贵阳：贵州大学.
杨效东，唐勇，唐建维，2001. 热带次生林刀耕火种过程中土壤节肢动物群落结构及多样性的变化 [J]. 生物多样性 (9)：222 - 227.
杨远平，2002. 毕节地区烟地土壤中磷酸酶活性的研究 [J]. 贵州农业科学，30 (1)：33 - 34.
杨远平，2003. 贵州毕节烟地土壤酶活性研究 [J]. 土壤通报，34 (4)：594 - 596.
叶钟音，1987. 植物病原菌对杀菌剂抗性的概况 [J]. 南京农业大学学报，10 (4)：154 - 165.
尹文英，2000. 中国土壤动物 [M]. 北京：科学出版社.
余高，陈芬，谢英荷，等，2020. 有机肥替代化肥比例对黄壤土活性有机碳酶活性的影响 [J]. 中国蔬菜 (4)：48 - 55.
余世金，孙慧群，王萍，等，2009. 茯苓栽培场土壤微生物区系与酶活性变化初探 [J]. 安徽农业科学，37 (16)：7585 - 7588.
袁金华，徐仁扣，2012. 生物质炭对酸性土壤改良作用的研究进展 [J]. 土壤，44 (4)：541 - 547.
云南省土壤肥料工作站，云南省土镶普查办公室，1996. 云南土壤 [M]. 昆明：云南科学技术出版社.
云南省土壤普查办公室，1994. 云南土种志 [M]. 昆明：云南科学技术出版社.
湛方栋，陆引罡，关国经，等，2005. 烤烟根际微生物群落结构及其动态变化的研究 [J]. 土壤学报，42 (3)：488 - 494.
曾庆庆，何腾兵，黄会前，等，2019. 猪粪肥施用年限对耕地质量的影响 [J]. 贵州农业科学，47 (2)：27 - 31.
张邦喜，李渝，罗文海，等，2018. 不同施肥模式下黄壤旱地土壤碳氮储量分布特征 [J]. 西北农业学报，27 (5)：750 - 756.

张邦喜，李渝，秦松等，2016. 长期施肥下黄壤无机磷组分空间分布特征 [J]. 华北农学报，31（3）：212-217.

张邦喜，李渝，张文安，等，2016. 长期施肥对黄壤养分及不同形态无机磷的影响 [J]. 灌溉排水学报，35（5）：33-37，49.

张东艳，赵建，杨水平，等，2016. 川明参轮作对烟地土壤微生物群落结构的影响 [J]. 中国中药杂志，41（24）：4556-4563.

张健，陈凤，濮励杰，等，2007. 区域土地利用变化对土壤磷含量的影响评价研究 [J]. 生态环境（3）：1018-1023.

张科，2009. 不同种植模式对黔北黄壤烤烟生产力的影响 [D]. 重庆：西南大学.

张黎明，邓小华，周米良，等，2016. 不同种类绿肥翻压还田对植烟土壤微生物量及酶活性的影响 [J]. 中国烟草科学，37（4）：13-18.

张良，2014. 复合菌剂对烤烟生长发育及土壤微生物学特性的影响 [D]. 北京：中国农业科学院研究生院.

张良，刘好宝，顾金刚，等，2013. 长柄木霉和泾阳链霉菌复配对烟苗生长及其抗病性的影响 [J]. 应用生态学报，24（10）：2961-2969.

张萌，赵欢，肖厚军，等，2018. 新型肥料对小白菜养分积累特征及黄壤酶活性的影响 [J]. 中国农业科技导报，20（6）：142-152.

张敏，2009. 菜籽饼对土壤生物活性和氮磷转化的影响 [D]. 重庆：西南大学.

张鹏，谢修鸿，李翠兰，等，2019. 我国几种地带性土壤中磷素形态的研究 [J]. 光谱学与光谱分析，39（10）：3210-3216.

张千和，周立香，郭获，2014. 中药材根际和非根际土壤酶和微生物特征 [J]. 西北农业学报，3（12）：189-196.

张强，2016. 贵州省主要土壤外源 Pb 和 Cd 对大麦和蚯蚓毒性初步研究 [D]. 贵阳：贵州师范大学.

张仕祥，过伟民，李辉信，等，2015. 烟草连作障碍研究进展 [J]. 土壤，47（5）：823-829.

张树兰，杨学云，吕殿青，等，2002. 温度、水分及不同氮源对土壤硝化作用的影响 [J]. 生态学报，22（12）：2147-2153.

张伟，张丽丽，2016. 喀斯特小流域黄壤硫形态和硫酸盐还原菌分布特征 [J]. 生态学杂志，35（10）：2793-2803.

张旭辉，李治玲，李勇，等，2017. 施用生物炭对西南地区紫色土和黄壤的作用效果 [J]. 草业学报，26（4）：63-72.

张雪萍，侯威岭，陈鹏，2001. 东北森林土壤动物同功能团及其生态分布 [J]. 应用与环境生物学报（7）：370-374.

张翼，2008. 连作烟地土壤微生物及土壤酶研究 [D]. 重庆：西南大学.

赵秉强，2013. 新型肥料 [M]. 北京：科学出版社.

赵欢，芶久兰，赵伦学，等，2016. 贵州旱作耕地土壤钾素状况与钾肥效应 [J]. 植物营养与肥料学报，22（1）：277-285.

赵其国，等，2002. 红壤物质循环及其调控 [M]. 北京：科学出版社.

赵殊英，何腾兵，1996. 水稻施用脲酶抑制剂试验初报 [J]. 耕作与栽培（4）：13-14.

浙江省土壤普查土地规划工作委员会，1964. 浙江土壤志 [M]. 杭州：浙江人民出版社.

郑华，欧阳志云，方治国，等，2004. BIOLOG 在土壤微生物群落功能多样性研究中的应用 [J]. 土壤学报（3）：456-461.

郑小波，1997. 疫霉菌及其研究技术 [M]. 北京：中国农业出版社.

中国农业土壤概论编委会，1982. 中国农业土壤概论 [M]. 北京：农业出版社.

周陈，李许滨，徐德彬，等，2008. 生物有机肥对土壤微生物及冬小麦产量效应研究 [J]. 耕作与栽培（1）：12-14.

周建国，杨勃兴，倪万梅，等，2020. 微量元素肥对玉米产量的影响 [J]. 宁夏农林科技，61（6）：9-10，13.

朱兆良，文启孝，1992. 中国土壤氮素 [M]. 南京：江苏科学技术出版社.

Bardgett R D，Wardle D A，2010. Aboveground-belowground linkages：biotic interactions，ecosystem processes，and global change [M]. Oxford：Oxford University Press.

Handelsman J，Stahb E V，1996. Biocontrol of soilborne plant pathogens [J]. Plant Cell（8）：1855-1869.

Hartmann A，Rothballer M，Schmid M，et al，2008. A pioneer in rhizosphere microbial ecology and soil bacteriology research [J]. Plant and Soil（312）：7-14.

He Z L，Zhu J，1998. Transformation kinetics and availability of specifically-sorbed phosphate in soil [J]. Nutrient Cycling in Agroecosystems（51）：209-215.

Kennedy I R，1992. Acid soil and acid rain [M]. 2nd ed. John Wiley and Sons，New York.

L Blake, 2005. Acid rain and soil acidification [M]//Encyclopedia of Soils in the Environment, Elsevier.

N S Bolan, D Curtin D C, 2005. Adriano, cidity [M]//Encyclopedia of Soils in the Environment, Elsevier.

Powell J R, Craven D, Eisenhauer N, 2014. Recent trends and future strategies in soil ecological research—Integrative approaches at *Pedobiologia* [J]. Pedobiologia (57): 1-3.

Ren X, Zhang N, Cao M, et al, 2012. Biological control of tobacco black shank and colonization of tobacco roots by a *Paenibacillus polymyxa* strain C5 [J]. Biology and Fertility of Soils (48): 613-620.

S Davidson, 1987. Combating soil acidity: three approaches [J]. Rural Research (134): 4-10.

Schaefer M, 2003. Behavioural endpoints in earthworm ecotoxicology: evaluation of different test systems in soil toxicity assessment [J]. Journal of Soils & Sediments (3): 79-84.

Xiaoliao W, Tianling F, Guandi H, et al., 2023a. Characteristics of rhizosphere and bulk soil microbial community of Chinese cabbage (*Brassica campestris*) grown in karst area [J]. Frontiers in Microbiology, 141241436.

Xiaoliao W, Tianling F, Guandi H, et al., 2023b. Types of vegetables shape composition, diversity, and co-occurrence networks of soil bacteria and fungi in karst areas of southwest China [J]. BMC microbiology, 23 (1): 194.

Xiaoliao W, Tianling F, Guandi H, et al., 2022. Plant types shape soil microbial composition, diversity, function, and co-occurrence patterns in cultivated land of a karst area [J]. Land Degradation Development, 34 (4): 1097-1109.

Yin X, Song B, Dong W, et al, 2010. A review on the ecogeography of soil fauna in China [J]. Journal of Geographical Sciences (20): 333-346.

图书在版编目（CIP）数据

中国黄壤 / 韩峰，蒋太明，何腾兵主编. -- 北京 ：中国农业出版社，2024. 6. --（中国耕地土壤论著系列）.

ISBN 978-7-109-32121-2

Ⅰ. S155.2

中国国家版本馆 CIP 数据核字第 2024BP2380 号

中国黄壤

ZHONGGUO HUANGRANG

中国农业出版社出版

地址：北京市朝阳区麦子店街 18 号楼

邮编：100125

责任编辑：刘　伟　冀　刚　　文字编辑：李　辉

版式设计：王　晨　　责任校对：吴丽婷

印刷：北京通州皇家印刷厂

版次：2024 年 6 月第 1 版

印次：2024 年 6 月北京第 1 次印刷

发行：新华书店北京发行所

开本：889mm×1194mm　1/16

印张：23.5　　插页：6

字数：734 千字

定价：298.00 元

黄壤剖面汇总

一、典型黄壤亚类

1. 红泥质黄壤-平坝黄黏泥土

地点：贵州省安顺市西秀区大西桥镇小寨村
海拔：1 329 m
地形部位：山地坡下部
作物：玉米-油菜
剖面层次：

层次	厚度（cm）	pH	质地	颜色	结构
A	0～16	6.05	中壤	浅黄色	团粒状
B	16～38	5.56	重壤	棕黄色	小块状
C	38～100	5.32	轻黏	黄色	块状
D	100 以下				

母质：第四纪红色黏土
土类：黄壤
亚类：典型黄壤
土属：红泥质黄壤
土种：平坝黄黏泥土

耕层土壤养分含量：
有机质：29.29 g/kg
全氮：1.48 g/kg
有效磷：2.0 mg/kg
速效钾：243 mg/kg

2. 红泥质黄壤-油黄黏泥土

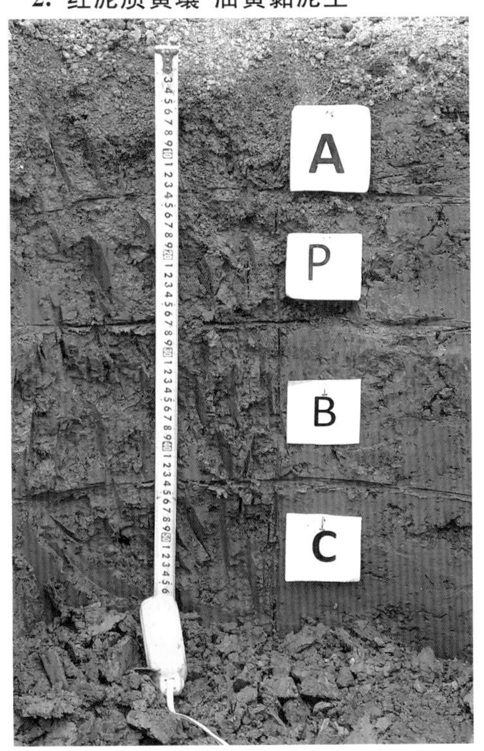

地点：贵州省遵义市凤冈县永和镇鱼塘村
海拔：595 m
地形部位：山地坡下部
作物：玉米-油菜
剖面层次：

层次	厚度（cm）	pH	质地	颜色	结构
A	0～15	5.10	重壤	浅黄色	小核状
Ap	15～28	5.31	轻黏	浅黄色	块状
B	28～45	5.16	轻黏	红黄色	块状
C	45～100	5.35	中黏	黄红色	块状

母质：第四纪红色黏土
土类：黄壤
亚类：典型黄壤
土属：红泥质黄壤
土种：油黄黏泥土

耕层土壤养分含量：
有机质：26.03 g/kg
全氮：1.82 g/kg
有效磷：26.0 mg/kg
速效钾：58 mg/kg

3. 硅质黄壤-遵义黄沙土

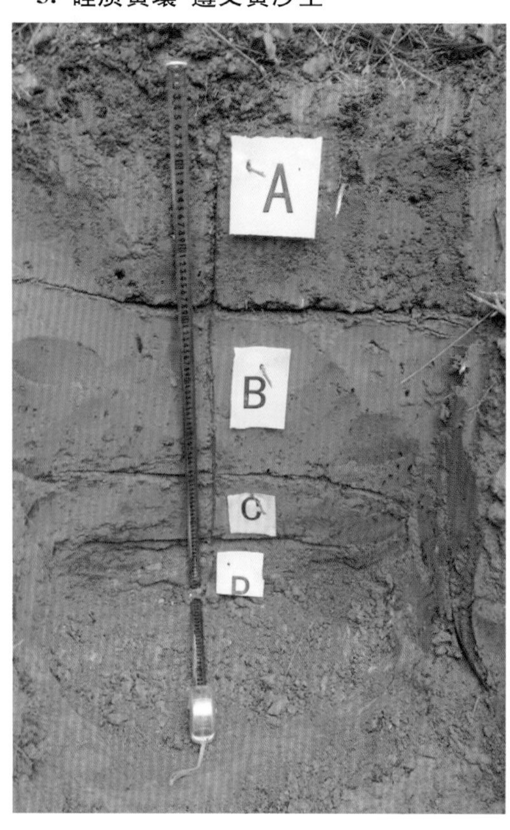

地点：贵州省黔东南州从江县翠里乡宰转村
海拔：607 m
地形部位：山地坡中部
作物：玉米-果树
剖面层次：

层次	厚度（cm）	pH	质地	颜色	结构
A	0～29	4.42	中壤	黄褐色	团粒状
B	29～65	5.12	沙壤	棕黄色	小块状
C	65～75	5.46	沙壤	褐黄色	粒状
D	75 以下				

母质：石英砂岩风化坡残积物
土类：黄壤
亚类：典型黄壤
土属：硅质黄壤
土种：遵义黄沙土

耕层土壤养分含量：
有机质：19.20 g/kg
全氮：1.11 g/kg
有效磷：30 mg/kg
速效钾：53 mg/kg

4. 硅质黄壤-熟黄沙土

地点：贵州省毕节市城关镇金北社区
海拔：1 347 m
地形部位：山地坡中部
作物：玉米
剖面层次：

层次	厚度（cm）	pH	质地	颜色	结构
A	0～18	6.70	轻壤	黄褐色	团粒状
B	18～56	6.02	沙壤	灰黄色	小块状
C	56～77	5.86	沙壤	褐黄色	粒状
D	77 以下				

母质：粉砂岩风化坡残积物
土类：黄壤
亚类：典型黄壤
土属：硅质黄壤
土种：熟黄沙土

耕层土壤养分含量：
有机质：49.70 g/kg
全氮：2.80 mg/kg
有效磷：19.3 mg/kg
速效钾：125 mg/kg

5. 沙泥质黄壤-乌当黄沙泥土

地点：贵州省毕节市黔西区沙井乡金山村					
海拔：1 353 m					
地形部位：山地坡中部					
作物：玉米-油菜					
剖面层次：					
层次	厚度（cm）	pH	质地	颜色	结构
A	0～23	6.56	中壤	棕黄色	团粒状
B	23～70	6.35	中壤	浅黄色	小块状
C	70～90	6.58	轻壤	灰黄色	小块状
D	90 以下				
母质：砂页岩风化坡残积物					
土类：黄壤					
亚类：典型黄壤					
土属：沙泥质黄壤					
土种：乌当黄沙泥土					
耕层土壤养分含量：					
有机质：35.10 g/kg					
全氮：1.88 g/kg					
有效磷：13.0 mg/kg					
速效钾：343 mg/kg					

6. 沙泥质黄壤-生黄沙泥土

地点：贵州省安顺市关岭县板贵乡田坝村					
海拔：674 m					
地形部位：山地坡中部					
作物：玉米					
剖面层次：					
层次	厚度（cm）	pH	质地	颜色	结构
A	0～18	4.88	沙壤	浅黄色	核状
B	18～51	5.25	中壤	浅黄色	小块状
C	51～75	5.63	轻壤	黄色	小块状
D	75 以下				
母质：砂页岩风化残坡积物					
土类：黄壤					
亚类：典型黄壤					
土属：沙泥质黄壤					
土种：生黄沙泥土					
耕层土壤养分含量：					
有机质：14.00 g/kg					
全氮：0.96 g/kg					
有效磷：4.7 mg/kg					
速效钾：81 mg/kg					

7. 沙泥质黄壤-复钙黄沙泥土

地点：贵州省遵义市正安县格林镇太平村
海拔：630 m
地形部位：山地坡中部
作物：玉米-油菜
剖面层次：

层次	厚度（cm）	pH	质地	颜色	结构
A	0～20	7.33	重壤	黄褐色	团粒状
B	20～43	6.83	中壤	暗黄色	小块状
C	43～82	5.56	中壤	褐黄色	小块状
D	82 以下				

母质：砂页岩风化坡积物
土类：黄壤
亚类：典型黄壤
土属：沙泥质黄壤
土种：复钙黄沙泥土

耕层土壤养分含量：
有机质：33.09 g/kg
全氮：1.37 mg/kg
有效磷：13.2 mg/kg
速效钾：202 mg/kg

8. 泥质黄壤-山黄泥土

地点：贵州省遵义市凤冈县进化乡大堰村
海拔：867 m
地形部位：山地坡中部
作物：玉米-油菜
剖面层次：

层次	厚度（cm）	pH	质地	颜色	结构
A	0～17	5.80	重壤	灰黄色	团粒状
Ap	17～25	5.62	轻黏	灰黄色	块状
B	25～50	5.76	轻黏	黄色	块状
C	50～100	5.96	重壤	黄色	小块状
D	100 以下				

母质：页岩风化坡残积物
土类：黄壤
亚类：典型黄壤
土属：泥质黄壤
土种：山黄泥土

耕层土壤养分含量：
有机质：21.41 g/kg
全氮：1.43 g/kg
有效磷：52.0 mg/kg
速效钾：84 mg/kg

9. 泥质黄壤-六枝黄胶泥土

地点：贵州省毕节市黔西区锦星乡青沟村

海拔：1 283 m

地形部位：山地坡中部

作物：玉米-油菜

剖面层次：

层次	厚度（cm）	pH	质地	颜色	结构
A	0～23	4.89	重壤	黄褐色	团粒状
B	23～80	5.09	轻黏	棕黄色	块状
C	80～100	5.13	轻黏	棕黄色	块状

母质：泥岩风化坡残积物

土类：黄壤

亚类：典型黄壤

土属：泥质黄壤

土种：六枝黄胶泥土

耕层土壤养分含量：

有机质：26.60 g/kg

全氮：1.46 g/kg

有效磷：22.0 mg/kg

速效钾：185 mg/kg

10. 泥质黄壤-黄泥土

地点：贵州省遵义市播州区鸭溪镇乐理村

海拔：872 m

地形部位：山地坡中部

作物：玉米-油菜

剖面层次：

层次	厚度（cm）	pH	质地	颜色	结构
A	0～20	5.51	重壤	暗黄色	团粒状
B	22～75	5.22	轻黏	棕黄色	块状
C	75～100	4.96	轻黏	暗黄色	块状

母质：泥岩风化坡残积物

土类：黄壤

亚类：典型黄壤

土属：泥质黄壤

土种：黄泥土

耕层土壤养分含量：

有机质：24.80 g/kg

全氮：1.42 mg/kg

有效磷：6.9 mg/kg

速效钾：146 mg/kg

11. 泥质黄壤-豆瓣黄泥土

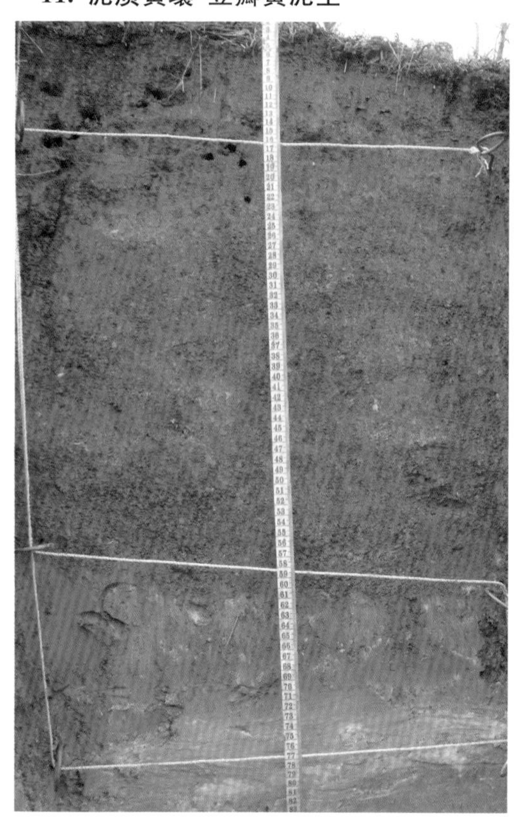

地点：贵州省安顺市西秀区轿子山镇下寨村
海拔：1 448 m
地形部位：山地坡中部
作物：玉米
剖面层次：

层次	厚度（cm）	pH	质地	颜色	结构
A	0～16	5.00	轻壤	暗黄色	小块状
BC	16～58	5.15	中壤	黄色	小块状
C	58～100	5.38	轻黏	浅黄色	小块状

母质或母岩：页岩风化坡残积物
土类：黄壤
亚类：典型黄壤
土属：泥质黄壤
土种：豆瓣黄泥土

耕层土壤养分含量：
有机质：26.57 g/kg
全氮：1.38 g/kg
有效磷：8.0 mg/kg
速效钾：167 mg/kg

12. 泥质黄壤-死黄泥土

地点：贵州省遵义市务川县涪洋镇水坝村
海拔：646 m
地形部位：山地丘陵坡下部
作物：玉米-油菜
剖面层次：

层次	厚度（cm）	pH	质地	颜色	结构
A	0～22	5.92	重壤	黄色	小块状
B	22～85	5.02	轻黏	红黄色	块状
C	85～100	4.86	中黏	红黄色	块状

母质：泥岩风化坡残积物
土类：黄壤
亚类：典型黄壤
土属：泥质黄壤
土种：死黄泥土

耕层土壤养分含量：
有机质：28.00 g/kg
全氮：1.68 mg/kg
有效磷：4.7 mg/kg
速效钾：149 mg/kg

13. 泥质黄壤-油黄泥土

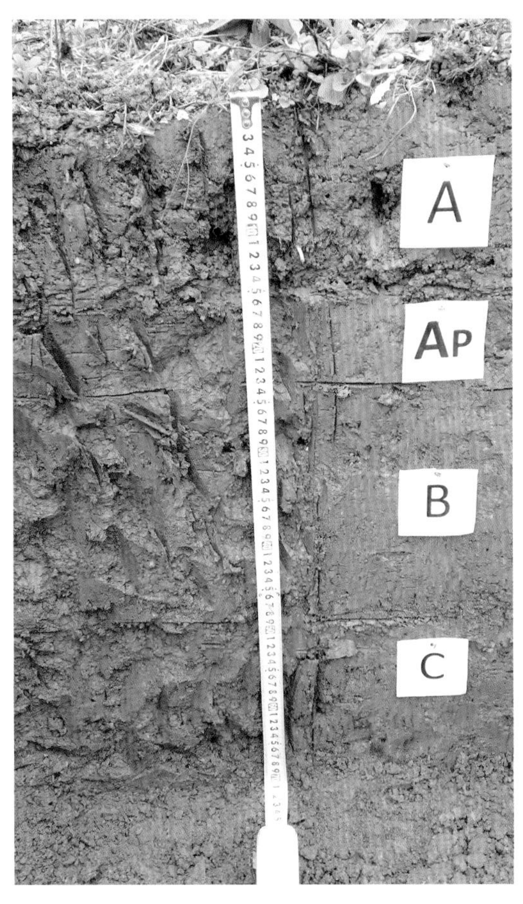

地点：贵州省遵义市新蒲区虾子镇兰生村
海拔：873.6 m
地形部位：山地丘陵坡下部
作物：辣椒、玉米-油菜
剖面层次：

层次	厚度（cm）	pH	质地	颜色	结构
A	0～15	6.45	重壤	灰黄色	小核状
Ap	15～23	5.73	中黏	棕黄色	块状
B	23～50	5.46	轻黏	棕黄色	块状
C	50～70	5.35	轻黏	黄棕色	块状
D	70 以下				

母质：页岩风化坡积物
土类：黄壤
亚类：典型黄壤
土属：泥质黄壤
土种：油黄泥土

耕层土壤养分含量：
有机质：44.10 g/kg
全氮：1.59 mg/kg
有效磷：15.8 mg/kg
速效钾：190 mg/kg

14. 灰泥质黄壤-火石大黄泥土

地点：贵州省黔东南州天柱县高酿镇地坝村
海拔：741 m
地形部位：山地坡下部
作物：玉米
剖面层次：

层次	厚度（cm）	pH	质地	颜色	结构
A	0～15	4.78	中壤	暗黄色	团粒状
B	15～40	6.07	重壤	黄色	小块状
C	40～65	6.34	重壤	黄红色	小块状
D	65 以下				

母质：遂石灰岩风化坡残积物
土类：黄壤
亚类：典型黄壤
土属：灰泥质黄壤
土种：火石大黄泥土

耕层土壤养分含量：
有机质：31.85 g/kg
全氮：1.89 g/kg
有效磷：6.0 mg/kg
速效钾：163 mg/kg

15. 灰泥质黄壤-大黄泥土

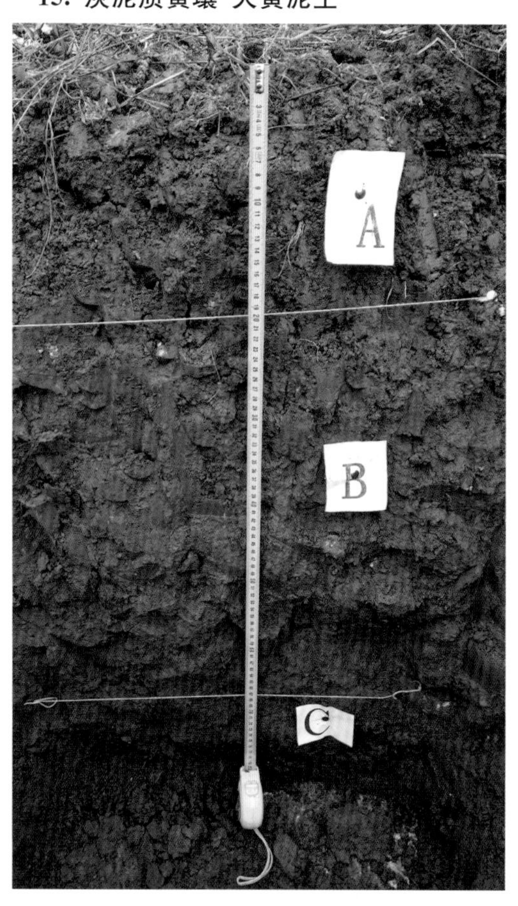

地点：贵州省黔东南州黄平县新州镇东坡村
海拔：794 m
地形部位：山地坡下部
作物：烤烟-油菜
剖面层次：

层次	厚度（cm）	pH	质地	颜色	结构
A	0～20	6.45	重壤	褐黄色	小核状
B	20～67	6.22	轻黏	棕黄色	块状
C	67～82	6.26	轻黏	黄红色	块状
D	82 以下				

母质：石灰岩风化坡残积物
土类：黄壤
亚类：典型黄壤
土属：灰泥质黄壤
土种：大黄泥土

耕层土壤养分含量：
有机质：27.67 g/kg
全氮：1.49 mg/kg
有效磷：8.9 mg/kg
速效钾：200 mg/kg

16. 灰泥质黄壤-油大黄泥土

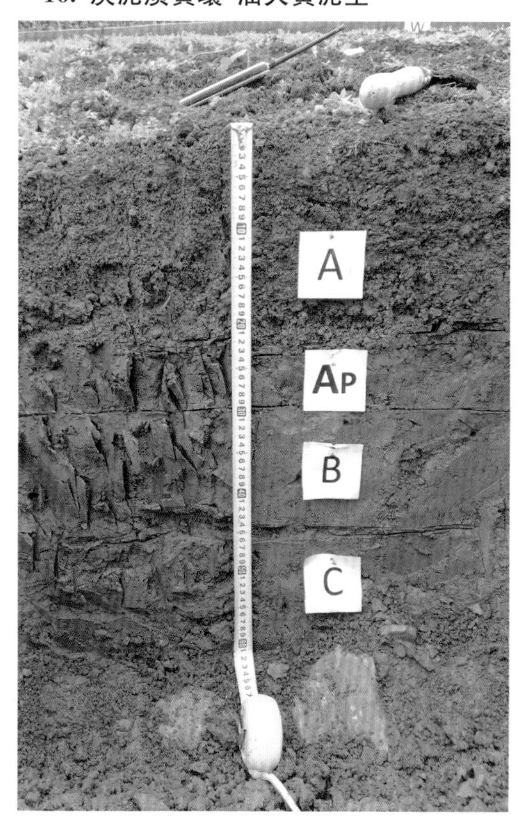

地点：贵州省遵义市新蒲区新舟镇平远村
海拔：783 m
地形部位：山地坡下部
作物：玉米-油菜
剖面层次：

层次	厚度（cm）	pH	质地	颜色	结构
A	0～24	6.07	中壤	暗黄色	团粒
Ap	24～32	6.20	中黏	褐黄色	棱柱状
B	32～70	6.45	中黏	黄色	小块状
C	70～100	6.78	中黏	黄红色	块状

母质：石灰岩风化坡残积物
土类：黄壤
亚类：典型黄壤
土属：灰泥质黄壤
土种：油大黄泥土

耕层土壤养分含量：
有机质：39.28 g/kg
全氮：1.97 g/kg
有效磷：9.0 mg/kg
速效钾：122 mg/kg

17. 灰泥质黄壤-浅黄泥土

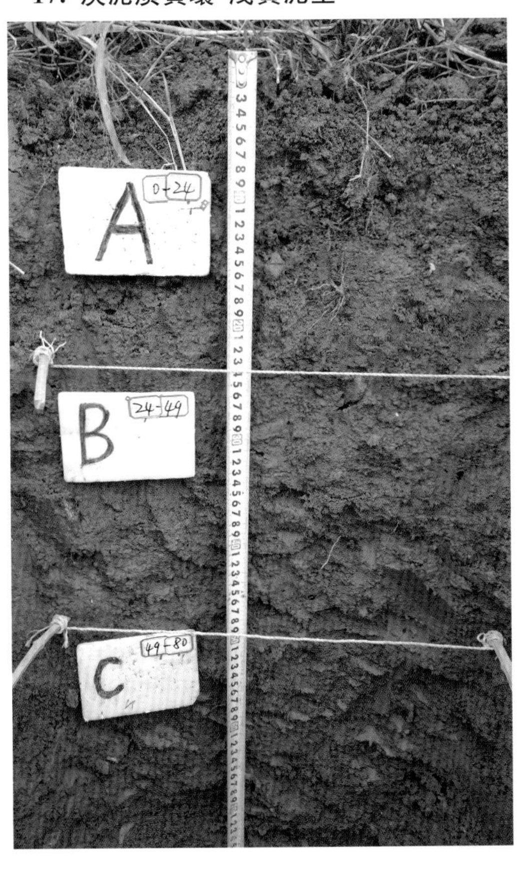

地点：贵州省遵义市务川县柏林镇明星村

海拔：633 m

地形部位：山地坡中部

作物：玉米

剖面层次：

层次	厚度（cm）	pH	质地	颜色	结构
A	0～24	5.26	中壤	暗黄色	团粒状
B	24～49	5.02	重壤	红黄色	小块状
C	49～80	4.86	重壤	黄红色	块状
D	80 以下				

母质：石灰岩风化坡残积物

土类：黄壤

亚类：典型黄壤

土属：灰泥质黄壤

土种：浅黄泥土

耕层土壤养分含量：

有机质：19.80 g/kg

全氮：1.15 mg/kg

有效磷：10.7 mg/kg

速效钾：125 mg/kg

18. 紫土质黄壤-紫黄沙泥土

地点：贵州省毕节市大方县双山镇归化村

海拔：1 108 m

地形部位：山地坡中部

作物：玉米

剖面层次：

层次	厚度（cm）	pH	质地	颜色	结构
A	0～20	5.45	砾质中壤	紫黄色	团粒状
B	20～33	6.39	重壤	灰黄色	小块状
C	33～90	6.48	砾质重壤	紫黄色	块状
D	90 以下				

母质：紫色砂页岩风化坡残积物

土类：黄壤

亚类：典型黄壤

土属：紫土质黄壤

土种：紫黄沙泥土

耕层土壤养分含量：

有机质：28.14 g/kg

全氮：1.46 g/kg

有效磷：16.7 mg/kg

速效钾：175 mg/kg

二、漂洗黄壤亚类

1. 硅质漂洗黄壤-白散土

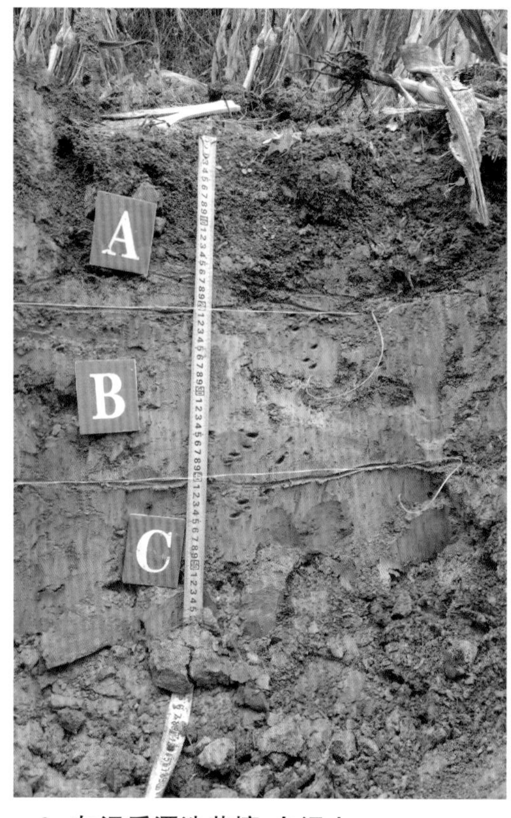

地点：贵州省遵义市绥阳县宽阔镇白杨村
海拔：1 117 m
地形部位：山地坡中部
作物：玉米
剖面层次：

层次	厚度（cm）	pH	质地	颜色	结构
A	0～20	4.72	重壤	暗灰色	团粒状
E	20～50	5.02	重壤	灰白色	小块状
C	50～60	5.18	轻黏	灰白色	小块状
D	60 以下				

母质：砂岩风化坡残积物
土类：黄壤
亚类：漂洗黄壤
土属：硅质漂洗黄壤
土种：白散土

耕层土壤养分含量：
有机质：19.00 g/kg
全氮：1.45 g/kg
有效磷：4.6 mg/kg
速效钾：123 mg/kg

2. 灰泥质漂洗黄壤-白泥土

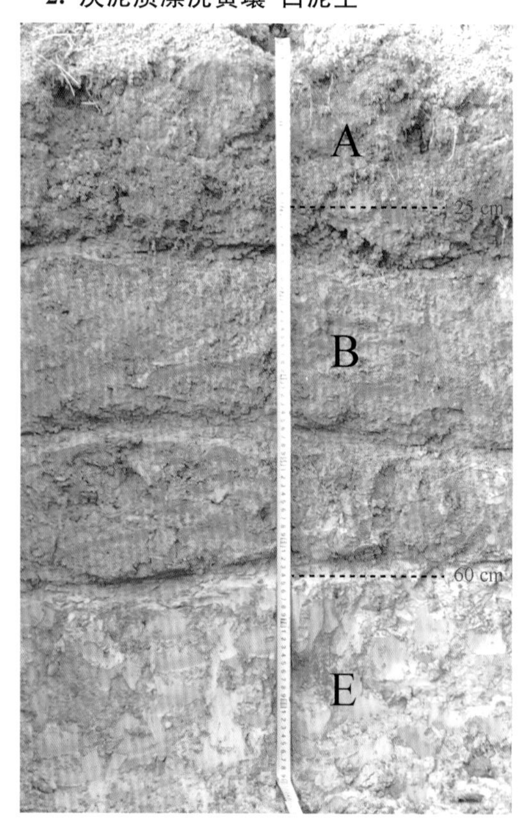

地点：贵州省毕节市大方县慕俄格街道办事处九层衙门村
海拔：1 384 m
地形部位：山地坡下部
作物：玉米
剖面层次：

层次	厚度（cm）	pH	质地	颜色	结构
A	0～25	4.95	中壤	暗黄色	团粒状
B	25～60	5.13	重壤	褐黄色	块状
E	60～100	5.52	轻黏	灰白色	块状
D	100 以下				

母质：泥岩风化坡残积物
土类：黄壤
亚类：漂洗黄壤
土属：灰泥质漂洗黄壤
土种：白泥土

耕层土壤养分含量：
有机质：38.93 g/kg
全氮：2.21 g/kg
有效磷：4.9 mg/kg
速效钾：142 mg/kg

三、黄壤性土亚类

1. 硅质黄壤性土-花溪黄沙土

地点：贵州省遵义市道真县三江镇群乐村
海拔：662 m
地形部位：山地坡下部
作物：玉米-油菜
剖面层次：

层次	厚度（cm）	pH	质地	颜色	结构
A	0～18	5.56	沙壤	棕黄色	块状
B	18～29	5.32	沙壤	暗黄色	小块状
C	29～56	5.26	砾沙壤	黄色	小块状
D	56 以下				

母质：粉砂岩风化坡残积物
土类：黄壤
亚类：黄壤性土
土属：硅质黄壤性土
土种：花溪黄沙土

耕层土壤养分含量：
有机质：15.90 g/kg
全氮：1.32 mg/kg
有效磷：5.4 mg/kg
速效钾：129 mg/kg

2. 沙泥质黄壤性土-幼黄沙泥土

地点：贵州省毕节市金沙县岚头镇岚丰村
海拔：930 m
地形部位：山地坡中部
作物：玉米-油菜
剖面层次：

层次	厚度（cm）	pH	质地	颜色	结构
A	0～17	5.43	沙壤	暗黄色	团粒状
C	17～35	5.67	砾沙壤	黄色	小块状
D	35 以下				

母质：沙质板岩风化坡残积物
土类：黄壤
亚类：黄壤性土
土属：沙泥质黄壤性土
土种：幼黄沙泥土

耕层土壤养分含量：
有机质：44.00 g/kg
全氮：2.99 g/kg
有效磷：26.0 mg/kg
速效钾：143 mg/kg

3. 暗泥质黄壤性土-幼橘黄泥土

地点：贵州省毕节市大方县瓢井镇平塘村

海拔：1 667 m

地形部位：山地坡上部

作物：玉米-油菜

剖面层次：

层次	厚度（cm）	pH	质地	颜色	结构
A	0～22	5.36	沙壤	棕黄色	小块状
C	22～41	5.76	沙壤	浅棕色	块状
D	41 以下				

母质：玄武岩风化坡残积物

土类：黄壤

亚类：黄壤性土

土属：暗泥质黄壤性土

土种：幼橘黄泥土

耕层土壤养分含量：

有机质：22.08 g/kg

全氮：1.29 g/kg

有效磷：10.0 mg/kg

速效钾：114 mg/kg

4. 沙质黄壤性土-薄黄沙土

地点：贵州省遵义市正安县和溪镇马鞍村

海拔：760 m

地形部位：山地坡中部

作物：玉米/薯类

剖面层次：

层次	厚度（cm）	pH	质地	颜色	结构
A	0～15	5.05	重壤	黄褐色	团粒状
C	15～36	5.02	重壤	灰黄色	小块状
D	36 以下				

母质：杂色砂岩风化坡残积物

土类：黄壤

亚类：黄壤性土

土属：沙质黄壤性土

土种：薄黄沙土

耕层土壤养分含量：

有机质：15.81 g/kg

全氮：1.12 mg/kg

有效磷：2.8 mg/kg

速效钾：146 mg/kg